U0270039

市政工程工程量清单
分部分项计价与预算定额计价对照
实 例 详 解

（第三版）

（依据 GB 50857—2013）

土石方工程·道路工程·桥涵护岸工程

工程造价员网　张国栋　主编

中国建筑工业出版社

图书在版编目（CIP）数据

市政工程工程量清单分部分项计价与预算定额计价对照实例详解　1　土石方工程·道路工程·桥涵护岸工程/张国栋主编. —3 版.—北京：中国建筑工业出版社，2015.6
　ISBN 978-7-112-18180-3

Ⅰ.①市…　Ⅱ.①张…　Ⅲ.①市政工程-工程造价 ②市政工程-建筑预算定额　Ⅳ.①TU723.3

中国版本图书馆 CIP 数据核字（2015）第 122109 号

本书按照《全国统一市政工程预算定额》的章节，结合《市政工程工程量计算规范》GB 50857—2013 中工程量清单项目及计算规则，以一例一图一解的方式，对市政工程各分项的工程量计算方法做了较详细的解释说明。本书最大的特点是实际操作性强，便于读者解决实际工作中经常遇到的难点。

责任编辑：刘　江　周世明
责任设计：李志立
责任校对：姜小莲　赵　颖

市政工程工程量清单
分部分项计价与预算定额计价对照实例详解

（第三版）

（依据 GB 50857—2013）

土石方工程·道路工程·桥涵护岸工程

工程造价员网　张国栋　主编

*

中国建筑工业出版社出版、发行（北京西郊百万庄）

各地新华书店、建筑书店经销

北京红光制版公司制版

北京同文印刷有限责任公司印刷

*

开本：787×1092 毫米　1/16　印张：36¼　字数：902 千字
2015 年 8 月第三版　　2015 年 8 月第五次印刷

定价：**78.00** 元
ISBN 978-7-112-18180-3
（27401）

版权所有　翻印必究
如有印装质量问题，可寄本社退换
（邮政编码 100037）

编 委 会

主 编　工程造价员网　张国栋

参 编　李　锦　荆玲敏　段伟韶　冯　倩　黄　江

　　　　李　雪　赵小云　郭芳芳　刘　雪　李　婕

　　　　张明杰　高秀梅　张　菲　杨进军　王　琳

　　　　惠　丽　李　存　王文芳　郭小段　李　瑶

　　　　洪　岩　董明明　王春花　陈会敏　张梦鸽

　　　　李　娟　王军军　李闪闪　李俊艳　高培菊

第 三 版 前 言

根据《全国统一建筑工程基础定额》、《建设工程工程量清单计价规范》（GB 50500—2013)、《市政工程工程量计算规范》（GB 50857—2013）编写的《市政工程工程量清单分部分项计价与预算定额计价对照实例详解》一书，被众多从事工程造价人员选作为学习和工作的参考用书，在第二版销售的过程中，有不少热心的读者来信或电话向作者提供了很多宝贵的意见和看法，在此向广大读者表示衷心的感谢。

为了进一步迎合广大读者的需求，同时也为了进一步推广和完善工程量清单计价模式，推动《建设工程工程量清单计价规范》（GB 50500—2013)、《市政工程工程量计算规范》（GB 50857—2013）实施，帮助造价工作者提高实际操作水平，让更多的学习者获得受益，我们特对《市政工程工程量清单分部分项计价与预算定额计价对照实例详解》（第二版）一书进行了修订。

该书第三版是在第二版的基础上进行了修订，第三版保留了第一、二版的优点，并对书中有缺陷的地方进行了补充，最重要的是第三版书中计算实例均采用最新的 2013 版清单计价规范进行讲解，并将读者提供的关于书中的问题进行了集中的解决和处理，个别题目给予了说明，为广大读者提供便利。

本书与同类书相比，其显著特点是：

（1）采用 2013 最新规范，结合时宜，便于学习。

（2）内容全面，针对性强，且项目划分明细，以便读者有目标性的学习。

（3）实际操作性强，书中主要以实例说明实际操作中的有关问题及解决方法，便于提高读者的实际操作水平。

（4）每题进行工程量计算之后均有注释解释计算数据的来源及依据，让读者学习起来快捷、方便。

（5）结构层次清晰，一目了然。

本书在编写过程中得到了许多同行的支持与帮助，借此表示感谢。由于编者水平有限和时间的限制，书中难免有错误和不妥之处，望广大读者批评指正。如有疑问，请登录 www.gczjy.com（工程造价员网）或 www.ysypx.com（预算员网）或 www.debzw.com（定额编制网）或 www.gclqd.com（工程量清单计价网），或发邮件至 zz6219@163.com 或 dl-whgs@tom.com 与编者联系。

目　　录

第一章 土石方工程

第一节 分部分项实例

项目编码：040101002　　项目名称：挖沟槽土方

【例1】　某沟槽的示意图如图 1-1 所示，槽长 25m，采用人工挖土，土质为四类土，试计算该沟槽的挖土方工程量。

【解】　(1) 根据清单计算规则，由于该挖沟槽长为 25m，大于 3 倍底宽，底面积在 150m² 以上，应按挖沟槽土方 040101002 计算其工程量。

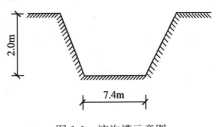

图 1-1　该沟槽示意图

已知 $K = 0.25$　$V = 7.4 \times 2.0 \times 25m^3$
$= 370m^3$

清单工程量计算见表 1-1。

清单工程量计算表　　　　　表 1-1

项目编码	项目名称	项目特征描述	计量单位	工程量
040101002001	挖沟槽土方	四类土，深 2m	m³	370

(2) 根据定额计算规则，沟槽底宽在 3m 以外，槽底面积在 20m² 以上，应按挖土方。

$$K = 0.25 \quad V = (2.0 \times 0.25 + 7.4) \times 2.0 \times 25m^3 = 395m^3$$

【注释】　沟槽的定额工程量按图示设计尺寸以体积计算：0.25 为四类土的放坡系数，2.0 为该沟槽的深度，7.4 为沟槽底面宽度，25 为沟槽长度。

沟槽、基坑和一般土石方的划分：底宽 7m 以内，底长大于底宽 3 倍以上按沟槽计算；底长小于底宽 3 倍以内按基坑计算，其中基坑底面积在 150m² 以内执行基坑定额。超出上述范围则为一般土方。

项目编码：040101002　　项目名称：挖沟槽土方

【例2】　某市政工程埋设一排水管道，管道为混凝土管，管外径 300mm，管长 200m，圆形检查井外半径 2.0m，开挖管道沟槽的断面图如图 1-2 所示，平面图如图 1-3 所示，采用人工开挖，土质为三类土，试计算其挖土方工程量。

【解】　(1) 清单工程量

查定额中放坡系数表可得：

$$K = 0.33$$
$$V_1 = 0.3 \times 200 \times 3.2m^3 = 192m^3$$

【注释】　0.3 为管道直径，3.2 为沟槽的深度，0.33 为三类土的放坡系数，200 为管沟的长度。

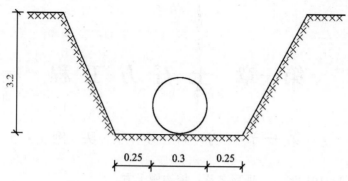

图 1-2 开挖管道沟槽断面图 （单位：m）

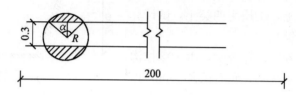

图 1-3 平面图 （单位：m）

$$V_2 = 2 \times \left(\frac{\pi}{360} \times \alpha R^2 - 2 \times \sqrt{R^2 - 0.15^2} \times 0.15 \times \frac{1}{2} \right) \times 3.2 \, \text{m}^3$$

$$= (\frac{\pi}{180} \times 2\arccos\frac{0.15}{2} \times 4 - 2 \times \sqrt{2^2 - 0.15^2} \times 0.15) \times 3.2 \, \text{m}^3$$

$$= (11.97 - 0.6) \times 3.2 \, \text{m}^3$$

$$= 36.38 \, \text{m}^3$$

$$V = V_1 + V_2 = (192 + 36.38) \, \text{m}^3 = 228.38 \, \text{m}^3$$

式中　V——总挖土方量；

　　　V_1——挖管道沟槽土方量；

　　　V_2——检查井开挖土方量。

【注释】　在 V_2 中，检查井开挖土方量＝如图 1-3 所示的阴影面积×沟槽深，其中式 $2 \times \left(\frac{\pi}{360} \times \alpha R^2 - 2 \times \sqrt{R^2 - 0.15^2} \times 0.15 \times \frac{1}{2} \right)$ 为图 1-3 所示的 2 个阴影的面积，等于弧度为 α 半径 R 为 2 的扇形面积减去三角形的面积。0.15 为管道半径，检查井外半径为 2，3.2 为沟槽深度。

清单工程量计算见表 1-2。

清单工程量计算表　　　　　　　　　　　　　　　　表 1-2

项目编码	项目名称	项目特征描述	计量单位	工程量
040101002001	挖沟槽土方	三类土，深 3.2m	m³	228.38

（2）定额工程量

$$V = [(3.2 \times 0.33 + 0.8) \times 3.2 \times (200 - 4) + \pi \times 2^2 \times 3.2] \, \text{m}^3$$

$$= (1164.08 + 40.21) \, \text{m}^3$$

$$= 1204.29 \, \text{m}^3$$

【注释】 定额工程量按图示设计尺寸以体积计算。3.2为沟槽深度，0.33为三类土的放坡系数，0.8为管槽底面宽度，200为管槽长度，4为检查井外径，2为检查井的外半径。

说明：管道沟槽土方量计算按清单计算时，应按地面线以下的构筑物最大水平投影面积乘以平均挖土深度计算，井位挖方清单工程量必须扣除与管沟重叠部分的分量。按定额计算时其土方量按体积计算，检查井接口等处需加宽沟槽而增加的土方量不另行计算。

项目编码：040101002 项目名称：挖沟槽土方

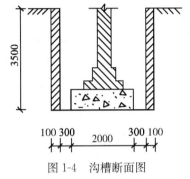

图1-4 沟槽断面图

【例3】 某沟槽不放坡，双面支挡土板，混凝土基础支模板，预留工作面0.3m，其断面图如图1-4所示，沟槽长100m，采用人工挖土，土质为二类土，试计算其挖土工程量。

【解】 （1）清单工程量

$$V = 2 \times 3.5 \times 100 \text{m}^3 = 700 \text{m}^3$$

清单工程量计算见表1-3。

清单工程量计算表 表1-3

项目编码	项目名称	项目特征描述	计量单位	工程量
040101002001	挖沟槽土方	二类土，深3.5m	m^3	700

（2）定额工程量

$$V = (0.1 \times 2 + 0.30 \times 2 + 2) \times 3.5 \times 100 \text{m}^3 = 980 \text{m}^3$$

【注释】 0.1为一端支挡土板的宽度，0.30为一端预留工作面的宽度，2为沟槽底面垫层的宽度，3.5为沟槽深度，100为沟槽长度。

项目编码：040101003 项目名称：挖基坑土方

【例4】 某构筑物基础为满堂基础，其基坑采用矩形放坡，不支挡土板，留工作面0.3m，其基坑示意图如图1-5、图1-6所示，基础长宽方向的外边线尺寸为15.3m和10.6m，挖深4.5m，放坡按1：0.5放坡，人工开挖，试求其开挖的土方工程量。

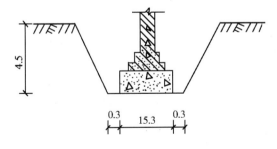

图1-5 基坑断面图（单位：m）

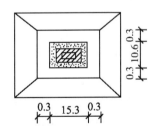

图1-6 基坑平面图（单位：m）

【解】 （1）清单工程量

$$V = 15.3 \times 10.6 \times 4.5 \text{m}^3 = 729.81 \text{m}^3$$

【注释】 15.3为基坑底面的长度，4.5为基坑深度，10.6为基坑底面宽度。

清单工程量计算见表1-4。

清单工程量计算表

表 1-4

项目编码	项目名称	项目特征描述	计量单位	工程量
040101003001	挖基坑土方	挖深 4.5m	m³	729.81

(2)定额工程量

方形放坡地坑计算式：

$$V = (a + 2c + kh)(b + 2c + kh) \times h + \frac{1}{3}k^2 h^3$$

坑深 4.5，放坡系数 $K=0.5$，查表 1-5 角锥体积为 7.59m³

$$V = \left[(15.3 + 0.3 \times 2 + 0.5 \times 4.5) \times (10.6 + 0.3 \times 2 + 0.5 \times 4.5) \times 4.5 \right.$$
$$\left. + \frac{1}{3} \times 0.5^2 \times 4.5^3 \right] \text{m}^3$$
$$= (18.15 \times 13.45 \times 4.5 + 7.59) \text{m}^3$$
$$= 1106.12 \text{m}^3$$

【注释】 15.3 为基坑底面的长度，0.3 为一端工作面宽度，4.5 为基坑深度，0.5 为放坡系数，10.6 为基坑底面宽度，最后一项为基坑四角角锥的体积。

说明：清单工程量计算以构筑物最大水平投影面积乘以坑底到地面的平均深度计算，而定额按图示尺寸以体积计算其工程量。

地坑放坡时四角的角锥体体积表

表 1-5

单位：m³

坑深(m) \ 放坡系数(K)	0.10	0.25	0.33	0.5	0.67	0.75	1.00
4.00	0.21	1.33	2.32	5.33	9.58	12.00	21.33
4.10	0.23	1.44	2.50	5.74	10.31	12.92	22.97
4.20	0.25	1.54	2.69	6.17	11.09	13.89	24.69
4.30	0.27	1.66	2.89	6.63	11.90	14.91	26.50
4.40	0.28	1.78	3.09	7.10	12.75	15.97	28.39
4.50	0.30	1.90	3.31	7.59	13.64	17.09	30.38
4.60	0.32	2.03	3.53	8.11	14.56	18.25	32.45
4.70	0.35	2.16	3.77	8.65	15.54	19.47	34.61
4.80	0.37	2.30	4.01	9.22	16.55	20.74	36.86
4.90	0.39	2.45	4.27	9.80	17.60	22.06	39.21
5.00	0.42	2.60	4.54	10.42	18.70	23.44	41.67

项目编码：040101001   项目名称：挖一般土方

项目编码：040103001   项目名称：回填方

【例 5】 某市修建一大型中心广场，其场地方格网如图 1-7 所示，方格边长 $a=50$m，试计算其土方量（三类土，填方密实度为 95%，余土运至 3km 处弃置）。

【解】 (1)清单工程量

1)计算施工高程(图 1-8)：施工高程＝地面实测标高－设计标高，"－"号表示为填方，"＋"表示为挖方。

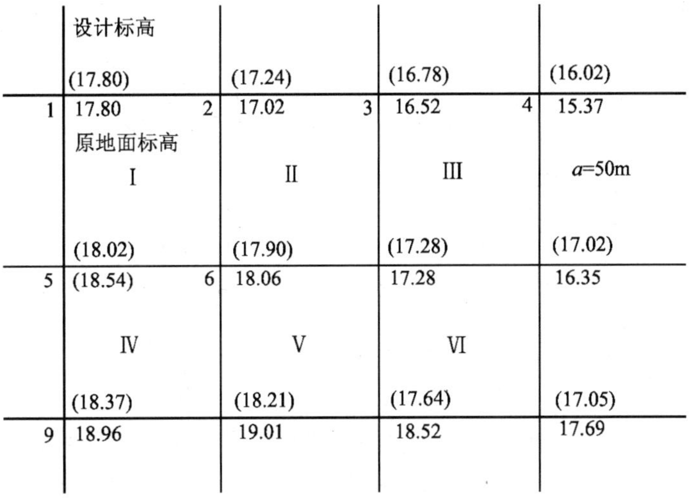

设计标高			
(17.80)	(17.24)	(16.78)	(16.02)
1　17.80　2	17.02　3	16.52　4	15.37
原地面标高 I	II	III	a=50m
(18.02)	(17.90)	(17.28)	(17.02)
5　(18.54)　6	18.06	17.28	16.35
IV	V	VI	
(18.37)	(18.21)	(17.64)	(17.05)
9　18.96	19.01	18.52	17.69

图 1-7　场地方格网坐标图

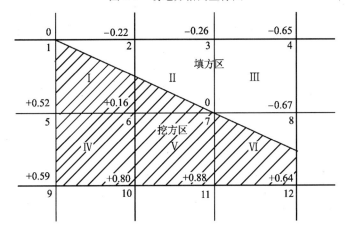

图 1-8　施工高程计算图

$$h_1=(17.80-17.80)\text{m}=0\text{m}$$
$$h_2=(17.02-17.24)\text{m}=-0.22\text{m}$$
$$h_3=(16.52-16.78)\text{m}=-0.26\text{m}$$
$$h_4=(15.37-16.02)\text{m}=-0.65\text{m}$$
$$h_5=(18.54-18.02)\text{m}=0.52\text{m}$$
$$h_6=(18.06-17.90)\text{m}=0.16\text{m}$$
$$h_7=(17.28-17.28)\text{m}=0\text{m}$$
$$h_8=(16.35-17.02)\text{m}=-0.67\text{m}$$
$$h_9=(18.96-18.37)\text{m}=0.59\text{m}$$
$$h_{10}=(19.01-18.21)\text{m}=0.80\text{m}$$
$$h_{11}=(18.52-17.64)\text{m}=0.88\text{m}$$
$$h_{12}=(17.69-17.05)\text{m}=0.64\text{m}$$

2) 确定零线

计算零点边长 $$X=\frac{ah_1}{h_1+h_2}$$

方格Ⅵ中： $h_1=-0.67\text{m}$ 　$h_2=0.64\text{m}$ 　$a=50\text{m}$

代入公式 $x=\dfrac{50\times0.67}{0.67+0.64}\text{m}=25.57\text{m}$

$$a-x=(50-25.57)\text{m}=24.43\text{m}$$

方格Ⅰ中： $h_1=-0.22\text{m}$ 　$h_2=0.16\text{m}$ 　$a=50\text{m}$

代入公式 $x=\dfrac{50\times0.22}{0.22+0.16}\text{m}=28.95\text{m}$

$$a-x=21.05\text{m}$$

【注释】 零点在相邻角点为一挖一填的方格边线上，由施工高程计算图知 2-6、8-12 边线两端角点的施工高程符号不同，则存在零点。-0.67 为角点 8 的施工高程，0.64 为角点 12 的施工高程，50 为方格边长，25.57 为 8-12 边线上零点距角点 8 的距离，24.43 为 8-12 边线上零点距角点 12 的距离，-0.22 为角点 2 的施工高程，0.16 为角点 6 的施工高程，28.95 为 2-6 边线上零点距角点 2 的距离，21.05 为 2-6 边线上零点距角点 6 的距离。

3) 计算土方量

方格Ⅰ、Ⅱ底面为两个三角形：

①三角形 137：$V_\text{填}=\dfrac{1}{6}\times0.26\times50\times100\text{m}^3=216.67\text{m}^3$

②三角形 157：$V_\text{挖}=\dfrac{1}{6}\times0.52\times50\times100\text{m}^3=433.33\text{m}^3$

【注释】 0.26 为 137 填方底面的直角边长，50 为方格网边长，100 为填方长度，0.52 为 157 挖方底面的直角边长。

方格Ⅲ、Ⅳ、Ⅴ底面为正方形公式：$V=\dfrac{a^2}{4}(h_1+h_2+h_3+h_4)=\dfrac{a^2}{4}\sum h$

①Ⅲ：$V_\text{填}=\dfrac{50^2}{4}\times(0.26+0.65+0.67)\text{m}^3=987.5\text{m}^3$

②Ⅳ：$V_\text{挖}=\dfrac{50^2}{4}\times(0.52+0.16+0.59+0.8)\text{m}^3=1293.75\text{m}^3$

③Ⅴ：$V_\text{挖}=\dfrac{50^2}{4}\times(0.16+0.8+0.88)\text{m}^3=1150\text{m}^3$

【注释】 方格Ⅲ为全填区，方格Ⅳ、Ⅴ为全挖区，50 为方格边长即全挖区与全填区底面的边长，小括号内为填（挖）方的平均高度。

方格Ⅵ底面为一个三角形和一个梯形

①三角形：$V_\text{填}=\dfrac{1}{6}\times0.67\times(50\times25.57)\text{m}^3=142.77\text{m}^3$

②梯形：$V_\text{挖}=\dfrac{1}{8}\times(50+24.43)\times50\times(0.64+0.88)\text{m}^3=707.09\text{m}^3$

【注释】 方格Ⅵ为一填三挖区，25.57 为 8-12 边线上零点距角点 8 的距离，0.67 为角点 8 的填方高度，24.43 为零点距角点 12 的距离，0.64 为角点 12 的挖方高度，0.88

为角点 11 的挖方高度。

4）全部挖方量：$\sum V_{挖}=(433.33+1293.75+1150+707.09)m^3=3584.17m^3$

全部填方量：$\sum V_{填}=(216.67+987.5+142.77)m^3=1346.94m^3$

余土弃运：$V=(3584.17-1346.94)m^3=2237.23m^3$

【注释】 余土弃运工程量＝挖方工程量－填方工程量。

清单工程量计算见表 1-6。

清单工程量计算表　　　　　　　　　　　　　　　　　　表 1-6

序号	项目编码	项目名称	项目特征描述	计量单位	工程量
1	040101001001	挖一般土方	三类土	m^3	3584.17
2	040103001001	回填方	密实度 95%	m^3	1346.94
3	040103002001	余方弃置	余方弃置，运距 3km	m^3	2237.23

（2）定额工程量

定额工程量同清单工程量。

项目编码：040101004　　项目名称：暗挖土方

【例6】 某隧道工程采用竖井增加工作面，竖井深度为100m，竖井直径为5m，其平面图与断面图如图 1-9、图 1-10 所示。采用人工开挖，土质为四类土，井内衬砌厚度为25cm，试计算其挖土方工程量。

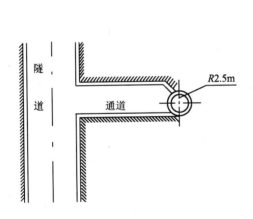

图 1-9　竖井平面图（单位：mm）

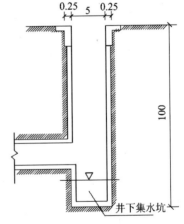

图 1-10　竖井断面图（单位：m）

【解】 （1）清单工程量

$$V=\pi\times(2.5+0.25)^2\times100m^3=2374.63m^3$$

【注释】 竖井挖土方工程量按图示尺寸以体积计算，2.5 为竖井内半径（$5\div2=2.5$），0.25 为井内衬砌的厚度，100 为竖井的深度。

清单工程量计算见表 1-7。

清单工程量计算表　　　　　　　　　　　　　　　　　　表 1-7

项目编码	项目名称	项目特征描述	计量单位	工程量
040101004001	暗挖土方	四类土，深100m	m^3	2374.63

（2）定额工程量

定额工程量同清单工程量。

项目编码：040101003   项目名称：挖基坑土方

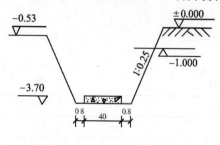

图 1-11 基坑示意图（单位：m）

【例 7】 一基础底部尺寸为 30m×40m，埋深为−3.70m，如图 1-11 所示，基坑底部尺寸每边比基础底部放宽 0.8m，原地面线平均标高为−0.530m，地下水位为−1.500m，已知−8.000m 以上为黏质粉土，−8.000m 以下为不透水黏土层，基坑开挖为四面放坡，边坡坡度为 1：0.25。采用轻型井点降水，试计算该基础的挖土方工程量。

【解】 （1）清单工程量

$$V = 40 \times 30 \times (3.70 - 0.53) m^3 = 3804 m^3$$

【注释】 40 为基础底面垫层的宽度，3.70 为基础底面标高，0.53 为基础顶面标高，30 为基础底面垫层的长度。

清单工程量计算见表 1-8。

清单工程量计算表

表 1-8

项目编码	项目名称	项目特征描述	计量单位	工程量
040101003001	挖基坑土方	黏土，深 3.17m	m³	3804

（2）定额工程量

$$V = \{[40 + 2 \times 0.8 + 0.25 \times (3.7 - 0.53)] \times [30 + 2 \times 0.8 + 0.25 \times (3.7 - 0.53)]$$

$$\times (3.7 - 0.53) + \frac{1}{3} \times 0.25^2 \times (3.7 - 0.53)^3 \} m^3$$

$$= 4353.70 m^3$$

【注释】 定额工程量按图示设计尺寸以体积计算。40 为基础底面垫层的宽度，0.8 为基础底面一侧预留工作面宽度，0.25 为放坡系数，3.7 为基础底面标高，0.53 为基础顶面标高，30 为基础底面垫层的长度，最后一项为基础四角角锥的体积。

说明：采用井点降水的土方应按干土计算。

项目编码：040101002   项目名称：挖沟槽土方

【例 8】 如图 1-12 所示，某沟槽长 150m，槽深 2.5m，人工开挖，三类土，混凝土垫层宽 1.20m，砖石基础，一面放坡，一面支挡板，求挖沟槽土方体积。

【解】 人工开挖三类土，查表得放坡系数 $K = 0.33$

砖石基础增加工作面宽查表为 $C = 0.2m$

（1）清单工程量

$$V = 1.2 \times 150 \times 2.5 m^3 = 450 m^3$$

【注释】 管道沟槽清单工程量，应按地面线以下

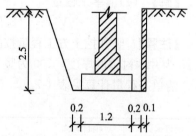

图 1-12 沟槽示意图（单位：m）

的构筑物最大水平投影面积乘以平均挖土深度以体积计算。1.2 为基础垫层的宽度,2.5 为沟槽深度,150 为沟槽长度。

清单工程量计算见表 1-9。

清单工程量计算表　　　　　　　　　　　　　　表 1-9

项目编码	项目名称	项目特征描述	计量单位	工程量
040101002001	挖沟槽土方	三类土,深 2.5m	m³	450

(2)定额工程量

$$(1.2+0.2\times2+0.1+\frac{1}{2}\times0.33\times2.5)\times2.5\times150\text{m}^3=792.19\text{m}^3$$

【注释】 定额工程量按图示设计尺寸以体积计算。1.2 为基础垫层的宽度,0.2 为一端预留工作面宽度,0.1 为一端支挡土板的厚度,0.33 为三类土的放坡系数,2.5 为沟槽深度,150 为沟槽长度。

　　项目编码:040101003　　项目名称:挖基坑土方
　　项目编码:040103001　　项目名称:回填方

【例9】 如图 1-13 所示,该基坑为矩形放坡,不支挡土板,留工作面,室外标高为 -0.300m,采用人工开挖,土质为四类,求该基坑的挖土工程量,回填土工程量,取土或余土外运工程量(填方密实度为 95% 余土运至 3km 处弃置)。

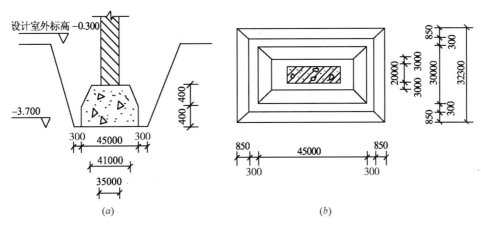

图 1-13　基坑示意图
(a)断面图;(b)平面图

【解】 由人工开挖四类土可知 $K=0.25$

(1) 清单工程量

1) 挖土工程量

$$V_1=45\times30\times(3.7-0.3)\text{m}^3=4590\text{m}^3$$

【注释】 45 为基坑底面构筑物的长度,3.7 为基础底面标高,0.3 为设计室外标高,30 为基坑底面构筑物的宽度。

2) 填土工程量

$$\frac{x}{x+0.4}=\frac{41}{45}\qquad x=4.1\text{m}\qquad x+0.4=4.5$$

$$V_2 = \{4590 - [45 \times 30 \times 0.4 + \frac{0.4}{6} \times [45 \times 30 + 41 \times 26 + (45+41) \times (30+26)] + 35 \times$$
$$20 \times (3.7-0.3-0.8)]\} m^3$$
$$= \{4590 - [540 + 482.13 + 1820]\} m^3$$
$$= 1747.87 m^3$$

【注释】 填土工程量等于挖方体积减去设计室外地坪以下埋设构筑物所占的体积，4590 为挖方总体积，45 为构筑物垫层底面立方体的长度，30 为立方体的宽度，0.4 为立方体的高度，35 为构筑物的长度，20 为构筑物的宽度，0.8 为垫层的厚度即(0.4+0.4)。

3）余土外运工程量

$$V_3 = (4590 - 1747.87) m^3 = 2842.13 m^3$$

【注释】 余土外运工程量＝挖土工程量－填土工程量。

清单工程量计算见表 1-10。

清单工程量计算表 表 1-10

序号	项目编码	项目名称	项目特征描述	计量单位	工程量
1	040101003001	挖基坑土方	四类土，深 3.4m	m³	4590
2	040103001001	回填方	密实度 95%	m³	1747.87
3	040103002001	余方弃置	余方弃置，运距 3km	m³	2842.13

（2）定额工程量

1）挖土工程量

$$V_1 = \{[45+2 \times 0.3+0.25 \times (3.7-0.3)] \times [30+2 \times 0.3+0.25 \times (3.7-0.3)] \times (3.7-$$
$$0.3) + \frac{1}{3} \times 0.25^2 \times (3.7-0.3)^3\} m^3$$
$$= (46.45 \times 31.45 \times 3.4 + 0.82) m^3$$
$$= 4967.72 m^3$$

2）填土工程量

$$V_2 = \{4967.72 - [45 \times 30 \times 0.4 + \frac{0.4}{6} \times [45 \times 30 + 41 \times 26 + (45+41) \times (30+26)] +$$
$$35 \times 20 \times (3.7-0.3-0.8)]\} m^3$$
$$= 2125.59 m^3$$

3）余土外运工程量

$$V_3 = (4967.72 - 2125.59) m^3 = 2842.13 m^3$$

项目编码：**040701001** 项目名称：**场地平整**

【例 10】 根据图 1-14 计算人工平整场地工程量。

【解】（1）定额工程量

$$S_平 = S_底 + 2L_外 + 16$$

代入数据计算得：

$$S_平 = 20 \times 10 + 2 \times (20+10) + 16$$
$$= 276 m^2$$

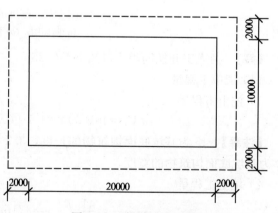

图 1-14 平整场地示意图

【注释】 20 为建筑物外墙外边线的长度，10 为外墙外边线的宽度，$L_外$ 为外墙外边线周长（m），16＝2×2×4，表示四个角所增加的面积，其中 2 是外墙外边线每边增加的长度。

（2）清单工程量

清单工程量同定额工程量。

说明：平整场地是指建筑物或构筑物场地厚度在±30cm 以内的场地挖填土及找平工作。

上式中 $S_底$ 为底层建筑面积（m²），$L_外$ 为外墙外边线周长（m）。

项目编码：040101003   项目名称：挖基坑土方

【例 11】 某桥梁工程中采用挖孔桩，其结构示意图如图 1-15、图 1-16 所示，试计算该挖孔桩的土方工程量（三类土）。

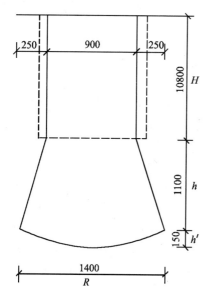

图 1-15 挖孔桩示意图

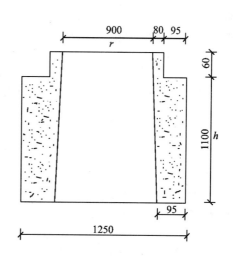

图 1-16 挖孔桩结构示意图

【解】 （1）清单工程量

1）桩身部分

$$V_1 = \pi r^2 H = \pi \times \left(\frac{1.25}{2}\right)^2 \times 10.8 \text{m}^3 = 13.25 \text{m}^3$$

【注释】 1.25 为桩身外径，10.8 为桩身长度。

2）圆台部分

$$V_2 = \frac{1}{3}\pi h(r^2 + R^2 + rR)$$

$$= \frac{\pi}{3} \times 1.1 \times \left[\left(\frac{0.9}{2}\right)^2 + \left(\frac{1.4}{2}\right)^2 + \frac{0.9}{2} \times \frac{1.4}{2}\right]\text{m}^3$$

$$= 1.06 \text{m}^3$$

【注释】 0.9 为圆台顶圆半径，1.4 为圆台底圆半径，1.1 为圆台高度。

3）球冠部分

$$R' = \frac{R^2 + h'^2}{2h'} = \frac{\left(\frac{1.4}{2}\right)^2 + 0.15^2}{2 \times 0.15} \text{m} = 1.71\text{m}$$

$$V_3 = \pi h'^2 \left(R' - \frac{h'}{3}\right) = \pi \times 0.15^2 \times \left(1.71 - \frac{0.15}{3}\right)\text{m}^3 = 0.12\text{m}^3$$

【注释】 1.4 为球冠部分对应的圆面直径，0.15 为球冠的高度。

挖孔桩挖土方工程量

$$V = V_1 + V_2 + V_3 = (13.25 + 1.06 + 0.12)\text{m}^3 = 14.43\text{m}^3$$

清单工程量计算见表 1-11。

清单工程量计算表　　　　　　　　　　　　　　表 1-11

项目编码	项目名称	项目特征描述	计量单位	工程量
040101003001	挖基坑土方	三类土	m³	14.43

（2）定额工程量

定额工程量同清单工程量。

项目编码：040701001　　项目名称：场地平整

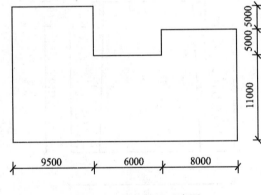

图 1-17　平整场地示意图

【例12】 根据图 1-17 计算人工平整场地工程量。

【解】 清单工程量

该建筑物底层面积为：

$$S_d = (9.5 \times 21 + 6 \times 11 + 8 \times 16)\text{m}^2 = 393.5\text{m}^2$$

$$S_平 = S_d = 393.5\text{m}^2$$

【注释】 9.5 为建筑物左边外墙外边线长度，21 为左边横向外墙的宽度即（11+5×2），6 为建筑物纵向外墙中间部分的长度，11 为建筑物中间部分的宽度，8 为纵向外墙右侧部分的长度，16 为建筑物右边横向外墙的宽度即（11+5）。

项目编码：040101001　　项目名称：挖一般土方

项目编码：040103001　　项目名称：回填方

【例13】 某市四号道路一段修筑起点 K1+200，终点 K1+325，如图 1-18 所示，路面采用沥青混凝土铺筑，路面宽度 16m，路肩各宽 1.5m，土质为三类土，余方运至 5km 处弃置，填方要求密实度达到 95%，试用横断面法计算该段道路的土方量。

【解】（1）清单工程量

各个截面面积可套用公式计算，如：

$$F = h\left[b + \frac{h(m+n)}{2}\right] \text{（图 1-19）}$$

设各桩号的填（挖）方横断面积见表 1-12，可根据公式 $V = \frac{1}{2}(F_1 + F_2) \times L$ 计算土方量，例如：K1+200 挖方 16.2m²，填方 7.4m²，K1+250 挖方 8.7m²，填方 6.8m²，$L = 50$m。

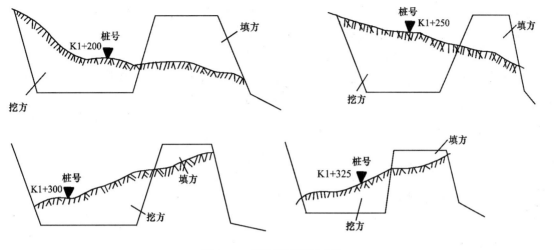

图 1-18　道路横断面示意图

$$则\ V_{挖方}=\frac{1}{2}\times(16.2+8.7)\times50m^3=622.5m^3$$

$$V_{填方}=\frac{1}{2}\times(7.4+6.8)\times50m^3=355m^3$$

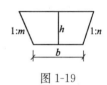

图 1-19

土方量计算表　　　　　　　　　　　　　　　　　　　表 1-12

桩　　号	土方面积(m²)		平均面积(m²)		距离 (m)	土方量(m³)	
	挖方	填方	挖方	填方		挖方	填方
K1+200	16.2	7.4	12.45	7.1	50	622.5	355
K1+250	8.7	6.8	9.1	3.4	50	455	170
K1+300	9.5						
K1+325		3.2	4.75	1.6	25	118.75	40

清单工程量计算见表 1-13。

清单工程量计算表　　　　　　　　　　　　　　　　表 1-13

序号	项目编码	项目名称	项目特征描述	计量单位	工程量
1	040101001001	挖一般土方	三类土	m³	1196.25
2	040103001001	回填方	密实度95%	m³	565

（2）定额工程量

定额工程量同清单工程量。

项目编码：**040101002**　　　项目名称：**挖沟槽土方**

项目编码：**040103001**　　　项目名称：**回填方**

【**例 14**】　某市政工程埋设一污水管道，管外径 1500mm，管道长 250m，采用混凝土管，埋设深度为 2.5m，其沟槽示意图如图 1-20 所示，求该管道沟槽的挖土工程量，填土工程量，余方运土工程量（三类土，填土密实度达 95%，余方运至 2km 处弃置）。

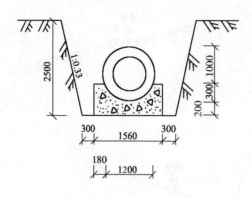

图 1-20　沟槽示意图

【解】　(1) 清单工程量

1)挖土工程量

$$V_1 = 1.56 \times 2.5 \times 250 \text{m}^3 = 975 \text{m}^3$$

【注释】　管道沟槽清单工程量按地面线以下的构筑物最大水平投影面积乘以平均挖土深度计算以体积计算。1.56 为沟槽底面垫层的宽度，2.5 为沟槽深度，250 为沟槽长度。

2) 填土工程量

由于混凝土管外径大于 500mm，因此其填土扣除管体积可查表得 1.55m³/m。

$$管座截面积 = (1.56 \times 0.5 - \frac{2 \arccos \frac{0.45}{0.75}}{180} \times \frac{1}{2} \pi \times 0.75^2 + \frac{1}{2} \times 1.2 \times 0.45) \text{m}^2$$

$$= 0.53 \text{m}^2$$

【注释】　1.56 为沟槽底面垫层宽度，0.5 为垫层厚度即(0.2+0.3)，0.45 为污水管道中心距垫层顶面垂直距离即(1.5/2−0.3)，0.75 为管道的半径即 1.5/2，1.2 为垫层顶面与管道接触面的宽度。

管回填土体积 $V_2 = (975 - 1.55 \times 250 - 0.53 \times 250) \text{m}^3 = 455 \text{m}^3$

【注释】　按照定额规定工程量计算原则计算，管沟回填土应扣除管径在 200mm 以上的管道、基础、垫层和各种构筑物所占的体积。(查第一册《通用项目》第一章《土石方工程量》计算规则第 6 条)。

3) 余方运土工程量

$$V_3 = (975 - 455) \text{m}^3 = 520 \text{m}^3$$

清单工程量计算见表 1-14。

清单工程量计算表 表 1-14

序号	项目编码	项目名称	项目特征描述	计量单位	工程量
1	040101002001	挖沟槽土方	三类土，深 2.5m	m³	975
2	040103001001	回填方	密实度 95%	m³	455
3	040103002001	余方弃置	余方弃置，运距 2km	m³	520

(2) 定额工程量

1) 挖土工程量

$$V_1 = (1.56 + 0.3 \times 2 + 2.5 \times 0.33) \times 2.5 \times 250 \text{m}^3 = 1865.63 \text{m}^3$$

2) 填土工程量

$$V_2 = [1865.63 - (0.53 + 1.55) \times 250] \text{m}^3 = 1345.63 \text{m}^3$$

3) 余方运土工程量

$$V_3 = (1865.63 - 1345.63) \text{m}^3 = 520 \text{m}^3$$

【注释】　定额工程量按图示设计尺寸以体积计算。1.56 为沟槽底面垫层的宽度，0.3 为一端预留工作面的宽度，2.5 为沟槽深度，0.33 为放坡系数，250 为沟槽长度，

1865.63 为挖土总体积，0.53 为管座截面积，1.55 为每米管道的体积。

项目编码：040101002 **项目名称：挖沟槽土方**

项目编码：040103001 **项目名称：回填方**

【例 15】 某项给水排管工程，管径为 1000mm，排管长度 500m，梯形沟槽，挖土深度为 3.7m，如图 1-21 所示，采用机械挖土，在城郊施工，求该工程中的土方工程部分的工程量(填土密实度 95%)。

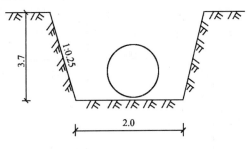

图 1-21 沟槽断面图

【解】 (1)定额工程量

1) 挖土体积

梯形沟槽挖土体积公式：

$$V_{wt} = L \times [b + (H-h) \times f] \times (H-h) \times 1.025$$

$$\therefore \quad V_1 = 500 \times (2.0 + 3.7 \times 0.25) \times 3.7 \times 1.025 \text{m}^3 = 5570.23 \text{m}^3$$

【注释】 500 为沟槽的长度，2.0 为沟槽底面宽度，3.7 为沟槽深度，0.25 为放坡系数，1.025 为机械开挖系数。

2) 湿土排水体积

梯形沟槽湿土排水体积

$$V_{st} = L \times [b + (H-1) \times f] \times (H-1) \times 1.025$$

$$\therefore \quad V_2 = 500 \times [2.0 + (3.7-1) \times 0.25] \times (3.7-1) \times 1.025 \text{m}^3$$
$$= 3701.53 \text{m}^3$$

【注释】 500 为沟槽长度，3.7 为沟槽深度，1 为干土的深度。

3) 回填土工程量

$$V_3 = \left[5570.23 - \pi \left(\frac{1}{2}\right)^2 \times 500\right] \text{m}^3 = 5177.53 \text{m}^3$$

【注释】 回填土工程量等于挖土总体积减去设计地坪以下埋设的构筑物体积计算，5570.23 为挖土总体积，1 为管直径，500 为管长度。

(2) 清单工程量

1) 挖土体积 $V_1 = 2.0 \times 500 \times 3.7 \text{m}^3 = 3700 \text{m}^3$

2) 湿土排水体积

湿土最上表面的截面宽度：$x = 3.35 \text{m}$

$$V_2 = 2 \times 500 \times (3.7-1) \text{m}^3 = 2700 \text{m}^3$$

3) 回填土工程量

$$V_3 = \left[3700 - \pi \left(\frac{1}{2}\right)^2 \times 500\right] \text{m}^3 = 3307.5 \text{m}^3$$

清单工程量计算见表 1-15。

清单工程量计算表　　　　　　　　　　表 1-15

序号	项目编码	项目名称	项目特征描述	计量单位	工程量
1	040101002001	挖沟槽土方	四类土，深 3.7m	m³	3700
2	040103001001	回填方	密实度 95%	m³	3307.5

说明：定额工程量计算是按图示尺寸以体积计算，排管沟槽为梯形，因此其所需增加的开挖土方量应按沟槽总土方量2.5%计算。若为矩形，应按7.5%计算，当沟槽深度超过1m时，可计取湿土排水费用。

清单工程量计算挖沟槽应按构筑物最大水平投影面积，乘以室外设计标高到槽底的深度所得的工程量，在其他方面无定额中那些规定。

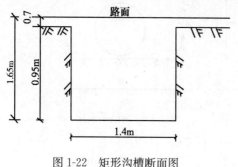

图1-22 矩形沟槽断面图

项目编码：040101002　项目名称：挖沟槽土方

项目编码：040103001　项目名称：回填方

【例16】 某项煤气排管工程，管径为DN600，排管长度700m，管位在城市道路人行道上，路面结构层厚70cm，采用人工挖土，矩形沟槽如图1-22所示，求该工程中的土方工程部分的工程量。

【解】 （1）定额工程量

1）挖土工程量

$$V_1 = 1.4 \times (1.65 + 0.25 - 0.7) \times 700 \times 1.075 \text{m}^3$$
$$= 1264.2 \text{m}^3$$

【注释】 1.4为沟槽底面宽度，1.65为路面高度，0.25为管道沟槽增加深度，0.7为路面结构层的厚度，700为沟槽长度，1.075为开挖土方量的增加倍数。

2）湿土排水工程量

$$V_2 = 1.4 \times (1.65 + 0.25 - 1) \times 700 \times 1.075 \text{m}^3 = 948.15 \text{m}^3$$

【注释】 当沟槽深度超过1m时，可计取湿土排水费用。1为干土的深度。

3）回填土工程量

$$V_3 = (1264.2 - 948.15) \text{m}^3 = 316.05 \text{m}^3$$

【注释】 定额工程量按图示设计尺寸以体积计算。

（2）清单工程量

1）挖土工程量

$$V_1 = 1.4 \times (1.65 - 0.7) \times 700 \text{m}^3 = 931 \text{m}^3$$

2）湿土排水工程量

$$V_2 = 1.4 \times (1.65 - 1) \times 700 \text{m}^3 = 637 \text{m}^3$$

3）回填土工程量

$$V_3 = (931 - 637) \text{m}^3 = 294 \text{m}^3$$

【注释】 1.4为沟槽底面宽度，1.65为路面高度，0.7为路面结构层的厚度，700为沟槽长度，1为干土的深度。

清单工程量计算见表1-16。

清单工程量计算表 表 1-16

序号	项目编码	项目名称	项目特征描述	计量单位	工程量
1	040101002001	挖沟槽土方	深 0.95m	m³	1264.20
2	040103001001	回填方	密实度 95%	m³	316.05

说明：人工煤气管道工程排管沟槽的深度应在其他管道沟槽规定的深度上增加0.25m，定额中还规定矩形沟槽所增加的开挖土方量应按沟槽总土方量的 7.5% 计算。

项目编码：040101002 项目名称：挖沟槽土方

【例17】 某沟槽开挖，其结构如图 1-23 所示，管道为直径 1000mm 的铸铁管，混凝土基础宽度为 1.4m，采用人工支护开挖，土质为三类土。设沟槽长度为 100m，$H=-0.250m$，$h=-4.750m$，试计算其挖土工程量。

【解】 (1) 清单工程量

$V=1.4\times(4.750-0.250)\times100m^3=630m^3$

【注释】 1.4 为沟槽底面宽度，4.750 为原地面平均高度，0.250 为设计沟底平均标高，100 为沟槽长度。

清单工程量计算见表 1-17。

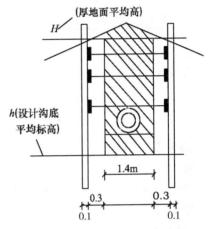

图 1-23 沟槽断面图

清单工程量计算表 表 1-17

项目编码	项目名称	项目特征描述	计量单位	工程量
040101002001	挖沟槽土方	三类土	m³	630

(2) 定额工程量

$$V=(1.4+0.3\times2+0.2)\times(4.750-0.250)\times100\times1.025m^3$$
$$=2.2\times4.5\times100\times1.025m^3$$
$$=1014.75m^3$$

【注释】 1.4 为沟槽底面构筑物的宽度，0.3 为一端预留工作面宽度，0.2 为支挡土板的厚度。

说明：铸铁管道沟槽其接口等处的土方增加量可按其沟槽土方总量的 2.5% 计算，其他管道沟槽的接口处土方增加量可不另行计算。

项目编码：040102002 项目名称：挖沟槽石方

【例18】 某排水工程开挖沟槽，其截面图如图 1-24 所示，采用机械开挖，该工程地质为六类岩石，沟槽全长 400m，其中有 26m 的黏土地质，试计算该工程的石方开挖量。

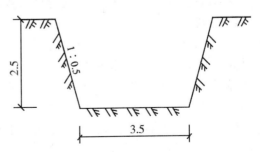

图 1-24 沟槽横断面图（单位：m）

【解】 （1）清单工程量

$$V = 3.5 \times (400 - 26) \times 2.5 \text{m}^3 = 3272.5 \text{m}^3$$

【注释】 清单工程量按原地面线以下按构筑物最大水平投影面积乘以挖土深度以体积计算。3.5 为沟槽底面宽度，2.5 为沟槽深度，400 为沟槽长度，26 为黏土的长度。

清单工程量计算见表 1-18。

清单工程量计算表　　　　　　　　　　　　　　　　　　表 1-18

项目编码	项目名称	项目特征描述	计量单位	工程量
040102002001	挖沟槽石方	六类岩石，深 2.5m	m³	3272.5

（2）定额工程量

六类岩石每边允许超挖量为 20cm。

$$\therefore \quad V = (3.5 + 2.5 \times 0.5 + 0.2 \times 2) \times 2.5 \times (400 - 26) \text{m}^3$$
$$= 4815.25 \text{m}^3$$

【注释】 定额工程量按图示设计尺寸以体积计算。0.2 为一端允许超挖量，0.5 为放坡系数。

说明：石方工程量清单计算同土方工程沟槽土方量计算，在定额计算中需根据岩石类别增加超挖量。

【例 19】 某工程在排水管道施工中，由于沟槽两侧埋设有电缆线，不能大开挖，需采用支撑防护，拟采用竖板、横撑，该段沟槽长 100m，宽 3.2m，深 2.5m，如图 1-25 所示，上层 1.0m，下层 1.5m，采用支撑，求支撑面积。

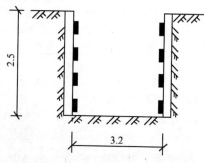

图 1-25　沟槽示意图（单位：m）

【解】 （1）清单工程量

$$S_{支撑} = 2.5 \times 100 \times 2 \text{m}^2 = 500 \text{m}^2$$

【注释】 支撑防护工程量按面积计算。2.5 为沟槽深度，100 为沟槽长度，2 为支撑面的数量。

（2）定额工程量

定额工程量同清单工程量。

说明：当槽坑宽度＞4.1m 时，两侧按一侧支撑土板考虑，按槽坑一侧挡土板面积计算时，工日数乘以 1.33，除挡土板外，其他材料乘系数 2.0，定额中均按横板、竖撑计算，如采用竖板、横撑，其人工工日乘系数 2.0。

项目编码：040101005　　项目名称：挖淤泥

【例 20】 某市需新修一条河流支道，河道宽 4m，深 3m，全长 320m，地下水位为 −1.50m，如图 1-26 所示，地下水位下为淤泥，因此在开挖时采用人工开挖，机械排水，试计算该工程的挖淤泥工程量。

【解】 （1）清单工程量

$$V = 4 \times 320 \times 1.5 \text{m}^3 = 1920 \text{m}^3$$

【注释】 4 为沟槽底面宽度，1.5 为地下水位的标高，320 为沟槽长度。

清单工程量计算见表 1-19。

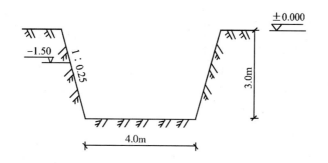

图 1-26 沟槽断面图

清单工程量计算表　　　　　　　　　　　　　　　　表 1-19

项目编码	项目名称	项目特征描述	计量单位	工程量
040101005001	挖淤泥	深3m	m³	1920

（2）定额工程量

$$V=(4.0+1.5\times0.25)\times1.5\times320m^3=2100m^3$$

【注释】　定额工程量按图示设计尺寸以体积计算。

项目编码：040101004　　项目名称：暗挖土方

【例 21】　某城市隧道工程采用浅埋暗挖法施工，利用上台阶分部开挖法，设该隧道总长500m，采用机械开挖，四类土质，其暗挖横截面如图 1-27 所示，试求该隧道暗挖土方量。

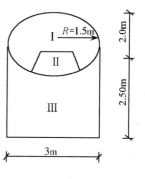

图 1-27　暗挖土方示意图

【解】　（1）清单工程量

$$V=(3\times2.5+\pi R^2-\frac{\pi R^2}{360}\cdot2\arccos\frac{0.5}{1.5}+2\times\frac{1}{2}\times0.5\times$$

$$\sqrt{1.5^2-0.5^2})\times500m$$

$$=(7.5+4.299+0.708)\times500m^3$$

$$=6253.5m^3$$

【注释】　3为隧道底面宽度，2.5为Ⅲ与Ⅱ部分的深度，0.5为Ⅰ部分的中心距Ⅱ部分上表面的高度即(2.0－1.5)，1.5为Ⅰ部分圆的半径，500为隧道长度。

清单工程量计算见表 1-20。

清单工程量计算表　　　　　　　　　　　　　　　　表 1-20

项目编码	项目名称	项目特征描述	计量单位	工程量
040101004001	暗挖土方	四类土	m³	6253.5

（2）定额工程量

定额工程量同清单工程量。

项目编码：040101003　　项目名称：挖基坑土方

【例 22】　有某一圆形基坑的混凝土基础，如图 1-28 所示自垫层上表面放坡，基础底

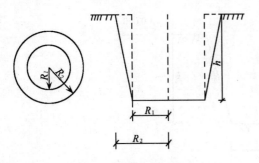

图 1-28 圆形基坑断面图

部垫层半径 4m 垫层厚 0.3m，挖土深 $h=4.8m$，工作面每边各增加 0.5m，场地土质为三类土，人工挖土，试计算挖土工程量。

【解】（1）清单工程量

如图 1-28 所示，圆形基坑，工程量计算公式如下：

$$V=\pi hR^2=\pi\times4.8\times4^2=241.27m^3$$

式中 $R_1=R$——基坑底垫层半径，m。

清单工程量计算见表 1-21。

清单工程量计算表 表 1-21

项目编码	项目名称	项目特征描述	计量单位	工程量
040101003001	挖基坑土方	三类土，深 4.8m	m³	241.27

（2）定额工程量

$$V=\frac{1}{3}\pi h_1(R_1{}^2+R_1R_2+R_2{}^2)+\pi R^2h_2$$

式中 $R_1=R+C$——基坑底挖土半径，m；

$R_2=R_1+kh$——基坑上口挖土半径，m。

查表 1-22 放坡系数表，查得 $K=0.33$

$$R_1=R+C=(4+0.5)m=4.5m$$

$$R_2=R_1+kh=(4.5+0.33\times4.8)m=6.08m$$

放坡系数表 表 1-22

土壤类别	放坡起点	人工挖土	机械挖土	
			在坑内作业	在坑上作业
一、二类土	1.20	1：0.5	1：0.33	1：0.75
三类土	1.50	1：0.33	1：0.25	1：0.67
四类土	2.00	1：0.25	1：0.10	1：0.33

则挖方量 $V=\frac{1}{3}\pi h_1(R_1{}^2+R_1R_2+R_2{}^2)+\pi R^2h_2$

$$=\left[\frac{1}{3}\pi\times4.5\times(4.5^2+4.5\times6.08+6.08^2)+3.14\times4^2\times0.3\right]m^3$$

$$=413.43m^3$$

【注释】 4 为基础底部垫层的半径，0.5 为一端工作面的宽度，4.5 为垫层以上基坑深度，0.33 为三类土的放坡系数，4.8 为挖土深度，基坑上口挖土半径；挖方量式子中，第一个 4.5 为垫层以上基坑深度，即 4.5＝4.8－0.3，0.3 为垫层的厚度。

说明：计算基坑工程量放坡时，放坡系数按全国统一建筑工程预算工程量计算原则计算，基坑中土壤类别不同时，分别按其放坡起点，放坡系数，依不同土壤厚度加权平均计算；计算放坡时，在交接处的重复工程量不予扣除，原槽、坑依基础垫层时，放坡自垫层上表面开始计算。基坑挖土体积以立方米计算。

项目编码：040102002　项目名称：挖沟槽石方

【例23】　某工程施工现场为坚硬岩石，外墙沟槽开挖（如图1-29所示），长度为90m，计算工程量。

【解】　（1）清单工程量

$$V = 1.50 \times 1.30 \times 90 \text{m}^3 = 175.5 \text{m}^3$$

清单工程量计算见表1-23。

清单工程量计算表　　　　　　　　　　　　　　　　表1-23

项目编码	项目名称	项目特征描述	计量单位	工程量
040102002001	挖沟槽石方	坚硬岩石，深1.5m	m³	175.5

（2）定额工程量

石方沟槽开挖工程量如图1-29所示尺寸另加允许超挖量以立方米计算。允许超挖厚度；次坚石为20cm，特坚石为15cm。其工程量计算公式为：

$$V = H(b + 2d + 2c)L = 1.50 \times (1.30 + 2 \times 0.15 + 0.3 \times 2) \times 90 = 297 \text{m}^3$$

【注释】　1.50为沟槽开挖深度，1.30为沟槽底面宽度，0.15为一端允许超挖厚度，0.3为一端预留工作面宽度，90为沟槽长度。

式中　V——石方沟槽开挖工程量（m³）；

d——允许超挖厚度（m）；

H——沟槽开挖深度（m）；

L——沟槽开挖长度（m）；

b——沟槽设计宽度，不包括工作面的宽度（m）；

c——工作面宽度（m）。

说明：槽底加宽应按图纸尺寸计算，如无明确规定，应可查表计算。

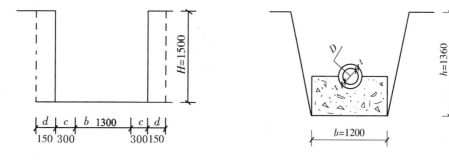

图1-29　沟槽横断面图　　　　　　　　图1-30　沟槽横断面示意图

项目编码：040101002　项目名称：挖沟槽土方

【例24】　某一铸铁管道沟槽开挖，土质为三类土，如图1-30所示，沟槽长度615m，试计算工程量。

【解】　（1）清单工程量

挖沟槽工程量应根据是否增加工作面，支挡土板，放坡和不放坡等具体情况分别计算。

清单工程量应按不放坡，不支挡土板，不留工作面计算。

$$V = b \times h \times l = 1.2 \times 1.36 \times 615 \text{m}^3 = 1003.68 \text{m}^3$$

【注释】 1.2 为沟槽底面垫层的宽度，1.36 为沟槽开挖深度，615 为沟槽长度。

式中　V——挖槽工程量(m^3)；

　　　b——槽底宽度(m)；

　　　h——挖土深度(m)；

　　　l——沟槽长度(m)。

清单工程量计算见表 1-24。

清单工程量计算表　　　　表 1-24

项目编码	项目名称	项目特征描述	计量单位	工程量
040101002001	挖沟槽土方	三类土，深 1.36m	m^3	1003.68

(2) 定额工程量

由题意知 $k = 0.33$

$$\begin{aligned} V &= (b+kh) \times h \times l \times 1.025 \\ &= (1.2+0.33 \times 1.36) \times 1.36 \times 615 \times 1.025 \text{m}^3 \\ &= 1379.06 \text{m}^3 \end{aligned}$$

k——放坡系数。

说明：清单工程量按原地面线以下按构筑物最大水平投影面积乘以挖土深度以体积计算。定额工程量按图示设计尺寸以体积计算，铺设铸铁给排水管道时，其接口等处的土方增加量可按管道沟槽土方总量的 2.5% 计算。1.2 为沟槽底面垫层的宽度，0.33 为放坡系数，1.36 为沟槽开挖深度，615 为沟槽长度。

项目编码：040101002　　项目名称：挖沟槽土方

【例 25】 某一排管工程，挖掘沟槽为混凝土基础垫层，沟槽长度 700m，试计算工程量(三类土)。

【解】 清单工程量

$$V = bhl = 1.2 \times 1.36 \times 700 \text{m}^3 = 1142.4 \text{m}^3$$

清单工程量计算见表 1-25。

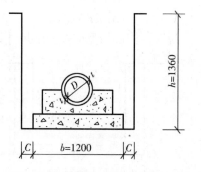

图 1-31　不放坡不支挡土板沟槽示意图

清单工程量计算表　　　　表 1-25

项目编码	项目名称	项目特征描述	计量单位	工程量	计算式
040101002001	挖沟槽土方	三类土，深 1.36m	m^3	1142.4	$1.2 \times 1.36 \times 700$

定额工程量：

不放坡，不支挡土板，留工作面如图 1-31 所示，计算公式为：

$$V=(b+2c)\times h\times l\times 1.075$$

式中 c 为增加工作面宽度，按表 1-26 取值，b 为基础底宽度(m)；

$$V=(b+2c)\times h\times l\times 1.075$$

$$=(1.2+2\times 0.3)\times 1.36\times 700\times 1.075 \text{m}^3$$

$$=1842.12\text{m}^3$$

【注释】 1.2 为沟槽底面垫层宽度，0.3 为一端预留工作面宽度，1.36 为沟槽开挖深度，700 为沟槽长度。

基础施工所需工作面宽度计算表 　　　表 1-26

基　础　材　料	每边各增加工作面宽度(mm)
砖基础	200
浆砌毛石，条石基础	150
混凝土基础垫层支模板	300
混凝土基础支模板	300
基础垂直面做防水层	1000(防水层面)

说明：沟槽宽度按图示尺寸计算，深度按图示槽底面至室外地坪的深度计算。工作面宽度是按全国统一建筑工程预算工程量计算规则计算。排管工程管道接口处土方增加量，若为矩形，按土方总量的 7.5% 计算。

　　项目编码：040101003　　**项目名称：挖基坑土方**

【例 26】 挖方形地坑如图 1-32 所示，求其工程量。

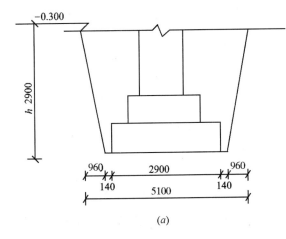
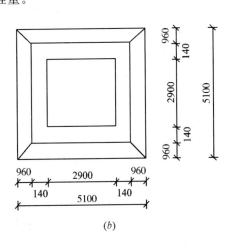

(a)　　　　　　　　　　　　　　(b)

图 1-32　地坑示意图
(a) 横断面图；(b) 平面图

工作面宽度 140mm，放坡系数 1：0.33，三类土。

【解】 (1) 定额工程量

由于坑深 2.9m，放坡系数 0.33 时，查表 1-27 得角锥体积 0.89m³。

地坑放坡时四角的角锥体体积表　　　　　　　　　　表 1-27

（单位：m^3）

坑深(m) ＼ 放坡系数	0.10	0.25	0.33	0.50	0.67	0.75	1.00
2.10	0.03	0.19	0.34	0.77	1.39	1.74	3.09
2.20	0.04	0.22	0.39	0.89	1.59	2.00	3.55
2.30	0.04	0.25	0.44	1.01	1.82	2.28	4.06
2.40	0.05	0.29	0.50	1.15	2.07	2.59	4.61
2.50	0.05	0.33	0.57	1.30	2.34	2.93	5.21
2.60	0.06	0.37	0.64	1.46	2.63	3.30	5.86
2.70	0.07	0.41	0.71	1.64	2.95	3.69	6.56
2.80	0.07	0.46	0.80	1.83	3.28	4.12	7.31
2.90	0.08	0.51	0.89	2.03	3.65	4.57	8.13

则挖方量

$$V = (a+2c+kh)(a+2c+kh) \times h + \frac{1}{3}k^2 h^3$$

$$= [(2.9+2\times0.14+0.33\times2.9)^2 \times 2.9 + 0.89]m^3$$

$$= 50.52m^3$$

【注释】　2.9 为地坑底面垫层的宽度，0.14 为一端预留工作面宽度，0.33 为放坡系数，2.9 为地坑深度，0.89 为地坑四角椎体的体积。

（2）清单工程量

$$V = 2.9\times2.9\times2.9m^3 = 24.39m^3$$

【注释】　2.9 为地坑的深度、底面边长。

清单工程量计算见表 1-28。

清单工程量计算表　　　　　　　　　　表 1-28

项目编码	项目名称	项目特征描述	计量单位	工程量
040101003001	挖基坑土方	三类土，深 2.9m	m^3	24.39

说明：按原地面线以下构筑物最大水平投影面积乘以挖土深度以体积计算。

项目编码：040103001　　项目名称：回填方

【例27】　某土方工程，设计挖土数量为 2860m^3，填土数量为 600m^3，挖填土考虑现场平衡，试计算其土方外运量（余土运至 3km 处弃置）。

【解】　定额工程量

填土数量为 600m^3，查表 1-29 土方体积换算表，得夯实后体积：天然密实度体积＝1：1.15，填土所需天然密实方体积为 600$m^3 \times 1.15 = 690m^3$，故其土方外运量为 2860m^3 － 690$m^3 = 2170m^3$。

土方体积换算表　　　　　　　　　　表 1-29

虚方体积	天然密实度体积	夯实后体积	松填体积
1.00	0.77	0.67	0.83
1.30	1.00	0.87	1.08
1.50	1.15	1.00	1.25
1.20	0.92	0.80	1.00

清单工程量计算见表 1-30。

清单工程量计算表　　　　　　　　　　　　表 1-30

项目编码	项目名称	项目特征描述	计量单位	工程量	计算式
040103001001	回填方	运距 3km	m³	2170	2860−690

说明：土、石方体积均以天然密实体积（自然方）计算，回填土按碾压夯实后的体积（实方）计算，土方体积换算见上表。

项目编码：040101002　　　项目名称：挖沟槽土方

【例 28】　某污水工程沟槽开挖，采用机械和人工开挖，机械挖沿沟槽方向长度，人工用来清理沟底，土壤类别为四类土，原地面平均标高 4.6m，设计槽坑底平均标高为 2.80m，设计槽坑底宽含工作面为 2m，沟槽全长 1.6km，机械挖土挖至基底标高以上 20cm 处，其余为人工开挖。如图 1-33 所示，试分别计算该工程机械及人工土方工程量。

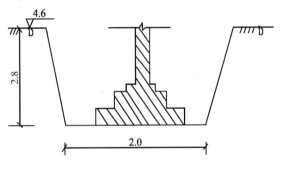

图 1-33　沟槽横断面图（单位：m）

【解】　定额工程量

由题可知该工程土方开挖深度为 2.8m，土壤类别为四类土，需放坡，查表 1-22 得放坡系数为 0.1。

土方总量−人工辅助开挖量＝机械土方量

$$V_{总}=(2+0.1\times2.8)\times2.8\times1600\times1.025\text{m}^3=10469.76\text{m}^3$$

$$V_{人工}=(2+0.1\times0.2)\times0.2\times1600\times1.5\text{m}^3=969.6\text{m}^3$$

则　　　　　　　　　　$V_{机械}=(10469.76-969.6)\text{m}^3=9500.16\text{m}^3$

【注释】　2 为沟槽底面宽度，0.1 为放坡系数，2.8 为沟槽开挖深度，1600 为沟槽长度，1.025 为梯形沟槽的挖土系数，0.2 为人工开挖深度，1.5 为系数。

清单工程量计算见表 1-31。

清单工程量计算表　　　　　　　　　　　　表 1-31

项目编码	项目名称	项目特征描述	计量单位	工程量	计算式
040101002001	挖沟槽土方	四类土，深 2.8m	m³	6272	(2−0.3×2)×2.8×1600

说明：机械挖沟槽，基坑土方中如需人工辅助开挖（包括切边、修整底边），机械挖土按实挖土方量计算，（人工挖土土方量按实套相应定额乘以系数 1.50）沟槽的管道作业坑和沿线各种井室，及工程新旧管连接所需增加开挖的土方量，梯形沟槽按沟槽总土方量 2.5% 计算。

【例 29】　某工程沟槽采用井字支撑挡土板，其支撑高度为 1.8m，宽度 4.8m，长度 60m。计算其工程量。

【解】　定额工程量

因为支撑宽度 4.8m 超过 4.1m，所以两侧均按一侧支挡木板考虑。

则　支撑挡土板工程量为：$1.8 \times 60 \text{m}^2 = 108 \text{m}^2$

【注释】　1.8 为挡土板的支撑高度，60 为挡土板的长度。

说明：定额中挡土板支撑按槽坑两侧，同时支撑挡土板考虑，支撑面积为两侧挡土板面积之和，支撑宽度为 4.1m 以内。如超过 4.1m 时，其两侧均按一侧支挡土板考虑。

项目编码：040101003　项目名称：挖基坑土方

【例30】　某一圆形蓄水池基础如图 1-34 所示，其挖土深度为 4.0m，土壤类别为四类土，试计算该基础挖土方量。

【解】　从基础节点圆中可以看出，基础边至垫层边的距离为 650mm，混凝土池外壁至垫层边的距离为 1350mm，均满足基础立面支模和作防潮层的施工要求，无须增加工作面，人工挖土需要放坡，查放坡系数表。

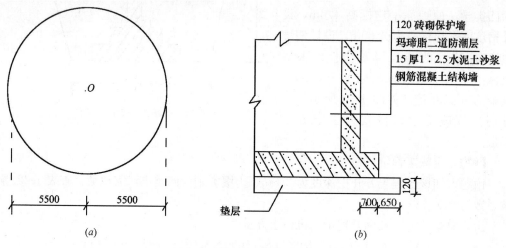

图 1-34　圆形蓄水池示意图

(a)基础平面；(b)基础剖面

放坡系数为：$1 \colon 0.25$

则放坡宽度为：$b_k = 4.0 \times 0.25 \text{m} = 1 \text{m}$

垫层直径：$D = (5.5 + 0.7 + 0.65) \times 2 \text{m} = 13.7 \text{m}$

挖基础土方计算：

清单项目挖土方量：$V_I = \pi \cdot \left(\dfrac{D}{2}\right)^2 \cdot h = 0.785 \times 13.7^2 \times 4 \text{m}^3 = 589.35 \text{m}^3$

【注释】　4.0 为基础挖土深度，0.25 为放坡系数，5.5 为水池外半径，0.7 为池壁外的池底宽度，0.65 为池外垫层的宽度。

清单工程量计算见表 1-32。

清单工程量计算表　　　表 1-32

项目编码	项目名称	项目特征描述	计量单位	工程量
040101003001	挖基坑土方	四类土，深 4m	m³	589.35

放坡挖土方量：$V_{II} = 1.57 b_k \cdot h(D + 0.667 b_k)$

$$= 1.57 \times 1 \times 4 \times (13.7 + 0.667 \times 1) \text{m}^3$$

$$=6.28 \times 14.367m^3$$
$$=90.22m^3$$

定额挖土方量：$V_{挖} = V_I + V_{II} = (589.35 + 90.22)m^3 = 679.57m^3$

【注释】 1 为放坡宽度，4 为挖土深度，13.7 为垫层直径。

用传统方法验算：

基坑下底面积：$S_下 = 0.785 \times 13.7m^2 = 147.34m^2$

基坑上口面积：$S_上 = 0.785 \times (13.7 + 1 \times 2)^2 m^2 = 193.49m^2$

定额挖土方量：$V_挖 = \dfrac{1}{3} \times 4 \times (147.34 + 193.49 + \sqrt{147.34 \times 193.49})m^3$
$$= 679.57m^3$$

经验证与前面计算方法结果相等。

项目编码：040101002 项目名称：挖沟槽土方

【例31】 某排管工程，人工挖沟槽 8m 深，5m 宽，沟槽全长 1.5km，如图 1-35 所示，土质为三类土，试计算挖沟槽挖方量。

【解】 （1）清单工程量

开挖深度为 8m，土质为三类土，需放坡，查定额得放坡系数为 0.33。

土方总量 $V_总 = 5 \times 8 \times 1500m^3 = 52800m^3$

【注释】 5 为沟槽底面宽度，8 为沟槽深度，1500 为沟槽长度。

清单工程量计算见表 1-33。

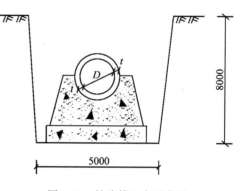

图 1-35 挖沟槽土方示意图

清单工程量计算表 表 1-33

项目编码	项目名称	项目特征描述	计量单位	工程量
040101002001	挖沟槽土方	三类土，深8m	m³	52800

（2）定额工程量

$$V_总 = (5 + 0.33 \times 8) \times 8 \times 1500 \times 1.025m^3 = 93972m^3$$

【注释】 定额工程量计算是按图示尺寸以体积计算，排管沟槽为梯形，因此其所需增加的开挖土方量应按沟槽总土方量 2.5% 计算。若为矩形，应按 7.5% 计算。

说明：挖沟槽按体积以立方米计算工程量，沟槽宽度按图示尺寸计算，深度按图示槽底面至室外地坪的深度计算。

项目编码：040101003 项目名称：挖基坑土方

【例32】 某构筑物基础为混凝土基础，基础垫层为无筋混凝土，长为 12.86m，宽为 8.64m，基础垫层为厚度 25cm，垫层顶面标高为 −4.50m，室外地面标高为 −0.75m，地下常水位标高为 −3.5m，如图 1-36 所示，该土的类别为四类土，试计算挖土方工程量。

【解】 （1）清单工程量

$$V = 12.86 \times 8.64 \times 4m^3 = 444.44m^3$$

【注释】 12.86 为基础底面长度，8.64 为基础底面宽度，4 为基础挖土深度。

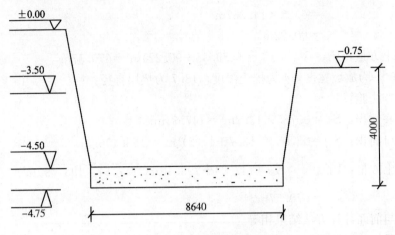

图 1-36　基础示意图

清单工程量计算见表 1-34。

表 1-34

清单工程量计算表

项目编码	项目名称	项目特征描述	计量单位	工程量
040101003001	挖基坑土方	四类土，深 4m	m³	444.44

（2）定额工程量

根据题意，结合图 1-36 可知，基础埋至地下常水位以下，坑内有干、湿土，应该分别计算：

1）挖土总量用 $V_总$ 表示，查定额放坡系数表得 $K=0.25$，则地坑放坡时四角的角锥体体积 $\frac{1}{3}K^2h^3=\frac{1}{3}\times0.25^2\times3.75^3\text{m}^3=1.0986\text{m}^3$，设垫层部分的土方量为 V_1，垫层以上的挖方量为 V_2，总土方量为 $V_总$，则：

$$V_总=V_1+V_2$$
$$=[12.86\times8.64\times0.25+(12.86+0.25\times3.75)\times(8.64+0.25\times3.75)\times3.75+$$
$$1.0986]\text{m}^3$$
$$=(27.78+13.80\times9.58\times3.75+1.0986)\text{m}^3$$
$$=524.64\text{m}^3$$

【注释】　12.86 为基础垫层的长度，8.64 为基础垫层的宽度，第一个 0.25 为基础垫层的厚度即（4.75－4.5），第二个 0.25 为放坡系数，3.75 为垫层上方挖土深度即（4.5－0.75），1.0986 为四角椎体的体积。

2）挖湿土量，按图 1-36，放坡部分挖湿土深度为 1m，则 $\frac{1}{3}K^2h^3=\frac{1}{3}\times0.25^2\times1^3\text{m}^3=0.021\text{m}^3$，设湿土量为 V_3，则：

$$V_3=[V_1+(12.86+0.25\times1)\times(8.64+0.25\times1)\times1+0.021]\text{m}^3$$
$$=(22.78+13.11\times8.89+0.021)\text{m}^3$$
$$=144.35\text{m}^3$$

【注释】　1 为挖湿土的深度，0.021 为四角椎体的体积。

3）挖干土量为 V_4

$V_4 = V_总 - V_3 = (524.64 - 144.35)\text{m}^3 = 380.29\text{m}^3$

项目编码：040101003   项目名称：挖基坑土方

【例33】 某一矩形塔的满堂基础，单面放坡，其他三面支挡土板，留工作面，土质为三类土如图 1-37 所示，试计算工程量。

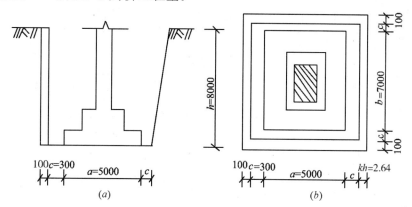

图 1-37 矩形支挡土板基坑

(a)断面图；(b)平面图

【解】 (1)清单工程量

由题意可知，放坡系数 $k = 0.33$

工程量计算式为：

$$V = abh = 5 \times 7 \times 8\text{m}^3 = 280\text{m}^3$$

【注释】 5 为基坑底面垫层的宽度，8 为基坑深度，7 为基坑底面的长度。

清单工程量计算见表 1-35。

清单工程量计算表   表 1-35

项目编码	项目名称	项目特征描述	计量单位	工程量
040101003001	挖基坑土方	三类土，深 8m	m^3	280

(2) 定额工程量

$$V = (a + 2c + 0.1)(b + 2c + 0.2) \times h + \frac{1}{2} \times kh \times h \times (b + 2c + 0.2)$$

$$= [(5 + 2 \times 0.3 + 0.1) \times (7 + 2 \times 0.3 + 0.2) \times 8 + \frac{1}{2} \times 0.33 \times 8 \times 8 \times$$

$$(7 + 2 \times 0.3 + 0.2)]\text{m}^3$$

$$= 438.05\text{m}^3$$

说明：基坑挖土体积以立方米计算，基坑深度按图示坑底面至室外地坪深度计算。5 为基坑底面垫层的宽度，0.3 为一侧预留工作面宽度，0.1 为左侧支挡土板的厚度，0.33 为三类土的放坡系数，8 为基坑深度，7 为基坑底面的长度，0.2 为基坑前后两面支挡土板的厚度。

项目编码：040101002   项目名称：挖沟槽土方

【例34】 某排水工程沟槽开挖，沿沟槽方向采用机械开挖，设计槽坑底宽为 2.0m，深度为8.98m，沟槽全长为2km，机械挖土挖至基底30cm以内处，采用人工清理基础，土壤类别为一、二类，试计算人工清理基坑基础的土方量。

【解】 （1）清单工程量

根据土壤类别为一、二类，查定额当中放坡系数表，得 $K = 0.33$。

$$V = 2 \times 0.3 \times 2000 m^3 = 1200 m^3$$

【注释】 2为槽坑底面宽度，8.98为挖土的深度，2000为沟槽长度。

清单工程量计算见表1-36。

清单工程量计算表　　　　　　　　　　　　　　　　　表1-36

项目编码	项目名称	项目特征描述	计量单位	工程量
040101002001	挖沟槽土方	一、二类土	m³	1200

（2）定额工程量

$$V = (2 + 0.5 \times 0.3) \times 0.3 \times 2000 \times 1.025 m^3 = 1322.25 m^3$$

【注释】 2为槽坑底面宽度，0.5为一、二类土的放坡系数，0.3为人工挖土的深度，2000为沟槽长度，1.025为调整系数。

说明：夯实土堤按设计断面计算，清理土堤基础按设计以水平投影面积计算，清理厚度为30cm内，废土运距按30m计算。

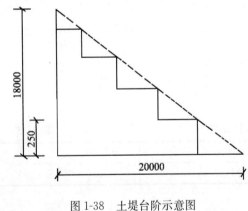

图1-38　土堤台阶示意图

【例35】 某工程施工，采用人工挖土堤台阶，其计算数据如图1-38所示，横向坡度1：3.2，土壤类别为三类土，台阶长为8m，台阶宽为0.28m，试计算其人工挖土堤台阶工程量。

【解】 （1）定额工程量

斜坡面长为　$\sqrt{18^2 + 20^2} m = 26.9 m$

则斜坡面积为　$S = 26.9 \times 8 m^2 = 215.2 m^2$

【注释】 18为斜坡面的水平投影长度，20为斜坡面的垂直投影长度，8为台阶长度。

（2）清单工程量

挖台阶数为71个，则人工挖土堤台阶工程量为

$$V = \frac{1}{2} \times 0.28 \times 8 \times 0.25 \times 71 m^3 = 19.88 m^3$$

【注释】 0.28为台阶宽度，8为台阶长度，0.25为每层台阶的高度，71为台阶数量。

说明：定额工程量计算规则是按定额规定，人工挖土堤台阶工程量，按挖前的堤坡斜面积计算，运土应另行计算，清单工程量是按实际所挖的土方量计算而得。

【例36】 某大城市有一广场，需采用人工铺草皮，其广场为圆形，中间有一半径为5m的喷泉，广场还设有四条径道，其余部门全是人工铺草皮为满铺草皮，径道采用花格铺草皮，如图1-39所示，试计算人工铺草皮工程量。

【解】 (1) 定额工程量

$$S_{人工} = \pi R^2 - \pi r^2 = (\pi \times 30^2 - \pi \times 5^2)\text{m}^2$$
$$= (2827.43 - 78.54)\text{m}^2$$
$$= 2748.89\text{m}^2$$

【注释】 30 为圆形广场的外半径，5 为中间喷泉的半径。

(2) 清单工程量

清单工程量同定额工程量。

说明：人工铺草皮工程量以实际铺设的面积计算，花格铺草皮中的空格部分不扣除，花格铺草皮，设计草皮面积与定额不符时，可以调整草皮数量，人工按草皮增加比例增加，其余不调整。

项目编码：040101002 项目名称：挖沟槽土方

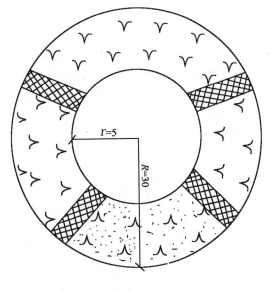

图 1-39 人工铺草皮平面图（单位：m）

【例 37】 某工程挖排水管道，为了使两条（或两条以上）管道埋设在同一沟槽内，该工程采用联合槽，其沟槽全长为 500m，其他数据看沟槽尺寸示意图如图 1-40 所示，试计算该联合槽的挖土方工程量。

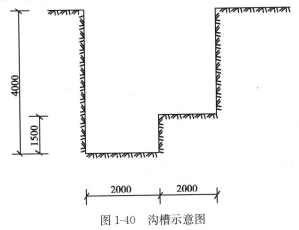

图 1-40 沟槽示意图

【解】 (1) 清单工程量

$$V = [(2 \times 4 \times 500) + (4 - 1.5) \times 2 \times 500]\text{m}^3$$
$$= (4000 + 2500)\text{m}^3$$
$$= 6500\text{m}^3$$

【注释】 2 为左侧沟槽的底面宽度，4 为左侧沟槽的挖方深度，500 为沟槽长度，1.5 为左右沟槽底面的高度差，第二个 2 为右侧沟槽底面宽度。

清单工程量计算见表 1-37。

清单工程量计算表　　　　　　　　　　　　　　　　　　表 1-37

项目编码	项目名称	项目特征描述	计量单位	工程量
040101002001	挖沟槽土方	深 4m	m³	6500

（2）定额工程量

$$V=[(2×4×500)+(4-1.5)×2×500]×1.075m^3=6987.5m^3$$

说明：该沟槽均以设计图示尺寸计算，工程量均以体积计算。

沟槽为矩形，因此其所需增加的开挖土方量应按沟槽总土方量7.5%计算。

【例38】 某工程采用人工挖自来水管道，其管道深度为3m，管道底宽为5.6m，管道全长50m，其采用人工装运土方，如图1-41所示，人力垂直运输土方深度为3m，另加水平距离10m，试计算人工装运土方工程量。

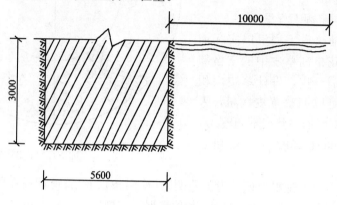

图1-41 自来水管沟断面图

【解】 （1）清单工程量

$$V=5.6×50×(10+3)m^3=3640m^3$$

【注释】 5.6为管道底面宽度，50为管道长度，10为运土方的水平距离，3为管道的深度。

（2）定额工程量

$$V=3640×1.075m^3=3913m^3$$

说明：管道沟槽的深度，按图示沟底至室外地坪深度计算，土方量按体积以立方米计算。

项目编码：040101005 项目名称：挖淤泥

【例39】 某市区，采用人工挖污水管道，管道内土质呈淤泥状，管道深为2m，宽为1.5m，如图1-42所示，管道全长为480m，试计算其人工挖淤泥工程量。

【解】 （1）清单工程量

则人工挖淤泥工程量：$V=1.5×2.0×480m^3=1440m^3$

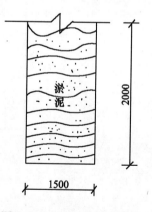

图1-42 人工开挖污水管道断面图

【注释】 1.5为管道的宽度，2.0为管道深度，480为管道长度。

清单工程量计算见表1-38。

清单工程量计算表　　　　　　　　　　　　表1-38

项目编码	项目名称	项目特征描述	计量单位	工程量
040101005001	挖淤泥	深2m	m³	1440

（2）定额工程量

$$V=2×7×480m^3=6720m^3$$

说明：人工挖沟槽基坑内淤泥，按定额执行。如果挖深超过 1.5m 时，超过部分工程量按垂直深度每 1m 折合成水平距离 7m 增加工日，深度按全高计算。

【注释】 淤泥土方量按体积以立方米计算。

【例40】 如图 1-43 所示是某建筑物底面积的外边线尺寸，试计算其平整场地面积。

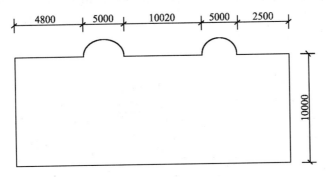

图 1-43 建筑物平面示意图

【解】 (1)清单工程量

该建筑物底层面积为

$$S_d = (10 \times 27.32 + \pi \times 2.5^2) \text{m}^2 = 292.83 \text{m}^2$$

【注释】 10 为建筑物横向外墙的长度，27.32 为纵向外墙的长度即(10.02+5.0×2+4.8+2.5)，2.5 为上部半圆的半径即 5.0/2。

(2)定额工程量

场地平整按每边各增加 2m 范围的面积计算，考虑到半圆的连接，则可得场地平整面积为：$S = (S_d + 2L_外 + 16) \text{m}^2$

式中 S_d——底层建筑面积(m²)；

$L_外$——外墙外边线周长(m)。

$$S = [292.83 + (10 \times 2 + 27.32 + 4.8 + 10.02 + 2.5 + 2 \times 3.14 \times 2.5) \times 2 + 16] \text{m}^2$$
$$= 469.51 \text{m}^2$$

【注释】 292.83 为建筑物底层面积，10 为建筑物横向外墙的长度，27.32 为下方纵向外墙的长度即(10.02+5.0×2+4.8+2.5)，4.8 为上方纵向外墙左侧的长度，10.02 为两半圆中间纵向外墙的长度，第一个 2.5 为上方右侧纵向外墙的长度，第二个 2.5 为上部半圆的半径即 5.0/2，16 为建筑物四周平整场地的增加面积。

说明：人工平整场地按每边增加 2m 范围内的面积计算。

项目编码：040101001   项目名称：挖一般土方

项目编码：040103001   项目名称：回填方

【例41】 设桩号为 0+0.000 的横断面填方量为 4.8m²，横断面挖方量为 2.2m²，桩号为 0+0.600 填方横断面填方量为 3.6m²，挖方横断面为 1.8m²，试计算填挖方土方量(三类土，填方密实度为 95%)。

【解】 (1)清单工程量

$$V_填 = \frac{1}{2} \times (4.8 + 3.6) \times 600 \text{m}^3 = 2520 \text{m}^3$$

$$V_{挖}=\frac{1}{2}\times(2.2+1.8)\times600m^3=1200m^3$$

【注释】　根据公式 $V=\frac{1}{2}(F_1+F_2)\times L$ 计算土方量。其中 F 为个桩号的填（挖）方横断面积，L 为桩间距。4.8 为桩号为 0+0.000 的横断面填方量，3.6 为桩号为 0+0.600 横断面的填方量，600 为桩间距，2.2 为桩号为 0+0.000 的横断面挖方量，1.8 为桩号为 0+0.600 的横断面挖方量。

清单工程量计算见表 1-39。

清单工程量计算表　　　　　　　　　　　　　　　　　　　　　　　表 1-39

序号	项目编码	项目名称	项目特征描述	计量单位	工程量
1	040101001001	挖一般土方	三类土	m³	1200
2	040103001001	回填方	密实度 95%	m³	2520

（2）定额工程量

定额工程量同清单工程量。

土方量汇总表见表 1-40。

土方量汇总表　　　　　　　　　　　　　　　　　　　　　　　　表 1-40

桩号	填方面积/m²	挖方面积/m²	桩间距/m	填方体积/m³	挖方体积/m³
0+0.000	4.8	2.2	60	144	66
0+0.600	3.6	1.8	60	108	54
合　计				252	120

项目编码：040101002　　**项目名称：挖沟槽土方**

【例 42】　某大城市，采用人工挖污水管道，管道为钢筋混凝土管，混凝土基础宽度 $A_1=0.8m$，需挖污水管道沟槽长度为 198m，试计算该工程挖槽工程量。

【解】　（1）清单工程量

根据图 1-44，沟槽深度为 $h=(5.05-1.1)m=3.95m$

则　$V=A_1\times3.95\times198m^3=0.8\times3.95\times198m^3=625.66m^3$

【注释】　沟槽深度，按图示槽底至室外地坪深度计算，工程量按体积以立方米计算。5.05 为沟槽底部的标高，1.1 为室外地坪标高，0.8 为沟槽基础宽度，198 为沟槽长度。

清单工程量计算见表 1-41。

清单工程量计算表　　　　　　　　　　　　　　　　　　　　　　　表 1-41

项目编码	项目名称	项目特征描述	计量单位	工程量
040101002001	挖沟槽土方	深 3.95m	m³	625.66

（2）定额工程量

当支护开挖时，按照定额工程量计算规则

$$A_3=(0.8+0.2\times2+0.3\times2+0.1\times2)m=2.0m$$

$$V=2.0\times3.95\times198\times1.075m^3=1681.52m^3$$

【注释】　0.1 为挡土板的厚度，0.2 为图示 A_2 与 A_1 一端的宽度差，0.3 为工作面宽度。

当放坡开挖时，按照定额工程量计算规则

$$A_2 = 1.2\text{m}$$

若放坡系数为 1：0.33，则

$$
\begin{aligned}
V &= (1.2 + 0.33 \times 3.95) \times 3.95 \\
&\quad \times 198 \times 1.075\text{m}^3 \\
&= 2104.84\text{m}^3
\end{aligned}
$$

【例 43】　某工程采用支密撑木挡土板，其支撑高度为 2.0m，宽度为 4.8m，长度 46m，计算其工程量。

【解】　（1）清单工程量

$$2.0 \times 46\text{m}^2 = 92\text{m}^2$$

因为支撑宽度 4.8m，超过 4.1m，所以两侧均按一侧支挡木板考虑。

（2）定额工程量

$$2.0 \times 46\text{m}^2 = 92\text{m}^2$$

【注释】　2.0 为挡土板的支撑高度，46 为挡土板长度。

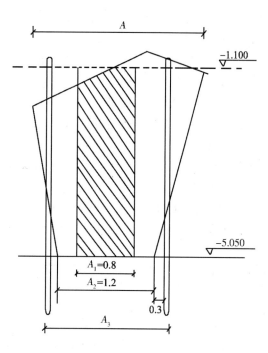

图 1-44　沟槽横断面示意图　（单位：m）

说明：按照定额工程量计算规则计算，定额中挡土板支撑按槽坑两侧同时支撑挡土板考虑，支撑面积为两侧挡土板面积之和，支撑宽度为 4.1m 以内，如果槽坑宽度超过 4.1m 时，其两侧均按一侧支挡土板考虑。

【例 44】　某工程基坑采用支撑，其支撑如图 1-45 所示，上层放坡，下层支撑，支撑

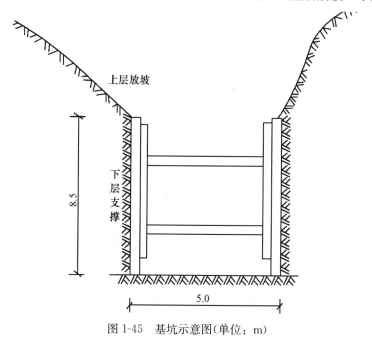

图 1-45　基坑示意图（单位：m）

宽度为 5.0m，支撑高度为 8.5m，支撑长度 10m，试计算支撑挡土板工程量。

【解】 （1）清单工程量

$$10 \times 8.5 \text{m}^2 = 85 \text{m}^2$$

（2）定额工程量

定额工程量同清单工程量。

说明：定额中规定，放坡开挖不得再计算挡土板，如遇上层放坡，下层支撑则按实际支撑面积计算。

【注释】 支撑工程按施工组织设计确定的支撑面积以平方米计算。10 为支撑长度，8.5 为支撑高度。

项目编码：040102001 项目名称：挖一般石方

【例45】 某峒库工程施工现场为坚硬岩石，其峒库工程断面图如图 1-46 所示，试计算峒库挖石方工程量。

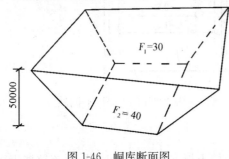

图 1-46 峒库断面图

【解】 定额工程量

$$V = \frac{F_1 + F_2}{2} \times L$$

式中 V——相邻两截面间的石方工程量（m^3）；

F_1、F_2——相邻两截面的截面面积（m^2）；

L——相邻两截面的距离（m）。

则 石方工程量

$$V = \frac{30 + 40}{2} \times 50 \text{m}^3 = 1750 \text{m}^3$$

【注释】 30 为截面 1 的面积，40 为截面 2 的面积，50 为 1、2 截面之间的距离。

清单工程量计算见表 1-42。

清单工程量计算表　　　　　　　　　表 1-42

项目编码	项目名称	项目特征描述	计量单位	工程量
040102001001	挖一般石方	坚硬岩石	m^3	1750

说明：石方工程量计算一般采用横断面法，峒库工程断面图，可按直接测成峒后的断面所得数据绘制。

项目编码：040101003 项目名称：挖基坑土方

【例46】 某工程挖桥台基坑，如图 1-47 所示，桥台垫层宽为 3m，桥台垫层长度为 25m，地面线平均标高 10.0m，基坑底面平均标高为 2.0m，试计算基坑挖土方量。

【解】 （1）定额工程量

$$V = 3 \times 25 \times (10 - 2) \text{m}^3 = 600 \text{m}^3$$

【注释】 3 为桥台垫层宽度，25 为垫层长度，10 为地面平均标高，2 为基坑底

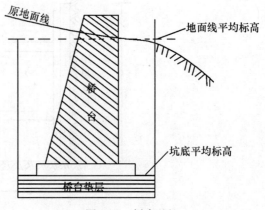

图 1-47 桥台基坑

面平均标高。

（2）清单工程量

清单工程量同定额工程量。

清单工程量计算见表 1-43。

清单工程量计算表　　表 1-43

项目编码	项目名称	项目特征描述	计量单位	工程量
040101003001	挖基坑土方	深 8m	m³	600

说明：按照定额计算规则计算，挖基坑土石方的清单工程量，按原地面线以下构筑物最大水平投影面积乘以挖土深度（原地面平均标高至坑，槽底平均标高的高度）以体积计算。

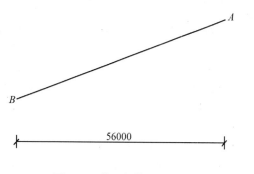

图 1-48　推土机推土上坡图

【例 47】　某土方工程采用 55kW 履带式推土机推土上坡，如图 1-48 所示，已知 A 点标高为 20.68m，B 点标高为 15.42m，两点水平距离为 56m，推土厚度为 180mm，宽度为 32m，土方为一、二类土。试确定推土机推土工程量。

【解】　定额工程量

由题可知 A、B 两点总高差

$$H_{AB} = (20.68 - 15.42)m = 5.26m$$

坡度 $i = 5.26/56 \times 100\% = 9.4\%$

据第一册《通用项目》第一章《土石方工程》工程量计算规则第 8 条，推土机推土大于 5%，斜道运距按斜道长度乘以表 1-44 系数。

斜道长度 $= (56^2 + 5.26^2)^{1/2}m = 56.25m$

则斜道运距 $= 56.25 \times 1.75m = 98.44m$

则推土机推土工程量：$98.44 \times 32 \times 0.18m^3 = 567.01m^3$

【注释】　20.68 为 A 点的标高，15.42 为 B 点的标高，1.75 为斜道运距系数，32 为斜道宽度，0.18 为推土厚度。

土石方上坡增运系数表　　表 1-44

项　目	推土机、铲运机				人力及人力车
坡度(%)	5~10	15 以内	20 以内	25 以内	15 以上
系　数	1.75	2	2.25	2.5	5

项目编码：040101003　　项目名称：挖基坑土方

【例 48】　某一工程施工，需要采用挖掘机挖基坑，如图 1-49 所示，基坑是矩形，地面标高为 5.7m，基坑地面标高为 2.2m，宽度为 8.4m，设计基坑长度为 200m，无防潮层，坑上作业，土壤为二类，试确定挖掘机挖土方工程量。

【解】 (1)清单工程量

$$V=8.4\times200\times3.5m^3=5880m^3$$

【注释】 8.4为基坑底面宽度,200为基坑长度,3.5为基坑深度即(5.7-2.2)。清单工程量计算见表1-45。

清单工程量计算表 表 1-45

项目编码	项目名称	项目特征描述	计量单位	工程量
040101003001	挖基坑土方	二类土,深3.5m	m³	5880

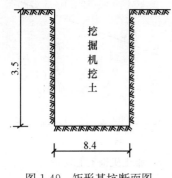

图 1-49 矩形基坑断面图
(单位：m)

(2)定额工程量

根据题需查第一册《通用项目》第一章《土石方工程》工程量计算规则第7条可知:二类土机械开挖坑上作业,放坡系数为1:0.75,无防潮层构筑物按基础外缘每侧增加工作面宽度400m,则

底面长为(200+0.4×2)m=200.8m

底面宽为(8.4+0.4×2)m=9.2m

基坑上面长[200.8+2×0.75×(5.7-2.2)]m
=206.05m

基坑上面宽[9.2+2×0.75×(5.7-2.2)]m
=14.45m

则挖掘机挖土方量 $V=(5.7-2.2)/6\times(206.05\times14.45+200.8\times9.2$
$+406.85\times23.65)m^3$

$=3.5/6\times(2977.4+1847.4+9622)m^3$

$=8427m^3$

【注释】 200为基坑底面长度,0.4为工作面宽度,8.4为基坑底面宽度,0.75为放坡系数,5.7为地面标高,2.2为基坑底面标高,206.05为梯形台的顶面长度,14.45为顶面宽度,200.8为梯形台底面长度,9.2为梯形台底面宽度,406.85为上下面的长度之和即(206.05+200.8),23.65为上下面的宽度之和即(14.45+9.2)。

说明:定额中按计算规则规定,构筑物基坑无防潮层按基础外缘每侧增加工作面宽度40cm。

项目编码:040103001   项目名称:回填方

【例49】 某道路路基工程,已知挖土3800m³,其中可利用2600m³,填土3800m³,土方运距为2km,现场挖填平衡,试确定:

(1)余土外运数量;

(2)填缺土方数量。

【解】 (1)清单工程量

由题意可知:余土外运数量:(3800-2600)m³=1200m³(自然方)

清单工程量计算见表1-46。

清单工程量计算表　　　　　　表 1-46

序号	项目编码	项目名称	项目特征描述	计量单位	工程量	计算式
1	040103001001	回填方	余方弃置，运距 2km	m³	1200	3800-2600
2	040103001002	回填方	缺方内运，运距 2km	m³	1200	3800-2600

（2）定额工程量

据第一册《通用项目》第一章《土石方工程》工程量计算规则第 1 条"土方体积换算表"可得：

填缺土方数量：$(3800 \times 1.15 - 2600)m^3 = 1770m^3$（自然方）

说明：工程量计算规则规定土、石方体积以天然密实体积（自然方）计算，回填土按碾石后的体积（实方）计算。

项目编码：040103001　　　**项目名称：回填方**

【例 50】　某工程已挖好雨水管道，长为 50m，宽为 2.5m，平均深度为 2.8m，矩形截面，无检查井。槽内铺设 $\phi800$ 钢筋混凝土平口管，管壁厚 0.12m，管下混凝土基座为 $0.4849m^3/m$，基座下碎石垫层 $0.24m^3/m$，试确定该沟槽填土压实（机械回填；10t 压路机碾压，密实度为 97%）的工程量。

【解】　（1）清单工程量：

沟槽体积：$50 \times 2.5 \times 2.8 m^3 = 350m^3$

混凝土基座体积 $= 0.4849 \times 50 m = 24.25m^3$

碎石垫层体积 $= 0.24 \times 50 m = 12m^3$

$\phi800$ 管子外形体积 $= \pi \times (0.8 + 0.12 \times 2)^2 / 4 \times 50 m^3 = 42.45m^3$

填土压实土方量为：$(350 - 24.25 - 12 - 42.45)m^3 = 271.3m^3$

【注释】　50 为沟槽长度，2.5 为沟槽宽度，2.8 为沟槽平均深度，0.4849 为混凝土基座每米所占的体积，0.24 为基座下垫层每米所占的体积，0.8 为平口管内径，0.12 为管壁的厚度。

清单工程量计算见表 1-47。

清单工程量计算表　　　　　　表 1-47

项目编码	项目名称	项目特征描述	计量单位	工程量
040103001001	回填方	密实度 97%	m³	271.3

（2）定额工程量

定额工程量同清单工程量。

说明：按照定额规定工程量计算原则计算，管沟回填土应扣除管径在 200mm 以上的管道、基础、垫层和各种构筑物所占的体积。（查第一册《通用项目》第一章《土石方工程量》计算规则第 6 条）。

项目编码：040101002　　　**项目名称：挖沟槽土方**

【例 51】　某给水排水管工程，需埋设钢筋混凝土管道。车行道施工，梯形沟槽，人工开挖，长度为 780m，道路结构层厚度 $h = 0.86m$，管道深度为 4.5m，管道底部宽度 1.2m，土质类别为三类土，试确定该工程梯形槽的土方量。

【解】 土质为三类土，需放坡，查第一册《通用项目》第一章《土石方工程》工程量计算规则第七条放坡系数表得 $k=0.33$。

（1）定额工程量

$$V=780\times[1.2+(4.5-0.86)\times0.33]\times(4.5-0.86)\times1.025m^3$$
$$=6987.9m^3$$

【注释】 780 为梯形槽的长度，1.2 为梯形槽底面的宽度，4.5 为沟槽深度，0.86 为道路结构层厚度，0.33 为放坡系数。

（2）清单工程量

$$V=1.2\times(4.5-0.86)\times780m^3$$
$$=3407.04m^3$$

清单工程量计算见表 1-48。

清单工程量计算表　　　　　　　　　　　　　　表 1-48

项目编码	项目名称	项目特征描述	计量单位	工程量
040101002001	挖沟槽土方	三类土	m³	3407.04

说明：排管沟槽分两种：矩形沟槽和梯形沟槽，沟槽的管道作业坑和沿线各种井室，及工程新旧管连接所需增加开挖的土方量，矩形沟槽按沟槽总土方量 7.5% 计算，梯形沟槽按沟槽总土方量 2.5% 计算。

项目编码：040101002　　　项目名称：挖沟槽土方

【例 52】 某项煤气排管工程，管径为 DN1000，排管长度为 800m，矩形沟槽，道路结构层厚度为 0.58m，采用机械挖土，求该工程中的土方工程部分的工程量。

【解】 查表 1-49，DN1000 煤气管沟槽宽为 2.0m，沟槽深度为 2.30m，则挖土方体积：

$$V=2.0\times800\times(2.3-0.58)\times1.075m^3=2958m^3$$

【注释】 2.0 为沟槽宽度，800 为沟槽长度，2.3 为沟槽深度，0.58 为道路结构层厚度。

管道工程沟槽宽度、深度、修路宽度及铸铁管外径截面积表　　　　表 1-49

管道直径 (mm)	沟槽槽底 宽度(m)	深槽深度(m)		街坊修路 平均宽度（m）	铸铁管外 径截面积（m²）
		街坊、农用、人行道	车行道		
1000	2.00	—	2.30	—	0.850
1200	2.20	—	2.50	—	1.220
1400	2.50	—	2.70	—	1.584
1600	2.80	—	2.90	—	2.61
1800	3.00	—	3.10	—	2.602

清单工程量计算见表 1-50。

清单工程量计算表　　　　　　　　　　　　　　表 1-50

项目编码	项目名称	项目特征描述	计量单位	工程量	计算式
040101002001	挖沟槽土方	深 2.3m	m³	2752	2×（2.3−0.58）×800

说明：按照定额中土方量计算规则规定，矩形沟槽按沟槽总土方量 7.5% 计算。

项目编码：040101001 项目名称：挖一般土方

【**例 53**】 某市政工程在开挖基坑时采用铲运机铲土，人工辅助开挖，三类土。已知该基坑的尺寸为 64m×48m，基坑示意图如图 1-50 所示，试计算该工程挖土方工程量。

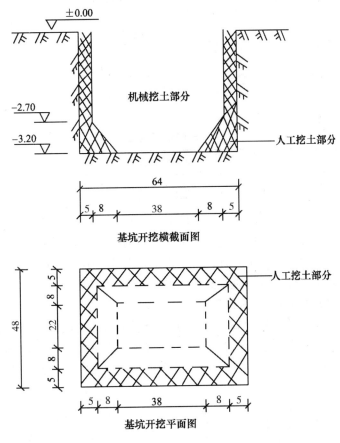

图 1-50 （单位：m）

【**解**】 （1）定额工程量

1）机械挖土

$$V_1 = 54 \times 38 \times 2.7 + \frac{1}{6} \times 0.5 \times (54 \times 38 + 38 \times 22 + 92 \times 60) \text{m}^3$$

$$= 6241.07 \text{m}^3$$

【**注释**】 54 为上部棱台机械挖土的底面长度即（38+8×2），第一、二个 38 为底面总宽度即（22+8×2），2.7 为上部的挖土深度，第三个 38 为机械开挖底面长度，22 为机械开挖底面宽度，92 为棱台上下底面长边长度之和，即 54+38，60 为棱台上下底面短边之和，即 38+22。

2）人工挖土

$$V_2 = (64 \times 48 \times 3.2 - 6241.07) \times 1.5 \text{m}^3$$

$$= 3589.33 \times 1.5 \text{m}^3$$

$$= 5384 \text{m}^3$$

总的挖土方量 $V = V_1 + V_2 = (6241.07 + 5384)\text{m}^3 = 11625.07\text{m}^3$

【注释】 64 为人工挖土底面长度，48 为底面宽度，3.2 为人工挖土的深度，1.5 为人工挖土量系数。

（2）清单工程量

1）机械挖土

$$V_1 = 6241.07\text{m}^3$$

2）人工开挖

$$V_2 = (64 \times 48 \times 3.2 - 6241.07)\text{m}^3 = 3589.33\text{m}^3$$

总的挖土方量 $V = V_1 + V_2 = (6241.07 + 3589.33)\text{m}^3 = 9830.4\text{m}^3$

清单工程量计算见表 1-51。

清单工程量计算表　　　　　　　　　表 1-51

项目编码	项目名称	项目特征描述	计量单位	工程量
040101003001	挖基坑土方	三类土，深 3.2m	m³	9830.40

说明：根据清单工程量计算规则，基坑底面积在 150m^2 以内，底宽 7m 以内，长大于宽 3 倍以上的按沟槽计算，或底长小于底宽 3 倍以内，按基坑计算，其余的应按挖土石方计算。因此本工程应按挖一般土石方计算工程量，在开挖中采用了人工辅助开挖，因此根据定额计算规则人工开挖工程量应按实乘以系数 1.5。

项目编码：040101005　　项目名称：挖淤泥

【例 54】 某桥梁工程修筑基础时，由于该河段多流砂、淤泥，因此其基坑开挖采用挖掘机挖土，经研究拟采用 0.2m^3 抓铲挖掘机挖土，其基坑的示意图如图 1-51 所示，已知共需要挖 10 个这样的基坑，试计算该工程中挖掘机挖土、淤泥、流砂的工程量。

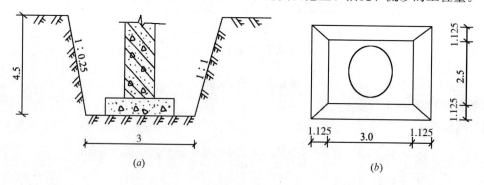

图 1-51 桥梁基础结构示意图（单位：m）

(a)横断面图；(b)平面图

【解】 （1）清单工程量

$$V = (3 - 0.3 \times 2) \times (2.5 - 0.3 \times 2) \times 4.5 \times 10\text{m}^3 = 205.2\text{m}^3$$

【注释】 3 为基坑底面长度，4.5 为基坑深度，2.5 为基坑底面宽度，10 为基坑数量，0.3 为每侧工作面宽度。

清单工程量计算见表 1-52。

清单工程量计算表 表 1-52

项目编码	项目名称	项目特征描述	计量单位	工程量
040101005001	挖淤泥	深 4.5m	m³	205.2

（2）定额工程量

基坑放坡，留工作面的挖土工程量计算公式为

$$V=(a+2c+Kh)(b+2c+Kh)\times h+\frac{1}{3}K^2h^3$$

本工程中 $K=0.25$，$h=4.5$，因此 $\frac{1}{3}K^2h^3$ 可查表得 1.90m^3。

所以定额工程量为：

$$V=[(3+0.25\times4.5)\times(2.5+0.25\times4.5)\times4.5+1.90]\times2.5\times10\text{m}^3$$
$$=69.19\times2.5\times10\text{m}^3$$
$$=1729.7\text{m}^3$$

【注释】 3 为基坑底面长度，0.25 为放坡系数，4.5 为基坑深度，第一个 2.5 为基坑底面宽度，1.90 为四角椎体的体积，10 为基坑数量，第二个 2.5 为放大系数。

说明：根据清单计算规则，挖基坑应按构筑物最大水平投影面积乘以挖土深度以体积计算，在定额计算中，除应按定额计算规则进行计算外，还应乘以 0.2m³ 抓斗挖土机挖土、淤泥、流砂的放大系数 2.50。

项目编码：040101002 项目名称：挖沟槽土方

【例 55】 某市政工程利用机械开挖沟槽，如图 1-52 所示，全长 250m，其中有 172m 地下埋设的是钢渣，其余为三类地质，试计算该工程的挖坑和挖钢渣工程量。

【解】 （1）清单工程量

1）挖土方工程量

由于沟槽土质为三类土，查放坡系数表可知 $K=0.33$。

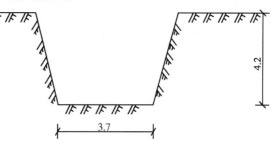

图 1-52 沟槽示意图（单位：m）

$$V_1=3.7\times4.2\times(250-172)\text{m}^3=1212.12\text{m}^3$$

2）挖钢渣工程量

$$V_2=3.7\times4.2\times172\text{m}^3=2672.88\text{m}^3$$

【注释】 3.7 为基坑底面宽度，4.2 为基坑深度，250 为基坑全长，172 为钢渣部分的厚度。

清单工程量计算见表 1-53。

清单工程量计算表 表 1-53

序号	项目编码	项目名称	项目特征描述	计量单位	工程量
1	040101002001	挖沟槽土方	三类土，深 4.2m	m³	1212.12
2	040101002002	挖沟槽土方	钢渣，深 4.2m	m³	2672.88

（2）定额工程量

1）挖土方工程量

$$V_1 = (3.7 + 4.2 \times 0.33) \times 4.2 \times (250 - 172) \text{m}^3 = 1666.17 \text{m}^3$$

2）挖钢渣工程量

$$V_2 = (3.7 + 4.2 \times 0.33) \times 4.2 \times 172 \times 1.50 \text{m}^3 = 5511.19 \text{m}^3$$

【注释】 挖密实的钢渣，按挖四类土人工乘以系数 1.43，机械乘以系数 1.50。3.7 为基坑底面宽度，4.2 为基坑深度，0.33 为放坡系数，250 为基坑全长，172 为钢渣部分的厚度。

项目编码：040101003 **项目名称：挖基坑土方**

【例56】 某市政工程基坑开挖，由于该处在地平下 1.5m，地质松软，多流砂、散土。因此在施工过程中采用在支撑下 0.5m³ 抓铲挖掘机挖土，基坑示意图如图 1-53 所示，试计算该工程的挖土方工程量。

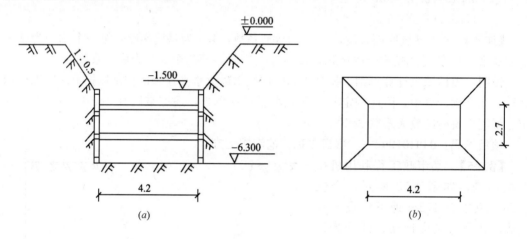

图 1-53 基坑示意图

(a)断面图；(b)平面图

【解】 （1）清单工程量

1）放坡挖土方量

$$V_1 = 4.2 \times 2.7 \times 1.5 \text{m}^3 = 17.01 \text{m}^3$$

2）支撑下挖土方量

$$V_2 = 4.2 \times 2.7 \times (6.3 - 1.5) \text{m}^3 = 54.432 \text{m}^3$$

则该工程挖土方总量为

$$V = V_1 + V_2 = (17.01 + 54.432) \text{m}^3 = 71.442 \text{m}^3$$

【注释】 4.2 为基坑底面长度，1.5 为放坡挖土方底面标高，2.7 为基坑底面宽度，6.3 为支撑下挖土底面标高。

清单工程量计算见表 1-54。

清单工程量计算表 表 1-54

项目编码	项目名称	项目特征描述	计量单位	工程量
040101003001	挖基坑土方	流砂、散土，深6.3m	m³	71.442

（2）定额工程量

1）放坡挖土方量

$$V_1 = \left[(4.2+0.2+1.5\times0.5)\times(2.7+0.2+1.5\times0.5)\times1.5+\frac{1}{3}\times0.5^2\times1.5^3\right]\text{m}^3$$

$$=28.478\text{m}^3$$

2）支撑挖土方量

$$V_2 = (4.2+0.2)\times(2.7+0.2)\times(6.3-1.5)\text{m}^3 = 61.248\text{m}^3$$

其中，0.2 为挡土板厚度，即 0.1+0.1。则该工程的定额挖土方工程量为：

$$V = V_1 + V_2 = (28.478+61.248)\text{m}^3 = 89.726\text{m}^3$$

说明：定额中规定在支撑下挖土，按实挖体积人工乘以系数 1.43，机械乘以系数 1.20，先开挖后支撑的不属于支撑下挖土。

项目编码：**040101002**　　项目名称：**挖沟槽土方**

项目编码：**040103001**　　项目名称：**回填方**

【例 57】 某沟槽利用推土机推土，四类土，弃土置于槽边 1m 之处，并采用人工装土，自卸汽车运土，运距 2km，沟槽的横断面如图 1-54 所示，已知沟槽全长 500m，试计算该工程挖土方工程量及运土工程量。

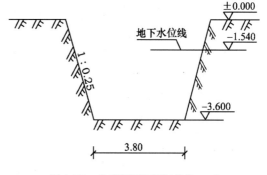

图 1-54　沟槽横断面图（单位：m）

【解】 （1）清单工程量

1）挖土方工程量

$$V = 3.8\times500\times3.6\text{m}^3 = 6840\text{m}^3$$

2）运土方工程量

$$V = 6840\text{m}^3$$

【注释】 3.8 为沟槽底面宽度，3.6 为沟槽深度，500 为沟槽全长。

清单工程量计算见表 1-55。

清单工程量计算表　　　　　　　　　　　　　　　　　　　　表 1-55

序号	项目编码	项目名称	项目特征描述	计量单位	工程量
1	040101002001	挖沟槽土方	四类土，深 3.6m	m³	6840
2	040103002001	余方弃置	余方弃置，运距 2km	m³	6840

（2）定额工程量

1）挖土方工程量

挖干土 $V_1 = (3.8+2\times3.6\times0.25-1.54\times0.25\times2+1.54\times0.25)\times1.54\times500\text{m}^3$

$$=4015.55\text{m}^3$$

挖湿土 $V_2 = [3.8+(3.6-1.54)\times0.25]\times(3.6-1.54)\times500\times1.18\text{m}^3$

$$=5244.45\text{m}^3$$

因此，挖土方工程量为：

$$V = V_1 + V_2 = (4015.55+5244.45)\text{m}^3 = 9260.00\text{m}^3$$

【注释】 3.8 为沟槽底面宽度，3.6 为沟槽底面标高，0.25 为放坡系数，1.54 为地下水位线标高，500 为沟槽长度。

说明：在本定额中规定在地下常水位以下为湿土，以上为干土，定额中的干湿土应分别计算，湿土工程量计算时，人工、机械均乘以系数 1.18。

2）运土方工程量为

$$V = 9260.00 \times 1.1 = 10186 \text{m}^3$$

【注释】 人工装土汽车运土时，汽车运土定额乘以系数 1.1；自卸汽车运土，如系反铲挖掘机装车，则自卸汽车运土台班数量乘以系数 1.10；拉铲挖掘机装车，自卸汽车运土台班数量乘以系数 1.20。

项目编码：040101003　　项目名称：挖基坑土方

项目编码：040103001　　项目名称：回填方

【例 58】 某桥梁工程采用反铲挖掘机（斗容量 0.6m³）装车挖圆形基坑，基坑支挡土板，在砌筑基础时，先铺筑 0.2m 厚的水泥砂浆垫层，基础为圆形，直径 2.8m，以四类土质填土，密实度达 98%，基坑的结构示意图如图 1-55 所示，试计算该基坑的挖土方工程量，填土工程量及运土工程量（余土运至 3km 处弃置）。

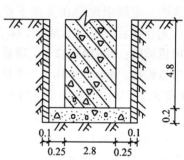

图 1-55　基坑横断面图（单位：m）

【解】 （1）清单工程量

1）挖土方工程量

$$V_1 = \pi \times (1.4 + 0.25)^2 \times 5.0 \text{m}^3 = 42.76 \text{m}^3$$

【注释】 1.4 为基础半径即 2.8/2，0.25 为一端工作面宽度，5.0 为挖土方的深度即（4.8+0.2）。

2）填土工程量

$$V_2 = [V_1 - \pi \times (1.4 + 0.25)^2 \times 0.2 - \pi \times 1.4^2 \times 4.8] \text{m}^3$$
$$= 11.49 \text{m}^3$$

【注释】 回填土应扣除基础、垫层和各种构筑物所占的体积。0.2 为垫层的厚度，4.8 为基础的高度。

3）余方运土工程量

$$V_3 = V_1 - V_2 = (42.76 - 11.49) \text{m}^3 = 31.27 \text{m}^3$$

清单工程量计算见表 1-56。

清单工程量计算表　　　　　　　　　　　　表 1-56

序号	项目编码	项目名称	项目特征描述	计量单位	工程量
1	040101003001	挖基坑土方	深 5m	m³	42.76
2	040103001001	回填方	四类土，密实度达 98%	m³	11.49
3	040103002001	余方弃置	余方弃置，运距 3km	m³	31.27

（2）定额工程量

定额工程量同清单工程量。

1）挖土方工程量

$$V_1 = \pi \times (1.4 + 0.25 + 0.1)^2 \times 5.0 \, \text{m}^3 = 48.11 \, \text{m}^3$$

【注释】　1.4 为基础半径即 2.8/2，0.25 为一端工作面宽度，0.1 为一端支挡土板的厚度，5.0 为挖土方的深度即（4.8＋0.2）。

2）填土工程量

$$V_2 = [V_1 - \pi \times (1.4 + 0.25 + 0.1)^2 \times 0.2 - \pi \times 1.4^2 \times 4.8] \, \text{m}^3$$
$$= 16.63 \, \text{m}^3$$

【注释】　回填土应扣除基础、垫层和各种构筑物所占的体积；挖土按天然密实体积（自然方）计算，回填土按碾压后（实方）的体积计算，0.2 为垫层的厚度，4.8 为基础的高度，0.1 为一端支挡土板的厚度。

3）余方运土工程量

$$V_3 = V_1 - V_2 = (48.11 - 16.63 \times 1.15) \times 1.1 \, \text{m}^3 = 31.89 \, \text{m}^3$$

【注释】　回填土方体积换算系数为 1.15，反铲挖掘机装车，则自卸汽车运土台班数量乘以系数 1.10。

项目编码：**040101002**　　项目名称：**挖沟槽土方**

项目编码：**040103001**　　项目名称：**回填方**

【例59】　某市政工程基础沟槽开挖并回填，其结构示意图如图 1-56、图 1-57 所示，试计算该工程的挖土工程量及回填土工程量、运土工程量（已知该工程为四类土质，填土密实度达 95%，缺方运距为 1km）。

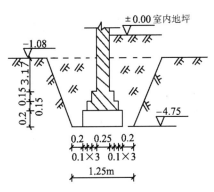

图 1-56　沟槽横截面图（单位：m）

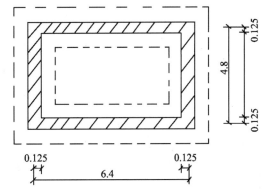

图 1-57　平面图（单位：m）

【解】　（1）清单工程量

已知为四类土质，因此 $K = 0.25$

1）挖土工程量

$$V_1 = (0.25 + 0.1 \times 3 \times 2) \times (4.75 - 1.08) \times (6.4 + 4.8) \times 2 \, \text{m}^3$$
$$= 69.88 \, \text{m}^3$$

【注释】　（0.25＋0.1×3×2）为沟槽底面垫层宽度，4.75 为沟槽底面标高，1.08 为基础顶面标高，0.25 为放坡系数，6.4 为建筑物纵向外墙中心线长度，4.8 为横向外墙中线长度。

2) 填土工程量

$$V_2 = [V_1 - (0.85 \times 0.2 + 0.65 \times 0.15 + 0.45 \times 0.15 + 0.25 \times 3.17) \times$$
$$(6.4 + 4.8) \times 2 + (6.4 - 0.25) \times (4.8 - 0.25) \times 1.08] m^3$$
$$= (69.88 - 1.1275 \times 11.2 \times 2 + 6.15 \times 4.55 \times 1.08) m^3$$
$$= 74.84 m^3$$

【注释】 0.85 为沟槽垫层的宽度即($0.25 + 0.1 \times 3 \times 2$)，0.2 为垫层厚度，0.65 为基础大放脚底层的宽度即($0.25 + 0.1 \times 2 \times 2$)，0.15 为基础大放脚每层的高度，0.45 为大放脚顶层的宽度即($0.25 + 0.1 \times 2$)，0.25 为基础墙体的宽度，3.17 为基础墙体的高度，1.08 为基础顶面标高，最后一项为室内基础的体积。

3) 缺方运土工程量

$$V_3 = -V_2 + V_1 = (-74.84 + 69.88) m^3 = -4.96 m^3$$

【注释】 定额的土、石方体积均以天然密实体积(自然方)计算，回填土按碾压后的体积(实方)计算。

清单工程量计算见表 1-57。

清单工程量计算表 表 1-57

序号	项目编码	项目名称	项目特征描述	计量单位	工程量
1	040101002001	挖沟槽土方	四类土，深 3.67m	m^3	69.88
2	040103001001	回填方	密实度 95%	m^3	74.84
3	040103001002	回填方	缺方内运，运距 1km	m^3	4.96

(2) 定额工程量

1) 挖土方工程量

$$V_1 = [1.25 + (4.75 - 1.08) \times 0.25] \times (4.75 - 1.08) \times (6.4 + 4.8) \times 2 m^3$$
$$= 178.19 m^3$$

2) 填土工程量

$$V_2 = [V_1 - (0.85 \times 0.2 + 0.65 \times 0.15 + 0.45 \times 0.15 + 0.25 \times 3.17) \times$$
$$(6.4 + 4.8) \times 2 + (6.4 - 0.25) \times (4.8 - 0.25) \times 1.08] m^3$$
$$= (178.19 - 1.1275 \times 11.2 \times 2 + 6.15 \times 4.55 \times 1.08) m^3$$
$$= 183.16 m^3$$

3) 缺方运土工程量

$$V_3 = -V_2 + V_1 = (-183.16 \times 1.15 + 178.19) m^3 = -32.44 m^3$$

说明：该工程涉及到房心回填土，其体积应为房心主墙间净面积乘以回填土厚度(室外设计标高至室内地面垫层底之间的高差)，在计算沟槽长度时，应按沟槽中心线所在的轴线长度计算，如本题所示，沟槽中轴线的周长为($6.4 + 4.8$)$\times 2 m = 22.4 m$，弃(缺)方土外运工程量应用挖土总体积减去回填土总体积，其结果正数为余土外运，负数为取土内运体积。

项目编码：040101003　　项目名称：挖基坑土方

项目编码：040103001　　项目名称：回填方

【例 60】 某市政工程采用杯形基础，其基础的结构示意图如图 1-58、图 1-59 所示，试分别以人工开挖和机械开挖计算该基础的挖土方工程量及回填土工程量（填方密实度 97%）。

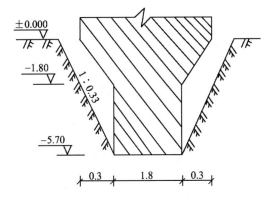

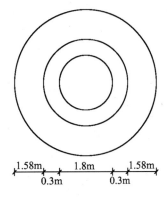

图 1-58　基础横截面图（单位：m）　　　　图 1-59　基础平面图

【解】　（1）清单工程量

1）人工挖土

①挖土方工程量

$$V_1 = \pi \times \left(\frac{1}{2} \times 1.8 + 0.3 \times 2\right)^2 \times 5.70 \times m^3 = 25.79 m^3$$

【注释】　1.8 为基础底面宽度，5.70 为基础底面标高，0.3 为杯形基础圆台上下面圆半径之差。

②填土工程量

$$V_2 = \left\{V_1 - \pi \times \left(\frac{1.8}{2}\right)^2 \times (5.70 - 1.80) - \frac{1}{3} \times \pi \times 1.8 \times \left[\left(\frac{1.8 + 0.6}{2}\right)^2 + \left(\frac{1.8}{2}\right)^2\right.\right.$$

$$\left.\left. + \frac{1.8 + 0.6}{2} \times \frac{1.8}{2}\right]\right\} m^3$$

$$= 9.58 m^3$$

【注释】　填土工程量应扣除基础、垫层和各种构筑物所占的体积。1.8 为基础底部圆柱的直径，5.70 为地下部分基础的高度，1.80 为圆柱标高，0.6 为基础中间圆台顶圆与底圆之间的直径差。

清单工程量计算见表 1-58。

清单工程量计算表　　　　　　　　　　　　　　　　　　表 1-58

序号	项目编码	项目名称	项目特征描述	计量单位	工程量
1	040101003001	挖基坑土方	三类土，深 5.7m	m³	25.79
2	040103001001	回填方	密实度 97%	m³	9.58

2）机械挖土工程量

（2）定额工程量

1）人工挖土量

$$\frac{x}{x + 5.7} = \frac{1.8}{1.8 + 5.7 \times 0.33 \times 2}$$

$$x=2.73\text{m} \qquad x+5.7=8.43\text{m}$$

【注释】　利用相似三角形原理，8.43 为由梯形延伸的倒圆锥的高。

①挖土方工程量

$$V_1 = \frac{\pi}{3} \times \left[\left(\frac{1.8+0.33\times5.7\times2}{2} \right)^2 \times 8.43 - \left(\frac{1.8}{2} \right)^2 \times 2.73 \right] \text{m}^3$$
$$= 65.96 \text{m}^3$$

【注释】　圆台延伸得到一个圆锥，圆台的体积等于高为 8.43 圆锥的体积减去高为 2.73 的圆锥的体积。

②填土工程量

$$V_2 = \left\{ V_1 - \pi \times \left(\frac{1.8}{2} \right)^2 \times 3.90 - \frac{\pi}{3} \left[\left(\frac{1.8+0.6}{2} \right)^2 \times 7.2 - \left(\frac{1.8}{2} \right)^2 \times 5.4 \right] \right\} \text{m}^3$$
$$= 49.76 \text{m}^3$$

【注释】　1.8 为基础底部圆柱的直径，3.90 为圆柱的高度即（5.7－1.8），7.2 为圆台延伸圆锥的高度，5.4 为延伸部分圆锥的高度。

2) 机械挖土同 1)。

说明：本例题未区分干湿土、人工和机械开挖，回填在计算工程量时均按相同的计算规则进行，但在套用额定时就不相同了。

项目编码：**040101002**　　项目名称：**挖沟槽土方**

项目编码：**040103001**　　项目名称：**回填方**

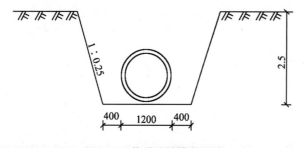

图 1-60　管道沟槽横截面图

【例 61】　某市政工程埋设一地下给水管道，管道为 $DN1200$ 铸铁管道，其管道沟槽的横截面如图 1-60 所示，在该管道工程中有 2 座检查井，其示意图如图 1-61 所示，已知整个管道长 578m，土质为四类土，试计算该管道工程的挖土方工程量及回填土工程量（填方密实度 98%）。

【解】　(1)清单工程量

1) 挖土方

①管沟挖土方工程量

$$V_1 = 2.0 \times 578 \times 2.5 \text{m}^3 = 2890 \text{m}^3$$

【注释】　管道沟槽土方清单工程量，应按地面线以下的构筑物最大水平投影面积乘以平均挖土深度以立方米计算。2.0 为沟槽底面宽度即（1.2＋0.4×2），2.50 为沟槽深度，578 为沟槽长度。

②井位挖土方工程量

$$V_2 = [2.85 \times 2.5 \times (2+0.25\times2) - 2\times2.85\times2.5] \times 2 \text{m}^3$$
$$= 7.13 \text{m}^3$$

【注释】　2.85 为检查井的长度，2.5 为检查井的深度，0.25 为沟槽底面宽度方向两

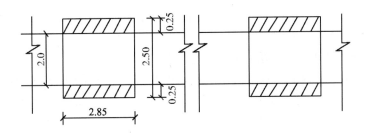

图 1-61 管网平面示意图

侧检查井的宽度，最后一个 2 为检查井的个数。

所以该工程的挖土方工程量

$$V = V_1 + V_2 = 2890 + 7.13 = 2897.13 m^3$$

2) 回填土工程量

$$V = \left[2897.13 - \pi \times \left(\frac{1.2}{2} \right)^2 \times (578 - 2.85 \times 2) - 2.85 \times 2.5 \times 2.5 \times 2 \right] m^3$$

$$= 2217.62 m^3$$

【注释】 管沟回填土应扣除管径在 200mm 以上的管道、基础、垫层和各种构筑物所占的体积。2.85 为检查井断面长度，578 为沟槽长度，第一个 2.5 为检查井断面宽度，第二个 2.5 为检查井深度，检查井数量为 2。

清单工程量计算见表 1-59。

清单工程量计算表 表 1-59

序号	项目编码	项目名称	项目特征描述	计量单位	工程量
1	040101002001	挖沟槽土方	四类土，深 2.5m	m³	2897.13
2	040103001001	回填方	密实度 98%	m³	2217.62

(2) 定额工程量

1) 挖土方工程量

①管沟挖土方工程量

$$V_1 = (2.0 + 2.5 \times 0.25) \times 2.5 \times 578 \times 1.025 m^3 = 3887.95 m^3$$

②井位挖土方工程量

$$V_2 = [2.85 \times 2.5 \times (2 + 0.25 \times 2) - (2 + 2.5 \times 0.25) \times 2.85 \times 2.5] \times 2 m^3$$

$$= -1.78 m^3$$

所以该工程的挖土方工程量 $V = 3887.95 m^3$

2) 回填土方工程量

$$V = [3887.95 - \pi \times 0.6^2 \times (578 - 2.85 \times 2) - 2 \times 2.85 \times 2.5 \times 2.5] m^3$$

$$= 3205.07 m^3$$

说明：根据清单计算规则，各种井位挖方的计算，必须扣除与管沟重叠部分的土方量。由于本题中井位挖方土方量小于该段沟槽挖方量，因此总的挖土方量即为整个沟槽的挖土方量，在定额中规定计算管沟土方工程量时，各种井类及管道（铸铁给排水管除外）接口等处，需加宽沟槽而增加的土方工程量不另行计算。若井类底面积大于 20m² 时，其增加的工程量应并入管沟土方的计算，铺设铸铁给水管道时，其接口等处的土方增加量可按管道沟槽土方总量的 2.5% 计算。

项目编码：040101005　　项目名称：挖淤泥

【例62】　某桥梁工程需在水中修筑基础，因此搭建垫板采用 0.5m³ 抓铲挖掘机进行作业，开挖基坑，基坑示意图如图 1-62 所示，试计算开挖基坑的土方工程量(已知基坑土质为淤泥、流砂)。

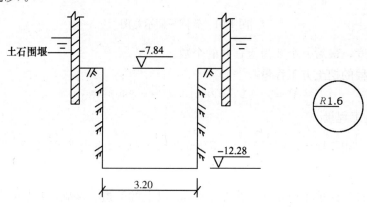

图 1-62　基坑断面图　(单位：m)

【解】　(1)清单工程量

$$V = \pi \times 1.6^2 \times (12.28 - 7.84)\text{m}^3 = 35.71\text{m}^3$$

【注释】　1.6 为圆形基坑的半径即 3.20/2，12.28 为基坑底面标高，7.84 为基坑顶面标高。

清单工程量计算见表 1-60。

清单工程量计算表　　　　　　　表 1-60

项目编码	项目名称	项目特征描述	计量单位	工程量
040101005001	挖淤泥	深 4.44m	m³	35.71

(2)定额工程量

$$V = \pi \times 1.6^2 \times (12.28 - 7.84) \times 1.25\text{m}^3 = 44.64\text{m}^3$$

说明：清单计算规则规定挖淤泥，应按设计图示的位置及界限以体积计算在定额计算规则中规定挖土机在整板上作业时，人工和机械应乘以系数 1.25。

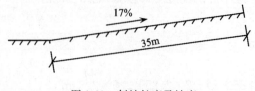

图 1-63　斜坡长度及坡度

【例63】　某施工场地用推土机推运土方上坡，已知坡长 35m，坡度为 17%，如图 1-63 所示，试计算该推土机运距，若改用人力车推土上坡。计算人力推土运距。

【解】　(1)清单工程量

1)推土机推土运距为 35m。

2)人力车推土运距为 35m。

(2)定额工程量

查表 1-44 可知推土机推土坡度 17%，其系数为 2.25，人力车推土，其系数为 5。

所以：

1）推土机推土运距为：$L=35×2.25m=78.75m$。

2）人力车推土运距为：$L=35×5m=175m$。

说明：定额中规定，土石方运距应以挖土重心至填土重心或弃土重心最近距离计算，当人力及人力车运土石方上坡坡度在15％以上，推土机、铲运机重车上坡坡度大于5％时，其斜道运距应用斜道长乘以表1-44中的相应系数。

【**例64**】　某沟槽开挖深度为4.5m，采用人力垂直运输土方，水平运距为7m，其示意图如图1-64所示，计算其运距。

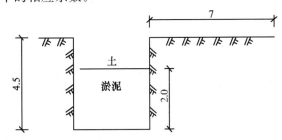

图1-64　沟槽横断面图

【**解**】　（1）清单工程量

$L=(4.5+7)m=11.5m$

（2）定额工程量

$L=(4.5×7+7)m=38.5m$

【**注释**】　4.5为沟槽开挖深度，第一个及第三个7为水平运距，第二个7为垂直深度的水平距离折合系数。

说明：定额中规定采用人力垂直运输土石方，垂直深度每米折合水平运距7m计算，人工挖沟槽，基坑内淤泥、流砂、挖深超过1.5m时，超过部分工程量按垂直深度每1m折合成水平距离7m增加工日，深度按全高计算，套定额计算规则8-3。

项目编码：040102002　　项目名称：挖沟槽石方

【**例65**】　某道路工程需沿山脚边缘修筑边沟，已知施工现场为坚硬岩石，沿山脚开挖沟槽的长度为320m，边沟的横断面形式如图1-65所示，采用人工凿石，并弃渣于槽边1m以外，人力装石、机动翻斗车运，试计算该工程挖石方工程量。

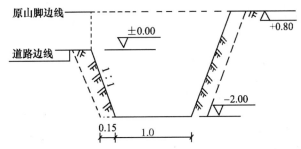

图1-65　边沟横断面图　（单位：m）

【**解**】　（1）清单工程量

$$V=1.0×320×2.8m^3=896m^3$$

【**注释**】　1.0为边沟底面宽度，320为沟槽长度，2.8为沟槽深度即(2.0+0.80)。

清单工程量计算见表1-61。

清单工程量计算表　　　　　　　　　　　　　　　　　　　　　　表1-61

项目编码	项目名称	项目特征描述	计量单位	工程量
040102002001	挖沟槽石方	坚硬岩石	m³	896

（2）定额工程量

根据规定，该施工现场为坚硬岩石，因此其允许超挖厚度应为 15cm，则其定额工程量为：

$$V = [(1.3+2.0\times1)\times2.0 + \frac{1}{2}\times(1.3+2.0\times1\times2+1.3+2.0\times1\times2$$
$$+0.8\times1)\times0.8]\times320\text{m}^3$$
$$= [6.6 + \frac{1}{2}\times(6.6+4+0.8)\times0.8]\times320\text{m}^3$$
$$= 3571.2\text{m}^3$$

【注释】 1.3 为槽底宽与允许超挖厚度之和即（1.0＋0.15×2），2.0×1 为左侧及右侧道路之下的放坡宽度，0.8×1 为道路之上右侧的放坡宽度，0.8 为原山脚边线标高，320 为沟槽长度。

说明：根据清单计算规则，挖沟槽石方应按原地面线以下构筑物最大水平投影面积乘以挖石深度（原地面平均标高至槽底高度）以体积计算，按定额计算规则，石方沟槽开挖工程量应按图示尺寸另加允许超挖量以立方米计算，允许超挖厚度：普通岩石为 20cm，坚硬岩石为 15cm。

【例 66】 某市进行城市绿化工程建设，拟在广场进行人工铺花格草皮，已知铺草皮区域如图 1-66 所示，每块花格的计算示意如图 1-67 所示，试计算该绿化工程人工铺草皮的工程量。

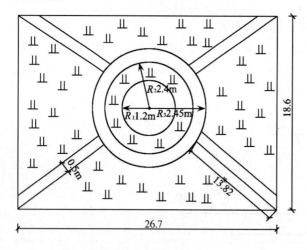

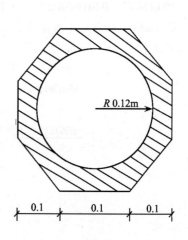

图 1-66 草坪示意图 （单位：m）　　　　图 1-67 花格示意图 （单位：m）

【解】 （1）清单工程量

由图 1-66 计算人工铺草坪区域的面积为

$$S_1 = [26.7\times18.6 - \pi\times1.2^2 - \pi(2.45^2-2.4^2) - 13.82\times0.5\times4]\text{m}^2$$
$$= 463.69\text{m}^2$$

每块花格所占用的平面面积为：

$$S_2 = [0.3\times0.1 + (0.1+0.3)\times0.1]\text{m}^2 = 0.07\text{m}^2$$

花格中空心部分的面积为：

$$S_3 = \pi \times 0.12^2 \, \text{m}^2 = 0.045 \, \text{m}^2$$

该区域共需花格数为

$$N = S_1 / S_2 = \frac{463.69}{0.07} \, 块 = 6624 \, 块$$

则人工铺草皮面积为：

$$S = N \cdot S_3 = 6624 \times 0.045 \, \text{m}^2 = 298.09 \, \text{m}^2$$

【注释】　26.7 为广场的长度，18.6 为广场的宽度，1.2 为广场中心圆的半径，2.45 为图示中间大圆的半径，2.4 为中间圆的半径，13.82 为图示斜线的长度，0.5 为斜线的宽度，4 为斜线的数量，花格划分为上下两个梯形及中间矩形，0.3 为中间矩形的长度即梯形的一个底宽，0.1 为矩形的宽度即梯形的另一底宽，最后一个 0.1 为梯形的高度，0.12 为花格圆形空心半径。

（2）定额工程量

由于定额中规定人工铺草皮工程量以实际铺设的面积计算，花格铺草皮中的空格部分不扣除，花格铺草皮，设计草皮面积，与定额不符时可以调整草皮数量，人工按草皮增加比例增加。

因此定额中的人工铺草皮工程量为：

$$S = S_1 = 463.69 \, \text{m}^2$$

项目编码：040101002　　项目名称：挖沟槽土方
项目编码：040102002　　项目名称：挖沟槽石方
项目编码：040103001　　项目名称：回填方

【例 67】　某管道沟槽如图 1-68 所示，管道长 127m，混凝土管管径 950mm，施工场地上层 1.5m 为四类土，下层为普通岩石地质，利用人工开挖，求该管道沟槽的挖土石方工程量及回填土工程量。

【解】　（1）清单工程量

1）挖土方工程量

$$V_1 = 1.95 \times 1.5 \times 127 \, \text{m}^3 = 371.475 \, \text{m}^3$$

2）挖石方工程量

$$V_2 = 1.95 \times (3.95 - 1.5) \times 127 \, \text{m}^3 = 606.74 \, \text{m}^3$$

则挖土石方总量 $V = V_1 + V_2$

$$= (371.475 + 606.74) \, \text{m}^3$$
$$= 978.215 \, \text{m}^3$$

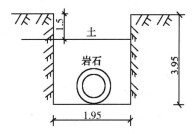

图 1-68　某管道沟槽断面图（单位：m）

【注释】　1.95 为沟槽底面宽度，1.5 为沟槽挖土深度，127 为沟槽长度，3.95 为沟槽总深度，(3.95-1.5) 为沟槽挖石方的深度。

3）填土工程量

由于管道直径为 950mm，因此可查表 1-62 得 DN950，混凝土管体积为每米 0.92m³。

则回填土工程量 $V' = (978.215 - 0.92 \times 127) \, \text{m}^3 = 861.375 \, \text{m}^3$

【注释】　管沟回填土应扣除管径在 200mm 以上的管道、基础、垫层和各种构筑物所占的面积。0.92 为每米混凝土管所占的体积，978.215 为总挖土石体积。

管道扣除土方体积表　　　　　　表 1-62

管道名称	管 道 直 径(mm)					
	500～600	601～800	801～1000	1101～1200	1201～1400	1401～1600
钢管	0.21	0.44	0.71	—	—	—
铸锈管	0.24	0.49	0.77	—	—	—
混凝土管	0.33	0.60	0.92	1.15	1.35	1.55

清单工程量计算见表1-63。

清单工程量计算表　　　　　　表 1-63

序号	项目编码	项目名称	项目特征描述	计量单位	工程量
1	040101002001	挖沟槽土方	四类土	m³	371.475
2	040102002001	挖沟槽石方	普通岩石	m³	606.74
3	040103001001	回填方	密实度95%	m³	861.375

（2）定额工程量

1）挖土方工程量

$$V_1 = 371.475 \times 1.075 m^3 = 399.34 m^3$$

【注释】　排管沟槽分两种矩形沟槽和梯形沟槽，沟槽的管道作业坑和沿线各种井室，及工程新旧管连接所需增加开挖的土方量，矩形沟槽按沟槽总土方量7.5%计算，梯形沟槽按沟槽总土方量2.5%计算。

2）挖石方工程量

根据规定，普通岩石的允许超挖厚度为0.20m，则

$$V_2 = (1.95 + 0.20 \times 2) \times (3.95 - 1.5) \times 127 m^3 = 731.20 m^3$$

则挖土石方工程总量为：

$$V = (399.34 + 731.20) m^3 = 1130.54 m^3$$

【注释】　按定额计算规则，石方工程量按图纸尺寸加允许超挖量。开挖坡面每侧允许超挖量：松、次坚石20mm，普、特坚石15mm。

3）填土工程量

$$V' = (1130.54 - 0.92 \times 127) m^3 = 1013.7 m^3$$

项目编码：040101002　　　**项目名称：挖沟槽土方**

项目编码：040103001　　　**项目名称：填方**

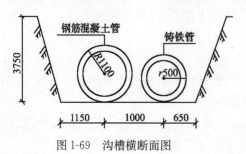

图 1-69　沟槽横断面图

【例68】　某市政管网在排管时，在同一沟槽底部铺设双管长256m，已知沟槽上方有69cm的道路结构层厚度，同底双管的横断面如图1-69所示，采用人工开挖，三类土质，试计算该沟槽的挖土方工程量及回填土工程量（填方密实度达96%）。

【解】　（1）清单工程量

1）挖土工程量

$$V_1 = (1.15+1+0.65) \times 256 \times 3.75 m^3 = 2688 m^3$$

【注释】 挖沟槽土方清单工程量应按原地面线以下构筑物最大水平投影面积乘以挖土深度（原地面平均标高至槽底高度）以体积计算。1.15为沟槽底面左侧宽度，1为混凝土管与铸铁管中心之间的宽度，0.65为铸铁管中心距沟槽底面右侧的宽度，3.75为沟槽深度，256为沟槽长度。

2）回填土工程量

$$V_2 = [V_1 - (\pi \times 1.1^2 + \pi \times 0.5^2) \times 256] m^3 = 1510.24 m^3$$

【注释】 回填土工程量等于总挖方体积减去设计地坪以下埋设构筑物的体积以立方米计算，1.1为混凝土管的半径，0.5为铸铁管的半径。

清单工程量计算见表1-64。

清单工程量计算表　　　表1-64

序号	项目编码	项目名称	项目特征描述	计量单位	工程量
1	040101002001	挖沟槽土方	三类土，深3.75m	m^3	2688
2	040103001001	回填方	密实度96%	m^3	1510.24

（2）定额工程量

已知人工开挖三类土，可查放坡系数表得$K=0.33$。

1）挖土工程量

$$V_1 = [2.8 + (3.75 - 0.69) \times 0.33] \times (3.75 - 0.69) \times 256 \times 1.025 m^3 = 3059.06 m^3$$

2）填土工程量

$$V_2 = [V_1 - (\pi \times 1.1^2 + \pi \times 0.5^2) \times 256] m^3 = 1884.86 m^3$$

【注释】 2.8为沟槽底面宽度即（1.15+1.0+0.65），3.75为沟槽深度，0.69为道路结构层厚度，0.33为放坡系数，256为沟槽长度。

说明：同底双管或多管同沟槽排管，沟槽的槽底深度同沟槽排管口径最大者，沟槽宽度按最外两管设计中心距加上该两管各自排管沟槽宽度的一半计算，如本例题中，查表1-65，钢筋混凝土管径DN1100，其排管沟槽底宽为2.3m，铸铁管DN500，沟槽底宽为1.30m，梯形排管沟槽的增开土方量按沟槽总土方量2.5%计算。

管道地沟底宽度计算表（单位：m）　　　表1-65

管径 (mm)	铸铁管、钢管石棉水泥管	混凝土、钢筋混凝土预应力混凝土管	陶土管	管径 (mm)	铸铁管、钢管石棉水泥管	混凝土、钢筋混凝土预应力混凝土管	陶土管
50～70	0.60	0.80	0.70	700～800	1.60	1.80	—
100～200	0.70	0.90	0.80	900～1000	1.80	2.00	—
250～350	0.80	1.00	0.90	1100～1200	2.00	2.30	—
400～450	1.00	1.30	1.10	1300～1400	2.20	2.60	—
500～600	1.30	1.50	1.40				

项目编码：040101002   项目名称：挖沟槽土方

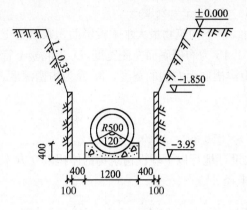

图 1-70 混合沟槽断面图

【例69】 某市进行了排水管网施工，根据当地的地形和地质，决定采用混合沟槽开挖的形式，其断面示意图如图 1-70 所示，采用人工开挖，三类土，地下常水位线为 −1.85m，沟槽全长 227m，试计算该管沟槽的挖土方工程量。

【解】 （1）清单工程量

$$V = 1.2 \times 3.95 \times 227 \text{m}^3 = 1075.98 \text{m}^3$$

【注释】 1.2 为基础垫层的宽度，3.95 为沟槽底面标高，227 为沟槽长度。

清单工程量计算见表 1-66。

清单工程量计算表   表 1-66

项目编码	项目名称	项目特征描述	计量单位	工程量
040101002001	挖沟槽土方	三类土，深 3.95m	m³	1075.98

（2）定额工程量

1）挖干土

$$V_1 = (2.2 + 1.85 \times 0.33) \times 1.85 \times 227 \times 1.025 \text{m}^3$$
$$= 1209.78 \text{m}^3$$

2）挖湿土

$$V_2 = 2.2 \times (3.95 - 1.85) \times 227 \times 1.075 \times 1.18 \text{m}^3 = 1330.33 \text{m}^3$$

则该管沟挖土工程总量为

$$V = V_1 + V_2 = (1209.78 + 1330.33) \text{m}^3 = 2540.11 \text{m}^3$$

【注释】 排管沟槽分两种矩形沟槽和梯形沟槽，沟槽的管道作业坑和沿线各种井室，及工程新旧管连接所需增加开挖的土方量，矩形沟槽按沟槽总土方量 7.5% 计算，梯形沟槽按沟槽总土方量 2.5% 计算。2.2 为沟槽底面宽度，1.85 为地下常水位线标高，227 为沟槽长度，3.95 为沟槽底面标高；挖湿土时，人工和机械乘以系数 1.18。

项目编码：040103001   项目名称：回填方

【例70】 如【例69】所述，试计算该槽的回填土方工程量，场内运输工程量，及场地平整工程量（填方密实度为 95%，余土运距为 800m）。

【解】 （1）清单工程量

1）回填土方工程量

$$V_1 = \left[1075.98 - 1.2 \times 0.4 \times 227 - 227 \times \left(\pi \times 0.5^2 \times \frac{2}{3} + \frac{1}{2} \times 0.25 \times 0.5\sqrt{3}\right)\right] \text{m}^3$$
$$= (1075.98 - 108.96 - 143.43) \text{m}^3$$
$$= 823.59 \text{m}^3$$

【注释】 回填土工程量等于总挖方体积减去设计室外地坪线以下埋设构筑物的体积以立方米计算，1075.98 为总的挖方体积，1.2 为沟槽底部垫层的宽度，0.4 为垫层的厚度，

227 为沟槽长度，0.5 为管外半径。

2）场内运输工程量

$$V_2 = (1075.98 - 823.59)\text{m}^3 = 252.39\text{m}^3$$

3）场地平整工程量

$$S = 227 \times (2.2 + 1.85 \times 0.33 \times 2)\text{m}^2 = 776.57\text{m}^2$$

清单工程量计算见表 1-67。

清单工程量计算表　　　　　　　　　　　　表 1-67

序号	项目编码	项目名称	项目特征描述	计量单位	工程量
1	040103001001	回填方	密实度为 95%	m³	823.59
2	040103002002	余方弃置	余方弃置，运距 800m	m³	252.39

（2）定额工程量

1）回填土方工程量

$$V_1 = \left[2540.11 - 1.2 \times 0.4 \times 227 - \left(\frac{2\pi}{3} \times 0.5^2 + \frac{1}{2} \times 0.25 \times 0.5\sqrt{3}\right) \times 227\right]\text{m}^3$$

$$= 2287.72\text{m}^3$$

【注释】　根据定额计算规则，管沟回填土应扣除管径在 200mm 以上的管道、基础、垫层和各种构筑物所占的体积。

2）场内运输工程量

$$V_2 = (2540.11 - 2287.72 \times 1.15) \times 60\%\text{m}^3 = 54.46\text{m}^3$$

说明：挖方体积以天然密实体积（自然方）计算，回填土按碾压后的体积（实方）计算，1.15 为土方体积换算系数。

3）场地平整工程量

$$S = 227 \times (2.2 + 1.85 \times 0.33 \times 2 + 6)\text{m}^2 = 2138.57\text{m}^2$$

说明：在定额中规定挖土现场运输土方量的公式为

$$V_{wg} = (V_w - V_d) \times 60\%$$

式中　V_{wg}——挖土现场运输土方量；

V_w——挖土量；

V_d——场内填土量。

场地平整工程量按面积计算，其公式为

$$S = L \times (B + 6)$$

式中　S——场地平整面积（m²）；

L——场地平整段排管沟槽长度（m）；

B——沟槽上口宽度（m）。

　项目编码：040101002　　项目名称：挖沟槽土方

　项目编码：040103001　　项目名称：回填方

【例71】　某市政工程在铺设管网时，将两条管道同槽不同底进行敷设，沟槽的断面形成如图 1-71 所示，沟槽长 369m，计算该沟槽的挖土方工程量及回填土工程量（三类土，填方密实度 98%）。

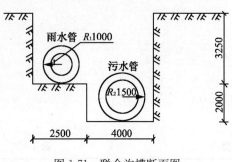

图 1-71 联合沟槽断面图

【解】（1）清单工程量

1）挖土工程量

$$V_1 = [2.5 \times 369 \times 3.25 + 4.0 \times 369 \times (2.0 + 3.25)] \text{m}^3$$
$$= 10747.13 \text{m}^3$$

【注释】 2.5 为左侧沟槽底面宽度，369 为沟槽长度，3.25 为左侧沟槽的深度，2.0 为右侧沟槽与左侧沟槽的深度差。

2）填土工程量

$$V_2 = [V_1 - (\pi \times 1.0^2 + \pi \times 1.5^2) \times 369] \text{m}^3$$
$$= (10747.125 - 3765.65) \text{m}^3$$
$$= 6987.48 \text{m}^3$$

【注释】 填土工程量等于挖方总体积减去设计地坪线以下埋设构筑物的体积以立方米计算，1.0 为雨水管的外半径，1.5 为污水管外半径，369 为沟槽长度。

清单工程量计算见表 1-68。

清单工程量计算表　　　　　　　　　　　　表 1-68

序号	项目编码	项目名称	项目特征描述	计量单位	工程量
1	040101002001	挖沟槽土方	三类土，深 5.25m	m³	10747.13
2	040103001001	回填方	密实度 98%	m³	6987.48

（2）定额工程量

1）挖土方工程量

$$V_1 = 10747.13 \times 1.075 \text{m}^3 = 11553.16 \text{m}^3$$

2）填土方工程量

$$V_2 = [11553.16 - \pi \times (1.0^2 + 1.5^2) \times 369] \text{m}^3 = 7785.61 \text{m}^3$$

【注释】 排管沟槽分两种矩形沟槽和梯形沟槽，沟槽的管道作业坑和沿线各种井室，及工程新旧管连接所需增加开挖的土方量，矩形沟槽按沟槽总土方量 7.5% 计算，梯形沟槽按沟槽总土方量 2.5% 计算。

项目编码：040101002　　项目名称：挖沟槽土方

【例 72】 某排水工程开挖一段长 520m 的深排水沟渠，沟槽挖深 6.30m，在施工过程中采用分层人工开挖，其沟槽的横断面如图 1-72 所示，土质为三、四类土，试计算该工程人工挖土方工程量。

【解】（1）清单工程量

$$V = [2.8 \times (6.3 - 3.6) + (2.8 + 0.8 \times 2) \times 3.6] \times 520 \text{m}^3 = 12168 \text{m}^3$$

【注释】 挖沟槽土方清单工程量按原地面线以下构筑物最大水平投影面积乘以挖石深度（原地面平均标高至槽底高度）以体积计算。2.8 为四类土沟槽底面宽度，6.3 为沟槽底面标高，3.6 为三类土沟槽底面标高，（6.3-3.6）为四类土沟槽的开挖深度，0.8 为三类土沟槽与四类土底面的宽度差，520 为沟槽长度。

清单工程量计算见下表 1-69。

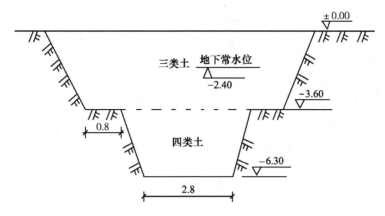

图 1-72　分层开挖沟示意图（单位：m）

清单工程量计算表 表 1-69

项目编码	项目名称	项目特征描述	计量单位	工程量
040101002001	挖沟槽土方	三、四类土	m³	12168

（2）定额工程量

人工开挖三类土 $k_1 = 0.33$，四类土 $k_2 = 0.25$。

1）挖干土工程量

$$V_1 = [2.8 + (6.3 - 3.6) \times 0.25 \times 2 + 0.8 \times 2 + (3.6 - 2.4) \times 0.33 \times 2 + 2.4 \times 0.33] \times 2.4$$
$$\times 520 \times 1.025 \text{m}^3$$
$$= 9381.65 \text{m}^3$$

【注释】 2.8 为四类土沟槽底面宽度，6.3 为沟槽底面标高，3.6 为三类土沟槽底面标高，(6.3−3.6)为四类土沟槽的开挖深度，0.25 为四类土的放坡系数，0.8 为三类土沟槽与四类土底面的宽度差，2.4 为地下常水位标高即挖干土的深度，0.33 为三类土放坡系数，520 为沟槽长度。

2）挖湿土工程量

$$V_2 = \{[2.8 + (6.3 - 3.6) \times 0.25 \times 2 + 0.8 \times 2 + (3.6 - 2.4) \times 0.33] \times (3.6 - 2.4)$$
$$\times 520 + [2.8 + (6.3 - 3.6) \times 0.25] \times (6.3 - 3.6) \times 520\} \times 1.025 \text{m}^3$$
$$= (3835.104 + 4878.9) \times 1.025 \text{m}^3$$
$$= 8931.85 \text{m}^3$$

则该工程挖土方定额工程总量为：

$$V = V_1 + V_2 = (9381.65 + 8931.85) \text{m}^3 = 19313.50 \text{m}^3$$

排管沟槽分两种矩形沟槽和梯形沟槽，沟槽的管道作业坑和沿线各种井室，及工程新旧管连接所需增加开挖的土方量，矩形沟槽按沟槽总土方量 7.5％计算，梯形沟槽按沟槽总土方量 2.5％计算。

说明：较深的沟槽，宜分层开挖，每层槽深，人工挖槽一般在 3m 左右，在条件许可时，一般采用大开槽（即放坡不支撑），人工开挖多层槽的层间留台深度，大开槽与直槽之间一般不小于 0.8m，直槽与直槽之间宜留 0.3～0.5m，安装井点时，槽台宽度不应小于 1m。

项目编码：040103001　　项目名称：回填方

【例73】　某道路改建工程，欲将原道路双向六车道扩建为双向八车道，其路基工程中，已知挖土方体积为4500m³，可利用3000m³，改建段的道路横断面如图1-73所示，道路结构层厚度为69cm，改建段长600m，试计算该道路路基工程的填缺土方数量及余土外运数量（填方密实度97％，土方运距为2km）。

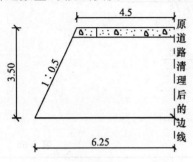

图1-73　加宽段横断面图（单位：m）

清单工程量计算见表1-70。

【解】　（1）清单工程量

1）路基填土方数量为

$$V_1 = 4.5 \times 3.5 \times 600 m^3 = 9450 m^3$$

【注释】　4.5为梯形路基的上底宽，3.5梯形高度，600为道路长度。

2）填缺土方数量为

$$V_2 = (9450 - 3000) m^3 = 6450 m^3$$

3）余土外运数量为

$$V_3 = (4500 - 3000) m^3 = 1500 m^3$$

清单工程量计算表　　　　　　表1-70

序号	项目编码	项目名称	项目特征描述	计量单位	工程量
1	040103001001	回填方	密实度97％	m³	6450
2	040103002001	余方弃置	余方弃置，运距2km	m³	1500
3	040103001002	回填方	缺方内运，运距2km	m³	6353.09

（2）定额工程量

1）路基填土方数量为

$$V_1 = (4.5 + 0.5 \times 0.69 + 6.25) \times (3.5 - 0.69) \times \frac{1}{2} \times 600 m^3$$

$$= 9353.09 m^3$$

【注释】　4.5为梯形路基的上底宽，0.5为坡度系数，0.69为道路结构层的厚度，6.25为梯形下底宽，（3.5-0.69）为梯形高度，600为道路长度。

2）填缺土方数量为

$$V_2 = (9353.09 - 3000 \times 0.87) m^3 = 6743.09 m^3（实方）$$

3）余土外运数量为

$$V_3 = (4500 - 3000) m^3 = 1500（自然方）m^3$$

说明：本题中有挖方，有填方，根据定额中规定，土石方体积均以天然密实体积（自然方）计算，回填土按碾压后的体积（实方）计算，其土方体积换算表可查表1-29，如本题中可利用3000m³挖方换算成实方即乘以系数0.87。

项目编码：040103001　　项目名称：回填方

【例74】　某基础开挖，已知挖土560m³，在基础回填时，可利用的挖土量为120m³，填土数量为740m³，试求（1）余土外运数量；（2）填缺土方数量；（3）土方场内运输工程量（余土、填缺土运距为1km，土方场内运输80m）。

【注释】　1.8 为检修井断面的长度及宽度，3.8 为检修井的深度，1.6 为管道直径，3 为检修井数量。

2）阀门井挖土方工程量

$$V_2 = \left[\left(\frac{2\arccos\dfrac{0.8}{1.0}}{360}\times\pi\times1.0^2 - 0.8\times\sqrt{1.0^2-0.8^2}\right)\right]\times2\times3.8\text{m}^3$$

$$= (0.644-0.48)\times2\times3.8\text{m}^3$$

$$= 1.25\text{m}^3$$

【注释】　0.8 为管道半径即 1.6/2，1.0 为阀门井半径，3.8 为阀门井的深度。

3）雨水井挖土方工程量

$$V_3 = \left[\left(\frac{2\arccos\dfrac{0.8}{1.2}}{360}\times\pi\times1.2^2 - 0.8\times\sqrt{1.2^2-0.8^2}\right)\right]\times2\times3.8\times5\text{m}^3$$

$$= (1.744-0.716)\times2\times3.8\times5\text{m}^3$$

$$= 39.064\text{m}^3$$

【注释】　1.2 为雨水井半径，0.8 为管道半径，3.8 为雨水井深度，5 为雨水井数量。

清单工程量计算见表 1-72。

清单工程量计算表　　　　　　　　　　　　　　　　　　表 1-72

序号	项目编码	项目名称	项目特征描述	计量单位	工程量
1	040101003001	挖基坑土方	检修井，深 3.8m	m³	4.104
2	040101003002	挖基坑土方	阀门井，深 3.8m	m³	1.25
3	040101003003	挖基坑土方	雨水井，深 3.8m	m³	39.064

（2）定额工程量

定额工程量同清单工程量。

【例 78】　某施工工地用 3m³ 拖式铲运机上坡铲运土方，已知铲运土层厚度为 30cm，宽度为 54m，四类土，两点间的水平距离为 72m，铲运机上坡铲运土方如图 1-76 所示，试计算该工程的土方工程量及铲运机运土运距，若为自行铲运机铲运土，则其运土运距又为多少？

【解】　（1）清单工程量

1）土方工程量

铲运机铲土上坡的坡长为：

$$L = \sqrt{72^2+(16.28-10.34)^2}\text{m} = 72.25\text{m}$$

则　$V = 72.25\times54\times0.3\text{m}^3 = 1170.45\text{m}^3$

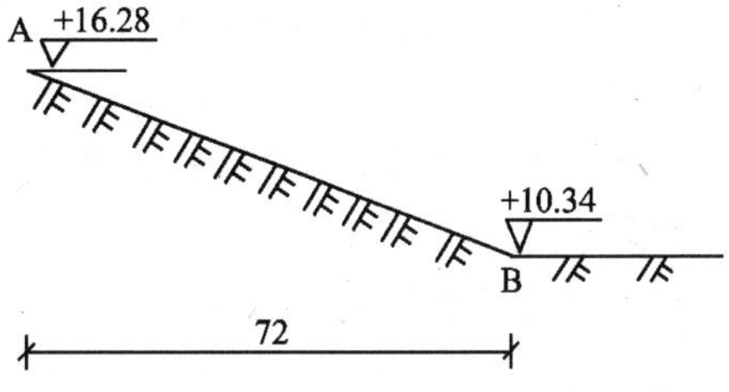

【注释】　72 为斜坡水平投影长度，16.28 为斜坡顶面标高，10.34 为斜坡底面标高，54 为斜坡的宽度，0.3 为推土厚度。

图 1-76　铲运机铲运坊示意图（单位：m）

2）运土运距

$$坡度\ i = \frac{16.28-10.34}{72}\times100\% = 8.25\%$$

则运距 $L'=72.25m$

3）若为自行铲运机运土，则 $L'=72.25m$

（2）定额工程量

1）土方工程量

铲运机铲土上坡的坡长为：

$$L=\sqrt{72^2+(16.28-10.34)^2}m=72.25m$$

则 $V=72.245\times54\times0.3m^3=1170.45m^3$

【注释】 72 为斜坡水平投影长度，16.28 为斜坡顶面标高，10.34 为斜坡底面标高，54 为斜坡的宽度，0.3 为推土厚度。

2）运土运距

$$坡度\ i=\frac{16.28-10.34}{72}\times100\%=8.25\%$$

根据 $i=8.25\%$ 时，其斜道运距可乘系数 1.75，则运距 $L'=(72.245\times1.75+27)m=153.43m$

3）若为自行铲运机运土，则 $L'=(72.245\times1.75+45)m=171.43m$

【注释】 土石方运距应以挖土重心至填土重心或弃土重心最近距离计算，挖土重心、填土重心、弃土重心按施工组织设计确定。如果人力及人力车运土、石方上坡坡度在 15% 以上，推土机、铲运机重车上坡坡度大于 5%，斜道运距按斜道长度乘以相应的系数；拖式铲运机 $3m^2$ 加 27m 转向距离，其余型号铲运机加 45m 转向距离。

第二节 综 合 实 例

项目编码：040101001 项目名称：挖一般土方

项目编码：040103001 项目名称：回填方

【例 1】 某工程施工现场进行场地平整，其地形图与方格网图如图 1-77 所示，施工方案：

（1）图中每方格内的土方调配按 15m 考虑，土方运距在 20m 内按推土机，200m 内按拖式铲运机，5km 按正铲挖土自卸汽车运土分别计算。（三类土）

（2）场区内不可利用的土拟采用人工装土、自卸汽车运土。

（3）机械作业不到的地方由人工完成，人工挖土方量考虑占总挖方量的 8%，填方密实度 95%。

求该工程的土石方工程量（已知方格网 $a=20m$，设计泄水坡度 $i_x=2‰$，$i_y=3‰$）

【解】 清单工程量：

（1）求各角点的地面标高

角点 1：$h_1=(\frac{x}{h}\times0.5+21.0)m=(\frac{0.3}{1.6}\times0.5+21)m=21.09m$

x——角点 1 到等高线 a 的垂直距离；

h——等高线 a、b 过角点 1 的垂直距离；

0.5——等高线 a、b 之间的等差。

式中 x、h 均在图中直接量出，其他各点均按此计算，其计算结果如图 1-77 所示。

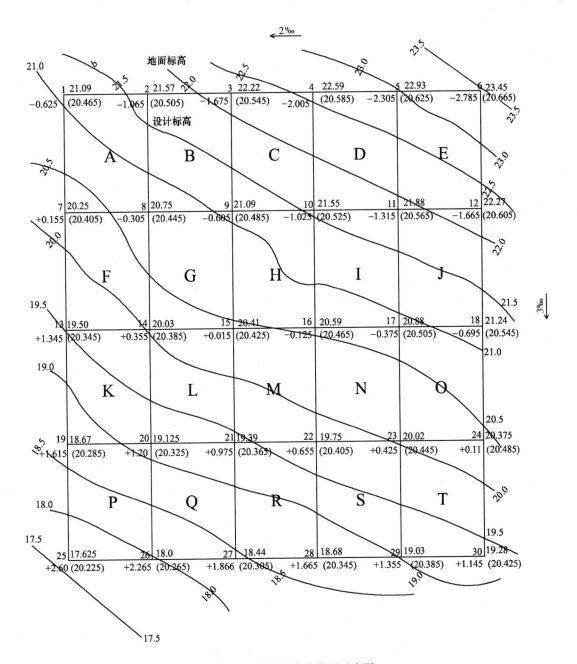

图 1-77　地形图与方格网示意图

（2）计算场地设计标高 A。

$$\sum H_1 = (21.09 + 23.45 + 19.28 + 17.625)\text{m} = 81.45\text{m}$$

【注释】 H_1 为一个方格仅有的角点地面标高，21.09 为角点 1 的地面标高，23.45 为角点 6 的地面标高，19.28 为角点 30 的地面标高，17.625 为角点 25 的地面标高。

$$2\sum H_2 = 2 \times (21.57 + 22.22 + 22.59 + 22.93 + 22.27 + 21.24 + 20.375 + 19.03$$
$$+ 18.68 + 18.44 + 18.0 + 18.67 + 19.50 + 20.25)\text{m}$$
$$= 571.53\text{m}$$

【注释】 H_2 为两个方格共有的角点地面标高，21.57 为角点 2 的地面标高，22.22 为角点 3 的地面标高，22.59 为角点 4 的地面标高，22.93 为角点 5 的地面标高，22.27 为角点 12 的地面标高，21.24 为角点 18 的地面标高，20.375 为角点 24 的地面标高，19.03 为角点 29 的地面标高，18.68 为角点 28 的地面标高，18.44 为角点 27 的地面标高，18.0 为角点 26 的地面标高，18.67 为角点 19 的地面标高，19.50 为角点 13 的地面标高，20.25 为角点 7 的地面标高。

$$4\sum H_4 = 4 \times (20.75 + 21.09 + 21.55 + 21.88 + 20.03 + 20.41 + 20.59 + 20.88 +$$
$$19.125 + 19.39 + 19.75 + 20.02)\text{m}$$
$$= 981.86\text{m}$$

【注释】 H_3 为四个方格共有的角点地面标高，小括号内的数据依次为角点 8、9、10、11、14、15、16、17、20、21、22、23 的地面标高。

$$H_0 = \frac{\sum H_1 + 2\sum H_2 + 4\sum H_4}{4n}\text{m} = \frac{81.445 + 571.53 + 981.86}{4 \times 20}\text{m} = 20.45\text{m}$$

【注释】 H_0 为场地重心高度，20 为方格数量。

（3）根据要求的泄水坡度计算方格角点的设计标高为：

【注释】 本场地要求双向排水 $i_x = 2‰$，$i_y = 3‰$，以角点 15 与角点 16 连线的中点为中心点，$H_0 = 20.445\text{m}$。

$$H_p = H_0 \pm l_x i_x \pm l_y i_y$$

其中 H_p 为场地双向排水坡度任意一点设计标高（m）；

l_x 为该点在 $x-x$ 方向至零线的距离（m）；

i_x 为该点在 $x-x$ 方向的坡度（‰）；

l_y 为该点在 $y-y$ 方向至零线的距离（m）；

i_y 为该点在 $y-y$ 方向的坡度，‰；

"$\pm$"——该点比 H_0 高取"$+$"，反之取"$-$"。

$$H_1 = H_0 - 50 \times 2‰ + 40 \times 3‰ = (20.445 - 50 \times 2‰ + 40 \times 3‰)\text{m} = 20.465\text{m}$$

【注释】 50 为角点 1 距中心点的水平距离即（20/2＋20×2），2‰ 为场地 $x-x$ 方向上的泄水坡度，40 为角点 1 在 $y-y$ 方向至零线的距离，3‰ 为场地 $y-y$ 方向上的泄水坡度。

$$H_2 = H_1 + 20 \times 2‰ = (20.465 + 20 \times 2‰)\text{m} = 20.505\text{m}$$

$$H_3 = H_2 + 20 \times 2‰ = (20.505 + 20 \times 2‰)\text{m} = 20.545\text{m}$$

$$H_4 = H_3 + 20 \times 2‰ = (20.545 + 20 \times 2‰)\text{m} = 20.585\text{m}$$

$$H_5 = (H_4 + 20 \times 2‰)\text{m} = 20.625\text{m}$$

$$H_6 = (H_5 + 20 \times 2‰)\text{m} = 20.665\text{m}$$

$$H_7 = (H_1 - 20 \times 3‰)\text{m} = (20.465 - 20 \times 3‰)\text{m} = 20.405\text{m}$$

$$H_{13} = (H_7 - 20 \times 3‰)\text{m} = 20.345\text{m}$$

其余各点见图中所标。

（4）计算各方格角点的施工高度

【注释】 施工高度＝设计标高－地面标高

角点 1：$h_1 = (20.465 - 21.09)\text{m} = -0.625\text{m}$

角点 7：$h_7 = (20.405 - 20.25)\text{m} = +0.155\text{m}$

【注释】　20.465 为角点 1 的设计标高，21.09 为角点 1 的地面标高，20.405 为角点 7 的设计标高，20.25 为角点 7 的地面标高。

其余按此类推，所求得的施工高度为"＋"时，该点为填方；为"－"时，该点为挖方。

（5）确定零线

首先求零点，零点在相邻两角点为一挖一填的方格线上，由地形图与方格网示意图知 7—8，15—16，1—7，8—14，9—15，16—22，17—23，18—24 方格边线两端角点的施工高度符号不同，存在零点。如方格 A，计算零点边长公式为：$x = \dfrac{ah_1}{h_1 + h_2}$（如图 1-78 所示）

方格 A：$h_1 = -0.625\text{m}$　　$h_2 = +0.155\text{m}$

代入公式　$x = \dfrac{20 \times 0.625}{0.625 + 0.155}\text{m} = 16.03\text{m}$

$a - x = (20 - 16.03)\text{m} = 3.97\text{m}$

$h_1 = +0.155\text{m}$　　$h_2 = -0.305\text{m}$

$x = \dfrac{20 \times 0.155}{0.155 + 0.305}\text{m} = 6.74\text{m}$

$a - x = (20 - 6.74)\text{m} = 13.26\text{m}$

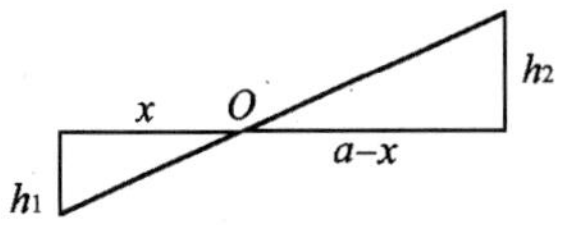

图 1-78　重点示意图

【注释】　20 为方格边长，0.625 为角点 1 的挖方高度，0.155 为角点 7 的填方高度，0.305 为角点 8 的挖方高度。

方格 G：$h_1 = -0.305\text{m}$　　$h_2 = +0.355\text{m}$

$x = \dfrac{20 \times 0.305}{0.305 + 0.355}\text{m} = 9.24\text{m}$　　$a - x = (20 - 9.24)\text{m} = 10.74\text{m}$

方格 H：$h_1 = -0.605\text{m}$　　　$h_2 = +0.015\text{m}$

$x = \dfrac{20 \times 0.605}{0.605 + 0.015}\text{m} = 19.5\text{m}$　　$a - x = (20 - 19.52)\text{m} = 0.48\text{m}$

方格 M：$h_1 = +0.015\text{m}$　　$h_2 = -0.125\text{m}$

$x = \dfrac{20 \times 0.015}{0.015 + 0.125}\text{m} = 2.14\text{m}$　　$a - x = (20 - 2.14)\text{m} = 17.86\text{m}$

方格 N：$h_1 = -0.125\text{m}$　　$h_2 = +0.655\text{m}$

$x = \dfrac{20 \times 0.125}{0.125 + 0.655}\text{m} = 3.21\text{m}$　　$a - x = (20 - 3.21)\text{m} = 16.79\text{m}$

方格 O：$h_1 = -0.375\text{m}$　　$h_2 = +0.425\text{m}$

$x = \dfrac{20 \times 0.375}{0.375 + 0.425}\text{m} = 9.38\text{m}$　　$a - x = (20 - 9.375)\text{m} = 10.62\text{m}$

$h_1 = -0.695\text{m}$　　$h_2 = +0.11\text{m}$

$x = \dfrac{20 \times 0.695}{0.695 + 0.11}\text{m} = 17.27\text{m}$　　$a - x = (20 - 17.27)\text{m} = 2.73\text{m}$

将各相邻零点连接起来即为所求的零线，如图 1-79 所示。

（6）计算土方量

方格 B、C、D、E、I、J 六个角点全为挖方，方格 K、L、P、Q、R、S、T 全为填方，这 13 个方格的土方量为：

$$V_{挖(填)} = \frac{a^2}{4}(h_1 + h_2 + h_3 + h_4)$$

【注释】 $\dfrac{h_1 + h_2 + h_3 + h_4}{4}$ 为每个方格挖(填)土的平均深度，a^2 为其挖土面积。

$$V_{挖B} = \frac{400}{4} \times (1.065 + 1.675 + 0.605 + 0.305)\,m^3 = -365\,m^3$$

$$V_{挖C} = \frac{400}{4} \times (1.675 + 2.005 + 1.025 + 0.605)\,m^3 = -531\,m^3$$

$$V_{挖D} = \frac{400}{4} \times (2.005 + 2.305 + 1.315 + 1.025)\,m^3 = -665\,m^3$$

$$V_{挖E} = \frac{400}{4} \times (2.305 + 2.785 + 1.665 + 1.315)\,m^3 = -807\,m^3$$

$$V_{挖I} = \frac{400}{4} \times (1.025 + 1.315 + 0.375 + 0.125)\,m^3 = -284\,m^3$$

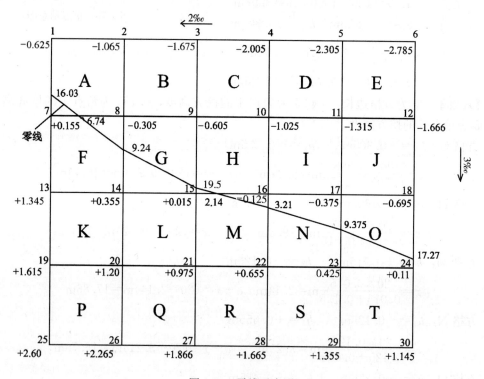

图 1-79　零线示意图

$$V_{挖J} = \frac{400}{4} \times (1.315 + 1.665 + 0.695 + 0.375)\,m^3 = -405\,m^3$$

$$V_{填K} = \frac{400}{4} \times (1.345 + 0.355 + 1.20 + 1.615)\,m^3 = +451.5\,m^3$$

$$V_{填L} = \frac{400}{4} \times (0.355 + 0.015 + 0.975 + 1.20)\,m^3 = +254.5\,m^3$$

$$V_{填P} = \frac{400}{4} \times (1.615 + 1.20 + 2.265 + 2.60)\,m^3 = +768\,m^3$$

$$V_{填Q}=\frac{400}{4}\times(1.20+0.975+1.866+2.265)\text{m}^3=+630.6\text{m}^3$$

$$V_{填R}=\frac{400}{4}\times(0.975+0.655+1.665+1.866)\text{m}^3=+516.1\text{m}^3$$

$$V_{填S}=\frac{400}{4}\times(0.655+0.425+1.355+1.665)\text{m}^3=+410\text{m}^3$$

$$V_{填T}=\frac{400}{4}\times(0.425+0.11+1.145+1.355)\text{m}^3=+303.5\text{m}^3$$

方格 G、N、O 为两挖两填方格[如图 1-80(a)所示]土方计算量为：

$$V_{挖}=\frac{a^2}{4}\left(\frac{h_1^2}{h_1+h_4}+\frac{h_2^2}{h_2+h_3}\right)$$

$$V_{填}=\frac{a^2}{4}\left(\frac{h_3^2}{h_2+h_3}+\frac{h_4^2}{h_1+h_4}\right)$$

$$V_{挖G}=\frac{400}{4}\times\left(\frac{0.305^2}{0.305+0.355}+\frac{0.605^2}{0.605+0.015}\right)\text{m}^3=-73.1\text{m}^3$$

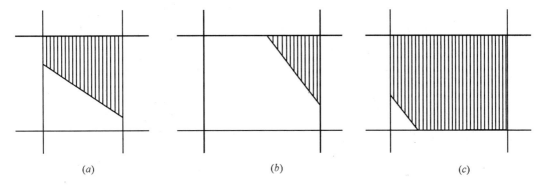

$$(a)\qquad\qquad (b)\qquad\qquad (c)$$

图 1-80

(a)两填两挖；(b)三填一挖方格网；(c)三挖一填方格网

$$V_{填G}=\frac{400}{4}\times\left(\frac{0.015^2}{0.605+0.015}+\frac{0.355^2}{0.355+0.305}\right)\text{m}^3=+19.12\text{m}^3$$

$$V_{挖N}=\frac{400}{4}\times\left(\frac{0.125^2}{0.125+0.655}+\frac{0.375^2}{0.375+0.425}\right)\text{m}^3=-19.58\text{m}^3$$

$$V_{填N}=\frac{400}{4}\times\left(\frac{0.425^2}{0.425+0.375}+\frac{0.655^2}{0.655+0.125}\right)\text{m}^3=+77.58\text{m}^3$$

$$V_{挖O}=\frac{400}{4}\times\left(\frac{0.375^2}{0.375+0.425}+\frac{0.695^2}{0.695+0.11}\right)\text{m}^3=-77.58\text{m}^3$$

$$V_{填O}=\frac{400}{4}\times\left(\frac{0.11^2}{0.11+0.695}+\frac{0.425^2}{0.425+0.375}\right)\text{m}^3=+24.08\text{m}^3$$

方格 A、H 为三挖一填方格[如图 1-80(b)所示]，方格 F、M 为三填一挖方格[如图 1-80(c)所示]，其土方量计算为：

$$V_4=\frac{a^2}{6}\left[\frac{h_4^3}{(h_1+h_4)(h_3+h_4)}\right]\qquad V_{1.2.3}=\frac{a^2}{6}(2h_1+h_2+2h_3-h_4)+V_4$$

$$V_{填A}=\frac{400}{6}\times\left(\frac{0.155^3}{(0.625+0.155)\times(0.305+0.155)}\right)\text{m}^3=0.69\text{m}^3$$

$$V_{挖A}=\left[\frac{400}{6}\times(2\times0.625+1.065+2\times0.305-0.155)+V_{A填}\right]m^3=-185.3m^3$$

$$V_{填H}=\frac{400}{6}\times\frac{0.015^3}{(0.605+0.015)\times(0.125+0.015)}m^3=18.0m^3$$

$$V_{挖H}=\left[\frac{400}{6}\times(2\times0.605+1.025+2\times0.125-0.015)+18.0\right]m^3=-182.6m^3$$

$$V_{挖F}=\frac{400}{6}\times\frac{0.305^3}{(0.1555+0.305)\times(0.355+0.305)}m^3=-6.23m^3$$

$$V_{填F}=\left[\frac{400}{6}\times(2\times0.155+1.345+2\times0.355-0.305)+6.23\right]m^3=+143.5m^3$$

$$V_{挖M}=\frac{400}{6}\times\frac{0.125^3}{(0.015+0.125)\times(0.125+0.655)}m^3=-1.19m^3$$

$$V_{填M}=\left[\frac{400}{6}\times(2\times0.015+0.975+2\times0.655-0.125)+1.19\right]m^3=147.19m^3$$

总挖方量：

$$\begin{aligned}\sum V_{挖}=&(365+531+665+807+284+405+73.1+19.58+77.58+185.3+182.6+\\&6.23+1.19)m^3\\=&3602.58m^3\end{aligned}$$

$$\begin{aligned}\sum V_{填}=&(451.5+254.5+768+630.6+516.1+410+303.5+19.12+77.58+24.08+\\&0.69+18.0+143.5+147.19)m^3\\=&3764.36m^3\end{aligned}$$

计算结果见表 1-73。

大型土方、场平工程量计算列表　　　　　　　　　　　　　　　　表 1-73

序号	区号	填方/m³	挖方/m³	
1	A	0.69	185.3	137.25m³ 运 40m
2	B		365	100m³ 不可利用　254.5m³ 运 60m　10.5m³ 运 100m
3	C		531	451.5m³ 运 100m　70m³ 不可利用　9.5m³ 运 80m
4	D		665	630.6m³ 运 120m　34.4m³ 运 60m
5	E		807	804m³ 运 160m　3m³ 运 80m
6	F	143.5	6.23	
7	G	19.12	73.1	
8	H	18.0	182.6	38m³ 运 80m　15.98m³ 不可利用
9	I		284	146m³ 运 40m　5m³ 运 80m
10	J		405	284m³ 运 80m
11	K	451.5		405m³ 运 80m
12	L	254.5		
13	M	147.19	1.19	
14	N	77.58	19.58	
15	O	24.08	77.58	53.5m³ 运 80m
16	P	768		
17	Q	630.6		
18	R	516.1		
19	S	410		
20	T	303.5		
21	Σ	3764.36	3602.58	差 347.76(即 3764.36－(3602.58－185.98))m³　5km 运来　弃土 185.98m³

本区内调配运 15m：88.89m³；差土 168.01m³，运距 5km；弃土 185.98m³。

人工挖土：3602.58×8%m³＝288.21m³

机械挖土：(3602.58－288.21)m³＝3314.37m³

【注释】 8%为人工挖土方量占总挖方量的比例，3602.58 为总挖方量。

清单工程量计算见表 1-74。

清单工程量计算表 表 1-74

序号	项目编码	项目名称	项目特征描述	计量单位	工程量
1	040101001001	挖一般土方	三类土	m³	3602.58
2	040103001001	回填方	密实度 95%	m³	3764.36
3	040103002001	余方弃置	余方弃置，运距 5km	m³	185.98
4	040103001002	回填方	缺方内运，运距 5km	m³	347.76

项目编码：040101001   项目名称：挖一般土方

项目编码：040103001   项目名称：回填方

【例2】 某道路工程四号标段修筑起点 K0＋000，终点 K0＋800，如图 1-81、图 1-82 所示，采用机械挖土、人工辅助开挖，四类土质，路面修筑宽度为 16m，路肩各宽 1m，余方运至 5km 处弃置，填方要求具有 95%密实度，场内土方平衡考虑采用人工手推车运土，缺土用自卸汽车运土，路基填土压实拟采用压路机碾压，碾压厚度每层不超过 25cm，人工挖土方量考虑占总挖方量的 8%，土方纵向平衡调运由机械完成。

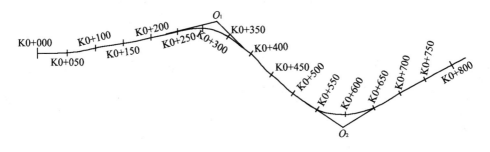

图 1-81 道路路线平面图

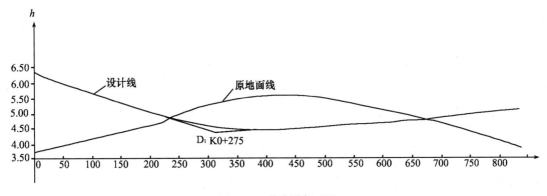

图 1-82 道路纵断面图

【解】（1）清单工程量

1）根据平面图和道路纵断面图画道路的横断面图，如图 1-83 所示。

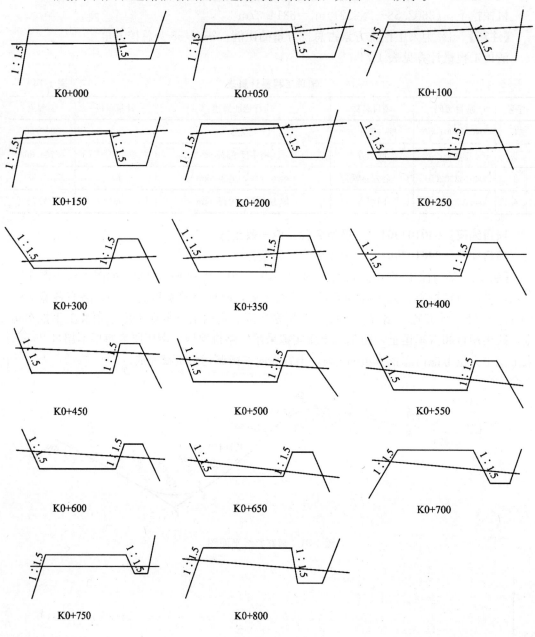

图 1-83　道路横断面图

2）按图 1-84 计算横截面面积，按公式计算，如：

$$F=b \cdot \frac{h_1+h_2}{2}+nh_1 \cdot h_2$$

式中　b——道路总宽，m；

　　　n——护坡坡率。

K0+000：$h_1=2m$，$h_2=3.2m$，$n=1.5$，$b=18m$，$F=(18\times\dfrac{2+3.2}{2}+1.5\times2\times3.2)m^2=56.4m^2$

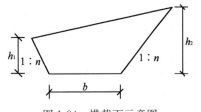

图1-84　横截面示意图

【注释】 18为道路总宽即(16+1×2)，其中16为路面宽度，1为一端路肩宽度，1.5为护坡坡率。

其余各点的横截面面积均以此计算，具体结果见表1-75。

3）计算土方量：根据截面面积计算土方量

$$V=\frac{1}{2}(F_1+F_2)\times L$$

式中　V——相邻两截面间的土方量(m^3)；

L——相邻两截面间距(m)；

F_1、F_2——相邻两截面的挖(填)方截面积(m^2)。

例如：K0+000填方面积为56.4m^2

K0+050填方面积为45.63m^2　　　$L=50m$

则K0+000~K0+050之间的土方量为：

$V=\dfrac{1}{2}\times(56.4+45.63)\times50m^3=2550.75m^3$

其余填(挖)方体积均以此计算，见表1-75。

土方量汇总表　　　　　　　　　　表1-75

断　面	填方面积	挖方面积	截面间距	填方体积	挖方体积
	m^2	m^2	m	m^3	m^3
0+000	56.4	0	50		
0+050	45.63	0	50	2550.75	
0+100	31.142	0	50	1919.3	
0+150	19.692	0	50	1270.85	
0+200	10.026	0	50	742.95	
0+250	0	3.87	50		96.75
0+300	0	12.51	50		409.5
0+350	0	18.69	50		780
0+400	0	23.51	50		1055
0+450	0	24.399	50		1197.725
0+500	0	17.28	50		1041.975
0+550	0	13.29	50		764.25
0+600	0	7.82	50		527.75
0+650	0	1.81	50		240.75
0+700	2.91		50	72.75	
0+750	9.92		50	320.75	
0+800	18.64		50	714	
合　计				7591.35	6113.7

4）将土方量汇总

见表 1-75，总填方体积为 7591.35m³，总挖方体积为 6113.7m³，则：

人工挖土方工程量为：

$V_人 = 6113.7 \times 8\% \text{m}^3 = 489.10\text{m}^3$

$V_{机械} = (6113.7 - 489.10)\text{m}^3 = 5624.60\text{m}^3$

缺方内运土方量为：

$V_缺 = (7591.35 - 6113.7)\text{m}^3 = 1477.65\text{m}^3$

清单工程量计算见表 1-76。

清单工程量计算表　　　　　　　　　　　　　　　　表 1-76

序号	项目编码	项目名称	项目特征描述	计量单位	工程量
1	040101001001	挖一般土方	四类土	m³	6113.7
2	040103001001	回填方	密实度 95%	m³	7591.35
3	040103001002	回填方	缺方内运，运距 5km	m³	1477.65

（2）定额工程量

人工挖土方工程量为：

$V_人 = 6113.7 \times 8\% \text{m}^3 = 489.10\text{m}^3$

$V_{机械} = (6113.7 - 489.10)\text{m}^3 = 5624.60\text{m}^3$

缺方内运土方量为：

$V_缺 = (7591.35 \times 1.15 - 6113.7)\text{m}^3 = 2616.35\text{m}^3$

项目编码：040101002　　项目名称：挖沟槽土方

项目编码：040101003　　项目名称：挖基坑土方

项目编码：040103001　　项目名称：回填方

项目编码：040103002　　项目名称：余方弃置

【例3】　某城市道路新建一排水工程，该工程排管总长 680m，拟埋设污水管 DN600，混凝土管 570m，雨水管 DN500，铸铁管 680m，其中有 570m，采用双管同沟槽同底排管，两管中心距为 1.0m。该工程的平面图、断面图、管道基础图、φ1800 砖砌圆形雨水检查井标准图，φ1800 浆砌砖石混凝土圆形检修井标准图如图 1-85～图 1-91 所示。

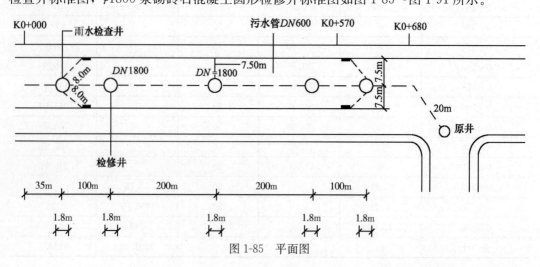

图 1-85　平面图

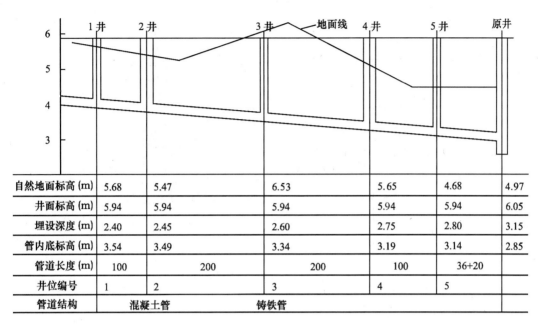

自然地面标高 (m)	5.68	5.47		6.53		5.65	4.68	4.97
井面标高 (m)	5.94	5.94		5.94		5.94	5.94	6.05
埋设深度 (m)	2.40	2.45		2.60		2.75	2.80	3.15
管内底标高 (m)	3.54	3.49		3.34		3.19	3.14	2.85
管道长度 (m)	100		200		200		100	36+20
井位编号	1	2		3		4	5	
管道结构	混凝土管		铸铁管					

图 1-86　纵断面图

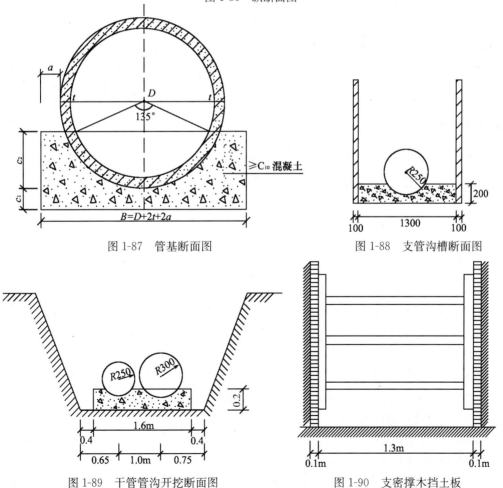

图 1-87　管基断面图

图 1-88　支管沟槽断面图

图 1-89　干管管沟开挖断面图

图 1-90　支密撑木挡土板

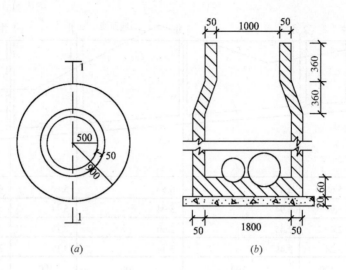

图 1-91 ϕ1800 砖砌圆形雨水井、检修井

(a)平面图；(b)1-1 剖面图

该工程的具体施工方案如下：

(1) 该工程的管沟土方回填后，余土采用人工装车，自卸汽车运土弃于 1km 处；

(2) 所有挖土均采用人工挖土，土方场内运输采用手推车运，填土采用机械夯实，密实度达到 95%；

(3) 5 号检查井与原井连接部分的干管管沟挖土，用木挡土板密板支撑，以确保施工的安全；

(4) 其余干管管沟部分挖土采取放坡，支管部分管沟挖土采取不放坡不支挡土板。

【解】 (1) 清单工程量

1) 主要工程材料见表 1-77。

主要工程材料　　　　　　　　　　　　　　　　表 1-77

序　号	名　　称	单　位	数　　量	规　格
1	混凝土管	m	570	DN600
2	铸铁管	m	680	DN500
3	检查井	座	2	Φ1800 砖砌
4	检修井	座	3	Φ1800 浆砌

2) 确定各段管道沟槽长度

① 双管同沟槽排管沟槽长度为　570m

② DN500 铸铁雨水管排管沟槽长为

(680−570)m＝110m

【注释】 680 为沟槽总长度，570 为双管同沟槽排管沟槽长度。

3) 计算干管管沟挖土体积

矩形沟槽挖土体积　$V=b\times(H-h)\times L$

梯形沟槽挖土体积　$V=[b+K(H-h)]\times(H-h)\times L$

【注释】 按《市政工程工程量计算规范》GB 50857—2013 土石方工程有关规定，在计算清单算量时可以计入工作面和放坡，本例就是如此。b 为沟槽宽度，H 为原地面标高，h 为沟槽底部标高，L 为沟槽长度。

双管同沟槽排管沟槽挖土体积

三类土，放坡系数为 $K=0.33$

如　$V_{1\sim2}=(2.4+0.33\times2.255)\times2.255\times100\text{m}^3=709.01\text{m}^3$

【注释】　2.4 为沟槽底面宽度即 $(1.6+0.4\times2)$，0.33 为放坡系数，2.255 为沟槽深度，100 为沟槽长度。

其余均按此计算，详见表 1-78。

干管管沟土方计算表　　　　　　　　　　　　　　　表 1-78

井号或管数	管径(mm)	管沟长(m)	沟底宽(m)	原地面平均标高(m)	井底流水位标高(m) 流水位	井底流水位标高(m) 平均	基础加深(m)	平均挖深(m)	土壤类别	数量(m³)
起点	500+600	35	2.4	5.8	3.62	3.58	0.2	2.42	三类土	270.92
1	500+600	100	2.4	5.57	3.54	3.515	0.2	2.255	三类土	709.01
2	500+600	200	2.4	6	3.49	3.415	0.2	2.385	三类土	1520.22
3	500+600	200	2.4	6.09	3.34	3.265	0.2	3.025	三类土	2055.94
4	500+600 500	35 65	2.4 1.5	5.05 4.68	3.19	3.165	0.2	2.085 1.715	三类土	225.35 167.21
5	500	45	1.5	4.825	3.14	2.995	0.2	1.855	四类土	125.21
止原井	500				2.85					

$DN500$ 雨水管排管沟槽

如　$V_5=1.5\times1.715\times65\text{m}^3=167.21\text{m}^3$

【注释】　1.5 为雨水管沟槽的底面宽度，1.855 为沟槽深度，45 为沟槽长度。

4）计算支管管沟挖土体积

如　$V=(1.3+0.2)\times20\times1.855\text{m}^3=55.65\text{m}^3$

【注释】　1.3 为管沟底面宽度，0.2 为两端支挡土板的厚度，20 为管沟的长度，1.855 为管沟的平均挖深。

见表 1-79。

支管管沟土方计算表　　　　　　　　　　　　　　　表 1-79

管径(mm)	管沟长(m)	沟底宽(m)	平均挖深(m)	土壤类别	计 算 式	数量(m³)	备注
	L	b	H		$L\times b\times H$		
$d500$	59.5	1.5	1.25	三类土	$59.5\times1.5\times1.25$	111.56	

5）挖井位土方

根据清单计算规则

井位挖土方量＝构筑物最大投影面积×平均挖土深度

如井 1：$V=\left(\dfrac{1.9}{2}\right)^2\times\pi\times2.255\text{m}^3=6.39\text{m}^3$

【注释】 1.9 为井1 的挖土直径，2.255 为井1 的平均挖土深度。

其余各井位均按此计算，详见表1-79。

6) 管道及基础所占体积

①双管同沟槽管道与基础所占体积为

$$V_1 = 2.0 \times 0.2 \times 570 + [\frac{2}{3}\pi \times (0.25^2 + 0.3^2) + \sqrt{0.25^2 - 0.125^2} \times 0.125$$

$$+ \sqrt{0.3^2 - 0.15^2} \times 0.15] \times 570\text{m}^3$$

$$= 447.69\text{m}^3$$

【注释】 2.0 为双管同沟槽基础的宽度，0.2 为基础厚度，570 为沟槽长度；$\frac{2}{3}\pi \times$ $(0.25^2 + 0.3^2)$ 为断面图中基础接触上方2/3 圆所占的面积，其中0.25 为雨水管的半径，0.3 为污水管的半径，0.125 为雨水管中心至雨水管与垫层接触面的高度即0.25/2，0.15 为污水 管中心至污水管与垫层接触面的高度即0.3/2。

②单管(DN500 雨水铸铁管)管道与基础所占体积

$$V_2 = [1.3 \times 0.2 \times (110 + 20 + 8 \times 4 + 7.5) + (\frac{2}{3}\pi \times 0.25^2 + \sqrt{0.25^2 - 0.125^2} \times 0.125) \times$$

$$(110 + 20 + 8 \times 4 + 7.5)]\text{m}^3$$

$$= 70.84\text{m}^3$$

【注释】 1.3 管道基础垫层宽度，0.2 为垫层厚度，110 为双管同沟的铸铁管长度即 (680−570)，20 为5 号井到原井的长度，8 为雨水检查井至管道的长度，7.5 为沟槽边到管 道的长度，$\frac{2}{3}\pi \times 0.25^2$ 为断面图中基础接触上方2/3 圆所占的面积，$\sqrt{0.25^2 - 0.125^2} \times$ 0.125 为余下三角形所占面积。

见表1-80、表1-81。

挖井位土方计算表 表 1-80

井号	井底基础尺寸/m			原地面至流水面高/m	基础加深/m	平均挖深/m	个数	土壤类别	计 算 式	数 量/m³
	长	宽	直径							
	L	B	ϕ			H				
1			1.9	2.055	0.2	2.255	1	三类土	$2.255 \times (\frac{1.9}{2})^2 \times \pi$	6.39
2			1.9	2.185	0.2	2.385	1	三类土	$2.385 \times (\frac{1.9}{2})^2 \times \pi$	6.76
3			1.9	2.825	0.2	3.025	1	三类土	$3.025 \times (\frac{1.9}{2})^2 \times \pi$	8.58
4			1.9	1.885	0.2	2.085	1	三类土	$2.085 \times (\frac{1.9}{2})^2 \times \pi$	5.91
5			1.9	1.305	0.2	1.855	1	四类土	$1.855 \times (\frac{1.9}{2})^2 \times \pi$	4.72

管道及基础所占体积 表 1-81

序号	部 位 名 称	计 算 式	数量/m³
1	双管同沟槽管道与基础所占体积	$2.0 \times 0.2 \times 570 + [\frac{2}{3}\pi \times (0.25^2 + 0.3^2) + \sqrt{0.25^2 - 0.125^2} \times 0.25 + \sqrt{0.3^2 - 0.15^2} \times 0.15] \times 5750$	447.69
2	单管（$DN500$ 雨水铸铁管）管道与基础所占体积	$1.3 \times 0.2 \times (110 + 20 + 8 \times 4 + 7.5) + [\frac{2}{3}\pi \times 0.25^2 + \sqrt{0.25^2 - 0.125^2} \times 0.125] \times (110 + 20 + 8 \times 4 + 7.5)$	70.84

土方量汇总表见表 1-82。

土 方 汇 总 表 表 1-82

序号	部 位 名 称	计 算 式	数量/m³
1	挖沟槽土方三类土 2m 以内	$167.21 + 111.56 + 4.72$	283.49
2	挖沟槽土方三类土 4m 以内	$270.92 + 709.01 + 1520.22 + 2055.94 + 225.35 + 6.39 + 6.76 + 8.58 + 5.91$	4890.08
3	挖沟槽土方四类土 2m 以内	125.21	125.21
4	管道沟回填方	$283.49 + 1890.08 + 125.21 - 447.69 - 70.84$	4780.25
5	外运弃土		518.53

清单工程量计算见表 1-83。

清单工程量计算表 表 1-83

序号	项目编码	项目名称	项目特征描述	计量单位	工程量
1	040101002001	挖沟槽土方	三类土，深 2m 内	m³	283.49
2	040101002002	挖沟槽土方	三类土，深 4m 内	m³	4890.08
3	040101002003	挖沟槽土方	四类土，2m 内	m³	125.21
4	040101003001	挖基坑土方	三类土	m³	27.64
5	040101003002	挖基坑土方	四类土	m³	4.72
6	040103001001	回填方	密实度 95%	m³	4780.25
7	040103002001	余方弃置	余方弃置，运距 1km	m³	518.53

（2）定额工程量

1）挖管沟土方和挡土板尺寸见表 1-84。

挖管沟土方和挡土板 表 1-84

井号或管数	管径 /mm	管沟长 /mm	沟底宽 /m	厚地面标高 /mm	井底流水位标高/m		基础加深 /mm	平均挖土深度 /m	计 算 式	挖土方量/m³			挡土板
										深度（m 以内）			
										2	4	4	
		L	b	平均	井底	平均	H	放坡 1：i $V = LH(b + Hi)$	三类土	三类土	四类土	木支撑密板 /m²
				1		2	3	$1 - 2 + 3$					

续表

井号或管数	管径 /mm	管沟长 /mm	沟底宽 /m	厚地面标高 /mm	井底流水位标高/m	基础加深 /mm	平均挖土深度 /m	计 算 式	挖土方量/m³ 深度(m以内)			挡土板
									2	4	4	
起点	500+600	35	2.4	5.8	3.62 / 3.58	0.2	2.42	35×2.42×(2.4+2.42×0.33)	—	270.92	—	—
1	500+600	100	2.4	5.57	3.54 / 3.515	0.2	2.255	100×2.255×(2.4+2.255×0.33)	—	709.01	—	—
2	500+600	200	2.4	6.0	3.49 / 3.415	0.2	2.385	200×2.385×(2.4+2.385×0.33)	—	1520.22	—	—
3	500+600	200	2.4	6.09	3.34 / 3.265	0.2	3.025	200×2.085×(2.4+2.085×0.33)		2055.94		
4	500+600	35	2.4	5.05	3.19 / 3.165	0.2	2.085	35×2.085×(2.4+2.085×0.33)		225.35		—
	500	65	1.5	4.68	3.14		1.715	65×1.715×1.5	167.21			
5												
止原井	500	45	1.5	4.825	2.995 / 2.85	0.2	1.855	不放坡 V=LbH：45×1.5×1.855			125.21	45×1.855×2 =166.95
								小　计	167.21	4781.44	125.21	166.95
支管	500	59.5	1.5			0.25	1.25	不放坡 V=LbH：59.5×1.5×1.25	111.56	—	—	
								合　计	278.77	4781.44	125.21	166.95

总挖土方量为：

$$V=\left[(167.21+4781.44)\times1.025+(125.21+111.56)\times1.075\right]\text{m}^3$$
$$=5326.89\text{m}^3$$

2）挖井位土方及管道和基础所占体积同（1）中5）、6）。

3）回填土方量为：

$$V=(5326.89-518.53)\text{m}^3=4808.36\text{m}^3$$

4）余土外运土方量为：

$$V=518.53\text{m}^3$$

项目编码：040101001　　项目名称：挖一般土方

项目编码：040101003　　项目名称：挖基坑土方

项目编码：040103002　　项目名称：余方弃置

【例4】　某市新建一人民广场，广场预设音乐喷泉，绿化带等，其平面图及各项设施的平纵面图如图1-92、图1-93所示，施工方案：

（1）拟采用反铲挖掘机挖土，人工辅助开挖，三类土，考虑占总挖土方量的5%，修整切边，放坡系数为1；

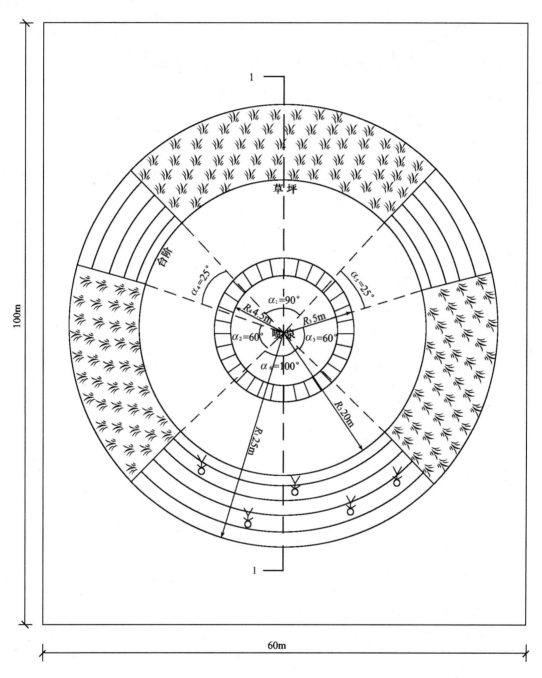

图 1-92　广场平面图

（2）挖喷泉基坑采用人工挖土，不放坡不支挡土板，坑深 2.5m，如图 1-94 所示；

（3）采用人工平整场地，挖土堤台阶；

（4）外运土方采用装载机装土，自卸汽车运输，运距 4km。

【解】　定额工程量：

由于本工程挖地坑的底面积为 $\pi \times 20^2 = 400\pi > 150m^2$，因此其土石方工程量计算应按

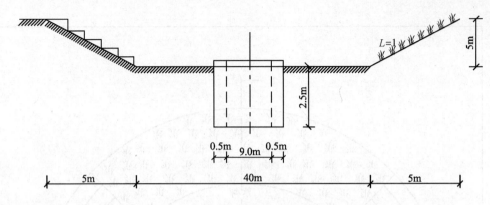

图 1-93　1—1 剖面图

一般土石方计算。

【注释】　基坑底面积在 150m^2 以内执行基坑定额，超过该范围的按挖一般土方、石方计算。20 为挖地坑底面半径即 $(40/2)$。

圆台计算如图 1-95 所示，$\dfrac{x}{x+5}=\dfrac{40}{50}$；$x=20\text{m}$；$x+5=25\text{m}$

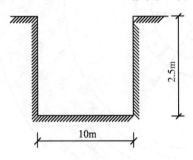

图 1-94　喷泉基坑计算示意图

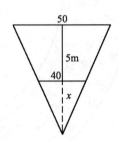

图 1-95　圆台计算示意图

【注释】　x 为圆台向下延伸的圆锥延伸高度，25 为大圆锥的高度。

（1）挖一般土方工程量为

$$V_1=\frac{1}{3}\pi\times5\times(25^2+20^2+25\times20)\text{m}^3=7984.87\text{m}^3$$

人工挖一般土方工程量为

$7984.87\times5\%\text{m}^3=399.24\text{m}^3$

则机械挖土工程量为

$(7984.87-399.24)\text{m}^3=7585.63\text{m}^3$

【注释】　圆形基坑工程量计算公式为：$V=\dfrac{1}{3}\pi h(R_1{}^2+R_1R_2+R_2{}^2)$。25 为圆台顶面半径，20 为其底面半径，5 为圆台高度，5% 为人工辅助挖土量占总挖土量的比例。

（2）人工挖喷泉基坑土方工程量为

$$V_2=\pi\times5^2\times2.5\text{m}^3=196.35\text{m}^3$$

则人工挖土方工程量总计为

$(399.24+196.35)\text{m}^3=595.59\text{m}^3$

【注释】 5 为喷泉半径即 $(9.0+0.5+0.5)/2$，2.5 为喷泉基坑方深度。

（3）人工平整场地工程量为

顶面 $S_1 = [100 \times 60 + 2 \times (100+60) \times 2 + 16 - \pi \times 25^2] \text{m}^2$
$= 4676.50 \text{m}^2$

底面 $S_2 = (\pi \times 20^2 - \pi \times 5^2) \text{m}^2 = 1178.10 \text{m}^2$

则人工平整场地总工程量为

$S = S_1 + S_2 = (4676.50 + 1178.10) \text{m}^2 = 5854.60 \text{m}^2$

【注释】 人工平整场地工程量按建筑物外墙外边线每边各增加 2m，以平方米计算。100 为场地顶面的长度，60 为场地顶面宽度，$2 \times (100+60) \times 2$ 为每边增加 2m 后对应于原边长部分增加的面积，16 为四个角处增加的面积即 $(2 \times 2 \times 4)$，25 为顶面圆的半径，20 为底部圆半径，5 为底部喷泉半径。

（4）人工挖土堤台阶工程量为（根据定额中的规定，按挖前的堤坡斜面积计算）

$$S = \left[\frac{1}{2} \times \frac{25°}{360°} \times (2\pi \times 20 + 2\pi \times 25) \times 5\sqrt{2} \times 2 + \frac{1}{2} \times \frac{100°}{360°} \times (2\pi \times 20 + 2\pi \times 25) \times 5\sqrt{2}\right] \text{m}^2$$

$$= \frac{75}{360} \times 90\pi \times 5\sqrt{2} \text{m}^2$$

$$= 416.52 \text{m}^2$$

【注释】 25° 为平面图中左右两个扇形台阶对应的圆心角角度，20 为台阶底层对应的圆半径，25 为台阶顶层对应的圆半径，$5\sqrt{2}$ 为台阶的斜面长度，其中 5 为台阶的水平及竖直投影长度，100 为下部扇形台阶对应的圆心角角度。

（5）人工铺草皮工程量为（根据定额计算规则，以实际铺设的面积计算）

$$S = \left[\frac{1}{2} \times \frac{1}{4} \times (2\pi \times 20 + 2\pi \times 25) \times 5\sqrt{2} + 2 \times \frac{1}{2} \times \frac{1}{6} \times (2\pi \times 20 + 2\pi \times 25) \times 5\sqrt{2}\right] \text{m}^2$$

$$= \left(\frac{90\pi}{8} \times 5\sqrt{2} + \frac{90\pi}{6} \times 5\sqrt{2}\right) \text{m}^2$$

$$= 583.13 \text{m}^2$$

【注释】 20 为草坪环形投影面内圆半径，25 为外圆半径，$5\sqrt{2}$ 为草坪的斜面长度，其中 5 为草坪的水平及竖直投影长度。

（6）外运土方工程量为

$V = (7585.63 + 399.24 \times 1.5 + 196.35) \text{m}^3 = 8380.84 \text{m}^3$

【注释】 机械挖土方中如需人工辅助开挖（包括切边、修整底边），机械挖土按实挖土方计算，人工挖土方按实套相应定额乘以系数 1.5。

清单工程量计算见表 1-85。

清单工程量计算表 表 1-85

序号	项目编码	项目名称	项目特征描述	计量单位	工程量
1	040101001001	挖一般土方	三类土	m³	7984.87
2	040101003001	挖基坑土方	三类土，深 2.5m	m³	196.35
3	040103002002	余方弃置	运距 4km	m³	8380.84

【例5】　某施工现场挖土，土壤类别为四类土，基础为带形基础，其示意图如图 1-96 所示，基础总长为 2160.7m，垫层宽为 1000mm，挖土深度为 2.4m，其施工方案为：

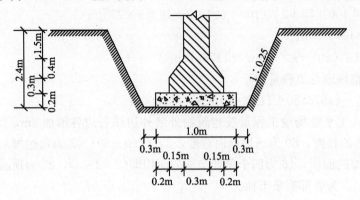

图 1-96　基础断面图

(1) 每边留工作面 0.3m，放坡系数为 0.25，人工挖土，填方密实度为 95%。

(2) 现场堆土除应填的土堆在沟边，其余的堆土运距为 50m，采用人工运输。

(3) 余土外运用人工装土，自卸汽车运土，运距 3km。

【解】　(1) 清单工程量

1) 人工挖土方工程量

$$V_1 = 1 \times 2.4 \times 2160.7 \text{m}^3 = 5185.68 \text{m}^3$$

2) 回填土工程量

$$V_2 = \{5185.68 - [1.0 \times 0.2 + 0.6 \times 0.3 + \frac{1}{2} \times (0.6 + 0.3) \times 0.4 + 0.3 \times 1.5] \times 2160.7\} \text{m}^3$$
$$= 3003.37 \text{m}^3$$

3) 余土外运土方量

$$V_3 = (5185.68 - 3003.37) \text{m}^3 = 2182.31 \text{m}^3$$

所以采用人工挖土方量为 5185.68m³，回填土 3003.37m³，人工运输现场堆土 2182.31m³，运距 50m，人工装土，自卸汽车运土外运土方量为 2182.31m³。

【注释】　一般挖土方清单工程量按设计图示开挖线以体积计算用立方米表示。回填土量以挖方体积减去设计室外地坪以下埋设砌筑物(包括：基础垫基础等)体积计算，余土外运体积＝挖土总体积－回填土总体积。1 为基础垫层宽度，2.4 为挖土深度，2160.7 为基础总长；2)式中 1.0 为基础垫层宽度，0.2 为垫层厚度，0.6×0.3 为构筑物底部矩形断面面积，其中 0.6 为构筑物底面宽度即(0.3＋0.15×2)，0.3 为其高度；0.4 为构筑物中间梯形断面的高度，梯形的上下底宽分别为 0.3、0.6，1.5 为基础墙体的高度。

清单工程量计算见表 1-86。

清单工程量计算表　　　　　　　　　　　　　　　　　　表 1-86

序号	项目编码	项目名称	项目特征描述	计量单位	工程量
1	040101002001	挖沟槽土方	四类土，深 2.4m	m³	5185.68
2	040103001001	回填方	密实度 95%	m³	3003.37

续表

序号	项目编码	项目名称	项目特征描述	计量单位	工程量
3	040103002001	余方弃置	余方弃置，运距 50m	m³	2182.31
4	040103002002	余方弃置	余方弃置，运距 3km	m³	2182.31

（2）定额工程量

1）挖土方工程量

$$V_1 = (1.6 + 2.4 \times 0.25) \times 2.4 \times 2160.7 \text{m}^3 = 11408.50 \text{m}^3$$

2）回填土方工程量

$$V_2 = \{11408.50 - [1.0 \times 0.2 + 0.6 \times 0.3 + \frac{1}{2} \times (0.6 + 0.3) \times 0.4 + 0.3 \times 1.5] \times$$
$$2160.7\} \text{m}^3$$
$$= 9226.19 \text{m}^3$$

【注释】 1）中 1.6 为基础垫层宽度加两侧工作面宽度即（1.0+0.3×2），2.4 为挖土深度，0.25 为放坡系数，2160.7 为基础总长；2）式中 1.0 为基础垫层宽度，0.2 为垫层厚度，0.6×0.3 为构筑物底部矩形断面面积，其中 0.6 为构筑物底面宽度即（0.3+0.15×2），0.3 为其高度；0.4 为构筑物中间梯形断面的高度，梯形的上下底宽分别为 0.3、0.6，1.5 为基础墙体的高度。

3）余土 50m 处堆置及外运工程量

$$V_3 = (11408.50 - 9226.19 \times 1.15) \text{m}^3 = 798.38 \text{m}^3$$

【例6】 某市新修一排水渠道，将邻近河道中的水引进城内，以便城市绿化。已知 1 标段全长 325.7m，渠道底宽 15m，在原河道基础上改建而成，新修桥涵 1 座，该工程的平、纵面图及其他设施设计图如图 1-97～图 1-99 所示，拟定施工方案为：

（1）拟采用正铲挖掘机挖土，一、二类土放坡系数为 0.5，人工清理土堤基础，厚度为 10cm，填方密实度 95%。

（2）弃土采用装载机装土，自卸汽车运土，运距 500m 处弃置。

（3）桥墩基础开挖采用支撑下挖土，挖土机在垫板上作业，桥台采用人工四面放坡开挖 $K=0.5$。

（4）挖淤泥、流砂部分采用 0.2m³ 抓铲挖掘机开挖。

【解】 （1）清单工程量

1）挖土方工程量

① 河道土方量

$$V_1 = 4.5 \times 3.75 \times 2 \times 325.7 \text{m}^3 = 10992.38 \text{m}^3$$

【注释】 4.5 为一侧梯形河道的底面宽度，3.75 为梯形河道的高度，2 为河道挖方截面数，325.7 为河道的总长度。

② 人工挖桥台基础土方

$$V_2 = 2.9 \times 1.9 \times 2.4 \times 2 \text{m}^3 = 26.45 \text{m}^3$$

【注释】 2.9 为桥台基础垫层底面长度，1.9 为桥台基础垫层底面宽度，2.4 为桥台基础高度即（0.15+0.4+1.85），2 为桥台数量。

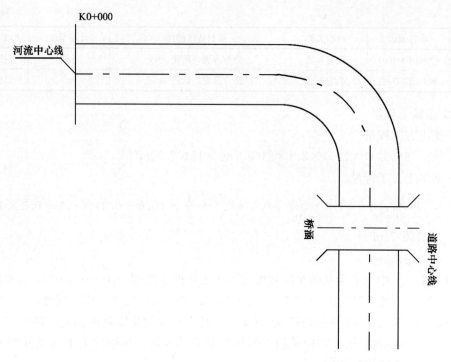

图 1-97　原河道平面图

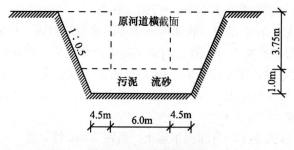

图 1-98　河道横断面图

2) 挖淤泥、流砂工程量

① 挖河道淤泥、流砂工程量为：

$V_3 = 15 \times 1.0 \times 325.7 \text{m}^3 = 4885.50 \text{m}^3$

② 机械垫板上开挖桥墩基础淤泥、流砂工程量为：

$V_4 = \pi \times \left(\dfrac{1.6}{2} \right)^2 \times 2.4 \times 2 \text{m}^3 = 9.65 \text{m}^3$

【注释】　①式中 15 为河道淤泥、流砂底面宽度即（6.0+4.5×2），1.0 为淤泥厚度；②式中 1.6 为桥墩基础宽度也是直径即（1.0+0.3×2），2.4 为其深度，2 为桥墩数量。

3) 回填土方工程量

$V_5 = [V_2 - (1.9 \times 2.9 \times 0.15 + 1.5 \times 2.5 \times 0.4 + 1.1 \times 2.1 \times 1.85) \times 2] \text{m}^3$

$= (26.45 - 6.6 \times 2) \text{m}^3$

$= 13.25 \text{m}^3$

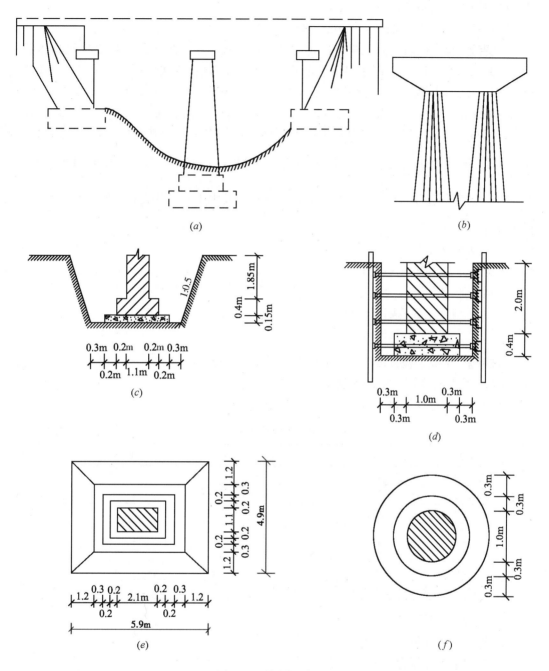

图 1-99　排木渠道图

(*a*)桥梁示意图；(*b*)桥墩示意图；(*c*)桥台基础横截面图；

(*d*)桥墩基础横截面图；(*e*)桥台基础平面图；(*f*)桥墩基础平面图

$$V_6 = \left\{ V_4 - \left[\pi \times \left(\frac{1.6}{2} \right)^2 \times 0.4 + \pi \times \left(\frac{1.0}{2} \right)^2 \times 2.0 \right] \times 2 \right\} \text{m}^3$$

$$= (9.65 - 2 \times 2.374) \text{m}^3$$

$$= 4.90 \text{m}^3$$

则回填土方工程总量为

$$V_7 = V_5 + V_6 = (13.25 + 4.90)m^3 = 18.15m^3$$

【注释】 桥台回填土方工程量以挖方体积减去设计室外地坪以下埋设构筑物体积计算。$1.9 \times 2.9 \times 0.15$ 为桥台基础垫层体积，其中 1.9 为垫层宽度即 $(1.1 + 0.2 \times 2 + 0.2 \times 2)$，0.15 为垫层厚度，2.9 为垫层长度即 $(2.1 + 0.2 \times 2 + 0.2 \times 2)$；$1.5 \times 2.5 \times 0.4$ 为构筑物底座体积，其中 1.5 为底座宽度即 $(1.1 + 0.2 \times 2)$；4 为其高度；2.5 为其长度即 $(2.1 + 0.2 \times 2)$；$1.1 \times 2.1 \times 1.85$ 为构筑物上部体积，其中 1.1 为其宽度，1.85 为其高度，2.1 为其长度。$\pi \times \left(\dfrac{1.6}{2}\right)^2 \times 0.4$ 桥墩基础垫层面积，其中 1.6 为其直径即 $(1.0 + 0.3 \times 2)$，0.4 为其厚度；$\pi \times \left(\dfrac{1.0}{2}\right)^2 \times 2.0$ 为桥墩体积，其中 1.0 为其直径，2.0 为高度，2 为桥墩数量。

4）余方外运工程量

外运土方 $V_8 = V_1 + V_2 - V_7 = (10992.38 + 26.45 - 18.15)m^3 = 11000.68m^3$

外运淤泥、流砂 $V_9 = V_3 + V_4 = (4885.5 + 9.65)m^3 = 4895.15m^3$

5）人工清理土堤基础工程量为

$$S = \sqrt{4.75^2 + (4.75 \times 0.5)^2} \times 325.7 \times 2 m^2 = 1729.68m^2$$

【注释】 土堤工程量按挖前斜坡面积以平方米计算，$\sqrt{4.75^2 + (4.75 \times 0.5)^2}$ 为土堤斜长，325.7 为其宽度，2 为土堤两侧。

清单工程量计算见表 1-87。

清单工程量计算表　　　　　　　　　　　　表 1-87

序号	项目编码	项目名称	项目特征描述	计量单位	工程量
1	040101002001	挖沟槽土方	一、二类土，深 3.75m	m³	10992.38
2	040101003001	挖基坑土方	一、二类土，深 2.4m 内	m³	26.45
3	040101005001	挖淤泥	深 1m	m³	4885.50
4	040101005002	挖淤泥	深 2.4m	m³	9.65
5	040103001001	回填方	密实度 95%	m³	18.85
6	040103002001	余方弃置	余方弃置，三类土，运距 500m	m³	11000.68
7	040103002002	余方弃置	余方弃置，淤泥、流砂，运距 500m	m³	4895.15

（2）定额工程量

1）挖土方工程量

① 挖河道土方量为：

$$V_1 = (4.5 + 1.0 \times 0.5 + 4.5 + 4.75 \times 0.5) \times \frac{1}{2} \times 3.75 \times 2 \times 325.7 m^3$$

$$= 14503.83m^3$$

【注释】 4.5 为一侧梯形河道的底面宽度，1.0 为河道下方污泥的厚度，0.5 为放坡系数，$(4.5 + 1.0 \times 0.5)$ 为河道横断面图一侧改建的梯形下底宽；4.75 为河道沟槽的总深度即 $(3.75 + 1.0)$，$(4.5 + 4.75 \times 0.5)$ 为梯形上底宽；3.75 为梯形河道的高度，325.7 为河道的总长度。

② 人工挖桥台基础土方为：

$$V_2 = \left[(2.5+0.5\times2.4)\times(3.5+0.5\times2.4)\times2.4+\frac{1}{3}k^2h^3\right]\times2\text{m}^3$$

$$= (41.736+\frac{1}{3}k^2h^3)\times2\text{m}^3$$

当 $K=0.5$，$h=2.4$ 时：$\frac{1}{3}k^2h^3=1.15$

则 $V_2 = (41.736+1.15)\times2\text{m}^3 = 42.886\times2\text{m}^3 = 85.772\text{m}^3$

【注释】 2.5 为桥台基础底面宽度即($1.1+0.2\times4+0.3\times2$)，2.4 为基础深度即($0.15+0.4+1.85$)，3.5 为基础底面长度即($2.1+0.2\times4+0.3\times2$)，$\frac{1}{3}k^2h^3$ 为放坡时四角的角锥体积。

2) 挖淤泥工程量

① 挖河道淤泥、流砂工程量（0.2m^3 抓铲挖掘机）

$$V_3 = (15+1.0\times0.5)\times1.0\times325.7\text{m}^3 = 5048.35\text{m}^3$$

在套用定额时，这部分应按 0.5m^3 抓铲挖掘机挖淤泥、流砂定额消耗量乘以系数 2.50 计算。

② 挖桥墩基础淤泥、流砂工程量（机械支撑下开挖）

$$V_4 = \pi\times\left(\frac{2.2}{2}\right)^2\times2.4\times2\times1.2\text{m}^3 = 21.9\text{m}^3$$

套定额同上。

【注释】 ①式中 15 为河道淤泥、流砂底面宽度即($6.0+4.5\times2$)，1.0 为淤泥厚度，0.5 为放坡系数；②式中 2.2 为桥墩基础宽度也是直径即($1.0+0.3\times2+0.3\times2$)，2.4 为其深度，2 为桥墩数量。

则挖淤泥、流砂工程总量为：$V_5 = V_3+V_4 = (5048.35+21.9)\text{m}^3 = 5070.25\text{m}^3$

3) 回填土方工程量

桥台 $V_6 = [85.772-(1.9\times2.9\times0.15+1.5\times2.5\times0.4+1.1\times2.1\times1.85)\times2]\text{m}^3$
$$= 72.57\text{m}^3$$

桥墩 $V_7 = \left\{21.9-2\times\left[\pi\times\left(\frac{1.6}{2}\right)^2\times0.4+\pi\times\left(\frac{1.0}{2}\right)^2\times2.0\right]\right\}\text{m}^3 = 17.15\text{m}^3$

则回填土方工程总量为

$$V_8 = V_6+V_7 = (72.57+17.15)\text{m}^3 = 89.72\text{m}^3$$

4) 余方外运工程量

外运土方：$V_9 = V_1+V_2-V_8 = (14503.83+85.772-89.72\times1.15)\text{m}^3 = 14486.42\text{m}^3$

外运流砂、淤泥工程量为：$V_{10} = 5070.25\text{m}^3$

5) 人工清理土堤基础工程量为

$$S = \sqrt{4.75^2+(4.75\times0.5)^2}\times325.7\times2\text{m}^2 = 1729.68\text{m}^2$$

项目编码：**040101001**   项目名称：**挖一般土方**

项目编码：**040101005**   项目名称：**挖淤泥、流砂**

项目编码：**040102002**   项目名称：**挖沟槽石方**

项目编码：040103002　　项目名称：余方弃置

【例 7】　某市新建一道路，其中隧道长 275m，洞口桩号为 K2＋150 和 K2＋425，其中 K2＋200 至 K2＋325 段为岩石地质，岩石为硬坚石，其余为四类土，隧道设计断面如图 1-100 所示。

拟定施工方案为：

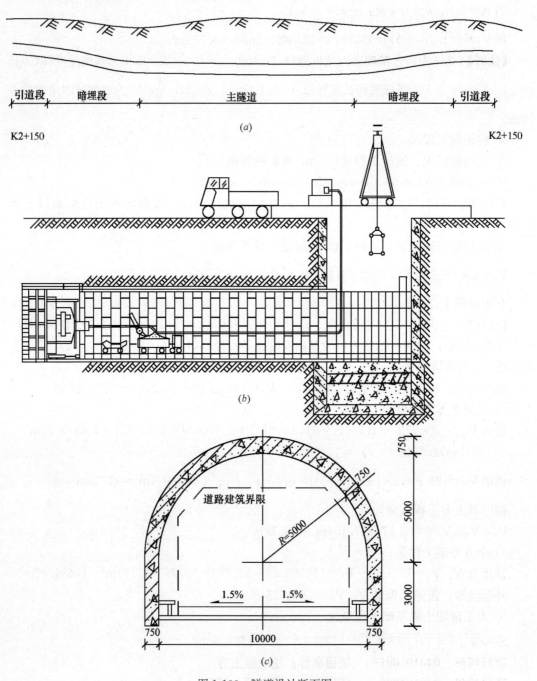

图 1-100　隧道设计断面图

(a)隧道示意图；(b)盾构法施工示意图；(c)隧道设计开挖断面图

（1）在洞正上方开挖竖井，采用盾构开挖的方式进行隧道开挖，竖井布置图如图1-101所示。

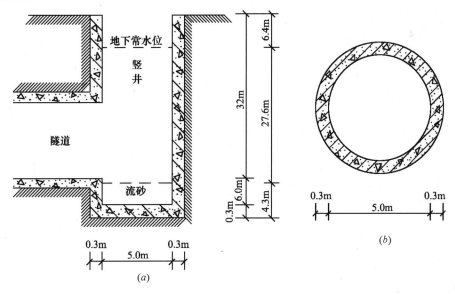

图 1-101　竖井布置图

（a）竖井纵断面图；（b）竖井平面示意图

（2）弃土（石）采用自卸汽车运输，运至1500m处弃场弃置。

（3）竖井开挖采用机械开挖。

试计算该道路隧道工程的土石方工程量。

【解】　（1）清单工程量

1）隧道挖土方工程量

$$V_1 = \left[\frac{1}{2}\pi \times 5.75^2 + (10 + 0.75 \times 2) \times 3\right] \times (275 - 125)\text{m}^3 = 12965.17\text{m}^3$$

【注释】　竖井开挖清单工程量按设计图示结构断面尺寸乘以长度以体积计算。5.75为隧道拱部断面外半径即（5.0+0.75），其中5.0为内半径，0.75为拱厚；10为边墙内边线之间的宽度，3为边墙高度，（275-125）为隧道挖土长度，其中125为挖石方长度即（325-200）。

2）隧道挖石方工程量

$$V_2 = \left[\frac{1}{2}\pi \times 5.75^2 + (10 + 0.75 \times 2) \times 3\right] \times 125\text{m}^3 = 10804.30\text{m}^3$$

3）竖井挖土方工程量（在清单中无干、湿土之分）

$$V_3 = \pi \times 2.8^2 \times 34\text{m}^3 = 837.42\text{m}^3$$

【注释】　2.8为竖井半径即（5.0+0.3×2）/2，34为竖井深度即（27.6+6.4）。

4）竖井挖淤泥、流砂工程量为

$$V_4 = \pi \times 2.8^2 \times 4.3\text{m}^3 = 105.91\text{m}^3$$

【注释】　4.3为淤泥、流砂厚度。

5）该工程挖土方工程总量为

$V_1 + V_3 = (12965.17 + 837.42)\text{m}^3 = 13802.59\text{m}^3$

挖石方工程总量为：10804.30m^3

挖淤泥、流砂工程总量为：105.91m^3

6）弃土（石）外运工程量

$V_5 = V_1 + V_2 + V_3 + V_4$

$\quad = (12965.17 + 10804.30 + 837.42 + 105.91)\text{m}^3$

$\quad = 24712.80\text{m}^3$

7）挖土方运距

① 隧道土方

$L_1 = (\frac{50}{2} + \frac{425-325}{2} + 325 - 150 + 32 \times 7)\text{m} = 474\text{m}（水平运距）$

② 竖井土方

$L_2 = \frac{34}{2} \times 7\text{m} = 119\text{m}（水平运距）$

8）挖石方运距

$L_3 = (\frac{125}{2} + 200 - 150 + 32 \times 7)\text{m} = 336.5\text{m}$

9）挖淤泥、流砂运距

$L_4 = (\frac{4.3}{2} + 34) \times 7\text{m} = 253.05\text{m}$

【注释】 挖土石方运距应以挖土重心至填土（弃土）重心最近距离计算，采用人力垂直运输土、石方，垂直深度每米折合水平运距7m计算。①式中50/2为K2+150至K2+200段挖土运距，50即（200-150）；（$\frac{425-325}{2}$+325-150）为K2+325至K2+425段挖土运距，32×7为隧道土方在竖井处的运距。②式中34/2为竖井土方至弃土重心最近距离；8）式中$\frac{125}{2}$为K2+200至K2+325段挖石方重心，其中125为（325-200）；9）式中4.3/2为淤泥、流砂重心。

清单工程量计算见表1-88。

清单工程量计算表   表 1-88

序号	项目编码	项目名称	项目特征描述	计量单位	工程量	计算式
1	040101001001	挖一般土方	四类土，深34m	m^3	837.42	
2	040101001002	挖一般土方	四类土	m^3	12965.17	
3	040101005001	挖淤泥	深4.3m	m^3	105.91	
4	040102002001	挖沟槽石方	硬坚石	m^3	10804.30	
5	040103002001	余方弃置	余方弃置，四类土，运距1500m	m^3	13802.59	837.42+12965.17
6	040103002002	余方弃置	余方弃置，硬坚石，运距1500m	m^3	10804.30	
7	040103002003	余方弃置	余方弃置，淤泥，运距1500m	m^3	105.91	

（2）定额工程量

1）隧道挖土方工程量为

$$V_1 = \left[\frac{1}{2} \times \pi \times 5.75^2 + (10 + 0.75 \times 2) \times 3\right] \times (275 - 125) \text{m}^3$$

$$= 12965.17 \text{m}^3$$

2）隧道挖石方工程量为

$$V_2 = \left[\frac{1}{2}\pi \times (5.75 + 0.15)^2 + (10 + 0.75 \times 2 + 0.15 \times 2) \times 3\right] \times 125 \text{m}^3$$

$$= 12272.43 \text{m}^3$$

【注释】 土石方工程量按图示尺寸以体积计算，石方工程量按图纸尺寸加允许超挖量，开挖坡面每侧允许超挖量普、特坚石为15cm。

0.15为允许超挖厚度，10为边墙内边线之间的宽度，0.75为边墙厚度，5.75为拱外半径，125为挖石方的长度。

3）竖井挖土方工程量

① 干土　$V_3 = \pi \times 2.8^2 \times 6.4 \text{m}^3 = 157.63 \text{m}^3$

② 湿土　$V_4 = \pi \times 2.8^2 \times 27.6 \text{m}^3 = 679.79 \text{m}^3$

4）竖井挖淤泥、流砂工程量

$$V_5 = \pi \times 2.8^2 \times 4.3 \text{m}^3 = 105.91 \text{m}^3$$

5）该工程的土石方量汇总

干土方量 $V_6 = V_3 = 157.63 \text{m}^3$

湿土方量 $V_7 = V_1 + V_4 = (12965.17 + 679.79) \text{m}^3 = 13644.96 \text{m}^3$

石方工程量 $V_8 = V_2 = 12272.43 \text{m}^3$

挖淤泥、流砂工程量为 $V_9 = V_5 = 105.91 \text{m}^3$

6）弃土（石）方外运工程量

外运土方 $V_{10} = V_6 + V_7 = (157.63 + 13644.96) \text{m}^3 = 13802.59 \text{m}^3$

外运石方 $V_{11} = V_8 = 12272.43 \text{m}^3$

外运淤泥、流砂 $V_{12} = V_9 = 105.91 \text{m}^3$

7）土石方场内运输

① 土方运距　$L_1 = (474 + 119) \text{m} = 593 \text{m}$

② 石方运距　$L_2 = 336.5 \text{m}$

③淤泥、流砂运距　$L_3 = 253.05 \text{m}$

项目编码：**040101001**　　项目名称：**挖一般土方**

项目编码：**040102002**　　项目名称：**挖沟槽石方**

项目编码：**040103002**　　项目名称：**余方弃置**

【例8】 某山岭区新修一铁路隧道，隧道总长167.3m，在工程建设前期，根据当地土层地质，经研究决定采用全断面爆破开挖，其开挖为平洞开挖，已知在该段隧道中有56m的普坚石岩石土层，次坚石岩石土层72m，余下的均为四类土质地层，该山岭隧道的开挖断面如图1-102所示，弃土石渣采用装载车装上，自卸汽车运土，并弃土，石渣于施工场地3000m以外的弃土石场，隧道采用撑锚杆钢筋混凝土衬砌，厚度为50cm，试编制该工程的工程量清单。

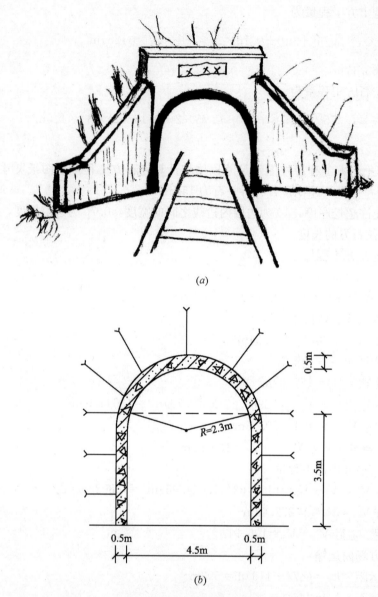

图 1-102　隧道施工示意图
(a)隧道洞门图；(b)隧道施工图

【解】　(1)清单工程量

1) 挖普坚石工程量

隧道上部圆面部分(如图 1-103 所示)面积为

$$S = \left[\frac{2\arcsin\dfrac{2.25+0.5}{2.3+0.5}}{360} \times \pi \times (2.3+0.5)^2 - \frac{1}{2} \times 2 \times \sqrt{2.8^2 - 2.75^2} \times 2.75 \right] \text{m}^2$$

$$= 9.38 \text{m}^2$$

则　$V_1=(S+5.5\times3.5)\times56\text{m}^3=(9.38+19.25)\times56\text{m}^3=1603.28\text{m}^3$

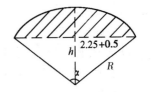

图 1-103　隧道上部圆面示意图

【注释】　$2\arcsin\dfrac{2.25+0.5}{2.3+0.5}$ 为上部圆面圆心角角度，2.25 为边墙内边线之间的一半宽度即 4.5/2，2.3 为拱的内半径，0.5 为拱厚度，减号后为上部圆面内拱部两个直角三角形面积，其中 $\sqrt{2.8^2-2.75^2}$ 为三角形的高，2.75 为直角边长即 $(4.5+0.5\times2)/2$，5.5×3.5 为通道部分面积，其中 5.5 为宽度即 $(4.5+0.5\times2)$，3.5 为边墙高度，56 为挖普坚石的长度。

2）挖次坚石工程量

$V_2=(S+5.5\times3.5)\times72\text{m}^3=2061.36\text{m}^3$

3）挖土工程量

$V_3=(S+5.5\times3.5)\times(167.3-72-56)\text{m}^3=1125.16\text{m}^3$

【注释】　167.3 为隧道总长度，72 为挖次坚石的长度，56 为挖普坚石的长度。

4）外运土、石方工程量

运石 $V_4=V_1+V_2=(1603.28+2061.36)\text{m}^3=3664.64\text{m}^3$

运土 $V_5=V_3=1125.16\text{m}^3$

清单工程量计算见表 1-89。

清单工程量计算表

表 1-89

序号	项目编码	项目名称	项目特征描述	计量单位	工程量
1	040101001001	挖一般土方	四类土	m³	1125.16
2	040102002001	挖沟槽石方	普坚石	m³	1603.28
3	040102002002	挖沟槽石方	次坚石	m³	2061.36
4	040103002001	余方弃置	余方弃置，四类土，运距 3km	m³	1125.16
5	040103002002	余方弃置	余方弃置，普坚石，运距 3km	m³	1603.28
6	040103002003	余方弃置	余方弃置，次坚石，运距 3km	m³	2061.36

（2）定额工程量

1）挖普坚石工程量

根据定额规定，挖普坚石每侧允许超挖 0.15m，也应计入石方量中，则：

$$V_1=[\frac{2\arcsin\dfrac{2.25+0.5+0.15}{2.3+0.5+0.15}}{360}\times\pi\times(2.3+0.5+0.15)^2-\sqrt{2.95^2-2.9^2}\times2.9+5.8\times3.5]\times56\text{m}^3$$

$$=1724.63\text{m}^3$$

2）挖次坚石工程量

根据定额规定，挖次坚石的每侧允许超挖厚度为 0.20m。

则　$$V_2=[\frac{2\arcsin\dfrac{2.25+0.5+0.2}{2.3+0.5+0.2}}{360}\times\pi\times(2.3+0.5+0.2)^2-\sqrt{3.00^2-2.95^2}\times2.95+5.9\times3.5]\times72\text{m}^3$$

$$=2270.35\text{m}^3$$

3) 挖土方工程量

挖土方不需设超挖面，则

$V_3 = 1125.16m^3$

4) 外运土、石方工程量

运土 $V_4 = V_3 = 1125.16m^3$

运石 $V_5 = V_1 + V_2 = (1724.63 + 2270.35)m^3 = 3994.98m^3$

项目编码：040101002　　项目名称：挖沟槽土方

项目编码：040102002　　项目名称：挖沟槽石方

项目编码：040103001　　项目名称：回填方

项目编码：040103002　　项目名称：余方弃置

项目编码：041001001　　项目名称：拆除路面

【例9】　某市需新修一地下排水渠道，全长共325m，其中有100m需在自行车道下修筑，渠道采取石砌拱形渠道，四类土质，其中有62.5m的松石地质，采用人工开挖，在自行车道下开挖时采取支密撑木挡土板，其余均放坡开挖，放坡系数为0.25。填方密实度达98%，现场堆土采用人工手推车运输，运距50m，外运土石方采用人工装车，自卸汽车运输，运于1000m之外的弃场弃置，该排水渠道的平面图及横截面图如图1-104、图1-105所示，沟槽放坡和支密撑挡土板如图1-106、图1-107所示。试编制该工程的土石方工程量清单。

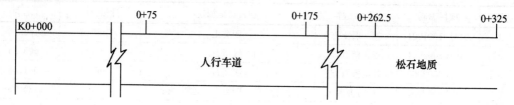

图 1-104　排水渠道平面示意图

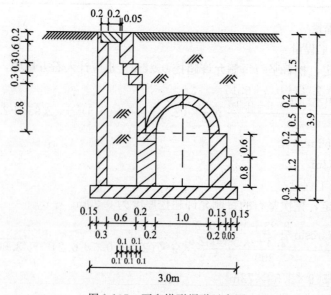

图 1-105　石砌拱形渠道示意图

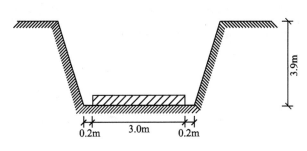

图 1-106　沟槽放坡挖横截面图

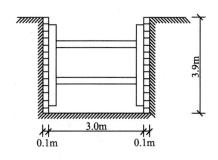

图 1-107　支密撑挡土板横截面图

【解】　(1)清单工程量

根据《市政工程工程量计算规范》GB 50857—2013 土石方工程的有关规定，工作面和放坡如并入各土石方工程量中，编制工程量清单时，其所需增加的工程数量可为暂估值。

1) 挖土方工程量

① 放坡开挖

$V_1 = (3.4 + 3.9 \times 0.25) \times 3.9 \times (325 - 100 - 62.5) \mathrm{m}^3 = 2772.66 \mathrm{m}^3$

② 支密撑挡土板开挖

$V_2 = 3.2 \times 3.9 \times 100 \mathrm{m}^3 = 1248 \mathrm{m}^3$

【注释】　3.4 为放坡开挖沟槽底面宽度即(3.0+0.2×2)，其中 3.0 为基础垫层宽度，0.2 为一侧预留工作面宽度；3.9 为沟槽高度，0.25 为放坡系数，325 为渠道总长，100 为支挡土板的开挖长度，62.5 为松石地质的开挖长度，3.2 为支密撑挡土板沟槽底面宽度即(3.0+0.1×2)，其中 0.1 为一端支挡土板的厚度。

2) 挖石方工程量

$V_3 = (3.4 + 3.9 \times 0.25) \times 3.9 \times 62.5 \mathrm{m}^3 = 1066.41 \mathrm{m}^3$

【注释】　3.4 为基础底面宽度，3.9 为挖石方的深度，0.25 为放坡系数，62.5 为挖石方的长度。

3) 基础及排水渠道所占体积

$$V_4 = \{3.0 \times 0.3 + 0.3 \times 3.9 + 0.4 \times 1.4 + 0.4 \times 0.8 + 0.35 \times 0.6 + 0.2 \times 0.8 + \frac{1}{2} \times \pi \times$$
$$(0.7^2 - 0.5^2) + 0.2 \times 0.2 + 0.3 \times (0.6 + 0.2) + 0.3 \times 0.3 + 0.3 \times 0.3 + 1.0 \times 1.4$$
$$+ \frac{1}{2} \pi \times 0.5^2\} \times 325 \mathrm{m}^3$$
$$= 1933.65 \mathrm{m}^3$$

【注释】　3.0 为基础垫层宽度，0.3 为垫层厚度；0.3×3.9 为图 1-105 中左方断面面积，0.3 为其宽度，3.9 为其高度；0.4×1.4 为拱形下部左方基础面积，其中 0.4 为宽度即(0.2+0.2)，1.4 为高度即(0.6+0.8)；0.4×0.8 为拱形下右方基础下部面积，其中 0.4 为宽度即(0.2+0.15+0.05)，0.8 为其高度，0.35×0.6 为拱形下右方基础上部面积，其中 0.35 为宽度即(0.2+0.15)，0.6 为高度；0.2×0.8 为拱形左方基础面积，0.2 为宽度，0.8 为高度；$\frac{1}{2} \times \pi \times (0.7^2 - 0.5^2)$ 为拱环部分面积，其中 0.7 为拱外围半径，0.5 为内缘半径；0.2×0.2 为左上方小块基础面积，0.3×(0.6+0.2)为小块基础右方面积，$(0.3 \times 0.3 + 0.3 \times 0.3)$ 为拱形左上方两块基础面积，1.0×1.4 为直通道面积其中 1.4 为其高度即 $(1.2 + 0.2)$，$\frac{1}{2}\pi \times 0.5^2$ 为拱形通道面积，325 为通道长度。

4）回填土方工程量

$$V_5 = V_1 + V_2 + V_3 - V_4$$
$$= (2772.66 + 1248 + 1066.41 - 1933.65)\text{m}^3$$
$$= 3153.42\text{m}^3$$

5）支密撑木挡土板工程量

$$S_1 = 3.9 \times 100 \times 2\text{m}^2 = 780\text{m}^2$$

【注释】 挡土板工程量按设计图示尺寸以面积计算，3.9 为挖土高度，100 为支挡土板挖土的长度，2 为支挡土板的数量。

6）现场堆土运距 50m 工程量

$$V_6 = V_1 + V_2 = (2772.66 + 1248)\text{m}^3 = 4020.66\text{m}^3$$

7）现场堆石运距 50m 工程量

$$V_7 = V_3 = 1066.41\text{m}^3$$

8）余土外运工程量

$$V_8 = V_1 + V_2 - V_5 = (2772.66 + 1248 - 3153.42)\text{m}^3 = 867.24\text{m}^3$$

9）外运石方工程量

$$V_9 = V_3 = 1066.41\text{m}^3$$

10）拆除路面工程量（沥青路面，厚 53cm）

$$S_2 = 3.2 \times 100\text{m}^2 = 320\text{m}^2$$

【注释】 拆除路面清单工程量按施工组织设计或设计图示尺寸以面积计算。3.2 为拆除路面宽度，100 为其长度。

清单工程量计算见表 1-90。

清单工程量计算表　　　　　　　　　　　　　　　　　表 1-90

序号	项目编码	项目名称	项目特征描述	计量单位	工程量
1	040101002001	挖沟槽土方	四类土，深 3.9m	m³	4020.66
2	040102002001	挖沟槽石方	松石，深 3.9m	m³	1066.41
3	040103001001	回填方	密实度 98%	m³	3153.42
4	040103002001	余方弃置	余方弃置，四类土，运距 50m	m³	4020.66
5	040103002002	余方弃置	余方弃置，松石，运距 50m	m³	1066.42
6	040103002003	余方弃置	余方弃置，四类土，运距 1km	m³	867.24
7	040103002004	余方弃置	余方弃置，松石，运距 50m	m³	1066.42
8	041001002005	拆除路面	沥青路面，厚 53cm	m²	320

（2）定额工程量

1）挖土方工程量

① 放坡开挖

$$V_1 = (3.4 + 3.9 \times 0.25) \times 3.9 \times (325 - 100 - 62.5)\text{m}^3 = 2772.66\text{m}^3$$

② 支撑开挖

$V_2 = 3.2 \times 3.9 \times 100 \text{m}^3 = 1248 \text{m}^3$

2）挖石方工程量

根据定额规定，松石应加允许超挖厚度为 20cm。

则　$V_3 = (3.4 + 0.4 + 3.9 \times 0.25) \times 3.9 \times 62.5 \text{m}^3 = 1163.91 \text{m}^3$

3）基础所占体积

$V_4 = 1933.65 \text{m}^3$

4）回填土方工程量

$$V_5 = V_1 + V_2 + V_3 - V_4$$
$$= (2772.66 + 1248 + 1163.91 - 1933.65) \text{m}^3$$
$$= 3250.92 \text{m}^3$$

5）支密撑挡土板工程量

$S_1 = 780 \text{m}^2$

6）现场堆土运距 50m 工程量

$V_6 = V_1 + V_2 = (2772.66 + 1248) \text{m}^3 = 4020.66 \text{m}^3$

7）现场堆石运距 50m 工程量

$V_7 = V_3 = 1163.91 \text{m}^3$

8）余土外运工程量

$V_9 = V_1 + V_2 - V_5 = (2772.66 + 1248 - 3250.92 \times 1.15) \text{m}^3 = 282.10 \text{m}^3$

【注释】　定额规定土、石方体积均以天然密实体积（自然方）计算，回填土按碾压后的体积（实方）计算，1.15 为土方体积换算系数。

9）外运石方工程量

$V_{10} = V_3 = 1163.91 \text{m}^3$

10）拆除路面工程量

$S_2 = 3.2 \times 100 \text{m}^2 = 320 \text{m}^2$

项目编码：040101002　　项目名称：挖沟槽土方
项目编码：040103002　　项目名称：余方弃置

【例 10】　某山岭隧道工程采用斜洞（横洞）光面爆破开挖，其横洞布置如图 1-108 所示，隧道总长 765m，有 340m 为次坚石岩石地质，其余均为特坚石岩石地质，隧道开挖横截面如图 1-109 所示，拟定施工方案为：

（1）采用横洞光面爆破开挖隧道，横洞部分采用机械开挖，次坚石地质，如图 1-110 所示。

（2）拟采用人工装石渣，有轨运输至洞外，再用自卸汽车运输至 1000m 处的弃场弃置。

试编制该工程的土石方工程量清单。

【解】　（1）清单工程量

1）挖次坚石方工程量

$$V_1 = \left[\left(16.6 \times 2.5 + \frac{1}{2} \pi \times 8.3^2 \right) \times 340 + \left(1.5 \times 1.5 + \frac{2 \arcsin \frac{0.75}{1.0}}{360} \times \pi \times 1.0^2 - \frac{1}{2} \times \right. \right.$$

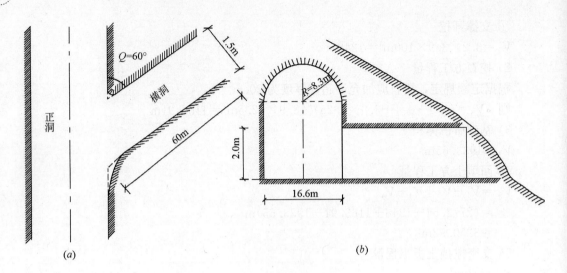

图 1-108 横洞布置示意图

(a)平面图；(b)立面图

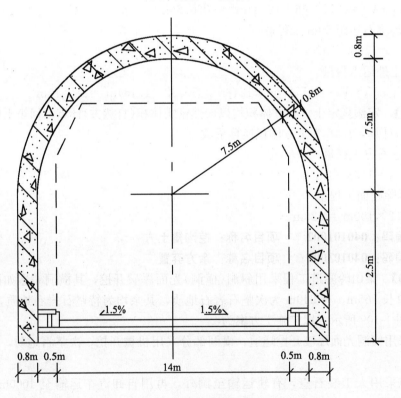

图 1-109 隧道设计断面图

$$\sqrt{1.0^2-0.75^2}\times1.5)\times60]m^3$$

$$=(36833.60+156.12)m^3$$

$$=36989.72m^3$$

【注释】 16.6 为隧道底面宽度即(14+0.5×2+0.8×2)，2.5 为边墙高度，8.3 为隧

道拱部外半径即(7.5+0.8)，其中 7.5 为拱内半径，0.8 为拱厚度，340 为隧道次坚石部分的长度；加号后括号内为次坚石横洞断面面积，1.5 为横洞直通道部分的高度及宽度，$2\arcsin\dfrac{0.75}{1.0}$ 为横洞圆面圆心角角度，$\dfrac{1}{2}\times$

$\sqrt{1.0^2-0.75^2}\times1.5$ 为圆面除去拱部剩余三角形面积，60 为横洞长度。

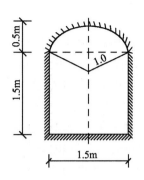

图 1-110　横洞断面图

2）挖特坚石工程量

$$V_2=(16.6\times2.5+\frac{1}{2}\pi\times8.3^2)\times(765-340)\text{m}^3$$

$$=63627.63\text{m}^3$$

3）外运石方工程量

$$V_3=V_1+V_2$$

$$=(36989.72+63627.63)\text{m}^3$$

$$=100617.35\text{m}^3$$

清单工程量计算见表 1-91。

清单工程量计算表　　　　　　　　　　　　　　　　表 1-91

序号	项目编码	项目名称	项目特征描述	计量单位	工程量
1	040102002001	挖沟槽石方	次坚石	m³	36989.72
2	040102002002	挖沟槽石方	特坚石	m³	63627.63
3	040103002001	余方弃置	余方弃置，次坚石，运距 1km	m³	36989.72
4	040103002002	余方弃置	余方弃置，特坚石，运距 1km	m³	63627.63

（2）定额工程量

1）挖次坚石工程量

根据定额计算规则，挖次坚石的每侧允许超挖厚度为 0.20m，则

$$V_1=\left[(17.0\times2.5+\frac{1}{2}\pi\times8.5^2)\times340+(1.9\times1.5+\frac{2\arcsin\dfrac{0.95}{1.20}}{360}\times\pi\times1.2^2-\frac{1}{2}\times\right.$$

$$\left.1.9\times\sqrt{1.2^2-0.95^2})\times60\right]\text{m}^3$$

$$=(53017.05+208.14)\text{m}^3$$

$$=53225.19\text{m}^3$$

【注释】　17.0 为隧道底面宽度即(14+0.5×2+0.8×2+0.2×2)，8.5 为拱部半径即(7.5+0.8+0.2)，340 为隧道挖次坚石长度，1.9 为横洞底面宽度即(1.5+0.2×2)，60 为横洞的长度。

2）挖特坚石工程量

根据定额计算规则，挖特坚石的每侧允许超挖厚度为 0.15m，则

$$V_2=(16.9\times2.5+\frac{1}{2}\pi\times8.45^2)\times(765-340)\text{m}^3$$

$$=65599.57m^3$$

【注释】 16.9 为挖特坚石隧道底面宽度即(14+0.5×2+0.8×2+0.15×2)，8.45 为拱部半径即(7.5+0.8+0.15)。

3）外运石方工程量

$$V_3=V_1+V_2=(53225.19+65599.57)m^3=118824.76m^3$$

【例 11】 某新建道路排水系统，设计图如图 1-111 所示，该工程起终点为 K1+300 和 K1+500，工程内容为排水工程主干管道、支管及沿线检查井、雨水口工程施工，人工开挖，主干管道为钢筋混凝土管口 $D=600mm$，支管为混凝土管 $D=400mm$，均采用 1:2 水泥砂浆抹带接口，180°混凝土管座，管基下铺设 20cm 碎砾石砂垫层，排水检查井为 $\phi1200mm$ 圆形砖砌污水检查井，如图 1-112 所示，井内外均采用 1:2 水泥砂浆抹灰，该路段原地面标高与井顶面标高相同，平箅式雨水口如图 1-113 所示。请编制该排水工程主干管道、支管、检查井、雨水口工程量清单（四类土，填方密实度 95%，取余土运距为 1km）。

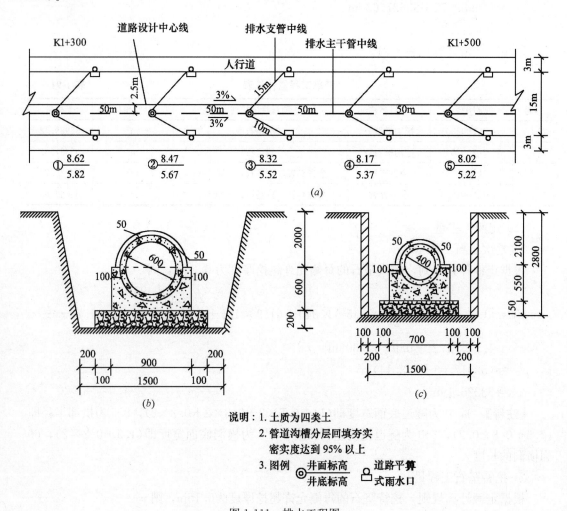

图 1-111 排水工程图

(a)排水工程平面图；(b)干管沟槽开挖断面图；(c)支管沟槽开挖断面图

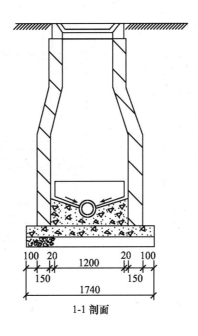

1-1 剖面

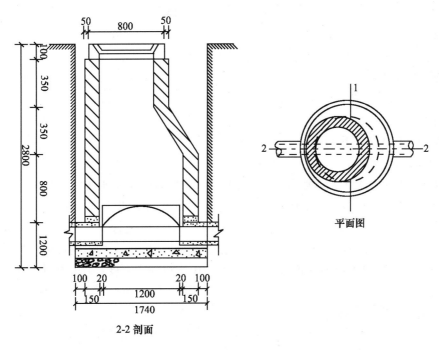

2-2 剖面

平面图

图 1-112 φ1200 石砌圆形雨水检查井

【解】 (1)清单工程量

根据 2013 版《市政工程工程量计算规范》土石方工程的有关规定,工作面和放坡如并入各土石方工程量中,编制工程量清单时,其所需增加的工程数量可为暂估值。

1)挖土方工程量

① 干管管沟土方量(放坡)

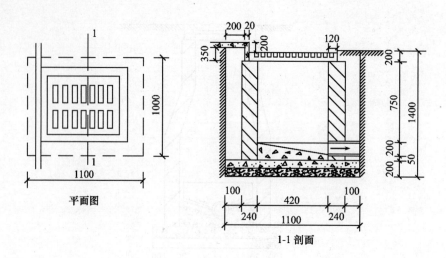

图 1-113 平算式雨水口

本题中无明确标明放坡系数，因此可根据定额中的放坡系数表（表 1-22）查的四类土人工开挖 $K=0.25$。

则　$V_1=(1.5+2.8\times0.25)\times2.8\times200\text{m}^3=1232\text{m}^3$

② 支管管沟土方量

$V_2=1.7\times2.8\times(15\times5+10\times5)\text{m}^3=595\text{m}^3$

③ 挖井位土方量

$V_3=[\pi\times1.74^2\times2.8-(1.5+2.8\times0.25)\times2.8\times1.74]\times5\text{m}^3$

$=79.57\text{m}^3$

④ 挖雨水口土方工程量

$V_4=1.1\times1.0\times1.4\times10\text{m}^3=15.4\text{m}^3$

【注释】　①式中 1.5 为干管沟槽底面宽度，2.8 为沟槽深度即（0.2＋0.6＋2.0），200 为沟槽长度即（500－300）；②式中 1.7 为支管沟槽底面宽度即（1.5＋0.1×2），2.8 为支管沟槽深度即（0.15＋0.55＋2.10），15×5 为（a）图中上方支管总长度，10×5 为下方支管总长度；③式 1.74 为检查井直径，2.8 为检查井总深度，1.5 为管沟底面宽度，5 为检查井数量；④式中1.1为雨水口底面长度，1.0 为雨水口底面宽度，1.4 为雨水口高度，10 为雨水口数量。

⑤ 挖土方工程总量为

$V_5=V_1+V_2+V_3+V_4=(1323+595+79.57+15.4)\text{m}^3=2012.97\text{m}^3$

2）回填土方工程量

① 干管结构基础所占体积

$V_6=(1.1\times0.2+0.9\times0.6+\dfrac{1}{2}\pi\times0.4^2)\times200\text{m}^3=202.24\text{m}^3$

【注释】　1.1 为干管基础垫层宽度即（0.9＋0.1×2），0.2 为垫层厚度，0.9 为垫层上方矩形断面的宽度，0.6 为矩形断面的高度，0.4 为顶面半圆半径即（0.6/2＋0.05＋0.05），其中0.6为钢筋混凝土管内径，0.05 为管厚及管外保护层厚，200 为干管长度。

② 支管结构基础所占体积

$$V_7 = (0.9 \times 0.15 + 0.7 \times 0.55 + \frac{1}{2}\pi \times 0.3^2) \times (15 \times 5 + 10 \times 5)\text{m}^3 = 82.67\text{m}^3$$

【注释】 0.9 为支管垫层宽度即(0.7+0.1×2)，0.15 为垫层厚度，0.7 为垫层上方矩形断面的宽度，0.55 为矩形断面的高度，0.3 为顶面半圆半径即(0.4/2+0.05+0.05)，其中 0.4 为混凝土管的内径，0.05 为管厚及管外保护层厚度，15 为上方排水支管中线的长度，10 为下方排水支管中线长度，上下分别为 5 段。

③ $\phi1200$ 砖砌圆形雨水井所占体积

$$V_8 = \left[\pi \times 0.4^2 \times 0.1 + \pi \times 0.45^2 \times 0.35 + \pi \times \left(\frac{1.54}{2}\right)^2 \times 0.8 + \right.$$
$$\left. \frac{(0.77^2 + 0.45^2 + 0.77 \times 0.45)}{3} \times \pi \times 0.35\right] \times 5\text{m}^3$$
$$= 2.182 \times 5\text{m}^3$$
$$= 10.91\text{m}^3$$

【注释】 0.4 为雨水检查井井盖的半径即 0.8/2，0.1 为井盖厚度，0.45 为检查井顶部圆柱的半径即(0.8+0.05×2)/2，0.35 为顶部圆柱及中间圆台高度，1.54 为下部圆柱的直径即(1.2+0.02×2+0.15×2)，0.77 即为下部圆柱的半径，0.8 为下部圆柱的高度，0.9 为中间圆台的上底直径即(0.8+0.05×2)，最后一个 0.45 为下部圆柱的半径。

④ 雨水口所占体积

$$V_9 = (1.1 \times 1.0 \times 0.2 + 0.9 \times 0.8 \times 1.0 + 0.66 \times 0.56 \times 0.2) \times 10\text{m}^3$$
$$= 10.14\text{m}^3$$

【注释】 回填土方工程量按挖土体积减去设计地坪面以下构筑物所占的体积。1.1 为雨水口底面垫层的长度，1.0 为底面垫层的宽度，0.2 为底面垫层厚度，0.9 为中间部分井的长度即(1.1-0.1×2)，0.8 为中间部分井的宽度即(1-0.1×2)，1.0 为中间井的深度即(1.4-0.2-0.2)，0.66 为雨水口盖的宽度即(0.42+0.12+0.12)，0.56 为雨水口盖的长度即(1-0.1×2-0.12×2)，0.2 为雨水口盖的厚度，10 为雨水口的数量。

⑤ 回填土方总体积为

$$V_{10} = V_5 - V_6 - V_7 - V_8 - V_9$$
$$= (2012.97 - 202.24 - 82.67 - 10.91 - 10.14)\text{m}^3$$
$$= 1707.01\text{m}^3$$

3)弃土方体积为

$$V_{11} = V_6 + V_7 + V_8 + V_9$$
$$= (202.24 + 82.67 + 10.91 + 10.14)\text{m}^3$$
$$= 305.96\text{m}^3$$

(2) 定额工程量

1) 挖土方工程量

① 挖干管管沟土方量

$$V_1 = (1.5 + 2.8 \times 0.25) \times 2.8 \times 200 \times 1.025\text{m}^3 = 1262.80\text{m}^3$$

② 挖支管管沟土方量

$$V_2 = 1.7 \times 2.8 \times (15 \times 5 + 10 \times 5) \times 1.075\text{m}^3 = 639.63\text{m}^3$$

③ 挖井位土方量

$V_3 = 62.52\text{m}^3$

④ 挖雨水口土方工程量

$V_4 = 15.4\text{m}^3$

⑤ 挖土方工程总量为

$$V_5 = V_1 + V_2 + V_3 + V_4$$
$$= (1262.8 + 639.63 + 62.52 + 15.4)\text{m}^3$$
$$= 1980.35\text{m}^3$$

2）回填土方工程量

① 干管管道基础所占体积 $V_6 = 202.24\text{m}^3$

② 支管管道基础所占体积 $V_7 = 82.67\text{m}^3$

③ $\phi1200$ 砖砌圆形雨水井所占体积 $V_8 = 10.91\text{m}^3$

④ 平箅式雨水口所占体积 $V_9 = 10.14\text{m}^3$

⑤ 回填土方总量为

$$V_{10} = V_5 - V_6 - V_7 - V_8 - V_9$$
$$= (1980.35 - 202.24 - 82.67 - 10.91 - 10.14)\text{m}^3$$
$$= 1674.39\text{m}^3$$

3）弃土方工程量

$V_1 = V_5 - V_{10} = 1980.35 - 1674.39 \times 1.15 = 54.80\text{m}^3$

【注释】 定额规定土、石方体积均以天然密实体积（自然方）计算，回填土按碾压后的体积（实方）计算，1.15 为土方体积换算系数。

（3）某新建道路排水系统工程量计算见表 1-92～表 1-95。

1）主要工程材料

表 1-92

序　号	名　　称	单位	数量	规　格	备　注
1	钢筋混凝土管	m	200	d600	
2	混凝土管	m	125	d400	
3	检查井	座	5	$\Phi1200$ 砖砌	
4	雨水口	座	10	1100×1000 $H = 1.4$	

2）管道铺设及基础

表 1-93

管段井号	管径/m	管道铺设长度（井中至井中）/m	基础及接口形式	支管及180°平接口基础铺设管径400
1				
	600	50		25
2				
	600	50		25
3			1800 平接口	25
	600	50		25
4				
	600	50		25
5				
合　计		200		125

3) 检查井、进水井数量

表 1-94

井号	检查井设计井面标高/m	井底标高/m	井深/m	砖砌圆形井		雨 水 口 井		
				直径	数量/个	规格	井深/m	数量/座
1	8.62	5.82	2.8	φ1200	1	1100×1000	1.4	2
2	8.47	5.67	2.8	φ1200	1	1100×1000	1.4	2
3	8.32	5.52	2.8	φ1200	1	1100×1000	1.4	2
4	8.17	5.37	2.8	φ1200	1	1100×1000	1.4	2
5	8.02	5.22	2.8	φ1200	1	1100×1000	1.4	2

注：表 1-94 综合小计：

1. 砖砌圆形雨水检查井 φ1200 平均深 2.8m 共 5 座；
2. 砖砌雨水口进水井 1100×1000 深 1.4m 共 10 座。

（4）土方工程量清单与定额对照

表 1-95

	挖 土 方/m³				填 土 方/m³		余土外运/m³
	干管	支管	检查井	雨水口	管道基础及占体积	填土	
清单工程量	1232	595	62.52	15.4	305.96	1707.01	305.96
定额工程量	1262.8	639.63	62.52	15.4	305.96	1674.39	54.80

　　项目编码：040101002　　项目名称：**挖沟槽土方**

　　项目编码：040103002　　项目名称：**余方弃置**

　　项目编码：040101005　　项目名称：**挖淤泥**

　　项目编码：040103001　　项目名称：**回填方**

　　项目编码：041001001　　项目名称：**拆除路面**

【例 12】　某市需新建一地下渠道，拟建全长 817.2m 的大型钢筋混凝土渠道，其断面图如图 1-114 所示，地下水位为 2.2～3.8m，施工期间的慢车道长 225m，该段为尽量减少对道路面层的破坏，拟采取支挡土板开挖沟槽，其余部分根据土质采取放坡开挖，如图 1-115、图 1-116 所示，回填土方密实度应在 95％以上，且采取分层人工夯实，人工挖土，其中只有 45％的土方可利用，缺方采用自卸汽车运输，运距 3000m，弃土采用人工装车，自卸汽车运于 1000m 处弃场弃置，已知在非车道路段有 200m 的地下埋设的是钢渣，有 125m 的淤泥、流砂，其余部分为三类土质，试编制该工程的土石方工程量。

说明：1. 图中尺寸均以 mm 计；2. 管道沟槽必须分层回填夯实密实度达 95％以上。

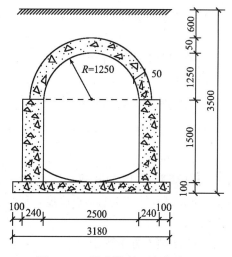

图 1-114　渠道横断面设计图

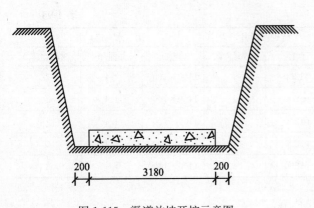
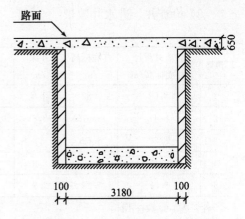

图 1-115　渠道放坡开挖示意图　　　图 1-116　渠道支挡土板开挖示意图

【解】　（1）清单工程量

1）挖土方工程量

①放坡开挖

$$V_1 = 3.18 \times 3.5 \times (817.2 - 225 - 200 - 125)\text{m}^3$$
$$= 3.18 \times 3.5 \times 267.2\text{m}^3$$
$$= 2974.94\text{m}^3$$

②支挡土板开挖（穿车道）

$$V_2 = 3.18 \times 3.5 \times 225\text{m}^3 = 2504.25\text{m}^3$$

【注释】　3.18 为放坡开挖底面垫层宽度，3.5 为渠道深度，817.2 为渠道总长，225 为支挡土板挖土长度，200 为埋钢渣长度，125 为淤泥、流砂长度。

2）挖淤泥、流砂工程量

$$V_3 = 3.18 \times 3.5 \times 125\text{m}^3 = 1391.25\text{m}^3$$

3）挖密实钢渣工程量

$$V_4 = 3.18 \times 3.5 \times 200\text{m}^3 = 2226\text{m}^3$$

4）挖土方总体积

$$V_5 = V_1 + V_2 = (2974.94 + 2504.25)\text{m}^3 = 5479.19\text{m}^3$$

则可利用土的体积为

$$V_6 = V_5 \times 45\% = 5479.19 \times 45\%\text{m}^3 = 2465.64\text{m}^3$$

5）排水渠道及基础所占体积

$$V_7 = (3.18 \times 0.1 + 2.98 \times 1.5 + \frac{1}{2}\pi \times 1.3^2) \times 817.2\text{m}^3$$
$$= 6082.13\text{m}^3$$

【注释】　3.18 为基础垫层宽度，0.1 为垫层厚度，2.98 为渠道直通道宽度即（2.5+0.24+0.24），1.5 为直通道高度，1.3 为拱部半径外围半径即（1.25+0.05），817.2 为渠道总长。

6）回填土方工程量

$$V_8 = V_1 + V_2 + V_3 + V_4 - V_7$$

$$=(2974.94+2504.25+1391.25+2226-6082.13)\text{m}^3$$
$$=3014.31\text{m}^3$$

7) 缺方运土工程量

$$V_9=V_8-V_6=(3014.31-2465.64)\text{m}^3=548.67\text{m}^3$$

8) 弃方外运工程量

$$V_{10}=V_5-V_6+V_3+V_4$$
$$=(5479.19-2465.64+1391.25+2226)\text{m}^3$$
$$=6630.8\text{m}^3$$

9) 拆除路面工程量(水泥混凝土路面，厚 56cm)

$$S=3.18\times225\text{m}^2=715.50\text{m}^2$$

【注释】　拆除路面工程量按设计图示尺寸以面积计算。3.18 为路面下渠道垫层的宽度，0.2 为两端支挡土板的厚度，225 为慢车道的长度。

清单工程量计算见表 1-96。

清单工程量计算表　　　　　　　　　　　　　　表 1-96

序号	项目编码	项目名称	项目特征描述	计量单位	工程量
1	040101002001	挖沟槽土方	三类土，深 3.5m	m^3	5479.19
2	040101002002	挖沟槽土方	密实钢渣，深 3.5m	m^3	2226
3	040101005001	挖淤泥	深 3.5m	m^3	1391.25
4	040103001001	回填方	密实度 95% 以上	m^3	3014.31
5	040103001001	余方弃置	余方弃置，三类土，运距 1km	m^3	5179.19
6	040103002002	余方弃置	余方弃置，密实钢渣，深 3.5m	m^3	2226
7	040103002003	余方弃置	余方弃置，淤泥，深 3.5m	m^3	1391.25
8	040103002004	余方弃置	缺方内运，运距 3km	m^3	548.67
9	041001001001	拆除路面	水泥混凝土路面，厚 56cm	m^2	715.50

(2) 定额工程量

1) 挖土方工程量

① 放坡开挖

$$V_1=(3.18+0.4+3.5\times0.33)\times3.5\times(817.2-225-200-125)\text{m}^3$$
$$=4428.17\text{m}^3$$

② 支护开挖

$$V_2=(3.18+0.2)\times3.5\times225\text{m}^3=2661.75\text{m}^3$$

【注释】　3.18 为放坡开挖底面垫层宽度，0.4 为两侧工作面总宽度即(0.2+0.2)，3.5 为渠道深度，0.33 为放坡系数，817.2 为渠道总长，225 为支挡土板挖土长度，200 为埋钢渣长度，0.2 为两端支挡土板的厚度即(0.1+0.1)，125 为淤泥、流砂长度。

2）挖淤泥、流砂工程量

淤泥属于一二类土，放坡系数为 0.5，$V_3 = (3.18 + 0.4 + 3.5 \times 0.5) \times 3.5 \times 125 m^3 = 2331.87 m^3$

3）挖密实钢渣工程量

根据定额规定，挖密实钢渣可按四类土人工乘系数 2.50，机械乘以系数 1.50。

四类土人工开挖 $K = 0.25$ 则

$V_4 = (3.18 + 0.4 + 3.5 \times 0.25) \times 3.5 \times 200 m^3 = 3118.50 m^3$

在查定额时，可按规定乘系数 2.50。

4）挖土方体积

$V_5 = V_1 + V_2 = (4428.172 + 2661.75) m^3 = 7143.92 m^3$

则可利用的土方量为

$V_6 = 7143.922 \times 45‰ m^3 = 3214.75 m^3$

5）排水渠道及基础所占体积

$V_7 = (3.18 \times 0.1 + 2.98 \times 1.5 + \frac{\pi}{2} \times 1.3^2) \times 817.2 m^3 = 6082.13 m^3$

6）回填土方工程量

$V_8 = V_1 + V_2 + V_3 + V_4 - V_7$

$= (4428.17 + 2661.75 + 2331.87 + 3118.5 - 6082.13) m^3$

$= 6458.16 m^3$

7）缺方运土工程量

$V_9 = V_8 - V_6 = (6458.16 - 3214.75) m^3 = 3243.41 m^3$

8）弃方外运工程量

$V_{10} = V_5 - V_6 + V_3 + V_4$

$= (7143.92 - 3214.75 + 2331.87 + 3118.5) m^3$

$= 9379.54 m^3$

9）拆除路面工程量

$S = (3.18 + 0.2) \times 225 m^2 = 760.50 m^2$

（3）定额与清单工程量对照见表 1-97。

表 1-97

项目名称	挖土方工程量/m³		挖淤泥流砂/m³	挖钢渣/m³	基础所占体积/m³	回填土方量/m³	缺方外运/m³	弃方外运/m³	拆除路面/m²
	放坡	支护							
清单工程量	2974.94	2504.25	1319.25	2226	6082.13	3014.31	548.67	6630.8	715.50
定额工程量	4428.17	2661.75	2331.87	3118.5	6082.13	6458.16	3243.41	9379.54	760.50

项目编码：040101001   项目名称：挖一般土方

项目编码：040103001   项目名称：回填方

项目编码：040103002   项目名称：余方弃置

【例 13】 某市二号道路土方工程，修筑起点 K0＋000，终点 K0＋600，采用人工挖土，路基设计宽度为 16m，该路段内有填方也有挖方，如图 1-117、图 1-118 所示，余方运至 5km 处弃置点，填方要求密实度达到 95%，土方平衡部分场内运输考虑用手推车运土，余方弃置用人工装土，自卸汽车运输，请编制土方工程量。

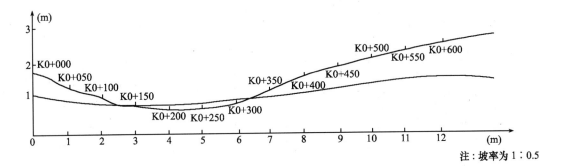

图 1-117 道路平面图

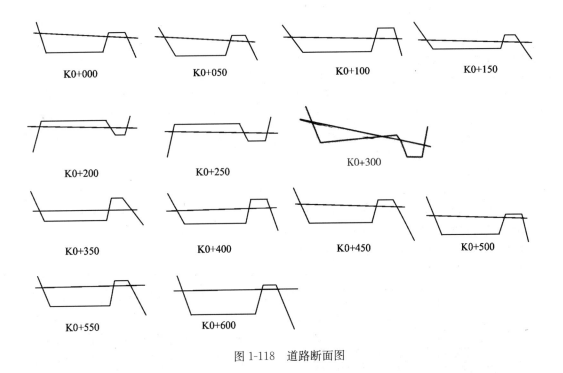

图 1-118 道路断面图

【解】 土方工程量计算表见表 1-98。

清单工程量：

（1）挖一般土方（三类土） 3754m³

（2）填方（密实度 95%） 485m³

（3）余方弃置（运距 5km） 土方平衡后有：

（3754−485）m³＝3269m³ 土方需要弃置

清单工程量计算见表 1-99。

道路工程土方量计算表　　表 1-98

桩号	距离 /m	挖土			填土			备注
		断面积/m²	平均断面积/m²	体积/m³	断面积/m²	平均断面积/m²	体积/m³	
K0+000	50	9.64	8.06	403	0	0	0	
0+050	50	6.48	5.66	283	0	0	0	
0+100	50	4.84	3.345	167	0	0	0	
0+150	50	1.85			0	1.61	81	
0+200	50	0			3.22	4.03	202	
0+250	50	0	1.01	50	4.84	4.03	202	
0+300	50	2.02	3.43	171	3.22	0	0	
0+350	50	4.84	6.48	324	0	0	0	
0+400	50	8.12	8.94	447	0	0	0	
0+450	50	9.76	10.595	530	0	0	0	
0+500	50	11.43	12.275	614	0	0	0	
0+550	50	13.12	15.3	765	0	0	0	
0+600	50	17.48			0	0	0	
合计				3754			485	

清单工程量计算表　　表 1-99

序号	项目编码	项目名称	项目特征描述	计量单位	工程量
1	040101001001	挖一般土方	三类土	m³	3754
2	040103001001	回填方	密实度 95%	m³	485
3	040103002002	余方弃置	余方弃置，运距 5km	m³	3269

项目编码：040101001　　项目名称：挖一般土方

项目编码：040103001　　项目名称：回填方

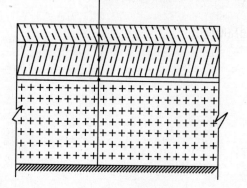

中粒式沥青混凝土 (AC-16-Ⅰ)4cm

粗粒式沥青混凝土 (AC-25-Ⅱ)8cm

图 1-119　路面结构图

【例 14】　某道路改造工程，现进行公开招标，本道路原为土路，全长 260m，三类土，桩位 K0+000～K0+260，行车道宽为 16m，此道路施工期间，断绝交通，地下管线埋置较深并无干扰，路槽土方可采用推土 50m 堆积在路边，人行道土方采用人工挖路槽方法，用手推车运输 50m 堆积，再由装载机装土，自卸车运土至 5km 处的弃土地点，本工程无特殊结构要求，采用一般施工方法。如图 1-119～图 1-121 所示。

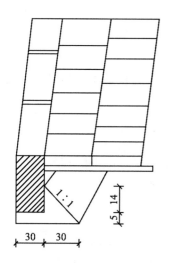

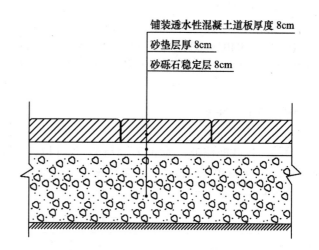

铺装透水性混凝土道板厚度 8cm

砂垫层厚 8cm

砂砾石稳定层 8cm

图 1-120　人行道板铺装图　　　　　　图 1-121　人行道结构图

【解】　（1）清单工程量

1）土方开挖工程量计算

挖一般土方计算

$260 \times [16.8 \times 0.49 + (6 - 0.6) \times 2 \times 0.24]m^3 = 2814.24m^3$

【注释】　260 为道路的长度，16.8 为行车道的总宽度，0.49 为行车道面层的厚度，6 为人行道的宽度，0.6 为人行道板的宽度，0.24 为人行道结构层的厚度。

2）余方弃置

$260 \times [16.8 \times 0.49 + (6 - 0.6) \times 2 \times 0.24]m^3 = 2814.24m^3$

则土方计算见表 1-100。

表 1-100

序号	项目名称	单位	计　算　公　式	数量
1	挖一般土方	m^3	$260 \times [16.8 \times 0.49 + (6 - 0.6) \times 2 \times 0.24]$	2814.24
2	余方弃置	m^3	$260 \times [16.8 \times 0.49 + (6 - 0.6) \times 2 \times 0.24]$	2814.24

清单工程量计算见表 1-101。

清单工程量计算表　　　　　　表 1-101

序号	项目编码	项目名称	项目特征描述	计量单位	工程量
1	040101001001	挖一般土方	三类土	m^3	2814.24
2	040103001001	回填方	余方弃置，运距 5km	m^3	2814.24

（2）施工工程量计算

推土机推路槽三类土 50m 内

$260 \times 16.8 \times 0.49m^3 = 2140.32m^3$

人工挖路槽三类土 30cm 内

$260 \times (6 - 0.6) \times 2 \times 0.24m^3 = 673.92m^3$

人工运土方 50m 内

$260 \times (6-0.6) \times 2 \times 0.24m^3 = 673.92m^3$

项目编码：040301008　　　项目名称：人工挖孔灌注桩

【例15】　某工程挖孔灌注桩，单根桩设计长度 10m，总根数为 168 根，桩截面 ϕ900mm，灌注混凝土强度等级 C30。

【解】　清单工程量

混凝土灌注桩体积为　$\pi \times 0.45^2 \times 10 \times 168m = 1068.77m^3$

【注释】　挖孔灌注桩工程量按设计图示尺寸以桩心体积计算，或以根计量按设计图示数量计算；10 为桩单根长度，168 为根数。

清单工程量计算见表 1-102。

清单工程量计算表　　　　　　　　　　　　　　　　　表 1-102

项目编码	项目名称	项目特征描述	计量单位	工程量
040301008001	人工挖孔灌注桩	混凝土强度等级为 C30	m³	1068.77

【例16】　某城市一洛浦长虹桥，如图 1-122 所示，全长为 200m，每隔 50m 设计挖一墩台基坑，采用人工挖基坑土方，半径为 1.5m，当人工挖坑 2m 深时，下面出现淤泥，继续采用人工开挖，填方要求密实度达到 95％，人力手推车运土（运距 100m 以内），人工运淤泥（运距 100m 以内），填土方采用人工装土机动翻斗车运土（运距为 200m 以内），试着编制该洛浦长虹桥土方量。

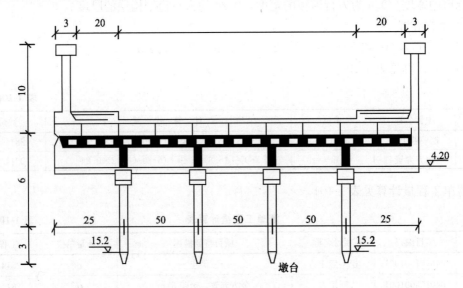

图 1-122　桥梁示意图（单位：m）

【解】　清单工程量

根据地质情况测得土质为一、二类土，人工挖基坑土 2m 以内，土方工程量为

$2 \times \pi \times 1.5^2 \times 4m^3 = 56.52m^3$

人工挖淤泥　$1 \times 3.14 \times 1.5^2 \times 4m^3 = 28.26m^3$

填土密实度（95％）　$\pi \times 1.5^2 \times 3 \times 4m^3 = 84.82m^3$

【注释】 2为挖土深度，1.5为挖土方半径，4为挖坑台基坑数量；1为挖淤泥深度即（3－2），3为填土深度。

清单工程量计算见表1-103。

清单工程量计算表   表1-103

序号	项目编码	项目名称	项目特征描述	计量单位	工程量
1	040101003001	挖基坑土方	一、二类土	m³	56.52
2	040101005001	挖淤泥	深1m	m³	28.26
3	040103001001	回填方	密实度95%	m³	84.82
4	040103002001	余方弃置	余方弃置，运距100m，一、二类土	m³	56.52
5	040103002002	余方弃置	余方弃置，运距100m，淤泥	m³	28.26
6	040103002003	余方弃置	缺方内运，运距200m	m³	28.30

经上述计算：人力手推车运土（运距100m以内）为56.52m³。

人工运淤泥（运距100m以内）为28.26m³。

人工装土机动翻斗车运土（运距为200m以内）为28.30m³。

项目编码：040101003   **项目名称：挖基坑土方**

项目编码：040103001   **项目名称：回填方**

【例17】 某涵洞工程，涵洞洞身纵向布置图和涵洞断面图如图1-123、图1-124所示，该涵洞位置的土质为密实的黄土，不考虑地下水，施工期间地表河流无水，基坑开挖多余的土方可就地弃置，试确定该涵洞土方清单工程量。

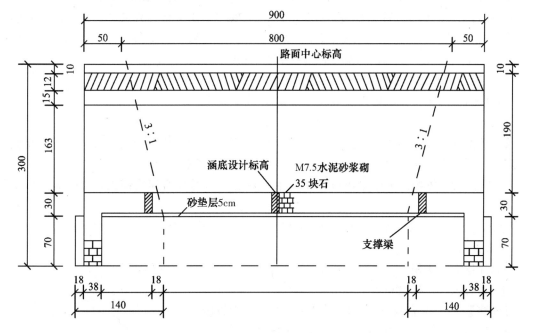

图1-123 涵洞洞身纵向布置图（单位：cm）

【解】 清单工程量

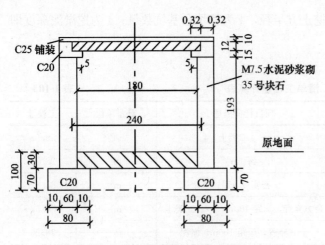

图 1-124 涵洞断面图(单位:cm)

从涵洞洞身纵向布置图和涵洞断面图可以看出,该涵洞的标准跨径为 2.4m,净跨径为 1.8m,下部结构的工程内容有:现浇 C20 混凝土台帽,M7.5 砂浆砌,35 号块石台身,现浇 C20 混凝土基础,M5 水泥砂浆砌块石截水墙,河床铺砌 50mm 厚砂垫层,在两台之间共设 3 道支撑梁。涵洞位置处,地形平坦,原地面以下最大挖深 1m,最小挖深为 0.3m,土质为密实的黄土,属一、二类土土壤。

(1) 挖基坑土方(一、二类土,挖深 1m)

1) 涵台基坑

$(9.0+0.18\times2)\times0.8\times1.00\times2\text{m}^3=14.98\text{m}^3$

2) 铺砌基坑

$[9.0\times(1.8-0.1\times2)\times1.00-(9.0-0.38\times2)\times(1.8-0.1\times2)\times0.7]\text{m}^3$
$=5.17\text{m}^3$

合计:$(14.98+5.17)\text{m}^3=20.15\text{m}^3$

【注释】 1)$(9.0+0.18\times2)$为涵台基坑长度,其中 9.0 为路面的长度,0.18 为涵洞两侧的涵台长度,0.8 为涵台宽度,1.00 为挖土方深度,2 为涵台数量;2)减号前为涵洞挖土方体积,其中 9.0 为涵洞长度,$(1.8-0.1\times2)$为洞口跨径;减号后为未铺砌的洞口体积,其中$(9.0-0.38\times2)$为洞口宽度,0.7 为洞口深度。

(2) 基坑回填(原土回填,压实度 95%)

1) 基础所占体积:即为现浇混凝土基础(C20 混凝土)

$0.8\times0.7\times(9.0+2\times0.18)\times2\text{m}^3=10.48\text{m}^3$

【注释】 0.8 为基础的宽度,0.7 为基础的高度,小括号内为基础长度,9.0 为路面长度,0.18 为涵洞两端的基础长度,最后一个 2 为涵洞基础数量。

2) 铺砌所占体积即为浆砌块石(M7.5 水泥砂浆,35 号块石河床铺砌,含 50mm 砂垫层)

$[9.0\times1.8\times(0.3-0.05)-0.32\times0.1\times2\times1.8\times3+0.3\times0.6\times1.6\times2]\text{m}^3$
$=4.28\text{m}^3$

3) 台身所占体积

$9.0\times0.6\times0.38\times2\text{m}^3=4.10\text{m}^3$

【注释】 0.6 为台身宽度,0.38 为其厚度,2 为数量。

合计:$(10.48+4.28+4.10)\text{m}^3=18.86\text{m}^3$

回填土方=挖方量-结构所占体积=$(20.15-18.86)\text{m}^3=1.29\text{m}^3$

(3) 土方汇总表见表 1-104。

表 1-104

序号	项目名称	分部分项名称	单位/m³	总工程数量合计
1	挖基坑土方	涵台基坑	14.98	20.15
		铺砌基坑	5.17	
2	基坑回填土方	基础回填土	10.48	18.86
		铺砌回填土	4.28	
		台身回填土	4.10	

说明：本题中设计图的尺寸均以 cm 为单位，计算数均详见图。

清单工程量计算见表 1-105。

清单工程量计算表　　　　　　　　　表 1-105

序号	项目编码	项目名称	项目特征描述	计量单位	工程量
1	040101003001	挖基坑土方	一、二类土，深 1m	m³	20.15
2	040103001001	回填方	原土回填，密实度 95%	m³	1.29

　　项目编码：040101002　　项目名称：挖沟槽土方
　　项目编码：040101003　　项目名称：挖基坑土方
　　项目编码：040103001　　项目名称：回填方

【例 18】　某管道工程，采用人工挖管沟土方，管道全长为 500m，管沟深度为 2m，根据设计可知，该管道基础的宽度为 0.8m，厚度为 0.4m，管半径为 0.2m，此管道设有 φ1000 检查井，基础直径为 1.5m，基坑回填土要求密实度为 95%。如图 1-125、图 1-126 所示，该管道位置处地形平坦，土壤为一、二类土，试编制该管道工程土石方工程量。

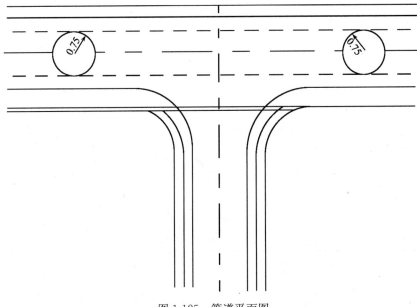

图 1-125　管道平面图

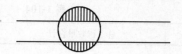

图 1-126　井位挖方示意图

【解】　清单工程量（如图 1-127 所示）

（1）挖土方量

挖基坑土方（一、二类土，挖 2m 深）

检查井基坑　$2.0 \times 3.14 \times 0.75^2 \times 2 \text{m}^3 = 7.07 \text{m}^3$

管道沟槽　$2.0 \times 0.8 \times 500 \text{m}^3 = 800 \text{m}^3$

管道结构物以外的挖土方

由 $B/D = 0.8/1.5 = 0.53$，由图 1-128 曲线查得井位弓形面积计算系数为 0.70，则井位增加的土方量

$2 \times 0.70 \times 2.0 \times (1.5 - 0.8) \times \sqrt{1.5^2 - 0.8^2} \text{m}^3 = 2.49 \text{m}^3$

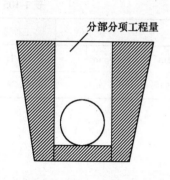

分部分项工程量

图 1-127　清单土方量示意图

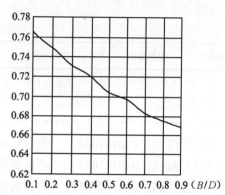

图 1-128　井位弓形面积计算系数

【注释】　检查井土方：2.0 为挖土方深度，0.75 为检查井半径即 1.5/2，2 为检查井数量；管道沟槽：0.8 为管道基础宽度，500 为其长度；B 为管道基础宽度，D 为检查井直径，管道与井位有重叠部分，井位增加土方量计算式中 $(1.5 - 0.8) \times \sqrt{1.5^2 - 0.8^2}$ 为弓形部分面积。井位增加土方量计算公式为 $V = KH(D - B)\sqrt{D^2 - B^2}$，式中 K 为井位面积计算系数，H 为挖方深度。

（2）基坑回填（原土回填，密实度 95%）

检查井所占体积 7.07m^3

管所占体积 $\pi \times 0.2^2 \times (500 - 1.5 \times 2) \text{m}^3 = 62.45 \text{m}^3$（不含检查井部分）

管基所占体积 $0.8 \times 0.4 \times (500 - 1.5 \times 2) \text{m}^3 = 159.04 \text{m}^3$（不含检查井部分）

则回填土方＝挖土量－结构所占体积

$(800 + 2.49 - 7.07 - 62.45 - 159.04) \text{m}^3 = 573.93 \text{m}^3$

【注释】　0.2 为管半径，0.4 为基础厚度。

清单工程量计算见表 1-106。

清单工程量计算表　　　　　　　　　　　　　　　　　　表 1-106

序号	项目编码	项目名称	项目特征描述	计量单位	工程量
1	040101002001	挖沟槽土方	一、二类土，深 2m	m³	800
2	040101003001	挖基坑土方	一、二类土，深 2m	m³	2.49
3	040103001001	回填方	原土回填，密实度 95%	m³	573.93

说明：管沟土石方的挖方清单工程量，按原地面线以下构筑物最大水平投影面积乘以挖土深度以体积计算。管沟土石方清单工程量的管沟计算长度按管网铺设的管道中心线长度计算，管网中的各种井室的井位部分的清单土方量必须扣除与管沟重叠部分的土方量，如图1-126井位挖方示意图所示，只计算阴影部分的土方量，沟槽填方按挖方清单项目工程量减基础，构筑物埋入体积加原地面至设计要求标高间的体积计算。排水管道扣减的体积可按实计算。

项目编码：040101002　　项目名称：**挖沟槽土方**

项目编码：040101003　　项目名称：**挖基坑土方**

项目编码：040103001　　项目名称：**回填方**

【例19】　某$d400$的钢筋混凝土排水管道，$135°$混凝土基础，选用$\phi 800$的检查井，管沟深度为2.10m，管沟断面如图1-129所示，由设计需要得知，管道基础的宽度为0.98m，管半径为0.24m，$\phi 800$检查井基础直径为1.2m，管道长度为480m，管沟开挖的边坡率为0.5，土质为一、二类土，检查井为1座，试计算：

(1) 挖方清单工程量；

(2) 基坑回填土方量（密实度达95%）。

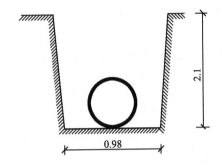

图1-129　管沟断面示意图

【解】　(1) 清单工程量

本例题与前道例题有点相似，本题管沟设有边坡，坡率为0.5，土质为一、二类土。

1) 挖土方量

管沟基坑土方量 $0.98 \times 2.1 \times 480 \mathrm{m}^3 = 987.84 \mathrm{m}^3$

检查井所挖土方量

$\pi \times 0.6^2 \times 2.10 \mathrm{m}^3 = 2.38 \mathrm{m}^3$

挖方清单工程量按管道结构外侧宽度计算，另加井位土方量

$0.67 \times 2.1 \times (1.2 - 0.98) \times \sqrt{1.2^2 - 0.98^2} \mathrm{m}^3 = 0.21 \mathrm{m}^3$

总挖方量为

$$V = [0.98 \times 480 \times 2.1 + 0.67 \times 2.1 \times (1.2 - 0.98) \times \sqrt{1.2^2 - 0.98^2}] \mathrm{m}^3$$
$$= 988.05 \mathrm{m}^3$$

【注释】　0.98为管道基础宽度，2.1为管沟深度，0.5为放坡系数，480为管沟长度；0.6为检查井基础半径即1.2/2，1.2为检查井基础直径，0.67为弓形面积计算系数由0.98/1.2=0.82，查井位弓形面积计算系数图得出。

2) 基坑回填（回填土，密实度95%）

检查井所占体积2.38m³

管所占体积 $\pi \times 0.24^2 \times 480 \mathrm{m}^3 = 86.81 \mathrm{m}^3$

【注释】　0.24为管半径，480为管道长度。

填土方量＝挖方量－结构物所占体积

$\qquad = (988.05 - 2.38 - 86.81) \mathrm{m}^3$

$$=898.86m^3$$

清单工程量计算见表 1-107。

清单工程量计算表　　　　　　　　　　　表 1-107

序号	项目编码	项目名称	项目特征描述	计量单位	工程量
1	040101002001	挖沟槽土方	一、二类土，深 2.1m	m³	988.05
2	040101003001	挖基坑土方	一、二类土，深 2.1m	m³	0.21
3	040103001001	回填方	原土回填，密实度 95%	m³	898.86

（2）定额工程量

1）基坑挖土方量

$(0.98+0.5×2.1)×2.1×480m^3=2046.24m^3$

检查井挖方量 $2.38m^3$

2）回填土方量

$2046.24+0.21-(2.38+86.81)×1.15m^3=1943.88m^3$

说明：挖方清单工程量按结构外侧宽度计算，另加井位土方量。回填土方时，混凝土排水管应将管道和基础所占体积全部扣除，有垫层者还应该扣除垫层所占体积，1.15 为土方体积换算系数。

【例 20】　某排水管道为钢筋混凝土管 DN600，如图 1-130 所示，为石棉水泥接口，180°混凝土基础，管基下换填石屑厚 450mm，排水检查井为 φ1000 圆形砖砌检查井，管道在道路下铺设，水泥混凝土路面厚 150mm，管道深度为 3m，路面下为水泥石屑稳定层厚 200mm，稳定层以下为三类土，地下水位埋深为 1.0～2.0m，施工期间为 2.0m，检查井外需抹灰，抹灰高度不低于最高地下水位以上 0.2m，试计算该工程土方量。

（1）如图 1-130 所示，管道 DN600 实际铺长度 $3×50m=150m$

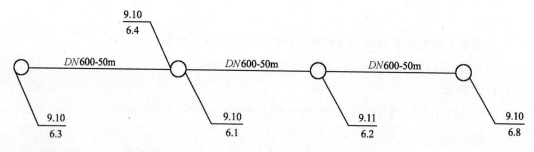

图 1-130　排水管道图

【解】　清单工程量（如图 1-131 所示）

（2）按标准图

DN600 管径×管长×壁厚（mm）为 $DN600×2000×50$

DN600 管道，基础宽度 900mm，基础厚度 120mm，φ1000 检查井标准图号 S231-28-6，规定检查井基础直径=1.58m，基础厚度 120mm。

（3）基础加深和开挖宽度

基础加深=管壁厚度+基础厚度+垫层厚度

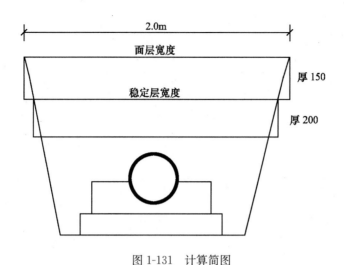

图 1-131 计算简图

则 DN600 管道基础加深 $(0.05+0.12+0.45)m=0.62m$

（4）1～2 管段井位挖方量 DN600 为：因 0.9/1.58=0.57，查井位弓形面积计算系数图 K=0.7，本段内平均深度为 2.9m。

土方平均深度为 $(2.9-0.15-0.20)m=2.55m$

该段土方量为 $0.7\times(1.58-0.9)\times\sqrt{1.58^2-0.9^2}\times2.55m^3=0.618\times2.55=1.58m^3$

面层数量：$0.618m^2$

稳定层数量：$0.618m^2$

【注释】 2.75 为 $(9.10-6.3+9.10-6.1)/2$。0.7 为井位弓形面积计算系数，1.58 为检查井基础直径，0.9 为管道基础宽度，2.3 为土方平均深度。面层、稳定层工程量按设计图示尺寸以面积计算。土方的计算深度为沟槽深度减去面层和稳定层的厚度。

（5）2～3 管段，平均深度为 2.96m，土方平均深度 $(2.96-0.15-0.20)m=2.61m$

土方量：$0.7\times(1.58-0.9)\times\sqrt{1.58^2-0.9^2}\times2.61m^3=1.61m^3$

面层数量：$0.618m^2$

稳定层数量：$0.618m^2$

（6）3～4 段：本段平均深度：2.61m

土方平均深度：$(2.61-0.15-0.20)m=2.26m$

土方量：$0.618\times2.26m^2=1.40m^2$

面层数量：$0.618m^2$

稳定层数量：$0.618m^2$

（7）挖管道土方量：$150\times1.1\times3m^3=495m^3$

总面层数量：$150\times1.1m^2=165m^2$

总稳定层数量：$150\times1.1m^2=165m^2$

【注释】 1 为垫层宽度，即 $0.9+0.1\times2=1.1$。

（8）挖土方汇总表见表 1-108。

表 1-108

序号	分项名称	平均深度 /m	计算平均深度 /m	土方量 /m³	面层数量 /m²	稳定层数量 /m²
1	1～2 管段	2.9	2.55	1.58	0.618	0.618
2	2～3 管段	2.96	2.61	1.61	0.618	0.618
3	3～4 管段	2.61	2.26	1.40	0.618	0.618
合　计				495＋1.58＋1.61＋1.40＝498.54	165＋(0.618×3)＝166.85	165＋(0.618×3)＝166.85

（9）土方回填量

$d600$ 管道所占体积：查表 1-109 排水管道所占回填土方量（管体与基础之和）表，得 0.616m³/m。

排水管道所占回填土方量　　　　　　单位：m³/m　表 1-109

管径 D/mm	抹带接口混凝土基础		
	90°	135°	180°
450	0.285	0.330	0.361
500	0.349	0.408	0.445
600	0.418	0.564	0.616

石屑所占体积：$[(0.9+0.2)×0.45×150+165×0.2]m³＝127.50m³$

道路面层所占体积：$165×0.15＝24.75m³$

$D600$ 所占体积：$0.616×150＝92.40m³$

土方回填数量计算：$(498.54-127.5-24.75-92.4)m³＝253.89m³$

清单工程量计算见表 1-110。

清单工程量计算表　　　　　　表 1-110

序号	项目编码	项目名称	项目特征描述	计量单位	工程量
1	040101002001	挖沟槽土方	三类土，深 4m 内	m³	498.54
2	040103001001	回填方	原土回填	m³	253.89
3	041001001001	拆除路面	水泥混凝土路面，厚 150mm	m²	166.85
4	041001003001	拆除基层	水泥石屑稳定层，厚 200mm	m²	166.85

【例 21】　某 $d500$ 的钢筋混凝土排水管道，120°混凝土基础，选用 $\phi1250$ 检查井 2 座，管沟深 2.2m，排水管道长 68m，人工开挖三类土，如图 1-132、图 1-133 所示，试编制该工程的工程量清单（余土运至 2km 处弃置）。

【解】　（1）清单工程量

1）管沟挖土方工程量

$$V_1＝0.8×2.2×68m³＝119.68m³$$

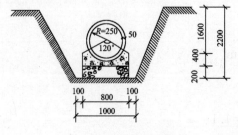

图 1-132　沟槽剖面图

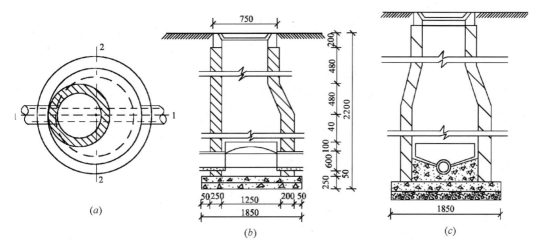

图 1-133 ϕ1250 砖砌圆形雨水检查井

(a)平面图；(b)1—1 剖面图；(c)2—2 剖面图

说明：1. 图中尺寸均为 mm；2. 填土夯实密实度 95%

【注释】 0.8 为沟槽基础底面宽度，2.2 为沟槽深度，68 为沟槽长度。

2）挖井位土方工程量

根据设计图示尺寸可知该管道基础宽度为 $B=0.8$m，ϕ1250 检查井基础直径为 $D=1.85$m，$H=2.2$m，则可查图 1-134 得井位方形面积的计算系数，由 $B/D=0.80/1.85=0.43$，得 $K=0.714$

则根据公式可得一个井位增加的土方量为

$$V_2=KH(D-B)\times\sqrt{D^2-B^2}$$
$$=0.714\times2.2\times(1.85-0.8)$$
$$\times\sqrt{1.85^2-0.8^2}\text{m}^3$$
$$=2.75\text{m}^3$$

则井位土方工程总量为

$$V_3=2V_2=2\times2.75\text{m}^3=5.50\text{m}^3$$

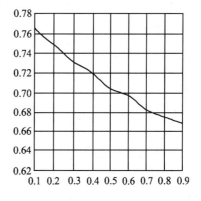

图 1-134 井位方形面积计算系数

【注释】 管沟土石方清单工程量的管沟计算长度按管网铺设的管道中心线长度计算，管网中的各种井室的井位部分清单工程量必须扣除与管沟重叠部分的土方量。0.714 为井位面积计算系数，2.2 为挖方平均深度，1.85 为检查井基础直径，0.8 为管道基础宽度。

3）挖土方工程量总量为

$$V_4=V_1+V_3=(119.68+5.50)\text{m}^3=125.18\text{m}^3$$

4）回填沟槽土方量

检查井所占体积：$\frac{1}{4}\times(\pi\times1.85^2\times0.25+\pi\times1.75^2\times0.79+\pi\times0.75^2\times0.68)+\frac{1}{3}\times$

$$(\pi\times1.75^2\times0.84-\pi\times0.75^2\times0.36)=5.35\text{m}^3$$

则回填体积：$V_5 = [125.18 - (0.8 \times 0.6 + \pi \times 0.3^2 \times \frac{2}{3} + \frac{1}{2} \times 0.8 \times 0.4 \times \frac{\sqrt{3}}{3}) \times 68$

$\qquad\qquad -5.35] \text{m}^3$

$\qquad\qquad = (119.68 + 5.5 - 51.74 - 5.35) \text{m}^3 = 68.09 \text{m}^3$

【注释】 回填土工程量按总挖土量减去设计地坪线以下构筑物所占面积；0.25 为检查井垫层厚度，0.79 为检查井下部高度，0.68 为其上部高度，0.84 为其中间圆台补为完整圆锥的高度，0.36 为圆台顶面补为圆锥的高度；0.8×0.6 为沟槽基础断面面积，其中 0.6 为其厚度即(0.2+0.4)，0.8 为其宽度，$\pi \times 0.3^2 \times \frac{2}{3}$ 为基础上部扇形面积，0.3 为其半径即(0.25+0.05)，最后一部分为图示中间三角形面积。

5) 外运土方工程量

$V_6 = V_4 - V_5 = (125.18 - 73.74) \text{m}^3 = 51.74 \text{m}^3$

清单工程量计算见表 1-111。

清单工程量计算表　　　　　　　　　　　　　　　　　　表 1-111

序号	项目编码	项目名称	项目特征描述	计量单位	工程量
1	040101002001	挖沟槽土方	三类土，深 2.2m	m³	119.68
2	040101003001	挖基坑土方	三类土，深 2.2m	m³	5.50
3	040103001001	回填方	原土回填	m³	68.09
4	040103002001	余方弃置	余方弃置，运距 2km	m³	51.74

(2) 定额工程量

1) 管沟挖土方工程量

三类土人工开挖查放坡系数表 1-1-22 可知 $K = 0.33$ 则

$V_1 = (1.0 + 2.2 \times 0.33) \times 2.2 \times 68 \times 1.025 \text{m}^3 = 264.67 \text{m}^3$

【注释】 0.8 为沟槽基础底面宽度，0.1 为沟槽一侧工作面宽度，2.2 为沟槽深度，68 为沟槽长度，0.33 为放坡系数(土质为三类土)，1.025=1+0.025，其中 0.025 为因新旧管接口处增加的工程量系数。

2) 井位挖土方工程量

$V_2 = 2 \times 0.714 \times 2.2 \times (1.85 - 0.8) \times \sqrt{1.85^2 - 0.8^2} \text{m}^3 = 5.50 \text{m}^3$

3) 挖土方工程量总和

$V_3 = V_1 + V_2 = (264.67 + 5.5) \text{m}^3 = 270.17 \text{m}^3$

4) 回填土方工程量

$V_4 = \left[V_3 - \left(\frac{\pi}{4} \times 0.6^2 \times \frac{2}{3} + 0.8 \times 0.6 + \frac{1}{2} \times 0.8 \times \frac{0.4\sqrt{3}}{3} \right) \times 68 \right] - 5.35 \text{m}^3$

$\qquad = (270.17 - 51.74 - 5.35) \text{m}^3$

$\qquad = 213.08 \text{m}^3$

5) 外运土方工程量

$V_5 = V_3 - V_4 = (270.17 - 218.43 \times 1.15) \text{m}^3 = 18.98 \text{m}^3$

项目编码：040101002　　　项目名称：挖沟槽土方

项目编码：040101003　　　项目名称：挖基坑土方

项目编码：040103001　　　项目名称：回填方

项目编码：041001001　　　项目名称：拆除路面

项目编码：041001003　　　项目名称：拆除基层

【例22】　某排水管道为钢筋混凝土钢管 $d500$，混凝土管 $d800$，如图 1-135～图 1-138 所示，水泥砂浆抹带接口，180°混凝土基础，管基下换填碎砾石屑厚 0.5m，有 $\phi1850$ 圆形砖砌检查井 6 座，管道在慢车道下铺设，两管同沟槽不同底排管 50m，沥青混凝土路面厚 250mm，路面下砂石稳定层 300mm，稳定层以下为二类土，地下常水位标高为 −2.2m，检查井外需抹灰，抹灰高度应高于地下常水位 0.5m，试编制该工程的工程量清单（砖砌检查井样式如图 1-133 所示）。

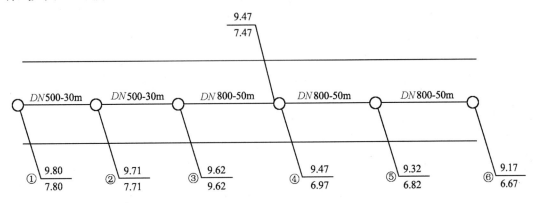

图 1-135　排水管道平面示意图

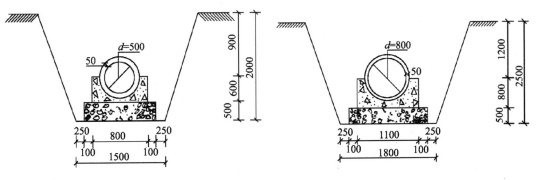

图 1-136　$d500$ 沟槽示意图　　　　　　图 1-137　$d800$ 沟槽示意图

【解】　（1）清单工程量

根据 2013 版《市政工程工程量计算规范》土石方工程有关规定，挖沟槽、基坑、一般石方因工作面和放坡增加的工程量如并入各石方工程量中，编制工程量清单时，其所需增加的工程数量可为暂估值。

土方的计算深度为沟深减去面层和稳定层的厚度，则

$d500$ 的土方计算深度为(2.0−0.25−0.3)m=1.45m　此段长 60m

$d800$ 的土方计算深度为(2.5−0.25−0.3)m=1.95m　此段长 100m

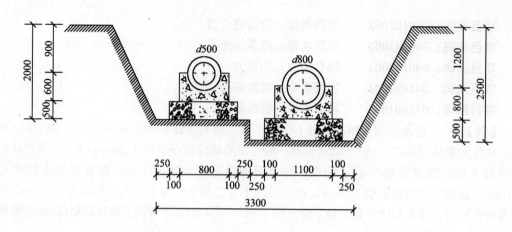

图 1-138　双筒同沟槽不同底排管示意图

双管同槽不同底计算深度分别计算：$d500$ 为 1.45m、$d800$ 为 1.95m、长 50m。

【注释】　2.0 为 $d500$ 的土方平均深度即$(9.8-7.8+9.71-7.71)/2$，0.25 为沥青混凝土面层厚度，0.3 为砂石稳定层厚度，2.5 为 $d800$ 的土方平均深度即$(9.32-6.82+9.17-0.67)/2$。

1）挖管沟槽土方工程量

$$V_1 = [(1.5+1.45\times0.5)\times1.45\times60+(1.5+1.45\times0.5/2)\times1.45\times50+(1.8+1.95$$
$$\times0.5/2)\times1.95\times50+(1.8+1.95\times0.5)\times1.95\times50]\text{m}^3$$
$$= (193.58+135.03+223.03+541.13)\text{m}^3$$
$$= 1092.77\text{m}^3$$

【注释】　1.5 为 $d500$ 沟槽底面宽度，0.5 为二类土放坡系数，1.45 为挖土深度，60 为 $d500$ 沟槽长度，中间两项为双筒同沟不同底挖土方量，50 为同沟槽不同底排管长度，1.8 为 $d800$ 沟槽底面宽度，1.95 为其挖土深度，100 为 $d800$ 沟槽长度。

2）井位挖土方工程量

$d500$：基础宽度 $B=1.0$m，检查井计算直径 $D=1.85$m，则 $B/D=0.54$。

根据图 1-134，可得 $K=0.704$ 故

1～2 管段 $d500$ 的井位挖方量为：

$$V_2 = [0.704\times1.45\times(1.85-1.0)\times\sqrt{1.85^2-1.0^2}]\text{m}^3$$
$$= 1.35\text{m}^3$$

2～3 管段井位挖方量 $d500$：$B/D=1.0/1.85=0.54$，则 $K=0.704$，

故　$V_3 = [0.704\times1.45\times(1.85-1.0)\times\sqrt{1.85^2-1.0^2}]\text{m}^3$
$$= 1.35\text{m}^3$$

3～4 管段井位挖方量按管径最大者，即 $d800$ 计算，由设计图示可知，基础宽度 $B=1.30$，$D=1.85$，则 $B/D=1.30/1.85=0.7$，则查图 1-134 可得 $K=0.69$，故

$$V_4 = [0.69\times1.95\times(1.85-1.30)\times\sqrt{1.85^2-1.30^2}]\times2\text{m}^3$$
$$= 0.974\times2\text{m}^3 = 1.95\text{m}^3$$

4～5 管段井位挖方量 $d800$　$V_5 = 0.974\text{m}^3$

5～6 管段井位挖方量 $d800$　$V_6 = 0.974 \text{m}^3$

则井位挖土方工程总量为

$$V_7 = V_2 + V_3 + V_4 + V_5 + V_6$$
$$= (1.35 + 1.35 + 1.948 + 0.974 + 0.974) \text{m}^3$$
$$= 6.60 \text{m}^3$$

3）开挖稳定层工程量

由于人工开挖二类土，则放坡系数 $K = 0.50$，所以

$d500$ 段　$S_1 = \{[1.5 + (2.0 - 0.25) \times 0.5 \times 2] \times 60 + [1.5 + (2.0 - 0.25) \times 0.5] \times 50\} \text{m}^2$
$\qquad\qquad = 313.75 \text{m}^2$

$d800$ 段　$S_2 = \{[1.8 + (2.5 - 0.25) \times 0.5 \times 2] \times 100 + [1.8 + (2.5 - 0.25) \times 0.5] \times$
$\qquad\qquad\quad 50\} \text{m}^2$
$\qquad\qquad = (405 + 146.25) \text{m}^2$
$\qquad\qquad = 551.25 \text{m}^2$

【注释】　稳定层、面层工程量均按设计图示尺寸以面积计算，用平方米表示。0.25 为沥青路面面层厚度。

4）开挖面层工程量

$d500$ 段　$S_3 = [(1.5 + 2.0 \times 0.5 \times 2) \times 60 + (1.5 + 2.0 \times 0.5) \times 50] \text{m}^2$
$\qquad\qquad = (210 + 125) \text{m}^2$
$\qquad\qquad = 335 \text{m}^2$

$d800$ 段　$S_4 = [(1.8 + 2.5 \times 0.5 \times 2) \times 100 + (1.8 + 2.5 \times 0.5) \times 50] \text{m}^2$
$\qquad\qquad = (430 + 152.5) \text{m}^2$
$\qquad\qquad = 582.5 \text{m}^2$

5）清单挖方量汇总

土方量 $V_8 = V_1 + V_7 = (1092.77 + 6.60) \text{m}^3 = 1099.37 \text{m}^3$

稳定层数量 $S_5 = \{S_1 + S_2 + [2 \times 0.704 \times (1.85 - 1.0) \times \sqrt{1.85^2 - 1.0^2}] + [4 \times 0.69 \times$
$\qquad\qquad\quad (1.85 - 1.30) \times \sqrt{1.85^2 - 1.3^2}]\} \text{m}^2$
$\qquad\qquad = (313.75 + 551.25 + 1.86 + 2.0) \text{m}^2$
$\qquad\qquad = 868.86 \text{m}^2$

【注释】　S_1 与 S_2 为沟槽稳定层工程量，后面两个中括号内为井位部分的工程量，其中 2 为 $d500$ 段与检查井重叠部分数量，4 为 $d800$ 段与检查井重叠数量。

面层数量 $S_6 = (S_3 + S_4 + 1.86 + 2.0) \text{m}^2$
$\qquad\qquad = (335 + 582.5 + 1.86 + 2.0) \text{m}^2$
$\qquad\qquad = 921.36 \text{m}^2$

6）清单回填土方量

$$V_9 = [V_8 - (1.0 \times 0.5 + 0.8 \times 0.6 + \frac{\pi}{2} \times 0.3^2) \times (110 - 1.85 \times 3) - (1.3 \times 0.5 + 1.1 \times$$

$$0.8 + \frac{\pi}{2} \times 0.45^2) \times (150 - 1.85 \times 3) - 1.86 \times 0.5 - 2.0 \times 0.5] \text{m}^3$$

$$= (1099.37 - 117.13 - 263.54 - 0.93 - 1.0) \text{m}^3$$

$$=716.77m^3$$

【注释】 土方回填量按挖方总体积减去设计室外地坪以下埋设构筑物的体积计算。1.0×0.5 为 $d500$ 沟槽最底层基础面积，0.8×0.6 为第二层基础面积，0.3 为管半径即(0.5+0.05×2)/2，(110−1.85×3)为 $d500$ 沟槽基础净长，其中 110 为 $d500$ 沟槽总长即(60+50)，1.85 为检查井直径；1.3×0.5 为 $d800$ 沟槽最底层基础面积，1.1×0.8 为第二层基础面积，0.45 为管半径即(0.8+0.05×2)/2，150 为 $d800$ 沟槽总长即(100+50)，(1.86×0.5+2.0×0.5)为井位所占体积。

清单工程量计算见表 1-112。

清单工程量计算表　　　　　　　　　　　　表 1-112

序号	项目编码	项目名称	项目特征描述	计量单位	工程量
1	040101002001	挖沟槽土方	二类土，深 2m 内	m³	1092.77
2	040101003001	挖基坑土方	二类土，深 2m 内	m³	6.60
3	040103001001	回填方	原土回填	m³	716.77
4	041001001001	拆除路面	沥青混凝土路面，厚 250mm	m²	921.36
5	041001003001	拆除基层	砂石稳定层，厚 300mm	m²	868.86

（2）定额工程量

1）挖管沟土方工程量

$d500$ $\quad V_1 = [(1.5+0.5\times1.45)\times1.45\times60+\frac{1}{2}\times(1.5+1.5+0.5\times1.45)\times1.45\times$

$\qquad 50]\times1.025m^3$

$\qquad =(193.575+135.031)\times1.025m^3$

$\qquad =336.82m^3$

$d800$ $\quad V_2 = [(1.8+0.5\times1.95)\times1.95\times100+\frac{1}{2}\times(1.8+1.8+0.5\times1.95)\times1.95\times$

$\qquad 50]\times1.025m^3$

$\qquad =(541.125+223.031)\times1.025m^3$

$\qquad =783.26m^3$

2）井位挖土方工程量（同清单工程量）

$V_3 = 6.60m^3$

3）稳定层数量

井位稳定层 $S_1 = [2\times0.704\times(1.85-1.0)\times\sqrt{1.85^2-1.0^2}+4\times0.69\times(1.85-1.3)$

$\qquad \times\sqrt{1.85^2-1.3^2}]m^2$

$\qquad =(1.86+2.0)m^2$

$\qquad =3.86m^2$

$d500$ 稳定层 $S_2 = \{[1.5+(2.0-0.25)\times0.5\times2]\times60+[1.5+(2.0-0.25)\times0.5]\times$

$\qquad 50\}m^2$

$\qquad =313.75m^2$

$d800$ 稳定层 $S_3 = \{[1.8+(2.5-0.25)\times0.5\times2]\times100+[1.8+(2.5-0.25)\times0.5]$

$$\times 50\}\text{m}^2$$
$$=551.25\text{m}^2$$

4）面层数量

井位面层增加量 $S_4 = (1.86 + 2.0)\text{m}^2 = 3.86\text{m}^2$

$d500$ 段面层数量 $S_5 = [(1.5 + 2.0 \times 0.5 \times 2) \times 60 + (1.5 + 2.0 \times 0.5) \times 50]\text{m}^2$
$$= 335\text{m}^2$$

$d800$ 段面层数量 $S_6 = [(1.8 + 2.5 \times 0.5 \times 2) \times 100 + (1.8 + 2.5 \times 0.5) \times 50]\text{m}^2$
$$= 582.5\text{m}^2$$

5）定额挖方工程量汇总

挖土方量 $V_4 = V_1 + V_2 + V_3 = (336.82 + 783.26 + 6.60)\text{m}^3 = 1126.68\text{m}^3$

稳定层数量 $S_7 = S_1 + S_2 + S_3 = (3.86 + 313.75 + 551.25)\text{m}^2 = 868.86\text{m}^2$

面层数量 $S_8 = S_4 + S_5 + S_6 = (3.86 + 335 + 582.5)\text{m}^2 = 921.36\text{m}^2$

6）挖湿土工程量

$$V_5 = \left[(1.8 + 0.3 \times 0.5) \times 0.3 \times 100 + (1.8 + 1.8 + 0.3 \times 0.5) \times 0.3 \times \frac{1}{2} \times 50\right]$$
$$\times 1.025\text{m}^3$$
$$= (58.5 + 28.125) \times 1.025\text{m}^3$$
$$= 88.79\text{m}^3$$

【注释】 0.3 为 $d800$ 沟槽段挖湿土深度即 $d800$ 沟槽$(2.5-2.2)$。

7）挖干土工程量

$$V_6 = V_4 - V_5 = (1126.68 - 88.79)\text{m}^3 = 1037.89\text{m}^3$$

8）沟槽回填土方量

$$V_7 = V_4 - \left[\left(1.0 \times 0.5 + 0.8 \times 0.6 + \frac{\pi}{2} \times 0.3^2\right) \times (110 - 1.85 \times 3) + \left(1.3 \times 0.5 + 1.1 \times\right.\right.$$
$$\left.\left. 0.8 + \frac{\pi}{2} \times 0.45^2\right) \times (150 - 1.85 \times 3) + 1.86 \times 0.5 - 2.0 \times 0.5\right]\text{m}^3 \times 1.15$$
$$= 1126.68 - (117.13 + 263.54 + 0.93 + 1.0) \times 1.15\text{m}^3$$
$$= 689.69\text{m}^3$$

【注释】 1.15 为土方体积换算系数。

项目编码：040102002　　项目名称：**挖沟槽石方**

项目编码：040102003　　项目名称：**挖基坑石方**

项目编码：040103002　　项目名称：**余方弃置**

【例23】 某隧道工程在施工过程中根据当地的地形与地质，决定采用斜井的方式开挖，其示意图如图 1-139 所示，隧道全长 265m，其中有 108m 为松散坚石地质，须采用锚杆和喷射混凝土来支护，其余为普坚石地质，试计算该工程的土石方工程量。

施工方案：

(1)斜井和隧道均采用人工爆破开挖，洞内采用有轨运输的方式除渣，在斜井倾斜段人工推手推车将石渣运于洞外。

(2)弃渣石采用人工装车，自卸汽车运输的形式将渣石运于洞外 1000m 处的弃场弃置。

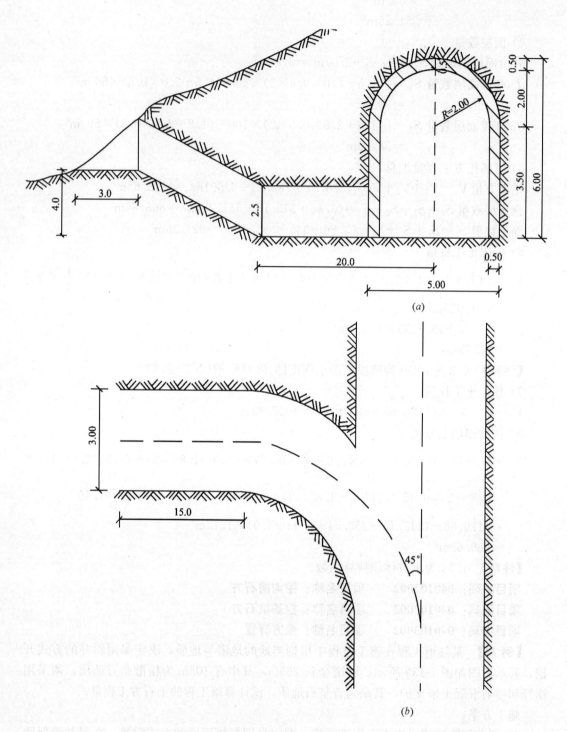

图 1-139　斜井布置示意图

(a)立面图；(b)平面图

注：1. 图中尺寸均以"m"为单位；2. 支护段采用

【解】　(1) 清单工程量(如图 1-140 所示)

1) 斜井挖石方量

$$V_1 = (3.0 \times 2.0 + \frac{2\arcsin\frac{1.5}{2.5}}{360} \times \pi \times 2.5^2 - \frac{1}{2} \times$$

$$3 \times \sqrt{2.5^2 - 1.5^2}) \times (\sqrt{4.0^2 + 15^2} + \frac{1}{8} \times 2\pi \times$$

$$20\sqrt{2})\text{m}^3$$

$$= (6.0 + 4.02 - 3) \times 37.74\text{m}^3$$

$$= 264.93\text{m}^3$$

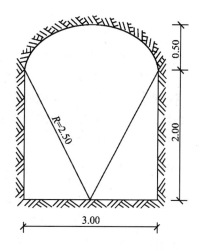

图 1-140　斜井计算示意图

【注释】　3.0 为斜井两侧墙体内边线之间的宽度，2.0 为边墙的高度，1.5 为边墙间的一半宽度即 3.0/2，2.5 为拱对应的圆半径，$\sqrt{4.0^2 + 15^2}$ 为斜井直通道斜长，其中 4.0 为斜井的竖直投影长度，15 为水平投影长度，$\frac{1}{8} \times 2\pi \times 20\sqrt{2}$ 为弧形通道长度，$20\sqrt{2}$ 为其圆弧半径。

2) 隧道挖石方工程量

$$V_2 = (5.0 \times 3.5 + \frac{\pi}{2} \times 2.50^2) \times 265\text{m}^3 = 7239.13\text{m}^3$$

【注释】　5.0 为隧道边墙外边线之间的宽度，3.5 为边墙的高度，2.50 为拱外半径即 (2.0+0.5)，其中 2.0 为拱内半径，0.5 为拱厚度，265 为隧道全长。

3) 挖石方工程总量

$$V_3 = V_1 + V_2 = (264.93 + 7239.13)\text{m}^3 = 7504.06\text{m}^3$$

4) 外运石方工程量

$$V_4 = V_3 = 7504.06\text{m}^3$$

清单工程量计算见表 1-113。

清单工程量计算表　　　　　表 1-113

序号	项目编码	项目名称	项目特征描述	计量单位	工程量
1	040102002001	挖沟槽石方	坚石	m³	7239.13
2	040102003001	挖基坑石方	坚石	m³	264.93
3	040103002001	余方弃置	余方弃置，坚石，运距 1km	m³	7504.06

(2) 定额工程量

根据市政工程预算定额第一册《通用项目》所规定的工程量计算规则第二条，石方工程量应按图示尺寸加允许超挖量，开挖坡面每侧允许超挖量为：松、次坚石为 20cm，普、特坚石为 15cm，则

1) 斜井挖石方工程量

$$V_1 = [(3.0 + 0.4) \times 2.0 + \frac{2\arcsin\frac{1.7}{2.7}}{360} \times \pi \times 2.7^2 - \frac{1}{2} \times 3.4 \times \sqrt{2.7^2 - 1.7^2}] \times$$

$$(\sqrt{4.0^2+15.0^2}+\frac{1}{8}\times 2\pi\times 20\sqrt{2})m^3$$

$$=8.199\times 37.74m^3$$

$$=309.43m^3$$

【注释】 3.0 为斜井两端墙面之间的宽度，0.4 为两侧允许超挖厚度，2.0 为斜井下部通道的高度，1.7 为通道的一半宽度即(3.0+0.4)/2，2.7 为上部拱半径即(2.5+0.2)。

2) 隧道挖石方工程量

挖松坚石 $V_2=[(5.0+0.4)\times 3.5+\frac{\pi}{2}\times(2+0.2+0.5)^2]\times 108m^3$

$$=30.35\times 108m^3$$

$$=3277.92m^3$$

挖普坚石 $V_3=[(5.0+0.3)\times 3.5+\frac{\pi}{2}\times(2+0.5+0.15)^2]\times(265-108)m^3$

$$=29.58\times 157m^3$$

$$=4644.20m^3$$

【注释】 0.4 为松坚石允许超挖量，3.5 为隧道边墙的高度，2 为拱内半径，0.2 为允许超挖厚度，0.5 为拱厚度，108 为松坚石部分的开挖长度，0.3 为普坚石的允许超挖量，265 为隧道全长。

3) 挖石方工程总量

$V_4=V_1+V_2+V_3=(309.43+3277.92+4644.20)m^3=8231.55m^3$

4) 外运石方工程量

$V_5=V_4=8231.55m^3$

【例 24】 某大型施工场地进行场地平整，该场地的地形图和方格网如图 1-141 所示，$a=50m$，场地要求平整后具有 $ix=2\%$，$ig=3\%$ 的坡度，在施工过程中采用正铲挖掘机挖土，三类土，推土机推运土，余(缺)土采用自卸汽车运输，外运土运距 3000m，场内土方平衡运距按每格网 30m 计算，填土区采用机械夯实，密实度达到 95% 以上，试计算该工程的清单工程量和定额工程量。

【解】 (1) 清单工程量

1) 根据方格网图和地形图确定各个角点的地面标高(采用比值法)

如角点 1(如图 1-142 所示)

角点 1 的地面标高

$$H_1=\frac{l_2}{l_1+l_2}\times 0.5m+29.5m=(\frac{1.5}{2}\times 0.5+29.5)m=29.875m$$

其余各点均按此计算，如图 1-141 所示，再根据设计标高求出高差。

【注释】 l_1、l_2 分别为角点 1 与等高线①与②的距离，直接在图中量出，0.5 为等距。

2) 确定各角点的施工高度

施工高度=地面标高-角点设计标高，所得结果为"+"表示为挖方，"-"表示为填方。

角点 1 施工高度 $h_1=(29.875-29.875)m=0m$

$h_2=(29.96-30.875)m=-0.915m$

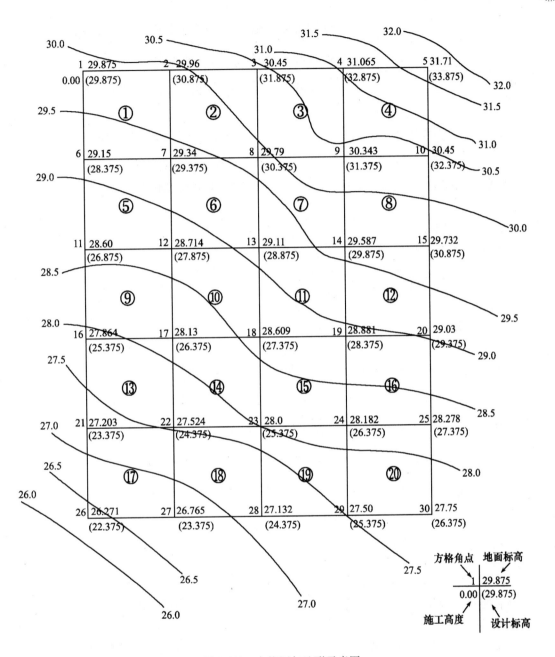

图 1-141 方格网与地形示意图

$h_3 = (30.45 - 31.875)\text{m} = -1.425\text{m}$

$h_4 = (31.065 - 32.875)\text{m} = -1.81\text{m}$

以下各角点施工高度如此类同。

3）确定零线

零点在相邻角点为一填一挖的方格边线上，由方格网计算图可知 6—7，13—14，19—20，7—12，8—13，14—19，20—25 边

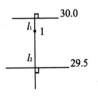

图 1-142

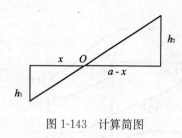

图 1-143 计算简图

线两端角点的施工高度符号不同，存在有零点。计算零点边长公式为 $x=\dfrac{ah_1}{h_1+h_2}$（如图 1-143 所示）

方格①　$h_1=0.775\text{m}$　　$h_2=-0.035\text{m}$

$a=50\text{m}$ 代入公式

$$x=\frac{50\times0.775}{0.775+0.035}\text{m}=47.84\text{m}$$

$$a-x=(50-47.84)\text{m}=2.16\text{m}$$

【注释】　0.775 为角点 6 的挖方高度，-0.035 为角点 7 的填方高度，50 为方格边长。

以下计算类同。

方格⑤　$h_1=-0.035\text{m}$　　$h_2=0.839\text{m}$　　$a=50\text{m}$

$$x=\frac{50\times0.035}{0.035+0.839}\text{m}=2.0\text{m}\qquad a-x=48\text{m}$$

方格⑥　$h_1=-0.585\text{m}$　　$h_2=0.235\text{m}$　　$a=50\text{m}$

$$x=\frac{50\times0.585}{0.585+0.235}\text{m}=35.67\text{m}\qquad a-x=14.33\text{m}$$

方格⑦　$h_1=0.235\text{m}$　　$h_2=-0.288\text{m}$　　$a=50\text{m}$

$$x=\frac{50\times0.235}{0.235+0.288}\text{m}=22.47\text{m}\qquad a-x=27.53\text{m}$$

方格⑫：$h_1=-0.288\text{m}$　　$h_2=0.506\text{m}$　　$a=50\text{m}$

$$x=\frac{50\times0.288}{0.288+0.506}\text{m}=18.14\text{m}\qquad a-x=31.86\text{m}$$

$h_1=0.506\text{m}$　　$h_2=-0.345\text{m}$　　$a=50\text{m}$

$$x=\frac{50\times0.506}{0.506+0.345}\text{m}=29.73\text{m}\qquad a-x=20.27\text{m}$$

方格⑯　$h_1=-0.345\text{m}$　　$h_2=0.403\text{m}$　　$a=50\text{m}$

$$x=\frac{50\times0.345}{0.345+0.403}\text{m}=23.06\text{m}\qquad a-x=26.94\text{m}$$

将各零点连接起来即为所求的零线，如图 1-144 所示，图中阴影所示部分即为填方。

4）计算土方量

方格②③④⑧为全填区域，⑨⑩⑬⑭⑮⑰⑱⑲⑳为全挖区域，根据公式计算其填挖方量

$$V=\frac{a^2}{4}(h_1+h_2+h_3+h_4)=\frac{a^2}{4}\sum h$$

②：$V_{填}=\dfrac{50^2}{4}\times(0.915+1.425+0.585+0.035)\text{m}^3$

$$=1850\text{m}^3$$

③：$V_{填}=\dfrac{50^2}{4}\times(1.425+1.83+1.032+0.585)\text{m}^3$

$$=3045\text{m}^3$$

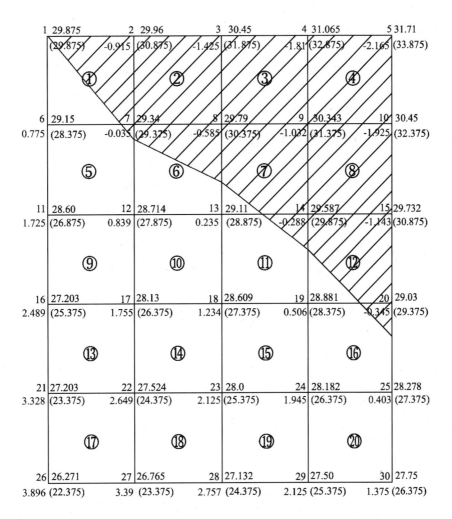

图 1-144 零线示意图

④：$V_{填} = \dfrac{50^2}{4} \times (1.83 + 2.165 + 1.925 + 1.032)\text{m}^3 = 4345\text{m}^3$

⑧：$V_{填} = \dfrac{50^2}{4} \times (1.032 + 1.925 + 1.143 + 0.288)\text{m}^3 = 2742.5\text{m}^3$

⑨：$V_{挖} = \dfrac{50^2}{4} \times (1.725 + 0.839 + 1.755 + 2.489)\text{m}^3 = 4255\text{m}^3$

⑩：$V_{挖} = \dfrac{50^2}{4} \times (0.839 + 0.235 + 1.234 + 1.755)\text{m}^3 = 2539.38\text{m}^3$

⑬：$V_{挖} = \dfrac{50^2}{4} \times (2.489 + 1.755 + 2.649 + 3.328)\text{m}^3 = 6388.12\text{m}^3$

⑭：$V_{挖} = \dfrac{50^2}{4} \times (1.755 + 1.234 + 2.125 + 2.649)\text{m}^3 = 4851.88\text{m}^3$

⑮：$V_{挖} = \dfrac{50^2}{4} \times (1.234 + 0.506 + 1.945 + 2.125)\text{m}^3 = 3631.25\text{m}^3$

⑰：$V_{挖} = \dfrac{50^2}{4} \times (3.328 + 2.649 + 3.39 + 3.896)\text{m}^3 = 8289.38\text{m}^3$

⑱：$V_挖 = \dfrac{50^2}{4} \times (2.649 + 2.125 + 2.757 + 3.39) \text{m}^3 = 7144.38 \text{m}^3$

⑲：$V_挖 = \dfrac{50^2}{4} \times (2.125 + 1.945 + 2.125 + 2.757) \text{m}^3 = 5595 \text{m}^3$

⑳：$V_挖 = \dfrac{50^2}{4} \times (1.945 + 0.403 + 1.375 + 2.125) \text{m}^3 = 3655 \text{m}^3$

方格①、⑥为两填两挖区域，根据公式求土方量为：

$$V_挖 = \frac{a^2}{4}\left(\frac{h_1{}^2}{h_1 + h_4} + \frac{h_2{}^2}{h_2 + h_3}\right) \qquad V_填 = \frac{a^2}{4}\left(\frac{h_3{}^2}{h_2 + h_3} + \frac{h_4{}^2}{h_1 + h_4}\right)$$

则①：$V_挖$：$\dfrac{50^2}{4} \times \dfrac{0.775^2}{0.775 + 0.035} \text{m}^3 = 463.44 \text{m}^3$

$$V_填 = \frac{50^2}{4} \times \left(\frac{0.035^2}{0.775 + 0.035} + \frac{0.915^2}{0 + 0.915}\right) \text{m}^3 = 572.82 \text{m}^3$$

⑥：$V_挖 = \dfrac{50^2}{4} \times \left(\dfrac{0.839^2}{0.839 + 0.035} + \dfrac{0.235^2}{0.235 + 0.585}\right) \text{m}^3 = 545.47 \text{m}^3$

$$V_填 = \frac{50^2}{4} \times \left(\frac{0.585^2}{0.235 + 0.585} + \frac{0.035^2}{0.839 + 0.035}\right) \text{m}^3 = 261.72 \text{m}^3$$

方格⑤⑪⑯为三挖一填，方格⑦⑫为三填一挖，根据公式

$$V_4 = \frac{a^2}{6} \cdot \frac{h_4{}^3}{(h_1 + h_4)(h_3 + h_4)} \qquad V_{1.2.3} = \frac{a^2}{6}(2h_1 + h_2 + 2h_3 - h_4) + V_4$$

求各部分的填挖方量

⑤：$V_填 = \dfrac{50^2}{6} \times \dfrac{0.035^3}{(0.775 + 0.035) \times (0.839 + 0.035)} \text{m}^3 = 0.025 \text{m}^3$

$$V_挖 = \left[\frac{50^2}{6} \times (2 \times 0.775 + 1.725 + 2 \times 0.839 - 0.035) + 0.025\right] \text{m}^3$$

$$= 2049.19 \text{m}^3$$

⑪：$V_填 = \dfrac{50^2}{6} \times \dfrac{0.288^3}{(0.235 + 0.288) \times (0.506 + 0.288)} \text{m}^3 = 23.97 \text{m}^3$

$$V_挖 = \left[\frac{50^2}{6} \times (2 \times 0.235 + 1.234 + 2 \times 0.506 - 0.288) + 23.97\right] \text{m}^3$$

$$= 1035.64 \text{m}^3$$

⑯：$V_填 = \dfrac{50^2}{6} \times \dfrac{0.345^3}{(0.506 + 0.345) \times (0.403 + 0.345)} \text{m}^3 = 26.88 \text{m}^3$

$$V_挖 = \left[\frac{50^2}{6} \times (2 \times 0.506 + 1.945 + 2 \times 0.403 - 0.345) + 26.88\right] \text{m}^3$$

$$= 1451.05 \text{m}^3$$

⑦：$V_{挖}=\dfrac{50^2}{6}\times\dfrac{0.235^3}{(0.585+0.235)\times(0.288+0.235)}\mathrm{m}^3=12.61\mathrm{m}^3$

$V_{填}=\left[\dfrac{50^2}{6}\times(2\times0.585+1.032+2\times0.288-0.235)+12.61\right]\mathrm{m}^3$

$\qquad=1072.19\mathrm{m}^3$

⑫：$V_{挖}=\dfrac{50^2}{6}\times\dfrac{0.506^3}{(0.288+0.506)\times(0.345+0.506)}\mathrm{m}^3=79.89\mathrm{m}^3$

$V_{填}=\left[\dfrac{50^2}{6}\times(2\times0.288+1.143+2\times0.345-0.506)+79.89\right]\mathrm{m}^3$

$\qquad=872.81\mathrm{m}^3$

某场地平整土方调配施工图如图 1-145 所示。

5）土方量汇总

$V_{填}=(1850+3045+4345+2742.5+572.82+261.72+0.025+23.97+26.88+1072.19$
$\qquad+872.81)\mathrm{m}^3$

$\qquad=14812.92\mathrm{m}^3$

$V_{挖}=(4255+2539.375+6388.125+4851.875+3631.25+8289.375+7144.375+$
$\qquad5595+3655+463.445+545.47+2049.19+1035.64+1451.05+12.61+$
$\qquad79.89)\mathrm{m}^3$

$\qquad=51986.68\mathrm{m}^3$

6）场地平整工程量

$S=200\times250\mathrm{m}^2=50000\mathrm{m}^2$

7）余土外运工程量

$V=V_{挖}-V_{填}=(51986.68-14812.92)\mathrm{m}^3=37173.76\mathrm{m}^3$

清单工程量计算见表 1-114。

清单工程量计算表　　　　　　　　　　表 1-114

序号	项目编码	项目名称	项目特征描述	计量单位	工程量
1	040101001001	挖一般土方	三类土	m^3	51986.67
2	040103001001	回填方	密实度达 95％以上	m^3	14812.92
3	040103002001	余方弃置	余方弃置，运距 3km	m^3	37173.76

（2）定额工程量

①～④项同清单工程量

⑤ 场地平整工程量，根据公式 $S=(S_d+2L_{外}+16)\mathrm{m}^2$ 计算

$S=[200\times250+2\times(200+250)\times2+16]\mathrm{m}^2$

$\qquad=(50000+1800+16)\mathrm{m}^2$

$\qquad=51816\mathrm{m}^2$

【注释】　20 为场地外边线的宽度即 50×4，250 为场地的长度即 50×5，16 为场地四周平整场地的增加面积。

<table>
<tr><td>

①
 $V_F=572.82$
 ⑨区调来 109.375
 $V_C=463.445$

</td><td>

②
 $V_F=1850$
 ⑨区调来 1850

</td><td>

③
 $V_F=3045$
 ⑲区调来 3045

</td><td>

④
 $V_F=4345$
 ⑭区调来 4345

</td></tr>
</table>

图中内容：

① $V_F=572.82$ ⑨区调来109.375 $V_C=463.445$	② $V_F=1850$ ⑨区调来1850	③ $V_F=3045$ ⑲区调来3045	④ $V_F=4345$ ⑭区调来4345
⑤ $V_F=0.0025$ $V_C=2049.19$	⑥ $V_F=261.72$ $V_C=545.47$ 调往⑦区47.94 运距100m	⑦ $V_F=1672.19$ 本区调来1261.30m ⑥区调来4791.100m ⑬区调来1011.67m $V_C=12.61$	⑧ $V_F=2742.5$ ⑳区调来2742.5
⑨ $V_C=4255$ 调往①区109.375 运距150m 调往②区1850 运距2004m	⑩ $V_C=2539.375$ 调往②区1850 运距150m	⑪ $V_F=23.97$ $V_C=1035.64$ 调往⑦区1011.67 运距100m	⑫ $V_F=872.81$ ⑯区调来792.92 $V_C=79.89$
⑬ $V_C=6388.125$	⑭ $V_C=2539.375$ 调往④区4345 运距300m	⑮ $V_C=3631.25$ 调往③区3046 运距300m	⑯ $V_F=26.88$ $V_C=1451.05$ 调往⑫区792.92 运距100m
⑰ $V_C=8289.375$	⑱ $V_C=7144.375$	⑲ $V_C=5595$ 调往③区3045 运距250	⑳ $V_C=3655$ 调往⑧区2742.5 运距200m

图 1-145　××地平整土方调配施工图

说明：1. 图中阴影部分为填方区、空白区为挖方区；

2. 方格网中数字单为"m³"，运距为图心重心运距；

3. 土方挖填平衡后，余土 37173.76m³，外运弃置运距 3000m；

4. V_F 为填方，V_C 为挖方。

⑥ 余土外运工程量

$V=V_挖-V_填=(51986.68-14812.92)\text{m}^3=37173.76\text{m}^3$

项目编码：040101001　　　项目名称：挖一般土方

项目编码：040103001　　　项目名称：回填方

【例25】 某施工现场进行场地平整，三类土，已知挖土方 5367m³，可利用方占总挖土方的 60%，填土方 7396m³，密实度 95%，该场地的平整施工图如图 1-146 所示，场地两个方形翼角具有 25% 的横坡度，场内采用推土机堆土整平，缺方运土采用自卸汽车运输，运距 5000m，试计算该工程场地平整工程量，该场地为一大型足球场，在虚线区域要满铺草皮，试计算人工满铺草皮工程量。

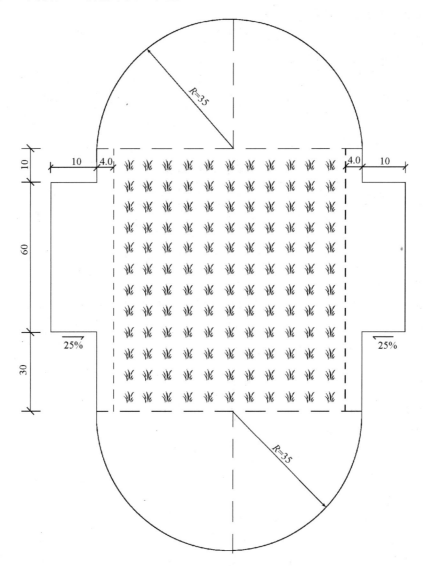

图 1-146 某球场场地平整图

【解】 (1)清单工程量

1) 本工程挖土方为 5367m³，则可利用土方体积

$$V_1 = 5367 \times 60\% \, \text{m}^3 = 3220.2 \text{m}^3$$

2) 填方体积为 7396m³，则缺土外运土方体积

$$V_2 = (7396 - 3220.2) \text{m}^3 = 4175.8 \text{m}^3$$

3) 场地平整工程量

$$S_1 = \left[\pi \times 35^2 + 70 \times 100 + 2 \times 60 \times \sqrt{10^2 + (10 \times 25\%)^2} \right] \text{m}^2 = 12085.38 \text{m}^2$$

【注释】 35 为图中上下两个半圆场地的半径，70 为中间矩形场地的宽度，100 为矩形场地的长度即(60+10+30)，60 为左右两个方形翼角的斜长的水平投影长度，25% 为翼角的横坡度，60 为翼角的宽度。

4）推土机推土上坡运距

$$L=2\times\sqrt{10^2+(10\times25\%)^2}\,\mathrm{m}=20.62\mathrm{m}$$

5）人工满铺草皮工程量

$$S_2=(35-4)\times2\times100\mathrm{m}^2=6200\mathrm{m}^2$$

【注释】 35 为中间矩形的宽度，4 为矩形场地宽度与铺草皮部分的宽度差，100 为铺草皮的长度。

清单工程量计算见表 1-115。

清单工程量计算表 表 1-115

序号	项目编码	项目名称	项目特征描述	计量单位	工程量
1	040101001001	挖一般土方	三类土	m³	5367
2	040103001001	回填方	密实度 95%	m³	7396
3	040103002001	余方弃置	缺方内运运距 5km	m³	4175.8

（2）定额工程量

1）挖土方工程量为 5367m³（自然方）可利用土方体积为 5367m³×60%=3220.2m³（自然方）。

2）填土方工程量为 7396m³（实方）根据土方体积换算表（表 1-29）可将填土方（实方）体积换算为自然方体积，即

$$V_1=7396\times1.15\mathrm{m}^3=8474.35\mathrm{m}^3（自然方）$$

【注释】 1.15 为土方体积折算系数。

3）缺土外运土方工程量

$$V_2=(V_1-3220.2)\mathrm{m}^3=(8474.35-3220.2)\mathrm{m}^3=5254.15\mathrm{m}^3（自然方）$$

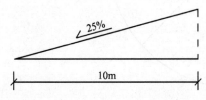

图 1-147　推土机推土示意图

4）场地平整工程量

根据定额中的规定，平整场地工程量按建筑物外边线每边各增加 2m 范围的面积，以平方米计算，故

$$S_1=\pi\times37^2+74\times104+2\times64\times10.31$$
$$=(4300.84+7696+1319.68)\mathrm{m}^2$$
$$=13316.52\mathrm{m}^2$$

【注释】 10.31 为两翼斜长即 $\sqrt{10^2+(10\times25\%)^2}$。

5）推土机推土上坡运距（图 1-147）

斜坡长 $L'=\sqrt{10^2+(10\times25\%)^2}\,\mathrm{m}=10.31\mathrm{m}$

则根据市政工程预算定额第一册《通用项目》第一章土石方工程所规定的工程量计算规则 8.1，并参见表 1-44 可得所求的上坡运距为

$$L=L'\times2.5\times2=10.31\times2.5\times2\mathrm{m}=51.54\mathrm{m}$$

6）人工铺草皮工程量

根据市政工程预算定额第一册《通用项目》第一章所规定的工程量计算规则与可知人工铺草皮工程量以实际铺设的面积计算，则

$$S_2 = (35-4) \times 2 \times 100\text{m}^2 = 6200\text{m}^2$$

项目编码：040101002   项目名称：挖沟槽土方

项目编码：040103001   项目名称：回填方

项目编码：040103002   项目名称：余方弃置

【例26】 某建筑工程欲修建一座大厦，大厦外埋设一条出户排污管线与主线排污管线相连，其平面示意图如图 1-148 所示，大厦外墙地槽采用人工开挖，三类土，放坡系数根据放坡系数表确定为 0.33，如图 1-149 所示，管沟为人工支护开挖，管道采用 DN500 钢筋混凝土管，下埋 0.25m 的灰石基础，如图 1-150 所示，试编制该工程的工程量清单。

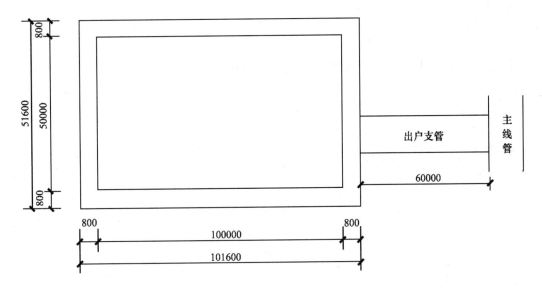

图 1-148 某施工场地示意图

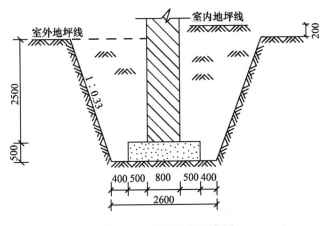

图 1-149 外墙地槽示意图

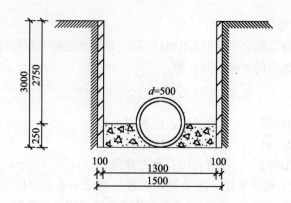

图 1-150　出户排水管沟槽示意图

说明：1. 图中尺寸均以"mm"为单位；2. 缺土采用自卸汽车运土，运距 3000m。

【解】　（1）清单工程量

1）场地平整工程量

$$S=101.6\times51.6\text{m}^2=5242.56\text{m}^2$$

【注释】　场地平整清单工程量按建筑物外墙外边线以平方米计算。101.6 为场地外边线的长度，51.6 为场地外边线的宽度。

2）挖沟槽土方工程量

$$V_1=1.3\times3.0\times60\text{m}^3=234\text{m}^3$$

【注释】　1.3 为管沟沟槽的底面基础宽度，3.0 为沟槽深度，60 为沟槽长度。

3）挖地槽土方工程量

$$V_2=1.8\times3.0\times(100+0.4\times2+50+0.4\times2)\times2\text{m}^3$$
$$=1637.28\text{m}^3$$

【注释】　1.8 为地槽底面基础宽度，3.0 为地槽深度，100 为纵向外墙内边线长度，0.4 为半个外墙厚度，50 为横向外墙内边线长度。

4）总挖土方工程量

$$V_3=V_1+V_2=(234+1637.28)\text{m}^3=1871.28\text{m}^3$$

5）沟槽回填土方工程量

$$V_4=[V_1-(1.3\times0.25+\pi\times0.25^2\times\frac{1}{2})\times60]\text{m}^3$$
$$=(234-25.39)\text{m}^3$$
$$=208.61\text{m}^3$$

【注释】　1.3 为沟槽底面垫层宽度，第一个 0.25 为垫层厚度，第二个 0.25 为管的半径即 0.5/2，60 为支管的长度。

6）地槽回填土方工程量

$$V_5=[V_2-(1.8\times0.5+0.8\times2.5)\times(100.8+50.8)\times2]\text{m}^3$$
$$=(1637.28-879.28)\text{m}^3$$
$$=758\text{m}^3$$

【注释】　1.8 为地槽垫层的宽度即（2.6−0.4×2），0.5 为垫层的厚度，0.8 为基础墙体的宽度，2.5 为墙体的高度，100.8 为横向外墙中心线之间的长度即（100+0.8），50.8

为纵向外墙中心线之间的长度即(50+0.8)。

7) 房心回填土方工程量

$$V_6 = 100 \times 50 \times 0.2 \text{m}^3 = 1000 \text{m}^3$$

【注释】 房心回填土工程量按主墙间的面积乘以回填土厚度计算。100 为墙净长度，50 为净宽度，0.2 为填土的厚度。

8) 回填土方总量

$$V_7 = V_4 + V_5 + V_6 = (208.61 + 758 + 1000) \text{m}^3 = 1966.61 \text{m}^3$$

9) 缺土外运工程量

$$V_8 = V_7 - V_3 = (1966.61 - 1871.28) \text{m}^3 = 95.33 \text{m}^3$$

清单工程量计算见表 1-116。

清单工程量计算表　　　　表 1-116

序号	项目编码	项目名称	项目特征描述	计量单位	工程量
1	040101002001	挖沟槽土方	三类土，深 3m	m³	1871.28
2	040103001001	回填方	原土回填	m³	1966.61
3	040103002001	余方弃置	缺方内运，三类土，运距 3km	m³	95.33

(2) 定额工程量

1) 场地平整工程量

$$S = [101.6 \times 51.6 + 2 \times 2 \times (101.6 + 51.6) + 16] \text{m}^2 = 5871.36 \text{m}^2$$

2) 挖沟槽土方工程量

$$V_1 = 1.5 \times 3.0 \times 60 \text{m}^3 = 270 \text{m}^3$$

3) 挖地槽土方工程量

$$V_2 = [(2.6 + 3.0 \times 0.33) \times 3.0 \times 2 \times (100.8 + 50.8)] \text{m}^3 = 3265.46 \text{m}^3$$

【注释】 2.6 为地槽底面宽度，3.0 为地槽深度，0.33 为地槽放坡系数，100 为纵向外墙内边线长度，0.4 为半个外墙厚度，50 为横向外墙内边线长度。

4) 总挖土方工程量

$$V_3 = V_1 + V_2 = (270 + 3265.46) \text{m}^3 = 3535.46 \text{m}^3$$

5) 沟槽回填土方工程量

$$V_4 = \left[V_1 - \left(1.3 \times 0.25 + \frac{\pi}{2} \times 0.25^2\right) \times 60\right] \text{m}^3 = (270 - 25.39) \text{m}^3 = 244.61 \text{m}^3$$

6) 地槽回填土方工程量

$$V_5 = [V_2 - (1.8 \times 0.5 + 0.8 \times 2.5) \times (100.8 + 50.8) \times 2] \text{m}^3$$
$$= (3535.46 - 879.28) \text{m}^3$$
$$= 2656.18 \text{m}^3$$

7) 房心回填土方工程量

$$V_6 = 100 \times 50 \times 0.2 \text{m}^3 = 1000 \text{m}^3$$

8) 回填土方工程总量

$$V_7 = V_4 + V_5 + V_6 = (244.61 + 2656.18 + 1000) \text{m}^3 = 3900.79 \text{m}^3$$

9) 缺土外运工程量

$$V_8 = V_7 - V_3 = (3900.79 \times 1.15 - 3535.46)m^3 = 950.45m^3$$

【注释】 场地平整定额工程量按建筑物外墙外边线每边各增加2m，以平方米计算。

1)式中的16为场地四周平整场地的增加面积。

项目编码：040101002　　　**项目名称：挖沟槽土方**

项目编码：040103001　　　**项目名称：回填方**

项目编码：040103002　　　**项目名称：余方弃置**

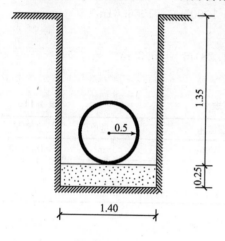

图 1-151　管道基础示意图

【例27】 某给水排水管道工程如图 1-151 所示，需埋设 D600 铸铁管道，车行道施工，矩形沟槽长为1000m，管道基础宽度为1.40m，管道深度为1.6m，道路结构层厚度为0.50m，管道基础垫层厚度为0.25m。此管道采用人工开挖土方，不放坡不支挡土板，不留工作面，土质为三类土，施工现场沟槽旁边不可堆土，人工运土20m内，填方要求密实度达到95%，施工方案如下：

(1) 挖一般土方，三类土，人工开挖；

(2) 回填土方，填方要求密实度达到95%；

(3) 人工运土方 20m 内土方量。

【解】 (1) 清单工程量

1) 挖土方计算

管道土方量 $1000 \times 1.4 \times 1.6m^3 = 2240m^3$

【注释】 1000 为管道沟槽的长度，1.4 为沟槽基础的宽度，1.6 为沟槽深度。

2) 回填土方量计算

D600 铸铁管所占体积 $\pi \times 0.5^2 \times 1000m^3 = 785m^3$

基础垫层所占体积 $1.4 \times 0.25 \times 1000m^3 = 350m^3$

则填土方量

挖土方量−结构所占体积 $= [2240 - (785 + 350)]m^3 = 1105m^3$

【注释】 0.5 为铸铁管的半径，1.4 为基础垫层的宽度，0.25 为垫层的厚度，1000 为管沟的长度。

3) 人工运土(20m 内)　2240m³

清单工程量计算见表 1-117。

清单工程量计算表　　　　　　　　　　　　　表 1-117

序号	项目编码	项目名称	项目特征描述	计量单位	工程量
1	040101002001	挖沟槽土方	三类土，深 1.6m	m³	2240
2	040103001001	回填方	密实度 95%	m³	1105
3	040103002001	余方弃置	余方弃置，运距 20m 以内	m³	2240

(2) 定额工程量

1) 挖土方量计算

$$V=1000\times1.4\times1.6\times1.075m^3=2408m^3$$

2）回填土方量计算，填土方量：

$$2408-(785+35)\times1.15m^3=1465m^3$$

说明：排管沟槽中的矩形沟槽按沟槽总土方量 7.5% 计算，1.15 为土方体积换算系数。

项目编码：**040101002**　　项目名称：**挖沟槽土方**

项目编码：**040101001**　　项目名称：**挖基坑土方**

项目编码：**040103001**　　项目名称：**回填方**

【**例 28**】　某道路新建排水工程，如图 1-152 所示。采用人工挖沟槽土方，管道长为 500m，管槽深度为 1.50m，槽基础宽度为 1.80m，此路设有 8 座平箅式单箅雨水口，排水管 D500，土质为三类土，槽内垫层为 0.10m 厚砂砾石，试编制该工程的工程量清单（填方密实度 96%）。

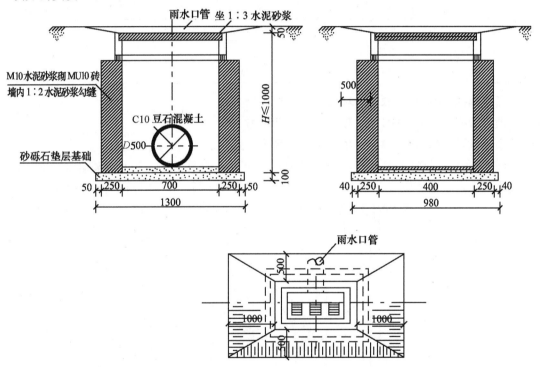

图 1-152　雨水口及沟槽示意图

【**解**】　清单工程量

（1）挖管槽土方

$$V_1=1.50\times1.80\times500m^3=1350m^3$$

【**注释**】　1.50 为管槽深度，1.80 为槽基础宽度，500 为管槽长度。

（2）挖井位土方

如图 1-152 所示平箅式单箅雨水口，雨水井长度为 1.3m，宽度为 0.98m，原地面至流水面高 1.0m，基础加深 0.13，计算平均深度为 1.13m，总共有 8 座雨水井，则挖土方量为

$$1.3 \times 0.98 \times 1.13 \times 8m^3 = 11.52m^3$$

【注释】 1.3 为雨水井长度，0.98 为雨水井的宽度，1.13 为雨水井的平均深度，8 为雨水井数量。

（3）回填土方量

砂砾石垫层所占体积 $1.3 \times 0.1 \times 500m^3 = 65m^3$

排水管所占体积 $\pi \times 0.25^2 \times 500m^3 = 98.13m^3$

管道沟回填土方量体积 $[1350 - 11.52 - (65 + 98.13)]m^3 = 1175.35m^3$

【注释】 1.3 为砂砾石垫层的宽度，0.1 为垫层厚度，500 为管道长度，0.25 为混凝土管的半径即 0.5/2。

清单工程量计算见表 1-118。

清单工程量计算表 表 1-118

序号	项目编码	项目名称	项目特征描述	计量单位	工程量
1	040101002001	挖沟槽土方	三类土，深 1.5m	m³	1350
2	040101003001	挖基坑土方	三类土，深 1.13m	m³	11.52
3	040103001001	回填方	密实度 95%	m³	1175.35

项目编码：040101002 项目名称：挖沟槽土方

项目编码：040103001 项目名称：回填方

项目编码：040103002 项目名称：余方弃置

【例 29】 某大型排水渠道，采用机械开挖渠道，如图 1-153 所示，渠道全长 250m，土质为黄土，渠道底宽设为 3.59m，渠底至渠顶深 6m 高，挖方土采用自卸汽车运输至

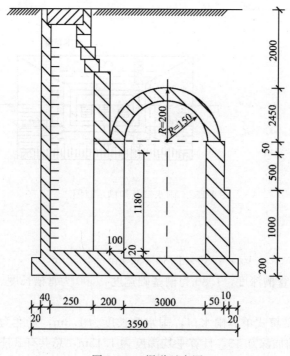

图 1-153 渠道示意图

200m 内，为了考虑土方平衡，部分地方机械不到处由人工用手推车运土至 100m 内，试编制该排水渠道工程的工程量清单。

【解】 清单工程量

如图 1-153 所示，图中画斜线部分表示为砌筑工程，其余部分为开挖部分，设石砌拱形上方的块石每个按 1.5m³ 计算。

（1）沟槽挖方量

$$V_1 = 3.59 \times 6.2 \times 250 = 5564.50 \text{m}^3$$

（2）渠道所占体积

$$V_1 = (3 \times 1.55 \times 250 + \frac{1}{2}\pi \times 1.5^2 \times 250) \text{m}^3$$

$$= (1162.5 + 883.57) \text{m}^3$$

$$= 2046.07 \text{m}^3$$

【注释】 3 为拱形渠道下部宽度，1.55 为渠道墙体的高度即（1.0+0.5+0.05），1.5 为渠道上方拱的内半径，250 为渠道总长度。

（3）石砌拱形挡土墙土方量

$(0.02 \times 0.2 + 0.04 \times 6 + 0.25 \times 6 + 0.2 \times 1.55 + 3.08 \times 0.2 + 0.1 \times 2.45 + 0.06 \times 1.55$
$- 0.01 \times 0.55 + \pi \times 2.0^2 / 2 - \pi \times 1.5^2 / 2) \times 250 \text{m}^3 = 757.50 \text{m}^3$

【注释】 0.02 为图示最左测下方墙体的宽度，0.2 为最左端墙体的高度，0.04 为左端上部墙体的宽度，6 为渠底至渠顶的深度，0.25 为图中左侧空白部分墙体的宽度，0.25 ×6 作为左侧空白部分及左上方块体的总面积的估计值，第二个 0.2 为中间空白部分墙体的宽度，1.55 为中间空白墙体及小块阴影部分的高度之和即（1.0+0.5+0.05），3.08 为图示最右侧下方墙体的宽度，第三个 0.2 为最右端下方墙体的厚度，0.1 为中间空白部分上方墙体的宽度，2.45 为其高度，0.06×1.55−0.01×0.55 为右侧墙体的面积，其中 0.01×0.55 为拱形右方边墙空白面积，$\pi \times 2.0^2 / 2 - \pi \times 1.5^2 / 2$ 拱形顶的面积。

（4）自卸汽车运输至 200m 内

$$(2046.07 + 757.50) \text{m}^3 = 2803.57 \text{m}^3$$

（5）回填方

$$(5564.5 - 2803.57) \text{m}^3 = 2760.93 \text{m}^3$$

清单工程量计算见表 1-119。

清单工程量计算表　　　　　　　　　　　　　　表 1-119

序号	项目编码	项目名称	项目特征描述	计量单位	工程量
1	040101002001	挖沟槽土方	黄土	m³	5564.50
2	040101002001	回填方	黄土	m³	2760.93
3	040103002001	余方弃置	余方弃置，黄土，运距 200m 内	m³	2803.57

说明：图中单位均以 mm 计算。

项目编码：040101002　　项目名称：挖沟槽土方

项目编码：040103001　　项目名称：回填方

【例30】 某排水管道基础为砂垫层基础，如图 1-154 所示，管道土质处于无地下水且土质坚硬的地区，采用人工开挖，放坡，管道直径700mm，砂垫层厚度为550mm，管道基础宽度为2000mm，深度为2500mm，管道长度250m。此管道采用单管，施工现场沟槽旁边不可堆土，人工运土20m内，试编制该工程的工程量清单。

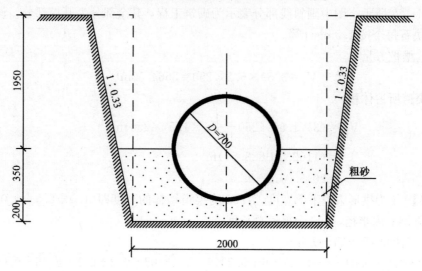

图 1-154　砂垫层基础示意图

【解】　（1）清单工程量

管道挖土方量 $V_1 = 2 \times 2.5 \times 250 \text{m}^3 = 1250 \text{m}^3$

砂垫层所占体积 $\left[0.55 \times 2 - \dfrac{\pi \times 0.35^2}{2} \right] \times 250 \text{m}^3 = 226.89 \text{m}^3$

管 $D=700$ 所占体积 $\pi \times 0.35^2 \times 250 \text{m}^3 = 96.16 \text{m}^3$

结构物所占体积 $V_2 = (226.89 + 96.16) \text{m}^3 = 323.05 \text{m}^3$

则回填土方量 $V_填 = V_1 - V_2 = (1250 - 323.05) \text{m}^3 = 926.95 \text{m}^3$

【注释】　2为基础宽度，2.5为深度，250为长度，0.55为垫层厚度，2为垫层宽度，$\dfrac{\pi \times 0.35^2}{2}$ 为垫层中管道面积。

清单工程量计算见表1-120。

清单工程量计算表　　　　　　　　　　　　　表 1-120

序号	项目编码	项目名称	项目特征描述	计量单位	工程量
1	040101002001	挖沟槽土方	三类土，深2.5m	m³	1250
2	040103001001	回填方	原土回填	m³	926.95

（2）定额工程量

管道挖土方量 $V_1 = [(2 + 2.5 \times 0.33) \times 2.5 \times 250] \times 1.025 \text{m}^3 = 1809.77 \text{m}^3$

说明：排管沟槽中的矩形沟槽按沟槽总土方量7.5%计算。

管 $D=700$ 所占体积 $0.35^2 \times \pi \times 250 \text{m}^3 = 96.16 \text{m}^3$

砂垫层所占体积 $\left[(2 + 0.55 \times 0.33) \times 0.55 - \dfrac{\pi \times 0.35^2}{2} \right] \times 250 \text{m}^3 = 252.5 \text{m}^3$

结构物所占体积 $V_2 = (96.16 + 252.5) \text{m}^3 = 348.66 \text{m}^3$

则回填土方量 $V_填 = V_1 - V_2 = (1809.77 - 348.66 \times 1.15)\text{m}^3 = 1408.81\text{m}^3$

【注释】 0.33 为三类土放坡系数，2 为基础宽度，2.5 为深度，250 为长度，0.55 为垫层厚度，$(2+0.55\times0.33)$ 为垫层宽度，$\dfrac{\pi \times 0.35^2}{2}$ 为垫层中管道面积，1.15 为土方体积换算系数。

项目编码：**040101002** 项目名称：**挖沟槽土方**

项目编码：**040101003** 项目名称：**挖基坑土方**

项目编码：**040103001** 项目名称：**回填方**

【**例 31**】 某新建道路排水工程，工程范围为 K1+150～K1+350 标段，工程内容为排水工程主干管道及管道沿线①～⑤五座检查井施工。主干管道为钢筋混凝土管，D800mm，采用 1：2 水泥砂浆抹带接口、180°混凝土管座、管基下铺设 16cm 砂砾石垫层。排水检查井为 ϕ1000mm 圆形砖砌污水检查井，井内外墙均采用 1：2 水泥砂浆抹灰。排水工程平面布置及管道基础形式如图 1-155～图 1-157 所示，计算数据按照图示尺寸，请编制该工程 K1+150～K1+350 标段内主干管道和检查井工程量清单。

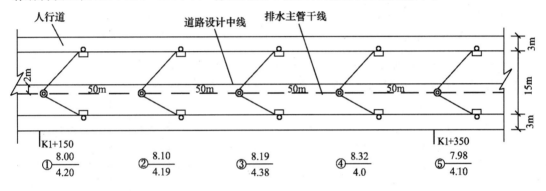

图 1-155 排水工程平面图

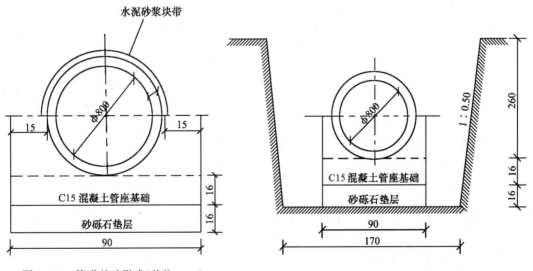

图 1-156 管道基础形式(单位：cm)　　　图 1-157 *d*800 沟槽示意图(单位：cm)

【解】 （1）清单工程量

根据图1-155新建道路排水工程，有关计算如下：

1）钢筋混凝土主干管道铺设

$50 \times 4m = 200m$

2）污水检查井共有5座

【注释】 混凝土管道铺设按设计图示管道中心线长度以延长米计算，不扣除中间井及管件、阀门所占长度；50为排水主干管线每段的长度，共4段。检查井工程量按设计图示数量（座）计算。

3）挖沟槽土方（3m内）

① 挖管沟土方计算

管沟1~2段土方量 $50 \times 0.9 \times 2.92m^3 = 131.4m^3$

管沟2~3段土方量 $50 \times 0.9 \times 2.92m^3 = 131.4m^3$

管沟3~4段土方量 $50 \times 0.9 \times 2.92m^3 = 131.4m^3$

管沟4~5段土方量 $50 \times 0.9 \times 2.92m^3 = 131.4m^3$

【注释】 50为每段管沟长度，0.9为管沟宽度，2.92为管沟深度即（2.6+0.16×2）。

② 计算井位增加的土方量

根据公式，井位增加土方量为：$V = KH(D-B) \times \sqrt{D^2 - B^2}$

式中　K——井室引形面积计算调整系数，根据 B/D 值，查图1-158取值；

　　　　H——基坑深度；

　　　　B——沟槽土方量的计算宽度（m），常为结构最大宽度；

　　　　D——井室土方量的计算直径（m），常按井基础的直径计（m）。

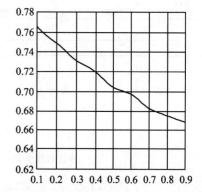

图1-158　井位弓形面积计算系数

$\phi1000$ 检查井，基础直径为1.58m。

即　5座检查井增加的土方量为

$B/D = 0.90/1.58 = 0.57$　查图1-158，得 $K = 0.70$

$V = 0.70 \times 2.92 \times (1.58 - 0.90) \times \sqrt{1.58^2 - 0.90^2} \times 5m^3$

　$= 1.38992 \times 1.2986 \times 5m^3$

　$= 1.80 \times 5m^3 = 9m^3$

【注释】 0.70为弓形井位面积计算系数，2.92为基坑深度即（2.6+0.16+0.16），1.58为检查井基础直径，0.90为沟槽宽度，5为检查井的数量。

挖沟槽总土方量 $= (131.4 \times 4 + 9)m^3 = 534.6m^3$

挖沟槽土方量汇总表见表1-121。

挖沟槽清单土方量汇总表　　　　　　　　　　表1-121

管沟段	管径/mm	管沟长度/m	管基宽度/m	原地面标高/（平均）m	井底标高/（平均）m	基础加深/m	管沟挖深/m	土方量计算	土方量/m³
1~2	800	50	0.90	8.05	4.195	0.32	2.92	50×0.9×2.92	131.4

续表

管沟段	管径/mm	管沟长度/m	管基宽度/m	原地面标高/(平均)m	井底标高/(平均)m	基础加深/m	管沟挖深/m	土方量计算	土方量/m³
2～3	800	50	0.90	8.145	4.285	0.32	2.92	50×0.9×2.92	131.4
3～4	800	50	0.90	8.255	4.19	0.32	2.92	50×0.9×2.92	131.4
4～5	800	50	0.90	8.15	4.05	0.32	2.92	50×0.9×2.92	131.4
合　计									525.6

管沟回填土方量计算：

从按回填至原地面考虑计算(表 1-122)。

排水管道所占回填土方量(管体与基础之和)　　单位：m³/m　表 1-122

管径/mm	抹带接口、混凝土基础			套环(承插)接口，混凝土基础		
	90°	135°	180°	90°	135°	90°
600	0.481	0.564	0.616	0.514	0.580	0.633
700	0.657	0.767	0.837	0.694	0.785	0.846
800	0.849	1.000	1.091	0.884	1.012	1.100
900	1.082	1.273	1.383	1.126	1.292	1.388
1000	1.324	1.561	1.705	1.376	1.543	1.678

管道及管座基础所占体积，查表 1-122 得：1.091m³/m

即　1.091×200m³＝218.2m³

砂砾垫层所占基础体积　200×0.9×0.16m³＝28.80m³

检查井所占体积约为　2.92×π×1.58²/4×5m³＝28.63m³

4) 管沟回填土方量　(534.6－218.2－28.80－28.63)m³＝258.97m³

【注释】　1.091 为每米管道及管座所占的体积，200 为管道的长度，0.9 为砂砾垫层的宽度，0.16 为垫层的厚度。

清单工程量计算见表 1-123。

清单工程量计算表　　　　表 1-123

序号	项目编码	项目名称	项目特征描述	计量单位	工程量
1	040101002001	挖沟槽土方	二类土，深 2.92m	m³	525.6
2	040101003001	挖基坑土方	二类土，深 2.92m	m³	9
3	040103001001	回填方	原土回填	m³	258.97

(2) 施工工程量计算

沟槽采用人工开挖，按 1∶0.5 两侧放坡，沟槽底工作面每侧加宽 0.4m，则沟槽底开挖宽度为 1.70m，如图 1-2-81 所示为沟槽开挖示意图，管道铺设采用人机配合下管，人工回填夯实。

放坡开挖土方量[(1.7＋2.92×0.5)×2.92×200×1.025]m³＝1891.58m³

井位土方量 9m³

回填土方量[1891.58＋9－(218.2＋28.8＋28.63)×1.15]m³＝1583.61m³

项目编码：040101003　　　项目名称：挖基坑土方

项目编码：040103001　　　项目名称：回填方

项目编码：040103002　　　项目名称：余方弃置

【例32】　某市想建涵洞工程一座，此座涵洞所在位置，土壤性质为潮湿而松散的黄土，因为通过此涵洞的流水量，一般是随着季节降雨量，属于季节性河流，不需要考虑地下水，施工期间无任何干扰河流水，基坑开挖，多余的土方可就地弃置，计算数据参考图1-159～图1-161（单位：cm）所示，请编制该涵洞工程土方工程量清单（余土运至1km处弃置）。

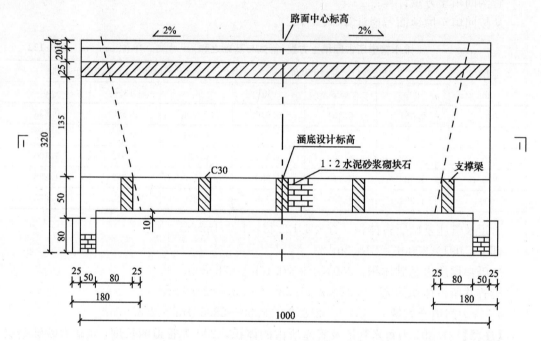

图 1-159　涵洞洞身纵断面

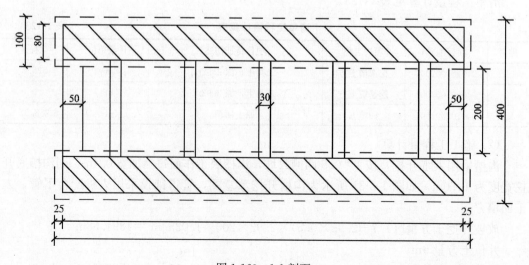

图 1-160　1-1 剖面

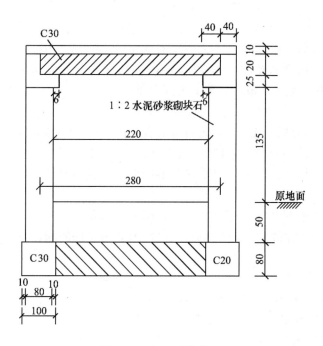

图 1-161　涵洞中部断面

说明：图中尺寸均以 cm 为单位。

【解】　清单工程量

(1) 挖基坑土方(一、二类土，挖深 1.3m)

如图所示，该涵洞设有五个支撑梁，采用 1：2 水泥砂浆砌块石，标准跨径为 2.8m，净跨径为 2.20m，C30 混凝土台帽 C30 混凝土现浇支撑梁。

涵台基坑挖土量 $V_1 = (10+0.25\times2)\times1.00\times1.30\times2+0.5\times2\times1.3\times2\text{m}^3$
$= 29.9\text{m}^3$

【注释】　10 为涵洞两侧墙体外边线的长度，0.25 为涵洞外墙两侧涵台的长度，1.00 为涵台的宽度，1.30 为涵台的高度即(0.8+0.5)，第二个 2 为涵台的数量，0.5 为端部基础的长度，第三个 2 为其宽度，最后一个 2 为其个数。

铺砌基坑挖土量 $V_2 = [10\times(2.2-0.1\times2)\times1.30-(10-0.5\times2)\times(2.2-0.1\times2)$
$\times0.8]\text{m}^3$
$= (26-18)\text{m}^3 = 8\text{m}^3$

【注释】　10 为基坑的长度，2.2 为涵洞墙体内边线之间的宽度，0.1 为涵台超出墙体的宽度，1.30 为基坑深度，0.5 为两侧基础的厚度，0.8 为基础的高度。

合计：$V = (29.9+8)\text{m}^3 = 37.9\text{m}^3$

(2) 基坑回填(原土回填密实度达到 95％)

基础所占体积(现浇 C30 混凝土基础)

$V_1 = 1\times0.8\times(10+2\times0.25)\times2\text{m}^3 = 16.8\text{m}^3$

【注释】　1 为基础的宽度，0.8 为基础高度，10 为基础部分长度，0.25 为图示左右两端基础的宽度。

铺砌所占体积(1：2 水泥砂浆砌块石)

$$V_2=[10\times2.2\times(0.5-0.1)-0.3\times0.40\times2.2\times5+0.5\times0.8\times2\times2]m^3=9.08m^3$$

【注释】 10 为铺砌的长度，2.2 为铺砌的宽度，0.5-0.1 为铺砌的高度，0.1 为垫层的厚度，0.3 为支撑的断面宽度，0.4 为支撑断面长度，第二个 0.5 为端部基础的长度，0.8 为其高度，2 为其宽度，最后一个 2 为其个数。

台身所占体积 $V_3=10\times0.8\times0.5\times2m^3=8m^3$

【注释】 10 为台身的长度，0.8 为台身的宽度，0.5 为台身的高度，2 为台身的数量。

砂垫层所占体积 $V_4=2.2\times0.1\times(10-0.5\times2)m^3=2.18m^3$

【注释】 2.2 为垫层的宽度，0.1 为垫层的厚度，10 为台身的长度，0.5 为两侧支撑的宽度。

5 座支撑所占体积 $V_5=2.2\times5\times0.3\times0.4m^3=1.32m^3$

【注释】 2.2 为支撑的高度，5 为支撑数量，0.3 为支撑的断面宽度，0.4 为支撑断面长度。

合计：$(16.8+9.08+8+2.18+1.32)m^3=37.38m^3$

回填土方=挖方量-结构所占体积=$(37.9-37.38)m^3=0.52m^3$

余土外运土方工程量 $V_6=37.90m^3$

清单工程量计算见表 1-124。

清单工程量计算表 表 1-124

序号	项目编码	项目名称	项目特征描述	计量单位	工程量
1	040101003001	挖基坑土方	一、二类土，深 1.3m	m³	37.90
2	040103001001	回填方	原土回填，密实度 95%	m³	0.52
3	040103002001	余方弃置	余方弃置，一、二类土，运距 1km	m³	37.90

第二章 道路工程

第一节 分部分项实例

项目编码：040202004   项目名称：石灰、粉煤灰、土

【**例1**】　某路 K0＋000～K0＋100 为沥青混凝土结构，道路的结构图如图 2-1 所示，道路平面图如图 2-2 所示，根据上述情况，进行道路工程工程量的编制。路面宽度为 12m，路面两边铺侧缘石，路肩各宽 1m。

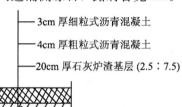

— 3cm 厚细粒式沥青混凝土

— 4cm 厚粗粒式沥青混凝土

— 20cm 厚石灰炉渣基层 (2.5∶7.5)

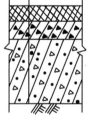 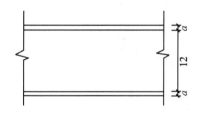

图 2-1　道路结构示意图　　　　图 2-2　道路平面图（单位：m）

注：a 为道路路基加宽度值

【**解**】　（1）清单工程量

石灰炉渣基层面积 $(12＋1×2)×100m^2＝1400m^2$

沥青混凝土面层面积 $12×100m^2＝1200m^2$

侧缘石长度 $100×2m＝200m$

【**注释**】　道路基层、面层清单工程量按设计图示尺寸以面积计算，不扣除各种井所占面积。12 为路面宽度，100 为道路长度，侧缘石工程量按设计图示中心线长度计算。2 为道路两侧铺侧缘石。

清单工程量计算见表 2-1。

清单工程量计算表　　　　　　　　　　　　表 2-1

序号	项目编码	项目名称	项目特征描述	计量单位	工程量
1	040202004001	石灰、粉煤灰、土	石灰炉渣(2.5∶7.5)基层20cm厚	m^2	1400
2	040203006001	沥青混凝土	4cm厚粗粒式，石料最大粒径40mm	m^2	1200
3	040203006002	沥青混凝土	3cm厚细粒式，石料最大粒径20mm	m^2	1200
4	040204004001	安砌侧(平、缘)石	C30混凝土缘石安砌，砂垫层	m	200

（2）定额工程量

石灰炉渣基层面积 $(12+1×2+2a)×100m^2=(1400+2000a)m^2$

沥青混凝土面层面积 $12×100m^2=1200m^2$

侧缘石长度 $100×2m=200m$

说明：定额工程量计算时，路基应按设计车行道宽度另计两侧加宽值，加宽值的宽度由各省、自治区、直辖市自行确定。路面以设计长乘以设计宽计算（包括转弯面积），侧缘石项目以延米计算。a 为路基一侧加宽值。

项目编码：040202009　项目名称：砂砾石

【例 2】　某市道路 K0+000~K0+500 为混凝土结构，道路结构如图 2-3 所示，路面修筑宽度为 8m，路肩各宽 1m，为保证压实，每边各加宽 20cm，路面两边铺设缘石，试计算道路工程量。

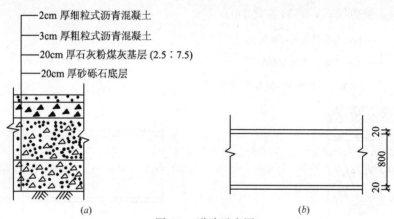

图 2-3　道路示意图

（a）道路结构图；（b）道路平面图（单位：m）

【解】　（1）清单工程量

砂砾石底层面积 $(8+1×2)×500m^2=5000m^2$

石灰粉煤灰基层面积 $(8+1×2)×500m^2=5000m^2$

沥青混凝土面层面积 $8×500m^2=4000m^2$

侧缘石长度 $500×2m=1000m$

【注释】　8 为路面宽度，500 为路面长度，2 为侧缘石的数量。

清单工程量计算见表 2-2。

清单工程量计算表　　　　　　　　　　　　　　表 2-2

序号	项目编码	项目名称	项目特征描述	计量单位	工程量
1	040202009001	砂砾石	20cm 厚砂砾石底层	m²	5000
2	040202004001	石灰、粉煤灰、土	20cm 厚，2.5∶7.5	m²	5000
3	040203006001	沥青混凝土	3cm 厚粗粒式石油沥青混凝土，石料最大粒径 40mm	m²	4000
4	040203006002	沥青混凝土	2cm 厚细粒式石油沥青混凝土，石料最大粒径 20mm	m²	4000
5	040204004001	安砌侧（平缘）石	C30 混凝土缘石安砌，砂垫层	m	1000

（2）定额工程量

砂砾石底层面积

$(2+8+0.2×2)×500m^2=5200m^2$

【注释】 第一个 2 为两侧路肩宽度，8 为路面宽度，0.2 为路肩一侧加宽值，500 为道路长度。

石灰粉煤灰基层面积

$(2+8+0.2×2)×500m^2=5200m^2$

沥青混凝土面积 $8×500m^2=4000m^2$

侧缘石长度 $500×2m=1000m$

项目编码：040202010   项目名称：卵石

【例3】 某道路 K0+150～K4+000 为水泥混凝土结构，道路结构如图 2-4 所示，道路横断面示意图如图 2-5 所示，路面修筑宽度为 10m，路肩各宽 1m，由于该路段雨水量较大，需设置两侧边沟以利于排水，试计算道路工程量。

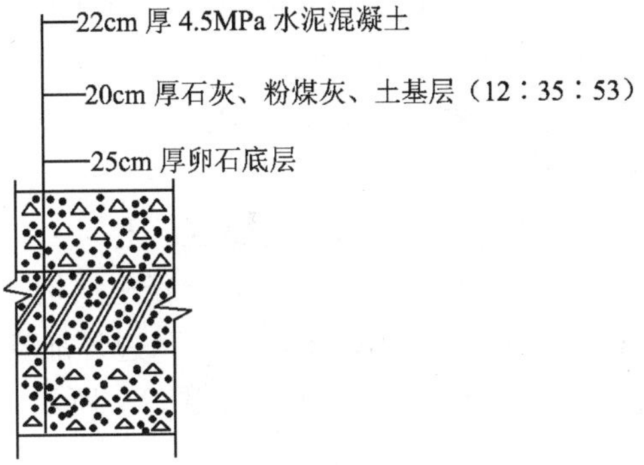

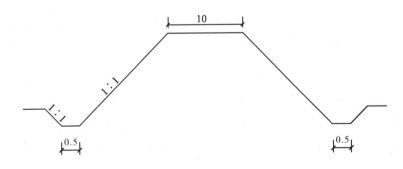

图 2-4 道路结构图

图 2-5 道路横断示意图（单位：m）

【解】 （1）清单工程量

卵石底层面积 $(10+1×2)×3850m^2=46200m^2$

石灰、粉煤灰、土基层面积 $(10+1×2)×3850m^2=46200m^2$

水泥混凝土面层面积 $10×3850m^2=38500m^2$

边沟长度 $2×(4000-150)m=3850×2m=7700m$

【注释】 底层、基层和面层工程量均按设计图示尺寸以面积计算。3850 为道路长度即(4000-150)，其中 4000 为道路终点桩号，150 为起点桩号，10 为路面宽度，2 为边沟数量。

清单工程量计算见表 2-3。

清单工程量计算表　　　　　　　　　　　　　　　　表 2-3

序号	项目编码	项目名称	项目特征描述	计量单位	工程量
1	040202010001	卵石	厚 25cm 卵石底层	m²	46200
2	040202004001	石灰、粉煤灰、土	20cm 厚石灰、粉煤灰、土基层(12:35:53)	m²	46200
3	040203007001	水泥混凝土	22cm 厚 4.5MPa 水泥	m²	38500
4	040201022001	排水沟、截水沟	两侧均设土质排水边沟	m	7700

（2）定额工程量

卵石底层面积 $(2+10+2a)\times3850m^2=(46200+7700a)m^2$

石灰、粉煤灰、土基层面积 $(2+10+2a)\times3850m^2=(46200+7700a)m^2$

水泥混凝土面层面积 $3850\times10m^2=38500m^2$

边沟长度 $2\times(4000-150)m=3850\times2m=7700m$

注：a 为路基一侧加宽值。

项目编码：040202005　　项目名称：石灰、碎石、土

【例4】　某二号道路 K0+000～K0+450 为沥青混凝土结构，道路结构如图 2-6 所示，路面修筑宽度为 12m，路肩各宽 1.5m，为保证压实，两边各加宽 40cm，由于该路段雨水量较大，需设置截水沟与边沟，道路横断面示意图如图 2-7 所示，试计算道路工程量。

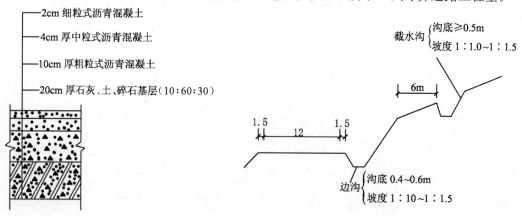

图 2-6　道路结构图　　　　　　　图 2-7　道路横断面示意图

【解】　（1）清单工程量

石灰、土、碎石基层面积 $450\times(12+1.5\times2)m^2=6750m^2$

沥青混凝土面积 $450\times12m^2=5400m^2$

边沟长度 $450\times2m=900m$

截水沟长度 $450\times2m=900m$

【注释】　边沟、截水沟均按设计图示以长度计算。450 为道路长度，12 为路面宽度，

2 为边沟及截水沟的数量。

清单工程量计算见表 2-4。

清单工程量计算表 表 2-4

序号	项目编码	项目名称	项目特征描述	计量单位	工程量
1	040202005001	石灰、碎石、土	20cm 厚石灰、土、碎石基层 10：60：30	m²	6750
2	040203006001	沥青混凝土	10cm 厚粗粒式沥青混凝土，石粒最大粒径 40mm	m²	5400
3	040203006002	沥青混凝土	4cm 厚中粒式沥青混凝土，石料最大粒径 40mm	m²	5400
4	040203006003	沥青混凝土	2cm 厚细粒式沥青混凝土，石料最大粒径 20mm	m²	5400
5	040201022001	排水沟、截水沟	排水边沟	m	900
6	040201022002	排水沟、截水沟	截水沟	m	900

（2）定额工程量

石灰、土、碎石基层面积 $(12+2×1.5+2×0.4)×450m^2=7110m^2$

沥青混凝土面层面积 $450×12m^2=5400m^2$

边沟长度 $450×2m=900m$

截水沟长度 $450×2m=900m$

【注释】 12 为路面宽度，1.5 为一侧路肩宽度，0.4 为路肩一侧加宽值，450 为道路长度，边沟及截水沟的数量均为 2。

项目编码：040202004 **项目名称：石灰、粉煤灰、土**

【例 5】 某道路 K0+000～K0+300 为沥青混凝土结构，K0+300～K0+725 为水泥混凝土结构，道路结构如图 2-8 所示，路面宽度为 16m，路肩宽度为 1.5m，为保证压实，两侧各加宽 30cm，路面两边铺路缘石，试计算道路工程量。

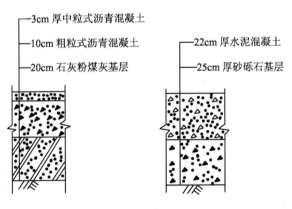

—3cm 厚中粒式沥青混凝土
—10cm 粗粒式沥青混凝土
—20cm 石灰粉煤灰基层
—22cm 厚水泥混凝土
—25cm 厚砂砾石基层

图 2-8 道路结构图

【解】 （1）清单工程量

石灰粉煤灰基层面积 $300×(16+1.5×2)m^2=5700m^2$

砂砾石基层面积 $425 \times (16 + 1.5 \times 2)\text{m}^2 = 8075\text{m}^2$

沥青混凝土面层面积 $300 \times 16\text{m}^2 = 4800\text{m}^2$

水泥混凝土面层面积 $425 \times 16\text{m}^2 = 6800\text{m}^2$

路缘石长度 $725 \times 2\text{m} = 1450\text{m}$

【注释】 300 为沥青混凝土路面的长度，16 为路面宽度，425 为水泥混凝土道路长度即（725－300），路缘石的数量为 2。

清单工程量计算见表 2-5。

清单工程量计算表 表 2-5

序号	项目编码	项目名称	项目特征描述	计量单位	工程量
1	040202004001	石灰、粉煤灰、土	20cm 厚石灰、粉煤灰基层	m²	5700
2	040202009001	砂砾石	25cm 厚砂砾石基层	m²	8075
3	040203006001	沥青混凝土	10cm 厚粗粒式沥青混凝土，石料最大粒径 40mm	m²	4800
4	040203006002	沥青混凝土	3cm 厚中粒式沥青混凝土，石料最大粒径 20mm	m²	4800
5	040203007001	水泥混凝土	22 厚水泥混凝土	m²	6800
6	040204004001	安砌侧（平、缘）石	C30 混凝土缘石安砌	m	1450

（2）定额工程量

石灰粉煤灰基层面积 $(16 + 1.5 \times 2 + 0.3 \times 2) \times 300\text{m}^2 = 5880\text{m}^2$

砂砾石基层面积 $(16 + 1.5 \times 2 + 0.3 \times 2) \times 425\text{m}^2 = 8330\text{m}^2$

沥青混凝土面层面积 $300 \times 16\text{m}^2 = 4800\text{m}^2$

水泥混凝土面层面积 $425 \times 16\text{m}^2 = 6800\text{m}^2$

路缘石长度 $725 \times 2\text{m} = 1450\text{m}$

【注释】 16 为路面宽度，1.5 为一侧路肩宽度，0.3 为路肩一侧加宽值，300 为沥青混凝土路面的长度，425 为水泥混凝土路面的长度即（725－300）。

项目编码：040202001　项目名称：路床（槽）整形

【例 6】 某条道路 K0＋000～K0＋435 为沥青混凝土结构，道路结构图如图 2-9 所示，路面修筑宽度为 12m，路肩各宽 1m，由于该路段土基处于潮湿状态，为保证路基的稳定性，需要路基土掺入石灰（含灰量 5%）或干土处理，其工程量计算如下：

【解】 （1）清单工程量

石灰垫层面积 $(12 + 1 \times 2) \times 435\text{m}^2 = 6090\text{m}^2$

石灰粉煤灰基层面积 $(12 + 1 \times 2) \times 435\text{m}^2 = 6090\text{m}^2$

沥青混凝土面层面积 $12 \times 435\text{m}^2 = 5220\text{m}^2$

掺入石灰量 $6090 \times 0.05\text{m}^3 = 304.5\text{m}^3$

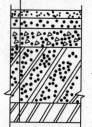

— 3cm 厚细粒式沥青混凝土
— 4cm 厚中粒式沥青混凝土
— 6cm 厚粗粒式沥青混凝土
— 20cm 厚石灰粉煤灰基层
— 5cm 厚石灰垫层

图 2-9　道路结构图

【注释】 12 为路面宽度，435 为道路长度，0.05 为掺入石灰的厚度。

清单工程量计算见表 2-6。

清单工程量计算表　　　　　　　　　　　　表 2-6

序号	项目编码	项目名称	项目特征描述	计量单位	工程量
1	040202001001	路床(槽)整形	5cm厚石灰垫层	m²	6090
2	040202004001	石灰、粉煤灰、土	20cm厚石灰、粉煤灰基层	m²	6090
3	040203006001	沥青混凝土	6cm厚粗粒式石油沥青混凝土，石料最大粒径40mm	m²	5220
4	040203006002	沥青混凝土	4cm厚中粒式石油沥青混凝土，石料最大粒径40mm	m²	5220
5	040203006003	沥青混凝土	3cm厚细粒式石油沥青混凝土，石料最大粒径20mm	m²	5220
6	040201004001	掺石灰	石灰含灰量10%	m³	304.5

（2）定额工程量

石灰垫层面积$(12+1\times2+2a)\times435m^2=(6090+870a)m^2$

石灰粉煤灰基层面积$(12+1\times2+2a)\times435m^2=(6090+870a)m^2$

沥青混凝土面层面积$12\times435m^2=5220m^2$

掺入石灰剂量$(6090+870a)\times0.05m^3=(304.5+43.5a)m^3$

注：a为路基一侧加宽值，1 为一侧路肩宽度，435 为道路长度。

项目编码：040202012　　项目名称：块石

【例7】 某道路 K0+000～K0+525 为水泥混凝土结构，道路结构如图 2-10 所示，路面宽度为 8m，路肩宽度为 1m，由于该路段土质较湿，为了保证路基的稳定，以及满足道路的使用年限，需要对路基进行抛石挤淤处理，试计算道路工程量。

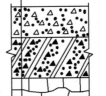

—22cm厚水泥混凝土

—22cm石灰、土、碎石基层（8：72：20）

—30cm厚块石底层

【解】 （1）清单工程量

块石底层面积$(8+1\times2)\times525m^2=5250m^2$

石灰、土、碎石基层面积$(8+1\times2)\times525m^2$$=5250m^2$

水泥混凝土面层面积$8\times525m^2=4200m^2$

【注释】 8 为路面宽度，525 为道路长度。

清单工程量计算见表 2-7。

图 2-10　道路结构图

清单工程量计算表　　　　　　　　　　　　表 2-7

序号	项目编码	项目名称	项目特征描述	计量单位	工程量
1	040202012001	块石	30cm厚块石底层	m²	5250
2	040202005001	石灰、碎石、土	22cm厚石灰、土、碎石基层(8：72：20)	m²	5250
3	040203007001	水泥混凝土	22cm厚水泥混凝土	m²	4200

（2）定额工程量

块石底层面积$(8+2×1+2a)×525m^2=(5250+1050a)m^2$

石灰、土、碎石基层面积$(8+2×1+2a)×525m^2=(5250+1050a)m^2$

水泥混凝土面层面积$8×525m^2=4200m^2$

注：a 为路基一侧加宽值，1 为一侧路肩宽度。

项目编码：040202003　　项目名称：水泥稳定土

【**例 8**】　某一级道路 K0+000～K0+600 为沥青混凝土结构，结构如图 2-11 所示，路面宽度为 15m，路肩宽度为 1.5m，为保证压实，路基两侧各加宽 50cm，其中 K0+330～K0+360 之间为过湿土基，用石灰砂桩进行处理，桩间距为 90cm，按矩形布置。石灰桩示意图如图 2-12 所示，试计算道路工程量。

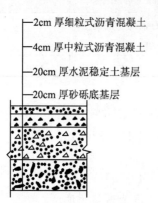

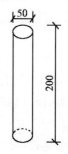

图 2-11　道路结构图　　　　图 2-12　石灰桩示意图（单位：cm）

【**解**】　（1）清单工程量

砂砾底基层面积$(15+1.5×2)×600m^2=10800m^2$

水泥稳定土基层面积$(15+1.5×2)×600m^2=10800m^2$

沥青混凝土面层面积$15×600m^2=9000m^2$

道路横断面方向布置桩数$(15÷0.9+1)$个$≈17$ 个

道路纵断面方向布置桩数$(30÷0.9+1)$个$≈34$ 个

所需桩数 $17×34$ 个$=578$ 个

总桩长度 $578×2m=1156m$

【**注释**】　石灰砂桩工程量按设计图示以长度计算。15 为路面宽度，600 为道路长度，0.9 为石灰砂桩之间的间距，30 为用石灰砂桩处理的道路长度即$(360-330)$，2 为每根石灰砂桩的长度。

清单工程量计算见表 2-8。

清单工程量计算表　　　　　　表 2-8

序号	项目编码	项目名称	项目特征描述	计量单位	工程量
1	040202009001	砂砾石	20cm 厚砂砾底基层	m²	10800
2	040202003001	水泥稳定土	20cm 厚水泥稳定土基层	m²	10800

序号	项目编码	项目名称	项目特征描述	计量单位	工程量
3	040203006001	沥青混凝土	4cm厚中粒式石油沥青混凝土，石料最大粒径40mm	m²	9000
4	040203006002	沥青混凝土	2cm厚细粒式石油沥青混凝土，石料最大粒径20mm	m²	9000
5	040201011001	砂石桩	桩径为50cm，水泥砂石比为1：2.4：4，水灰比0.6	m	1156

（2）定额工程量

砂砾底基层面积$(15+1.5×2+0.5×2)×600m^2=11400m^2$

水泥稳定土基层面积$(15+1.5×2+0.5×2)×600m^2=11400m^2$

沥青混凝土面层面积$15×600m^2=9000m^2$

总桩长度$578×2m=1156m$

【注释】 15为路面宽度，1.5为一侧路肩宽度，0.5为一侧路基加宽值，600为道路长度，578为石灰砂桩的数量，最后一个2为单根桩的长度。

项目编码：040202005　　项目名称：石灰、碎石、土

【例9】 某道路K0+000～K0+315为水泥混凝土结构，道路结构如图2-13所示，路面宽度为12m，路肩宽度为1m。该路段土质较湿，进行强夯土方进行处理，以保证路基的稳定性和满足道路的使用年限，试计算道路工程量。

—22cm水泥混凝土

—20cm 石灰、粉煤灰、土基层（12：35：53）

—20cm碎石底基层

【解】 （1）清单工程量

碎石底基层面积$315×(12+1×2)m^2=4410m^2$

石灰、粉煤灰、土基层面积$315×(12+1×2)m^2=4410m^2$

水泥混凝土面层面积$315×12m^2=3780m^2$

【注释】 315为道路长度，1为一侧路肩宽度，12为路面宽度。

清单工程量计算见表2-9。

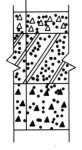

图2-13 道路结构图

清单工程量计算表　　　　表2-9

序号	项目编码	项目名称	项目特征描述	计量单位	工程量
1	040202005001	石灰、碎石、土	20cm厚碎石底基层	m²	4410
2	040202004001	石灰、粉煤灰、土	20cm 石灰、粉煤灰、土基层(12：35：53)	m²	4410
3	040203007001	水泥混凝土	22cm厚水泥混凝土面层	m²	3780

（2）定额工程量

碎石底基层面积$(12+1×2+2a)×315m^2=(4410+630a)m^2$

石灰、粉煤灰、土基层面积$(12+1×2+2a)×315m^2=(4410+630a)m^2$

水泥混凝土面层面积$315×12m^2=3780m^2$

注：a 为路基一侧加宽值，1 为一侧路肩宽度。

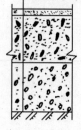

——6cm 沥青贯入式

——20cm 粉煤灰三渣基层

——15cm 砂砾石底基层

图 2-14　道路结构图

项目编码：040202014　项目名称：粉煤灰三渣

【例10】 某道路 K0＋000～K0＋510 为沥青贯入式路面，道路结构图如图 2-14 所示，路面修筑宽度为 10m，路肩各宽 1m，为保证路面边缘的稳定性，在路基两边各加宽 30cm，路面两边铺设缘石，其工程量计算如下：

【解】 （1）清单工程量

砂砾石底基层面积$510×(10+1×2)m^2=6120m^2$

粉煤灰三渣基层面积$510×(10+1×2)m^2=6120m^2$

沥青贯入式面层面积$510×10m^2=5100m^2$

路缘石长度$510×2m=1020m$

【注释】 510 为道路长度，10 为路面宽度，1 为一侧路肩宽度，2 为路缘石的数量。

清单工程量计算见表 2-10。

清单工程量计算表　　　　表 2-10

序号	项目编码	项目名称	项目特征描述	计量单位	工程量
1	040202009001	砂砾石	15cm厚砂砾石底基层	m²	6120
2	040202014001	粉煤灰三渣	20cm厚粉煤灰三渣	m²	6120
3	040203002001	沥青贯入式	6cm厚石油沥青贯入式	m²	5100
4	040204004001	安砌侧（平、缘）石	C30混凝土缘石安砌	m	1020

（2）定额工程量

砂砾石底基层面积$(10+1×2+0.3×2)×510m^2=6426m^2$

粉煤灰三渣基层面积$(10+1×2+0.3×2)×510m^2=6426m^2$

沥青贯入式面层面积$510×10m^2=5100m^2$

路缘石长度$510×2m=1020m$

【注释】 10 为路面宽度，1 为一侧路肩宽度，0.3 为一侧路肩加宽值，510 为路面长度，路缘石的数量为 2。

【例11】 某市 3 号路 K0＋000～K0＋625 为水泥混凝土结构，道路宽 12m，道路两边铺侧缘石，道路结构如图 2-15 所示，沿线有检查井 20 座，雨水井 30 座，其中雨水井与检查井均与设计图示标高产生正负高差，试计算工程量。

【解】 （1）清单工程量

卵石底基层面积$625×12m^2=7500m^2$

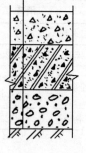

——20cm 水泥混凝土

——20cm 石灰、粉煤灰、砂砾基层（10：20：70）

——25cm 卵石底基层

图 2-15　道路结构图

石灰、粉煤灰、砂砾基层面积 $625×12m^2 = 7500m^2$

水泥混凝土面层面积 $625×12m^2 = 7500m^2$

路缘石长度 $625×2m = 1250m$

雨水井的数量 30 座

检查井的数量 20 座

【注释】 道路面层、基层工程量按设计图示尺寸以面积计算，侧缘石按图示尺寸以长度计算，雨水井及检查井按图示数量计算。625 为道路长度，12 为路面宽度，2 为路缘石的数量。

清单工程量计算见表 2-11。

清单工程量计算表   表 2-11

序号	项目编码	项目名称	项目特征描述	计量单位	工程量
1	040202010001	卵石	25cm 厚卵石底基层	m^2	7500
2	040202006001	石灰、粉煤灰、砂砾	20cm 厚石灰、粉煤灰、砂砾基层（10：20：70）	m^2	7500
3	040203007001	水泥混凝土	20cm 厚水泥混凝土面层	m^2	7500
4	040204004001	安砌侧(平、缘)石	C30 混凝土缘石安砌	m	1250
5	040204006001	检查井升降	C30 混凝土检查井	座	20
6	040504009001	雨水口	C30 混凝土雨水进水井	座	30

（2）定额工程量

卵石底基层面积 $(12+2a)×625m^2 = (7500+1250a)m^2$

石灰、粉煤灰、砂砾基层面积 $(12+2a)×625m^2 = (7500+1250a)m^2$

水泥混凝土面积 $625×12m^2 = 7500m^2$

路缘石长度 $625×2m = 1250m$

雨水井的数量 30 座

检查井的数量 20 座

注：a 为路基一侧加宽值。

项目编码：040204002   **项目名称：人行道块料铺设**

【例 12】 某道路桩号为 K0＋000～K0＋620，路幅宽度为 30m，人行道路宽度各为 5m，路肩各宽 1.5m，道路车行道横坡为 2%，人行道横坡为 1.5%，如图 2-16 所示，人行道用块料铺设，试计算人行道工程量。

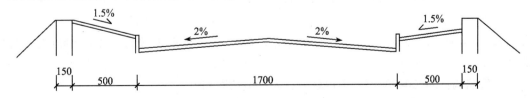

1.5%   2%   2%   1.5%

150   500   1700   500   150

图 2-16 道路横断面图（单位：cm）

【解】 （1）清单工程量

$2 \times 5 \times 620 m^2 = 3100 \times 2 m^2 = 6200 m^2$

【注释】 块料面层工程量按设计图示尺寸以面积计算，2 为人行道数量，5 为人行道宽度，620 为人行道长度。

清单工程量计算见表 2-12。

清单工程量计算表 表 2-12

项目编码	项目名称	项目特征描述	计量单位	工程量
040204002001	人行道块料铺设	人行道板宽 5m，砂垫层，铺设	m^2	6200

（2）定额工程量同清单工程量

项目编码：040203007　　项目名称：水泥混凝土

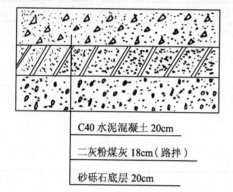

C40 水泥混凝土 20cm

二灰粉煤灰 18cm（路拌）

砂砾石底层 20cm

图 2-17　道路结构图（车行道）

【例 13】 某道路工程长 1000m，混合车行道宽 20m，两侧人行道宽各为 5m，路面结构如图 2-17 所示，计算面层工程量、基层工程量。

（1）清单工程量

水泥混凝土面层面积 $1000 \times 20 m^2 = 20000 m^2$

二灰、粉煤灰基层面积 $1000 \times (20 + 5 \times 2) m^2 = 30000 m^2$

砂砾石底层面积 $1000 \times (20 + 5 \times 2) m^2 = 30000 m^2$

【注释】 1000 为道路长度，20 为车行道的宽度，5 为人行道宽度。

清单工程量计算见表 2-13。

清单工程量计算表 表 2-13

序号	项目编码	项目名称	项目特征描述	计量单位	工程量
1	040203007001	水泥混凝土	C40 水泥混凝土面层 20cm 厚	m^2	20000
2	040202007001	粉煤灰	二灰粉煤灰 18cm 厚；路拌	m^2	30000
3	040202009001	砂砾石	砂砾石底层 20cm 厚	m^2	30000

（2）定额工程量

水泥混凝土面层面积 $1000 \times 20 m^2 = 20000 m^2$

二灰、粉煤灰基层面积 $(20 + 5 \times 2 + 2a) \times 1000 m^2 = (30000 + 2000a) m^2$

砂砾石底层面积 $(20 + 5 \times 2 + 2a) \times 1000 m^2 = (30000 + 2000a) m^2$

注：a 为路基一侧加宽值，5 为人行道的宽度，20 为车行道的宽度，1000 为道路长度。

项目编码：040204002　　项目名称：人行道块料铺设

【例 14】 题目同上，人行道结构示意图如图 2-18 所示，计算人行道垫层，基层及人行道板的工程量。

【解】 （1）清单工程量

二灰土基层面积 $1000 \times 10 \text{m}^2 = 10000 \text{m}^2$

素混凝土面积 $1000 \times 10 \text{m}^2 = 10000 \text{m}^2$

素混凝土体积 $10000 \times 0.12 \text{m}^3 = 1200 \text{m}^3$

砂浆面层面积 $1000 \times 10 \text{m}^2 = 10000 \text{m}^2$

砂浆体积 $10000 \times 0.03 \text{m}^3 = 300 \text{m}^3$

彩色道板路面面积 $2 \times 1000 \times 5 \text{m}^2 = 10000 \text{m}^2$

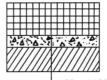

| 20cm×20cm 彩色道板 |
| 3cmM5 砂浆 |
| 12cmC5 素混凝土 |
| 15cm 二灰土基层 |

图 2-18　人行道结构示意图

【注释】　1000 为道路长度，10 为人行道总宽度，0.12 为素混凝土垫层的厚度，0.03 为砂浆层的厚度，2 为人行道的数量，5 为人行道的宽度。

清单工程量计算见表 2-14。

清单工程量计算表　　　　表 2-14

序号	项目编码	项目名称	项目特征描述	计量单位	工程量
1	040202004001	石灰、粉煤灰、土	15cm 二灰土基层	m²	10000
2	040202001001	路床(槽)整形	12cm 厚 C5 素混凝土	m²	10000
3	040203008001	块料面层	3cm 厚 M5 砂浆	m²	10000
4	040204002001	人行道块料铺设	20cm×20cm 彩色道板	m²	10000

（2）定额工程量

二灰土基层面积 $1000 \times (5 \times 2 + 2a) \text{m}^2 = (10000 + 2000a) \text{m}^2$

素混凝土面积 $1000 \times (5 \times 2 + 2a) \text{m}^2 = (10000 + 2000a) \text{m}^2$

素混凝土体积 $(10000 + 2000a) \times 0.12 \text{m}^3 = (1200 + 240a) \text{m}^3$

砂浆面积 $1000 \times 10 \text{m}^2 = 10000 \text{m}^2$

砂浆体积 $10000 \times 0.03 \text{m}^3 = 300 \text{m}^3$

彩色道板路面面积 $2 \times 5 \times 1000 \text{m}^2 = 10000 \text{m}^2$

注：a 为路基一侧加宽值，5 为人行道宽度。

项目编码：040202005　　项目名称：石灰、碎石、土

【例15】　某道路为改建工程，原路面面层为黑色碎石，由于年限已久，表面出现裂缝，现对其采取翻挖后用水泥混凝土作为面层，先在全线范围内铺玻璃纤维格栅，上铺 20cm 厚石灰、土、碎石，最后用 15cm 厚水泥混凝土加封，该道路长 100m，宽 12m，改建后路幅宽度不变，如图 2-19 所示，试求路基、路面、路缘石、玻璃纤维格栅的工程量。

【解】　（1）清单工程量

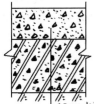

图 2-19　路面结构图

15cm 水泥混凝土

20cm 石灰、土、碎石（10：60：30）

石灰、土、碎石底基层面积 $100 \times 12 \text{m}^2 = 1200 \text{m}^2$

水泥混凝土面层面积 $100 \times 12 \text{m}^2 = 1200 \text{m}^2$

路缘石长度 $100 \times 2 \text{m} = 200 \text{m}$

玻璃纤维格栅面积 $100 \times 12 \text{m}^2 = 1200 \text{m}^2$

【注释】　100 为道路长度，12 为路面宽度，2 为路缘石的数量。

清单工程量计算见表 2-15。

清单工程量计算表　　　　　　　　　　　表 2-15

序号	项目编码	项目名称	项目特征描述	计量单位	工程量
1	040202005001	石灰、碎石、土	20cm 厚石灰、土、碎石 10：60：30	m²	1200
2	040203007001	水泥混凝土	15cm 厚水泥混凝土面层	m²	1200
3	040204004001	安砌侧(平、缘)石	混凝土缘石安砌	m	200

（2）定额工程量

石灰、土、碎石底基层面积 $100\times(12+2a)$m^2＝$(1200+200a)$m^2

水泥混凝土面层面积 100×12m^2＝1200m^2

路缘石长度 100×2m＝200m

玻璃纤维格栅面积 $100\times(12+2a)$m^2＝$(1200+200a)$m^2

注：a 为路基一侧加宽值，12 为路面宽度，100 为道路长度，路缘石的数量为 2。

项目编码：040203007　　项目名称：水泥混凝土

【例 16】　某道路长为 300m，其行车道宽度为 16m，设为双向四车通，每个车道宽度为 4m，在四个车道中有 3 条伸缩缝，伸缩缝宽度为 2cm，伸缩缝的纵断面图如图 2-20 所示，试求伸缩缝的工程量。

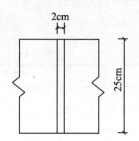

图 2-20　伸缩缝的纵断面图

【解】　（1）清单工程量

纵向伸缩缝面积 $0.02\times300\times3$m^2＝18m^2

【注释】　伸缩缝工程量以缝的断面面积计算。0.02 为缝宽，300 为缝长，3 为伸缩缝数量。

清单工程量计算见表 2-16。

清单工程量计算表　　　　　　　　　　　表 2-16

项目编码	项目名称	项目特征描述	计量单位	工程量
040203007001	水泥混凝土	纵向伸缩缝，缝宽 0.02m	m²	18

（2）定额工程量

定额工程量同清单工程量。

项目编码：040205002　　项目名称：电缆保护管

【例 17】　某条新建道路全长设为 627m，行车道的宽度为 8m，人行道宽度为 3m，在人行道下设有 18 座接线工作井，其邮电设施随路建设。已知邮电管道为 6 孔 PVC 管，小号直通井 9 座，小号四通井 1 座，管内穿线的余留长度共为 30m，工程竣工后，车行道中间的隔离护栏也委托该工程中标单位安装，试求 PVC 邮电塑料管，穿线管的铺排长度，管内穿线长度以及隔离护栏的长度。

【解】　（1）清单工程量

邮电塑料管总长 627m

穿线管的铺排长度 627×6m＝3762m

管内穿线长度 $(627\times6+30)$m＝3792m

隔离护栏的长度 627×2m＝1254m

【注释】　塑料管线、隔离护栏工程量按设计图示尺寸以长度计算用 m 表示，穿线管以长度计算用 m 表示。627 为道路全长，6 为穿线管孔的数量，30 为管内穿线的余留长度，2 为隔离护栏的数量。

清单工程量计算见表 2-17。

清单工程量计算表　　　　　　表 2-17

序号	项目编码	项目名称	项目特征描述	计量单位	工程量
1	040205002001	电缆保护管	PVC 邮电塑料管 6 孔	m	627
2	040205002002	电缆保护管	穿线管	m	3762
3	040804002001	配线	管内穿线	m	3792
4	040205012001	隔离护栏	隔离护栏安装	m	1254

（2）定额工程量

定额工程量计算同清单工程量。

项目编码：040204004　　项目名称：安砌侧(平、缘)石

【例 18】　某条道路全长为 800m，路面宽度为 12m，为保证路基压实，路基两侧各加宽 30cm，并设缘石，且路面每隔 6m 用切缝机切缝，锯缝断面示意图如图 2-21 所示，试求路缘石及锯缝长度。

【解】　（1）清单工程量

路缘石长度 800×2m＝1600m

锯缝个数(800÷6−1)条≈132 条

锯缝总长度 132×12m＝1584m

锯缝面积 1584×0.006m² ＝9.50m²

【注释】　缝工程量按设计图示以面积计算，800 为道路长度，2 为路缘石数量，6 为相邻切缝之间的间距，12 为每道切缝的长度，0.006 为锯缝宽度。

清单工程量计算见表 2-18。

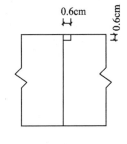

0.6cm　0.6cm

图 2-21　锯缝断面示意图

清单工程量计算表　　　　　　表 2-18

序号	项目编码	项目名称	项目特征描述	计量单位	工程量
1	040204004001	安砌侧(平、缘)石	C30 混凝土缘石安砌	m	1600
2	040203007001	水泥混凝土	切缝机锯缝宽 0.6cm	m²	9.50

（2）定额工程量

定额工程量同清单工程量。

【例 19】　某城市道路全长 600m，路面宽度为 14m，为双向车道，两侧为人行道，均宽 3.5m。其中行车道分向标线为一条，两侧车辆与人行道之间用护栏隔离，道路平面图如图 2-22 所示，试求分向标线及护栏长度。

【解】　（1）清单工程量

分向标线长度 600m

护栏长度 600×2m＝1200m

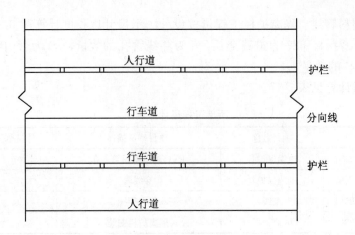

图 2-22　道路平面图

【注释】　标线及护栏工程量均按设计图示以长度计算。标线用 m 表示，护栏用 m 表示。600 为道路长度，2 为护栏的数量。

清单工程量计算见表 2-19。

清单工程量计算表

表 2-19

序号	项目编码	项目名称	项目特征描述	计量单位	工程量
1	040205006001	标线	行车道分向标线	m	600
2	040205012001	隔离护栏	车行道与人行道间隔离护栏安装	m	1200

（2）定额工程量

定额工程量同清单工程量。

项目编码：040205014　项目名称：信号灯

【例 20】　某城市二号道路全长为 900m，其中有 6 个道路交叉口，每个交叉口设有一座值警亭，每个交叉口安装 4 套交通信号灯，试求值警亭与交通信号灯的安装工程量。

【解】　（1）清单工程量

值警亭安装数量 6 座

交通信号安装套数 6×4 套＝24 套

【注释】　值警亭及交通信号灯安装工程量均按设计图示以数量计算。值警亭以座表示，信号灯以套表示。6 为值警亭的数量，4 为每个值警亭安装信号灯的数量。

清单工程量计算见表 2-20。

清单工程量计算表

表 2-20

序号	项目编码	项目名称	项目特征描述	计量单位	工程量
1	040205014001	交通信号灯	指挥灯信号安装	套	24
2	040205011001	值警亭	道路交叉口值警亭安装	座	6

（2）定额工程量

定额工程量同清单工程量。

项目编码：040802001   项目名称：电杆组立

【例21】 某城市三号道路全长1100m，其中每50m设一立电杆，上面架有电线、电话线和信号灯架空走线，试求立电杆和信号灯架空走线的工程量。

【解】 （1）清单工程量

立电杆的数量$(1100 \div 50 + 1)$根=23 根

信号灯架空走线的长度1100m

【注释】 立电杆按设计图示以数量计算，用根表示；信号灯架空走线按设计图示以长度计算，用m表示。1100为道路全长，50为相邻立电杆之间的间距。

清单工程量计算见表2-21。

清单工程量计算表   表 2-21

序号	项目编码	项目名称	项目特征描述	计量单位	工程量
1	040802001001	电杆组立	钢筋混凝土电杆	根	23
2	040205013001	架空走线	信号灯架空走线	m	1100

（2）定额工程量

定额工程量同清单工程量。

项目编码：040205015   项目名称：设备控制机箱

【例22】 城市次干道全长1500m，与城市其他道路交叉口为11个，每个交叉口均设有两组信号灯架，每个信号灯架装有2个机箱，分别控制两个信号灯，试求信号机箱和信号灯架的工程量。

【解】 （1）清单工程量

信号灯架的个数11×2套=22 套

信号机箱的只数$11 \times 2 \times 2$台=44 台

【注释】 信号灯机箱及信号灯架均按数量计算，信号机箱用只表示，灯架用组表示。11为道路交叉口的数量，2为每个交叉口安装信号灯架的组数，每组有2个机箱。

清单工程量计算见表2-22。

清单工程量计算表   表 2-22

序号	项目编码	项目名称	项目特征描述	计量单位	工程量
1	040205015001	设备控制机箱	信号机箱	台	44
2	040205014001	信号灯架	灯具为固定支架	套	22

（2）定额工程量

定额工程量同清单工程量。

项目编码：040202006   项目名称：石灰、粉煤灰、砂(砾)石

【例23】 某新建道路，全长870m，路幅宽度为30m，车行道宽度为16m，人行道宽度两侧均为7m，道路设计标高与现有路面相同。人行道树池每5m设一处，道路横断面图如图2-23所示，车行道道路结构图如图2-24所示，试求人行道树池的工程量及车行道道路工程量。

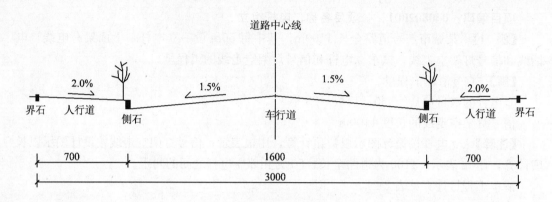

图 2-23　道路横断面图(单位：cm)

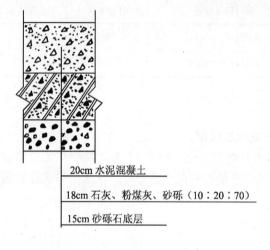

20cm 水泥混凝土

18cm 石灰、粉煤灰、砂砾（10：20：70）

15cm 砂砾石底层

图 2-24　车行道路面结构示意图

【解】 （1）清单工程量

树池个数(870÷5＋1)×2 个＝350 个

车行道路面面积 870×16m²＝13920m²

砂砾石底基层面积 870×16m²＝13920m²

石灰、粉煤灰、砂砾基层面积 870×16m²＝13920m²

水泥混凝土面层面积 870×16m²＝13920m²

【注释】 树池砌筑按设计图示数量计算。870 为道路长度，5 为相邻树池之间的间距，16 为车行道的宽度。

清单工程量计算见表 2-23。

清单工程量计算表　　　　　　　　　　　　表 2-23

序号	项目编码	项目名称	项目特征描述	计量单位	工程量
1	040202006001	石灰、粉煤灰、砂(砾)石	18cm 厚石灰、粉煤灰、砂砾（10：20：70）	m²	13920
2	040202009001	砂砾石	15cm 厚砂砾石底层	m²	13920
3	040203007001	水泥混凝土	20cm 厚水泥混凝土面层	m²	13920
4	040204007001	树池砌筑	人行道树池砌筑	个	350

（2）定额工程量

定额工程量同清单工程量。

项目编码：040204002　　项目名称：人行道块料铺设

【例 24】 某市道路全长 450m，路幅宽度为 28m，人行道两侧各宽为 6.8m，路缘石宽度为 20cm，求人行道工程量和侧石工程量，其中横断面图 2-25，道路结构图 2-26 及侧石大样图如图 2-27 所示。

【解】 （1）清单工程量

砂砾石稳定层面积 6.8×2×450m²＝6120m²

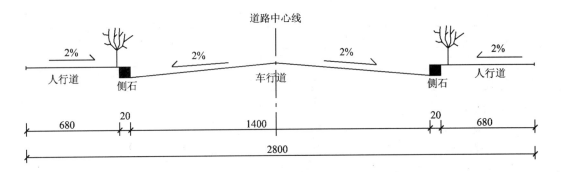

图 2-25　道路横断面图(单位：cm)

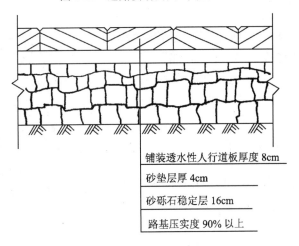

铺装透水性人行道板厚度 8cm

砂垫层厚 4cm

砂砾石稳定层 16cm

路基压实度 90% 以上

图 2-26　人行道结构示意图

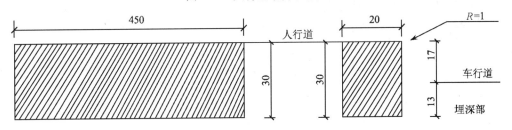

图 2-27　侧石大样图(单位：cm)

砂垫层的面积为 $6.8 \times 2 \times 450\text{m}^2 = 6120\text{m}^2$

人行道板的面积 $6.8 \times 2 \times 450\text{m}^2 = 6120\text{m}^2$

侧石长度 $450 \times 2\text{m} = 900\text{m}$

【注释】　6.8 为人行道的宽度，2 为人行道的数量，450 为道路长度，侧石数量为 2。
清单工程量计算见表 2-24。

清单工程量计算表　　　　　　　　　　　　　表 2-24

序号	项目编码	项目名称	项目特征描述	计量单位	工程量
1	040202001001	路床(槽)整形	砂垫层厚 4cm	m²	6120
2	040202009001	砂砾石	砂砾石稳定层厚 16cm	m²	6120

序号	项目编码	项目名称	项目特征描述	计量单位	工程量
3	040204002001	人行道块料铺设	透水性人行道板厚8cm	m²	6120
4	040204004001	安砌侧(平、缘)石	C30混凝土缘石安砌 450×30×20cm	m	900

(2) 定额工程量

砂砾石稳定层面积$(6.8+a)\times 2\times 450m^2=(6120+900a)m^2$

砂垫层的面积$(6.8+a)\times 2\times 450m^2=(6120+900a)m^2$

人行道板的面积$6.8\times 2\times 450m^2=6120m^2$

侧石长度$450\times 2m=900m$

注：a为路基一侧加宽值。

项目编码：040203001   项目名称：沥青表面处治

【例25】 某条道路全长为580m，路面宽度为8m，路肩宽度为1m，路面结构示意图如图2-28所示。路面两侧铺设缘石，路面喷洒沥青油料，试计算道路工程量。

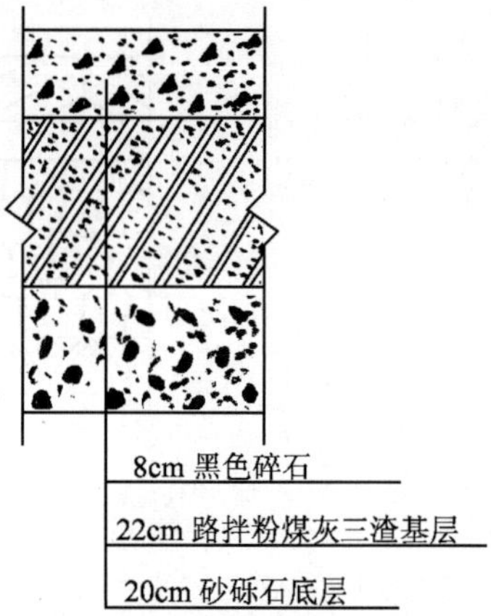

【解】 (1) 清单工程量

沥青油料面积$580\times(8+1\times 2)m^2=5800m^2$

砂砾石底层面积$580\times(8+1\times 2)m^2=5800m^2$

路拌粉煤灰三渣基层面积$580\times(8+1\times 2)m^2=5800m^2$

黑色碎石路面面积$580\times 8m^2=4640m^2$

侧缘石长度$2\times 580m=1160m$

8cm 黑色碎石

22cm 路拌粉煤灰三渣基层

20cm 砂砾石底层

图 2-28 路面结构示意图

【注释】 580为道路长度，8为路面宽度，1为一侧路肩宽度，2为侧缘石的数量。

清单工程量计算见表2-25。

清单工程量计算表   表 2-25

序号	项目编码	项目名称	项目特征描述	计量单位	工程量
1	040202009001	砂砾石	20cm厚砂砾石底层	m²	5800
2	040202014001	粉煤灰三渣	22cm厚路拌粉煤灰三渣基层	m²	5800
3	040203001001	沥青表面处治	路面喷洒沥青油料	m²	5800
4	040203005001	黑色碎石	8cm厚黑色碎石路面，石料最大粒径40mm	m²	4640
5	040204004001	安砌侧(平、缘)石	C30混凝土缘石安砌	m	1160

(2) 定额工程量

砂砾石底层面积$580\times(8+2+2a)m^2=(5800+1160a)m^2$

路拌粉煤灰三渣基层面积$580\times(8+2+2a)m^2=(5800+1160a)m^2$

沥青油料面积$580\times 8m^2=5640m^2$

黑色碎石路面面积 $580\times 8m^2=4640m^2$

侧缘石长度$2\times 580m=1160m$

注：a 为路基加一侧宽值。第一个 2 为路肩宽度，580 为道路长度，8 为路面宽度。

项目编码：040203007　项目名称：水泥混凝土

【例 26】　某条道路全长 2000m，路幅宽度为 35m，其中有双向 4 车道快车道，有双向 2 车道慢车道，双向人行道 2 条，横断面如图 2-29 所示，快车道每条为 4m，有 3 条纵向伸缩缝，伸缩缝断面图如图 2-30 所示，快慢车道间用黄色标线隔开，车道与人行道之间有缘石，其路缘石宽度为 30cm，试求道路工程量。

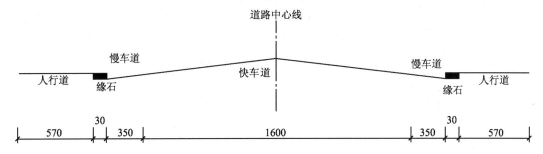

图 2-29　道路横断面图（单位：cm）

【解】　（1）清单工程量

伸缩缝长度 $2000 \times 3m = 6000m$

伸缩缝面积 $6000 \times 0.02m^2 = 120m^2$

路缘石长度 $2000 \times 2m = 4000m$

黄色标线长度 $2000 \times 2m = 4000m$

【注释】　伸缩缝工程量按面积计算，2000 为道路全长，3 为伸缩缝的数量，0.02 为伸缩缝的宽度，路缘石及黄色标线的数量均为 2。

清单工程量计算见表 2-26。

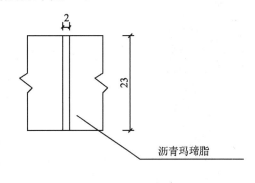

图 2-30　伸缩缝横断面示意图（单位：cm）

清单工程量计算表　　　　　　　　　　　表 2-26

序号	项目编码	项目名称	项目特征描述	计量单位	工程量
1	040203007001	水泥混凝土	伸缩缝宽 2cm 沥青玛琋脂填隙	m²	120
2	040204004001	安砌侧（平、缘）石	C30 混凝土缘石安砌	m	4000
3	040205006001	标线	黄色标线	m	4000

（2）定额工程量

定额工程量同清单工程量。

项目编码：040205016　项目名称：管内配线

【例 27】　某改建道路长 330m，在人行道下设有 11 座接线工作井，电缆保护设施随路建设。已知电缆管道为 7 孔 PVC 管，管内穿线的余留长度共为 24m，求 PVC 电缆管的长度及电缆线的穿线长度，管线横断面图如图 2-31 所示。试求道路工程量。

图 2-31　管线横断面图

【解】 (1) 清单工程量

PVC 管长度 330m

管内穿线长度(330×7+24)m=2334m

【注释】 330 为道路长度，7 为管内孔的数量，24 为管内穿线的余留长度。

清单工程量计算见表 2-27。

清单工程量计算表 表 2-27

序号	项目编码	项目名称	项目特征描述	计量单位	工程量
1	040205002001	电缆保护管	7 孔 PVC 管	m	330
2	040205016001	管内配线	管内穿线	m	2334

(2) 定额工程量

定额工程量同清单工程量。

项目编码：040202006 **项目名称：石灰、粉煤灰、碎(砾)石**

20cm 水泥混凝土

15cm 石灰、粉煤灰、砂砾(10∶20∶70)

20cm 砂砾石底层

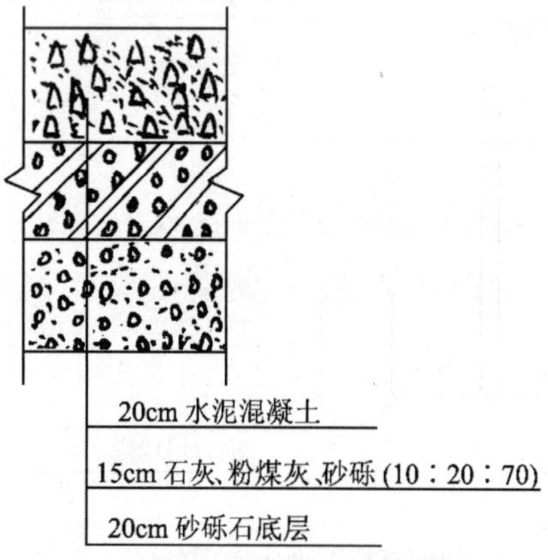

图 2-32 道路结构示意图

【例 28】 某道路为混凝土路面，全长 770m，路面宽度为 12m，路肩宽度为 1m，为保证压实，路基两侧各加宽 40cm，由于该路段降水量较大，需设置边沟以利于排水。路面结构图 2-32 与道路横断面图如图 2-33 所示。试求道路工程量。

【解】 (1) 清单工程量

砂砾石底层面积 770×(12+1×2)m² =10780m²

石灰、粉煤灰、砂砾基层(10∶20∶70)面积 770×(12+1×2)m²=10780m²

水泥混凝土面层面积 770×12m²=9240m²

边沟长度：770×2m=1540m

【注释】 770 为道路长度，12 为路面宽度，1 为一侧路肩宽度，2 为边沟的数量。

清单工程量计算见表 2-28。

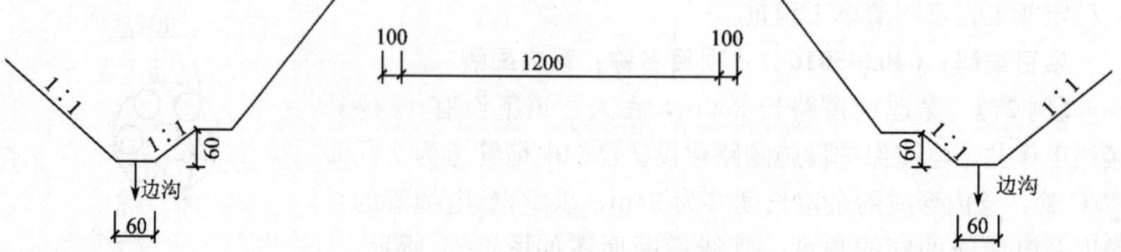

图 2-33 道路横断面图(单位：cm)

清单工程量计算表 表 2-28

序号	项目编码	项目名称	项目特征描述	计量单位	工程量
1	040202009001	砂砾石	20cm 厚砂砾石底层	m²	10780
2	040202006001	石灰、粉煤灰、碎(砾)石	15cm 厚石灰、粉煤灰、砂砾 10∶20∶70	m²	10780
3	040203007001	水泥混凝土	20cm 厚水泥混凝土面层	m²	9240
4	040201022001	排水沟、截水沟	边沟排水	m	1540

（2）定额工程量

砂砾石底层面积 $770 \times (12 + 2 \times 1 + 2 \times 0.4) m^2 = 1139.6 m^2$

石灰、粉煤灰、砂砾基层（10∶20∶70）面积 $770 \times (12 + 2 \times 1 + 2 \times 0.4) m^2 = 1139.6 m^2$

水泥混凝土面层面积 $770 \times 12 m^2 = 9240 m^2$

边沟长度 $770 \times 2 m = 1540 m$

【注释】 770 为道路长度，12 为路面宽度，1 为一侧路肩宽度，0.4 为一侧路基加宽值，边沟的数量为 2。

项目编码：040203006   项目名称：沥青混凝土

【例29】 E 市城市道路全长 950m，路面宽度为 21m，其中 K0+090～K0+150 为挖方路段，其道路横断面图如图 2-34 所示，路肩宽度为 1m，该路段属于雨量较大地段，需设置边沟与截水沟，其余均为填方路段，只设边沟，道路结构图如图 2-35 所示，试求道路工程量。

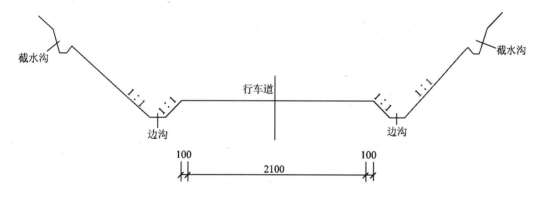

图 2-34 道路横断面图（单位：cm）

【解】 （1）清单工程量

碎石底层面积 $950 \times (21 + 1 \times 2) m^2 = 21850 m^2$

石灰、粉煤灰、碎石基层面积 $950 \times (21 + 1 \times 2) m^2 = 21850 m^2$

沥青混凝土面层面积 $950 \times 21 m^2 = 19950 m^2$

边沟长度 $950 \times 2 m = 1900 m$

截水沟长度 $(150 - 90) \times 2 m = 120 m$

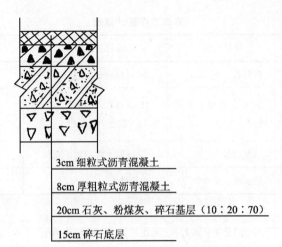

3cm 细粒式沥青混凝土

8cm 厚粗粒式沥青混凝土

20cm 石灰、粉煤灰、碎石基层（10∶20∶70）

15cm 碎石底层

图 2-35　道路结构示意图

【注释】　950 为道路全长，21 为路面宽度，2 为边沟及截水沟的数量，150 为设置截水沟的道路终点桩号，90 为起点桩号。

清单工程量计算见表 2-29。

清单工程量计算表　　　　　　　　　　　　　表 2-29

序号	项目编码	项目名称	项目特征描述	计量单位	工程量
1	040202011001	碎石	15cm 厚碎石底层	m²	21850
2	040202006001	石灰、粉煤灰、碎(砾)石	20cm 厚石灰、粉煤灰、碎石基层 10∶20∶70	m²	21850
3	040203006001	沥青混凝土	8cm 厚粗粒式石油沥青，石料最大粒径 40mm	m²	19950
4	040203006002	沥青混凝土	30cm 厚细粒式石油沥青，石料最大粒径 20mm	m²	19950
5	040201022001	排水沟、截水沟	排水边沟	m	1900
6	040201022002	排水沟、截水沟	截水沟	m	120

（2）定额工程量

碎石底层面积 $950 \times (21 + 1 \times 2 + 2a) m^2 = (21850 + 1900a) m^2$

石灰、粉煤灰、碎石基层面积 $950 \times (21 + 1 \times 2 + 2a) m^2 = (21850 + 1900a) m^2$

沥青混凝土面层面积 $950 \times 21 m^2 = 19950 m^2$

边沟长度 $950 \times 2 m = 1900 m$

截水沟长度 $(150 - 90) \times 2 m = 120 m$

注：a 为路基加一侧宽值，1 为一侧路肩宽度。

项目编码：040203005　　项目名称：黑色碎石

【例30】　某山区道路为黑色碎石路面，全长为 1300m，路面宽度为 12m，路肩宽度为 1m，道路结构图如图 2-36 所示，由于该路段路基处于湿软工作状态，为了保证路基的稳定性以及道路的使用年限，对路基进行掺石处理，计算道路工程量。

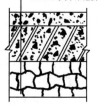

——10cm 黑色碎石

——20cm 石灰、粉煤灰、碎石基层（10：20：70）

——20cm 块石底层

图 2-36　道路结构图

【解】 （1）清单工程量

块石底层掺石体积 $1300 \times (12+1 \times 2) \times 0.2 \text{m}^3 = 3640 \text{m}^3$

石灰、粉煤灰、碎石基层面积 $1300 \times (12+1 \times 2) \text{m}^2 = 18200 \text{m}^2$

黑色碎石面层面积 $1300 \times 12 \text{m}^2 = 15600 \text{m}^2$

块石底层面积 $1300 \times (12+1 \times 2) \text{m}^2 = 18200 \text{m}^2$

【注释】 掺石工程量按设计图示尺寸以体积计算，0.2 为掺石厚度；基层，面层工程量均按设计图示以面积计算。1300 为道路全长，12 为路面宽度，1 为一侧路肩宽度。

清单工程量计算见表 2-30。

清单工程量计算表　　　　　　　　　　　　　　　　　　　　　表 2-30

序号	项目编码	项目名称	项目特征描述	计量单位	工程量
1	040201006001	掺石	路基掺石	m³	3640
2	040202006001	石灰、粉煤灰、碎（砾）石	20cm 厚石灰、粉煤灰、碎石基层 10：20：70	m²	18200
3	040202012001	块石	20cm 厚块石底层	m²	18200
4	040203005001	黑色碎石	10cm 厚黑色碎石面层，石料最大粒径 40mm	m²	15600

（2）定额工程量

块石底层面积 $1300 \times (12+1 \times 2+2a) \text{m}^2 = (18200+2600a) \text{m}^2$

块石底层掺石体积 $1300 \times (12+1 \times 2+2a) \times 0.2 \text{m}^3 = (3640+520a) \text{m}^3$

石灰、粉煤灰、碎石基层面积 $1300 \times (12+1 \times 2+2a) \text{m}^2 = (18200+2600a) \text{m}^2$

黑色碎石面层面积 $1300 \times 12 \text{m}^2 = 15600 \text{m}^2$

注：a 为路基一侧加宽值，1 为一侧路肩宽度。

项目编码：040204006　　项目名称：检查井升降

【例 31】 某城市新建道路全长为 1900m，路面为混凝土路面，路面宽度为 21m，其中快车道为 8m，慢车道为 7m，人行道为 6m，快车道设有一条伸缩缝，道路横断面图 2-37 及伸缩缝横断面图如图 2-38 所示。在人行道边缘每 6m 设一个树池，每 60m 设一

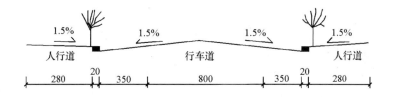

图 2-37　道路横断面图（单位：cm）

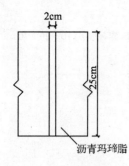

图 2-38 伸缩缝断面图

检查井，且每一座检查井均与设计路面标高发生正负高差，试计算检查井、伸缩缝及树池的工程量。

【解】 （1）清单工程量

检查井座数（1900÷60+1）×2 座＝66 座

伸缩缝面积 1900×0.02m²＝38m²

树池个数（1900÷6+1）×2 个＝636 个

【注释】 1900 为道路全长，60 为相邻检查井之间的间距，0.02 为伸缩缝的宽度，6 为相邻树池之间的间距，2 为人行道的数量。

清单工程量计算见表 2-31。

清单工程量计算表　　　　　　　　　　　表 2-31

序号	项目编码	项目名称	项目特征描述	计量单位	工程量
1	040203007001	水泥混凝土	伸缩缝宽 2cm，沥青玛琋脂填料	m²	38
2	040204007001	树池砌筑	人行道边缘砌筑树池	个	636
3	040204006001	检查井升降	检查井均与设计路面标高发生正负高差	座	66

（2）定额工程量

定额工程量同清单工程量。

项目编码：040205006　　项目名称：标线

【例32】 某城市道路全长 2000m，其路面为混凝土路面，路面宽度为 22m，车行道为 16m，设为双向四车道，人行道为 6m，道路平面图如图 2-39 所示，在人行道与车行道之间设有缘石，缘石宽度为 20cm，试求缘石、标线，隔离栏的工程量。

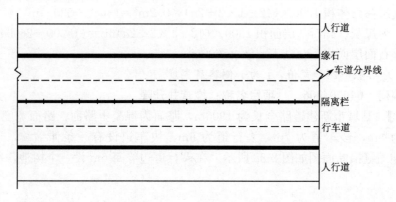

图 2-39 道路平面图

【解】 （1）清单工程量

缘石长度 2000×2m＝4000m

标线长度 2000×2m＝4000m

隔离栏长度 2000m

【注释】 2000 为道路长度，2 为缘石及标线的数量。

清单工程量计算见表 2-32。

清单工程量计算表 表 2-32

序号	项目编码	项目名称	项目特征描述	计量单位	工程量
1	040204004001	安砌侧(平、缘)石	C30 混凝土缘石安砌	m	4000
2	040205006001	标线	标线	m	4000
3	040205012001	隔离护栏	行车道之间隔离护栏安装	m	2000

（2）定额工程量

定额工程量同清单工程量。

项目编码：040205008　　项目名称：横道线

【例 33】 某城市干道交叉口如图 2-40 所示，人行道线宽 20cm，长度均为 1.4m，试计算人行道线的工程量。

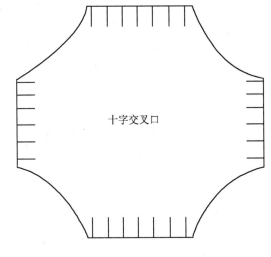

图 2-40　交叉口平面图

【解】 （1）清单工程量

人行道线的面积 $0.2 \times 1.4 \times (2 \times 7 + 2 \times 6) m^2 = 7.28 m^2$

【注释】 人行道线工程量按设计图示尺寸以面积计算，0.2 为人行道线的宽度，1.4 为人行道线的长度，2×7 为图示纵向人行道线数量，2×6 为横向人行道线数量。

清单工程量计算见表 2-33。

清单工程量计算表 表 2-33

项目编码	项目名称	项目特征描述	计量单位	工程量
040205008001	横道线	人行横道线	m^2	7.28

（2）定额工程量

定额工程量同清单工程量。

项目编码：040701006　　项目名称：土工合成材料

【例 34】 某条道路路面为混凝土路面，全长为 1700m，其路面宽度为 12m，路肩宽

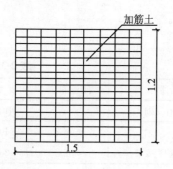

图 2-41　土工布平面图(单位：m)

度为 1.5m,K0＋500～K0＋550 为软土地基，为了保证路基的压实度以及满足道路的设计使用年限，需对软土地基用土工布进行处理，土工布紧密布置，土工布的厚度为 20cm，土工布的平面图如图 2-41 所示，试求土工布的工程量。

【解】　(1) 清单工程量

土工布的个数[(550－500)×(12＋1.5×2)÷(1.5×1.2)＋1]个＝418 个

土工布的面积 418×1.5×1.2m²＝752.40m²

【注释】　土工布工程量按设计图示尺寸以面积计算。550 为设置土工布的道路终点桩号，500 为设置土工布的道路起点桩号，12 为路面宽度，1.5 为一侧路肩宽度，第二个 1.5 为土工布的长度，1.2 为土工布的宽度。

清单工程量计算见表 2-34。

清单工程量计算表　　　　　　　　　　　表 2-34

项目编码	项目名称	项目特征描述	计量单位	工程量
040701006001	土工合成材料	加筋土土工布 1.5×1.2m	m²	752.40

(2) 定额工程量

土工布的个数[(550－50)×(12＋1.5×2＋2a)÷(1.5×1.2)＋1]个＝(418＋56a)个

土工布的面积(418＋56a)×1.5×1.2m²＝(752.4＋100.8a)m²

土工布的体积(752.4＋100.8a)×0.2m³＝(150.48＋20.16a)m³

注：a 为路基一侧加宽值，0.2 为土工布的厚度。

项目编码：040203001　　项目名称：沥青表面处治

【例 35】　某黑色碎石路面因车辆行驶过多，路面出现坑凹，对不平部位用碎石填满后，用沥青油料做磨耗层。该道路长 460m，宽 10m，试求磨耗层的工程量。

【解】　(1) 清单工程量

460×10m²＝4600m²

【注释】　460 为道路长度，10 为路面宽度。

清单工程量计算见表 2-35。

清单工程量计算表　　　　　　　　　　　表 2-35

项目编码	项目名称	项目特征描述	计量单位	工程量
040203001001	沥青表面处治	路面沥青油料磨耗层	m²	4600

(2) 定额工程量

定额工程量同清单工程量。

项目编码：040203008　　项目名称：块料面层

【例 36】　某泥结碎石路面，由于总厚度超过了 15cm，面层分两层铺筑，上下面层之间浇透层油连接。上层厚度为 6cm，下层厚度为 10cm，其中路面宽度为 21m，长度为

620m，道路横断面图如图 2-42 所示，试求路面工程量。

图 2-42　道路横断面图（单位：cm）

【解】　（1）清单工程量

泥结碎石面层面积 $20.6 \times 620\text{m}^2 = 12772\text{m}^2$

透层油面层面积 $20.6 \times 620\text{m}^2 = 12772\text{m}^2$

【注释】　20.6 为路面面层的宽度，620 为道路长度。

清单工程量计算见表 2-36。

清单工程量计算表　　　　　　　　　　　　　　　表 2-36

序号	项目编码	项目名称	项目特征描述	计量单位	工程量
1	040203008001	块料面层	10cm 厚泥结碎石面层	m^2	12772
2	040203008002	块料面层	6cm 泥结碎石面层	m^2	12772

（2）定额工程量

定额工程量同清单工程量。

项目编码：040203001　　项目名称：沥青表面处治

【例 37】　某沥青路面由于交通量过大，出现了波浪和拥抱病害，需要整修，用石油沥青修整之后用封层沥青处理，路面宽度为 8m，长为 3000m，试求封层工程量。

【解】　（1）清单工程量

封层沥青面面积 $8 \times 3000\text{m}^2 = 24000\text{m}^2$

【注释】　8 为路面宽度，3000 为道路长度。

清单工程量计算见表 2-37。

清单工程量计算表　　　　　　　　　　　　　　　表 2-37

项目编码	项目名称	项目特征描述	计量单位	工程量
040203001001	沥青表面处治	封层沥青面层	m^2	24000

（2）定额工程量

定额工程量同清单工程量。

项目编码：040201008　　项目名称：袋装砂井

【例 38】　某条道路 K0＋090～K0＋160 路段泥沼厚度超过 5m，且填土高度超过天然

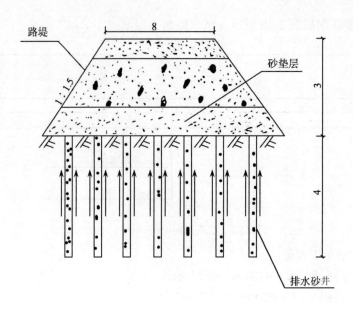

图 2-43　道路横断面示意图(单位：m)

地基承载力，并且工期比较紧迫，对路基进行排水砂井处理，前后间距为 5m。该路段路面宽度为 8m，路肩宽度为 1m，填土高度为 3m，道路横断面图如图 2-43 所示，试求排水砂井的工程量。

【解】　(1) 清单工程量

砂井的长度 $(70 \div 5 + 1) \times 7 \times 4m = 420m$

【注释】　砂井工程量按设计图示以长度计算，70 为路面长度即 $(160 - 90)$，5 为道路纵向方向上砂井之间间距，7 为道路横向方向上砂井数量，4 为一个砂井长度。

清单工程量计算见表 2-38。

清单工程量计算表　　　　　　　　　　　　　表 2-38

项目编码	项目名称	项目特征描述	计量单位	工程量
040201008001	袋装砂井	路基排水砂井，前后间距为 5m	m	420

(2) 定额工程量

定额工程量同清单工程量。

项目编码：040201009　　项目名称：排水板

【例 39】　某条道路长为 45m，宽为 10m，填土高度为 2m，由于该路段属于泥炭饱和淤泥地带，为了使路堤加快固结，加快沉降，提高路基强度。对路基进行塑料排水板处理，板前后间距为 3m，道路横断面图如图 2-44 所示，试求塑料排水板的工程量。

【解】　(1) 清单工程量

塑料排水板的长度 $(45 \div 3 + 1) \times 3 \times 6m = 288m$

【注释】　塑料排水管工程量按设计图示以长度计算，45 为道路长度，第一个 3 为板前后间距，第二个 3 为每个板的长度，6 为道路宽度方向上排水板的数量。

清单工程量计算见表 2-39。

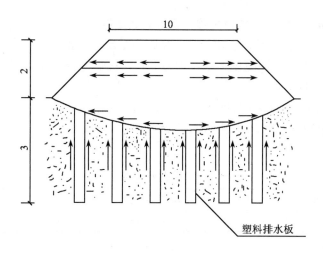

图 2-44　道路横断面图(单位：m)

清单工程量计算表　　　　　　　　　　　　　　　　表 2-39

项目编码	项目名称	项目特征描述	计量单位	工程量
040201009001	排水板	路基塑料排水板，前后间距为 3m	m	288

（2）定额工程量

定额工程量同清单工程量。

项目编码：040202002　　项目名称：石灰稳定土

【例 40】　某道路全长 970m，路面宽度为 14.4m，人行道宽度每边均为 3m，车行道宽度为 8m，缘石宽度 20cm，人行道面层为混凝土步道砖，基层为石灰土，人行道结构图如图 2-45所示，试求人行道的工程量。

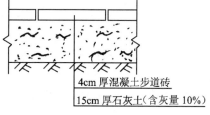

4cm 厚混凝土步道砖

15cm 厚石灰土(含灰量 10%)

【解】　（1）清单工程量

混凝土步道砖的面积 $3×2×970m^2=5820m^2$

石灰土基层的面积为 $3×2×970m^2=5820m^2$

【注释】　3 为人行道的宽度，2 为人行道数量，970 为道路长度。

图 2-45　人行道结构示意图

清单工程量计算见表 2-40。

清单工程量计算表　　　　　　　　　　　　　　　　表 2-40

序号	项目编码	项目名称	项目特征描述	计量单位	工程量
1	040202002001	石灰稳定土	15cm 厚石灰土基层，含灰量 10%	m²	5820
2	040204002001	人行道块料铺设	4cm 厚混凝土步道砖铺设	m²	5820

（2）定额工程量

混凝土步道砖的面积 $3×2×970m^2=5820m^2$

石灰土基层的面积 $(3+a)×2×970m^2=(5820+1940a)m^2$

注：a 为路基一侧加宽值。

项目编码：040203001　　项目名称：沥青表面处治

【例41】　某城市道路已超过使用年限，且路面出现了拥抱现象，把原路面作为基层，上面铺筑沥青粘层，改建路面宽度不变，均为15m，长度为380m，试求粘层路面工程量。

【解】　（1）清单工程量

粘层路面面积 $15 \times 380 m^2 = 5700 m^2$

【注释】　15为路面宽度，380为道路长度。

清单工程量计算见表2-41。

清单工程量计算表　　　　　　　　　　　　　　　　　表2-41

项目编码	项目名称	项目特征描述	计量单位	工程量
040203001001	沥青表面处治	沥青粘层路面	m^2	5700

（2）定额工程量

定额工程量同清单工程量。

项目编码：040201012　　项目名称：水泥粉煤灰碎石桩

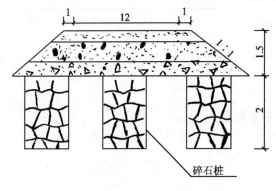

图2-46　道路横断面图（单位：m）

【例42】　某道路全长为640m，路面为沥青混凝土结构，路面宽度为12m，路肩宽度为1m，由于该路段地基湿软，对其进行碎石桩处理，保证路基强度，前后桩间隔为8m，桩径为0.5m，桩长为2m，填土高度为1.5m，道路横断面图如图2-46所示，试求碎石桩的工程量。

【解】　（1）清单工程量

碎石柱的长度 $(640 \div 8.5 + 1) \times 3 \times 2m = 456m$

【注释】　碎石柱工程量按长度计算，640为道路全长，8.5为相邻桩中心之间的间距即（8+0.5），3为道路宽度方向上桩的数量，2为每根桩的长度。

清单工程量计算见表2-42。

清单工程量计算表　　　　　　　　　　　　　　　　　表2-42

项目编码	项目名称	项目特征描述	计量单位	工程量
040201012001	水泥粉煤灰碎石桩	前后桩间隔为8m，桩径0.5m，桩长2m	m	456

（2）定额工程量

定额工程量同清单工程量。

项目编码：040201013　　项目名称：深层搅拌桩

【例43】　某道路 K0+140～K0+260 间为水泥混凝土结构路面，路面宽度为14m，路肩宽度为1.5m，填土高度为2.5m。由于该路段比较潮湿，土质较差，为了保证路基的稳定性，对其进行深层搅拌桩处理，前后桩间距为6m，桩径为80cm，道路横断面图如图2-47所示，试求深层搅拌桩的工程量。

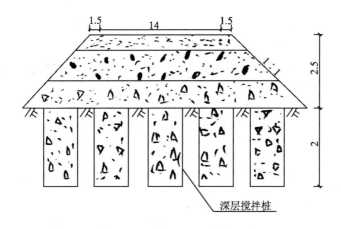

图 2-47　道路横断面图(单位：m)

【解】（1）清单工程量

搅拌桩长度[(260－140)÷6＋1]×2×5m＝210m

【注释】　260 为道路终点桩号，140 为道路起点桩号，6 为相邻桩表面之间的间距，2 为每根桩的长度，5 为道路宽度方向上桩的数量。

清单工程量计算见表 2-43。

清单工程量计算表　　　　　　　　　　　　表 2-43

项目编码	项目名称	项目特征描述	计量单位	工程量
040201013001	深层搅拌桩	深层搅拌前后桩间距为 6m，桩径为 80cm	m	210

（2）定额工程量

搅拌桩长度[(260－140)÷6＋1]×2×5m＝210m

搅拌桩体积 $\pi \times 0.4^2 \times 210\mathrm{m}^3 = 105.56\mathrm{m}^3$

【注释】　0.4 为搅拌桩的半径即 0.8/2。

项目编码：040201023　　项目名称：盲沟

【例 44】　某道路全长 770m，路宽为 12m，由于该路段为淤泥，土质渗水性不好，需要设置边沟用以排水，边沟下设盲沟，以便排除路基范围内的水，保证路基稳定，降低地下水位，道路横断面图如图 2-48 所示，试求盲沟的工程量。

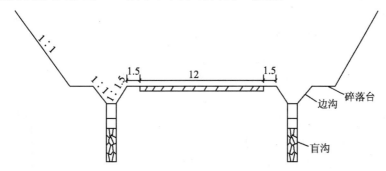

图 2-48　道路横断面示意图　（单位：m）

【解】 （1）清单工程量

盲沟长度 770×2m＝1540m

【注释】 盲沟工程量按设计图示以长度计算。770 为盲沟的长度，2 为盲沟的数量。

清单工程量计算见表 2-44。

清单工程量计算表　　　　　　　　　　　　　　　　　表 2-44

项目编码	项目名称	项目特征描述	计量单位	工程量
040201023001	盲沟	碎石盲沟	m	1540

（2）定额工程量

定额工程量同清单工程量。

【例 45】 某城市 C 道路全长 880m，宽为 24.4m，其中现浇路缘石宽均为 20cm，行车道宽为 14m，人行道各宽 5m，道路横断面图如图 2-49 所示，试求现浇侧缘石的工程量。

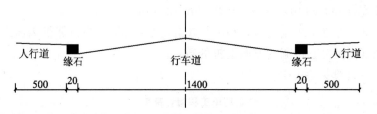

图 2-49　道路横断面示意图（单位：cm）

【解】 （1）清单工程量

现浇侧缘石的总长度为 880×2m＝1760m

【注释】 880 为道路长度，2 为侧缘石的数量。

清单工程量计算见表 2-45。

清单工程量计算表　　　　　　　　　　　　　　　　　表 2-45

项目编码	项目名称	项目特征描述	计量单位	工程量
040204005001	现浇侧（平、缘）石	C30 混凝土现浇缘石	m	1760

（2）定额工程量

定额工程量同清单工程量。

项目编码：040205003　　项目名称：标杆

【例 46】 某高速公路全长为 1300m，宽为 30m，路面为混凝土结构，每 50m 设一条标杆，标杆示意图如图2-50所示，试求标杆的工程量。

【解】 （1）清单工程量

标杆套数（1300÷50＋1）根＝27 根

【注释】 标杆按设计图示数量计算，用根表示。1300 为公路长度，50 为相邻标杆之间的间距。

清单工程量计算见表 2-46。

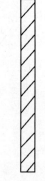

图 2-50　标杆示意图

清单工程量计算表   表 2-46

项目编码	项目名称	项目特征描述	计量单位	工程量
040205003001	标杆	标杆	根	27

（2）定额工程量

定额工程量同清单工程量。

【例47】　某高速公路全长 2200m，宽为 24m，路面为沥青混凝土路面，每 60m 设一个标志板，标志板示意图如图 2-51 所示，试求标志板的工程量。

【解】　（1）清单工程量

标志板的块数：（2200÷60＋1）块＝37 块

【注释】　标志板以设计图示数量表示。2200 为公路长度，60 为相邻标志板之间的间距。

清单工程量计算见表 2-47。

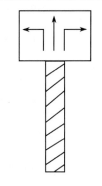

图 2-51　标志板示意图

清单工程量计算表   表 2-47

项目编码	项目名称	项目特征描述	计量单位	工程量
040205004001	标志板	沥青混凝土路面标志板	块	37

（2）定额工程量

定额工程量同清单工程量。

项目编码：040205005　　项目名称：视线诱导器

【例48】　某新建道路全长为 1900m，宽为 15m，路面结构为水泥混凝土路面，在工程完成之后，视线诱导器亦由该施工方进行安装，每 100m 安装一只视线诱导器，试求视线诱导器的工程量。

【解】　（1）清单工程量

视线诱导器只数（1900÷100＋1）只＝20 只

【注释】　视线诱导器按设计图示数量计算，用只表示。1900 为道路长度，100 为相邻诱导器之间的间距。

清单工程量计算见表 2-48。

清单工程量计算表   表 2-48

项目编码	项目名称	项目特征描述	计量单位	工程量
040205005001	视线诱导器	视线诱导器安装	只	20

（2）定额工程量同清单工程量

项目编码：040205009　　项目名称：清除标线

【例49】　城市 E 道路原每车道宽 3.5，长 620m，由于交通量变大，为了满足行车需要，对原有道路进行加宽，每车道增至 4m 宽，所以对路面标线予以清除。已知原路面有双向 6 车道，改建后保持不变，共 5 条标线，每条标线宽 10cm，道路平面图如图 2-52 所示，试求清除标线工程量。

【解】　（1）清单工程量

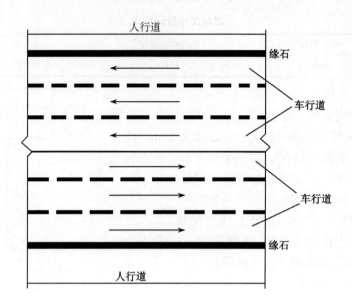

图 2-52　道路平面示意图

清除标线面积 $0.1 \times 5 \times 620 \text{m}^2 = 310 \text{m}^2$

【注释】 清除标线工程量按设计图示尺寸以面积计算。0.1 为标线的宽度，5 为标线的数量，620 为标线的长度。

清单工程量计算见表 2-49。

清单工程量计算表　　　　表 2-49

项目编码	项目名称	项目特征描述	计量单位	工程量
040205009001	清除标线	清除标线	m^2	310

（2）定额工程量

定额工程量同清单工程量。

项目编码：040205010　　　项目名称：环形检测线圈

【例50】 某道路交叉口做交通量调查，每个车道下面安装一个环形电流线圈，每当车辆通过，线圈便产生电流，以此计量车辆通过量，此道路交叉口共有 8 个出口道，每个线圈长度为 10m，试计算检测线的长度工程量。

【解】（1）清单工程量

环形检测线圈个数　8 个

【注释】 环形检测线按设计图示以数量计算，8 为线圈的数量。

清单工程量计算见表 2-50。

清单工程量计算表　　　　表 2-50

项目编码	项目名称	项目特征描述	计量单位	工程量
040205010001	环形检测线圈	环形检测线圈，线圈长度为 10m	个	8

（2）定额工程量

定额工程量同清单工程量。

项目编码：040202008　　项目名称：矿渣

【例51】　某条城市道路 K0＋000～K0＋670 路面为水泥混凝土路面，路面宽度为21.4m，其中人行道各宽3m，行车道宽为15m，在两个快车道中央设有一条伸缩缝，在慢车道与人行道之间设有缘石，如图 2-53～图 2-56 所示，试求道路工程量。

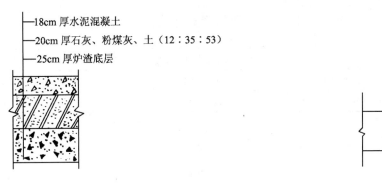

图 2-53　行车道路面结构图

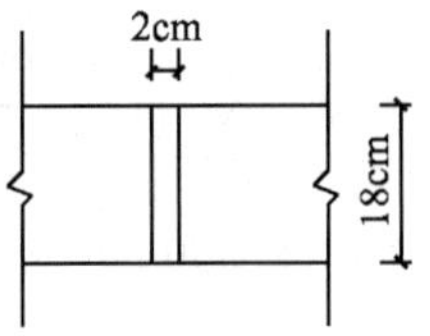

图 2-54　伸缩缝断面图

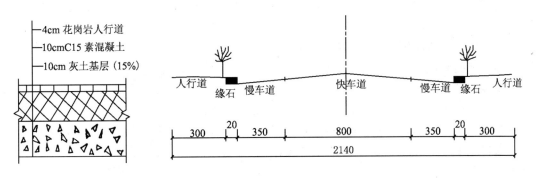

图 2-55　人行道路面结构图

图 2-56　道路横断面图（单位：cm）

【解】　（1）清单工程量

炉渣底层面积 670×15m² ＝10050m²

石灰、粉煤灰、土基层面积 670×15m² ＝10050m²

水泥混凝土面层面积 670×15m² ＝10050m²

灰土基层面积 3×2×670m² ＝4020m²

素混凝土的面积 3×2×670m² ＝4020m²

素混凝土体积 3×2×670×0.1m³ ＝402m³

花岗岩人行道面积 3×2×670m² ＝4020m²

伸缩缝的面积 670×0.02m² ＝13.4m²

缘石长度 670×2m＝1340m

【注释】　670 为道路长度，15 为车行道宽度，3 为人行道的宽度，2 为人行道的数量，0.1 为素混凝土的厚度，0.02 为伸缩缝的宽度，缘石数量为2。

清单工程量计算见表 2-51。

清单工程量计算表　　　　　　　　　　　　　　　　　　　表 2-51

序号	项目编码	项目名称	项目特征描述	计量单位	工程量
1	040202001001	路床(槽)整形	10cm 厚 C15 素混凝土	m²	4020
2	040202008001	矿渣	25cm 厚炉渣底层	m²	10050
3	040202004001	石灰、粉煤灰、土	20cm 厚石灰、粉煤灰、土基层(12:35:53)	m²	10050
4	040202002001	石灰稳定土	10cm 厚灰土基层,含灰量 15%	m²	4020
5	040204002001	人行道块料铺设	4cm 厚花岗岩人行道铺设板	m²	4020
6	040203007001	水泥混凝土	18cm 厚水泥混凝土面层	m²	10050
7	040203007002	水泥混凝土	伸缩缝缝宽 2cm	m²	13.4
8	040204004001	安砌侧(平、缘)石	C20 混凝土缘石安砌	m	1340

（2）定额工程量

炉渣底层面积 $670 \times 15\text{m}^2 = 10050\text{m}^2$

石灰、粉煤灰、土基层面积 $670 \times 15\text{m}^2 = 10050\text{m}^2$

水泥混凝土面层面积 $670 \times 15\text{m}^2 = 10050\text{m}^2$

灰土基层面积 $2 \times 670 \times (3+a)\text{m}^2 = (4020+1340a)\text{m}^2$

素混凝土的面积 $(a+3) \times 2 \times 670\text{m}^2 = (4020+1340a)\text{m}^2$

素混凝土体积 $(a+3) \times 2 \times 0.1 \times 670\text{m}^3 = (402+134a)\text{m}^3$

花岗岩人行道面积 $3 \times 2 \times 670\text{m}^2 = 4020\text{m}^2$

伸缩缝的面积 $670 \times 0.02\text{m}^2 = 13.4\text{m}^2$

缘石长度 $670 \times 2\text{m} = 1340\text{m}$

注：a 为路基一侧加宽值，670 为道路长度，15 为车行道宽度，3 为人行道宽度。

项目编码：040203006　项目名称：沥青混凝土

【例 52】 某城市四号道路全长 740m，路面宽度为 14.0m，路面结构为沥青混凝土路面，路肩宽度为 1m，道路结构图如图 2-57 所示，试求面层的工程量。

【解】 （1）清单工程量

沥青混凝土面层面积 $740 \times 14.0\text{m}^2 = 10360\text{m}^2$

【注释】 740 为道路全长，14.0 为路面宽度。

清单工程量计算见表 2-52。

2cm厚细粒式沥青混凝土
4cm厚粗粒式沥青混凝土
15cm路拌粉煤灰
20cm山皮石底基层

图 2-57　道路结构图

清单工程量计算表　　　　　　　　　　　　　　　　　　　表 2-52

序号	项目编码	项目名称	项目特征描述	计量单位	工程量
1	040203006001	沥青混凝土	4cm 厚粗粒式石油沥青，石料最大粒径 40mm	m²	10360
2	040203006002	沥青混凝土	2cm 厚细粒式石油沥青，石料最大粒径 20mm	m²	10360

（2）定额工程量

定额工程量同清单工程量。

项目编码：040202007　　项目名称：粉煤灰

【例53】　题目同【例52】，试求基层工程量。

【解】　（1）清单工程量

路拌粉煤灰基层面积 740×(14+1×2)m² ＝11840m²

山皮石底层面积 740×(14+1×2)m² ＝11840m²

【注释】　740 为道路全长，14.0 为路面宽度，1 为一侧路肩宽度。

清单工程量计算见表 2-53。

清单工程量计算表　　　　　　　　　　　　　　表 2-53

序号	项目编码	项目名称	项目特征描述	计量单位	工程量
1	040202007001	粉煤灰	15cm 厚路拌粉煤灰基层	m²	11840
2	040202013001	山皮石	20cm 厚山皮石底基层	m²	11840

（2）定额工程量

路拌粉煤灰基层面积 740×(14+1×2+2a)m² ＝(11840+1480a)m²

山皮石底层面积 740×(14+1×2+2a)m² ＝(11840+1480a)m²

注：a 为路基一侧加宽值。

项目编码：040202001　　项目名称：路床(槽)整形

【例54】　某道路全长 960m，宽为 12m，路肩宽度为 1m，为保证基础稳定性，设砂垫层，道路结构图如图 2-58 所示，试求砂垫层的工程量。

【解】　（1）清单工程量

砂垫层的面积 960×(12+1×2)m² ＝13440m²

【注释】　960 为道路全长，12 为路面宽度，1 为一侧路肩宽度。

清单工程量计算见表 2-54。

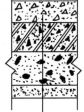

15cm 厚水泥混凝土

20cm 石灰、粉煤灰、砂砾基层(10∶20∶70)

20cm 砂砾石底层

5cm 砂垫层

图 2-58　道路结构图

清单工程量计算表　　　　　　　　　　　　　　表 2-54

项目编码	项目名称	项目特征描述	计量单位	工程量
040202001001	路床(槽)整形	5cm 厚砂垫层	m²	13440

（2）定额工程量

砂垫层的面积 960×(12+1×2+2a)m² ＝(13440+1920a)m²

砂垫层的体积 960×(12+1×2+2a)×0.05m³ ＝(672+96a)m³

注：a 为路基一侧加宽值，1 为一侧路肩宽度，0.05 为砂垫层的厚度。

项目编码：040201023　　项目名称：盲沟

【例55】　某山区道路 K0+130～K0+290 之间由于排水困难，为保证路基的稳定性，设置盲沟排水，试求盲沟的工程量，道路横断面图如图 2-59 所示。

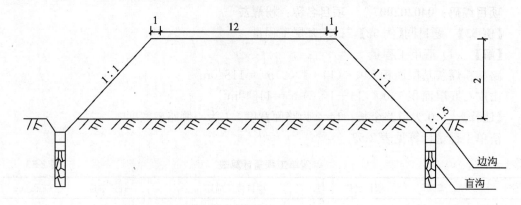

图 2-59　道路横断面示意图（单位：m）

【解】　（1）清单工程量

盲沟长度（290－130）×2m＝320m

【注释】　290 为道路终点桩号，130 为道路起点桩号，2 为盲沟数量。

清单工程量计算见表 2-55。

清单工程量计算表　　　　　　　表 2-55

项目编码	项目名称	项目特征描述	计量单位	工程量
040201023001	盲沟	碎石盲沟	m	320

（2）定额工程量

定额工程量同清单工程量。

项目编码：040201022　　项目名称：排水沟、截水沟

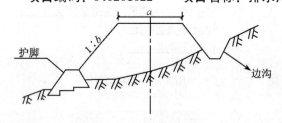

图 2-60　道路横断面示意图

【例 56】　山区某道路全长 410m，由于山坡上水流量较大，影响路基稳定，一边设置边沟，以便及时排除流向路基的雨水，道路横断面图如图 2-60 所示，试求边沟的工程量。

【解】　（1）清单工程量

边沟长度 410m

清单工程量计算见表 2-56。

清单工程量计算表　　　　　　　表 2-56

项目编码	项目名称	项目特征描述	计量单位	工程量
040201022001	排水沟、截水沟	排水边沟	m	410

（2）定额工程量

定额工程量同清单工程量。

项目编码：040204002　　项目名称：人行道块料铺设

【例 57】　城市某三号道路一段路的长为 300m，其中人行道路面宽 4m，人行道结构图如图 2-61 所示，试计算人行道面层的工程量。

【解】（1）清单工程量

人行道面层面积 $2\times300\times4m^2=1200\times2m^2=2400m^2$

【注释】 2 为人行道的数量，300 为人行道长度，4 为人行道路面宽度。

清单工程量计算见表 2-57。

30cm×30cm 彩色道板

3cmM5 砂浆

8cmC5 混凝土

15cm 灰土基层（12%）

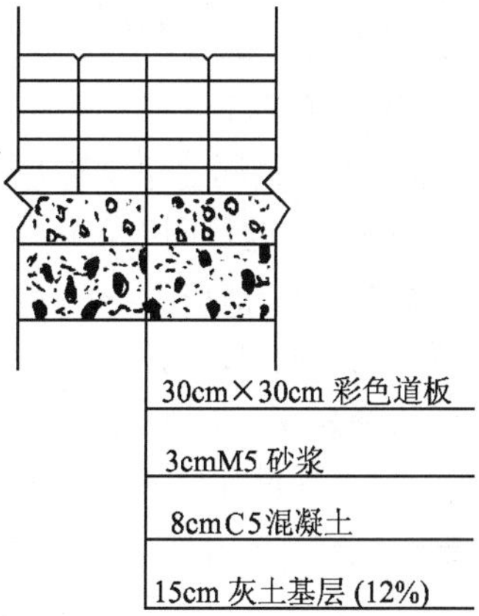

图 2-61　人行道结构图

清单工程量计算表　　　表 2-57

项目编码	项目名称	项目特征描述	计量单位	工程量
040204002001	人行道块料铺设	30cm×30cm，彩色人行道道板	m²	2400

（2）定额工程量

$$300\times2\times(4+a)m^2=(2400+600a)m^2$$

项目编码：040204001　　项目名称：人行道整形碾压

【例58】 城市某路长 610m，其中人行道路面面宽 6m，缘石宽为 20cm，人行道路结构图如图 2-61 所示，试计算人行道基层的工程量。

【解】（1）清单工程量

人行道基层面积 $610\times6\times2m^2=7320m^2$

【注释】 610 为道路长度，6 为人行道路面宽度，2 为人行道数量。

清单工程量计算见表 2-58。

清单工程量计算表　　　表 2-58

项目编码	项目名称	项目特征描述	计量单位	工程量
040204001001	人行道整形碾压	3cmM5 砂浆	m²	7320
040204001002	人行道整形碾压	8cmC5 混凝土	m²	7320
040202002001	石灰稳定土	15cm 灰土基层（12%）	m²	7320

（2）定额工程量

人行道基层面积 $610\times2\times(6+a)m^2=(7320+1220a)m^2$

注：a 为路基一侧加宽值。

【例59】 某城市道路全长为 2700m，路面宽度为 14.4m，道路边缘每隔 6m 设一处树池，道路横断面图如图 2-62 所示，试求树池工程量。

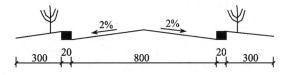

图 2-62　道路横断面示意图（单位：cm）

【解】（1）清单工程量

树池个数（2700÷6+1）×2 个＝902 个

【注释】　树池工程量按图示数量计算。2 为道路两侧，2700 为道路全长，6 为相邻树池之间的间距。

清单工程量计算表 2-59。

清单工程量计算表　　　　　　　　　　　　　表 2-59

项目编码	项目名称	项目特征描述	计量单位	工程量
040204007001	树池砌筑	每隔 6m 设一处树池	个	902

（2）定额工程量

定额工程量同清单工程量。

【例 60】　题目同上，试求路缘石的工程量。

【解】　（1）清单工程量

路缘石的长度 2700×2m＝5400m

【注释】　2700 为道路全长，2 为路缘石的数量。

清单工程量计算表表 2-60。

清单工程量计算表　　　　　　　　　　　　　表 2-60

项目编码	项目名称	项目特征描述	计量单位	工程量
040204004001	安砌侧（平、缘）石	20cm 宽路缘石	m	5400

（2）定额工程量同清单工程量

项目编码：040205007　　项目名称：标记

【例 61】　城市中某次干道与路边建筑物相通时，设置行车标记，如图 2-63 所示，共有 70 个此类建筑物，试求标记的工程量。

【解】　（1）清单工程量

标记个数　70 个

【注释】　标记按设计图示以数量计算。

清单工程量计算见表 2-61。

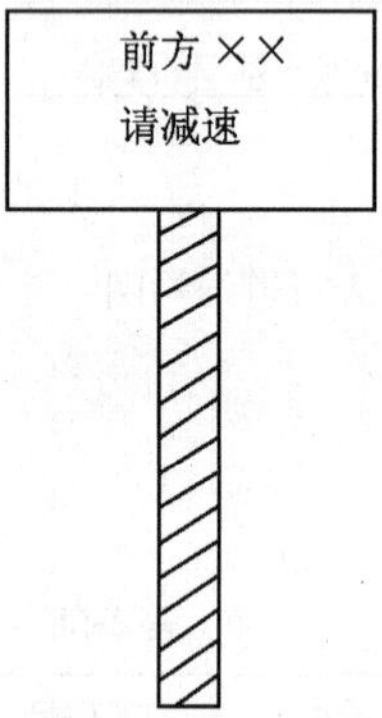

图 2-63　标记示意图

清单工程量计算表　　　　　　　　　　　　　表 2-61

项目编码	项目名称	项目特征描述	计量单位	工程量
040205007001	标记	行车标记	个	70

（2）定额工程量

定额工程量同清单工程量。

项目编码：040205012　　项目名称：隔离护栏

【例 62】　某高速公路 K4＋100～K4＋900 段与村庄相邻，为避免行人、家畜影响行车速度，在道路两侧设置隔离护栏，栏高 2.2m，断面图如图 2-64 所示，试求隔离护栏的工程量。

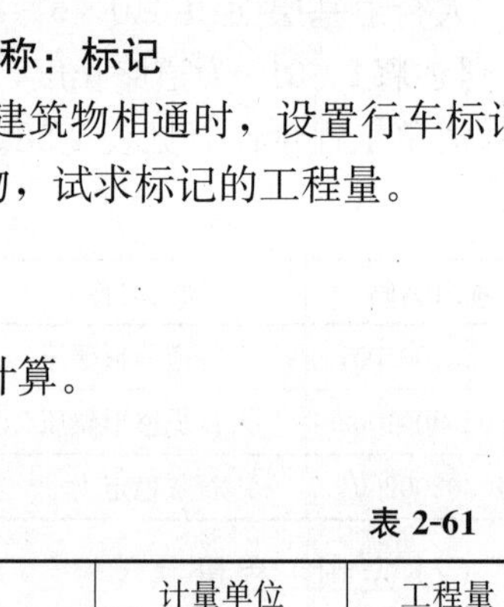

【解】　（1）清单工程量

隔离栏长度 2×（4900－4100)m＝2×800m＝1600m

【注释】　2 为隔离栏的数量，4900 为公路终点桩

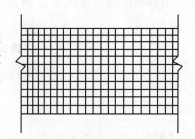

图 2-64　隔离护栏断面示意图

号，4100 为公路起点桩号。

清单工程量计算见表 2-62。

清单工程量计算表　　　　表 2-62

项目编码	项目名称	项目特征描述	计量单位	工程量
040205012001	隔离护栏	道路两侧隔离栏，栏高 2.2m	m	1600

（2）定额工程量

定额工程量同清单工程量。

项目编码：040802001　　项目名称：电杆组立

【例 63】　某城市道路全长为 1820m，路面宽度为 21.4m，在人行道两侧每隔 20m 设一立电杆，试求电杆的工程量。

【解】　（1）清单工程量

立电杆的根数 $2\times2\times(1820\div20+1)$ 根＝368 根

【注释】　第一个 2 为人行道的数量，第二个 2 为人行道的侧数，1820 为道路全长，20 为相邻立电杆的间距。

清单工程量计算见表 2-63。

清单工程量计算表　　　　表 2-63

项目编码	项目名称	项目特征描述	计量单位	工程量
040802001001	电杆组立	钢筋混凝土直电杆	根	368

（2）定额工程量

定额工程量同清单工程量。

项目编码：040203007　　项目名称：水泥混凝土

项目编码：040202002　　项目名称：石灰稳定土

【例 64】　某道路工程起点桩号 K0＋000，终点桩号 K0＋640，路面结构为混凝土路面，路面宽度为 14m，道路基层为 18cm 厚 12% 的灰土路基，18cm 厚 C15 水泥混凝土路面，路面两侧土路肩各宽 1m，道路结构图如图 2-65 所示，求该道路工程的工程量。

——18cm 厚 C15 水泥混凝土
——18cm 厚 12% 灰土基层

图 2-65　道路结构图

【解】　（1）清单工程量

灰土路基的面积 $640\times(14+1\times2)$ m²＝10240m²

水泥混凝土面层面积 640×14 m²＝8960m²

【注释】　640 为道路长度，14 为路面宽度，1 为一侧路肩宽度。

清单工程量计算见表 2-64。

清单工程量计算表　　　　表 2-64

序号	项目编码	项目名称	项目特征描述	计量单位	工程量
1	040203007001	水泥混凝土	18cm 厚 C15 水泥混凝土	m²	10240
2	040202002001	石灰稳定土	18cm 厚 12% 灰土基层	m²	8960

（2）定额工程量

灰土路基的面积 $640×(14+1×2+2a)m^2=(10240+1280a)m^2$

水泥混凝土面层的面积 $640×14m^2=8960m^2$

注：a 为路基一侧加宽值，1 为一侧路肩宽度，640 为道路长度。

项目编码：040203006　　项目名称：沥青混凝土

【例65】某沥青混凝土路面面层采用 2cm 厚细粒式沥青混凝土，4cm 厚中粒式沥青混凝土，路面宽度为 15m，道路长为 410m，道路横断面图如图 2-66 所示，求沥青面层工程量。

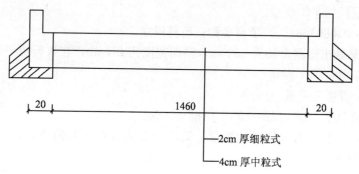

2cm 厚细粒式

4cm 厚中粒式

图 2-66　道路横断面图（单位：cm）

【解】（1）清单工程量

浇透层油面积 $410×(15-0.2×2)m^2=5986m^2$

沥青混凝土面层的面积 $410×(15-2×0.2)m^2=5986m^2$

【注释】410 为道路长度，15 为路面宽度，0.2 为路面一侧缘石的宽度。

清单工程量计算见表 2-65。

清单工程量计算表　　　　表 2-65

序号	项目编码	项目名称	项目特征描述	计量单位	工程量
1	040203006001	沥青混凝土	4cm 厚中粒式沥青混凝土面层	m²	5986
2	040203006002	沥青混凝土	2cm 厚细粒式沥青混凝土面层	m²	5986

（2）定额工程量

6cm 厚粗粒式沥青混凝土

10cm 厚黑色碎石连接层

30cm 厚块石基层

图 2-67　道路结构图

定额工程量同清单工程量。

项目编码：040202012　　项目名称：块石

【例66】某公路全长 880m，路面宽度为 11m，路肩两边各宽 1m，道路结构图如图 2-67 所示，路基采用块石基层，厚 30cm，路面采用粗粒式沥青混凝土，中间为黑色碎石连接层，试求块石基层的工程量。

【解】（1）清单工程量

块石基层面积 $880×(11+1×2)m^2=11440m^2$

【注释】880 为公路全长，11 为路面宽度，1 为一侧路肩宽度。

清单工程量计算见表 2-66。

清单工程量计算表 表 2-66

项目编码	项目名称	项目特征描述	计量单位	工程量
040202012001	块石	厚 30cm 块石基层	m²	11440

（2）定额工程量

块石基层面积 $880 \times (11+1 \times 2+2a)m^2 = (11440+1760a)m^2$

注：a 为路基一侧加宽值，880 为道路全长，11 为路面宽度，1 为一侧路肩宽度。

项目编码：040203001　　项目名称：沥青表面处治

【例 67】 某四级城市道路为沥青表面处治路面，该道路全长 720m，路面宽度为 7m，基层为石灰、土、碎石，道路结构图如图 2-68 所示，试求沥青表面处治面层的工程量。

【解】 （1）清单工程量

沥青表面处治面层面积 $720 \times 7m^2 = 5040m^2$

【注释】 720 为道路全长，7 为路面宽度。

清单工程量计算见表 2-67。

清单工程量计算表 表 2-67

项目编码	项目名称	项目特征描述	计量单位	工程量
040203001001	沥青表面处治	30cm 厚单层式沥青表面处治面层	m²	5040

（2）定额工程量

定额工程量同清单工程量。

项目编码：040203002　　项目名称：沥青贯入式

【例 68】 某市区道路全长为 980m，路面采用 12m 宽的沥青贯入式路面，基层采用泥灰结碎石，底基层采用天然砂砾，道路结构图如图 2-69 所示，试求沥青贯入路面的工程量。

3cm 厚单层式沥青表面处治

20cm 厚石灰、土、碎石基层（8：72：20）

图 2-68　道路结构图

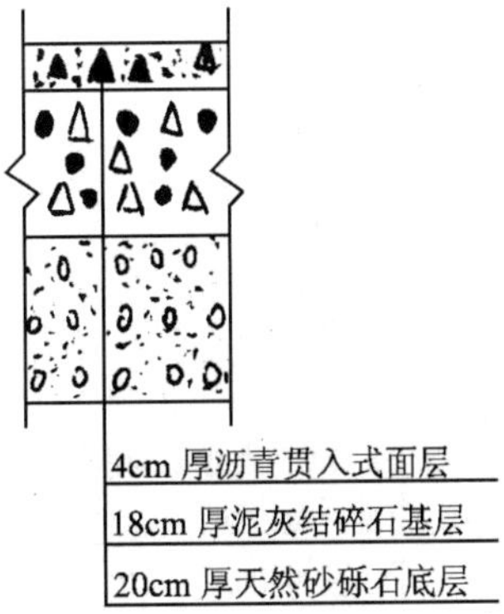

4cm 厚沥青贯入式面层

18cm 厚泥灰结碎石基层

20cm 厚天然砂砾石底层

图 2-69　道路结构图

【解】 （1）清单工程量

沥青贯入路面面积 $980 \times 12m^2 = 11760m^2$

【注释】 980 为道路全长，12 为路面宽度。

清单工程量计算见表 2-68。

清单工程量计算表　　　　　　　　　　　　表 2-68

项目编码	项目名称	项目特征描述	计量单位	工程量
040203002001	沥青贯入式	4cm 厚沥青贯入式面层	m²	11760

（2）定额工程量

定额工程量同清单工程量。

项目编码：040203005　　项目名称：黑色碎石

【例 69】　某道路 K0＋090～K0＋420 之间为黑色碎石路面，路面宽度为 14m，基层为石灰、土、碎石基层，底基层为砂砾石基层，道路结构图如图 2-70 所示，试求黑色碎石路面的工程量。

【解】　（1）清单工程量

黑色碎石路面面积(420－90)×14m²＝4620m²

【注释】　420 为道路终点桩号，90 为道路起点桩号，14 为路面宽度。

清单工程量计算见表 2-69。

清单工程量计算表　　　　　　　　　　　　表 2-69

项目编码	项目名称	项目特征描述	计量单位	工程量
040203005001	黑色碎石	5cm 厚黑色碎石面层，石料最大粒径 40mm	m²	4620

（2）定额工程量

定额工程量同清单工程量。

项目编码：040203008　　项目名称：块料面层

【例 70】　某山区道路为块石路面，全长为 1320m，路面宽度为 12m，道路结构图如图 2-71 所示，试求块石面层的工程量。

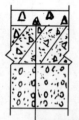

5cm 厚黑色碎石面层
18cm 厚石灰、土、碎石基层（10：60：30）
20cm 厚砂砾石底层（人工摊铺）

图 2-70　道路结构图

30cm 厚块料面层
8cm 厚石屑垫层

图 2-71　道路结构图

【解】　（1）清单工程量

块石面层面积 1320×12m²＝15840m²

【注释】　1320 为道路长度，12 为路面宽度。

清单工程量计算见表 2-70。

清单工程量计算表 表 2-70

项目编码	项目名称	项目特征描述	计量单位	工程量
040203008001	块料面层	30cm厚块料面层，石屑垫层	m^2	15840

（2）定额工程量

定额工程量同清单工程量。

项目编码：040203009   项目名称：弹性面层

【例71】 某运动场为橡胶、塑料面层，路宽8m，长1000m，试求橡胶、塑料面层的工程量。

【解】 （1）清单工程量

橡胶、塑料面层面积 $1000 \times 8m^2 = 8000m^2$

【注释】 橡胶、塑料弹性面层工程量按设计图示尺寸以面积计算，不扣除各种井所占面积。1000为道路长度，8为路面宽度。

清单工程量计算见表 2-71。

清单工程量计算表 表 2-71

项目编码	项目名称	项目特征描述	计量单位	工程量
040203009001	橡胶、塑料弹性面层	橡胶、塑料面层	m^2	8000

（2）定额工程量

定额工程量同清单工程量。

项目编码：040202001   项目名称：路床(槽)整形

【例72】 某道路起点为K0+000，终点为K0+920，路面为混凝土路面，路面长度为920m，宽度为14m，路肩各宽1m，为防止地下水渗入路基影响路基稳定性，设置8cm厚的砂垫层，道路结构图如图 2-72 所示，试求垫层的工程量。

【解】 （1）清单工程量

垫层面积 $920 \times (14 + 1 \times 2)m^2 = 14720m^2$

【注释】 920为道路长度，14为路面宽度，1为一侧路肩宽度。

清单工程量计算见表 2-72。

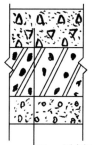

15cm 厚水泥混凝土面层

20cm 厚石灰炉渣土基层（12：48：40）

8cm 厚砂垫层

图 2-72　道路结构图

清单工程量计算表 表 2-72

项目编码	项目名称	项目特征描述	计量单位	工程量
040202001001	路床(槽)整形	8cm厚，砂垫层	m^2	14720

（2）定额工程量

垫层面积 $920 \times (14 + 2 \times 1 + 2a)m^2 = (14720 + 1840a)m^2$

垫层体积 $(14720 + 1840a) \times 0.08m^3 = (1177.6 + 147.2a)m^3$

注：a 为路基一侧加宽值，920 为道路长度，14 为路面宽度，1 为一侧路肩宽度，0.08 为垫层的厚度。

项目编码：040202002　　项目名称：**石灰稳定土**

【例73】　某道路 K0+420～K0+830 之间为混凝土路面，路面宽度为 11m，路肩宽度为 1m，为保证压实，路基两边各加宽 20cm，道路结构如图 2-73 所示，试求石灰稳定土基层的工程量。

【解】　(1) 清单工程量

石灰稳定土基层面积 $(830 - 420) \times (11 + 1 \times 2)m^2 = 5330m^2$

【注释】　830 为道路终点桩号，420 为道路起点桩号，11 为路面宽度。

清单工程量计算见表 2-73。

清单工程量计算表　　　　　　　　　　　　　表 2-73

项目编码	项目名称	项目特征描述	计量单位	工程量
040202002001	石灰稳定土	18cm 厚石灰稳定土基层(20%)	m²	5330

(2) 定额工程量

石灰稳定土基层面积 $(830 - 420) \times (11 + 1 \times 2 + 2 \times 0.2)m^2 = 5494m^2$

【注释】　830 为道路终点桩号，420 为道路起点桩号，1 为一侧路肩宽度，0.2 为一侧路基加宽值。

项目编码：040202003　　项目名称：**水泥稳定土**

【例74】　某道路全长为 1130m，路面宽度为 21.4m，路面基层为水泥稳定土基层，道路结构图如图 2-74 所示，路肩两边各宽 1m，缘石宽度为 20cm，试求道路水泥稳定土基层的工程量。

2cm 厚细粒式沥青混凝土

4cm 厚粗粒式沥青混凝土

18cm 厚石灰稳定土基层（20%）

18cm 厚水泥混凝土面层

20cm 厚水泥稳定土基层（15%）

图 2-73　道路结构图　　　　　　　　图 2-74　道路结构图

【解】　(1) 清单工程量

水泥稳定土基层面积 $1130 \times (21.4 + 1 \times 2)m^2 = 26442m^2$

【注释】　1130 为道路长度，21.4 为路面宽度，1 为一侧路肩宽度。

清单工程量计算见表 2-74。

清单工程量计算表 表 2-74

项目编码	项目名称	项目特征描述	计量单位	工程量
040202003001	水泥稳定土	20cm 厚水泥稳定土基层，含水泥量 15%	m²	26442

（2）定额工程量

水泥稳定土基层面积 $1130 \times (21.4 + 1 \times 2 + 2a) \text{m}^2 = (26442 + 2260a) \text{m}^2$

注：a 为路基一侧加宽值，1 为一侧路肩宽度。

项目编码：040202004　项目名称：石灰、粉煤灰、土

【例 75】　某二级公路道路全长 960m，路面宽度为 31m，路面为混凝土路面，路基采用石灰、粉煤灰、土基层，路肩宽度为 1m，为保证路基稳定性，路基加宽 30cm，道路结构图如图 2-75 所示，试求石灰、粉煤灰、土基层的工程量。

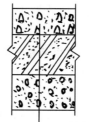

18cm 厚水泥混凝土

22cm 石灰、粉煤灰、土基层（12∶35∶53）

22cm 砂砾石底层（人工铺装）

【解】　（1）清单工程量

石灰、粉煤灰、土基层面积 $960 \times (31 + 1 \times 2) \text{m}^2 = 31680 \text{m}^2$

【注释】　960 为道路长度，31 为路面宽度，1 为一侧路肩宽度。

图 2-75　道路结构图

清单工程量计算见表 2-75。

清单工程量计算表 表 2-75

项目编码	项目名称	项目特征描述	计量单位	工程量
040202004001	石灰、粉煤灰、土	22cm 厚石灰、粉煤灰、土基层（12∶35∶53）	m²	31680

（2）定额工程量

石灰、粉煤灰、土基层面积 $960 \times (31 + 1 \times 2 + 2 \times 0.3) \text{m}^2 = 32256 \text{m}^2$

【注释】　960 为道路长度，31 为路面宽度，1 为一侧路肩宽度，0.3 为一侧路基加宽值。

项目编码：040202005　项目名称：石灰、碎石、土

【例 76】　路面为沥青混凝土的道路 K0+000～K0+810 之间为石灰、碎石、土基层，路面宽度为 21m，路肩宽度为 1m，路基加宽值为 25cm，道路结构图如图 2-76 所示，试求石灰、碎石、土基层的工程量。

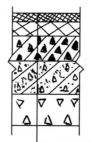

2cm 厚细粒式沥青混凝土

4cm 中粒式沥青混凝土

6cm 粗粒式沥青混凝土

20cm 石灰、土、碎石基层（10∶60∶30）

18cm 碎石底层（人工铺装）

【解】　（1）清单工程量

石灰、碎石、土基层的面积 $810 \times (21 + 1$

图 2-76　道路结构图

×2)m² =18630m²

【注释】 810 为道路长度，21 为路面宽度，1 为一侧路肩宽度。

清单工程量计算见表 2-76。

清单工程量计算表　　　　　　　　　　　　　表 2-76

项目编码	项目名称	项目特征描述	计量单位	工程量
040202005001	石灰、碎石、土	20cm 厚石灰，土、碎石基层(10∶60∶30)	m²	18630

（2）定额工程量

石灰、碎石、土基层的面积 810×(21+1×2+2×0.25)m² =19035m²

【注释】 810 为道路长度，21 为路面宽度，1 为一侧路肩宽度，0.25 为一侧路基加宽值。

项目编码：040202006　　　项目名称：石灰、粉煤灰、碎(砾)石

【例 77】 某道路全长 570m，路面宽度为 15m，路面面层为水泥混凝土路面，路面基层为石灰、粉煤灰、碎石基层，路肩宽度为 1m，路基加宽值为 20cm，道路的结构图如图 2-77 所示，试求石灰、粉煤灰、碎石基层的工程量。

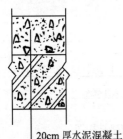

20cm 厚水泥混凝土

24cm 石灰、粉煤灰、碎石（10∶20∶70）

图 2-77　道路结构图

【解】 （1）清单工程量

石灰、粉煤灰、碎石基层的面积 570×(15+1×2)m² =9690m²

【注释】 570 为道路长度，15 为路面宽度，1 为一侧路肩宽度。

清单工程量计算见表 2-77。

清单工程量计算表　　　　　　　　　　　　　表 2-77

项目编码	项目名称	项目特征描述	计量单位	工程量
040202006001	石灰、粉煤灰、碎(砾)石	24cm 厚石灰、粉煤灰、碎(砾)石基层(10∶20∶70)	m²	9690

（2）定额工程量

石灰、粉煤灰、碎石基层的面积 570×(15+2×1+2×0.2)m² =9918m²

【注释】 570 为道路长度，15 为路面宽度，1 为一侧路肩宽度，0.2 为一侧路基加宽值。

项目编码：040202007　　　项目名称：粉煤灰

【例 78】 某城市三号道路路长 1720m，路面宽度为 21m，路肩宽为 1m，路基加宽值为 30cm，路面采用沥青混凝土路面，路基采用石灰粉煤灰碎石基层，粉煤灰底层，道路结构图如图 2-78 所示，试求粉煤灰基层的工程量。

【解】 （1）清单工程量

粉煤灰基层的面积 1720×(21+1×2)m² =39560m²

【注释】 1720 为道路长度，21 为路面宽度，1 为一侧路肩宽度。

清单工程量计算见表 2-78。

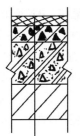

2cm 细粒式沥青混凝土

6cm 粗粒式沥青混凝土

20cm 石灰、粉煤灰、碎石基层（10：20：70）

15cm 粉煤灰底层

图 2-78 道路结构图

清单工程量计算表 表 2-78

项目编码	项目名称	项目特征描述	计量单位	工程量
040202007001	粉煤灰	15cm 厚粉煤灰底层	m^2	39560

（2）定额工程量

粉煤灰基层的面积 $1720 \times (21+2 \times 1+2 \times 0.3)m^2 = 40592m^2$

【注释】 1720 为道路长度，21 为路面宽度，1 为一侧路肩宽度，0.3 为一侧路基加宽值。

项目编码：040202009 项目名称：砂砾石

【例 79】 某城市道路 K0＋170～K0＋630 之间用砂砾石做底基层，面层采用沥青贯入式，路面宽度为 15m，路基加宽值为 22cm，道路结构图如图 2-79 所示，试求砂砾石基层的工程量。

【解】 （1）清单工程量

砂砾石基层的面积 $(630-170) \times 15m^2 = 6900m^2$

【注释】 630 为道路终点桩号，170 为道路起点桩号，15 为路面宽度。

清单工程量计算见表 2-79。

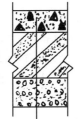

8cm 厚沥青贯入式面层

20cm 石灰、粉煤灰基层（人工拌合 2.5：7.5）

15cm 砂砾石底层

图 2-79 道路结构图

清单工程量计算表 表 2-79

项目编码	项目名称	项目特征描述	计量单位	工程量
040202009001	砂砾石	15cm 厚砂砾石底层	m^2	6900

（2）定额工程量

砂砾石基层的面积 $(630-170) \times (15+2 \times 0.22)m^2 = 7102.4m^2$

【注释】 630 为道路终点桩号，170 为道路起点桩号，15 为路面宽度，0.22 为一侧路基加宽值。

15cm 水泥混凝土

22cm 石灰、土、碎石基层(18∶72∶20厂拌)

20cm 卵石底层

图 2-80　道路结构图

清单工程量计算见表 2-80。

项目编码：040202010　项目名称：卵石

【例 80】　某道路 K0＋190～K0＋510 之间由于卵石材料比较丰富，采用卵石做为底基层，路面为水泥混凝土路面，道路结构图如图 2-80 所示，路面宽度为 23m，路肩宽度为 1m，路基加宽 30cm，试求卵石底基层的工程量。

【解】　（1）清单工程量

卵石基层的面积(510－190)×(23＋1×2)m²＝8000m²

【注释】　510 为道路终点桩号，190 为道路起点桩号，23 为路面宽度，1 为一侧路肩宽度。

清单工程量计算表　　　　　　　　　　　　　　　表 2-80

项目编码	项目名称	项目特征描述	计量单位	工程量
040202010001	卵石	20cm 厚卵石底层	m²	8000

（2）定额工程量

卵石基层的面积(510－190)×(23＋1×2＋2×0.3)m²＝8192m²

【注释】　510 为道路终点桩号，190 为道路起点桩号，23 为路面宽度，1 为一侧路肩宽度，0.3 为一侧路基加宽值。

项目编码：040202011　项目名称：碎石

【例 81】　某山区道路为了充分利用本地山石材料，在此路段长为 830m 的底基层采用碎石，路面宽度为 15m，路基加宽值为 20cm，道路结构图如图 2-81 所示，试求碎石基层的工程量。

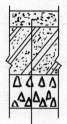

5cm 沥青贯入式面层

22cm 人工拌合石灰、粉煤灰、土（12∶35∶53）

15cm 碎石底层

图 2-81　道路结构图

【解】　（1）清单工程量

碎石底基层的面积 830×15m²＝12450m²

【注释】　830 为道路长度，15 为路面宽度。

清单工程量计算见表 2-81。

清单工程量计算表　　　　表 2-81

项目编码	项目名称	项目特征描述	计量单位	工程量
040202011001	碎石	15cm 厚碎石底层	m²	12450

（2）定额工程量

碎石底基层的面积 $830 \times (15 + 2 \times 0.2) \, \text{m}^2$
$= 12782 \text{m}^2$

【注释】　830 为道路长度，15 为路面宽，0.2 为一侧路基加宽值。

项目编码：040202008　　**项目名称：矿渣**

【例82】　某道路邻近炼钢厂，为减少修筑费用和充分利用材料，采用炼钢炉渣作底基层，该路段长为380m，路面宽度为11m，为保证路基稳定，路基加宽30cm，路肩宽度为1m，道路结构图如图2-82所示，试计算该路段炉渣底基层的工程量。

【解】　（1）清单工程量

炉渣底基层面积 $380 \times (11 + 1 \times 2) \, \text{m}^2 = 4940 \text{m}^2$

【注释】　380 为道路长度，11 为路面宽度，1 为一侧路肩宽度。

清单工程量计算见表 2-82。

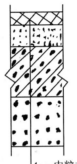

4cm 中粒式沥青混凝土

7cm 沥青贯入

20cm 人工拌合石灰炉渣基层（3:7）

20cm 人工铺装炉渣底层

图 2-82　道路结构图

清单工程量计算表　　　　表 2-82

项目编码	项目名称	项目特征描述	计量单位	工程量
040202008001	矿渣	20cm 厚人工铺装炉渣底层	m²	4940

（2）定额工程量

炉渣底基层面积 $380 \times (11 + 1 \times 2 + 2 \times 0.3) \, \text{m}^2 = 5168 \text{m}^2$

【注释】　380 为道路长度，11 为路面宽度，1 为一侧路肩宽度，0.3 为一侧路基加宽值。

18cm 水泥混凝土

20cm 路拌粉煤灰三渣基层

15cm 矿渣底层

图 2-83　道路结构图

项目编码：040202014　　**项目名称：粉煤灰三渣**

【例83】　某道路起点 K0+000，终点为 K0+990，该路段为粉煤灰三渣基层，路面为水泥混凝土路面，路面宽度为23m，路肩宽度为1m，道路结构图如图 2-83 所示，试求粉煤灰三渣基层的工程量。

【解】　（1）清单工程量

粉煤灰三渣基层面积 $990 \times (23 + 1 \times 2) \, \text{m}^2 = 24750 \text{m}^2$

【注释】　990 为道路长度，23 为路面宽度，1 为一侧路肩宽度。

清单工程量计算见表 2-83。

清单工程量计算表　　　　　　　　　　表 2-83

项目编码	项目名称	项目特征描述	计量单位	工程量
040202014001	粉煤灰三渣	20cm 厚路拌粉煤灰三渣基层	m²	24750

（2）定额工程量

粉煤灰三渣基层面积 $990 \times (23 + 1 \times 2 + 2a) \text{m}^2 = (24750 + 1980a) \text{m}^2$

注：a 为路基一侧加宽值，1 为一侧路肩宽度。

项目编码：040202015　　项目名称：水泥稳定碎（砾）石

【例 84】 某路面宽度为 15m，采用沥青表面处治，道路长为 1130m，采用水泥稳定碎石作基层，路肩宽度为 1m，道路结构图如图 2-84 所示，试计算水泥稳定碎石基层的工程量。

【解】 （1）清单工程量

水泥稳定碎石基层的面积 $1130 \times (15 + 1 \times 2) \text{m}^2 = 19210 \text{m}^2$

【注释】 1130 为道路长度，15 为路面宽度，1 为一侧路肩宽度。

清单工程量计算见表 2-84。

清单工程量计算表　　　　　　　　　　表 2-84

项目编码	项目名称	项目特征描述	计量单位	工程量
040202015001	水泥稳定碎（砾）石	20cm 厚水泥稳定碎石基层石料最大粒径 20mm	m²	19210

（2）定额工程量

水泥稳定碎石基层的面积 $1130 \times (15 + 1 \times 2 + 2 \times a) \text{m}^2 = (19210 + 2260a) \text{m}^2$

【注释】 1130 为道路长度，15 为路面宽度，1 为一侧路肩宽度，a 为路基一侧加宽值，1 为一侧路肩宽度。

项目编码：040202016　　项目名称：沥青稳定碎石

【例 85】 某城市郊区道路路长为 1030m，路面宽度为 16m，路肩宽度为 1m，路基加宽值为 30cm，路面采用沥青混凝土，路基采用沥青稳定碎石，道路结构图如图 2-85 所示，试计算沥青稳定碎石基层的工程量。

3cm 厚沥青表面处治

20cm 水泥稳定碎石基层

15cm 砂砾石底层

图 2-84　道路结构图

4cm 厚中粒式沥青混凝土

6cm 厚粗粒式沥青混凝土

10cm 厚沥青稳定碎石基层

7cm 碎石底层

图 2-85　道路结构图

【解】 （1）清单工程量

沥青稳定碎石面积 $1030\times(16+1\times2)m^2=18540m^2$

【注释】 1030 为道路长度，16 为路面宽度，1 为一侧路肩宽度。

清单工程量计算见表 2-85。

清单工程量计算表 表 2-85

项目编码	项目名称	项目特征描述	计量单位	工程量
040202016001	沥青稳定碎石	10cm 厚沥青稳定碎石基层，石粒最大粒径 40mm	m²	18540

（2）定额工程量

沥青稳定碎石面积 $1030\times(16+1\times2+2\times0.3)m^2=19158m^2$

【注释】 1030 为道路长度，16 为路面宽度，1 为一侧路肩宽度，0.3 为一侧路基加宽值。

项目编码：040201002　项目名称：强夯地基

【例86】 某道路全长 690m，路面宽度为 21m，由于该段土质比较疏松，为保证路基的稳定性，对路基进行处理，强夯土方以达到规定的压实度，路肩宽度为 1m，路基加宽值为 30cm，试计算强夯土方的工程量。

【解】 （1）清单工程量

强夯土方面积 $690\times(21+1\times2)m^2=15870m^2$

【注释】 强夯土方工程量按设计图示尺寸以面积计算。690 为道路长度，21 为路面宽度，1 为一侧路肩宽度。

清单工程量计算见表 2-86。

清单工程量计算表 表 2-86

项目编码	项目名称	项目特征描述	计量单位	工程量
040201002001	强夯地基	土方压实度达到规定的压实值	m²	15870

（2）定额工程量

强夯土方面积 $690\times(21+1\times2+2\times0.3)m^2=16284m^2$

【注释】 690 为道路长度，21 为路面宽度，1 为一侧路肩宽度，0.3 为一侧路基加宽值。

项目编码：040201004　项目名称：掺石灰

【例87】 某道路 K0+230～K0+810 之间为混凝土路面，路面宽度为 12m，路肩为 1m，道路横断面图如图 2-86 所示，由于土质较湿软，对其掺入石灰以保证路基稳定性，增加道路的使用年限，试计算掺石灰工程量。

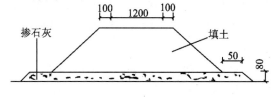

图 2-86　路堤断面图（单位：cm）

【解】 (1)清单工程量

掺入石灰的体积$(810-230)×(12+1×2)×0.8m^3=6496m^3$

【注释】 掺石灰工程量按设计图示尺寸以体积计算,810为道路终点桩号,230为起点桩号,12为路面宽度,0.8为掺石灰的厚度,1为一侧路肩宽度。

清单工程量计算见表2-87。

清单工程量计算表 表2-87

项目编码	项目名称	项目特征描述	计量单位	工程量
040201004001	掺石灰	路基掺石灰,含灰量10%	m^3	6496

(2)定额工程量

掺入石灰的体积$(810-230)×(12+1×2+2a)×0.8m^3=(6496+928a)m^3$

【注释】 810为道路终点桩号,230为起点桩号,12为路面宽度,0.8为掺石灰的厚度,a为路基一侧加宽值,1为一侧路肩宽度。

项目编码:040201005   项目名称:掺干土

【例88】 某道路全长1620m,路面宽度为21m,由于该路段土质比较湿软,地基容易沉陷,掺入干土对其进行处理,以保证路基的稳定性和路面的使用性能,路堤断面图如图2-87所示,试求掺干土的工程量。

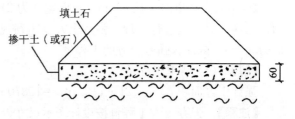

图2-87 路堤断面图 (单位:cm)

【解】 (1)清单工程量

掺入干土的工程量$1620×21×0.6m^3=20412m^3$

【注释】 掺干土工程量按设计图示尺寸以体积计算,1620为路面长度,21为道路宽度,0.6为掺入干土的厚度。

清单工程量计算见表2-88。

清单工程量计算表 表2-88

项目编码	项目名称	项目特征描述	计量单位	工程量
040201005001	掺干土	路基掺干土	m^3	20412

(2)定额工程量

掺入干土的工程量$1620×(21+2a)×0.6m^3=(20412+1944a)m^3$

注:a为路基一侧加宽值。

项目编码:040201006   项目名称:掺石

【例89】 某道路全长940m,路面宽度为15m,由于该路段比较湿软,地基不太稳定,对其进行掺石处理确保路基压实,路堤断面图如【例88】所示,试求掺石工程量。

【解】 (1)清单工程量

掺石工程量$940×15×0.6m^3=8460m^3$

【注释】 940为道路长度,15为路面宽度,0.6为掺石的厚度。

清单工程量计算见表2-89。

清单工程量计算表 表 2-89

项目编码	项目名称	项目特征描述	计量单位	工程量
040201006001	掺石	路基掺石，掺石率 90%	m³	8460

（2）定额工程量

掺石工程量 $940 \times (15 + 2a) \times 0.6 \mathrm{m}^3 = (8460 + 1128a) \mathrm{m}^3$

注：a 为路基一侧加宽值。

项目编码：040201007　项目名称：抛石挤淤

【例 90】 某道路 K0+130～K0+410 之间由于是常年积水的洼地，排水困难，采用在路基底部抛投一定数量片石的方法对其进行处理，道路横断面图如图 2-88 所示，路面宽度为 11m，试求抛石挤淤的工程量。

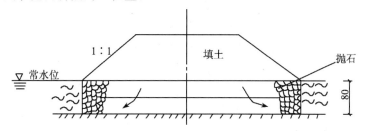

图 2-88 抛石挤淤断面图（单位：cm）

【解】 （1）清单工程量

抛石工程量 $(410 - 130) \times 11 \times 0.8 \mathrm{m}^3 = 2464 \mathrm{m}^3$

【注释】 抛石挤淤工程量按设计图示尺寸以体积计算，410 为道路终点桩号，130 为道路起点桩号，11 为路面宽度，0.8 为抛石挤淤的厚度。

清单工程量计算见表 2-90。

清单工程量计算表 表 2-90

项目编码	项目名称	项目特征描述	计量单位	工程量
040201007001	抛石挤淤	采用片石抛投处理	m³	2464

（2）定额工程量

抛石工程量 $(410 - 130) \times (11 + 2a) \times 0.8 \mathrm{m}^3 = (2464 + 448a) \mathrm{m}^3$

注：a 为路基一侧加宽值。

项目编码：040201008　项目名称：袋装砂井

【例 91】 某道路全长为 150m，路面宽度为 16m，该路段地基处于超软的工作状态，为了保证路基的稳定性以及满足道路的使用年限，需要对该路段采用袋装砂井的方法进行地基处理，其中袋装砂井长度为 1m，两相邻袋装砂井的间距均为 0.12m，前后亦相距 0.12m，试求袋装砂井的工程量（袋装砂井如图 2-89 所示）。

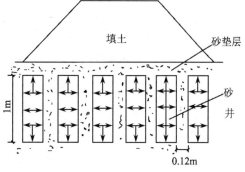

图 2-89 袋装砂井排水示意图

【解】 (1) 清单工程量

袋装砂井工程量[(150÷0.12)+1]×[(16÷0.12)+1]×1m＝1251×134m＝167634m

【注释】 袋装砂井工程量按设计图示尺寸以长度计算，150 为道路全长，0.12 为相邻袋装砂井之间的间距，16 为道路宽度，最后一个 1 为单个砂井的长度。

清单工程量计算见表 2-91。

清单工程量计算表　　　　　　　　　　　　　　　　表 2-91

项目编码	项目名称	项目特征描述	计量单位	工程量
040201008001	袋装砂井	袋装砂井长 1m，两相邻间距 0.12m，前后亦相距 0.12m	m	167634

(2) 定额工程量

袋装砂井工程量[(150÷0.12)+1]×[(16+2a)÷0.12+1]×1m

$$=(1251×134+1251×17)$$

$$=(167634+21267a)m$$

注：a 为路基一侧加宽值。

项目编码：040201009　　项目名称：塑料排水板

【例 92】 某道路 K0+530～K0+980 之间由于土基湿软，容易沉陷，为保证路基的稳定性，对该段路基进行安装塑料排水板处理，断面图如图 2-90 所示，路面宽度为 21m，每个断面铺三层塑料板，每个板宽为 5m，板长 20m，塑料板结构图如图 2-91 所示，试求塑料排水板的工程量。

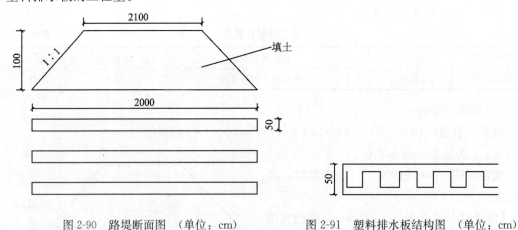

图 2-90　路堤断面图　（单位：cm）　　　　图 2-91　塑料排水板结构图　（单位：cm）

【解】 (1) 清单工程量

板长度(980－530)÷5×20×3m＝5400m

【注释】 塑料排水板工程量按图示设计尺寸以长度计算。980 为道路终点桩号，530 为道路起点桩号，5 为相邻板之间的间距，20 为板的长度，3 为铺塑料板的层数。

清单工程量计算见表 2-92。

清单工程量计算表 表 2-92

项目编码	项目名称	项目特征描述	计量单位	工程量
040201009001	塑料排水板	板宽为 5m，板长 20m	m	5400

（2）定额工程量

定额工程量计算同清单工程量。

项目编码：040201011   项目名称：砂石桩

【例 93】 道路某段由于土基较湿、较软，容易沉陷，需要对其进行处理，现对其打入石灰砂桩，每个砂桩直径为 20cm，桩长 2m，桩间距为 20cm，该路段长为 330m，路面宽度为 11m，路肩宽度为 1m，砂桩示意图如图 2-92 所示，试求石灰砂桩的工程量。

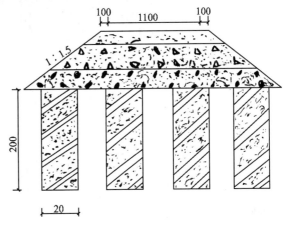

【解】 （1）清单工程量

石灰砂桩个数[（11＋1×2）÷0.2＋1]×[330÷0.2＋1]个＝108966 个

石灰砂桩的长度 108966×2m＝217932m

图 2-92 路堤断面图 （单位：cm）

【注释】 石灰砂桩工程量按设计图示尺寸以长度计算。11 为路面宽度，1 为一侧路肩宽度，0.2 为砂桩间距，330 为路段长度，2 为单个石灰砂桩的长度。

清单工程量计算见表 2-93。

清单工程量计算表 表 2-93

项目编码	项目名称	项目特征描述	计量单位	工程量
040201011001	砂石桩	桩径为 20cm；桩长 2m；桩间距 20cm	m	217932

（2）定额工程量

石灰砂桩个数[（11＋1×2＋2a）÷0.2＋1]×[（330÷0.2）＋1]个
＝（108966＋18161a）个

每个砂桩的体积 2π(0.2÷2)^{2}m^3≈0.06m^3

石灰砂桩的体积（108966＋18161a）×0.06m^3≈（6537.96＋1089.66a）m^3

注：a 为路基一侧加宽值。

项目编码：040201012   项目名称：水泥粉煤灰碎石桩

【例 94】 某道路全长为 1130m，路面为水泥混凝土路面。路面宽度为 21m，路肩宽度为 1m，路基加宽值为 30cm，由于该路段地基处理湿软的工作状态，对其进行碎石桩处理以保证路基强度，各个桩间距为 4m，桩长与宽各为 30cm，高为 2.5m，断面图如图 2-93所示，试求碎石桩的工程量（桩径可忽略）。

【解】 （1）清单工程量

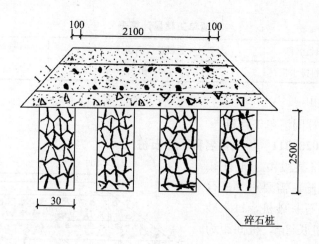

图 2-93　路堤断面图（单位：cm）

碎石桩的个数$[(1130÷4)+1]×[(21+1×2)÷4+1]$个$≈1698$个

碎石桩长 $1698×2.5m=4245m$

【注释】　碎石桩工程量按设计图示尺寸以长度计算。1130 为道路长度，4 为相邻桩之间间距，21 为路面宽度，1 为路肩宽度，2.5 为单个碎石桩高度。

清单工程量计算见表 2-94。

清单工程量计算表

表 2-94

项目编码	项目名称	项目特征描述	计量单位	工程量
040201012001	水泥粉煤灰碎石桩	桩径 30cm，桩长、宽各为 30cm，高 2.5m	m	4245

（2）定额工程量

碎石桩的个数$[(1130÷4)+1]×[(21+1×2+2×0.3+1)÷4]$个

$≈1698$个

碎石桩长 $1698×2.5m=4245m$

碎石桩体积（$4245×0.3×0.3$）m^3 $=382.05m^3$

【注释】　1 为一侧路肩宽度，第一个 0.3 为一侧路基加宽值，第二个 0.3 为碎石桩长度与宽度。

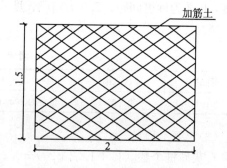

图 2-94　土工布平面示意图　（单位：m）

项目编码：040701006　项目名称：土工合成材料

【例 95】　某条道路路面为水泥混凝土路面，全长为 1040m，其路面宽度为 16m，路肩宽度为 1m，路基加宽 30cm，由于该道路为软土地基，为了保证路基稳定性及满足道路的使用性能，对地基进行土工布处理，土工布厚度为 30cm，紧密布置，土工布的平面图如图 2-94 所示，试求土工布的工程量。

【解】　（1）清单工程量

土工布的个数$[1040×(16+1×2)÷(1.5×2.0)+1]$个$=6241$个

土工布的面积 $6241×1.5×2.0m^2=1872.30m^2$

【注释】 土工布工程量按设计图示尺寸以面积计算。1040 为路面长度，16 为路面宽度，1 为路肩宽度，1.5 为土工布宽度，2.0 为土工布长度。

清单工程量计算见表 2-95。

清单工程量计算表 表 2-95

项目编码	项目名称	项目特征描述	计量单位	工程量
040701006001	土工合成材料	加筋土土工布 1.5m×2m	m²	1872.30

(2)定额工程量

土工布的个数[1040×(16+1×2+2×0.3)÷(1.5×2.0)+1]个

＝6449 个

土工布的体积 6449×1.5×2.0×0.3m³＝5804.1m³

【注释】 土工布工程量按设计图示尺寸以体积计算，第一个 0.3 为路肩一侧加宽值，第二个 0.3 为土工布厚度。

项目编码：040201022 项目名称：排水沟、截水沟

【例 96】 某城市道路 K0＋180～K0＋540 为挖方路段，路面宽度为 12m，其道路横断面图如图 2-95 所示，该路段由于雨量较大，为保证路基的稳定性，需设置截水沟与边沟，试求截水沟的工程量。

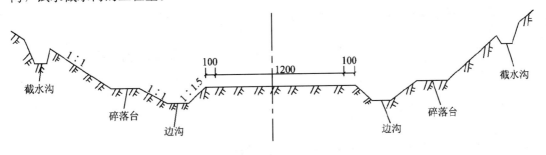

图 2-95 路堑断面示意图 （单位：cm）

【解】 (1)清单工程量

截水沟长度(540－180)×2m＝720m

【注释】 截水沟工程量按长度计算，540 为道路终点桩号，180 为道路起点桩号，2 为截水沟数量。

清单工程量计算见表 2-96。

清单工程量计算表 表 2-96

项目编码	项目名称	项目特征描述	计量单位	工程量
040201022001	排水沟、截水沟	梯形断面截水沟，沿道路两侧设置	m	720

(2)定额工程量

定额工程量同清单工程量。

项目编码：040201023 项目名称：盲沟

【例 97】 某道路全长 430m，由于该道路排水困难，在中央分隔带下设置盲沟，以保证路基的稳定性和满足车辆的使用性能，盲沟示意图与中央分隔带示意图如图 2-96 所示，试求盲沟的工程量。

【解】 (1)清单工程量

盲沟长度 430m

【注释】 盲沟工程量按设计图示尺寸以长度计算，用 m 表示。

清单工程量计算见表 2-97。

清单工程量计算表　　　　　　　　　　　表 2-97

项目编码	项目名称	项目特征描述	计量单位	工程量
040201023001	盲沟	中央分隔带下设碎石盲沟	m	430

(2)定额工程量

定额工程量同清单工程量。

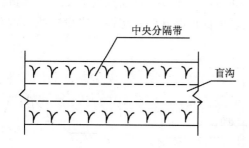

图 2-96　中央分隔带示意图

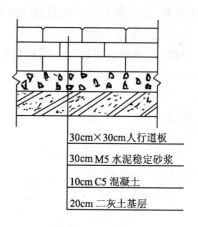

图 2-97　人行道结构图

项目编码：040204002　　项目名称：人行道块料铺设

【例 98】 某城市道路人行道两边均宽为 6m，采用块料铺设，道路长为 690m，人行道路结构图如图 2-97 所示，试求人行道块料铺设的工程量。

【解】 (1)清单工程量

人行道块料铺设面积

$690 \times 6 \times 2 m^2 = 8280 m^2$

【注释】 人行道块料工程量按设计图示以面积计算，690 为人行道长度，6 为人行道宽度，2 为人行道数量。

清单工程量计算见表 2-98。

清单工程量计算表　　　　　　　　　　　表 2-98

项目编码	项目名称	项目特征描述	计量单位	工程量
040204002001	人行道块料铺设	30cm×30cm 人行道板铺设	m²	8280

(2)定额工程量

定额工程量同清单工程量。

项目编码：040204003   项目名称：现浇混凝土人行道及进口坡

【例99】 某城市道路人行道道宽为4m，采用现浇混凝土道板，该道路长为780m，人行道结构图如图2-98所示，试求人行道现浇混凝土的工程量。

【解】 （1）清单工程量

现浇混凝土面积 $780 \times 4 \times 2m^2 = 6240m^2$

【注释】 现浇混凝土人行道工程量按设计图示尺寸以面积计算，不扣除各种井所占面积。780为浇筑混凝土道板长度，4为人行道宽度，2为人行道数量。

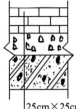

25cm×25cm现浇混凝土人行道板
3cmM5砂浆
18cm 灰土基层 12%

图2-98 人行道结构示意图

清单工程量计算见表2-99。

清单工程量计算表　　　　　　　　　　　　表 2-99

项目编码	项目名称	项目特征描述	计量单位	工程量
040204003001	现浇混凝土人行道及进口坡	25cm×25cm 现浇混凝土人行道板	m^2	6240

（2）定额工程量

定额工程量同清单工程量。

项目编码：040204004   项目名称：安砌侧(平、缘)石

【例100】 某道路全长为1220m，路两边安砌缘石，缘石正面图如图2-99所示，平面图如图2-100所示，试求路缘石的工程量。

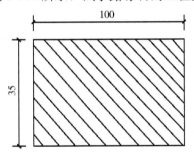

图 2-99 侧石正面图 （单位：cm）

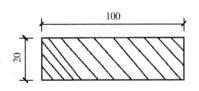

图 2-100 侧石平面图 （单位：cm）

【解】 （1）清单工程量

路缘石的长度 $1220 \times 2m = 2440m$

【注释】 侧缘石工程量按设计图示中心线长度计算。1220为侧缘石长度，2为安砌侧缘石数量。

清单工程量计算见表2-100。

清单工程量计算表　　　　　　　　　　　　表 2-100

项目编码	项目名称	项目特征描述	计量单位	工程量
040204004001	安砌侧(平、缘)石	混凝土缘石 100cm×20cm×35cm 安砌	m	2440

（2）定额工程量

定额工程量同清单工程量。

项目编码：040204005   项目名称：现浇侧(平、缘)石

【例101】 某城市道路全长为830m，路两边浇筑侧缘石，缘石断面尺寸如图2-99、图2-100所示，试计算现浇路缘石的工程量。

【解】 (1) 清单工程量

现浇路缘石的长度 830×2m=1660m

【注释】 现浇路缘石工程量按设计图示中心线长度计算。830为路缘石长度，2为路缘石数量。

清单工程量计算见表2-101。

清单工程量计算表   表 2-101

项目编码	项目名称	项目特征描述	计量单位	工程量
040204005001	现浇侧(平、缘)石	现浇混凝土缘石 100cm×20cm×35cm	m	1660

(2)定额工程量

定额工程量同清单工程量。

项目编码：040204006   项目名称：检查井升降

【例102】 某市区道路全长为1930m，路两侧安设升降检查井，间距为50m，检查井布置图如图2-101所示，且检查井与路面标高均发生正负高差，试计算检查井的工程量。

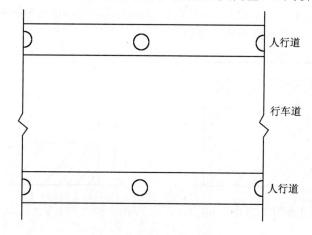

图 2-101　检查井布置图

【解】 (1) 清单工程量

检查井的座数(1930÷50+1)×2座＝39×2座＝78座

【注释】 检查井工程量按设计图示路面标高与原有检查井发生正负高差的检查井数量(座)计算。1930为道路长度，50为相邻检查井间距，2为在路两侧安置检查井。

清单工程量计算见表2-102。

清单工程量计算表   表 2-102

项目编码	项目名称	项目特征描述	计量单位	工程量
040204006001	检查井升降	升降检查井与路面标高均发生正负高差	座	78

（2）定额工程量

定额工程量同清单工程量。

项目编码：040204007   项目名称：树池砌筑

【例103】 某城市道路全长 670m，人行道与车道之间种植树木，每个树池间距为 5m，树池示意图如图 2-102 所示，试计算树池砌筑的工程量。

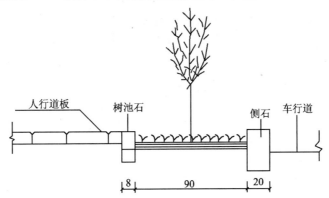

图 2-102 树池砌筑示意图 （单位：cm）

【解】 （1）清单工程量

树池个数（670÷5+1）×2 个＝270 个

【注释】 树池砌筑工程量按设计图示数量计算。670 为树池砌筑道路长度，5 为相邻树池之间间距，2 为设置树池的道路侧数。

清单工程量计算见表 2-103。

清单工程量计算表   **表 2-103**

项目编码	项目名称	项目特征描述	计量单位	工程量
040204007001	树池砌筑	树池砌筑	个	270

（2）定额工程量

定额工程量同清单工程量。

项目编码：040205001   项目名称：人（手）孔井

【例104】 城市四号道路一边设有接线工作井，便于地下管线的装拆，道路总长 890m，每 40m 设一座，接线工作井的示意图如图 2-103 所示，试计算接线工作井的工程量。

【解】 （1）清单工程量

（890÷40+1）座＝23 座

【注释】 接线工作井按设计图示数量计算，用座表示。890 为设置接线井的道路长度，40 为相邻接线井之间间距。

清单工程量计算见表 2-104。

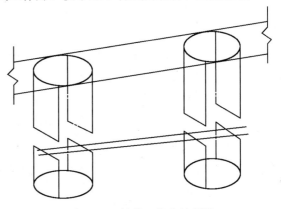

图 2-103 接线工作井示意图

清单工程量计算表   表 2-104

项目编码	项目名称	项目特征描述	计量单位	工程量
040205001001	人（手）孔井	接线工作井	座	23

（2）定额工程量

定额工程量同清单工程量。

项目编码：040205002   项目名称：电缆保护管

【例 105】 道路下面铺设的电缆线应由电缆保护管保护，以便维持正常的工作，该路长 410m，电缆保护管示意图如图 2-104 所示，试求电缆保护管的工程量。

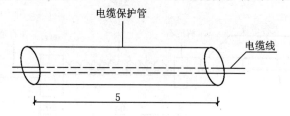

图 2-104   电缆保护管示意图 （单位：m）

【解】 （1）清单工程量

电缆保护管的长度为 410m

【注释】 电缆保护管按设计图示长度计算，用 m 表示。

清单工程量计算见表 2-105。

清单工程量计算表   表 2-105

项目编码	项目名称	项目特征描述	计量单位	工程量
040205002001	电缆保护管	电缆保护管埋设	m	410

（2）定额工程量

定额工程量同清单工程量。

项目编码：040205003   项目名称：标杆

【例 106】 某高速公路上每隔 100m 设置一标杆以引导驾驶员视线，该高速路全长 2420m，标杆示意图如图 2-105 所示，试计算标杆的工程量。

【解】 （1）清单工程量

标杆根数（2420÷100＋1）根＝25 根

【注释】 标杆工程量按设计数量计算，用套表示。2420 为设置标杆道路长度，100 为相邻标杆之间间距。   图 2-105   标杆示意图

清单工程量计算见表 2-106。

清单工程量计算表   表 2-106

项目编码	项目名称	项目特征描述	计量单位	工程量
040205003001	标杆	标杆	根	25

（2）定额工程量

定额工程量同清单工程量。

项目编码：040205004　　项目名称：标志板

【例107】　某高速公路在 K0+460～K1+100 之间每隔 50m 设置一标志板，以引导驾驶员正常驾驶，标志板的示意图如图 2-106 所示，试计算标志板的工程量。

【解】　（1）清单工程量

标志板的块数[（1100−460）÷50+1]块=13 块

【注释】　标志板工程量按设计图示数量计算，用块表示。1100 为公路终点桩号，460 为公路起点桩号，50 为相邻标志板之间间距。

清单工程量计算见表 2-107。

清单工程量计算表　　　　　　　　　　　　　　表 2-107

项目编码	项目名称	项目特征描述	计量单位	工程量
040205004001	标志板	标志板	块	13

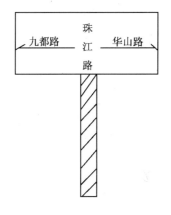
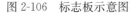

图 2-106　标志板示意图

图 2-107　视线诱导器示意图

（2）定额工程量

定额工程量同清单工程量。

项目编码：040205005　　项目名称：视线诱导器

【例108】　某市区道路全长为 1780m，路面为混凝土路面，为了夜间行驶安全，在道路两边每隔 10m，安装一只视线诱导器，诱导器示意图如图 2-107 所示，试求视线诱导器的工程量。

【解】　（1）清单工程量

视线诱导器的工程量（1780÷10+1）×2 只=358 只

【注释】　视线诱导器工程量按设计图示数量计算，用只表示。1780 为设置诱导器路面长度，10 为相邻两个诱导器之间间距，2 为在道路两边安装。

清单工程量计算见表 2-108。

清单工程量计算表　　　　　　　　　　　　　　表 2-108

项目编码	项目名称	项目特征描述	计量单位	工程量
040205005001	视线诱导器	视线诱导器	只	358

（2）定额工程量

定额工程量同清单工程量。

项目编码：040205006   项目名称：标线

【例 109】 某条道路全长为 1670m，路面宽度为 14m，为了行车安全，在行车道之间用标线标出，道路平面示意图如图 2-108 所示，试求标线的工程量。

【解】 （1）清单工程量

标线长度 1670m

【注释】 标线工程量按设计图示长度计算，用 m 表示。1670 为标线长度。

清单工程量计算见表 2-109。

清单工程量计算表   表 2-109

项目编码	项目名称	项目特征描述	计量单位	工程量
040205006001	标线	标线	m	1670

（2）定额工程量

定额工程量同清单工程量。

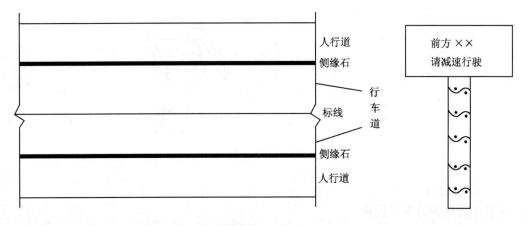

图 2-108 道路平面示意　　　　　　　　　　　图 2-109 标记示意图

项目编码：040205007   项目名称：标记

【例 110】 在 F 城市中，有一主干道与路边的建筑物相通时，需设置温馨提示，如图 2-109 所示，其中共有 95 个此类建筑物，试求标记的工程量。

【解】 （1）清单工程量

标记个数 95 个

【注释】 标记工程量按设计图示以数量计算。

清单工程量计算见表 2-110。

清单工程量计算表   表 2-110

项目编码	项目名称	项目特征描述	计量单位	工程量
040205007001	标记	标记	个	95

(2)定额工程量

定额工程量同清单工程量。

项目编码：040205008 项目名称：横道线

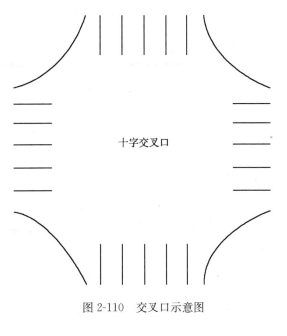

图 2-110 交叉口示意图

【例 111】 城市某两干道交叉口如图 2-110 所示，设置人行横道线，人行道线宽 20cm，长度均为 2m，试计算横道线的工程量。

【解】 (1)清单工程量

人行横道线的面积 $0.2 \times 2.0 \times (2 \times 5 + 2 \times 5) \mathrm{m}^2 = 8\mathrm{m}^2$

【注释】 人行横道线工程量按设计图示尺寸以面积计算。0.2 为人行道线宽度，2.0 为人行道线的长度，5 为十字交叉口处横向与纵向每侧设置人行道线数量，2 为其两侧。

清单工程量计算见表 2-111。

清单工程量计算表 表 2-111

项目编码	项目名称	项目特征描述	计量单位	工程量
040205008001	横道线	人行横道线	m²	8

(2)定额工程量

定额工程量同清单工程量。

项目编码：040205009 项目名称：清除标线

【例 112】 城市三号道路由于交通量变大，出现交通拥挤，因此对其进行改建，由原来的双向 4 车道变为双向 6 车道，所以对原有路面标线予以清除，原有 3 条标线，每条线宽 15cm，该路共长 810m，道路平面示意图如图 2-111 所示，试求清除标线的工程量。

【解】 (1)清单工程量

清除标线的面积 $3 \times 0.15 \times 810\mathrm{m}^2 = 364.50\mathrm{m}^2$

【注释】 清除标线工程量按设计图示尺寸以面积计算。3 为标线数量，0.15 为每条标线宽度，810 为标线长度。

清单工程量计算见表 2-112。

清单工程量计算表 表 2-112

项目编码	项目名称	项目特征描述	计量单位	工程量
040205009001	清除标线	清除标线	m²	364.50

(2)定额工程量

定额工程量同清单工程量。

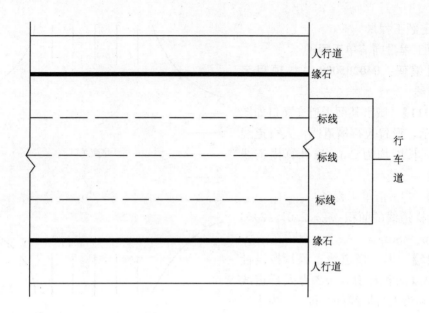

图 2-111 道路平面示意图

项目编码：040205014 项目名称：信号灯

【例113】 某市区某道路全长为1960m，每隔50m有一个交叉口，在每一个交叉口安装4套交通信号灯，交通信号灯示意图如图2-112，试求交通信号灯的工程量。

【解】 （1）清单工程量

交通信号灯的套数(1960÷50＋1)×4 套＝160 套

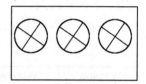

图 2-112 交通信号灯示意图

【注释】 交通信号灯工程量按设计图示数量计算，1960为安装交通信号灯路段长度，50为道路方向上相邻交叉口之间间距，4为每个交叉口安装信号灯数量。

清单工程量计算见表2-113。

清单工程量计算表 表 2-113

项目编码	项目名称	项目特征描述	计量单位	工程量
040205014001	信号灯	交通信号灯	套	160

（2）定额工程量

定额工程量同清单工程量。

项目编码：040205010 项目名称：环形检测线圈

【例114】 某新建道路，需对交叉口做交通量调查，在每个车道下面均安装一个环形电流线圈，每当车辆通过时，线圈便产生电流，以此计量车辆的通过量，此道路共有6个交叉口，每个线圈的长度为12m，如图2-113所示，试计算检测线的长度。

【解】 （1）清单工程量

环形检测线圈个数 6个

长度为 6×12＝72m

【注释】 环形检测线工程量按设计图示以数量计算，12为每个线圈的长度，6为安装电流线圈数量。

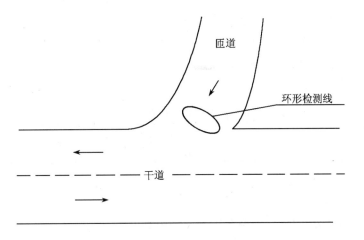

图 2-113　环形检测线示意图

清单工程量计算见表 2-114。

清单工程量计算表　　　　　　　　　表 2-114

项目编码	项目名称	项目特征描述	计量单位	工程量
040205010001	环形检测线圈	环形检测线安装	个	6

（2）定额工程量

定额工程量同清单工程量。

项目编码：040205011　　项目名称：值警亭

【例 115】　某市区道路全长为 1860m，每隔 50m 有一个交叉口，在每个交叉口均设有一座值警亭，试求值警亭的工程量。

【解】　（1）清单工程量

值警亭的数量(1860÷50＋1)座＝38 座

【注释】　值警亭工程量按设计图示数量计算，用座表示。1860 为设置值警亭道路长度，50 为相邻两个值警亭之间间距。

清单工程量计算见表 2-115。

清单工程量计算表　　　　　　　　　表 2-115

项目编码	项目名称	项目特征描述	计量单位	工程量
040205011001	值警亭	值警亭安装	座	38

（2）定额工程量

定额工程量同清单工程量。

项目编码：040205012　　项目名称：隔离护栏

【例 116】　某高速公路 K0＋450～K0＋600 段与村庄相邻，为避免行人，家畜影响行车速度，出现安全隐患问题，在道路两侧设置隔离栏，栏高为 2.5m，其断面图如图 2-114 所示，试求隔离栏的工程量。

【解】　（1）清单工程量

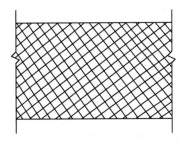

图 2-114　隔离护栏示意图

隔离护栏的长度$(600-450)\times2m=300m$

【注释】 隔离护栏工程量按设计图示以长度计算。600 为设置隔离护栏的道路终点桩号，450 为起点桩号，2 为设置隔离栏数量。

清单工程量计算见表 2-116。

清单工程量计算表 表 2-116

项目编码	项目名称	项目特征描述	计量单位	工程量
040205012001	隔离护栏	道路两侧设置隔离栏，栏高 2.5m	m	300

（2）定额工程量

定额工程量同清单工程量。

项目编码：040802001 **项目名称：电杆组立**

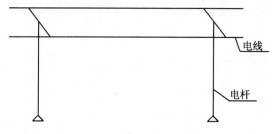

图 2-115 立电栏示意图

【例 117】 某市区道路 K0＋000～K1＋960 为沥青混凝土路面，其路面宽度为 27m，在人行道两侧每 25m 设一立电杆，立电杆示意图如图 2-115 所示，试求立电杆的工程量。

【解】 （1）清单工程量

立电杆的数量$(960\div25+1)\times2$ 根$=78$ 根

【注释】 立电杆工程量按设计图示数量计算。960 为道路长度，25 为相邻立电杆之间间距，2 为在人行道两侧设置。

清单工程量计算见表 2-117。

清单工程量计算表 表 2-117

项目编码	项目名称	项目特征描述	计量单位	工程量
040802001001	电杆组立	钢筋混凝土电杆	根	78

（2）定额工程量

定额工程量同清单工程量。

项目编码：040205013 **项目名称：架空走线**

【例 118】 某市区道路全长为 2340m，路面为混凝土路面，在人行道两侧均安装信号灯架空走线，试求信号灯架空线的工程量。

【解】 （1）清单工程量

信号灯架空走线的长度 $2340\times2\times2m=9360m$

【注释】 信号灯架空走线工程量按设计图示以长度计算，用 m 表示。2340 为走线长度，第一个 2 为一条人行道安装走线数量，第二个 2 为人行道数量。

清单工程量计算见表 2-118。

清单工程量计算表 表 2-118

项目编码	项目名称	项目特征描述	计量单位	工程量
040205013001	架空走线	信号灯架空走线	m	9360

（2）定额工程量

定额工程量同清单工程量。

项目编码：040205015　　项目名称：设备控制机箱

【例119】 某新建道路K0+000~K1+450，路面为混凝土结构，在工程竣工后，在人行道外侧需安置信号机箱，这些工程仍交给原施工队进行安装，信号机箱每隔30m安装一只，试求信号机箱的工程量。

【解】 （1）清单工程量

信号机箱的数量(1450÷30+1)×2台＝98台

【注释】 信号机箱工程量按设计图示数量计算，用只表示。1450为人行道长度，30为相邻信号机箱之间间距，2为道路两侧安装。

清单工程量计算见表2-119。

清单工程量计算表　　　　　　　　　　　　　　　　　　　　表2-119

项目编码	项目名称	项目特征描述	计量单位	工程量
040205015001	设备控制机箱	人行道两侧信号机箱安装	台	98

（2）定额工程量

定额工程量同清单工程量。

项目编码：040205014　　项目名称：信号灯

【例120】 某城市二号道路全长为660m，共有十二个交叉口，每个交叉口均设置两个信号灯，均有两个信号灯架，试计算信号灯架的工程量。

【解】 （1）清单工程量

信号灯架组数12×2套＝24套

【注释】 信号灯架工程量按设计图示数量计算，用套表示。12为交叉口数量，2为每个交叉口设置信号灯架数量。

清单工程量计算见表2-120。

清单工程量计算表　　　　　　　　　　　　　　　　　　　　表2-120

项目编码	项目名称	项目特征描述	计量单位	工程量
040205014001	信号灯架	信号灯架	套	24

（2）定额工程量

定额工程量同清单工程量。

项目编码：040205016　　项目名称：管内配线

【例121】 某道路下面铺设道路管线，管道内共有7股管线圈，每个管线圈内均有管线，道路总长1180m，试求管内穿线的工程量。

【解】 （1）清单工程量

管内穿线的长度1180×7m＝8260m

【注释】 管内穿线工程量按设计图示以长度计算。1180为每个管线长度，7为管线数量。

清单工程量计算见表2-121。

清单工程量计算表 表 2-121

项目编码	项目名称	项目特征描述	计量单位	工程量
040205016001	管内配线	7 股管线圈	m	8260

（2）定额工程量

定额工程量同清单工程量。

项目编码：040203007　　项目名称：水泥混凝土

【例 122】　某水泥混凝土路面全长为 1410m，路面宽度为 21m，快车道中央有一条纵向伸缩缝，其断面图如图 2-116 所示，试计算伸缝的工程量。

【解】　（1）清单工程量

伸缝的面积 $1410 \times 0.02 \text{m}^2 = 28.20 \text{m}^2$

【注释】　伸缝工程量按设计图示以面积计算，1410 为伸缩缝长度，0.02 为伸缩缝宽度。

清单工程量计算见表 2-122。

清单工程量计算表 表 2-122

项目编码	项目名称	项目特征描述	计量单位	工程量
040203007001	水泥混凝土	伸缝，缝宽 2cm	m^2	28.20

（2）定额工程量

定额工程量同清单工程量。

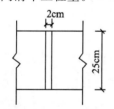

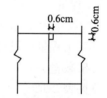

图 2-116　伸缝断面图　　　　图 2-117　横缝断面图

项目编码：040203007　　项目名称：水泥混凝土

【例 123】　某水泥混凝土路面全长为 820m，路面宽度为 15m，每隔 6m 设置一条横向伸缩缝，横缝断面图如图 2-117 所示，试计算横缝的工程量。

【解】　（1）清单工程量

横缝的面积 $15 \times 0.006 \times (820 \div 6 - 1) \text{m}^2 = 12.24 \text{m}^2$

【注释】　横缝工程量按设计图示以面积计算。15 为横缝长度，0.006 为横缝宽度，820 为设置横缝道路长度，6 为相邻两个横缝之间间距。

清单工程量计算见表 2-123。

清单工程量计算表 表 2-123

项目编码	项目名称	项目特征描述	计量单位	工程量
040203007001	水泥混凝土	横向伸缩缝，缝宽 0.6cm	m^2	12.24

（2）定额工程量

定额工程量同清单工程量。

项目编码：040201014　　项目名称：粉喷桩

【例124】　某道路全长为1460m，路面宽度为12m，路肩各为1m，路基加宽值为30cm，由于路基湿软进行喷粉桩对路基进行处理，其中路堤断面图，喷粉桩示意图，分别如图2-118、图2-119所示，试计算喷粉桩的工程量。

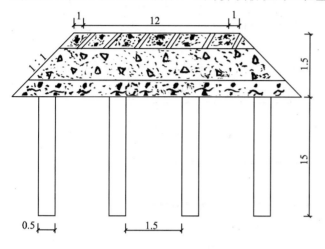

图2-118　路堤断面图　（单位：m）　　　　图2-119　喷粉桩示意图　（单位：m）

【解】　（1）清单工程量

喷粉桩的长度为$[1460÷(1.5+0.5)+1]×[(12+1×2)÷2+1]×15m=87720m$

【注释】　喷粉桩工程量按设计图示以长度计算。1460为设置喷粉桩路面长度，1.5为相邻喷粉桩相邻表面之间间距，0.5为喷粉桩直径，12为路面宽度，1为路肩宽度，2为相邻喷粉桩内径中心线之间间距，15为喷粉桩高度。

清单工程量计算见表2-124。

清单工程量计算表　　　　　　　　　　　　　　　　表2-124

项目编码	项目名称	项目特征描述	计量单位	工程量
040201014001	粉喷桩	桩径0.5m，桩长15m	m	87720

（2）定额工程量

喷粉桩的长度为$[1460÷(1.5+0.5)+1]×[(12+1×2+2×0.3)÷2+1]×15m$
$=87720m$

喷粉桩的截面积$π(0.5÷2)^2m^2=0.196m^2$

喷粉桩的体积为$87720×0.196m^3=17193.12m^3$

【注释】　0.3为路面一侧加宽值，0.5为桩直径。

项目编码：040202014　　项目名称：粉煤灰三渣

【例125】　某城市主干道全长为1660m，路面宽度为25.44m，缘石宽度为20cm，快车道宽4m，慢车道宽为3.5m，人行道宽为4.8m，路面为沥青混凝土路面，人行道，慢车道如图2-120，快车道大样图如图2-121所示，道路平面图如图2-122所示，试计算道路工程量。

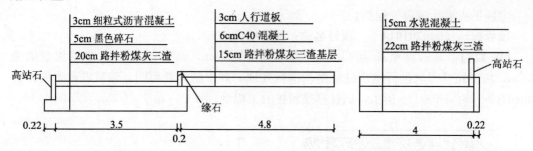

图 2-120 慢车道、人行道示意图 (单位：m)　　　　图 2-121 快车道大样图 (单位：m)

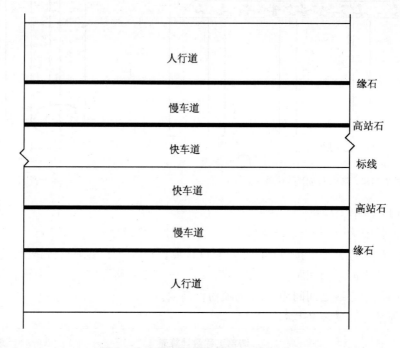

图 2-122 道路平面示意图 (单位：m)

【解】 (1) 清单工程量

路拌粉煤灰三渣基层面积 25.44×1660m² ＝42230.4m²

黑色碎石基层面积 7×1660m² ＝11620m²

沥青混凝土面层面积 7×1660m² ＝11620m²

C40 混凝土面积 4.8×1660m²×2＝15936m²

水泥混凝土面积 4×1660m²×2＝13280m²

人行道板的面积 2×4.8×1660m² ＝7968×2m²＝15936m²

缘石长度 1660×2m＝3320m

【注释】 路拌粉煤灰三渣基层、黑色碎石基层、沥青混凝土面层、混凝土面层及人行道板工程量均按设计图示尺寸以面积计算，不扣除各种井所占面积。25.44 为路面宽度，1660 为相应路面长度，7 为慢车道总宽度即(3.5＋3.5)，4.8 为人行道宽度，4 为一条快车道的宽度，2 为快车道、人行道数量及缘石数量。

清单工程量计算见表 2-125。

清单工程量计算表 表 2-125

序号	项目编码	项目名称	项目特征描述	计量单位	工程量
1	040202001001	路床(槽)整形	人行道 6cm 厚 C40 混凝土	m²	15936
2	040202014001	粉煤灰三渣	快车道 22cm 厚路拌粉煤灰三渣	m²	13280
3	040202014002	粉煤灰三渣	慢车道 20cm 厚路拌粉煤灰三渣	m²	11620
4	040202014003	粉煤灰三渣	人行道 15cm 厚路拌粉煤灰三渣基层	m²	15936
5	040203005001	黑色碎石	5cm 厚黑色碎石基层石料最大粒径 40mm	m²	11620
6	040203006001	沥青混凝土	3cm 厚细粒式沥青混凝土	m²	11620
7	040203007001	水泥混凝土	15cm 厚水泥混凝土面层	m²	13280
8	040204002001	人行道块料铺设	3cm 厚人行道板铺设	m²	15936
9	040204004001	安砌侧(平、缘)石	混凝土缘石安砌	m	3320

（2）定额工程量

路拌粉煤灰三渣基层面积 $(25.44+2a)\times 1660\text{m}^2=(42230.4+3320a)\text{m}^2$

沥青混凝土面层面积 $7\times 1660\text{m}^2=11620\text{m}^2$

黑色碎石基层面积 $7\times 1660\text{m}^2=11620\text{m}^2$

C40 混凝土面积 $(4.8+a)\times 2\times 1660\text{m}^2=(15936+3320a)\text{m}^2$

人行道板的面积 $2\times 4.8\times 1660\text{m}^2=15936\text{m}^2$

水泥混凝土面积 $4\times 1660\text{m}^2\times 2=13280\text{m}^2$

缘石长度 $1660\times 2\text{m}=3320\text{m}$

注：a 为路基一侧加宽值。

第二节 综 合 实 例

项目编码：040202005   项目名称：石灰、碎石、土
项目编码：040202009   项目名称：砂砾石
项目编码：040202002   项目名称：石灰稳定土

【例1】某城市次干路全长 1320m，路面宽度为 15m，车行道宽为 7m，两侧人行道各宽 3.8m，缘石宽度为 20cm，道路横断面图如图 2-123 所示，道路结构图如图 2-124、图 2-125 所示，试计算道路工程量。

图 2-123　道路横断面图　（单位：m）

【解】 (1)清单工程量

人工铺筑砂砾石的面积 $1320 \times (7 + 2 \times 0.2) \text{m}^2 = 9768 \text{m}^2$

机拌石灰、土、碎石(8：72：20)面积 $1320 \times (7 + 2 \times 0.2) \text{m}^2 = 9768 \text{m}^2$

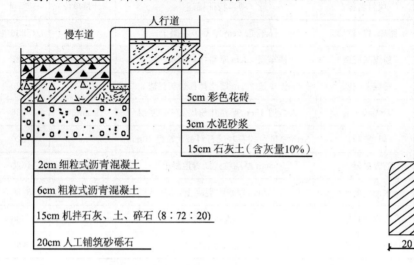

图 2-124　路面结构图　　　　图 2-125　缘石立面图　(单位：cm)

沥青混凝土面层面积 $1320 \times 7 \text{m}^2 = 9240 \text{m}^2$

人行道石灰土面积 $3.8 \times 2 \times 1320 \text{m}^2 = 10032 \text{m}^2$

人行道水泥砂浆面积 $3.8 \times 2 \times 1320 \text{m}^2 = 10032 \text{m}^2$

人行道彩色花砖面积 $3.8 \times 2 \times 1320 \text{m}^2 = 10032 \text{m}^2$

缘石的长度 $1320 \times 2 \text{m} = 2640 \text{m}$

【注释】 道路面层、基层工程量均按设计图示尺寸以面积计算，不扣除各种井所占面积。缘石工程量按设计图示以长度计算。1320 为道路长度，7 为车行道宽度，0.2 为缘石宽度，2 为缘石数量及人行道数量，3.8 为人行道宽度。

清单工程量计算见表 2-126。

清单工程量计算表　　　　　　　　　　　表 2-126

序号	项目编码	项目名称	项目特征描述	计量单位	工程量
1	040202001001	路床(槽)整形	人行道 3cm 厚水泥砂浆	m²	10032
2	040202005001	石灰、碎石、土	15cm 厚机拌石灰、土、碎石(8：72：20)	m²	9768
3	040202009001	砂砾石	20cm 厚人工铺筑，砂砾石底层	m²	9768
4	040202002001	石灰稳定土	15cm 厚人行道石灰土含灰量10%	m²	10032
5	040203006001	沥青混凝土	6cm 粗粒式沥青混凝土	m²	9240
6	040203006002	沥青混凝土	2cm 细粒式沥青混凝土	m²	9240
7	040204002001	人行道块料铺设	5cm 厚彩色花砖铺设	m²	10032
8	040204004001	安砌侧(平、缘)石	混凝土缘石安砌 20cm×30cm	m	2640

(2) 定额工程量

人工铺筑砂砾石的面积 $1320 \times (7 + 2 \times 0.2) \text{m}^2 = 9768 \text{m}^2$

机拌石灰、土、碎石(8：72：20)的面积 $1320 \times (7 + 2 \times 0.2) \text{m}^2 = 9768 \text{m}^2$

沥青混凝土面积 $7 \times 1320\text{m}^2 = 9240\text{m}^2$

人行道石灰土面积 $(3.8+a) \times 2 \times 1320\text{m}^2 = (10032+2640a)\text{m}^2$

人行道水泥砂浆面积 $(3.8+a) \times 2 \times 1320\text{m}^2 = (10032+2640a)\text{m}^2$

人行道彩色花砖面积 $3.8 \times 2 \times 1320\text{m}^2 = 10032\text{m}^2$

缘石的长度 $1320 \times 2\text{m} = 2640\text{m}$

注：a 为路基一侧加宽值。

项目编码：040202011　　　项目名称：碎石

项目编码：040202002　　　项目名称：石灰稳定土

项目编码：040203006　　　项目名称：沥青混凝土

【例2】 某城市主干道全长2460m，路面宽度为27m，该道路快车道均为4m宽，慢车道均为3.5m宽，分隔带均为1m宽，人行道宽均为4m，缘石宽为20cm，每隔5m种植一树，道路横断面图，路面结构图，侧石大样图，树池示意图如图2-126～图2-129所示，试计算道路工程量。

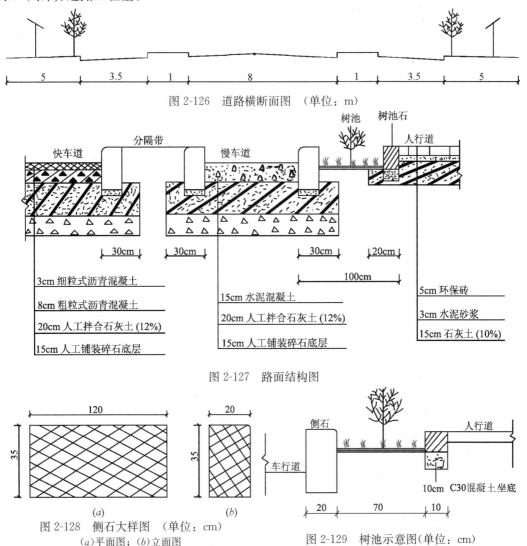

图2-126　道路横断面图　（单位：m）

图2-127　路面结构图

图2-128　侧石大样图　（单位：cm）
（a）平面图；（b）立面图

图2-129　树池示意图（单位：cm）

【解】 (1)清单工程量

人工铺装碎石底层(8+2×0.3+3.5×2+4×0.3)×2460m² = 41328m²

人工拌合石灰土(12%)面积

(8+2×0.3+3.5×2+4×0.3)×2460m² = 41328m²

【注释】 在快车道与慢车道均铺有人工碎石底层与人工拌合石灰土,2460 为道路长度,8 为两条快车道宽度,0.3 为一侧加宽值,2 为快车道与慢车道数量,4 为慢车道加宽数量,3.5 为慢车道宽度。

沥青混凝土面积 8×2460m² = 19680m²

水泥混凝土面积 3.5×2×2460m² = 17220m²

【注释】 沥青混凝土面层只在快车道铺设,水泥混凝土只在慢车道铺设。8 为快车道的宽度,3.5 为慢车道的宽度,2 为慢车道的数量。

石灰土(10%)面积(4+0.2)×2×2460m² = 20664m²

水泥砂浆的面积 4×2×2460m² = 19680m²

环保砖面积 4×2×2460m² = 19680m²

【注释】 石灰土、水泥砂浆及环保砖在人行道上铺设,4 为人行道宽度,0.2 为树池石宽度。

缘石长度 6×2460m = 14760m

树池个数(2460÷5+1)×2个 = 986 个

【注释】 缘石工程量按图示长度计算,树池工程量以数量计算。6 为缘石数量,5 为相邻树池之间间距,2 为设置树池的人行道数量。

清单工程量计算见表 2-127。

清单工程量计算表 表 2-127

序号	项目编码	项目名称	项目特征描述	计量单位	工程量
1	040202011001	碎石	15cm 厚人工铺装碎石底层	m²	41328
2	040202002001	石灰稳定土	20cm 厚人工拌合石灰(12%)	m²	41328
3	040202002002	石灰稳定土	15cm 厚石灰土(10%)	m²	20664
4	040203006001	沥青混凝土	8cm 粗粒式沥青混凝土	m²	19680
5	040203006002	沥青混凝土	3cm 细粒式沥青混凝土	m²	19680
6	040203007001	水泥混凝土	15cm 厚水泥混凝土面层	m²	17220
7	040202001001	路床(槽)整形	3cm 厚水泥砂浆垫层	m²	19680
8	040204002001	人行道块料铺设	人行道 5cm 厚环保砖铺设	m²	19680
9	040204004001	安砌侧(平、缘)石	混凝土缘石安砌	m	14760
10	040204007001	树池砌筑	砌筑树池	个	986

（2）定额工程量

人工铺装碎石底层$(8+2\times0.3+3.5\times2+4\times0.3)\times2460m^2=41328m^2$

人工拌合石灰土（12%）面积$(8+2\times0.3+3.5\times2+4\times0.3)\times2460m^2=41328m^2$

沥青混凝土面积$8\times2460m^2=19680m^2$

水泥混凝土面积$3.5\times2\times2460m^2=17220m^2$

石灰土（10%）面积$(4+0.2+a)\times2\times2460m^2=(20664+4920a)m^2$

水泥砂浆的面积$4\times2\times2460m^2=19680m^2$

环保砖面积$4\times2\times2460m^2=19680m^2$

缘石长度$6\times2460m=14760m$

树池个数$(2460\div5+1)\times2$个$=986$个

注：a为人行道路基一侧加宽值，8为快车道的宽度，0.3为快、慢车道一侧路基加宽值，3.5为慢车道的宽度，2460为道路长度，6为缘石的数量，5为相邻树池之间的间距。

项目编码：**040201011**　　项目名称：**砂石桩**

项目编码：**040202005**　　项目名称：**石灰、碎石、土**

项目编码：**040202009**　　项目名称：**砂砾石**

【例3】 某高速公路全长为3630m，路面宽度为27m，每个车道宽4m，中央分隔带为3m，为双向六车道，其中K1+570～K2+420之间由于土质比较湿软，为了保证路基的稳定性和满足道路的使用性质，对该段土基进行砂桩处理，道路平面图与土基处理图，路面结构示意图，伸缩缝断面图如图2-130～图2-134所示，试计算道路工程量。

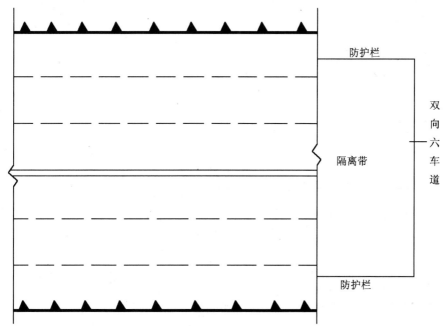

图2-130　道路平面图

【解】 （1）清单工程量

人工铺装砂砾石底基层面积$3630\times27m^2=98010m^2$

厂拌石灰、土、碎石基层面积$3630\times27m^2=98010m^2$

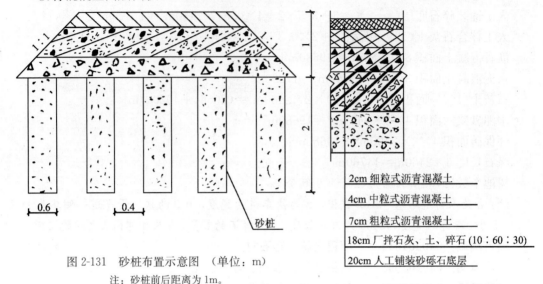

沥青混凝土面层面积 $3630 \times 27m^2 = 98010m^2$

0.6　0.4

砂桩

图 2-131　砂桩布置示意图　（单位：m）

注：砂桩前后距离为 1m。

2cm 细粒式沥青混凝土

4cm 中粒式沥青混凝土

7cm 粗粒式沥青混凝土

18cm 厂拌石灰、土、碎石 (10∶60∶30)

20cm 人工铺装砂砾石底层

图 2-132　路面结构示意图

砂桩长度 $2 \times [(27+2.0) \div (0.6+0.4)+1] \times [(2420-1570) \div (0.6+0.4)+1]m$

　　　 $= 2 \times 30 \times 851m = 51060m$

防护栏的长度 $3630 \times 2m = 7260m$

伸缩缝的面积 $[3630 \times 0.02 + (3630 \div 6-1) \times 27 \times 0.006]m^2 = 170.45m^2$

【注释】 基层、面层工程量按设计图示尺寸以面积计算，不扣除各种井所占面积。3630 为道路长度，27 为路面宽度；砂桩工程量按设计图示以长度计算，2 为一根石灰砂桩的长度，2.0 为路面两侧加宽值，0.6 为砂桩直径，0.4 为相邻砂桩外表面之间间距，2420 为进行砂桩处理的路面终点，1570 为其起点；防护栏工程量按设计图示以长度计算，2 为防护栏数量；伸缩缝工程量按设计图示以面积计算，3630 为纵缝长度，0.02 为纵缝宽度，6 为相邻横缝之间间距，0.006 为横缝宽度，27 为横缝长度。

清单工程量计算见表 2-128。

清单工程量计算表　　　　　　　　　　　　　　　　表 2-128

序号	项目编码	项目名称	项目特征描述	计量单位	工程量
1	040201011001	砂石桩	桩径 0.6m，砂桩前后间距 1m	m	51060
2	040202005001	石灰、碎石、土	18cm 厚厂拌石灰、土、碎石(10∶60∶30)	m²	98010
3	040202009001	砂砾石	20cm 厚人工铺装砂砾石底层	m²	98010
4	040203006001	沥青混凝土	7cm 厚粗粒式沥青混凝土	m²	98010
5	040203006002	沥青混凝土	4cm 厚中粒式沥青混凝土	m²	98010
6	040203006003	沥青混凝土	2cm 厚细粒式沥青混凝土	m²	98010
7	040203007001	水泥混凝土	伸缩缝：纵缝缝宽 2cm，横缝宽 0.6m	m²	170.45
8	040205012001	隔离护栏	隔离护栏安装	m	7260

（2）定额工程量

人工铺装砂砾石底基层面积 $3630 \times (27+2a)m^2 = (98010+7260a)m^2$

厂拌石灰、土、碎石基层面积 $3630 \times (27+2a)m^2 = (98010+7260a)m^2$

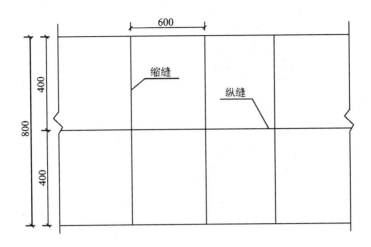

图 2-133 伸缩缝布置示意图 （单位：cm）

沥青混凝土面层面积 $3630 \times 27\text{m}^2 = 98010\text{m}^2$

砂桩长度 $2 \times [(27+2+2a) \div (0.6+0.4)$
$+1] \times [(2420-1570) \div (0.6+$
$0.4)+1]\text{m}$
$=(47656+3404a)\text{m}$

防护栏的长度 $3630 \times 2\text{m} = 7260\text{m}$

伸缩缝的面积 $[3630 \times 0.02 + (3630 \div 6-$
$1) \times 27 \times 0.006]\text{m}^2 = 170.45\text{m}^2$

注：a 为路基一侧加宽值。

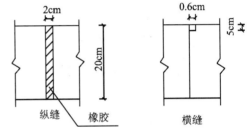

图 2-134 伸缩缝断面图

项目编码：040202010	项目名称：卵石
项目编码：040202006	项目名称：石灰、粉煤灰、碎(砾)石
项目编码：040203005	项目名称：黑色碎石
项目编码：040201022	项目名称：排水沟、截水沟

【例 4】 某山区道路在 K0+910～K1+760 之间为挖方路段，路面宽度为 15m，路肩各宽 1m，路基加宽值为 30cm，由于考虑到路基排水和路基的稳定性，需要设置边沟与截水沟，路堑断面图，道路结构图，边沟，截水沟断面示意图如图 2-135～图 2-138 所示，试计算道路工程量。

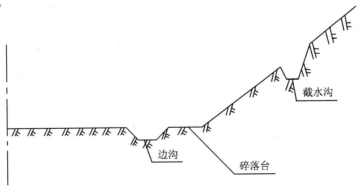

图 2-135 路堑断面图

8cm 黑色碎石路面

20cm 拌合机拌合二灰碎石 (10：20：70)

20cm 卵石底层

图 2-136　路面结构图

注：1. 梯形边沟内侧边坡为 1：1～1：1.5。

2. 外侧边坡坡度与挖方边坡坡度相同。

3. 底宽与深度约 0.4～0.6m。

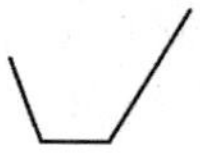

注：1. 坡度 1：1～1：1.5。

2. 底宽与深度亦不应小于 0.5m。

图 2-137　边沟断面图　　　　　图 2-138　截水沟断面图

【解】　(1) 清单工程量

卵石底层面积 $(1760-910)\times(15+1\times2)m^2=14450m^2$

拌合二灰碎石基层面积 $(1760-910)\times(15+1\times2)m^2=14450m^2$

黑色碎石面层面积 $(1760-910)\times15m^2=12750m^2$

边沟长度 $(1760-910)\times2m=850\times2m=1700m$

截水沟长度 $(1760-910)\times2m=850\times2m=1700m$

【注释】　1760 为挖方路段终点，910 为其起点，15 为路面宽度，1 为一侧路肩宽度，边沟与截水沟数量均为 2。

清单工程量计算见表 2-129。

清单工程量计算表　　　　　　　　　　　　表 2-129

序号	项目编码	项目名称	项目特征描述	计量单位	工程量
1	040202010001	卵石	20cm 厚卵石底层	m²	14450
2	040202006001	石灰、粉煤灰、碎(砾)石	20cm 厚拌合机拌合二灰碎石(10：20：70)	m²	14450
3	040203005001	黑色碎石	8cm 厚黑色碎石路面面层	m²	12750
4	040201022001	排水沟、截水沟	排水边沟，梯形断面	m	1700
5	040201022002	排水沟、截水沟	截水沟，梯形断面	m	1700

(2) 定额工程量

卵石底层面积 $(1760-910)\times(15+1\times2+2\times0.3)m^2=14960m^2$

拌合二灰碎石基层面积 $(1760-910)\times(15+1\times2+2\times0.3)m^2=14960m^2$

　　黑色碎石面层面积(1760－910)×15m² ＝12750m²

　　边沟长度(1760－910)×2m＝1700m

　　截水沟长度(1760－910)×2m＝1700m

　　【注释】　0.3 为路肩一侧加宽值。

　　【例5】　城市二号道路其中 K0＋160～K0＋530 之间一段道路路宽为 25m，道路横断面图如图所示，道路结构图，立电杆示意图，信号灯架空走线示意图如图 2-139～图2-142 所示，试计算道路工程量。

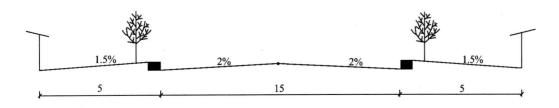

图 2-139　道路横断面示意图　（单位：cm）

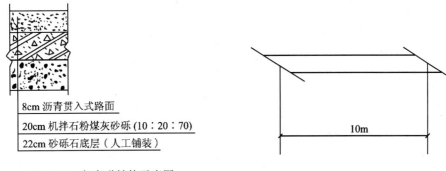

图 2-140　行车道结构示意图

图 2-141　立电杆示意图

　　【解】　(1) 清单工程量

　　砂砾石底基层面积 15×(530－160)m² ＝5550m²

　　石灰、粉煤灰、砂砾基层面积 15×(530－160)m² ＝5550m²

　　沥青贯入式路面面层的面积 15×(530－160)m² ＝5550m²

　　立电杆的根数[(530－160)÷10＋1]根＝38 根

　　信号灯架空走线的长度(530－160)×2m ＝740m

　　【注释】　道路基层、面层工程量按设计图示尺寸以面积计算，15 为行车道宽度，(530－160)为道路长度，其中 530 为道路终点桩号，160 为道路起点桩号；立电杆工程量按图示数量计算，10 为相邻立电杆之间间距；信号灯架空线按设计图示以长度计算，用 m 表示，2 为架信号灯线道路两侧。

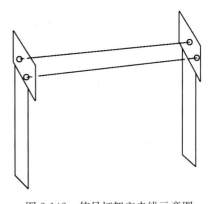

图 2-142　信号灯架空走线示意图

清单工程量计算见表 2-130。

清单工程量计算表   表 2-130

序号	项目编码	项目名称	项目特征描述	计量单位	工程量
1	040202009001	砂砾石	22cm厚砂砾石底层(人工铺装)	m²	5550
2	040202006001	石灰、粉煤灰、碎(砾)石	20cm厚机拌合石粉煤灰砂砾(10∶20∶70)	m²	5550
3	040203002001	沥青贯入式	8cm厚沥青贯入式路面面层	m²	5550
4	040802001001	电杆组立	立电杆	根	38
5	040205013001	架空走线	信号灯架空走线	m	740

（2）定额工程量

定额工程量同清单工程量。

项目编码：040201007　　　项目名称：抛石挤淤

【例6】　某条道路全长2220m，路面宽度为15m，两侧路肩宽为1.5m，路基加宽值为30cm，快车道均为4m，慢车道均为3.5m，道路横断面图，道路结构图，抛石挤淤断面示意图如图2-143～图2-145所示，试计算道路的工程量。

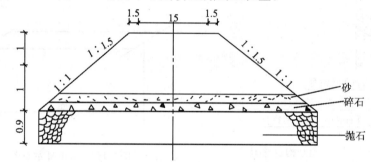

图 2-143　抛石挤淤断面示意图　（单位：m）

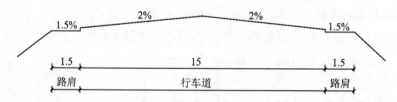

图 2-144　道路横断面示意图　（单位：m）

【解】　（1）清单工程量

碎石底基层的面积2220×(15+1.5×2)m²＝39960m²

人工拌合石灰、炉渣、土基层面积 2220×(15+1.5×2)m²＝39960m²

水泥混凝土面层面积 2220×15m²＝33300m²

抛石挤淤的体积(1.5+1+1.5+7.5)×2×0.9×2220m³＝45954m³

【注释】　2220 为道路全长，15 为路面宽度；抛石挤淤工程量按设计图示尺寸以体积计算，1.5 为抛石挤淤断面图中上底左方宽及上部高度为1的坡度加宽值，第二个 1.5 为

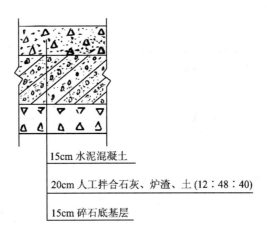

15cm 水泥混凝土

20cm 人工拌合石灰、炉渣、土(12：48：40)

15cm 碎石底基层

图 2-145 道路结构图

其下部高度为 1 的坡度加宽值，7.5 为上底宽度一半即 15/2，2 为将道路从路中间分为对称的两部分，0.9 为抛石厚度。

清单工程量计算见表 2-131。

清单工程量计算表 表 2-131

序号	项目编码	项目名称	项目特征描述	计量单位	工程量
1	040202011001	碎石	15cm 厚碎石底基层	m²	39960
2	040202004001	石灰、粉煤灰、土	20cm 厚人工拌合石灰、炉渣、土(12：48：40)	m²	39960
3	040203007001	水泥混凝土	15cm 厚水泥混凝土面层	m²	39960
4	040201007001	抛石挤淤	抛石挤淤	m³	45954

(2) 定额工程量

碎石底基层的面积 $2220 \times (15 + 2 \times 1.5 + 2 \times 0.3) m^2 = 41292 m^2$

人工拌合石灰、炉渣、土基层面积 $2220 \times (15 + 2 \times 1.5 + 2 \times 0.3) m^2 = 41292 m^2$

水泥混凝土面层面积 $2220 \times 15 m^2 = 33300 m^2$

抛石挤淤的体积 $(1.5 + 1 + 1.5 + 7.5 + 0.3) \times 2 \times 0.9 \times 2220 m^3 = 47152.8 m^3$

【注释】 1.5 为一侧路肩宽度，0.3 为一侧路基加宽值。

项目编码：040204002　　项目名称：**人行道块料铺设**

项目编码：040204007　　项目名称：**树池砌筑**

【例 7】 某城市道路全长为 1750m，路面宽度为 23.4m，快车道宽为 4m，慢车道宽为 3.5m，人行道宽为 3m，快车道中央有一条纵缝，为了绿化环境，每 6m 设一树池，道路平面图，道路横断面示意图，树池、人行道示意图，伸缩缝示意图如图 2-146～图 2-149 所示，试计算道路工程量。

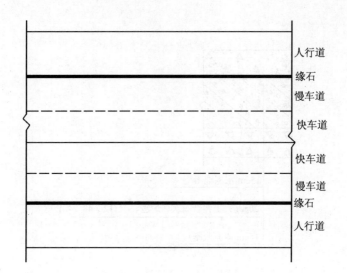

图 2-146　道路平面图

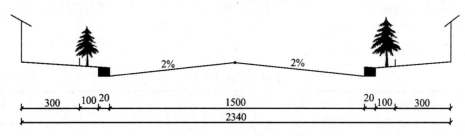

图 2-147　道路横断面示意图　（单位：cm）

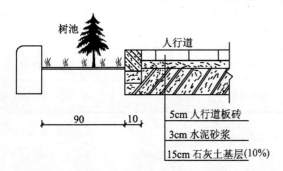

图 2-148　树池、人行道示意图　（单位：cm）

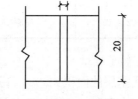

图 2-149　伸缩缝示意图　（单位：cm）

【解】　（1）清单工程量

人行道石灰土基层的面积 $(3+0.1)\times2\times1750m^2=10850m^2$

水泥砂浆的面积 $3\times2\times1750m^2=10500m^2$

人行道板砖的面积 $3\times2\times1750m^2=10500m^2$

纵缝面积 $1750\times0.02m^2=35m^2$

树池个数 $(1750\div6+1)\times2$ 个 $=584$ 个

缘石长度 $1750\times2m=3500m$

【注释】　基层、面层、人行道板及伸缩缝工程量按面积计算，1750 为道路全长，3 为人行道净宽，0.1 为缘石宽度，2 为人行道数量，0.02 为伸缩缝宽度；树池工程量按数量计算，6 为相邻树池之间间距；缘石按长度计算，2 为缘石数量。

清单工程量计算见表 2-132。

清单工程量计算表 表 2-132

序号	项目编码	项目名称	项目特征描述	计量单位	工程量
1	040202002001	石灰稳定土	15cm 厚石灰稳定土基层，含灰量 10%	m^2	10850
2	040202001001	路床(槽)整形	3cm 厚水泥砂浆垫层	m^2	10500
3	040204002001	人行道块料铺设	5cm 厚人行道板砖铺设	m^2	10500
4	040203007001	水泥混凝土	纵缝缝宽 2cm	m^2	35
5	040204007001	树池砌筑	砌筑树池	个	584
6	040204004001	安砌侧(平、缘)石	混凝土缘石安砌	m	3500

（2）定额工程量

人行道石灰土基层的面积 $(3+0.1+a)\times2\times1750m^2=(10850+3500a)m^2$

水泥砂浆的面积 $(3+a)\times2\times1750m^2=(10500+3500a)m^2$

人行道板砖的面积 $3\times2\times1750m^2=10500m^2$

纵缝面积 $1750\times0.02m^2=35m^2$

树池个数 $(1750\div6+1)\times2$ 个 $=584$ 个

缘石长度 $1750\3\times2m=3500m$

注：a 为路基一侧加宽值。

项目编码：040204006   项目名称：检查井升降

项目编码：040205008   项目名称：横道线

项目编码：040205011   项目名称：值警亭

【例8】 本道路全长 1640m，路面宽度为 15m，其与另一城市干道有一交叉口，交叉口示意图如图 2-150、图 2-151 所示，交叉口处由于人流量较大，各个路口均设置人行横道，每道线宽 25cm，线长 3m，每个路口有 6 条横道线，交叉口处设一值警亭，且在人行道外侧的道路上每隔 100m 设一座与路面标高发生正负高差的检查井，试求道路工程量。

【解】 （1）清单工程量

横道线的面积 $0.25\times6\times3\times4m^2=18m^2$

检查井的座数 $(1640\div100+1)\times2$ 座 $=34$ 座

值警亭的座数 1 座

【注释】 横道线工程量按面积计算，0.25 为线宽，3 为线长，6 为每个路口横道线数量，4 为路口数量；检查井工程量按设计图示路面标高与原有检查井发生正负高差的检查井数量计算，1640 为设置检查井路面长度，100 为相邻检查井之间间距，2 为设置在道路两侧；值警亭工程量按数量计算。

清单工程量计算见表 2-133。

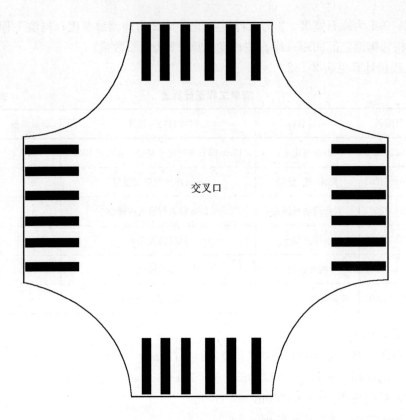

图 2-150　十字交叉口平面图

清单工程量计算表　　　　表 2-133

序号	项目编码	项目名称	项目特征描述	计量单位	工程量
1	040204006001	检查井升降	检查井	座	34
2	040205008001	横道线	人行横道线	m²	18
3	040205011001	值警亭	值警亭安装	座	1

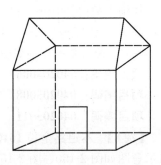

图 2-151　值警亭示意图

（2）定额工程量

定额工程量同清单工程量。

项目编码：**040201008**　　　项目名称：**袋装砂井**

项目编码：**040201023**　　　项目名称：**盲沟**

项目编码：**040205004**　　　项目名称：**标志板**

【例 9】　某道路长为 2100m，路面宽度为 15m，其中 K0＋340～K0＋970 之间由于土基比较湿软，对其进行处理，采用砂井办法，袋装砂井示意图如图所示，在 K1＋320～K1＋930 之间由于排水困难，会影响路基的稳定性，采用盲沟排水，布置图如图所示，另外，每隔 100m 设置一标杆以引导驾驶员的视线，该道路与大型建筑物相邻时，竖立标志板以保证行人安全，共有 23 个此类建筑物，标杆、标志板示意图如图 2-152～图 2-155 所示，试计算该道路的工程量。

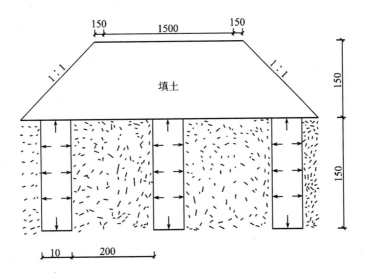

图 2-152　袋装砂井示意图　（单位：cm）

注：前后砂井距离亦为 2m。

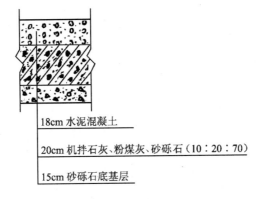

18cm 水泥混凝土

20cm 机拌石灰、粉煤灰、砂砾石（10∶20∶70）

15cm 砂砾石底基层

图 2-153　道路结构图

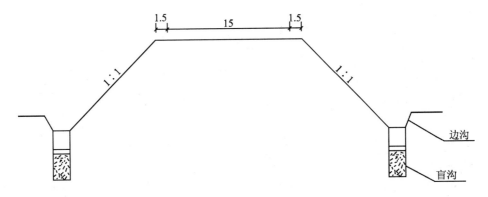

图 2-154　直沟布置图　（单位：cm）

图 2-155　标杆示意图

图 2-156　标志板示意图

【解】　(1) 清单工程量

砂砾石底基层的面积 $2100\times(15+1.5\times2)m^2=37800m^2$

石灰、粉煤灰、砂砾石(10:20:70)基层的面积 $2100\times(15+1\times2)m^2$
$$=37800m^2$$

水泥混凝土面层面积 $2100\times15m^2=31500m^2$

【注释】　面层、基层工程量按设计图示以面积计算，2100 为道路长度，1 为一侧路肩宽度，15 为路面宽度，1.5 为路肩宽度。

砂井的长度 $[(1.5\times2+1.5\times2+15)\div(2+0.1)+1]\times[(970-340)\div(2+0.1)+1]\times$
$$1.5m=11\times301\times1.5m=4966.50m$$

盲沟长度 $(1930-1320)\times2m=1220m$

标杆根数 $(2100\div100+1)$ 根 $=22$ 根

标志板块数　23 块

【注释】　砂井、盲沟工程量按设计图示以长度计算，1.5 为路肩宽度，15 为路面宽，另一个 1.5 为高度为 1.5 时左右两侧的坡度加宽值，2 为相邻两砂井表面之间间距，0.1 为砂井直径，970 为进行砂井处理的路段终点，340 为其起点，最后一个 1.5 为砂井高度；1930 为设置盲沟路段终点桩号，1320 为其起点桩号，2 为盲沟数量；标志板工程量按设计图示数量计算。

清单工程量计算见表 2-134。

清单工程量计算表　　　　　　　　　　　　　　表 2-134

序号	项目编码	项目名称	项目特征描述	计量单位	工程量
1	040202009001	砂砾石	15cm 厚砂砾石底基层	m^2	37800
2	040202006001	石灰、粉煤灰、砂(砾)石	20cm 机拌石灰、粉煤灰、砂砾石(10:20:70)	m^2	37800
3	040203007001	水泥混凝土	18cm 厚水泥混凝土面层	m^2	31500
4	040201008001	袋装砂井	直径 0.1m 前后砂井间距 2m	m	4966.50
5	040201023001	盲沟	碎石盲沟	m	1220
6	040205003001	标杆	标杆	根	22
7	040205004001	标志板	标志板	块	23

(2) 定额工程量

砂砾石底基层的面积 $2100\times(15+1.5\times2+2a)m^2=(37800+4200a)m^2$

石灰、粉煤灰、砂砾石(10：20：70)基层的面积$2100 \times (15 + 1.5 \times 2 + 2a)$m²
$$= (37800 + 4200a)\text{m}^2$$

水泥混凝土面层面积$2100 \times 15\text{m}^2 = 31500\text{m}^2$

砂井的长度$[(1.5 \times 2 + 1.5 \times 2 + 15 + 2a) \div (2 + 0.1) + 1)] \times [(970 - 340) \div (2 + 0.1) +$

$1] \times 1.5\text{m} = (4966.5 + 430a)\text{m}$

盲沟长度$(1930 - 1320) \times 2\text{m} = 1220\text{m}$

标杆根数$2100 \div 100 + 1$ 根$= 22$ 根

标志板块数　23 块

注：a 为路基一侧加宽值，1.5 为一侧路肩宽度。

项目编码：040202009　　项目名称：砂砾石

项目编码：040203002　　项目名称：沥青贯入式

项目编码：040204002　　项目名称：人行道块料铺设

【例10】　某城市主干路全长为1980m，路面宽度为21.4m，其中车道共宽15m，快慢车道分别为两条，人行道各宽3m，人行道与车道分界处设有宽度为20cm的缘石，在每两个行车道中央设有一条纵向伸缩缝，道路横断面示意图，人行道、车行道结构图，伸缩缝断面图，缘石立，侧面图如图 2-157～图 2-161 所示，试计算道路工程量。

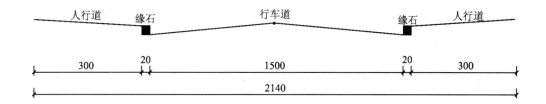

图 2-157　道路横断面示意图　（单位：cm）

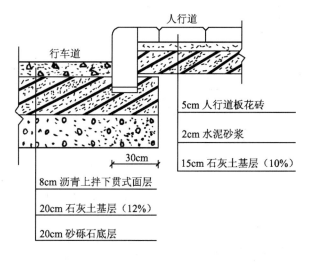

图 2-158　行车道、人行道结构图

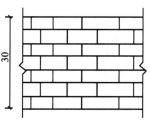

图 2-159　缘石立面图
（单位：cm）

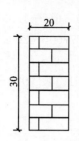

图 2-160　缘石侧面图
（单位：cm）

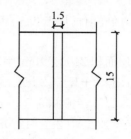

图 2-161　伸缩缝断面图
（单位：cm）

【解】　（1）清单工程量

砂砾石底层面积 $1980 \times (15 + 2 \times 0.3) \text{m}^2 = 30888 \text{m}^2$

12% 的石灰土基层面积 $1980 \times (15 + 2 \times 0.3) \text{m}^2 = 30888 \text{m}^2$

10% 的石灰土基层面积 $1980 \times 3 \times 2 \text{m}^2 = 11880 \text{m}^2$

水泥砂浆的面积 $3 \times 2 \times 1980 \text{m}^2 = 11880 \text{m}^2$

沥青上拌下贯式面层面积 $1980 \times 15 \text{m}^2 = 29700 \text{m}^2$

人行道板花砖面积 $1980 \times 3 \times 2 \text{m}^2 = 11880 \text{m}^2$

缘石长度 $1980 \times 2 \text{m} = 3960 \text{m}$

伸缩缝的面积 $1980 \times 3 \times 0.015 \text{m}^2 = 89.10 \text{m}^2$

【注释】　基层、面层、人行道板及伸缩缝工程量按面积计算，缘石按长度计算。1980 为道路长度，15 为行车道宽，0.3 为行车道底面加宽值，2 为其两侧；3 为人行道宽，2 为人行道数量，0.015 为伸缩缝宽度，3 为伸缩缝数量。

清单工程量计算见表 2-135。

清单工程量计算表　　　　　　　　　　　　　表 2-135

序号	项目编码	项目名称	项目特征描述	计量单位	工程量
1	040202009001	砂砾石	20cm 厚砂砾石底层	m²	30888
2	040202002001	石灰稳定土	20cm 厚石灰土基层（12%）	m²	30888
3	040202002002	石灰稳定土	15cm 厚石灰土基层（10%）	m²	11880
4	040202001001	路床（槽）整形	水泥砂浆 2cm 厚	m²	11880
5	040203002001	沥青贯入式	8cm 厚沥青上拌下贯式面层	m²	29700
6	040204002001	人行道块料铺设	5cm 厚人行道板花砖	m²	11880
7	040204004001	安砌侧（平、缘）石	砖缘石安砌 30cm×20cm	m	3960
8	040203007001	水泥混凝土	伸缩缝缝宽 1.5cm	m²	89.10

（2）定额工程量

砂砾石底层面积 $1980 \times (15 + 2 \times 0.3) \text{m}^2 = 30888 \text{m}^2$

12% 的石灰土基层面积 $1980 \times (15 + 2 \times 0.3) \text{m}^2 = 30888 \text{m}^2$

沥青上拌下贯式面层面积 $1980 \times 15 \text{m}^2 = 29700 \text{m}^2$

10% 的石灰土基层面积 $1980 \times (3 + a) \times 2 \text{m}^2 = (11880 + 3960a) \text{m}^2$

水泥砂浆的面积 $1980 \times (3 + a) \times 2 \text{m}^2 = (11880 + 3960a) \text{m}^2$

人行道板花砖面积 $1980 \times 3 \times 2 m^2 = 11880 m^2$

缘石长度 $1980 \times 2 m = 3960 m$

伸缩缝的面积 $1980 \times 3 \times 0.015 m^2 = 89.10 m^2$

注：a 为路基一侧加宽值。

项目编码：**040202010**　　项目名称：**卵石**

项目编码：**040202014**　　项目名称：**粉煤灰三渣**

项目编码：**040203007**　　项目名称：**水泥混凝土**

【例11】 某城市次干道长 830m，路面宽度为 17m，车道宽度为 7m，人行道各宽 5m，每隔 5m 设一树池，设有缘石。由于输电线路的搭建，每隔 50m 设一立电杆。道路横断面图，行车道结构图如图 2-162、图 2-163 所示，试计算该道路的工程量。

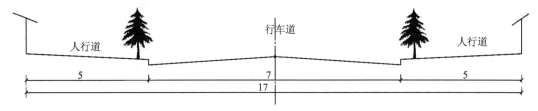

图 2-162　道路横断面图(单位：m)

【解】 (1) 清单工程量

卵石底层面积 $830 \times (7 + 2 \times 0.25) m^2 = 6225 m^2$

粉煤灰三渣基层面积 $830 \times (7 + 2 \times 0.25) m^2 = 6225 m^2$

水泥混凝土面层面积 $830 \times 7 m^2 = 5810 m^2$

树池个数 $(830 \div 5 + 1) \times 2$ 个 $= 334$ 个

立电杆的根数 $(830 \div 50 + 1) \times 2$ 根 $= 34$ 根

缘石的长度 $830 \times 2 m = 1660 m$

【注释】 830 为道路长度，7 为行车道宽，0.25 为行车道底部每侧加宽值，2 为两侧；5 为相邻树池之间间距，2 为人行道两侧设树池，50 为相邻立电杆之间间距，缘石数量为 2。

清单工程量计算见表 2-136。

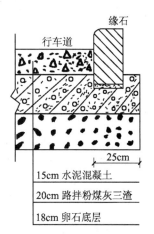

图 2-163　行车道结构图

清单工程量计算表　　表 2-136

序号	项目编码	项目名称	项目特征描述	计量单位	工程量
1	040202010001	卵石	18cm 厚卵石底层	m²	6225
2	040202014001	粉煤灰三渣	20cm 厚路拌粉煤灰三渣	m²	6225
3	040203007001	水泥混凝土	15cm 厚水泥混凝土面层	m²	5810
4	040204007001	树池砌筑	砌筑树池	个	334
5	040802001001	电杆组立	立钢筋混凝土电杆	根	34
6	040204004001	安砌侧(平、缘)石	混凝土缘石安砌	m	1660

（2）定额工程量

定额工程量同清单工程量。

项目编码：040202015 项目名称：水泥稳定碎(砾)石

项目编码：040203006 项目名称：沥青混凝土

项目编码：040201022 项目名称：排水沟、截水沟

【例12】 某道路全长3830m，路面宽度为14m，路面结构图如图所示，由于该路段排水困难，需要在全线范围内设置边沟，在K1+320～K2+180之间为半路堑，在挖方一侧要设置截水沟，半路堑示意图如图2-164、图2-165所示，试计算该道路的工程量。

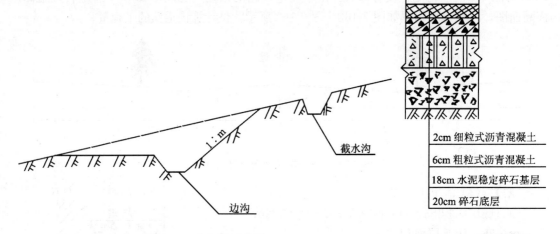

图 2-164 半路堑示意图 图 2-165 道路结构图

【解】 （1）清单工程量

碎石底层的面积 3830×14m² ＝53620m²

水泥稳定碎石基层面积 3830×14m² ＝53620m²

沥青混凝土面层的面积 3830×14m² ＝53620m²

边沟的长度 3830×2m＝7660m

截水沟的长度(2180－1320)m＝860m

【注释】 3830为道路全长，14为路面宽度，2为边沟数量，2180为设置截水沟路段终点桩号，1320为其起点桩号。

清单工程量计算见表2-137。

清单工程量计算表 表 2-137

序号	项目编码	项目名称	项目特征描述	计量单位	工程量
1	040202011001	碎石	20cm厚碎石底层	m²	53620
2	040202015001	水泥稳定碎(砾)石	18cm厚水泥稳定碎石基层	m²	53620
3	040203006001	沥青混凝土	6cm厚粗粒式沥青混凝土	m²	53620
4	040203006002	沥青混凝土	2cm厚细粒式沥青混凝土	m²	53620
5	040201022001	排水沟、截水沟	排水边沟，梯形断面	m	7660
6	040201022002	排水沟、截水沟	截水沟，梯形断面	m	860

（2）定额工程量

碎石底层的面积 $3830 \times (14 + 2a) m^2 = (53620 + 7660a) m^2$

水泥稳定碎石基层面积 $3830 \times (14 + 2a) m^2 = (53620 + 7660a) m^2$

沥青混凝土面层的面积 $3830 \times 14 m^2 = 53620 m^2$

边沟的长度 $3830 \times 2m = 7660m$

截水沟的长度 $(2180 - 1320)m = 860m$

注：a 为路基一侧加宽值。

项目编码：040204002   项目名称：人行道块料铺设

项目编码：040202002   项目名称：石灰稳定土

项目编码：040205012   项目名称：隔离护栏

【例13】 某条道路宽为24m，长为1650m，道路平面示意图如图所示，在快车道中央设置一纵向伸缩缝，伸缩缝断面图，人行道结构示意图如图2-166～图2-168所示，试计算道路工程量。

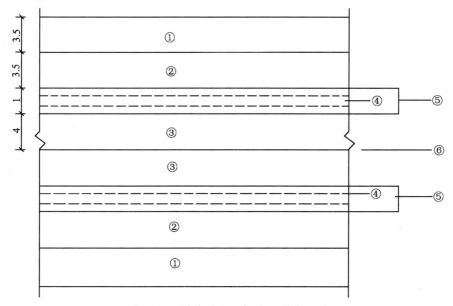

图 2-166　道路平面示意图　（单位：m）
①—人行道；②—慢车道；③—快车道；④—盲沟；⑤—隔离带；⑥—伸缩缝

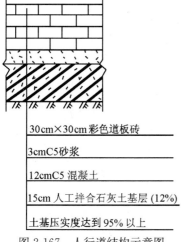

30cm×30cm 彩色道板砖

3cm C5 砂浆

12cm C5 混凝土

15cm 人工拌合石灰土基层 (12%)

土基压实度达到95%以上

图 2-167　人行道结构示意图

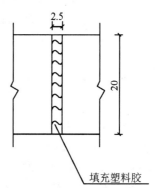

填充塑料胶

图 2-168　伸缩缝断面图(单位：cm)

【解】 （1）清单工程量

人行道人工拌合石灰土(12%)基层面积

$1650 \times 2 \times 3.5 \text{m}^2 = 11550 \text{m}^2$

C5 混凝土面积 $1650 \times 2 \times 3.5 \text{m}^2 = 11550 \text{m}^2$

砂浆面积 $1650 \times 2 \times 3.5 \text{m}^2 = 11550 \text{m}^2$

彩色道板砖的面积 $1650 \times 2 \times 3.5 \text{m}^2 = 11550 \text{m}^2$

隔离带长度 $1650 \times 2 \text{m} = 3300 \text{m}$

伸缩缝的面积 $1650 \times 0.025 \text{m}^2 = 41.25 \text{m}^2$

【注释】 1650 为道路长度，3.5 为人行道宽度，2 为人行道及隔离带数量，0.025 为伸缩缝宽度。

清单工程量计算见表 2-138。

清单工程量计算表　　　　　　　　　　　表 2-138

序号	项目编码	项目名称	项目特征描述	计量单位	工程量
1	040202002001	石灰稳定土	15cm 厚人工拌合石灰土基层(12%)	m²	11550
2	040202001001	路床(槽)整形	12cm 厚 C5 混凝土垫层	m²	11550
3	040202001002	路床(槽)整形	3cm 厚 C5 砂浆垫层	m²	11550
4	040204002001	人行道块料铺设	30cm×30cm 彩色道板砖	m²	11550
5	040205012001	隔离护栏	隔离带	m	3300
6	040203007001	水泥混凝土	伸缩缝缝宽 2.5cm	m²	41.25

（2）定额工程量

人行道人工拌合石灰土(12%)基层面积 $1650 \times 2 \times (3.5 + a) \text{m}^2 = (11550 + 3300a) \text{m}^2$

C5 混凝土面积 $1650 \times 2 \times (3.5 + a) \text{m}^2 = (11550 + 3300a) \text{m}^2$

砂浆面积 $1650 \times 2 \times 3.5 \text{m}^2 = 11550 \text{m}^2$

彩色道板砖的面积 $1650 \times 2 \times 3.5 \text{m}^2 = 11550 \text{m}^2$

隔离带长度 $1650 \times 2 \text{m} = 3300 \text{m}$

伸缩缝的面积 $1650 \times 0.025 \text{m}^2 = 41.25 \text{m}^2$

注：a 为路基一侧加宽值。

项目编码：040202006　　项目名称：石灰、粉煤灰、碎(砾)石

项目编码：040201023　　项目名称：盲沟

【例 14】 某道路全长 1720m，道路宽度为 27m，其中每条车道均为 4m，中央分隔带宽为 3m，中央分隔带下面设有盲沟，以便排除路基水保证路基的稳定性和路面的使用性能，另外，为了引导驾驶员的视线，每 80m 设置一个标杆，道路平面图，道路结构图，标杆示意图如图 2-169～图 2-171 所示，试计算道路工程量。

【解】 （1）清单工程量

砂砾石底层面积 $27 \times 1720 \text{m}^2 = 46440 \text{m}^2$

石灰、粉煤灰、砂砾基层的面积 $(10：20：70) 27 \times 1720 \text{m}^2 = 46440 \text{m}^2$

沥青混凝土面层的面积 $27 \times 1720 \text{m}^2 = 46440 \text{m}^2$

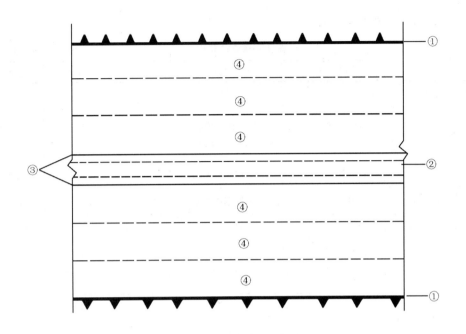

图 2-169 道路平面图

①—防护栏；②—盲沟；③—隔离带；④—快车道

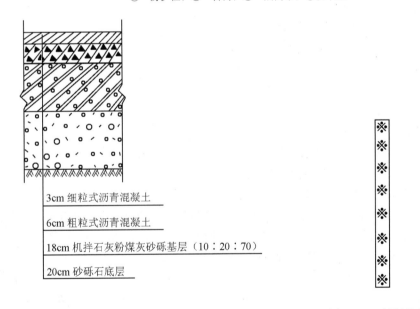

3cm 细粒式沥青混凝土

6cm 粗粒式沥青混凝土

18cm 机拌石灰粉煤灰砂砾基层（10：20：70）

20cm 砂砾石底层

图 2-170 道路结构图　　　　　图 2-171 标杆示意图

中央分隔带的长度 1720m

盲沟的长度 1720m

标杆的根数（1720÷80+1）根＝22 根

防护栏的长度 1720×2m＝3440m

【注释】 中央分隔带、盲沟及防护栏按设计图示以长度计算，标杆按数量计算。27 为路面宽度，1720 为道路全长，80 为相邻标杆之间间距，2 为防护栏数量。

清单工程量计算见表2-139。

清单工程量计算表 表 2-139

序号	项目编码	项目名称	项目特征描述	计量单位	工程量
1	040202009001	砂砾石	20cm厚砂砾石底层	m²	46440
2	040202006001	石灰、粉煤灰、碎(砾)石	18cm厚机拌石灰、粉煤灰、砂砾基层(10：20：70)	m²	46440
3	040203006001	沥青混凝土	6cm厚粗粒式沥青混凝土	m²	46440
4	040203006002	沥青混凝土	3cm厚细粒式沥青混凝土	m²	46440
5	040201023001	盲沟	碎石盲沟	m	1720
6	040205003001	标杆	标杆	根	22
7	040205012001	隔离护栏	隔离护栏安装	m	3440

(2) 定额工程量

砂砾石底层面积 $(27+2a)\times1720m^2=(46440+3440a)m^2$

石灰、粉煤灰、砂砾基层(10：20：70)的面积 $(27+2a)\times1720m^2=(46440+3440a)m^2$

沥青混凝土面层的面积 $27\times1720m^2=46440m^2$

中央分隔带的长度 1720m

盲沟的长度 1720m

标杆的个数 $(1720\div80+1)$根=22根

防护栏的长度 $1720\times2m=3440m$

注：a 为路基一侧加宽值。

项目编码：040202006　　项目名称：石灰、粉煤灰、碎石
项目编码：040202009　　项目名称：砂砾石
项目编码：040203006　　项目名称：沥青混凝土

【例15】 某城市主干道K1+330~K2+730之间道路横断面图如图所示，道路宽度为29.4m，人行道与慢车道分隔处每隔5m种植一棵树，分隔带宽2m，行车道结构图如图2-172、图2-173所示，试计算道路工程量。

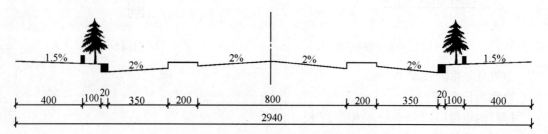

图 2-172 道路横断面示意图 （单位：cm）

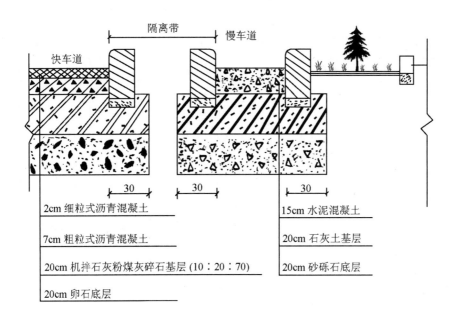

图 2-173 行车道结构图 （单位：cm）

【解】 （1）清单工程量

快车道工程量：

卵石底层的面积(2730−1330)×(8+2×0.3)m² =12040m²

石灰、粉煤灰、碎石(10：20：70)基层的面积(2×0.3+8)×(2730−1330)m²
=12040m²

沥青混凝土面层面积 8×(2730−1330)m² =11200m²

【注释】 2730 为路段终点桩号，1330 为路段起点桩号，8 为快车道净宽，0.3 为路面底面一侧加宽值。

慢车道工程量：

砂砾石底层面积(3.5+2×0.3)×2×(2730−1330)m² =11480m²

石灰土基层的面积(3.5+2×0.3)×2×(2730−1330)m² =11480m²

水泥混凝土面层面积 3.5×2×(2730−1330)m² =9800m²

【注释】 3.5 为慢车道宽，0.3 为路面底面一侧加宽，2 为慢车道数量。

树池的个数[(2730−1330)÷5+1]×2 个=562 个

分隔带长度(2730−1330)×2m=2800m

缘石长度(2730−1330)×6m=8400m

【注释】 5 为相邻树池之间间距，2 为隔离带数量，6 为缘石数量。

清单工程量计算见表 2-140。

清单工程量计算表 表 2-140

序号	项目编码	项目名称	项目特征描述	计量单位	工程量
1	040202010001	卵石	20cm 厚卵石底层	m²	12040
2	040202006001	石灰、粉煤灰、碎石	20cm 厚机拌石灰、粉煤灰、碎石基层(10：20：70)	m²	12040

序号	项目编码	项目名称	项目特征描述	计量单位	工程量
3	040202009001	砂砾石	20cm厚砂砾石底层	m²	11480
4	040203006001	沥青混凝土	7cm粗粒式沥青混凝土	m²	11200
5	040203006002	沥青混凝土	2cm细粒式沥青混凝土	m²	11200
6	040202002001	石灰稳定土	20cm厚石灰土基层	m²	11480
7	040203007001	水泥混凝土	15cm厚水泥混凝土面层	m²	9800
8	040204007001	树池砌筑	砌筑树池	m²	562
9	040205012001	隔离护栏	分隔带	m	2800
10	040204004001	安砌侧(平、缘)石	混凝土缘石安砌	m	8400

（2）定额工程量

定额工程量同清单工程量。

项目编码：040205012　　项目名称：隔离护栏

项目编码：040802001　　项目名称：电杆组立

项目编码：040205016　　项目名称：管内配线

【例16】　某道路全长1630m，路面宽13m，车行道与人行道之间设置隔离护栏，且车道中每隔6m设置一条横缝，每个车行道宽为3.5m，每个人行道宽为3m，如图2-174～图2-178所示，由于输电需要设立电杆，间隔为10m，且路面以下设置5孔PVC管，孔内穿电缆线，缆线总余长为30m，试计算道路工程量。

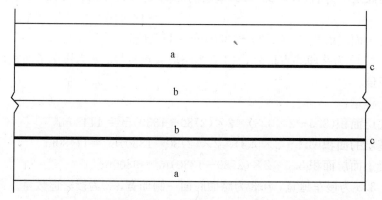

图2-174　道路平面示意图　（单位：m）

a—人行道；b—行车道；c—隔离护栏

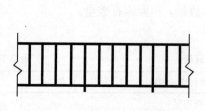

图2-175　隔离护栏示意图

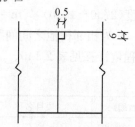

图2-176　横缝示意图(单位：cm)

注：每6m一条横缝

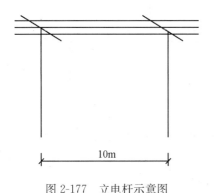

图 2-177 立电杆示意图

图 2-178 5孔PVC邮电塑料管示意图

【解】 (1)清单工程量

隔离护栏的长度 1630×2m＝3260m

立电杆的个数(1630÷10＋1)×2 根＝328 根

PVC 邮电塑料管的长度 1630m

管内穿线总长度(1630×5＋30)m＝8180m

横缝的面积(1630÷6－1)×7×0.005m²＝9.50m²

【注释】 隔离护栏及邮电塑料管按图示长度计算，用 m 表示，管内穿线工程量按长度计算，用 km 表示。1630 为道路全长，2 为隔离护栏数量，5 为穿线的空数，30 为缆线余长；横缝按面积计算，6 为相邻横缝间距，0.005 为横缝宽度，7 为两侧车道宽度即 0.35×2，也是横缝长度。

清单工程量计算见表 2-141。

清单工程量计算表　　　　　表 2-141

序号	项目编码	项目名称	项目特征描述	计量单位	工程量
1	040205012001	隔离护栏	隔离护栏安装	m	3260
2	040802001001	电杆组立	立钢筋混凝电杆	根	328
3	040205002001	电缆保护管	5孔PVC邮电塑料管	m	1630
4	040205016001	管内配线	管内穿线	m	8180
5	040203007001	水泥混凝土	横缝缝宽0.5cm	m²	9.50

(2)定额工程量同清单工程量

项目编码：**040202005**　　　项目名称：**石灰、碎石、土**

项目编码：**040203005**　　　项目名称：**黑色碎石**

【例17】 某道路全长为 2740m，路面宽度为 12m，路肩宽度为 1.5m，由于该道路土基较湿软，对该路基进行土工布处理，同时加铺砂垫层，道路结构图，路堤断面图，土工布示意图如图 2-179～图 2-181 所示，路基加宽值为 30cm，试计算道路工程量。

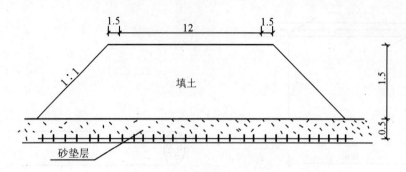

图 2-179 路堤断面图 （单位：m）

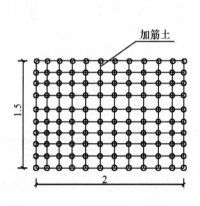

图 2-180 土工布示意图 （单位：m）

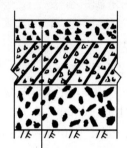

图 2-181 道路结构图

【解】 （1）清单工程量

山皮石底层面积 2740×(12+2×1.5)m² =41100m²

石灰、土、碎石(8：72：20)基层面积 2740×(12+2×1.5)m² =41100m²

人工摊铺黑色碎石面层面积 2740×12m² =32880m²

砂垫层的面积(1.5×2+12+1.5×2)×2740m² =49320m²

土工布的面积(1.5×2+12+1.5×2)×2740m² =49320m²

【注释】 2740 为道路全长，12 为路面宽度，1.5 为路肩宽度，砂垫层面积及土工布面积计算式中其中一个 1.5 为底面一侧坡度加宽值。

清单工程量计算见表 2-142。

清单工程量计算表　　　　　　　　　　　　　　　　表 2-142

序号	项目编码	项目名称	项目特征描述	计量单位	工程量
1	040202013001	山皮石	山皮石底层 20cm 厚	m²	41100
2	040202005001	石灰、碎石、土	18cm 厚机拌石灰、土、碎石基层(8：72：20)	m²	41100
3	040203005001	黑色碎石	12cm 厚人工摊铺黑色碎石面层	m²	32880
4	040202001002	路床(槽)整形	0.5m 厚砂垫层	m²	49320
5	040701007001	土工布	2m×1.5m 加筋土工布	m²	49320

（2）定额工程量

山皮石底层面积 $2740\times(12+2\times1.5+2\times0.3)m^2=42744m^2$

石灰、土、碎石（8：72：20）基层的面积 $2740\times(12+2\times1.5+2\times0.3)m^2=42744m^2$

人工摊铺黑色碎石面层面积 $2740\times12m^2=32880m^2$

砂垫层的体积 $2740\times0.5\times(12+2\times1.5+2\times1.5+2\times0.3)m^3=25482m^3$

土工布的面积 $2740\times(12+2\times1.5+2\times1.5+2\times0.3)m^2=50964m^2$

【注释】 0.3 为路基一侧加宽值，0.5 为砂石垫层厚度。

项目编码：**040202009**　　项目名称：**砂砾石**

项目编码：**040202003**　　项目名称：**水泥稳定土**

【例 18】 某双向两车道路全长为 3720m，路面宽度为 8m，两侧路肩宽度均为 1m，路肩两侧设置边沟，其中 K0＋980～K1＋720 之间由于土基湿软，设置一层砂垫层，以保证路基的稳定性，道路结构图，砂垫层处治，边沟布置图如图 2-182～图 2-184 所示，试计算道路的工程量。

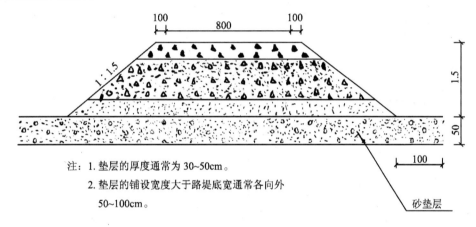

注：1. 垫层的厚度通常为 30~50cm。

　　2. 垫层的铺设宽度大于路堤底宽通常各向外
　　　50~100cm。

图 2-182　砂垫层处治法　（单位：cm）

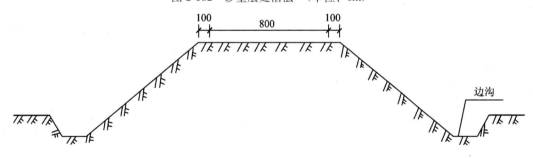

图 2-183　边沟布置图　（单位：cm）

【解】 （1）清单工程量

砂砾石底层面积 $3720\times(8+1\times2)m^2=37200m^2$

人工拌合水泥稳定土（5%）的面积 $3720\times(8+1\times2)m^2=37200m^2$

沥青混凝土面层面积 $3720\times8m^2=29760m^2$　边沟的长度 $3720\times2m=7440m$

砂垫层的面积 $(1720-980)\times(8+1\times2+1.5\times1.5\times2+1\times2)m^2=12210m^2$

【注释】 3720 为砂砾石底层及稳定土、边沟长度，8 为路面宽度，1 为一侧路肩宽

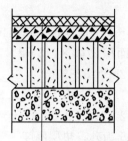

3cm 细粒式沥青混凝土

8cm 粗粒式沥青混凝土

18cm 人工拌合水泥稳定土 (5%)

15cm 砂砾石底层

图 2-184　道路结构图

度，1720 为砂垫层路段终点桩号，980 为其起点桩号，1.5×1.5×2 为垫层上部在底面两侧的坡度加宽值，1×2 为底面两侧宽。

清单工程量计算见表 2-143。

清单工程量计算表

表 2-143

序号	项目编码	项目名称	项目特征描述	计量单位	工程量
1	040202009001	砂砾石	15cm 厚砂砾石底层	m²	37200
2	040202003001	水泥稳定土	18cm 厚人工拌合水泥稳定土(5%)	m²	37200
3	040203006001	沥青混凝土	8cm 粗粒式沥青混凝土	m²	29760
4	040203006002	沥青混凝土	3cm 细粒式沥青混凝土	m²	29760
5	040201022001	排水沟、截水沟	排水边沟	m	7440
6	040202001001	路床(槽)整形	砂垫层	m²	12210

（2）定额工程量

砂砾石底层面积 $3720×(8+1×2+2a)m^2=(37200+7440a)m^2$

人工拌合水泥稳定土(5%)的面积 $3720×(8+1×2+2a)m^2=(37200+7440a)m^2$

沥青混凝土面层面积 $3720×8m^2=29760m^2$

边沟的长度 $3720×2m=7440m$

砂垫层的体积 $(1720-980)×(8+1×2+1.5×1.5×2+1×2+2a)×0.5m^3$

$\qquad =(6105+740a)m^3$

注：a 为路基一侧加宽值，1 为一侧路肩宽度，0.5 为砂垫层的厚度。

项目编码：040202009　　项目名称：砂砾石

项目编码：040202002　　项目名称：石灰稳定土

项目编码：040202005　　项目名称：石灰、碎石、土

【例 19】　某城市干道宽为 32m，长为 1990m，其中机动车道宽为 12m，非机动车道共宽 7m，人行道各宽 4m，树池前后间距为 5m，路基加宽值为 30cm，道路横断面图，道路结构图如图 2-185、图 2-186 所示，试计算道路的工程量。

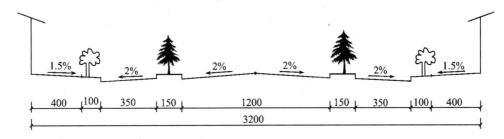

图 2-185　道路横断面图　（单位：cm）

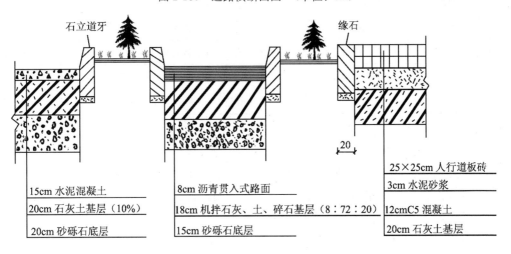

图 2-186　机动车道、非机动车道、人行道结构图　（单位：cm）

【解】　（1）清单工程量

机动车道与非机动车道：

砂砾石底层的面积 $1990\times(12+3.5\times2)\text{m}^2=37810\text{m}^2$

机动车道与人行道：

石灰土基层面积 $1990\times(12+2\times4)\text{m}^2=39800\text{m}^2$

机动车道：

水泥混凝土面层面积 $1990\times12\text{m}^2=23880\text{m}^2$

非机动车道：

机拌石灰、土、碎石$(8:72:20)$基层面积 $1990\times2\times3.5\text{m}^2=13930\text{m}^2$

沥青贯入式路面面积 $1990\times2\times3.5\text{m}^2=13930\text{m}^2$

人行道：

C5 混凝土面积 $1990\times2\times4\text{m}^2=15920\text{m}^2$

水泥砂浆的体积 $1990\times2\times4\times0.03\text{m}^3=477.6\text{m}^3$

人行道板的面积 $1990\times2\times4\text{m}^2=15920\text{m}^2$

石立道牙的长度 $1990\times6\text{m}=11940\text{m}$

缘石长度 $1990\times2\text{m}=3980\text{m}$

树池个数$(1990\div5+1)\times4$ 个 $=1596$ 个

【注释】　1990 为道路全长，12 为机动车道宽，3.5 为非机动车道宽，2 为非机动车道数量，4 为人行道宽，0.03 为水泥砂浆厚度，6 为石立道牙数量，5 为相邻树池之间间距，4 为在非机动车道及人行道共四侧设置树池。

清单工程量计算见表 2-144。

清单工程量计算表 表 2-144

序号	项目编码	项目名称	项目特征描述	计量单位	工程量
1	040202009001	砂砾石	机动车道、非机动车道、砂砾石底层	m²	37810
2	040202002001	石灰稳定土	20cm 石灰土基层(10%)	m²	39800
3	040203007001	水泥混凝土	15cm 厚水泥混凝土面层	m²	23880
4	040202005001	石灰、碎石、土	18cm 厚机拌石灰、土、碎石基层(8：72：20)	m²	13930
5	040203002001	沥青贯入式	8cm 厚沥青贯入式路面	m²	13930
6	040203007002	水泥混凝土	人行道 12cm 厚 C5 混凝土	m²	15920
7	040204002001	人行道块料铺设	25×25cm 人行道板砖	m²	15920
8	040204004001	安砌侧(平、缘)石	石立道牙	m	11940
9	040204004002	安砌侧(平、缘)石	混凝土缘石安砌	m	3980
10	040204007001	树池砌筑	砌筑树池	个	1596

(2) 定额工程量

砂砾石底层的面积同清单工程量。

石灰土基层面积 $1990×(12+2×4+0.6)m^2=40994m^2$

【注释】 0.6 为路基两侧加宽值即 $0.3×2$。

水泥混凝土面积 $1990×12m^2=23880m^2$

机拌碎石、土、石灰(20：72：8)基层面积 $1990×2×3.5m^2=13930m^2$

沥青贯入式路面面积 $1990×2×3.5m^2=13930m^2$

C5 混凝土面积 $1990×2×(4+0.3)m^2=17114m^2$

水泥砂浆的体积 $1990×2×(4+0.3)×0.03m^3=513.42m^3$

人行道板的面积 $1990×2×4m^2=15920m^2$

石立道牙的长度 $1990×6m=11940m$

缘石长度 $1990×2m=3980m$

树池个数 $(1990÷5+1)×4$ 个=1596 个

项目编码：040203007　项目名称：水泥混凝土

项目编码：040205004　项目名称：标志板

项目编码：040802001　项目名称：电杆组立

【例 20】 某道路全长为 976m，路面宽度为 26.4m，双向 4 车道，每个车道均宽 4m，每两车道间有一纵向伸缩缝，且每隔 6m 设置一横缝，在与大型建筑物相邻时设标志板，共有 7 个此类建筑物。由于架线需要，每 16m 设一立电杆，如图 2-187～图 2-192 所示，试计算道路工程量。

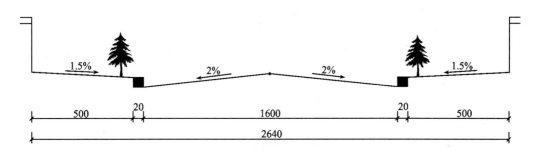

图 2-187　道路横断面图　（单位：cm）

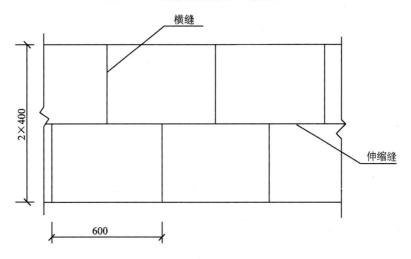

图 2-188　横缝、缩缝布置图　（单位：cm）

图 2-189　标志板示意图

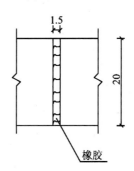

图 2-190　伸缩示意图(单位：cm)

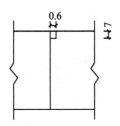

图 2-191　横缝示意图(单位：cm)

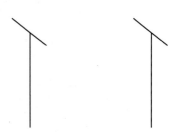

图 2-192　立电杆示意图

【解】 (1) 清单工程量

横缝面积(976÷6−1)×16×0.006m²=15.55m²

纵向伸缩缝面积 976×3×0.015m²=43.92m²

标志板的块数 7 块

立电杆的根数(976÷16+1)×2 根=124 根

缘石长度 976×2m=1952m

【注释】 伸缩缝工程量按设计图示以面积计算，标志板及立电杆均按数量计算，缘石按长度计算。976 为道路全长，6 为相邻横缝间距，16 为横缝长度，0.006 为其宽度；3 为纵缝数量，0.015 为纵缝宽度，2 为缘石数量；16 为相邻立电杆间距，2 为设置立电杆的道路数量。

清单工程量计算见表 2-145。

清单工程量计算表　　　　　　　　　　　　表 2-145

序号	项目编码	项目名称	项目特征描述	计量单位	工程量
1	040203007001	水泥混凝土	横缝缝宽 0.6cm	m²	15.55
2	040203007002	水泥混凝土	纵向伸缩缝宽 1.5cm	m²	43.92
3	040205004001	标志板	标志板	块	7
4	040802001001	电杆组立	立钢筋混凝土电杆	根	124
5	040204004001	安砌侧(平、缘)石	混凝土缘石安砌	m	1952

(2) 定额工程量

定额工程量同清单工程量。

项目编码：040202006　　项目名称：石灰、粉煤灰、碎(砾)石

项目编码：040203005　　项目名称：黑色碎石

项目编码：040201009　　项目名称：排水板

【例 21】 某山区公路宽为 8m，路肩宽度均为 0.5m，路基加宽值为 30cm，路长为 2230m，由于土基土质较差，易沉陷，影响道路的使用年限和使用性质，需设置塑料排水板和砂垫层，塑料排水板布置图，塑料排水板示意图，道路结构图如图 2-193～图 2-195 所示，试计算道路的工程量。

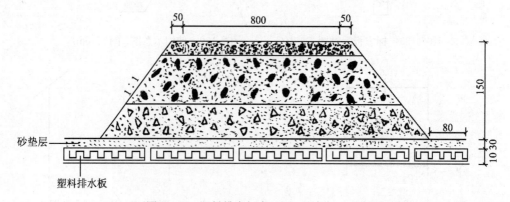

图 2-193　塑料排水板布置图　(单位：cm)

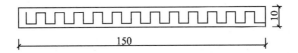

图 2-194 塑料排水板示意图 （单位：cm）

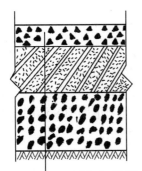

10cm 黑色碎石路面

20cm 拖拉机拌合石灰、粉煤灰、砂砾基层（10：20：70）

25cm 人工铺炉渣底层

图 2-195 道路结构图

【解】 （1）清单工程量

人工铺装炉渣基层的面积 $2230\times(8+2\times0.5)m^2=20070m^2$

石灰、粉煤灰、砂砾(10：20：70)基层面积 $2230\times(8+2\times0.5)m^2=20070m^2$

黑色碎石面层面积 $2230\times8m^2=17840m^2$

砂垫层的面积为 $2230\times(8+2\times0.5+2\times0.8+2\times1.5)m^2=30328m^2$

塑料排水板的长度 $2230\times5m=11150m$

【注释】 2230 为路面长度，8 为路面宽度，0.5 为一侧路肩宽度，0.8 为垫层一侧延伸宽，1.5 为坡度为 1：1 的底面加宽值，5 为塑料排水管数量。

清单工程量计算见表 2-146。

清单工程量计算表 表 2-146

序号	项目编码	项目名称	项目特征描述	计量单位	工程量
1	040202008001	矿渣	25cm 厚人工铺装炉渣底层	m²	20070
2	040202006001	石灰、粉煤灰、碎(砾)石	20cm 厚拖拉机拌合石灰、粉煤灰、砂砾基层(10：20：70)	m²	20070
3	040203005001	黑色碎石	10cm 厚黑色碎石路面面层	m²	17840
4	040202001001	路床(槽)整形	30cm 厚砂垫层	m²	30328
5	040201009001	排水板	塑料排水板	m	11150

（2）定额工程量

人工铺装炉渣基层的面积 $2230\times(8+2\times0.5+2\times0.3)m^2=21408m^2$

石灰、粉煤灰、砂砾(10：20：70)基层面积 $2230\times(8+2\times0.5+2\times0.3)m^2$

$=21408\text{m}^2$

黑色碎石面层面积 $2230\times8\text{m}^2=17840\text{m}^2$

砂垫层的面积为 $2230\times(8+2\times0.5+2\times0.8+2\times1.5+2\times0.3)\text{m}^2=30328\text{m}^3$

塑料排水板的长度 $2230\times5\text{m}=11150\text{m}$

【注释】 0.3 为路基一侧加宽值。

项目编码：040202002　　项目名称：**石灰稳定土**

项目编码：040202012　　项目名称：**块石**

项目编码：040202004　　项目名称：**石灰、粉煤灰、土**

【例 22】 城市某干道全长为 1440m，路面宽度为 26m，为双向 4 车道，每车道宽为 4m，人行道宽 4m，树池两侧设有缘石，每隔 5m 设一树池，道路横断面图，缘石侧面图，道路结构图如图2-196～图 2-199 所示，试计算道路的工程量。

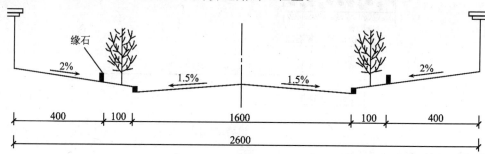

图 2-196　道路横断面图 （单位：cm）

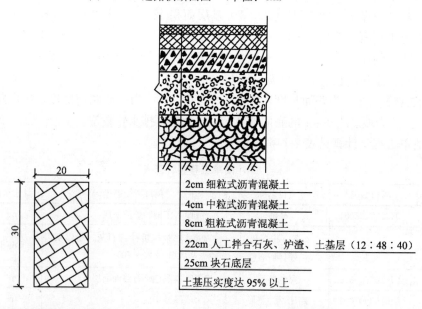

图 2-197　缘石侧面图 （单位：cm)　　　　　图 2-198　行车道结构图

【解】 （1）清单工程量

石灰土基层的面积 $1440\times8\text{m}^2=11520\text{m}^2$

泥砂浆的体积 $1440\times8\times0.04\text{m}^3=460.8\text{m}^3$

彩色人行道板砖的面积 $1440 \times 8m^2 = 11520m^2$

块石底层的面积 $1440 \times 16m^2 = 23040m^2$

石灰、炉渣、土(12∶48∶40)基层的面积

$1440 \times 16m^2 = 23040m^2$

沥青混凝土面层面积 $1440 \times 16m^2 = 23040m^2$

缘石的长度 $1440 \times 4m = 5760m$

树池的个数 $(1440 \div 5 + 1) \times 2$ 个 $= 578$ 个

【注释】 1440 为路面长度，8 为两侧人行道宽即 4 $\times 2$，0.04 为水泥砂浆垫层厚度，16 为行车道宽度，4 为缘石数量，5 为相邻树池间距，2 为设置树池的道路数量。

清单工程量计算见表 2-147。

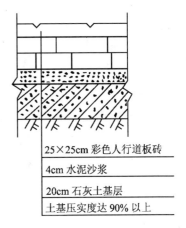

| 25×25cm 彩色人行道板砖 |
| 4cm 水泥沙浆 |
| 20cm 石灰土基层 |
| 土基压实度达 90% 以上 |

图 2-199 人行道结构图

单工程量计算表 表 2-147

序号	项目编码	项目名称	项目特征描述	计量单位	工程量
1	040202002001	石灰稳定土	20cm 厚石灰土基层	m²	11520
2	040202012001	块石	25cm 厚块石底层	m²	23040
3	040202004001	石灰、粉煤灰、土	22cm 厚人工拌合石灰、炉渣、土基层(12∶48∶40)	m²	23040
4	040203006001	沥青混凝土	8cm 粗粒式	m²	23040
5	040203006002	沥青混凝土	4cm 中粒式	m²	23040
6	040203006003	沥青混凝土	2cm 细粒式	m²	23040
7	040204002001	人行道块料铺设	25×25cm 彩色人行道板砖	m²	11520
8	040204004001	安砌侧(平、缘)石	混凝土缘石安砌	m	5760
9	040204007001	树池砌筑	砌筑树池	个	578

(2) 定额工程量

石灰土基层的面积 $1440 \times (4+a) \times 2m^2 = (11520 + 2880a)m^2$

水泥砂浆的体积 $1440 \times (4+a) \times 2 \times 0.04m^3 = (460.8 + 115.2a)m^3$

彩色人行道板砖的面积 $1440 \times 8m^2 = 11520m^2$

块石底层的面积 $1440 \times 16m^2 = 23040m^2$

石灰、炉渣、土(12∶48∶40)基层的面积 $1440 \times 16m^2 = 23040m^2$

沥青混凝土面层面积 $1440 \times 16m^2 = 23040m^2$

缘石的长度 $1440 \times 4m = 5760m$

树池的个数 $(1440 \div 5 + 1) \times 2$ 个 $= 578$ 个

注：a 为路基一侧加宽值。

【例 23】 城市某干道宽 39m，路长为 2780m，机动车道为 4 车道，每车道为 4m，非机动车道为 3.5m，人行道为 5m 宽，机动车道与非机动车道之间每隔 20m 设一路灯，每隔 5m 种植一树，人行道与非机动车道之间亦每 5m 种植一树，在人行道边缘地下埋设地下管道，树侧埋设道牙，道路横断面图，道路结构图如图 2-200~图 2-204 所示，试计算道路工程量。

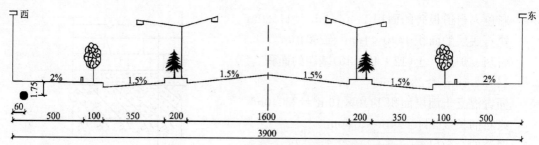

图 2-200　道路横断面图 （单位：cm）

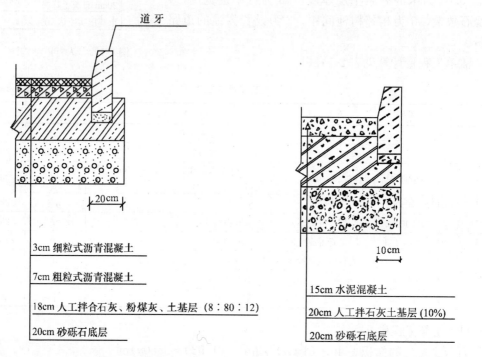

图 2-201　机动车道结构图　　　　　　图 2-202　非机动车道结构图

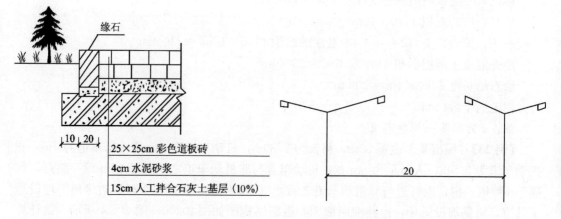

图 2-203　人行道结构图 （单位：cm）　　　　图 2-204　照明示意图 （单位：m）

【解】 （1）清单工程量

砂砾石底层面积 $2780\times(16+2\times0.2+3.5\times2+0.1\times2)m^2=65608m^2$

石灰、粉煤灰、土(8：80：12)基层的面积 $2780\times(16+2\times0.2)m^2=45592m^2$

沥青混凝土面层面积 $2780\times16m^2=44480m^2$

石灰土基层(10%)的面积 $2780\times(2\times3.5+2\times0.1+2\times5+2\times0.3)m^2=49484m^2$

水泥砂浆的体积 $2780\times2\times5\times0.04m^3=1112m^3$

彩色道板砖的面积 $2780\times2\times5m^2=27800m^2$

水泥混凝土面层面积 $2780\times2\times3.5m^2=19460m^2$

路灯电杆的根数 $(2780\div20+1)\times2$ 根 $=280$ 根

树池个数 $(2780\div5+1)\times4$ 个 $=2228$ 个

道牙的长度 $2780\times6m=16680m$

缘石长度 $2780\times2m=5560m$

地下管道长度 $2780\times2m=5560m$

【注释】 2780 为道路长度，16 为四条机动车道的总宽度，0.2 为机动车道砂砾石底层一侧延伸宽，3.5 为非机动车道宽，0.1 为非机动车道砂砾石底层一侧延伸宽，5 为人行道宽，2 为人行道、缘石及铺设地下管道数量，20 为相邻路灯电杆间距，5 为相邻树池间距，6 为道牙数量。

清单工程量计算见表 2-148。

清单工程量计算表 表 2-148

序号	项目编码	项目名称	项目特征描述	计量单位	工程量
1	040202009001	砂砾石	20cm 厚砂砾石底层	m²	65608
2	040202004001	石灰、粉煤灰、土	18cm 厚人工拌合石灰、炉渣、土基层(8：80：12)	m²	45592
3	040203006001	沥青混凝土	7cm 粗粒式	m²	44480
4	040203006002	沥青混凝土	3cm 细粒式	m²	44480
5	040203002001	石灰稳定土	20cm、18cm 厚人工拌石灰土基层(10%)	m²	49484
6	040203007001	水泥混凝土	15cm 厚水泥混凝土面层	m²	19460
7	040204002001	人行道块料铺设	25×25cm 彩色道板砖	m²	27800
8	040802001001	电杆组立	路灯电杆	根	280
9	040204007001	树池砌筑	砌筑树池	个	2228
10	040204004001	安砌侧(平、缘)石	道牙	m	16680
11	040204004002	安砌侧(平、缘)石	缘石	m	5560

（2）定额工程量

人工拌合石灰土基层面积 $2780\times(2\times3.5+2\times0.1+2\times5+2\times0.3+2a)m^2$

$$=(49484+5560a)m^2$$

其余各项的定额工程量同清单工程量。

注：a 为路基一侧加宽值。

【例 24】　某山区道路 K0＋990～K1＋740 之间由于土质较差，土质疏软，为了保证路基的稳定性，对路基进行碎石桩处理，路堤断面图如图所示，路面宽度为 12m，路肩宽度为 1.5m，碎石桩的前后间距为 2.4m，道路结构图如图 2-205、图 2-206 所示，试计算道路的工程量。

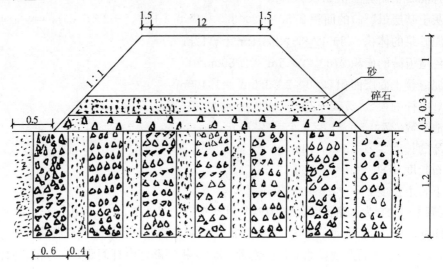

图 2-205　路堤断面图　（单位：cm）

【解】　（1）清单工程量

卵石底层面积　（1740－990）×（12＋1.5×2）m²＝11250m²

石灰、土、碎石基层面积　（1740－990）×（12＋1.5×2）m²＝11250m²

黑色碎石面层面积　（1740－990）×12m²＝9000m²

【注释】　1740 为道路终点桩号，990 为道路起点桩号，12 为路面宽度，1.5 为一侧路肩宽。

碎石砂桩的长度[（1740－990）÷（0.6＋2.4）＋1]×[（12＋1.5×2＋1×2＋（0.6×2）＋0.5×2）÷（0.6＋0.4）＋1]×1.2m＝6024m

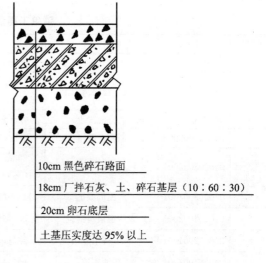

10cm 黑色碎石路面
18cm 厂拌石灰、土、碎石基层（10：60：30）
20cm 卵石底层
土基压实度达 95% 以上

图 2-206　道路结构图

砂垫层的体积（1740－990）×（12＋1.5×2＋1.3×2）×0.3m³＝3960m³

【注释】　第一个中括号内为道路纵向方向上砂桩数量，0.6 为碎石砂桩直径，2.4 为相邻砂桩外表面前后之间间距；第二个中括号为道路横向方向上砂桩数量，1×2 为高度为 1 时坡度在底面两侧增加量，（0.6×2）为高度为 0.6 时坡度在底面两侧增加量，0.5 为路面底层一侧延伸宽，0.4 为砂桩外表面左右之间间距，1.2 为砂桩高，0.3 为砂垫层厚度。

清单工程量计算见表 2-149。

清单程量计算表　　　　　　　　　　　　　　表 2-149

序号	项目编码	项目名称	项目特征描述	计量单位	工程量
1	040202010001	卵石	20cm厚卵石底层	m²	11250
2	040202005001	石灰、碎石、土	18cm厚厂拌合灰、土、碎石基层(10∶60∶30)	m²	11250
3	040203005001	黑色碎石	10cm黑色碎石路面	m²	9000
4	040201011001	砂石桩	碎石桩，前后间距3m，左右间距1m	m	6024

（2）定额工程量

卵石底层面积$(1740-990)\times(12+1.5\times2+2a)m^2=(11250+1500a)m^2$

石灰、土、碎石基层面积$(1740-990)\times(12+1.5\times2+2a)m^2=(11250+1500a)m^2$

黑色碎石面层面积$(1740-990)\times12m^2=9000m^2$

碎石砂桩的长度$[(1740-990)\div(0.6+2.4)+1]\times[(12+1.5\times2+1\times2+0.6\times2+$
$\qquad 0.5\times2+2a)\div(0.6+0.4)+1]\times1.2m=(6024+1054.2a)m$

砂垫层的体积$(1740-990)\times(12+1.5\times2+2a+1.3\times2)\times0.3m^3$
$\qquad =(3960+450a)m^3$

注：a为路基一侧加宽值。

项目编码：**040203007**　　　项目名称：**水泥混凝土**

项目编码：**040802001**　　　项目名称：**电杆组立**

项目编码：**040205004**　　　项目名称：**标志板**

【例25】　某城市道路全长为1460m，路面宽度20m，人行道宽为3m，快车道宽为4m，慢车道宽为3.5m，两快车道中央有一企口纵缝，且每隔6m设一横缝，车行道与人行道之间有隔离栏，以保证行人安全和行车速度，快慢车道用黄色标线分界，人行道两侧每隔50m设一立电杆架立电线，每隔100m设一标志板，道路平面图伸缩缝，防护栏，立电杆，标志板示意图如图2-207～图2-212所示，试计算道路工程量。

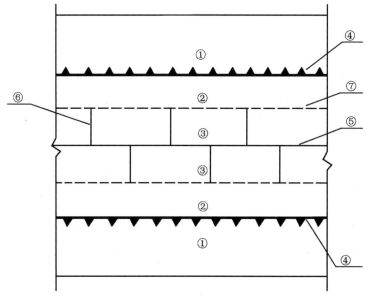

图 2-207　道路平面图
①—人行道；②—慢车道；③—快车道；④—防护栏；
⑤—纵缝；⑥—横缝；⑦—标线

【解】 （1）清单工程量

横缝面积 $(1460 \div 6-1) \times 8 \times 0.005 m^2 = 243 \times 8 \times 0.005 = 9.72 m^2$

纵缝面积 $1460 \times 0.005 m^2 = 7.30 m^2$

立电杆的个数 $2 \times (1460 \div 50+1)$ 根 $= 60$ 根

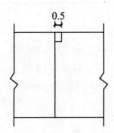

图 2-208　横缝示意图（单位：cm）

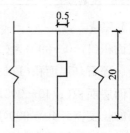

图 2-209　企口纵缝示意图（单位：cm）

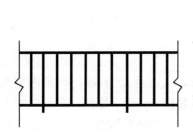

图 2-210　防护栏示意图

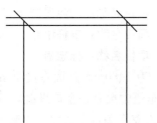

图 2-211　立电杆示意图

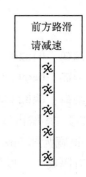

图 2-212　标志板示意图

标志板的块数 $(1460 \div 100+1)$ 块 $= 15$ 块

防护栏的长度 $1460 \times 2m = 2920m$

标线长度 $1460 \times 2m = 2920m$

【注释】　1460 为道路长度，6 为相邻横缝间距，8 为横缝长度即快车道总宽，0.005 为纵横缝的宽度，50 为相邻立电杆间距，100 为相邻标志板间距，2 为防护栏及标线数量。

清单工程量计算见表 2-150。

清单工程量计算表　　　　表 2-150

序号	项目编码	项目名称	项目特征描述	计量单位	工程量
1	040203007001	水泥混凝土	横缝缝宽 0.5cm	m²	9.72
2	040203007002	水泥混凝土	企口纵缝缝宽 0.5cm	m²	7.30
3	040802001001	电杆组立	立钢筋混凝土电杆	根	60
4	040205004001	标志板	标志板	块	15
5	040205012001	隔离护栏	隔离护栏安装	m	2920
6	040205006001	标线	标线	m	2920

（2）定额工程量

定额工程量同清单工程量。

项目编码：040205014　　　项目名称：**信号灯**

项目编码：040205012　　　项目名称：**隔离护栏**

项目编码：040205008　　　项目名称：**横道线**

【例26】　城市某主干道与次干道交叉口处，为保证车辆行驶性能和保证行人的安全，设置信号灯、人行横道线、安全岛、中央分隔带。另外有车道分界线，交叉口主干线长为25m，此主干线共长2390m，人行横道线每条宽10cm，长为2.5m，如图2-213所示，试计算主干道的工程量。

【解】　（1）清单工程量

安全岛个数　2个

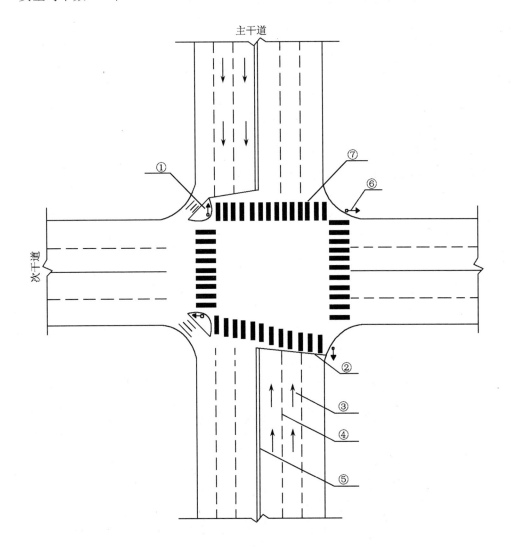

图2-213　十字交叉口平面示意图

①—安全岛；②—停止线；③—导向箭头；④—车道分界线；⑤—中央分隔带；⑥—信号灯；⑦—人行道

信号灯套数　4套

车道分界线长度$(2390-25)\times4m=9460m$

中央分隔带长$(2390-25)m=2365m$

横道线的面积$0.1\times2.5\times(14+9+11+12)m^2=11.50m^2$

【注释】　由图知在次干道的两侧各设有一个安全岛，交叉路口的四个角处各设有一组信号灯，2390为主干线长，25为交叉口处主干线长，4为车道分界线数量，0.1为横道线宽度，2.5为横道线长度，14为图示上方主干道横道线数量，9为左边次干道横道线数量，11为下方主干道横道线数量，12为右边次干道横道线数量。

清单工程量计算见表2-151。

清单工程量计算表　　　　　　　　　　　　　　表2-151

序号	项目编码	项目名称	项目特征描述	计量单位	工程量
1	040205014001	信号灯架	信号灯架	套	4
2	040205012001	隔离护栏	车道分界	m	9460
3	040205008001	横道线	人行横道线	m^2	11.50

（2）定额工程量

定额工程量同清单工程量。

项目编码：040201008　　项目名称：袋装砂井

【例27】　某道路全长为1450m，路面宽度为12m，路肩宽度为1.5m，路基加宽值为30cm，其中在K0+330～K1+160之间土质较差，为保证路基的稳定性，需对土基进行排水砂井处理，砂井前后间距为1.8m，砂井布置图，道路结构图如图2-214、图2-215所示，试计算道路的工程量。

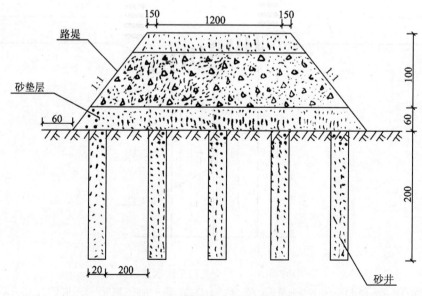

图2-214　路堤断面示意图（单位：cm）

【解】 （1）清单工程量

砂砾石底层的面积 1450×(12+1.5×2)m² =21750m²

泥灰结碎石基层的面积 1450×(12+1.5×2) m²
=21750m²

沥青表面处治的面积 1450×12m²=17400m²

砂垫层的面积(1160-330)×(1×2+12+1.5×2)m²
=14110m²

排水砂井的长度[(1160-330)÷(0.2+1.8)+1]×
[(12+1.5×2+1×2+2×0.6)÷(2
+0.2)+1]×2m = 416×9×2m
=7488m

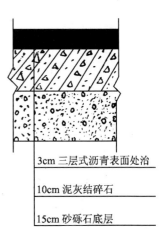

图 2-215　道路结构图

【注释】 1450 为道路全长，12 为路面宽度，1.5 为路肩宽度，1160 为砂垫层处理路段的终点，330 为砂垫层处理路段的起点，1 为高度为 1 时斜坡在底面的增加宽度，0.2 为砂井直径，1.8 为砂井前后间距，0.6 为高度为 0.6 时斜坡在底面的增加宽度，2 为砂井左右间距，中括号外的 2 为砂井高度。

清单工程量计算见表 2-152。

清单工程量计算表　　　　　表 2-152

序号	项目编码	项目名称	项目特征描述	计量单位	工程量
1	040202009001	砂砾石	15cm 厚砂砾石底层	m²	21750
2	040202015001	水泥稳定碎(砾)石	10cm 厚泥灰结碎石基层	m²	21750
3	040203001001	沥青表面处治	3cm 三层式沥青表面处治	m²	17400
4	040202001001	路床(槽)整形	砂垫层	m²	14110
5	040201008001	袋装砂井	桩径 2m；砂井前后间距 1.8m	m	7488

（2）定额工程量

砂砾石底层的面积 1450×(12+1.5×2+2×0.3)m²=22620m²

泥灰结碎石基层的面积 1450×(12+1.5×2+2×0.3)m²=22620m²

沥青表面处治的面积 1450×12m²=17400m²

【注释】 1.5 为一侧路肩宽度，0.3 为一侧路基加宽值。

砂垫层的体积(1160-330)×(1×2+12+1.5×2+2×0.3)×0.6m³=8764.8m³

排水砂井的长度[(1160-330)÷(0.2+1.8)+1]×[(1×2+12+1.5×2+2×0.6+
2×0.3)÷(2+0.2)+1]×2m=416×9×2m=7488m

项目编码：040202006　　项目名称：石灰、粉煤灰、碎(砾)石

【例28】 山区道路在挖方路段 K1+440～K2+820 之间的横断面图如图 2-216 所示，路面宽度为 16m，其中快车道中央有一条纵向伸缩缝，道路平面图如图 2-217 所示，结构图如图 2-218 所示，试计算道路的工程量。

【解】 （1）清单工程量

矿渣底层的面积(2820-1440)×19m²=26220m²

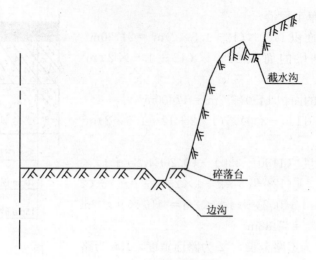

图 2-216　路堑断面示意图

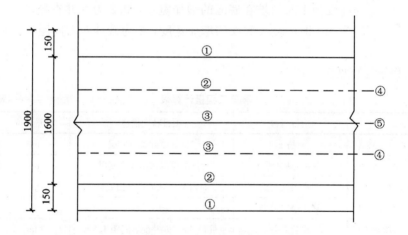

图 2-217　道路平面图(单位：cm)

①—硬路肩；②—慢车道；③—快车道；④—标线；⑤—纵缝

人工拌合石灰、炉渣基层的面积(2820－1440)×19m² ＝26220m²

水泥混凝土路面面积(2820－1440)×16m² ＝22080m²

边沟的长度(2820－1440)×2m＝2760m

截水沟长度(2820－1440)×2m＝2760m

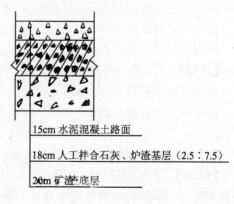

15cm 水泥混凝土路面

18cm 人工拌合石灰、炉渣基层（2.5：7.5）

20m 矿渣垫底层

图 2-218　道路结构图

【注释】 基层与面层工程量按设计图示尺寸以面积计算，边沟及截水沟工程量均按设计图示长度计算。2820 为挖方路段终点，1440 为挖方路段起点，19 为路面总宽度即(16＋1.5×2)，16 为路面宽度，2 为边沟与截水沟的数量。

清单工程量计算见表 2-153。

清单工程量计算表   表 2-153

序号	项目编码	项目名称	项目特征描述	计量单位	工程量
1	040202007001	粉煤灰	20cm厚矿渣底层	m²	26220
2	040202006001	石灰、粉煤灰、碎(砾)石	18cm厚人工拌合石灰、炉渣基层(2.5∶7.5)	m²	26220
3	040203007001	水泥混凝土	15cm厚水泥混凝土路面面层	m²	22080
4	040201022001	排水沟、截水沟	边沟排水、梯形断面	m	2760
5	040201022002	排水沟、截水沟	截水沟排水、梯形	m	2760

（2）定额工程量

矿渣底层的面积$(2820-1440)\times(19+2a)\text{m}^2=(26220+2760a)\text{m}^2$

人工拌合石灰、炉渣基层的面积$(2820-1440)\times(19+2a)\text{m}^2=(26220+2760a)\text{m}^2$

水泥混凝土路面面积$(2820-1440)\times16\text{m}^2=22080\text{m}^2$

边沟的长度$(2820-1440)\times2\text{m}=2760\text{m}$

截水沟长度$(2820-1440)\times2\text{m}=2760\text{m}$

注：a 为路基一侧加宽值。

项目编码：040201023   项目名称：盲沟

项目编码：040205006   项目名称：标线

项目编码：040204002   项目名称：人行道块料铺设

【**例 29**】 某道路全长 2210m，路面宽度为 33m，中央有中央分隔带，两边有防护栏分行人和车辆，中央分隔带下面设有盲沟，埋有地下管线，人行道结构图如图 2-219～图 2-222 所示，试计算道路工程量。

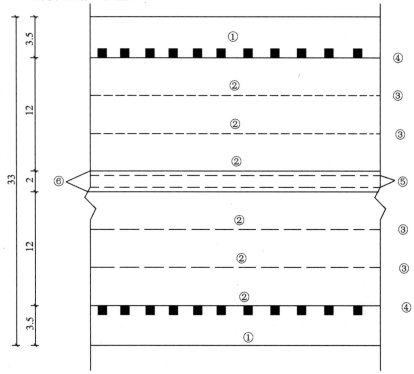

图 2-219 双向六车道道路平面示意图（单位：m）

①—人行道；②—行车道；③—标线；④—防护栏；⑤—盲沟；⑥—隔离带

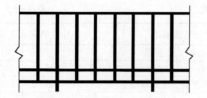

图 2-220　防护栏示意图　　　　　　图 2-221　4孔塑料管示意图

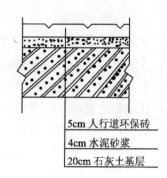

【解】　（1）清单工程量

中央分隔带长度 2210m

盲沟长度 2210m

标线长度 2210×4m＝8840m

防护栏长度 2210×2m＝4420m

塑料管长度 2210m

管内穿线长度 2210×4m＝8840m

人行道石灰土基层的面积

$2210×3.5×2m^2＝15470m^2$

图 2-222　人行道结构示意图

人行道水泥砂浆的面积 $2210×3.5×2m^2＝15470m^2$

人行道环保砖面积 $2210×3.5×2m^2＝15470m^2$

【注释】　标线、防护栏及塑料管工程量按设计图示尺寸以长度计算，用 m 表示；管内穿线工程量按长度计算，用 m 表示。2210 为道路全长，4 为标线数量，2 为防护栏数量，4 为塑料管的孔数；3.5 为人行道宽度，2 为人行道数量。

清单工程量计算见表 2-154。

清单工程量计算表　　　　　　　　　　**表 2-154**

序号	项目编码	项目名称	项目特征描述	计量单位	工程量
1	040201023001	盲沟	碎石盲沟	m	2210
2	040205006001	标线	标线	m	8840
3	040205012001	隔离护栏	隔离护栏安装	m	4420
4	040205002001	电缆保护管	塑料管	m	2210
5	040205016001	管内配线	管内穿线	m	8840
6	040202002001	石灰稳定土	20cm 石灰土基层	m²	15470
7	040204002001	人行道块料铺设	5cm 人行道环保砖	m²	15470

（2）定额工程量

人行道石灰土基层的面积 $2210×(3.5＋a)×2m^2＝(15470＋4420a)m^2$

人行道水泥砂浆的面积 $2210×(3.5＋a)×2m^2＝(15470＋4420a)m^2$

其余各项工程量等同于清单工程量。

注：a 为路基一侧加宽值。

项目编码：**040201022**　　项目名称：**排水沟、截水沟**

项目编码：**040202008**　　项目名称：**矿渣**

项目编码：**040202002**　　项目名称：**石灰稳定土**

项目编码：**040203007**　　项目名称：**水泥混凝土**

【例30】　某道路全长为760m，路面宽度为12m，路肩宽度为1.5m，道路两侧地下设有渗沟(如图2-223所示)，道路结构图如图2-224所示，试计算道路工程量。

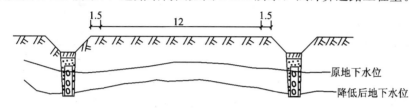

图2-223　渗沟布置示意图　(单位：m)

【解】　(1)清单工程量

渗沟长度760m×2m＝1520m

炉渣底层的面积760×(12＋1.5×2)m²＝11400m²

石灰稳定土基层面积760×(12＋1.5×2)m²＝11400m²

水泥混凝土面层面积760×12m²＝9120m²

【注释】　760为道路长度即渗沟长度，2为渗沟数量，12为路面宽度，1.5为路肩宽度。

清单工程量计算见表2-155。

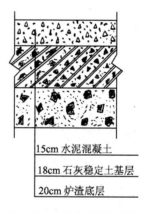

图2-224　道路结构示意图

清单工程量计算表　　　　表2-155

序号	项目编码	项目名称	项目特征描述	计量单位	工程量
1	040201022001	排水沟、截水沟	渗沟	m	1520
2	040202008001	矿渣	20cm厚炉渣	m²	11400
3	040202002001	石灰稳定土	18cm厚石灰稳定土	m²	11400
4	040203007001	水泥混凝土	15cm厚水泥混凝土	m²	9120

(2)定额工程量

渗沟长度760×2m＝1520m

矿渣底层的面积760×(12＋1.5×2＋2a)m²＝(11400＋1520a)m²

石灰稳定土基层面积760×(12＋1.5×2＋2a)m²＝(11400＋1520a)m²

水泥混凝土面层面积760×12m²＝9120m²

注：a为路基一侧加宽值。

项目编码：**040202009**　　项目名称：**砂砾石**

项目编码：**040202004**　　项目名称：**石灰、粉煤灰、土**

项目编码：**040203006**　　项目名称：**沥青混凝土**

【例 31】　某道路全长 1770m，路面宽度为 36.4m，人行道与行车道分界处每隔 6m 种植一树，每隔 20m 设一路灯，人行道外侧每 100m 设一立电杆，道路横断面图、结构图、树池示意图如图 2-225～图 2-228 所示，试计算道路的工程量。

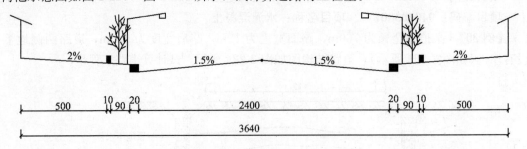

图 2-225　道路横断面示意图（单位：cm）

【解】　（1）清单工程量

砂砾石底层面积 $1770 \times 24 \text{m}^2 = 42480 \text{m}^2$

石灰、粉煤灰、土基层的面积 $1770 \times 24 \text{m}^2 = 42480 \text{m}^2$

沥青混凝土面层面积 $1770 \times 24 \text{m}^2 = 42480 \text{m}^2$

石灰土基层的面积 $5 \times 1770 \times 2 \text{m}^2 = 17700 \text{m}^2$

素混凝土面积 $5 \times 1770 \times 2 \text{m}^2 = 17700 \text{m}^2$

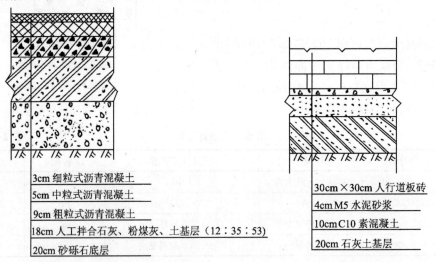

3cm 细粒式沥青混凝土

5cm 中粒式沥青混凝土

9cm 粗粒式沥青混凝土

18cm 人工拌合石灰、粉煤灰、土基层（12：35：53）

20cm 砂砾石底层

30cm×30cm 人行道板砖

4cm M5 水泥砂浆

10cm C10 素混凝土

20cm 石灰土基层

图 2-226　行车道结构示意图　　　　图 2-227　人行道结构图

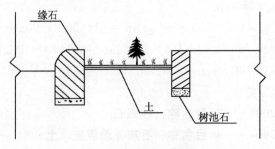

缘石

土

树池石

图 2-228　树池示意图

水泥砂浆的体积 $5\times1770\times2\times0.04\mathrm{m}^3=708\mathrm{m}^3$

人行道板砖的面积 $5\times1770\times2\mathrm{m}^2=17700\mathrm{m}^2$

树池个数 $(1770\div6+1)\times2$ 个 $=592$ 个

路灯个数 $(1770\div20+1)\times2$ 个 $=178$ 个

立电杆根数 $(1770\div100+1)\times2$ 根 $=36$ 根

缘石长度 $1770\times2\mathrm{m}=3540\mathrm{m}$

【注释】　1770 为道路全长，24 为行车道宽度，石灰土基层面积计算式中 5 为人行道宽度，2 为人行道数量；0.04 为水泥砂浆厚度，6 为相邻树池间距，20 为相邻路灯间距，100 为相邻立电杆间距。

清单工程量计算见表 2-156。

清单工程量计算表　表 2-156

序号	项目编码	项目名称	项目特征描述	计量单位	工程量
1	040202009001	砂砾石	20cm 厚砂砾石	m²	42480
2	040202004001	石灰、粉煤灰、土	18cm 人工拌合 12：35：53	m²	42480
3	040203006001	沥青混凝土	9cm 厚粗粒式沥青	m²	42480
4	040203006002	沥青混凝土	5cm 厚中粒式沥青	m²	42480
5	040203006003	沥青混凝土	3cm 厚细粒式沥青	m²	42480
6	040202002001	石灰稳定土	20cm 厚石灰土基层	m²	17700
7	040204002001	人行道块料铺设	30cm×30cm 人行道板砖	m²	17700
8	040204007001	树池砌筑	砌筑树池	个	592
9	040802001001	电杆组立	立电杆	根	36
10	040204004001	安砌侧(平、缘)石	混凝土缘石安砌	m	3540

(2) 定额工程量

砂砾石底层面积 $1770\times24\mathrm{m}^2=42480\mathrm{m}^2$

石灰、粉煤灰、土基层的面积 $1770\times24\mathrm{m}^2=42480\mathrm{m}^2$

沥青混凝土面积 $1770\times24\mathrm{m}^2=42480\mathrm{m}^2$

石灰土基层的面积 $(a+5)\times1770\times2\mathrm{m}^2=(17700+3540a)\mathrm{m}^2$

素混凝土面积 $(a+5)\times1770\times2\mathrm{m}^2=(17700+3540a)\mathrm{m}^2$

水泥砂浆的体积 $(a+5)\times1770\times2\times0.04\mathrm{m}^3=(708+141.6a)\mathrm{m}^3$

人行道板砖的面积 $1770\times5\times2\mathrm{m}^2=17700\mathrm{m}^2$

树池个数 $(1770\div6+1)\times2$ 个 $=592$ 个

路灯个数 $(1770\div20+1)\times2$ 个 $=178$ 个

立电杆根数 $(1770\div100+1)\times2$ 根 $=36$ 根

缘石长度 $1770\times2\mathrm{m}=3540\mathrm{m}$

注：a 为路基一侧加宽值。

项目编码：040202008　　项目名称：矿渣

项目编码：040202014　　项目名称：粉煤灰三渣

项目编码：040202002　　项目名称：石灰稳定土

【例 32】 某城市道路全长为 2740m，路面宽度为 31.4m，其中快车道共宽 9m，慢车道每个车道宽 4m，快慢车道之间设置有树木隔离带，慢车道与人行道之间设有路缘石，也种植有树木绿化带，树木间距为 5m，路灯间距为 20m，道路横断面图、道路结构图、标志板示意图如图2-229～图 2-233 所示，另外，在关键影响行车速度和行人安全的 7 个地方均设有标志板引导驾驶员的视线，试计算该道路的工程量。

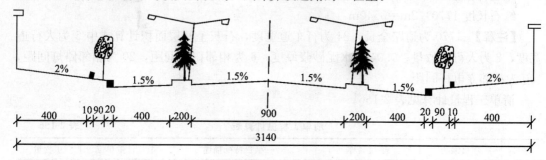

图 2-229　道路横断面图(单位：cm)

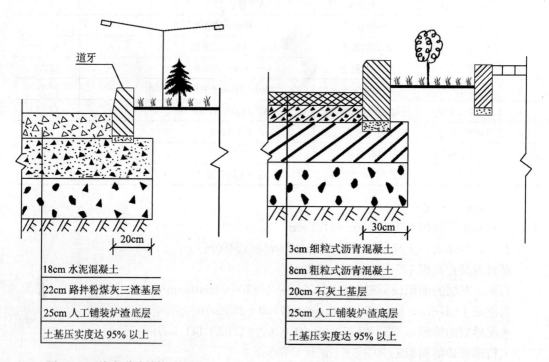

图 2-230　快车道路结构示意图　　　　图 2-231　慢车道结构示意图

【解】 （1）清单工程量

人工铺装炉渣底层的面积 $2740 \times (9+2 \times 0.2+2 \times 0.3+2 \times 4) \text{m}^2 = 49320 \text{m}^2$

【注释】 2740 为道路全长，9 为快车道宽度，0.2 为快车道下方底层一侧延伸宽，4 为慢车道宽度，2 为慢车道数量，0.3 为慢车道下方底层延伸宽。

快车道路拌粉煤灰三渣基层 $2740 \times (9+2 \times 0.2) \text{m}^2 = 25756 \text{m}^2$

快车道与人行道水泥混凝土面层面积 $2740 \times (9+4 \times 2+0.1 \times 2) \text{m}^2 = 47128 \text{m}^2$

人行道水泥混凝土的体积 $2740 \times (4+0.1) \times 2 \times 0.1 \text{m}^3 = 2246.8 \text{m}^3$

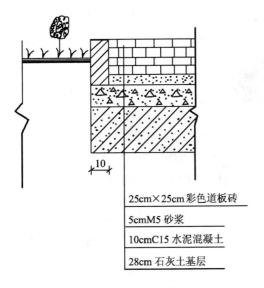

图 2-232 人行道结构示意图（单位：cm）　　图 2-233 标志板示意图

慢车道与人行道石灰土基层面积 $2740 \times (4 \times 2 + 0.1 \times 2 + 0.3 \times 2 + 4 \times 2)m^2 = 46032m^2$

沥青混凝土面积 $2740 \times 4 \times 2m^2 = 21920m^2$

【注释】 4 为慢车道宽度，2 为慢车道的数量。

砂浆的面积 $2740 \times 4 \times 2m^2 = 21920m^2$

砂浆的体积 $2740 \times 4 \times 2 \times 0.05(垫层厚度)m^3 = 1096m^3$

彩色道板砖的面积 $2740 \times 4 \times 2m^2 = 21920m^2$

标志板的块数 7 块

树池个数 $(2740 \div 5 + 1) \times 4$ 个 $= 2196$ 个

路灯个数 $(2740 \div 20 + 1) \times 2$ 个 $= 276$ 个

路缘石长度 $2740 \times 2m = 5480m$

【注释】 砂浆体积式中 0.05 为水泥混凝土厚度；标志板、树池及路灯按数量计算，5 为相邻树池间距，4 为设置树池的道路数量，20 为相邻路灯间距，2 为路缘石数量。

清单工程量计算见表 2-157。

清单工程量计算表　　　　　　　　　　表 2-157

序号	项目编码	项目名称	项目特征描述	计量单位	工程量
1	040202008001	矿渣	25cm厚人工铺装炉渣	m²	49320
2	040202014001	粉煤灰三渣	22cm厚路拌粉煤灰三渣	m²	25756
3	040203007001	水泥混凝土	18cm和10cm厚水泥混凝土	m²	47128
4	040202002001	石灰稳定土	28cm和20cm厚石灰稳定土	m²	46032
5	040203006001	沥青混凝土	8cm厚沥青混凝土	m²	21920
6	040203006002	沥青混凝土	3cm厚沥青混凝土	m²	21920
7	040204002001	人行道块料铺设	25cm×25cm彩色道板砖	m²	21920
8	040205004001	标志板	标志板	块	7
9	040204007001	树池砌筑	砌筑树池	个	2196
10	040204004001	安砌侧（平、缘）石	路缘石	m	5480

（2）定额工程量

人工铺装炉渣底层的面积 $2740×(9+2×0.2+2×0.3+2×4)m^2=49320m^2$

路拌粉煤灰三渣基层 $2740×(9+2×0.2)m^2=25756m^2$

水泥混凝土面层面积 $2740×(9+4×2+0.1×2+2a)m^2=(47128+5480a)m^2$

人行道水泥混凝土的体积 $2740×2×(4+0.1+a)×0.1m^3=(2246.8+548a)m^3$

石灰土基层的面积 $2740×(4×2+0.1×2+0.3×2+4×2+2a)m^2=(46032+5480a)m^2$

沥青混凝土面层面积 $2740×4×2m^2=21920m^2$

砂浆的面积 $2740×(4+a)×2m^2=(21920+5480a)m^2$

砂浆的体积 $2740×(4+a)×2×0.05m^3=(1096+274a)m^3$

彩色道板砖的面积 $2740×4×2m^2=21920m^2$

标志板的块数　7 块

树池个数 $(2740÷5+1)×4$ 个 $=2196$ 个

路灯个数 $(2740÷20+1)×2$ 个 $=276$ 个

路缘石长度 $2740×2m=5480m$

注：a 为路基一侧加宽值。

项目编码：040202010　　项目名称：**卵石**

项目编码：040202014　　项目名称：**粉煤灰三渣**

项目编码：040205012　　项目名称：**隔离护栏**

【**例 33**】 某国道在 K4＋620～K7＋320 之间路面宽度为 31m，路基加宽值为 30cm，人行道与非机动车道之间埋设有缘石，非机动车与机动车道，机动车道之间均设有分隔带，分隔带下面设置盲沟，以便迅速及时排除路面水，且机动车道两侧设有防撞栏，机动车道结构示意图，道路平面示意图，防撞栏示意图分别如图 2-234～图 2-236 所示，试计算机动车道与交通设施的工程量。

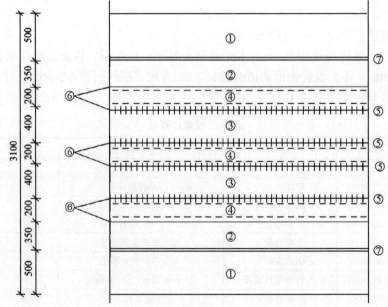

图 2-234　道路平面图

①—人行道；②—非机动车道；③—机动车道；④—盲沟；⑤—防撞栏⑥—分隔带；⑦—缘石

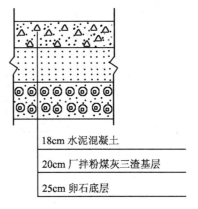

18cm 水泥混凝土

20cm 厂拌粉煤灰三渣基层

25cm 卵石底层

图 2-235　防撞栏示意图　　　　　　　　图 2-236　道路结构图

【解】（1）清单工程量

机动车道卵石底层的面积$(7320-4620)\times4\times2m^2=21600m^2$

厂拌粉煤灰三渣基层面积$(7320-4620)\times4\times2m^2=21600m^2$

水泥混凝土面层面积$(7320-4620)\times4\times2m^2=21600m^2$

防撞栏的长度$(7320-4620)\times4m=10800m$

盲沟的长度$(7320-4620)\times3m=8100m$

路缘石的长度$(7320-4620)\times2m=5400m$

分隔带的长度$(7320-4620)\times3m=8100m$

【注释】　7320 为该国道路段终点桩号，4620 为其起点桩号，4 为机动车道宽度，2 为机动车道数量；防撞栏、盲沟及路缘石与分隔带工程量均按长度计算，防撞栏式中 4 为其数量，盲沟式中 3 为其数量，2 为路缘石数量，分隔带数量为 3 个。

清单工程量计算见表 2-158。

清单工程量计算表　　　　　　　　　　　表 2-158

序号	项目编码	项目名称	项目特征描述	计量单位	工程量
1	040202010001	卵石	25cm 厚卵石底层	m²	21600
2	040202014001	粉煤灰三渣	20cm 厂拌粉煤灰三渣	m²	21600
3	040203007001	水泥混凝土	18cm 厚水泥混凝土	m²	21600
4	040205012001	隔离护栏	防撞栏	m	10800
5	040201023001	盲沟	碎石盲沟	m	8100
6	040204004001	安砌侧（平缘）石	混凝土缘石安砌	m	5400

（2）定额工程量

定额工程量同清单工程量。

【例 34】　某城市干道长为 1580m，路面宽度为 34.4m，中间两幅为快车道，其结构图如图 2-237 所示，两边两车道为慢车道，其结构示意图如图 2-238 所示，再两边为人行道，其结构示意图如图 2-239 所示，道路横断面图如图 2-240 所示，人行道与慢车道之间埋设有路缘石，且每车道分界处种植有间距为 5m 的树木，并配有间距为 10m 的路灯，试计算道路工程量。

288

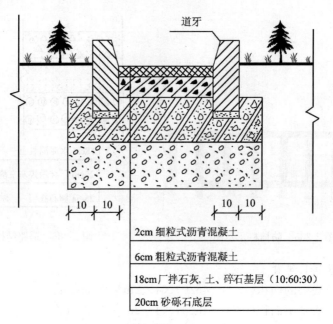

图 2-237　快车道结构示意图（单位：cm）

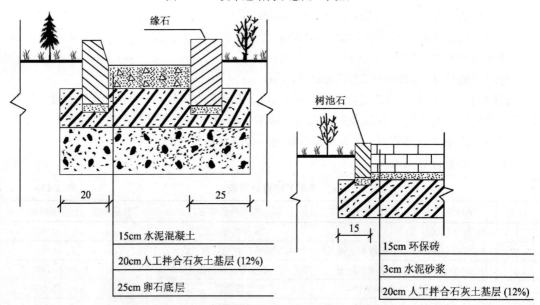

图 2-238　慢车道结构示意图（单位：cm）　　　图 2-239　人行道结构示意图（单位：cm）

【**解**】　（1）清单工程量

快车道：

砂砾石底层的面积 $1580 \times 2 \times (4+2 \times 0.2) \mathrm{m}^2 = 13904 \mathrm{m}^2$

厂拌石灰、土、碎石基层（10：60：30）面积 $1580 \times 2 \times (4+2 \times 0.2) \mathrm{m}^2 = 13904 \mathrm{m}^2$

沥青混凝土面层面积 $1580 \times 2 \times 4 \mathrm{m}^2 = 12640 \mathrm{m}^2$

【**注释**】　1580 为道路长度，2 为快车道数量，4 为快车道宽度，0.2 为路面底层一侧延伸宽即（0.1＋0.1）。

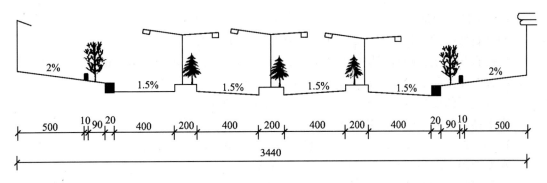

图 2-240 道路横断面图 （单位：cm）

慢车道：

卵石底层的面积 $1580 \times 2 \times (4+0.2+0.25) m^2 = 14062 m^2$

水泥混凝土面积 $1580 \times 2 \times 4 m^2 = 12640 m^2$

慢车道和人行道：

人工拌合石灰土(12%)基层面积 $1580 \times 2 \times (4+0.2+0.25+5+0.15) m^2 = 30336 m^2$

【注释】 2 为慢车道数量，4 为慢车道宽度，0.2 为路面底层左方延伸宽，0.25 为其右方延伸宽，5 为人行道宽，0.15 为人行道路面下延伸宽。

人行道：

环保砖面积 $1580 \times 2 \times 5 m^2 = 15800 m^2$

水泥砂浆的面积 $1580 \times 2 \times (5+0.15) m^2 = 16274 m^2$

水泥砂浆的体积 $1580 \times 2 \times (5+0.15) \times 0.03 m^3 = 488.22 m^3$

树池的个数 $5 \times [(1580 \div 5)+1]$个 $= 1585$ 个

路灯的个数 $3 \times [(1580 \div 10)+1]$个 $= 477$ 个

路缘石的长度 $1580 \times 2 m = 3160 m$

【注释】 0.03 为水泥砂浆厚度，树池计算式中第一个 5 为设置树池的道路数量，第二个 5 为相邻树池间距；路灯计算式中 3 为设置路灯的道路数量，10 为相邻路灯间距。

清单工程量计算见表 2-159。

清单工程量计算表 表 2-159

序号	项目编码	项目名称	项目特征描述	计量单位	工程量
1	040202009001	砂砾石	20cm 砂砾石底层	m²	13904
2	040202005001	石灰、碎石、土	18cm 厂拌石灰、土、碎石基层(10:60:30)	m²	13904
3	040203006001	沥青混凝土	2cm 厚细粒式沥青混凝土	m²	12640
4	040203006002	沥青混凝土	6cm 厚粗粒式沥青混凝土	m²	12640
5	040202010001	卵石	25cm 厚卵石底层	m²	14062
6	040202002001	石灰稳定土	20cm 厚石灰土基层(10%)	m²	30336
7	040203007001	水泥混凝土	25cm 厚水泥混凝土	m²	12640
8	040204002001	人行道块料铺设	15cm 厚环保砖	m²	15800
9	040204007001	树池砌筑	砌筑树池	个	1585
10	040204004001	安砌侧(平、缘)石	混凝土缘石安砌	m	3160

（2）定额工程量

砂砾石底层的面积 $1580 \times 2 \times (4 + 2 \times 0.2) m^2 = 13904 m^2$

厂拌石灰、土、碎石基层(10：60：30)面积 $1580 \times 2 \times (4 + 2 \times 0.2) m^2 = 13904 m^2$

沥青混凝土面层面积 $1580 \times 2 \times 4 m^2 = 12640 m^2$

卵石底层的面积 $1580 \times 2 \times (4 + 0.2 + 0.25) m^2 = 14062 m^2$

人工拌合石灰土(12%)基层面积

$1580 \times 2 \times (4 + 0.2 + 0.25 + 5 + 0.15 + a) m^2 = (30336 + 3160a) m^2$

水泥混凝土面积 $1580 \times 2 \times 4 m^2 = 12640 m^2$

环保砖的面积 $1580 \times 2 \times 5 m^2 = 15800 m^2$

水泥砂浆的面积 $1580 \times 2 \times (5 + 0.15 + a) m^2 = (16274 + 3160a) m^2$

水泥砂浆的体积 $1580 \times 2 \times (5 + 0.15 + a) \times 0.03 m^3 = (488.22 + 94.8a) m^3$

树池的个数 $5 \times [(1580 \div 5) + 1]$ 个 $= 1585$ 个

路灯的个数 $3 \times [(1580 \div 10) + 1]$ 个 $= 477$ 个

路缘石的长度 $1580 \times 2 m = 3160 m$

注：a 为路基一侧加宽值。

项目编码：**040202008**　　项目名称：**矿渣**

项目编码：**040202002**　　项目名称：**石灰稳定土**

项目编码：**040204003**　　项目名称：**现浇混凝土人行道及进口坡**

【例35】 城市三号道路全长为 2440m，路面宽度为 21.4m，道路横断面图如图 2-241 所示，道路两侧每隔 50m 设一立电杆，立电杆示意图如图 2-242 所示，行车道两侧每 10m 安装一路灯，且人行道与行车道分界边缘安设路缘石，缘石侧面图如图 2-243 所示，行车道中央每隔 5m 种植一树，机动车道结构图如图 2-244 所示，人行道结构图如图 2-245 所示，试计算道路工程量。

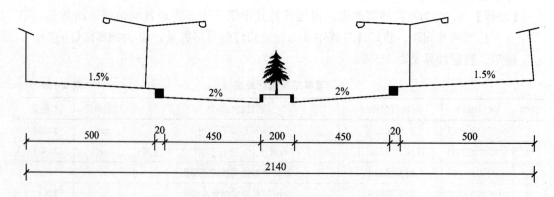

图 2-241　道路横断面示意图　（单位：cm）

【解】 （1）清单工程量

1）机动车道：

炉渣底基层的面积 $2440 \times 2 \times (4.5 + 0.3) m^2 = 23424 m^2$

人工拌合石灰、炉渣基层的面积 $2440 \times 2 \times 4.5 m^2 = 21960 m^2$

水泥混凝土路面面积 $2440 \times 2 \times 4.5 m^2 = 21960 m^2$

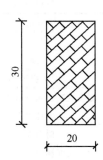

图 2-242 立电杆示意图　　图 2-243 缘石侧面图（单位：cm）

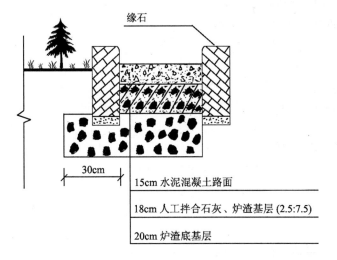

图 2-244 机动车道结构图

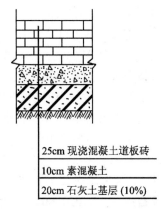

图 2-245 人行道结构示意图

2）人行道：

石灰土基层（10％）面积 $2440 \times 2 \times 5 m^2 = 24400 m^2$

素混凝土面积 $2440 \times 2 \times 5 m^2 = 24400 m^2$

素混凝土体积 $2440 \times 2 \times 5 \times 0.1 m^3 = 2440 m^3$

现浇混凝土道板面积 $2440 \times 2 \times 5 m^2 = 24400 m^2$

【注释】 2440 为道路长度，2 为机动车道及人行道数量，4.5 为机动车道宽度，0.3 为其路面下方延伸宽，5 为人行道宽度，0.1 为素混凝土厚度。

立电杆的个数（$2440 \div 50 + 1$）×2 根＝98 根

树池的个数（$2440 \div 5 + 1$）个＝489 个

路灯个数 [（$2440 \div 10$）＋1]×2 个＝490 个

路缘石的长度 $2440 \times 4 m = 9760 m$

【注释】 50 为相邻立电杆间距，2 为安装立电杆的道路数量，5 为相邻树池间距，10 为相邻路灯间距，在两条道路上安装。

清单工程量计算见表 2-160。

清单工程量计算表

表 2-160

序号	项目编码	项目名称	项目特征描述	计量单位	工程量
1	040202008001	矿渣	20cm 炉渣底基层	m²	23424
2	040202008002	矿渣	18cm 人工拌合(2.5：7.5)	m²	21960
3	040203007001	水泥混凝土	15cm 厚水泥混凝土	m²	21960
4	040202002001	石灰稳定土	20cm 厚石灰土基层(10%)	m²	24400
5	040204003001	现浇混凝土人行道及进口坡	25cm 厚现浇石台道板砖	m²	24400
6	040802001001	电杆组立	立电杆	根	98
7	040204007001	树池砌筑	砌筑树池	个	489
8	040204004001	安砌侧(平、缘)石	20cm×30cm 混凝土缘石安砌	m	9760

(2) 定额工程量

炉渣底基层的面积 $2440×2×(4.5+0.3)m^2=23424m^2$

人工拌合石灰、炉渣基层的面积 $2440×2×4.5m^2=21960m^2$

水泥混凝土路面面积 $2440×2×4.5m^2=21960m^2$

石灰土基层(10%)面积 $2440×2×(5+a)m^2=(24400+4880a)m^2$

素混凝土面积 $2440×2×(5+a)m^2=(24400+4880a)m^2$

素混凝土体积 $2440×2×(5+a)×0.1m^3=(2440+488a)m^3$

现浇混凝土道板面积 $2440×2×5m^2=24400m^2$

立电杆的个数 $(2440÷50+1)×2$ 个 $=98$ 个

树池的个数 $(2440÷5+1)$ 个 $=489$ 个

路灯个数 $[(2440÷10)+1]×2$ 个 $=490$ 个

路缘石的长度 $2440×4m=9760m$

注：a 为路基一侧加宽值。

项目编码：040202004　　项目名称：石灰、粉煤灰、土

项目编码：040201023　　项目名称：盲沟

项目编码：040205012　　项目名称：隔离护栏

【例36】 某道路 K0+000～K1+130 之间路面宽度为 19.5m，道路平面图如图 2-246

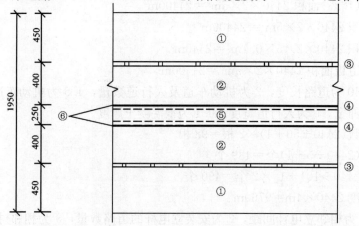

图 2-246　道路平面图　（单位：cm）

①—人行道；②—车行道；③—防护栏；④—防撞栏；⑤—盲沟；⑥—隔离带

所示，车道中央设有中央分隔带，分隔带下面设有盲沟，以便及时排除路面水，分隔带边缘增设防撞栏，防撞栏示意图如图 2-247 所示，人行道与行车道之间设有防护栏以保护行人安全，其示意图如图 2-248 所示，且每隔 100m 设一标志板，示意图如图 2-249 所示，人行道结构图如图 2-250 所示，试计算该道路工程量。

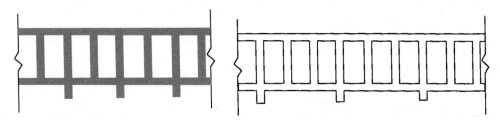

图 2-247　防撞栏示意图　　　　　　　　图 2-248　防护栏示意图

【解】　（1）清单工程量

图 2-249　标志板示意图

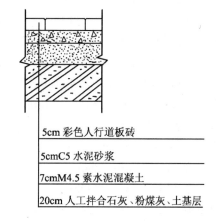

5cm 彩色人行道板砖

5cmC5 水泥砂浆

7cmM4.5 素水泥混凝土

20cm 人工拌合石灰、粉煤灰、土基层

图 2-250　人行道结构示意图

人行道人工拌合石灰、粉煤灰、土基层的面积 $4.5 \times 2 \times 1130 m^2 = 10170 m^2$

素混凝土面积 $4.5 \times 2 \times 1130 m^2 = 10170 m^2$

素混凝土体积 $4.5 \times 2 \times 1130 \times 0.07 m^3 = 711.90 m^3$

水泥砂浆的面积 $4.5 \times 2 \times 1130 m^2 = 10170 m^2$

水泥砂浆的体积 $4.5 \times 2 \times 1130 \times 0.05 m^3 = 508.50 m^3$

中央分隔带长度 1130m

盲沟长度 1130m

防撞栏长度 $1130 \times 2m = 2260m$

防护栏长度 $1130 \times 2m = 2260m$

标志板块数 $(1130 \div 100 + 1)$ 块 ≈ 12 块

彩色人行道板砖的面积 $1130 \times 2 \times 4.5 m^2 = 10170 m^2$

【注释】　4.5 为人行道宽，数量为 2，1130 为道路长度，0.07 为素混凝土厚度，0.05 为水泥砂浆厚度，防撞栏与防护栏数量均为 2，100 为相邻标志板间距。

清单工程量计算见表 2-161。

清单工程量计算表 　　　　　　　　表 2-161

序号	项目编码	项目名称	项目特征描述	计量单位	工程量
1	040202004001	石灰、粉煤灰、土	20cm 厚人工拌合	m^2	10170
2	040201023001	盲沟	碎石盲沟	m	1130
3	040205012001	隔离护栏	防撞栏	m	2260
4	040205012002	隔离护栏	防护栏	m	2260
5	040205004001	标志板	标志板	块	12
6	040204002001	人行道块料铺设	5cm 厚彩色人行道板砖	m^2	10170

（2）定额工程量

人行道人工拌合石灰、粉煤灰、土基层的面积

$(a+4.5)×2×1130m^2=(10170+2260a)m^2$

素混凝土面积 $(4.5+a)×2×1130m^2=(10170+2260a)m^2$

素混凝土的体积 $(4.5+a)×2×1130×0.07m^3=(711.9+158.2a)m^3$

水泥砂浆的面积 $(4.5+a)×2×1130m^2=(10170+2260a)m^2$

水泥砂浆的体积 $(4.5+a)×2×1130×0.05m^3=(508.5+113a)m^3$

彩色人行道板砖的面积 $4.5×2×1130m^2=10170m^2$

中央分隔带长度 1130m

盲沟长度 1130m

防撞栏长度 $1130×2m=2260m$

防护栏长度 $1130×2m=2260m$

标志板块数 $(1130÷100+1)$ 块 $=12$ 块

注：a 为路基一侧加宽值。

项目编码：040202011　　项目名称：碎石

项目编码：040202005　　项目名称：石灰、碎石、土

项目编码：040203005　　项目名称：黑色碎石

【例 37】 某山区道路 K2+450～K4+170 之间为挖方路段，路面宽度为 7m，土路肩为 1.5m，路基加宽值为 20cm，路两边设置边沟，边沟下设有盲沟，且上面挖设截水沟以拦截流向路面的雨水，道路横断面图如图 2-251 所示，道路结构图如图 2-252 所示，试计算道路工程量。

【解】 （1）清单工程量

碎石底层的面积 $(4170-2450)×(7+1.5×2)m^2=17200m^2$

石灰、土、碎石基层（8：72：20）面积 $(4170-2450)×(7+1.5×2)m^2=17200m^2$

黑色碎石路面面积 $(4170-2450)×7m^2=12040m^2$

边沟长度 $(4170-2450)×2m=3440m$

盲沟长度 $(4170-2450)×2m=3440m$

截水沟长度 $(4170-2450)×2m=3440m$

【注释】 4170 为挖方路段终点，2450 为其起点，7 为路面宽度，1.5 为路肩宽，2 为

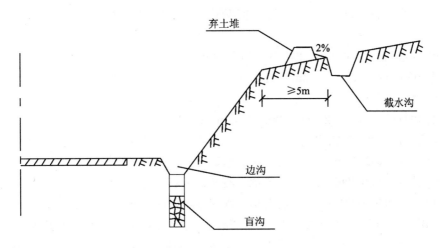

图 2-251　道路横断面图

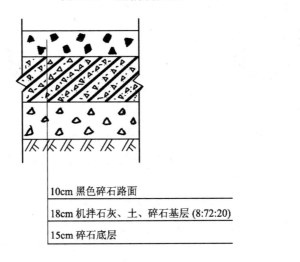

10cm 黑色碎石路面

18cm 机拌石灰、土、碎石基层 (8:72:20)

15cm 碎石底层

图 2-252　道路结构图

边沟、截水沟及盲沟数量。

清单工程量计算见表 2-162。

清单工程量计算表　　　　　　　表 2-162

序号	项目编码	项目名称	项目特征描述	计量单位	工程量
1	040202011001	碎石	15cm 厚	m²	17200
2	040202005001	石灰、碎石、土	18cm 机拌石灰、土、碎石(8：72：20)	m²	17200
3	040203005001	黑色碎石	10cm 厚黑色碎石	m²	12040
4	040201022001	排水沟、截水沟	排水边沟	m	3440
5	040201022002	排水沟、截水沟	截水沟	m	3440
6	040201023001	盲沟	碎石盲沟	m	3440

（2）定额工程量

碎石底层的面积$(4170-2450)\times(7+1.5\times2+2\times0.2)$m² $=17888$m²

石灰、土、碎石基层(8:72:20)面积(4170－2450)×(7＋1.5×2＋2×0.2)m²＝17888m²

黑色碎石路面面积(4170－2450)×7m²＝12040m²

边沟长度(4170－2450)×2m＝3440m

盲沟长度(4170－2450)×2m＝3440m

截水沟的长度(4170－2450)×2m＝3440m

【注释】 1.5为一侧路肩宽度,0.2为一侧路基加宽值。

项目编码:040202009　　项目名称:砂砾石

项目编码:040202005　　项目名称:石灰、碎石、土

项目编码:040202015　　项目名称:水泥稳定碎(砾)石

【例38】 城市某道路全长为1330m,路面宽度为24m,道路横道面图如图2-253所示,人行道与行车道之间每隔6m种植一树,且设有缘石、树池、人行道,结构示意图如图2-254所示,行车道结构图如图2-255所示,试计算道路工程量。

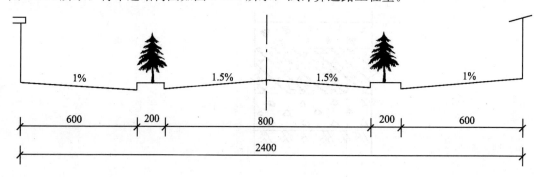

图2-253　道路横断面(单位:cm)

【解】 (1)清单工程量

1)行车道:

人工铺装砂砾石底层面积1330×8m²＝10640m²

机拌石灰、土、碎石基层(8:72:20)面积1330×8m²＝10640m²

泥结碎石面积1330×8m²＝10640m²

2)人行道:

路拌粉煤灰三渣基层面积1330×(6＋0.2)×2m²＝16492m²

水泥砂浆的面积2×1330×6m²＝15960m²

水泥砂浆的体积2×1330×6×0.03m³＝478.8m³

花岗岩块石的面积2×1330×6m²＝15960m²

树池的个数(1330÷6＋1)×2个＝444个

缘石的长度1330×2m＝2660m

【注释】 1330为道路长度,8为行车道宽度,6为人行道宽度,0.2为人行道底面一侧加宽值,0.03为水泥砂浆厚度,2为人行道数量,树池计算式中6为相邻树池间距。

清单工程量计算见表2-163。

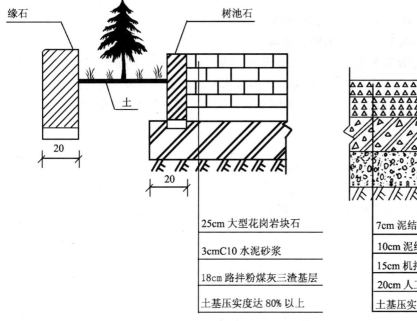

图 2-254　人行道结构图（单位：cm）　　　　图 2-255　行车道结构图

清单工程量计算表　　　　　　　　　　表 2-163

序号	项目编码	项目名称	项目特征描述	计量单位	工程量
1	040202009001	砂砾石	20cm厚人工铺装砂砾石	m²	10640
2	040202005001	石灰、碎石、土	15cm厚机拌石灰、土、碎石8：72：20	m²	10640
3	040202015001	水泥稳定碎(砾)石	10cm厚泥结碎石	m²	10640
4	040202015002	水泥稳定碎(砾)石	7cm厚泥结碎石	m²	10640
5	040202014001	粉煤灰三渣	18cm厚路拌粉煤灰三渣	m²	16492
6	040204002001	人行道块料铺设	25cm厚在型花岗岩块石	m²	15960
7	040204007001	树池砌筑	砌筑树池	个	444
8	040204004001	安砌侧(平、缘)石	混凝土缘石安砌	m	2660

（2）定额工程量

人工铺装砂砾石底层面积 $1330×8m^2＝10640m^2$

机拌石灰、土、碎石基层(8：72：20)面积 $1330×8m^2＝10640m^2$

泥结碎石面积：$1330×8m^2＝10640m^2$

路拌粉煤灰三渣基层面积 $1330×(6+0.2+a)×2m^2＝(16492+2660a)m^2$

水泥砂浆的面积 $2×1330×(6+a)m^2＝(15960+2660a)m^2$

水泥砂浆的体积 $2×1330×(6+a)×0.03m^3＝(478.8+79.8a)m^3$

花岗岩块石的面积 $2×1330×6m^2＝15960m^2$

树池的个数 $(1330÷6+1)×2$ 个 $＝444$ 个

缘石的长度 $1330×2m＝2660m$

注：a 为路基一侧加宽值。

项目编码：040201022　　项目名称：排水沟、截水沟

项目编码：040201023　　项目名称：盲沟

【例39】 某地区道路横断面图如图 2-256 所示，路长为 1940m，路面宽度为 12m，路肩宽度为 1.5m，路基加宽值为 30cm，由于此道路排水困难，需在边沟下设置盲沟，以保证路基的稳定性，边沟、盲沟布置示意图如图 2-257 所示，道路结构图如图 2-258 所示，试计算该道路的工程量。

【解】（1）清单工程量

砂砾石底层面积 $1940 \times (12 + 1.5 \times 2)m^2 = 29100m^2$

机拌石灰、土、碎石（8：72：20）基层面积 $1940 \times (12 + 1.5 \times 2)m^2 = 29100m^2$

级配碎砾石面层面积 $1940 \times 12 m^2 = 23280m^2$

边沟长度 $1940 \times 2 m = 3880m$

盲沟长度 $1940 \times 2 m = 3880m$

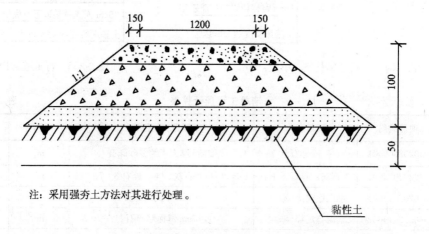

注：采用强夯土方法对其进行处理。

图 2-256　道路横断面图（单位：cm）

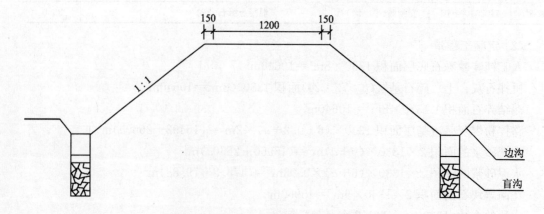

图 2-257　边沟盲沟布置示意图（单位：cm）

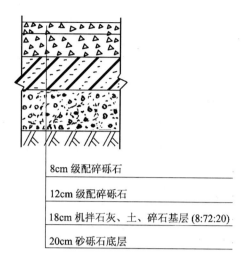

8cm 级配碎砾石

12cm 级配碎砾石

18cm 机拌石灰、土、碎石基层 (8:72:20)

20cm 砂砾石底层

图 2-258 道路结构图

【注释】 1940 为道路长度，12 为路面宽度，1.5 为路肩宽，2 为边沟与盲沟数量。清单工程量计算见表 2-164。

清单工程量计算表 表 2-164

序号	项目编码	项目名称	项目特征描述	计量单位	工程量
1	040202009001	砂砾石	20cm 厚砂砾石底层	m²	29100
2	040202005001	石灰、碎石、土	18cm 厚机拌，8：72：20	m²	29100
3	040202011001	碎石	12cm 厚级配碎砾石	m²	23280
4	040202011002	碎石	8cm 厚级配碎砾石	m²	23280
5	040201022001	排水沟、截水沟	排水边沟	m	3880
6	040201023001	盲沟	碎石盲沟	m	3880

（2）定额工程量

砂砾石底层面积 $1940 \times (12+1.5 \times 2+0.3 \times 2) \mathrm{m}^2 = 30264 \mathrm{m}^2$

机拌石灰、土、碎石基层（8：72：20）面积

$1940 \times (12+1.5 \times 2+0.3 \times 2) \mathrm{m}^2 = 30264 \mathrm{m}^2$

级配碎砾石面层面积 $1940 \times 12 \mathrm{m}^2 = 23280 \mathrm{m}^2$

边沟长度 $1940 \times 2 \mathrm{m} = 3880 \mathrm{m}$

盲沟长度 $1940 \times 2 \mathrm{m} = 3880 \mathrm{m}$

【注释】 0.3 为路基一侧加宽值。

项目编码：040202001 项目名称：路床（槽）整形

【例 40】 某山区在 K0＋940～K2＋100 之间为填方路段，路面宽度为 8m，路肩宽度为 1m，由于该路段土质较差，影响路基的稳定性，特铺设砂垫层，道路横断面示意图如图 2-259 所示，道路结构图如图 2-260 所示，试计算道路工程量。

【解】 （1）清单工程量

炉渣底层的面积 $(2100-940) \times (8+1 \times 2) \mathrm{m}^2 = 11600 \mathrm{m}^2$

机拌粉煤灰、石灰、砂砾（20：10：70）基层面积

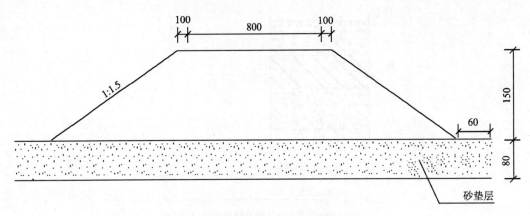

图 2-259　道路横断面图（单位：cm）

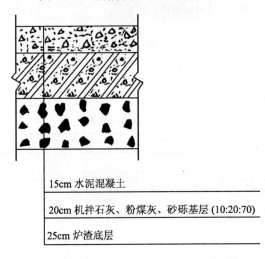

15cm 水泥混凝土

20cm 机拌石灰、粉煤灰、砂砾基层 (10:20:70)

25cm 炉渣底层

图 2-260　道路结构图

$(2100-940)\times(8+1\times2)\,\text{m}^2=11600\,\text{m}^2$

水泥混凝土面层面积 $(2100-940)\times8\,\text{m}^2=9280\,\text{m}^2$

砂垫层的面积 $(2100-940)\times(8+1\times2+1.5\times1.5\times2+0.6\times2)\,\text{m}^2=18212\,\text{m}^2$

砂垫层的体积 $(2100-940)\times(8+1\times2+1.5\times1.5\times2+0.6\times2)\times0.8\,\text{m}^3=14569.60\,\text{m}^3$

【注释】　2100 为填方路段终点桩号，940 为填方路段起点桩号，8 为路面宽度，1 为路肩宽度；砂垫层计算式中第一个 1.5 为路面高度，第二个 1.5 为路面坡度系数，0.6 为路面底部一侧延伸宽度，0.8 为砂垫层厚度。

清单工程量计算见表 2-165。

清单工程量计算表　　　　　　　表 2-165

序号	项目编码	项目名称	项目特征描述	计量单位	工程量
1	040202008001	矿渣	25cm 厚炉渣	m²	11600
2	040202006001	石灰、粉煤灰、砂砾	20cm 厚机拌石灰、粉煤灰、砂砾 10：20：70	m²	11600
3	040203007001	水泥混凝土	15cm 厚水泥混凝土	m²	9280
4	040202001001	路床（槽）整形	砂垫层	m²	18212

（2）定额工程量

砂砾底层的面积$(2100-940)\times(8+1\times2+2a)m^2=(11600+2320a)m^2$

机拌石灰、粉煤灰、砂砾(10：20：70)基层面积

$(2100-940)\times(8+1\times2+2a)m^2=(11600+2320a)m^2$

水泥混凝土面层面积$(2100-940)\times8m^2=9280m^2$

砂垫层的面积$(2100-940)\times(8+1\times2+1.5\times1.5\times2+0.6\times2+2a)m^2$
$\qquad=(18212+2320a)m^2$

砂垫层的体积$(2100-940)\times(8+1\times2+1.5\times1.5\times2+0.6\times2+2a)\times0.8m^3$
$\qquad=(14569.6+1856a)m^3$

注：a 为路基一侧加宽值，1 为一侧路肩宽度。

项目编码：040202011　　项目名称：碎石

项目编码：040202003　　项目名称：水泥稳定土

【例41】 某城市道路长为1880m，路面宽度为26.2m，道路横断面示意图如图2-261所示，车行道共宽15m，人行道两侧各宽5m，人行道与车行道分界处有防护栏相隔，且每10m设一路灯，行车道结构示意图如图2-262所示，人行道结构示意图如图2-263所示，且在道路两侧地下埋设管道，管道示意图如图2-264所示，试计算道路工程量。

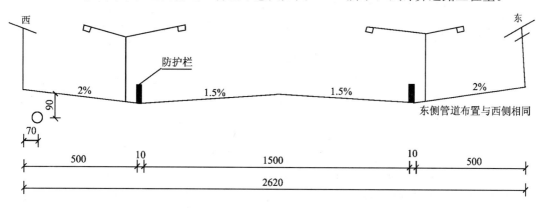

图 2-261　道路横断面图（单位：cm）

【解】 （1）清单工程量

1）车行道：

碎石底层的面积$1880\times(15+0.1\times2)m^2=28576m^2$

水泥稳定土基层的面积$1880\times(15+0.1\times2)m^2=28576m^2$

沥青混凝土面层面积$1880\times15m^2=28200m^2$

2）人行道：

石灰土基层的面积$1880\times5\times2m^2=18800m^2$

水泥砂浆的面积$1880\times5\times2m^2=18800m^2$

水泥砂浆的体积$1880\times5\times2\times0.06m^3=1128m^3$

彩色人行道板砖的面积$1880\times5\times2m^2=18800m^2$

管道长度$1880\times2m=3760m$

防护栏长度$1880\times2m=3760m$

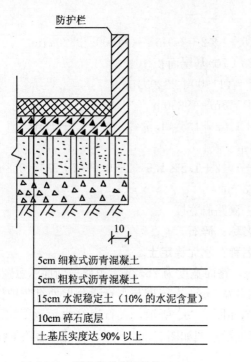

图 2-262　道路结构图（单位：cm）　　　图 2-263　人行道结构图

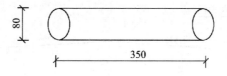

图 2-264　管道示意图（单位：cm）

路灯个数(1880÷10＋1)×2 个＝378 个

【注释】　1880 为道路长度，15 为车行道宽度，0.1 为车行道两侧的防护栏宽度，5 为人行道宽度，2 为人行道数量，0.06 为水泥砂浆厚度，管道与防护栏的数量均为 2，10 为相邻路灯间距。

清单工程量计算见表 2-166。

清单工程量计算表　　　　　　　　　　表 2-166

序号	项目编码	项目名称	项目特征描述	计量单位	工程量
1	040202011001	碎石	10cm 厚碎石	m²	28576
2	040202003001	水泥稳定土	15cm 厚水泥稳定土(10%水泥含量)	m²	28576
3	040203006001	沥青混凝土	5cm 厚粗粒式沥青	m²	28200
4	040203006002	沥青混凝土	5cm 厚细粒式沥青	m²	28200
5	040202002001	石灰稳定土	20cm 厚石灰土(10%)	m²	18800
6	040204002001	人行道块料铺设	25cm 厚彩色人行道板砖	m²	18800
7	040205002001	电缆保护管	电缆保护管	m	3760
8	040205012001	隔离护栏	防护栏	m	3760

（2）定额工程量

碎石底层的面积 $1880 \times (15 + 0.1 \times 2) \text{m}^2 = 28576 \text{m}^2$

水泥稳定土的面积 $1880 \times (15 + 0.1 \times 2) \text{m}^2 = 28576 \text{m}^2$

沥青混凝土面积 $1880 \times 15 \text{m}^2 = 28200 \text{m}^2$

石灰土基层的面积 $1880 \times 2 \times (5 + a) \text{m}^2 = (18800 + 3760a) \text{m}^2$

水泥砂浆的面积 $1880 \times 2 \times (5 + a) \text{m}^2 = (18800 + 3760a) \text{m}^2$

水泥砂浆的体积 $1880 \times 2 \times (5 + a) \times 0.06 \text{m}^3 = (1128 + 225.6a) \text{m}^3$

彩色人行道板砖的面积 $1880 \times 5 \times 2 \text{m}^2 = 18800 \text{m}^2$

管道长度 $1880 \times 2 \text{m} = 3760 \text{m}$

防护栏长度 $1880 \times 2 \text{m} = 3760 \text{m}$

路灯个数 $(1880 \div 10 + 1) \times 2$ 个 $= 378$ 个

注：a 为路基一侧加宽值。

项目编码：**040201007**　　项目名称：**抛石挤淤**

项目编码：**040202001**　　项目名称：**路床（槽）整形**

项目编码：**040202010**　　项目名称：**卵石**

【例42】　某山区潮湿路段共长为870m，路面宽度为15m，路肩为1.5m，路基加宽值为30cm，抛石挤淤层上面用碎砾石和砂垫层来保证路基稳定性，抛石挤淤断面示意图如图2-265所示，道路结构示意图如图2-266所示，试计算道路工程量。

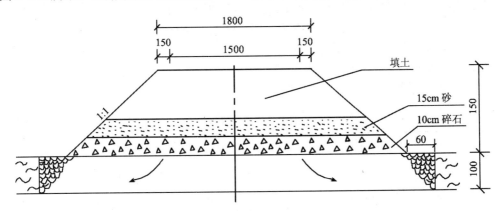

图 2-265　抛石挤淤示意图（单位：cm）

【解】　（1）清单工程量

抛石挤淤体积 $870 \times (15 + 1.5 \times 2 + 1.5 \times 2 + 0.6 \times 2) \times 1 \text{m}^3 = 19314 \text{m}^3$

碎石垫层的面积 $870 \times [15 + 1.5 \times 2 + (1.5 - 0.1) \times 2] \text{m}^2 = 18096 \text{m}^2$

砂垫层的面积 $870 \times [15 + 1.5 \times 2 + (1.5 - 0.25) \times 2] \text{m}^2 = 17835 \text{m}^2$

人机配合卵石底层面积 $870 \times (15 + 1.5 \times 2) \text{m}^2 = 15660 \text{m}^2$

人工拌合石灰土基层面积 $870 \times (15 + 1.5 \times 2) \text{m}^2 = 15660 \text{m}^2$

人工拌合石灰、粉煤灰、土（8：80：12）基层面积

$870 \times (15 + 1.5 \times 2) \text{m}^2 = 15660 \text{m}^2$

沥青混凝土面层面积 $870 \times 15 \text{m}^2 = 13050 \text{m}^2$

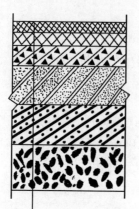

2cm 细粒式沥青混凝土

4cm 中粒式沥青混凝土

6cm 粗粒式沥青混凝土

16cm 人工拌合石灰、粉煤灰、土基层 (8:80:12)

18cm 人工拌合石灰土基层 (12%)

20cm 人机配合卵石底层

图 2-266　道路结构示意图

【注释】　抛石挤淤式中 870 为路面长度，15 为路面宽度，第一个 1.5 为路肩宽度，第二个 1.5 为斜坡在底面增加宽，0.6 为底层延伸宽；碎石垫层式中(1.5－0.1)为碎石垫层上部高度，0.1 为碎石垫层厚度；砂垫层式中(1.5－0.25)为砂垫层上方高度，0.25 为碎石垫层与砂垫层厚度之和即(0.1+0.15)。

清单工程量计算见表 2-167。

清单工程量计算表　　　　　　　　　　　　　表 2-167

序号	项目编码	项目名称	项目特征描述	计量单位	工程量
1	040201007001	抛石挤淤	抛石挤淤	m³	19314
2	040202001001	路床(槽)整形	10cm 碎石	m²	18096
3	040202001002	路床(槽)整形	15cm 砂垫层	m²	17835
4	040202010001	卵石	20cm 厚人机配合卵石底层	m²	15660
5	040202002001	石灰稳定土	18cm 厚人工拌合，12％	m²	15660
6	040202004001	石灰、粉煤灰、土	16cm 厚人工拌合石灰、粉煤灰、土(8：80：12)	m²	15660
7	040203006001	沥青混凝土	6cm 厚粗粒式沥青混凝土	m²	13050
8	040203006002	沥青混凝土	4cm 厚中粒式沥青混凝土	m²	13050
9	040203006003	沥青混凝土	2cm 厚细粒式沥青混凝土	m²	13050

（2）定额工程量

抛石挤淤体积 $870×(15+1.5×2+1.5×2+0.6×2+2×0.3)×1m³=19836m³$

碎石垫层的面积 $870×[15+1.5×2+(1.5-0.1)×2+2×0.3]m²=18618m²$

碎石垫层的体积 $870×[15+1.5×2+(1.5-0.1)×2+2×0.3]×0.1m³=1861.80m³$

砂垫层的面积 $870×[15+1.5×2+(1.5-0.25)×2+2×0.3]m²=18357m²$

砂垫层的体积 $870\times[15+1.5\times2+(1.5-0.25)\times2+2\times0.3]\times0.15\text{m}^3=2753.55\text{m}^3$

人机配合卵石底层面积 $870\times(15+1.5\times2+2\times0.3)\text{m}^2=16182\text{m}^2$

人工拌合石灰土基层面积 $870\times(15+1.5\times2+2\times0.3)\text{m}^2=16182\text{m}^2$

人工拌合石灰、粉煤灰、土（8：80：12）基层面积

$870\times(15+1.5\times2+2\times0.3)\text{m}^2=16182\text{m}^2$

沥青混凝土面层面积 $870\times15\text{m}^2=13050\text{m}^2$

项目编码：**040205006**　　项目名称：**标线**

项目编码：**040204004**　　项目名称：**安砌侧（平、缘）石**

项目编码：**040201023**　　项目名称：**盲沟**

【例43】　某城镇主干道共长为 1480m，路面宽度为 28m，快车道中央设置一中央分隔带，由于排水需要，在分隔带下铺设盲沟，以便及时排除地面水，车道分界线，路缘石布置如道路平面示意图 2-267 所示，缘石示意图如图 2-268 所示，为了保证路面的使用性能，每车道每 6m 设置一横缝，横缝示意图如图 2-269 所示。道路两侧每 100m 设一检查井，检查井示意图如图 2-270 所示，试计算道路工程量。

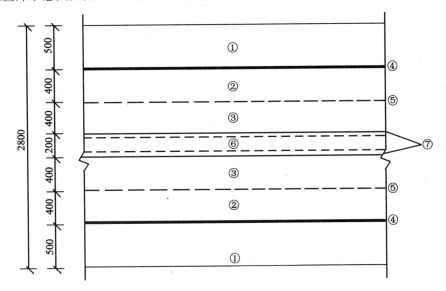

图 2-267　道路平面图（单位：cm）

①—人行道；②—行车道；③—行车道；④—路缘石；⑤—车道分界线；⑥—中央分隔带；⑦—盲沟

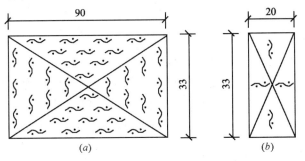

图 2-268　缘石示意图（单位：cm）

(a)正面图；(b)立面图

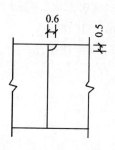

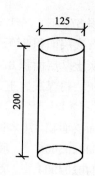

图 2-269　横缝示意图（单位：cm）　　　　　图 2-270　检查井示意图（单位：cm）

【解】　（1）清单工程量

车道标线长度 1480×2m＝2960m

路缘石长度 1480×2m＝2960m

中央分隔带长度 1480m

盲沟的长度 1480m

检查井个数 2×[（1480÷100）＋1]座＝30 座

横缝的面积（1480÷6-1）×16×0.006m²＝246×16×0.006m²＝23.62m²

【注释】　1480 为道路长度，车道标线、路缘石数量均为 2，盲沟与中央分隔带数量均为 1，100 为相邻检查井间距，2 为在道路两侧设置检查井。6 为相邻横缝间距，16 为横缝长度即四个行车道宽度 4×4，0.006 为横缝宽度。

清单工程量计算见表 2-168。

清单工程量计算表　　　　　　　　　　　　　　　表 2-168

序号	项目编码	项目名称	项目特征描述	计量单位	工程量
1	040205006001	标线	车道标线	m	2960
2	040204004001	安砌侧（平、缘）石	混凝土侧（平、缘）石安砌	m	2960
3	040201023001	盲沟	碎石盲沟	m	1480
4	040203007001	水泥混凝土	横缝宽 0.6cm	m²	23.62
5	040204006001	检查井升降	检查井升降	座	30

（2）定额工程量

定额工程量同清单工程量。

项目编码：040205006　　项目名称：标线

项目编码：040205011　　项目名称：值警亭

【例 44】　某道路交叉口平面示意图如图 2-271 所示，道路长为 660m，主干道路面宽度为 22m，为双向 4 车道，交叉口处设有人行横道线，每条线长为 2m，宽为 20cm，安置两座值警亭，有 4 组信灯号，中间设置一条纵向伸缩缝，缝宽为 2cm，试求主干道道路工程量。

【解】　（1）清单工程量

标线长度 660×2m＝1320m

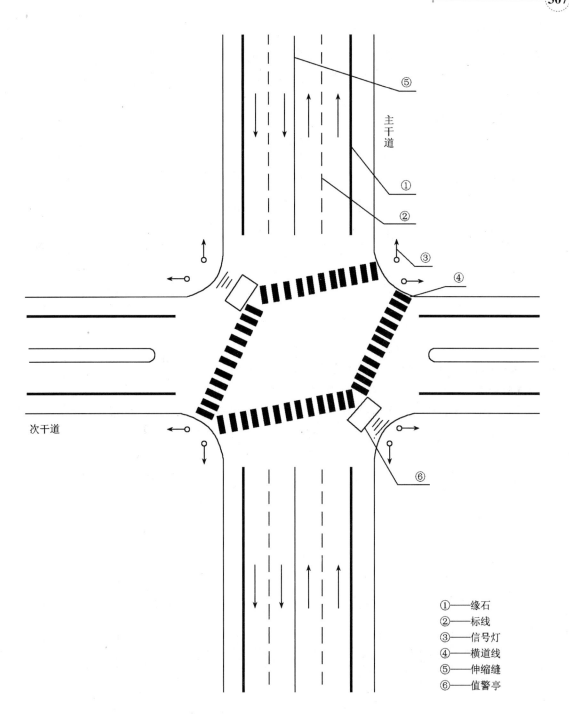

图 2-271 交叉口平面图

纵缝面积 $660 \times 0.02 \mathrm{m}^2 = 13.20 \mathrm{m}^2$

值警亭座数 2 座

路缘石长度 $660 \times 2\mathrm{m} = 1320\mathrm{m}$

信号灯套数 4 套

横道线的面积 $2 \times 0.2 \times (11 + 13 + 11 + 11) \mathrm{m}^2 = 18.40 \mathrm{m}^2$

【注释】 标线、路缘石按长度计算，纵缝及横道线按面积计算，值警亭及信号灯按数量计算。660 为道路长度，2 为主干道标线数量，0.02 为纵缝宽度，横道线计算式中 2 为横道线长度，0.2 为其宽度，平面图中主干道下方横道线数为 13 条，其余均为 11 条。

清单工程量计算见表 2-169。

清单工程量计算表　　　　　　　　　　　　　　　表 2-169

序号	项目编码	项目名称	项目特征描述	计量单位	工程量
1	040205006001	标线	标线	m	1320
2	040203007001	水泥混凝土	纵向伸缩缝缝宽2cm	m²	13.20
3	040205011001	值警亭	值警亭安装	座	2
4	040204004001	安砌石侧(平、缘)石	混凝土、缘石安砌	m	1320
5	040205008001	横道线	人行横道线	m²	18.40
6	040205014001	交通信号灯	交通信号灯安装	套	4

（2）定额工程量

定额工程量同清单工程量。

项目编码：040201008　　项目名称：袋装砂井

【例45】 某山区二级公路在 K1＋430～K2＋240 之间，路面宽度为 16m，路肩宽度为 1.5m，由于该路段土质较湿软，需对土基进行沙井布置处理，沙井布置示意图如图 2-272所示，且在土基上铺设砂垫层，道路结构示意图如图 2-273 所示，试计算道路工程量。

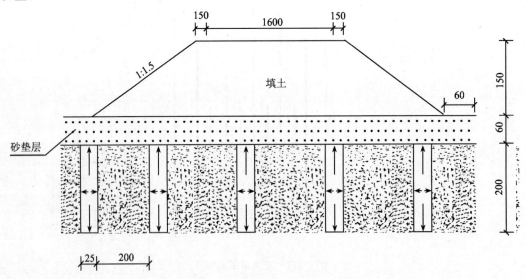

图 2-272　道路横断面图（单位：cm）

【解】 （1）清单工程量

人工铺装砂砾石底层面积(2240－1430)×(16＋1.5×2)m²＝15390m²

厂拌石灰、土、碎石基层(10∶60∶30)的面积

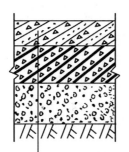

12cm 泥灰结碎砾石路面

16cm 厂拌石灰、土、碎石基层 (10:60:30)

20cm 人工铺装砂砾石底层

土基压实度达 90%

图 2-273　道路结构图

$(2240-1430)\times(16+1.5\times2)m^2=15390m^2$

泥灰结碎砾石路面面积$(2240-1430)\times16m^2=12960m^2$

砂垫层的面积$(2240-1430)\times(16+1.5\times2+1.5\times1.5\times2+0.6\times2)m^2=20007m^2$

砂井长度$[(2240-1430)\div(0.25+2)+1]\times[(16+1.5\times2+1.5\times2\times1.5+0.6\times2)\div$
　　　$(0.25+2)+1]\times2m=7942m$

【注释】　2240 为道路终点桩号，1430 为其起点桩号，16 为路面宽度，1.5 为路肩宽度，砂垫层计算式中 $1.5\times1.5\times2$ 第一个 1.5 为路面高度，第二个 1.5 为坡度系数，0.6 为底面延伸宽度；砂井计算式中 0.25 为砂井直径，2 为相邻砂井外表面间距，最后一个 2 为砂井高度。

清单工程量计算见表 2-170。

清单工程量计算表　　　　　　　　　　　　　　　　表 2-170

序号	项目编码	项目名称	项目特征描述	计量单位	工程量
1	040202009001	砂砾石	20cm 厚人工铺装砂砾石底层	m^2	15390
2	040202005001	石灰、碎石、土	16cm 厚厂拌石灰、土、碎石（10：60：30）	m^2	15390
3	040202015001	水泥稳定碎（砾）石	12cm 厚泥灰结碎砾石路面	m^2	12960
4	040202001001	路床（槽）整形	砂垫层	m^2	20007
5	040201008001	袋装砂井	桩径 0.25m 桩长 2m	m	7942

（2）定额工程量

人工铺装砂砾石底层面积$(2240-1430)\times(16+1.5\times2+2a)m^2=(15390+1620a)m^2$

厂拌石灰、土、碎石基层（10：60：30）的面积$(2240-1430)\times(16+1.5\times2+2a)m^2$
$=(15390+1620a)m^2$

泥灰结碎石路面面积$(2240-1430)\times16m^2=12960m^2$

砂垫层的体积$(2240-1430)\times(16+1.5\times2+1.5\times1.5\times2+0.6\times2+2a)\times0.6m^3$
　　　　　$=(12004.2+972a)m^3$

砂井长度$[(2240-1430)\div(0.25+2)+1]\times[(16+1.5\times2+1.5\times1.5\times2+0.6\times2+$
　　　$2a)\div(0.25+2)+1]\times2m=(7942+320.89a)m$

注：a 为路基一侧加宽值，1.5 为一侧路肩宽度。

项目编码：**040202002** 项目名称：**石灰稳定土**

项目编码：**040202011** 项目名称：**碎石**

项目编码：**040201012** 项目名称：**水泥粉煤灰碎石桩**

【例46】 某山区道路1100m，路面宽为7m，路肩宽为1m，由于该路段土质较差，用打碎石桩的方法对土基进行处理，碎石桩布置示意图如图2-274所示，道路结构图如图2-275所示，试计算该道路的工程量。

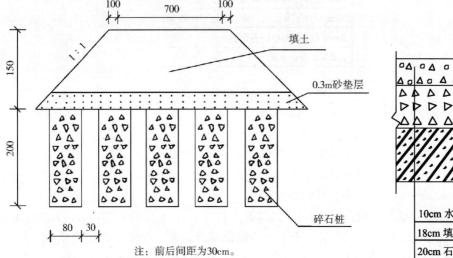

图 2-274 道路横断面图（单位：cm）　　　　图 2-275 道路结构图

【解】 （1）清单工程量

石灰土(12%)基层的面积 $1100 \times (7+1 \times 2) \text{m}^2 = 9900 \text{m}^2$

填隙干压碎石基层的面积 $1100 \times (7+1 \times 2) \text{m}^2 = 9900 \text{m}^2$

水结碎石路面面积 $1100 \times 7 \text{m}^2 = 7700 \text{m}^2$

碎石桩的长度 $[1100 \div (0.8+0.3)+1] \times [(7+1 \times 2+1.5 \times 2) \div (0.8+0.3)+1] \times 2 \text{m}$
$= 1001 \times 11 \times 2 = 22022 \text{m}$

砂垫层的面积 $1100 \times (7+1 \times 2+1.5 \times 2) \text{m}^2 = 13200 \text{m}^2$

【注释】 1100为道路长度，7为路面宽度，1为路肩宽度，碎石桩计算式中0.8为碎石桩直径，0.3为相邻碎石桩表面间距，1.5为路面斜长在底面的投影长。

清单工程量计算见表2-171。

清单工程量计算表　　　　　　　　　　表 2-171

序号	项目编码	项目名称	项目特征描述	计量单位	工程量
1	040202002001	石灰稳定土	20cm厚石灰土基层12%	m²	9900
2	040202011001	碎石	18cm填隙干压碎石	m²	9900
3	040202015001	水泥稳定碎(砾)石	10cm厚水结碎石路面	m²	7700
4	040201012001	水泥粉煤灰碎石桩	桩径0.8m 前后间距0.3m	m	22022
5	040202001001	路床(槽)整形	砂垫层	m²	13200

（2）定额工程量

石灰土（12%）基层的面积 $1100 \times (7+1 \times 2+2a) m^2 = (9900+2200a) m^2$

填隙干压碎石基层的面积 $1100 \times (7+1 \times 2+2a) m^2 = (9900+2200a) m^2$

水结碎石路面面积 $1100 \times 7 m^2 = 7700 m^2$

碎石桩的长度 $\{[1100 \div (0.8+0.3)+1] \times [(7+1 \times 2+1.5 \times 2+2a) \div (0.8+0.3)+1] \times 2\} m = (22022+3640a) m$

砂垫层的体积 $1100 \times (7+1 \times 2+1.5 \times 2+2a) \times 0.3 m^3 = (3960+660a) m^3$

注：a 为路基一侧加宽值。

项目编码：040205012　　项目名称：隔离护栏

【例47】 某城市道路全长为1550m，路面宽度为28m，道路横断面示意图如图2-276所示，快慢车道之间设有防撞栏，每5m种植一树以起到绿化环保作用，每10m设置一路灯，且人行道与车行道分界处设有缘石，道路两侧有立电杆，间距为50m，且在快车道上锯有纵、横缝，横缝间距为6m一处，防撞栏示意图如图2-277，快车道结构示意图如图2-278，慢车道结构图如图2-279，纵、横缝示意图如图2-280～图2-282所示，试计算该道路的工程量。

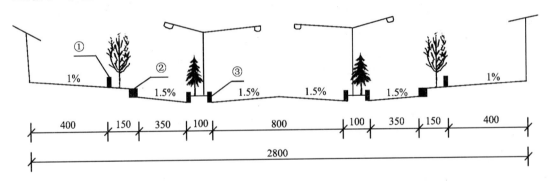

图 2-276　道路横断面图（单位：cm）

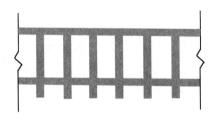

图 2-277　防撞栏示意图

【解】 （1）清单工程量

砂砾石底层的面积 $1550 \times (8+2 \times 0.2+2 \times 3.5+2 \times 0.25+2 \times 0.2) m^2 = 25265 m^2$

【注释】 1550为道路长度，8为快车道路面宽度，0.2为其路面下方一侧增加宽，3.5为慢车道宽度，2为慢车道数量，0.25为慢车道与人行道之间加宽值，0.2为与快车道之间加宽值。

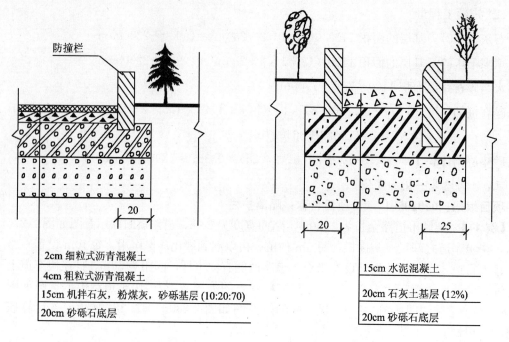

| 图 2-278 快车道结构示意图 | 图 2-279 慢车道结构示意图（单位：cm） |

图 2-278 下方说明：

2cm 细粒式沥青混凝土

4cm 粗粒式沥青混凝土

15cm 机拌石灰，粉煤灰，砂砾基层 (10:20:70)

20cm 砂砾石底层

图 2-279 下方说明：

15cm 水泥混凝土

20cm 石灰土基层 (12%)

20cm 砂砾石底层

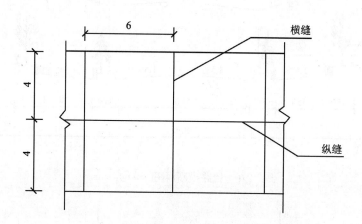

图 2-280 纵横缝布置示意图（单位：cm）

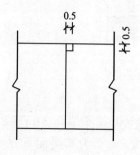

图 2-281 横缝示意图（单位：cm）

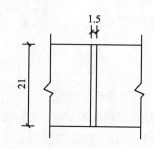

图 2-282 纵缝示意图（单位：cm）

1) 慢车道：

石灰土基层(12%)的面积 $1550 \times (2 \times 3.5 + 2 \times 0.2 + 2 \times 0.25) \mathrm{m}^2 = 12245 \mathrm{m}^2$

水泥混凝土面层面积 $1550 \times 2 \times 3.5 \mathrm{m}^2 = 10850 \mathrm{m}^2$

2) 快车道：

机拌石灰、粉煤灰、砂砾基层(10：20：70)面积 $1550 \times (8 + 2 \times 0.2) \mathrm{m}^2 = 13020 \mathrm{m}^2$

沥青混凝土面积 $1550 \times 8 \mathrm{m}^2 = 12400 \mathrm{m}^2$

路缘石长度 $1550 \times 2 \mathrm{m} = 3100 \mathrm{m}$

防撞栏的长度 $1550 \times 4 \mathrm{m} = 6200 \mathrm{m}$

路灯个数 $[(1550 \div 10) + 1] \times 2$ 个 $= 312$ 个

树池个数 $(1550 \div 5 + 1) \times 4$ 个 $= 1244$ 个

立电杆个数 $(1550 \div 50 + 1) \times 2$ 根 $= 64$ 根

纵缝面积 $1550 \times 0.015 \mathrm{m}^2 = 23.25 \mathrm{m}^2$

横缝面积 $(1550 \div 6 - 1) \times 8 \times 0.005 \mathrm{m}^2 = 10.32 \mathrm{m}^2$

【注释】 防撞栏式中 4 为其数量，路灯式中 10 为相邻路等间距，2 为安装路灯的道路两侧；树池式中 5 为相邻树池间距，4 为设置树池的道路数量；立电杆式中 50 为相邻立电杆间距，2 为安装立电杆的道路数量；0.015 为纵缝宽度；横缝计算式中 6 为相邻横缝间距，8 为横缝长度，0.005 为横缝宽度。

清单工程量计算见表 2-172。

清单工程量计算表　　　　表 2-172

序号	项目编码	项目名称	项目特征描述	计量单位	工程量
1	040202009001	砂砾石	20cm厚砂砾石	m²	25265
2	040202002001	石灰稳定土	20cm厚石灰土(12%)	m²	12245
3	040203007001	水泥混凝土	15cm水泥混凝土	m²	10850
4	040202006001	石灰、粉煤灰、碎(砾)石	15cm厚机拌石灰、粉煤灰、砂砾基层10：20：70	m²	13020
5	040203006001	沥青混凝土	4cm厚粗粒式沥青混凝土	m²	12400
6	040203006002	沥青混凝土	2cm厚细粒式沥青混凝土	m²	12400
7	040204004001	安砌侧(平、缘)石	混凝土缘石安砌	m	3100
8	040205012001	隔离护栏	防撞栏	m	6200
9	040204007001	树池砌筑	砌筑树池	个	1244
10	040802001001	电杆组立	立电杆	根	64
11	040203007001	水泥混凝土	纵缝缝宽1.5cm	m²	23.25
12	040203007002	水泥混凝土	横缝缝宽0.5cm	m²	10.32

（2）定额工程量

定额工程量同清单工程量。

项目编码：040204002　　项目名称：人行道块料铺设

项目编码：040802001　　项目名称：电杆组立

【例48】 某道路 K1＋120～K2＋780 之间，路面宽度为 20m，行车道中央设有分隔带，分隔带下面挖设盲沟，以便及时排除路面水，保证车辆的行驶性能，且分隔带边缘设有防撞栏，道路平面示意图如图 2-283 所示，人行道与行车道分界处设置有缘石，缘石边沿每隔 5m 种植一树，人行道结构示意图如图 2-284 所示，在人行道外侧每 50m 埋一立电杆，立电杆示意图如图 2-285 所示，试计算道路工程量。

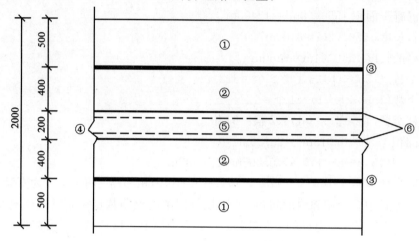

图 2-283　道路平面图（单位：cm）

①—人行道；②—行车道；③—缘石；④—盲沟；⑤—中央分隔带；⑥—防撞栏

【解】 （1）清单工程量

石灰、炉渣基层(2.5：7.5)面积$(2780-1120)\times(2\times5+2\times0.25)m^2=17430m^2$

素混凝土面积$(2780-1120)\times2\times5m^2=16600m^2$

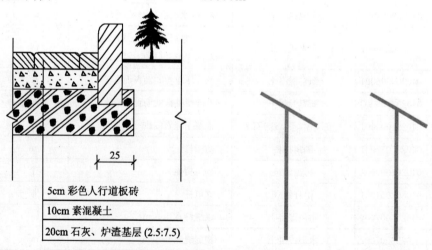

图 2-284　人行道结构示意图（单位：cm）　　　图 2-285　立电杆示意图

素混凝土体积$(2780-1120)\times2\times5\times0.1m^3=1660m^3$

彩色人行道板砖面积$(2780-1120)\times2\times5m^2=16600m^2$

立电杆个数$2\times[(2780-1120)\div50+1]$根$=68$根

树池个数 2×[(2780−1120)÷5+1]个＝666 个

缘石长度(2780−1120)×2m＝3320m

中央分隔带长度(2780−1120)m＝1660m

盲沟长度(2780−1120)m＝1660m

防撞杆长度(2780−1120)×2m＝3320m

【注释】　2780 为道路终点,1120 为道路起点,5 为人行道宽度,2 为人行道数量,0.25 为人行道底面一侧加宽值,0.1 为素混凝土厚度,立电杆计算式中 50 为相邻立电杆间距,2 为安装立电杆人行道两侧;树池计算式中 5 为树池间距。

清单工程量计算见表 2-173。

清单工程量计算表　　　　表 2-173

序号	项目编码	项目名称	项目特征描述	计量单位	工程量
1	040202008001	矿渣	20cm 厚石灰,炉渣(2.5∶7.5)	m²	17430
2	040204002001	人行道块料铺设	5cm 厚彩色人行道板砖	m²	16600
3	040802001001	电杆组立	立电杆	根	68
4	040204007001	树池砌筑	砌筑树池	个	666
5	040204004001	安砌侧(平、缘)石	混凝土缘石安砌	m	3320
6	040201023001	盲沟	碎石盲沟	m	1660
7	040205012001	隔离护栏	隔离护栏安装	m	3320

(2) 定额工程量

石灰、炉渣(2.5∶7.5)基层面积

(2780−1120)×(2×5+2×0.25+2a)m²＝(17430+3320a)m²

素混凝土面积(2780−1120)×2×(5+a)m²＝(16600+3320a)m²

素混凝土体积(2780−1120)×2×(5+a)×0.1m³＝(1660+332a)m³

彩色人行道板砖面积(2780−1120)×2×5m²＝16600m²

立电杆个数 2×[(2780−1120)÷50+1]个＝68 个

树池个数 2×[(2780−1120)÷5+1]个＝666 个

缘石长度(2780−1120)×2m＝3320m

中央分隔带长度(2780−1120)m＝1660m

盲沟长度(2780−1120)m＝1660m

防撞栏长度(2780−1120)×2m＝3320m

注：a 为路基一侧加宽值。

项目编码：040201009　　项目名称：塑料排水板

【例49】　某条道路起点为 K0+000,终点为 K0+980,路面宽度为 16m,路肩为 1.5m,由于该路土基较差,需进行塑料排水板处理以保证路基稳定,并在塑料排水板处理层上铺设砂垫层,塑料排水板布置示意图如图 2-286 所示,塑料排水板示意图如图 2-287 所示,道路结构示意图如图 2-288 所示,试计算道路工程量。

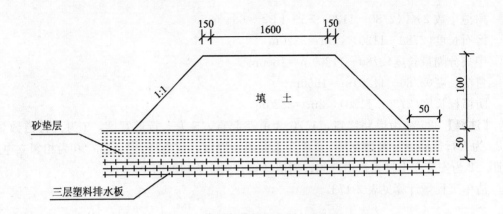

图 2-286 塑料排水板布置示意图（单位：cm）

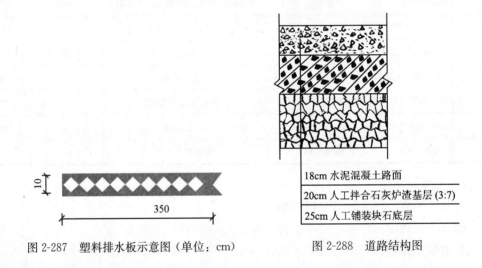

图 2-287 塑料排水板示意图（单位：cm）　　图 2-288 道路结构图

【解】 （1）清单工程量

人工铺装块石底层面积 980×(16＋1.5×2)m²＝18620m²

人工拌合石灰、炉渣(3：7)基层面积 980×(16＋1.5×2)m²＝18620m²

水泥混凝土路面面积 980×16m²＝15680m²

砂垫层的面积 980×(16＋1.5×2＋1×2＋2×0.5)m²＝21560m²

【注释】 980 为道路长度，16 为路面宽度，1.5 为一侧路肩宽度，1 为路面高度为 1m 时路面斜坡在底面的投影长，0.5 为底面一侧延伸宽。

塑料板长度 3×980×[(16＋1.5×2＋1×2＋2×0.5)÷3.5]m＝18480m

【注释】 3 为铺设塑料管的层数，3.5 为单个塑料管宽度。

清单工程量计算见表 2-174。

清单工程量计算表　　　　　　　　　　　　　　　　　表 2-174

序号	项目编码	项目名称	项目特征描述	计量单位	工程量
1	040202012001	块石	25cm 人工铺装块石底层	m²	18620

续表

序号	项目编码	项目名称	项目特征描述	计量单位	工程量
2	040202008001	矿渣	20cm 人工拌合，3∶7	m²	18620
3	040203007001	水泥混凝土	18cm 厚水泥混凝土	m²	15680
4	040202001001	路床（槽）整形	砂垫层	m²	21560
5	040201009001	排水板	塑料排水板	m	18480

（2）定额工程量

人工铺装山皮石底层面积 $980 \times (16 + 1.5 \times 2 + 2a) \text{m}^2 = (18620 + 1960a) \text{m}^2$

人工拌合石灰、炉渣（3∶7）基层面积

$980 \times (16 + 1.5 \times 2 + 2a) \text{m}^2 = (18620 + 1960a) \text{m}^2$

水泥混凝土路面面积 $980 \times 16 \text{m}^2 = 15680 \text{m}^2$

砂垫层的体积

$980 \times (16 + 1.5 \times 2 + 1 \times 2 + 2 \times 0.5 + 2a) \times 0.5 \text{m}^3 = (10780 + 980a) \text{m}^3$

塑料板长度

$980 \times [(16 + 1.5 \times 2 + 1 \times 2 + 2 \times 0.5 + 2a) \div 3.5] \times 3 \text{m} = (18480 + 58800a) \text{m}$

注：a 为路基一侧加宽值。

项目编码：040202009　　项目名称：砂砾石

项目编码：040202004　　项目名称：石灰、粉煤灰、土

项目编码：040201022　　项目名称：排水沟、截水沟

【例 50】　某山区道路起点为 K0+000，终点为 K1+880，路面宽度为 14m，路肩宽度为 1m，路基加宽值为 30cm，由于该道路为挖方路段，且排水不是太方便，特设置边沟和截水沟，且在边沟下面设置渗沟，路堑横断面示意图如图 2-289 所示，道路结构示意图如图 2-290 所示，试计算该道路的工程量。

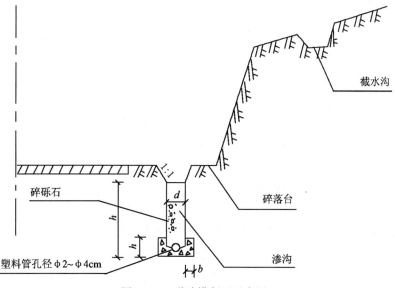

图 2-289　道路横断面示意图

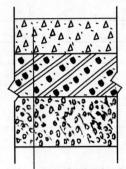

15cm 水泥混凝土路面

18cm 人工拌合石灰、炉渣、土基层 (12:48:40)

20cm 人工铺装砂砾石底层

图 2-290 道路结构图

清单工程量计算见表 2-175。

【解】 （1）清单工程量

人工铺装砂砾石底层 $1880 \times (14+1 \times 2)m^2 = 30080m^2$

人工拌合石灰、炉渣、土（12：48：40）基层的面积

$1880 \times (14+1 \times 2)m^2 = 30080m^2$

水泥混凝土路面面积 $1880 \times 14m^2 = 26320m^2$

边沟长度 $1880 \times 2m = 3760m$

截水沟长度 $1880 \times 2m = 3760m$

渗沟长度 $1880 \times 2m = 3760m$

【注释】 1880 为道路长度，14 为路面宽度，1 为一侧路肩宽度，边沟的数量为 2。

清单工程量计算表   表 2-175

序号	项目编码	项目名称	项目特征描述	计量单位	工程量
1	040202009001	砂砾石	20cm 人工铺装砂砾石底层	m^2	30080
2	040202004001	石灰、粉煤灰、土	18cm 人工拌合石灰、炉渣、土（12：48：40）	m^2	30080
3	040203007001	水泥混凝土	15cm 厚水泥混凝土路面	m^2	26320
4	040202022001	排水沟、截水沟	排水边沟	m	3760
5	040201022002	排水沟、截水沟	截水沟排水	m	3760
6	040201022003	排水沟、截水沟	渗沟	m	3760

（2）定额工程量

人工铺装砂砾石底层 $1880 \times (14+1 \times 2+2 \times 0.3)m^2 = 31208m^2$

人工拌合石灰、炉渣、土（12：48：40）基层的面积

$1880 \times (14+1 \times 2+2 \times 0.3)m^2 = 31208m^2$

水泥混凝土路面面积 $1880 \times 14m^2 = 26320m^2$

边沟长度 $1880 \times 2m = 3760m$

截水沟长度 $1880 \times 2m = 3760m$

渗沟长度 $1880 \times 2m = 3760m$

【注释】 1880 为道路长度，14 为路面宽度，1 为一侧路肩宽度，0.3 为一侧路基加宽值，边沟、截水沟及渗沟的数量为 2。

附录 道路工程工程量清单
设置与计价举例

【例】 某市二号道路 K0＋000～K0＋100 为沥青混凝土结构，K0＋100～K0＋135 为

混凝土结构，道路结构如附图1、附图2所示，路面修筑宽度为10m，路肩各宽1m，为保证压实，每边各加30cm。路面两边铺侧缘石，其施工方案如下：

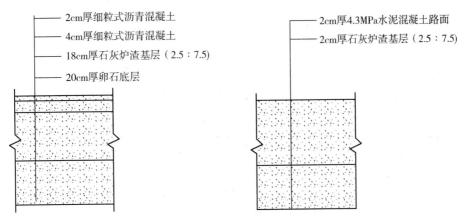

附图1　车行道道路结构图　　　　　附图2　人行道道路结构图

（1）卵石底层用人工铺装、压路机辗压；

（2）石灰炉渣基层用拖拉机拌和、机械铺装、压路机辗压，顶层用洒水车养生；

（3）机械摊铺沥青混凝土，粗粒式沥青混凝土用厂拌运到现场，运距5km，运到现场价为360元/m³，细粒式沥青混凝土运到现场价为420元/m³；

（4）水泥混凝土采取现场机械拌和、人工筑铺，用草袋覆盖洒水养生，4.5MPa水泥混凝土组成现场材料价为170元/m³；

（5）侧缘石长50cm，每块5.00元；

（6）切缝机钢锯片，每片23元；

一、《建设工程工程量清单计价规范》GB 50500—2003计算方法(附录表1～附录表8)

分部分项工程量清单　　　　　　　　　　附录表1

工程名称：某市二号道路工程　　　　　　　　　第　页　共　页

序号	项目编码	项目名称	计量单位	工程数量
1	040202009001	卵石(厚20cm)	m²	1200
2	040202012001	石灰炉渣(2.5：7.5厚20em)	m²	420
3	040202012002	石灰炉渣(2.5：7.5厚18cm)	m²	1200
4	040203004001	沥青混凝土(厚4em，最大粒径5em，石油沥青)	m²	1000
5	040203004002	沥青混凝土(厚2cm，最大粒径3em，石油沥青)	m²	1000
6	040203005001	水泥混凝土(4.5MPa厚22cm)	m²	350
7	040204003001	安砌侧(平、缘)石	m	270

1. 卵石(厚20cm)，其施工工程量为：100m×12.6m²=1260m²

（1）人工铺装卵石底层，厚20cm

1）人工费：272.79元/100m²×1260m²=3437.15元

2）材料费：1172.37元/100m²×1260m²=14771.86元

3) 机械费：63.29 元/100m² × 1260m² = 797.45 元

【注释】 12.6 为路面宽度加两边增加宽度，即(10＋1×2＋0.3×2)。

（2）综合

1) 直接费合计：19006.46 元

2) 管理费：19006.46×14％＝2660.90(元)

3) 利润：19006.46×7％＝1330.45(元)

4) 总计：19006.46＋2660.90＋1330.45＝22997.81(元)

5) 综合单价：22997.81÷1200＝19.16(元/m²)

2. 石灰炉渣基层(2.5：7.5厚20cm)，其施工工程量为 35×12.6m²＝441m²

【注释】 35 为人行道长度即(135－100)。

（1）拖拉机拌和石灰炉渣基层(2.5：7.5厚20cm)

1) 人工费：91.68 元/100m² × 441m² = 404.31 元

2) 材料费：1748.98 元/100m² × 441m² = 7713.00 元

3) 机械费：157.89 元/100m² × 441m² = 696.29 元

（2）顶层多合土洒水车洒水养生

1) 人工费：1.57 元/100m² × 441m² = 6.92 元

2) 材料费：0.66 元/100m² × 441m² = 2.91 元

3) 机械费：10.52 元/100m² × 441m² = 46.39 元

（3）综合

1) 直接费合计：8869.82 元

2) 管理费：8869.82×14％＝1241.77(元)

3) 利润：8869.82×7％＝620.89(元)

4) 总计：8869.82＋1241.77＋620.89＝10732.48(元)

5) 综合单价：10732.48÷420＝25.55(元/m²)

3. 石灰炉渣基层(2.5：7.5厚18cm)，其施工工程量为 100×12.6m²＝1260m²

（1）拖拉机拌和石灰炉渣基层(2.5：7.5厚20cm)

1) 人工费：91.68 元/100m² × 1260m² = 1155.17 元

2) 材料费：1748.98 元/100m² × 1260m² = 22037.15 元

3) 机械费：157.89 元/100m² × 1260m² = 1989.41 元

（2）拖拉机拌和石灰炉渣基层(2.5：7.5)，减2cm

1) 人工费：2.92 元/100m² × 1260m² = 36.79 元

2) 材料费：87.28 元/100m² × 1260m² = 1099.73 元

3) 机械费：0.83 元/100m² × 1260m² = 10.46 元

（3）顶层多合土洒水车洒水养生

1) 人工费：1.57 元/100m² × 1260m² = 19.78 元

2) 材料费：0.66 元/100m² × 1260m² = 8.32 元

3) 机械费：10.52 元/100m² × 1260m² = 132.55 元

（4）综合

1）直接费合计：26489.36 元

2）管理费：26489.36×14％＝3708.51（元）

3）利润：26489.36×7％＝1854.26（元）

4）总计：26489.36＋3708.51＋1854.26＝32052.13（元）

5）综合单价：32052.13÷1200＝26.71（元/m²）

4. 沥青混凝土路面（厚 4cm，石油沥青粗粒式），其施工工程量为 1000m²

（1）粗粒式沥青混凝土地面（厚 4cm 机械摊铺）

1）人工费：49.43 元/100m²×1000m²＝494.3 元

2）材料费：12.30 元/100m²×1000m²＝123 元

沥青混凝土：4.04m³/100m²×1000m²×360 元/m³＝14544 元

3）机械费：146.72 元/100m²×1000m²＝1467.2

（2）喷洒沥青油料（石油沥青）

1）人工费：1.80 元/100m²×1000m²＝18 元

2）材料费：146.33 元/100m²×1000m²＝1463.3 元

3）机械费：19.11 元/100m²×1000m²＝191.1 元

（3）综合

1）直接费合计：18300.9 元

2）管理费：18300.9×14％＝2562.13（元）

3）利润：18300.9×7％＝1281.06（元）

4）总计：18300.9＋2562.13＋1281.06＝22144.09（元）

5）综合单价：22144.09÷1000＝22.14（元/m²）

5. 沥青混凝土路面（厚 2cm，石油沥青细粒式），其施工工程量为 1000m²

（1）细粒式沥青混凝土路面（厚 2cm 石油沥青）

1）人工费：37.08 元/100m²×1000m²＝370.8 元

2）材料费：6.24 元/100m²×1000m²＝62.4 元

细粒沥青混凝土：2.02m³/100m²×1000m²×420 元/m³＝8484 元

3）机械费：78.74 元/100m²×1000m²＝787.4 元

（2）综合

1）直接费合计：9704.6 元

2）管理费：9704.6×14％＝1358.64（元）

3）利润：9704.6×7％＝679.32（元）

4）总计：9704.6＋1358.644＋679.322＝11742.57（元）

5）综合单价：11742.57÷1000＝11.74（元/m²）

6. 水泥混凝土路面（厚 22cm，4.5MPa），其施 3232 程量为 350m²

（1）水泥混凝土路面（厚 22cm，4.5MPa）

1）人工费：814.54 元/100m²×350m²＝2850.89 元

2）材料费：138.65 元/100m²×350m²＝485.28 元

混凝土：22.44m³/100m²×350m²×170 元/m³＝13351.8 元

3）机械费：92.52 元/100m²×350m²＝323.82 元

（2）沥青玛帝脂伸缩缝，其面积为：0.22m×108m＝23.76m²

1）人工费：77.75 元/10m²×23.76m²＝184.73 元

2）材料费：756.66 元/10m²×23.76m²＝1797.824 元

3）机械费：无

（3）锯缝机锯缝，其长度为 20×10m＝200m

1）人工费：14.38 元/10m×200m＝287.6 元

2）材料费：无

钢锯片：0.065 片/10m×200m×23 元/片＝29.9 元

3）机械费：8.14 元/10m×200m＝162.8 元

（4）混凝土路面养护（草袋）

1）人工费：25.84 元/100m²×350m²＝90.44 元

2）材料费：106.59 元/100m²×350m²＝373.07 元

3）机械费：无

（5）综合

1）直接费合计：19938.15 元

2）管理费：19938.15×14％＝2791.34(元)

3）利润：19938.15×7％＝1395.67(元)

4）总计：19938.15＋2791.34＋1395.67＝24125.16(元)

5）综合单价：24124.16÷350＝68.93(元/m²)

7. 安砌侧缘石（混凝土，长 50cm），其长度为 135×2＝270(m)

（1）砂垫层

1）人工费：13.93 元/100m²×175.5m²＝24.45 元

2）材料费：57.42 元/100m²×175.5m²＝100.77 元

3）机械费：无

（2）混凝土缘石（长 50cm 一块）

1）人工费：114.60 元/100m×270m＝309.42 元

2）材料费：34.19 元/100m×270m＝92.31 元

混凝土侧石：101.50m/100m×270m÷0.5m/块×5 元/块＝2740.5 元

3）机械费：无

（3）综合

1）直接费合计：3267.45 元

2）管理费：3267.45×14％＝457.44(元)

3）利润：3267.45×7％＝228.72(元)

4）总计：3267.45＋169.69＋84.85＝3953.61(元)

5) 综合单价：3953.61÷270＝14.64(元/m)

分部分项工程量清单计价表

附录表 2

工程名称：某市二号道路工程

第 　页 共 　页

序号	项目编号	项目名称	计量单位	工程量	金额/元	
					综合单价	合　计
1	040202009001	卵石(厚20cm)	m²	1200	19.16	22997.81
2	040202012001	石灰炉渣(2.5∶7.5厚20cm)	m²	420	25.55	10732.48
3	040202012002	石灰炉渣(2.5∶7.5厚18cm)	m²	1200	26.71	32052.13
4	040203004001	沥青混凝土(厚4cm，最大粒径5cm，石油沥青)	m²	1000	22.14	22144.09
5	040203004002	沥青混凝土(厚2cm，最大粒径3cm，石油沥青)	m²	1000	11.74	11742.57
6	040203005001	水泥混凝土(4.5MPa厚22cm)	m²	350	68.93	24124.16
7	040204003001	安砌侧(平缘)石	m	270	14.64	3953.61

分部分项工程量清单综合单价计算表

附录表 3

工程名称：某市二号路道路工程

计量单位：m³

项目编码：040202009001

工程数量：1200

项目名称：卵石(厚20cm)

综合单价：19.16 元

序号	定额编号	工程内容	单位	数量	金额/元					
					人工费	材料费	机械费	管理费	利润	小计
1	2-185	卵石底层(厚20cm)	m²	1260	3437.15	14771.86	797.45			
		合　　计			3437.15	14771.86	797.45	2260.90	1330.45	22997.81

分部分项工程量清单综合单价计算表　　　　　　　　　　　附录表 4

工程名称：某市二号路道路工程　　　　　　　　　　　　　　计量单位：m³

项目编码：040202012001　　　　　　　　　　　　　　　　工程数量：420

项目名称：矿渣基层（厚 20cm，2.5∶7.5）　　　　　　　　综合单价：25.55 元

序号	定额编号	工程内容	单位	数量	金额/元					
					人工费	材料费	机械费	管理费	利润	小计
1	2-151	石灰炉渣基层（厚 20cm，2.5∶7.5）	m²	441	404.31	7713.00	696.29			
2	2-177	顶层多合土养生	m²	441	6.92	2.91	46.39			
		合　计			411.23	7715.91	742.68	1241.77	620.89	10732.48

分部分项工程量清单综合单价计算表　　　　　　　　　　　附录表 5

工程名称：某市二号路道路工程　　　　　　　　　　　　　　计量单位：m²

项目编码：040202012002　　　　　　　　　　　　　　　　工程数量：1200

项目名称：矿渣基层（厚 18cm，2.5∶7.5）　　　　　　　　综合单价：26.71 元

序号	定额编号	工程内容	单位	数量	金额/元					
					人工费	材料费	机械费	管理费	利润	小计
1	2-151	石灰炉渣基层（厚 20cm，2.5∶7.5）	m²	1260	1155.17	22037.15	1989.41			
2	2-152	石灰炉渣基层（2.5∶7.5，减 2cm）	m²	1260	−36.79	−1099.73	−10.46			
3	2-177	顶层多合土养生	m²	1260	19.78	8.32	132.55			
		合　计			1138.16	20945.74	2111.5	3387.36	1693.68	29276.44

分部分项工程量清单综合单价计算表　　　　　　　　　　　**附录表6**

工程名称：某市二号路道路工程　　　　　　　　　　　　　　　　计量单位：m³

项目编码：040203004001　　　　　　　　　　　　　　　　　　工程数量：1000

项目名称：沥青混凝土路面(厚4cm，石油沥青粗粒式)　　　　　综合单价：22.14元

序号	定额编号	工程内容	单位	数量	金额/元					
					人工费	材料费	机械费	管理费	利润	小计
1	2-267	粗粒式沥青混凝土路面(厚4cm机械摊铺)	m²	1000	494.3	123	1467.2			
2	2-249	喷洒沥青油料(石油沥青)	m²	1000	18	1463.3	191.1			
		沥青混凝土	m³	40.4		14544				
		合　　计			512.3	16130.3	1658.3	2562.13	1281.06	22144.09

分部分项工程量清单综合单价计算表　　　　　　　　　　　**附录表7**

工程名称：某市二号路道路工程　　　　　　　　　　　　　　　　计量单位：m²

项目编码：040203004002　　　　　　　　　　　　　　　　　　工程数量：1000

项目名称：沥青混凝土路面(厚2cm，石油沥青细粒式)　　　　　综合单价：11.74元

序号	定额编号	工程内容	单位	数量	金额/元					
					人工费	材料费	机械费	管理费	利润	小计
1	2-284	细粒式沥青混凝土路面(厚2cm石油沥青)	m²	1000	370.8	62.4	787.4			
		细粒沥青混凝土	m²	20.2		8484				
		合　　计			370.8	8546.4	787.4	1358.64	679.32	11742.57

分部分项工程量清单综合单价计算表　　　　　　　　**附录表 8**

工程名称：某市二号路道路工程　　　　　　　　　　　　　　计量单位：m³

项目编码：040203005001　　　　　　　　　　　　　　　　　工程数量：350

项目名称：水泥混凝土路面（厚 22cm，4.5MPa）　　　　　　综合单价：68.93 元

序号	定额编号	工程内容	单位	数量	金额/元					
					人工费	材料费	机械费	管理费	利润	小计
1	2-290	水泥混凝土路面（厚 22cm，4.5MPa）	m²	350	2850.89	485.28	323.82			
2	2-294	伸缝（沥青玛帝脂）	m²	23.76	184.31	1797.82	—			
3	2-298	锯缝机锯缝	m	200	287.6	—	162.8			
4	2-300	混凝土路面养护（草袋）	m²	350	90.44	373.07	—			
		混凝土	m³	78.54		13351.8				
		钢锯片	片	1.3		29.9				
		合　　计			3413.24	16037.87	486.62	2971.28	1395.64	24124.16

二、《建设工程工程量清单计价规范》GB 50500—2008 计算方法

采用《全国统一市政工程预算定额》GYD—305—1999，见附录表 9～附录表 17。

分部分项工程量清单与计价表　　　　　　　　　　　**附录表 9**

工程名称：某市二号道路工程　　　标段：K0＋000～K0＋135　　　第 1 页　共 1 页

序号	项目编号	项目名称	项目特征描述	计量单位	工程量	金额/元		
						综合单价	合价	其中：暂估价
1	040202009001	卵石	卵石厚 20cm	m²	1200			
2	040202012001	炉渣	石灰炉渣 2.5∶7.5，厚 20cm	m²	420			
3	040202012002	炉渣	石灰炉渣 2.5∶7.5，厚 18cm	m²	1200			
4	040203004001	沥青混凝土	厚 4cm 最大粒径 5cm 石油沥青	m²	1000			
5	040203004002	沥青混凝土	厚 2cm 最大粒径 3cm 石油沥青	m²	1000			
6	040203005001	水泥混凝土	4.5MPa，厚 22cm	m²	350			
7	040204003001	安砌侧（平缘）石	安砌侧（平缘）石	m	270			
			本页小计					
			合　　计					

工程量清单综合单价分析表

附录表 10

工程名称：某市二号路道路工程　　标段：K0+000～K0+100　　　　第 1 页　共 7 页

项目编码	040202009001	项目名称	卵石	计量单位	m²

清单综合单价组成明细

定额编号	定额名称	定额单位	数量	单价				合价			
				人工费	材料费	机械费	管理费和利润	人工费	材料费	机械费	管理费和利润
2-185	卵石	100m²	0.011	272.79	1172.37	63.29	316.775	3.001	12.896	0.696	3.485
人工单价		小　计						3.001	12.896	0.696	3.485
22.47 元/工日		未计价材料费						—			
清单项目综合单价								20.08			

材料费明细	主要材料名称、规格、型号	单位	数量	单价/元	合价/元	暂估单价/元	暂估合价/元
	卵石、杂色	m³	23.87	43.96	1049.33		
	中粗砂	m³	2.65	44.23	117.21		
	其他材料费				—		
	材料费小计			—	1166.54		

注：1. "数量"栏为"投标方工程量÷招标方工程量÷定额单位数量"，如"0.011"为"1060÷1000÷100"；

2. 管理费费率为 14%，利润率为 7%，管理费及利润以直接费为取费基数。

工程量清单综合单价分析表

附录表 11

工程名称：某市二号路道路工程　　标段：K0+000～K0+100　　　　第 2 页　共 7 页

项目编码	040202012001	项目名称	矿渣基层	计量单位	m²

清单综合单价组成明细

定额编号	定额名称	定额单位	数量	单价				合价			
				人工费	材料费	机械费	管理费和利润	人工费	材料费	机械费	管理费和利润
2-151	石灰、炉渣（2.5：7.5，厚20cm）	100m²	0.011	91.68	1748.98	157.89	419.70	1.008	19.239	1.737	4.617
2-177	顶层多合土养生	100m²	0.011	1.57	0.66	10.52	2.678	0.017	0.007	0.116	0.029
人工单价		小　计						1.025	19.246	1.853	4.646
22.47 元/工日		未计价材料费						—			
清单项目综合单价								26.77			

材料费明细	主要材料名称、规格、型号	单位	数量	单价/元	合价/元	暂估单价/元	暂估合价/元
	生石灰	t	6.44	120.00	772.8		
	炉渣	m³	24.16	39.97	965.675		
	水	m³	5.48	0.45	2.466		
	其他材料费				—		
	材料费小计			—	1741.44		

注：1. "数量"栏为"投标方工程量÷招标方工程量÷定额单位数量"，如"0.011"为"1060÷1000÷100"；

2. 管理费费率为 14%，利润率为 7%，管理费及利润以直接费为取费基数。

工程量清单综合单价分析表

附录表 12

工程名称：某市二号路道路工程　　标段：K0＋000～K0＋100　　第 3 页　共 7 页

| 项目编码 | 040202012002 | 项目名称 | | 矿渣基层 | | 计量单位 | | m³ | | |

清单综合单价组成明细

定额编号	定额名称	定额单位	数量	单价				合价			
				人工费	材料费	机械费	管理费和利润	人工费	材料费	机械费	管理费和利润
2-151	石灰、炉渣(2.5∶7.5)	100m²	0.011	91.68	1748.98	157.89	419.70	1.008	19.239	1.737	4.617
2-152	石灰、炉渣(2.5∶7.5)	100m²	0.011	−2.92	−87.28	−0.83	−19.116	−0.032	−0.96	−0.009	−0.21
2-177	顶层多合土养生	100m²	0.011	1.57	0.66	10.52	2.678	0.017	0.007	0.116	0.029
人工单价			小　计					0.993	18.286	1.844	4.436
22.47 元/工日			未计价材料费					—			
清单项目综合单价								25.60			

材料费明细	主要材料名称、规格、型号		单位	数量	单价/元	合价/元	暂估单价/元	暂估合价/元
	生石灰		t	5.8	120.00	696		
	炉渣		m³	21.74	39.97	868.95		
	水		m³	5.08	0.45	2.286		
	其他材料费					—		—
	材料费小计					—	873.52	—

注：1. "数量"栏为"投标方工程量÷招标方工程量÷定额单位数量"，如"0.011"为"1060÷1000÷100"；

　　2. 管理费费率为 14%，利润率为 7%，管理费及利润以直接费为取费基数。

工程量清单综合单价分析表

附录表 13

工程名称：某市二号路道路工程　　标段：K0＋000～K0＋100　　第 4 页　共 7 页

| 项目编码 | 040203004001 | 项目名称 | | 沥青混凝土 | | 计量单位 | | m² | | |

清单综合单价组成明细

定额编号	定额名称	定额单位	数量	单价				合价			
				人工费	材料费	机械费	管理费和利润	人工费	材料费	机械费	管理费和利润
2−267	粗粒式沥青混凝土路面	100m²	0.01	49.43	12.3	146.72	46.83	0.494	0.123	1.467	0.468
2−249	喷洒沥青油料	100m²	0.01	1.8	146.33	19.11	35.12	0.018	1.463	0.191	0.351
人工单价			小　计					0.512	1.586	1.658	0.819
22.47 元/工日			未计价材料费					14.54			
清单项目综合单价								19.12			

材料费明细	主要材料名称、规格、型号		单位	数量	单价/元	合价/元	暂估单价/元	暂估合价/元
	沥青混凝土		m³	0.04	360	14.54		
	其他材料费					—		—
	材料费小计					—	14.54	—

注：1. "数量"栏为"投标方工程量÷招标方工程量÷定额单位数量"，如"0.01"为"1000÷1000÷100"；

　　2. 管理费费率为 14%，利润率为 7%，管理费及利润以直接费为取费基数。

工程量清单综合单价分析表　　　　　　　　　　附录表 14

工程名称：某市二号路道路工程　　标段：K0＋000～K0＋100　　第 5 页　共 7 页

项目编码	040203004002	项目名称	沥青混凝土	计量单位	m²		

清单综合单价组成明细

定额编号	定额名称	定额单位	数量	单价				合价			
				人工费	材料费	机械费	管理费和利润	人工费	材料费	机械费	管理费和利润
2-284	细粒式沥青混凝土路面	100m²	0.01	37.08	6.24	78.74	27.396	0.371	0.062	0.787	0.274
人工单价			小　计					0.371	0.062	0.787	0.274
22.47 元/工日			未计价材料费					8.4			
清单项目综合单价								9.89			

材料费明细	主要材料名称、规格、型号			单位	数量	单价/元	合价/元	暂估单价/元	暂估合价/元
	细(微)粒沥青混凝土			m³	0.02	420	8.4		
	其他材料费					—		—	
	材料费小计					—	8.4		

注：1. "数量"栏为"投标方工程量÷招标方工程量÷定额单位数量"，如"0.01"为"1000÷1000÷100"；

　　2. 管理费费率为 14%，利润率为 7%，管理费及利润以直接费为取费基数。

工程量清单综合单价分析表　　　　　　　　　　附录表 15

工程名称：某市二号路道路工程　　标段：K0＋000～K0＋100　　第 6 页　共 7 页

项目编码	040203005001	项目名称	水泥混凝土	计量单位	m²		

清单综合单价组成明细

定额编号	定额名称	定额单位	数量	单价				合价			
				人工费	材料费	机械费	管理费和利润	人工费	材料费	机械费	管理费和利润
2-290	水泥混凝土路面	100m²	0.01	814.54	138.65	92.52	227.45	8.145	1.387	0.925	2.275
2-294	伸缝	10m²	0.007	77.75	756.66		175.23	0.544	5.297		1.227
2-298	锯缝机锯缝	10m	0.057	14.38		8.14	4.761	0.820		0.464	0.271
2-300	混凝土路面养护(草袋)	100m²	0.01	25.84	106.59		27.81	0.258	1.066		0.278
人工单价			小　计					9.767	7.750	1.389	4.051
22.47 元/工日			未计价材料费					37.55			
清单项目综合单价								60.51			

材料费明细	主要材料名称、规格、型号			单位	数量	单价/元	合价/元	暂估单价/元	暂估合价/元
	混凝土			m³	0.22	170	37.4		
	钢锯片			片	0.007	23	0.15		
	其他材料费					—		—	
	材料费小计					—	37.55		

注：1. "数量"栏为"投标方工程量÷招标方工程量÷定额单位数量"，如"0.01"为"350÷350÷100"；

　　2. 管理费费率为 14%，利润率为 7%，管理费及利润以直接费为取费基数。

工程量清单综合单价分析表

工程名称：某市二号路道路工程　　标段：K0+000～K0+100　　　第7页　共7页

项目编码	040204003001	项目名称	安砌侧(平缘)石	计量单位	m		

清单综合单价组成明细

定额编号	定额名称	定额单位	数量	单价				合价			
				人工费	材料费	机械费	管理费和利润	人工费	材料费	机械费	管理费和利润
2-331	砂垫层	100m²	0.01	13.93	57.42		14.984	0.139	0.574		0.150
2-334	混凝土缘石	100m	0.01	114.6	34.19		32.312	1.146	0.342		0.323
人工单价				小　计				1.285	0.916		0.473
22.47元/工日				未计价材料费				5.08			
清单项目综合单价								7.75			

材料费明细	主要材料名称、规格、型号			单位	数量	单价/元	合价/元	暂估单价/元	暂估合价/元
	混凝土侧石			m	1.02	5.00	5.08		
	其他材料费					—	—		
	材料费小计					—	5.08		

注：1. "数量"栏为"投标方工程量÷招标方工程量×定额单位数量"，如"0.01"为"270÷270÷100"；

　　2. 管理费费率为14%，利润率为7%，管理费及利润以直接费为取费基数。

分部分项工程量清单与计价表

工程名称：某桥梁　　　　　　　标段：　　　　　　　　第1页　共1页

序号	项目编号	项目名称	项目特征描述	计量单位	工程量	金额/元		其中：暂估价
						综合单价	合价	
1	040202009001	卵石	卵石厚20cm	m²	1200	20.08	24096	
2	040202012001	炉渣	石灰炉渣2.5:7.5，厚20cm	m²	420	26.77	11243.4	
3	040202012002	炉渣	石灰炉渣2.5:7.5，厚18cm	m²	1200	25.60	30720	
4	040203004001	沥青混凝土	厚4cm 最大粒径5cm 石油沥青	m²	1000	19.12	19120	
5	040203004002	沥青混凝土	厚2cm 最大粒径3cm 石油沥青	m²	1000	9.89	9890	
6	040203005001	水泥混凝土	4.5MPa，厚22cm	m²	350	60.51	21178.5	
7	040204003001	安砌侧(平缘)石	安砌侧(平缘)石	m	270	7.75	2092.5	
			本页小计				107126.5	
			合　计				107126.5	

　　三、《建设工程工程量清单计价规范》GB 50500—2013和《市政工程工程量计算规范》GB 50857—2013计算方法。

　　采用《全国统一市政工程预算定额》(GYD—305—1999)，见附录表18～附录表26。

分部分项工程和单价措施项目清单与计价表

附录表 18

工程名称：某市二号道路工程　　标段：K0＋000～K0＋135　　第 1 页　共 1 页

序号	项目编号	项目名称	项目特征描述	计量单位	工程量	金额/元		
						综合单价	合价	其中：暂估价
1	040202010001	卵石	卵石厚20cm	m²	1200.00			
2	040202008001	矿渣	石灰炉渣2.5∶7.5，厚20cm	m²	420.00			
3	040202008002	矿渣	石灰炉渣2.5∶7.5，厚18cm	m²	1200.00			
4	040203006001	沥青混凝土	厚4cm 最大粒径5cm 石油沥青	m²	1000.00			
5	040203006002	沥青混凝土	厚2cm 最大粒径3cm 石油沥青	m²	1000.00			
6	040203007001	水泥混凝土	4.5MPa，厚22cm	m²	350.00			
7	040204004001	安砌侧(平缘)石	安砌侧(平缘)石	m	270.00			
			本页小计					
			合　　计					

工程量清单综合单价分析表

附录表 19

工程名称：某市二号路道路工程　　标段：K0＋000～K0＋100　　第 1 页　共 7 页

项目编码	040202010001	项目名称	卵石	计量单位	m²	工程量	1200.00

清单综合单价组成明细

定额编号	定额名称	定额单位	数量	单 价				合 价			
				人工费	材料费	机械费	管理费和利润	人工费	材料费	机械费	管理费和利润
2-185	卵石	100m²	0.011	272.79	1172.37	63.29	316.775	3.001	12.896	0.696	3.485
人工单价		小　计						3.001	12.896	0.696	3.485
22.47 元/工日		未计价材料费					—				
清单项目综合单价								20.08			

	主要材料名称、规格、型号	单位	数量	单价/元	合价/元	暂估单价/元	暂估合价/元
材料费明细	卵石、杂色	m³	23.87	43.96	1049.33		
	中粗砂	m³	2.65	44.23	117.21		
	其他材料费			—		—	
	材料费小计			—	1166.54		

注：1. "数量"栏为"投标方工程量÷招标方工程量÷定额单位数量"，如"0.011"为"1060÷1000÷100"；

　　2. 管理费费率为14%，利润率为7%，管理费及利润以直接费为取费基数。

工程量清单综合单价分析表　　　　附录表 20

工程名称：某市二号路道路工程　标段：K0+000～K0+100　　第 2 页　共 7 页

项目编码	040202008001	项目名称	矿渣基层	计量单位	m²	工程量	420.00

清单综合单价组成明细

定额编号	定额名称	定额单位	数量	单价				合价			
				人工费	材料费	机械费	管理费和利润	人工费	材料费	机械费	管理费和利润
2-151	石灰、炉渣(2.5∶7.5，厚20cm)	100m²	0.011	91.68	1748.98	157.89	419.70	1.008	19.239	1.737	4.617
2-177	顶层多合土养生	100m²	0.011	1.57	0.66	10.52	2.678	0.017	0.007	0.116	0.029
人工单价		小　计						1.025	19.246	1.853	4.646
22.47元/工日		未计价材料费						—			
清单项目综合单价								26.77			

	主要材料名称、规格、型号		单位	数量	单价/元	合价/元	暂估单价/元	暂估合价/元
材料费明细	生石灰		t	6.44	120.00	772.8		
	炉渣		m³	24.16	39.97	965.675		
	水		m³	5.48	0.45	2.466		
	其他材料费				—		—	
	材料费小计				—	1741.44	—	

注：1. "数量"栏为"投标方工程量÷招标方工程量÷定额单位数量"，如"0.011"为"1060÷1000÷100"；

　　2. 管理费费率为14%，利润率为7%，管理费及利润以直接费为取费基数。

工程量清单综合单价分析表　　　　附录表 21

工程名称：某市二号路道路工程　标段：K0+000～K0+100　　第 3 页　共 7 页

项目编码	040202008002	项目名称	矿渣基层	计量单位	m³	工程量	1200.00

清单综合单价组成明细

定额编号	定额名称	定额单位	数量	单价				合价			
				人工费	材料费	机械费	管理费和利润	人工费	材料费	机械费	管理费和利润
2-151	石灰、炉渣(2.5∶7.5)	100m²	0.011	91.68	1748.98	157.89	419.70	1.008	19.239	1.737	4.617
2-152	石灰、炉渣(2.5∶7.5)	100m²	0.011	-2.92	-87.28	-0.83	-19.116	-0.032	-0.96	-0.009	-0.21
2-177	顶层多合土养生	100m²	0.011	1.57	0.66	10.52	2.678	0.017	0.007	0.116	0.029
人工单价		小　计						0.993	18.286	1.844	4.436
22.47元/工日		未计价材料费						—			
清单项目综合单价								25.60			

续表

材料费明细	主要材料名称、规格、型号	单位	数量	单价/元	合价/元	暂估单价/元	暂估合价/元
	生石灰	t	5.8	120.00	696		
	炉渣	m³	21.74	39.97	868.95		
	水	m³	5.08	0.45	2.286		
	其他材料费			—			
	材料费小计			—	873.52	—	

注：1. "数量"栏为"投标方工程量÷招标方工程量÷定额单位数量"，如"0.011"为"1060÷1000÷100"；

2. 管理费费率为14%，利润率为7%，管理费及利润以直接费为取费基数。

工程量清单综合单价分析表　　　　　　　**附录表 22**

工程名称：某市二号路道路工程　　标段：K0＋000～K0＋100　　第 4 页 共 7 页

项目编码	040203006001	项目名称	沥青混凝土	计量单位	m²	工程量	1000.00

清单综合单价组成明细

定额编号	定额名称	定额单位	数量	单 价				合 价			
				人工费	材料费	机械费	管理费和利润	人工费	材料费	机械费	管理费和利润
2-267	粗粒式沥青混凝土路面	100m²	0.01	49.43	12.3	146.72	46.83	0.494	0.123	1.467	0.468
2-249	喷洒沥青油料	100m²	0.01	1.8	146.33	19.11	35.12	0.018	1.463	0.191	0.351
人工单价		小　计						0.512	1.586	1.658	0.819
22.47 元/工日		未计价材料费						14.54			
清单项目综合单价								19.12			

材料费明细	主要材料名称、规格、型号	单位	数量	单价/元	合价/元	暂估单价/元	暂估合价/元
	沥青混凝土	m³	0.04	360	14.54		
	其他材料费			—			
	材料费小计			—	14.54	—	

注：1. "数量"栏为"投标方工程量÷招标方工程量÷定额单位数量"，如"0.01"为"1000÷1000÷100"；

2. 管理费费率为14%，利润率为7%，管理费及利润以直接费为取费基数。

工程量清单综合单价分析表　　　　　　　**附录表 23**

工程名称：某市二号路道路工程　　标段：K0＋000～K0＋100　　第 5 页 共 7 页

项目编码	040203006002	项目名称	沥青混凝土	计量单位	m²	工程量	1000.00

清单综合单价组成明细

定额编号	定额名称	定额单位	数量	单 价				合 价			
				人工费	材料费	机械费	管理费和利润	人工费	材料费	机械费	管理费和利润
2-284	细粒式沥青混凝土路面	100m²	0.01	37.08	6.24	78.74	27.396	0.371	0.062	0.787	0.274
人工单价		小　计						0.371	0.062	0.787	0.274
22.47 元/工日		未计价材料费						8.4			
清单项目综合单价								9.89			

续表

材料费明细	主要材料名称、规格、型号	单位	数量	单价/元	合价/元	暂估单价/元	暂估合价/元
	细（微）粒沥青混凝土	m³	0.02	420	8.4		
	其他材料费			—		—	
	材料费小计			—	8.4	—	

注：1. "数量"栏为"投标方工程量÷招标方工程量÷定额单位数量"，如"0.01"为"1000÷1000÷100"；

2. 管理费费率为14%，利润率为7%，管理费及利润以直接费为取费基数。

工程量清单综合单价分析表　　　　　　　　　**附录表24**

工程名称：某市二号路道路工程　　标段：K0＋000～K0＋100　　　　第6页　共7页

项目编码	040203007001	项目名称	水泥混凝土	计量单位	m²	工程量	350.00

清单综合单价组成明细

定额编号	定额名称	定额单位	数量	单价 人工费	材料费	机械费	管理费和利润	合价 人工费	材料费	机械费	管理费和利润
2-290	水泥混凝土路面	100m²	0.01	814.54	138.65	92.52	227.45	8.145	1.387	0.925	2.275
2-294	伸缝	10m²	0.007	77.75	756.66		175.23	0.544	5.297		1.227
2-298	锯缝机锯缝	10m	0.057	14.38		8.14	4.761	0.820		0.464	0.271
2-300	混凝土路面养护（草袋）	100m²	0.01	25.84	106.59		27.81	0.258	1.066		0.278
人工单价		小　计						9.767	7.750	1.389	4.051
22.47元/工日		未计价材料费						37.55			
清单项目综合单价								60.51			

材料费明细	主要材料名称、规格、型号	单位	数量	单价/元	合价/元	暂估单价/元	暂估合价/元
	混凝土	m³	0.22	170	37.4		
	钢锯片	片	0.007	23	0.15		
	其他材料费			—		—	
	材料费小计			—	37.55	—	

注：1. "数量"栏为"投标方工程量÷招标方工程量÷定额单位数量"，如"0.01"为"350÷350÷100"；

2. 管理费费率为14%，利润率为7%，管理费及利润以直接费为取费基数。

工程量清单综合单价分析表　　　　　　　　　**附录表25**

工程名称：某市二号路道路工程　　标段：K0＋000～K0＋100　　　　第7页　共7页

项目编码	040204004001	项目名称	安砌侧（平缘）石	计量单位	m	工程量	270.00

清单综合单价组成明细

定额编号	定额名称	定额单位	数量	单价 人工费	材料费	机械费	管理费和利润	合价 人工费	材料费	机械费	管理费和利润
2-331	砂垫层	100m²	0.01	13.93	57.42		14.984	0.139	0.574		0.150
2-334	混凝土缘石	100m	0.01	114.6	34.19		32.312	1.146	0.342		0.323
人工单价		小　计						1.285	0.916		0.473
22.47元/工日		未计价材料费						5.08			
清单项目综合单价								7.75			

续表

材料费明细	主要材料名称、规格、型号	单位	数量	单价/元	合价/元	暂估单价/元	暂估合价/元
	混凝土侧石	m	1.02	5.00	5.08		
	其他材料费			—		—	
	材料费小计			—	5.08	—	

注：1. "数量"栏为"投标方工程量÷招标方工程量÷定额单位数量"，如"0.01"为"270÷270÷100"；

2. 管理费费率为14%，利润率为7%，管理费及利润以直接费为取费基数。

分部分项工程和单价措施项目清单与计价表 　　　　附录表 26

工程名称：某桥梁　　　　　　　　　　　标段：　　　　　　　　第 1 页　共 1 页

序号	项目编号	项目名称	项目特征描述	计量单位	工程量	金额/元		
						综合单价	合价	其中：暂估价
1	040202010001	卵石	卵石厚 20cm	m²	1200	20.08	24096	
2	040202014001	粉煤灰三渣	石灰炉渣 2.5：7.5，厚 20cm	m²	420	26.77	11243.4	
3	040202014002	粉煤灰三渣	石灰炉渣 2.5：7.5，厚 18cm	m²	1200	25.60	30720	
4	040203006001	沥青混凝土	厚 4cm 最大粒径 5cm 石油沥青	m²	1000	19.12	19120	
5	040203006002	沥青混凝土	厚 2cm 最大粒径 3cm 石油沥青	m²	1000	9.89	9890	
6	040203007001	水泥混凝土	4.5MPa，厚 22cm	m²	350	60.51	21178.5	
7	040204004001	安砌侧（平缘）石	安砌侧（平缘）石	m	270	7.75	2092.5	
	本页小计						107126.5	
	合　计						107126.5	

　　四、"2003 规范"计算方法、"2008 规范"计算方法和"2013 规范"计算方法的区别与联系

　　1. "2008 规范"和"2003 规范"相比，工程量清单计价表有很大差别。比如本题 2008 计算方法中的"分部分项工程量清单与计价表"就是由"2003 规范"中的"分部分项工程量清单"和"分部分项工程量清单计价表"合成的。

　　2. "2013 规范"将"2008 规范"中的"分部分项工程量清单与计价表"和"措施项目清单与计价表"合并重新设置，改名为"分部分项工程和单价措施项目清单与计价表"，采用这一表现形式，大大地减少了投标人因两表分设而可能带来的出错概率，说明这种表现形式反映了良好的交易习惯。可以认为，这种表现形式可以满足不同行业工程计价的实际需要。

　　3. "2008 规范"和"2003 规范"相比，"2008 规范"中的"工程量清单综合单价分析表"和"2003 规范"中的"分部分项工程量清单综合单价计算表"的实质是一样的，只是在细节方面有些不同。"工程量清单综合单价分析表"中增加了"材料费明细"一栏，此栏中若本项目

编码所包括的定额中含有未计价材料，则在"材料费明细"中只显示未计价材料，并将所有未计价材料费汇总后填入"未计价材料费"一栏中。若本项目编码所包括的定额中都不含未计价材料，则"材料费明细"中应显示以上定额所涉及到的全部材料。若不同定额编号所用材料有所相同的，则应在"材料费明细"中合并后计算。

4."2013 规范"和"2008 规范"相比，"2013 规范"中的"工程量清单综合单价分析表"新增加了"工程量"一栏，使表格中的内容更加清晰、全面，增加了表格的适用性。

第三章 桥涵护岸工程

第一节 分部分项实例

项目编码：040302001　　项目名称：圆木桩

【例1】 打圆木桩，桩长 500mm，外径 180mm，其截面如图 3-1 所示，求打桩工程量。

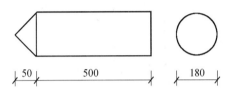

图 3-1　圆木桩

【解】（1）清单工程量

根据清单工程量计算规则，圆木桩按设计图示以桩长（包括桩尖）计算，故其清单工程量为：

(0.05＋0.5)m＝0.55m

【注释】 0.05 为桩尖长度，0.5 为桩身长度。

清单工程量计算见表 3-1。

清单工程量计算表　　　　　　　　　　　　　　　　表 3-1

项目编码	项目名称	项目特征描述	计量单位	工程量
040302001001	圆木桩	圆木桩，尾径 180mm，桩长 500mm，桩尖长 50mm	m	0.55

（2）定额工程量

$V＝\pi(0.18/2)^2×0.55＝1.40m^3$

项目编码：040301001

项目名称：预制钢筋混凝土方桩

【例2】 如图 3-2 所示，求履带式柴油打桩机打钢筋混凝土方桩的工程量。

【解】（1）清单工程量

(10＋0.1)m＝10.1m

【注释】 钢筋混凝土方桩清单工程量按设计图示桩长（包括桩尖）计算。10 为桩身长度，0.1 为桩尖长度。

清单工程量计算见表 3-2。

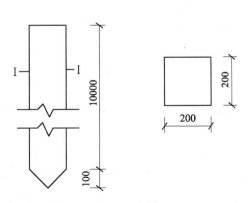

图 3-2　方桩

清单工程量计算表　　　　　　　　表 3-2

项目编码	项目名称	项目特征描述	计量单位	工程量
040301001001	预制钢筋混凝土方桩	钢筋混凝土方桩，200mm×200mm	m	10.1

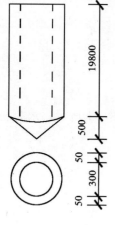

图 3-3　钢管桩

（2）定额工程量

$$V=(10+0.1)\times0.2\times0.2\text{m}^3=0.404\text{m}^3$$

【注释】　钢筋混凝土方桩定额工程量按桩长度（包括桩尖）乘以桩横断面面积计算。0.2 为桩横断面的长度及宽度。

项目编码：040301003　　项目名称：钢管桩

【例3】　××桥梁工程采用混凝土空心管桩如图 3-3 所示，求用打桩机打钢管桩的工程量。

【解】　（1）清单工程量

以根计量，按设计图示数量计算。

【注释】　钢管桩清单工程量按设计图示数量计算。

清单工程量计算见表 3-3。

清单工程量计算表　　　　　　　　表 3-3

项目编码	项目名称	项目特征描述	计量单位	工程量
040301003001	钢管桩	桩长 20.3m	根	1

（2）定额工程量

1）管桩体积：$V_1=\dfrac{\pi\times0.4^2}{4}\times(19.8+0.5)\text{m}^3=2.55\text{m}^3$

2）空心部分体积：

$$V_2=\dfrac{\pi\times0.3^2}{4}\times19.8\text{m}^3=1.40\text{m}^3$$

空心管桩总体积：$V=V_1-V_2=(2.55-1.40)\text{m}^3=1.15\text{m}^3$

【注释】　管桩定额工程量按桩长度乘以桩横断面面积，减去空心部分体积计算。0.4 为管桩外径即（0.3+0.05×2），0.3 为管桩内径。

项目编码：040302002　　项目名称：预制钢筋混凝土板桩

【例4】　某工程采用柴油机打桩机打钢筋混凝土板桩，如图 3-4 所示，桩长为 10000mm，截面为 500mm×200mm，求打桩机打桩工程量。

【解】　（1）清单工程量

以根计量，按设计图示数量计算。

【注释】　钢筋混凝土板桩清单工程量按设计图示数量计算。

清单工程量计算见表 3-4。

清单工程量计算表　　　　　　　　表 3-4

项目编码	项目名称	项目特征描述	计量单位	工程量
040302002001	预制钢筋混凝土板桩	200mm×500mm，桩长 10m，桩基础	根	1

（2）定额工程量

$V = S \times l = (0.2 \times 0.5) \times (10 + 0.4) \mathrm{m}^3 = 1.04 \mathrm{m}^3$

【注释】　板桩定额工程量按桩长度乘以桩横断面面积以体积计算。

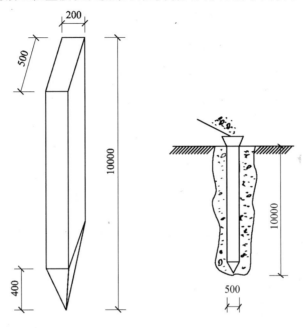

图 3-4　钢筋混凝土板桩　　　图 3-5　钢管成孔灌注桩

项目编码：040301005　　项目名称：沉管灌注桩

【例 5】　××桥采用现场灌注混凝土桩共 65 根，如图 3-5 所示，用柴油打桩机打孔，钢管外径 500mm，桩深 10m，采用扩大桩复打一次。计算灌注桩的工程量。

【解】　（1）清单工程量（按图示桩长计算）

$l = 10.0 \mathrm{m}$

【注释】　机械成空灌注桩清单工程量按设计图示以长度计算。

清单工程量计算见表 3-5。

清单工程量计算表　　　　　　　　　　　　　　　　表 3-5

项目编码	项目名称	项目特征描述	计量单位	工程量
040301005001	沉管灌注桩	桩径 500mm，深度 10m	m	10

（2）定额工程量

$V = \dfrac{1}{4} \times 3.14 \times 0.5^2 \times 10 \times 65 \times 2 \mathrm{m}^3 = 255.13 \mathrm{m}^3$

说明：钢管成空灌注桩定额工程量按桩长乘以桩横断面面积以体积计算，桩采用复打时，定额工程量乘以复打次数。0.5 为桩直径，65 为桩数量，2 为复打次数。

项目编码：040301008　　项目名称：人工挖孔灌注桩

【例 6】　某工程挖孔灌注柱工程，如图 3-6 所示，$D = 820 \mathrm{mm}$，$\dfrac{1}{4}$ 砖护壁，C20 混凝土桩芯，桩深 27m，现场搅拌，求单桩工程量为多少？

【解】 (1) 清单工程量

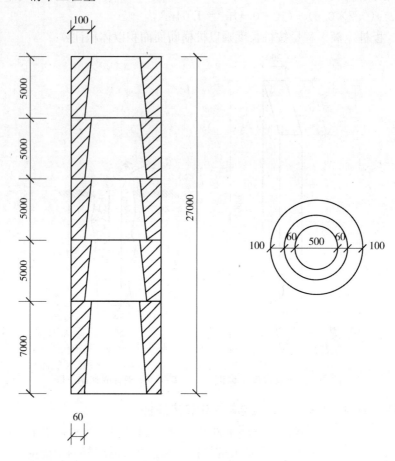

图 3-6 挖孔灌注桩

桩芯: $l=27.0$m, 护壁: $l=27.0$m

【注释】 挖孔灌注桩清单工程量按设计图示以长度计算。

清单工程量计算见表 3-6。

清单工程量计算表 表 3-6

序号	项目编码	项目名称	项目特征描述	计量单位	工程量
1	040301008001	人工挖孔灌注桩	C20 混凝土桩芯, 桩径 820mm, 深度 27m	m	27
2	040301008002	人工挖孔灌注桩	$\frac{1}{4}$ 砖护壁, 桩径 820mm, 深度 27m	m	27

(2) 定额工程量

挖孔灌注 C20 桩桩芯: $V_1 = \frac{1}{3}\pi(R^2 + r^2 + Rr)h$

$$= \left[\frac{1}{3} \times 3.14 \times 5 \times (0.31^2 + 0.35^2 + 0.31 \times 0.35) \times 4 + \frac{1}{3} \times \right.$$

$$\left. 3.14 \times 7 \times (0.31^2 + 0.35^2 + 0.31 \times 0.35) \right] \text{m}^3$$

$$=(6.85+2.40)m^3$$
$$=9.25m^3$$

$\frac{1}{4}$ 砖护壁：$V_2 = V - V_1 = (\frac{1}{4} \times 3.14 \times 0.82^2 \times 27 - 9.25)m^3 = 5.01m^3$

【注释】 挖孔灌注桩定额工程量按桩长乘以桩横断面面积以体积计算，桩芯：四个长度为 5m 和一个长度为 7m 的圆柱台。5 为图示上部一个圆柱台的高度，0.31 为圆柱台顶圆半径即 (0.82-0.1×2)/2，0.35 为底圆半径即 (0.82-0.06×2)/2，4 为圆柱台数量，7 为底部圆柱台高度；护壁：0.82 为护壁外径，27 为护壁总长。

项目编码：040301001　　项目名称：**预制钢筋混凝土方桩**

项目编码：040303003　　项目名称：**混凝土承台**

【例7】 在某桥梁工程中，桥梁基础为桩基础，截面为 200mm×800mm，如图 3-7 所示，试求该基础和承台的工程量。

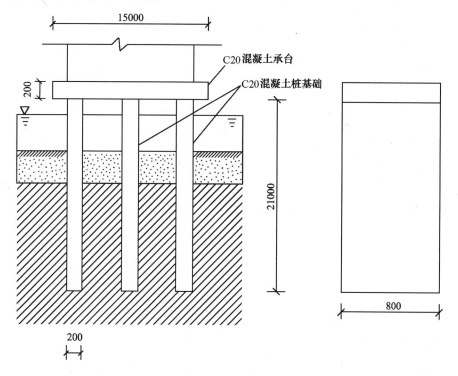

图 3-7　桥梁桩基础

【解】 (1) 混凝土基础

1) 清单工程量：

单桩：$l = 21m$

2) 定额工程量：

$V = 0.2 \times 0.8 \times 21 \times 3 m^3 = 10.08m^3$

(2) 混凝土承台

1) 清单工程量：

$V = 0.2 \times 0.8 \times 15 m^3 = 2.4m^3$

2）定额工程量同清单工程量。

【注释】 钢筋混凝土方桩清单工程量按设计图示以长度计算，定额工程量按体积计算。21为桩长，0.2为桩厚度，0.8为桩宽度，3为桩数量；混凝土承台清单工程量按桩长乘以桩横断面面积以体积计算，定额工程量同清单工程量。0.2为承台厚度，0.8为其宽度，15为其长度。

清单工程量计算见表3-7。

清单工程量计算表　　　　　　　　　　　表3-7

序号	项目编码	项目名称	项目特征描述	计量单位	工程量
1	040301001001	预制钢筋混凝土方桩	钢筋混凝土方桩，C20混凝土，石料最大粒径20mm	m	21
2	040303003001	混凝土承台	C20混凝土，石料最大粒径20mm，桩基础	m³	2.4

项目编码：040303002　　项目名称：混凝土基础

【例8】 某桥梁基础为矩形两层台阶形式，采用C20混凝土，石料最大粒径20mm，如图3-8所示，计算该基础的工程量：

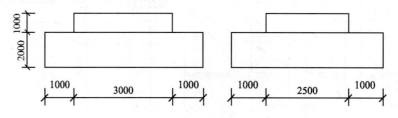

图3-8　矩形桥梁基础

【解】 （1）清单工程量

$V=[3×2.5×1+(3+1+1)×(2.5+1+1)×2]m^3=52.5m^3$

【注释】 混凝土基础清单工程量按设计图示尺寸以体积计算，3为基础上部台阶的长度，2.5为其宽度，1为其高度；（3+1+1）为基础底部台阶长度，（2.5+1+1）为其宽度，2为底部台阶高度。

清单工程量计算见表3-8。

清单工程量计算表　　　　　　　　　　　表3-8

项目编码	项目名称	项目特征描述	计量单位	工程量
040303002001	混凝土基础	C20混凝土，石料最大粒径20mm	m³	52.5

（2）定额工程量

定额工程量同清单工程量。

项目编码：040303004　　项目名称：混凝土墩（台）帽

【例9】 如图3-9所示，为某桥梁墩帽，计算其工程量。

【解】 （1）清单工程量

$V_1=1×4×(0.03+0.04)m^3=0.28m^3$

方法一：$V_2=V_3=\dfrac{1}{2}×(0.03+0.07)×1×4m^3=0.2m^3$

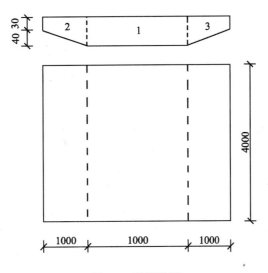

图 3-9　桥梁墩帽

方法二：$V_2 = V_3 = [1 \times (0.03 + 0.04) \times 4 - \frac{1}{2} \times 0.04 \times 1 \times 4] \text{m}^3 = 0.2 \text{m}^3$

$V = V_1 + V_2 + V_3 = (0.28 + 0.2 + 0.2) \text{m}^3 = 0.68 \text{m}^3$

【注释】　桥梁墩帽清单工程量按设计图示尺寸以体积计算。V_1 计算式中 1 为墩帽中间矩形的宽度，4 为其长度，0.03 为墩帽顶部高度，0.04 为其底部高度；方法一中 0.03 为两边梯形的上底宽，0.07 为其下底宽，1 为梯形高度；4 为墩帽长度。

清单工程量计算见表 3-9。

清单工程量计算表

表 3-9

项目编码	项目名称	项目特征描述	计量单位	工程量
040303004001	混凝土墩(台)帽	桥梁墩帽，C20 混凝土，石料最大粒径 20mm	m³	0.68

（2）定额工程量

定额工程量同清单工程量。

项目编码：040303005　　项目名称：混凝土墩(台)身

【例 10】　某桥梁工程中所采用的桥墩如图 3-10 所示为圆台柱式，采用 C20 混凝土，石料最大粒径 20mm，计算其工程量。

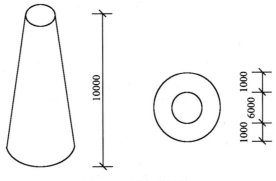

图 3-10　圆台式桥墩

【解】（1）清单工程量

$$V_{圆台} = \frac{1}{3}\pi l(r^2 + R^2 + r \cdot R)$$

$$= \frac{1}{3} \times 3.14 \times 10 \times (3^2 + 4^2 + 3 \times 4)\mathrm{m}^3$$

$$= 387.27\mathrm{m}^3$$

【注释】　混凝土桥墩清单工程量按设计图示尺寸以体积计算。10 为桥墩高度，3 为圆台柱顶圆半径即 6/2，4 为圆台柱底圆半径即(6+1×2)/2。

清单工程量计算见表 3-10。

清单工程量计算表　　　　　　　　　　　　　　表 3-10

项目编码	项目名称	项目特征描述	计量单位	工程量
040303005001	混凝土墩（台）身	桥墩墩身，C20 混凝土，石料最大粒径 20mm	m³	387.27

（2）定额工程量

定额工程量同清单工程量。

项目编码：040304001　**项目名称：预制混凝土梁**

【例 11】　有一跨径为 30m 的桥，其采用 T 形梁如图 3-11 所示，计算其工程量。

【解】（1）清单工程量

$$V_1 = 0.2 \times 0.63 \times 30\mathrm{m}^3 = 3.78\mathrm{m}^3$$

$$V_2 = V_3 = \left(0.6 \times 0.17 - \frac{1}{2} \times 0.6 \times 0.05\right)$$

$$\times 30\mathrm{m}^3$$

$$= 0.087 \times 30\mathrm{m}^3$$

$$= 2.61\mathrm{m}^3$$

$$V = V_1 + V_2 + V_3$$

$$= (3.78 + 2.61 + 2.61)\mathrm{m}^3$$

$$= 9.00\mathrm{m}^3$$

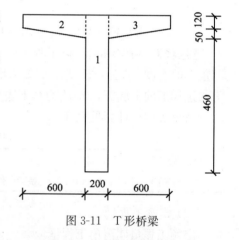

图 3-11　T 形桥梁

【注释】　预制混凝土梁清单工程量按设计图示尺寸以体积计算。0.2 为图中矩形 1 的宽度，0.63 为其高度即(0.46+0.05+0.12)，30 为其长度；0.6 为图示 2 和 3T 形梁两翼长度，0.17 为其高度，0.6 为两翼下部空白三角形直角边长，0.05 为其另一直角边长。

清单工程量计算见表 3-11。

清单工程量计算表　　　　　　　　　　　　　　表 3-11

项目编码	项目名称	项目特征描述	计量单位	工程量
040304001001	预制混凝土梁	T 形梁，非预应力	m³	9.00

（2）定额工程量

定额工程量同清单工程量。

项目编码：040303006　项目名称：混凝土支撑梁及横梁

【**例 12**】 某 T 形预应力混凝土梁桥的横隔梁如图 3-12 所示，隔梁厚 200mm，计算单横隔梁的工程量。

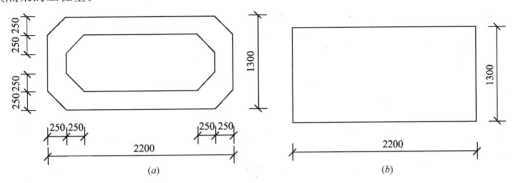

图 3-12 横隔梁

(a) 中横隔梁；(b) 端横隔梁

【**解**】 （1）清单工程量

中横隔梁：$V = \left[(2.2 \times 1.3 - 4 \times \frac{1}{2} \times 0.25 \times 0.25) - (1.7 \times 0.8 - 4 \times \frac{1}{2} \times 0.25 \times 0.25) \right]$

$\qquad \times 0.2 \text{m}^3$

$\qquad = (2.735 - 1.235) \times 0.2 \text{m}^3$

$\qquad = 0.3 \text{m}^3$

端横隔梁：$V = 2.2 \times 1.3 \times 0.2 \text{m}^3 = 0.57 \text{m}^3$

【**注释**】 预制钢筋混凝土梁清单工程量按设计图示尺寸以体积计算。2.2×1.3 为将图中空白的四个角补齐后的大矩形面积，其中 2.2 为长度，1.3 为宽度；$4 \times \frac{1}{2} \times 0.25 \times 0.25$ 为外部及内部四角处四个三角形面积，其中 4 为三角形数量，0.25 分别为其两个直角边长；1.7×0.8 为内部四角补齐后小矩形面积，其中 1.7 为其长度即 $(2.2 - 0.25 \times 2)$，0.8 为其宽度即 $(1.3 - 0.25 \times 2)$。0.2 为梁的厚度。端横隔梁断面为矩形，2.2 为其长度，1.3 为其宽度。

清单工程量计算见表 3-12。

清单工程量计算表　　　　　　　　　　　　　　　表 3-12

序号	项目编码	项目名称	项目特征描述	计量单位	工程量
1	040303006001	混凝土支撑梁及横梁	T 形预应力混凝土梁桥中横隔梁	m³	0.3
2	040303006002	混凝土支撑梁及横梁	T 形预应力混凝土梁桥端横隔梁	m³	0.57

（2）定额工程量

定额工程量同清单工程量。

项目编码：040304001　　项目名称：预制混凝土梁

【**例 13**】 一跨径为 40m 的预应力混凝土 T 形梁桥，其主梁尺寸如图 3-13 所示，计算单梁工程量（不考虑，端部渐变情况。）

【解】 （1）清单工程量

$$V=\left[1.2\times0.15+2\times\frac{1}{2}\times0.6\times0.1+(1.8-0.15\right.$$

$$\left.-0.4)\times0.2+2\times\frac{1}{2}\times0.2\times0.2+0.6\times0.4\right]$$

$$\times40\mathrm{m}^3$$

$$=(0.18+0.06+0.25+0.04+0.24)\times40\mathrm{m}^3$$

$$=30.8\mathrm{m}^3$$

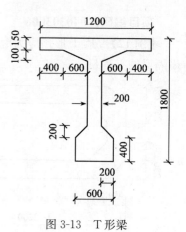

图 3-13　T 形梁

【注释】　预应力混凝土梁按设计图示尺寸以体积计算。1.2 为 T 形梁顶部矩形长度，0.15 为其宽度，2 为矩形下方两侧直角三角形数量，0.6 为和 0.1 分别为两个直角边长度，（1.8-0.15-0.4）为中间矩形长度，其中 0.4 为下部矩形宽度，0.6 为下部矩形长度；0.2 为下部两侧等腰三角形直角边长。40 为梁长度。

清单工程量计算见表 3-13。

清单工程量计算表　　　　　　　　　　　　　　　　　　表 3-13

项目编码	项目名称	项目特征描述	计量单位	工程量
040304001001	预制混凝土梁	预应力混凝土 T 形梁	m³	30.8

（2）定额工程量

定额工程量同清单工程量。

项目编码：040303012　　项目名称：混凝土连续板

【例 14】　某桥为整体式连续板梁桥，其桥长为 30m，板梁结构如图 3-14 所示，计算其工程量。

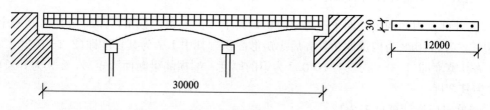

图 3-14　连续板梁桥

【解】 （1）清单工程量

$$V=30\times12\times0.03\mathrm{m}^3=10.8\mathrm{m}^3$$

【注释】　混凝土板梁清单工程量按设计图示尺寸以体积计算。0.03 为板梁厚度，12 为板梁宽度，30 为其长度。

清单工程量计算见表 3-14。

清单工程量计算表　　　　　　　　　　　　　　　　　　表 3-14

项目编码	项目名称	项目特征描述	计量单位	工程量
040303012001	混凝土连续板	整体式连续板梁桥	m³	10.8

（2）定额工程量

定额工程量同清单工程量。

项目编码：040304003　　项目名称：预制混凝土板

【例15】　某跨径为12m的预应力空心板桥，其空心板梁的横截面如图3-15所示，计算单梁板的工程量。

【解】　（1）清单工程量

$V_1 = 1.5 \times 0.7 \times 12 \mathrm{m}^3 = 12.6 \mathrm{m}^3$

$V_2 = \pi \times (\frac{0.4}{2})^2 \times 12 \mathrm{m}^3 = 1.51 \mathrm{m}^3$

$V_3 = \frac{1}{2} \times (0.1+0.1) \times 0.1 \times 12 \mathrm{m}^3$

$\quad = 0.12 \mathrm{m}^3$

$V = V_1 - 2V_2 - 2V_3$

$\quad = (12.6 - 1.51 \times 2 - 0.12 \times 2) \mathrm{m}^3$

$\quad = 9.34 \mathrm{m}^3$

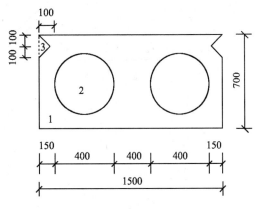

图3-15　空心桥板

【注释】　空心板梁清单工程量按设计图示尺寸以体积计算，应扣除空心部分体积，以实体积计算。1.5为空心板梁的宽度，0.7为其厚度，12为其长度，0.4为中间圆形直径，（0.1+0.1）为两边三角形底边长，0.1为三角形高度。圆形空心部分及两边三角形数量为2。

清单工程量计算见表3-15。

清单工程量计算表　　　　　　　　　　表3-15

项目编码	项目名称	项目特征描述	计量单位	工程量
040304003001	预制混凝土板	预应力空心桥板	m³	9.34

（2）定额工程量

$S_2 = \pi \times \left(\frac{0.4}{2}\right)^2 \mathrm{m}^2 = 0.126 \mathrm{m}^2 < 0.3 \mathrm{m}^2$

根据GYD—303—1999第77页定额工程量计算规则单孔面积小于0.3m² 的孔洞体积不予扣除，故定额工程量为：

$V = V_1 - 2V_3 = (1.5 \times 0.7 \times 12 - 2 \times 0.12) \mathrm{m}^3 = 12.36 \mathrm{m}^3$

项目编码：040303002　　项目名称：混凝土基础

【例16】　某桥梁基础为加肋的柱下条形基础如图3-16所示，采用C20混凝土，石料最大粒径20mm，计算该基础的工程量。

【解】　（1）清单工程量

方法一：$V_1 = 2 \times 2 \times (0.8+1) \mathrm{m}^3 = 7.2 \mathrm{m}^3$

$V_2 = (\frac{1}{2} \times 1 \times 1 \times 2 \times 2 + \frac{1}{2} \times 3 \times 1 \times 2 \times 2 + \frac{1}{3} \times 1 \times 3 \times 1 \times 4 + 4 \times 8 \times 0.4) \mathrm{m}^3$

$\quad = (2 + 6 + 4 + 12.8) \mathrm{m}^3$

$\quad = 24.8 \mathrm{m}^3$

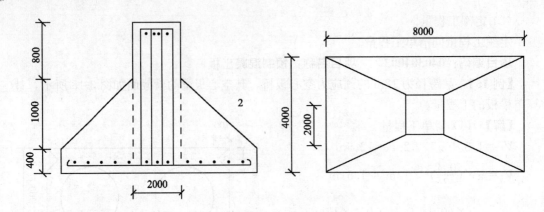

图 3-16　加肋的柱下条形基础

$$V = V_1 + V_2 = (7.2 + 24.8)\text{m}^3 = 32\text{m}^3$$

方法二：$\left[\dfrac{1}{3} \times 1 \times (2 \times 2 + 8 \times 4 + \sqrt{2 \times 2 \times 8 \times 4}) + 0.4 \times 8 \times 4 + 2 \times 2 \times 0.8\right]\text{m}^3$

$$= \left[\dfrac{1}{3}(4 + 32 + 8\sqrt{2}) + 12.8 + 3.2\right]\text{m}^3$$

$$= 31.77\text{m}^3$$

方法三：$\left\{\dfrac{1}{6}[2 \times 2 + 8 \times 4 + (8 + 2) \times (2 + 4)] + 4 \times 8 \times 0.4 + 2 \times 2 \times 0.8\right\}\text{m}^3$

$$= 32\text{m}^3$$

【注释】　混凝土基础工程量按设计图示尺寸以体积计算。方法一：V_1 计算式 2 为中间四棱柱底面边长，$(0.8+1)$ 为其高度。V_2 计算式中 $\dfrac{1}{2} \times 1 \times 1 \times 2 \times 2$ 为图示前后两个与四棱柱相邻的三棱柱体积，$\dfrac{1}{2} \times 3 \times 1 \times 2 \times 2$ 为左右两个三棱柱体积，$\dfrac{1}{3} \times 1 \times 3 \times 1 \times 4$ 为四角四个三角锥的体积，最后一项为底部四棱柱的体积。方法二中将其划分为一个高为 0.8m 的四棱柱，中间高为 1m 的梯形台和下部高为 0.4 的四棱柱进行计算。

清单工程量计算见表 3-16。

清单工程量计算表　　　　　　　　　　　　　　　　　　　表 3-16

项目编码	项目名称	项目特征描述	计量单位	工程量
040303002001	混凝土基础	加肋的柱下条形基础，C20 混凝土，石料最大粒径 20mm	m³	32

（2）定额工程量

定额工程量同清单工程量。

项目编码：040309004　　项目名称：板式橡胶支座

【例 17】　如图 3-17 所示为目前常用的板式橡胶支座，某桥梁用 24 个这种支座，计算该支座的工程量。

【解】　（1）清单工程量

根据 GB 50857—2013 清单工程量计算规则按设计图示数量计算为 24 个。

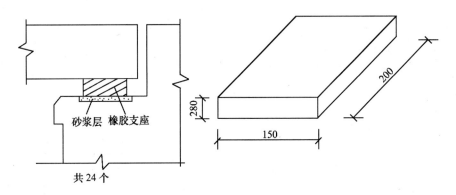

图 3-17 板式橡胶支座

【注释】 橡胶支座清单工程量按设计图示数量计算。

清单工程量计算见表 3-17。

清单工程量计算表　　　　　　　　　　　　　　　　　　　　表 3-17

项目编码	项目名称	项目特征描述	计量单位	工程量
040309004001	板式橡胶支座	板式橡胶支座 200mm×150mm×280mm	个	24

（2）定额工程量

$V = 0.2 \times 0.15 \times 0.28 \times 24 = 0.202 \text{m}^3$

　　项目编码：040303004　　项目名称：混凝土墩(台)帽
　　项目编码：040303005　　项目名称：混凝土墩(台)身
　　项目编码：040303002　　项目名称：混凝土基础

【例18】 某梁桥重力式桥墩各部尺寸如图 3-18 所示，采用 C20 混凝土浇筑，石料最大粒径 20mm，计算墩帽、墩身及基础的工程量。

【解】 （1）清单工程量

1）墩帽：$V_1 = 1.3 \times 1.3 \times 0.3 \text{m}^3 = 0.507 \text{m}^3$

2）墩身：$V_2 = \dfrac{1}{3} \times 3.14 \times (12 - 0.3 - 0.75 \times 2) \times (0.6^2 + 0.85^2 + 0.6 \times 0.85) \text{m}^3$

$\qquad = \dfrac{1}{3} \times 3.14 \times 10.2 \times 1.59 \text{m}^3$

$\qquad = 16.99 \text{m}^3$

3）基础：$V_3 = (1.8 \times 1.8 + 1.9 \times 1.9) \times 0.75 \text{m}^3$

$\qquad = (3.24 + 3.61) \times 0.75 \text{m}^3$

$\qquad = 5.14 \text{m}^3$

【注释】 混凝土墩帽、墩身及基础均按设计图示尺寸以体积计算。1)式墩帽为正四棱柱，1.3 为其底边边长，0.3 为其厚度；2)式中墩身为圆台柱，12 为桥墩高度，0.3 为墩帽高度，0.75×2 为基础高度，0.6 为圆台柱顶圆半径即(1.3−0.5×2)/2，0.85 为底圆半径即1.7/2.3)式中基础为台阶形，1.8 为顶层台阶底面边长，1.9 为底层台阶底面边长，0.75 为其高度。

清单工程量计算见表 3-18。

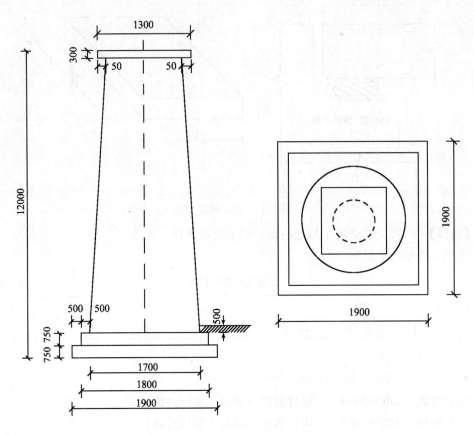

图 3-18　桥墩各部尺寸

清单工程量计算表　　　　　　　　　　　　　　　　　　表 3-18

序号	项目编码	项目名称	项目特征描述	计量单位	工程量
1	040303004001	混凝土墩(台)帽	墩帽，C20 混凝土，石料最大粒径 20mm	m³	0.507
2	040303005001	混凝土墩(台)身	墩身，C20 混凝土，石料最大粒径 20mm	m³	16.99
3	040303002001	混凝土基础	C20 混凝土，石料最大粒径 20mm	m³	5.14

（2）定额工程量

定额工程量同清单工程量。

项目编码：040309009　　项目名称：桥面排(泄)水管

【例 19】 某桥梁上的泄水管采用钢筋混凝土泄水管，其构造如图 3-19 所示，计算其工程量。

【解】 （1）清单工程量

$l = (0.23 + 0.03 + 0.04)\text{m} = 0.3\text{m}$

【注释】 桥面泄水管按设计图示以长度计算。0.23 为底部圆柱高度，0.03 为中间圆台柱高度，0.04 为顶部圆柱高度。

清单工程量计算见表 3-19。

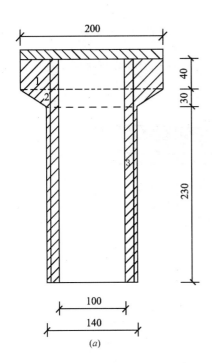

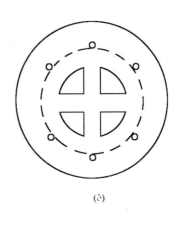

(c)

图 3-19　泄水管示意图

(a)立面图；(b)平面图

清单工程量计算表　　　　　　　　　　表 3-19

项目编码	项目名称	项目特征描述	计量单位	工程量
040309009001	桥面排(泄)水管	钢筋混凝土泄水管，管径 140mm	m	0.3

(2) 定额工程量

$$V_1 = \left[\pi \times \left(\frac{0.2}{2} \right)^2 - \pi \times \left(\frac{0.1}{2} \right)^2 \right] \times 0.04 \text{m}^3$$

$$= 0.0009 \text{m}^3$$

$$V_2 = \left\{ \frac{1}{3} \times \pi \times \left[\left(\frac{0.14}{2} \right)^2 + \left(\frac{0.2}{2} \right)^2 + \frac{0.14}{2} \times \frac{0.2}{2} \right] - \left(\frac{0.1}{2} \right)^2 \times \pi \right\} \times 0.03 \text{m}^3$$

$$= 0.0005 \text{m}^3$$

$$V_3 = \left[\pi \times \left(\frac{0.14}{2} \right)^2 - \pi \times \left(\frac{0.1}{2} \right)^2 \right] \times 0.23 \text{m}^3$$

$$= 0.0017 \text{m}^3$$

$$V = V_1 + V_2 + V_3 = (0.0009 + 0.0005 + 0.0017) \text{m}^3 = 0.003 \text{m}^3$$

说明：泄水管清单工程量以管的长度计算，定额工程量以实际体积(即除去径心部分体积)计算。V_1 式中 0.2 为图中分割 1 圆台柱的直径，0.1 为该圆台柱空心部分直径，0.04 为其高度；V_2 式为图示分割区 2 圆台柱体积，0.14 为圆台柱底圆直径，0.2 为顶圆直径，减号后为空心体积；V_3 式为分割区 3 圆柱环体积，0.14 为其外径，0.1 为其内径。

项目编码：040303019　　项目名称：桥面铺装

【例 20】　如图 3-20 所示为某桥面的铺装构造，计算其分层工程量。

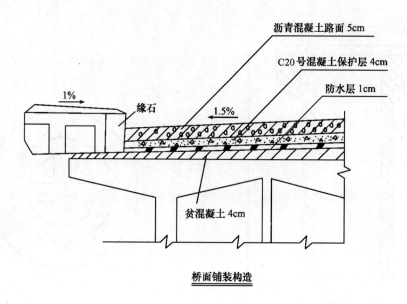

桥面铺装构造

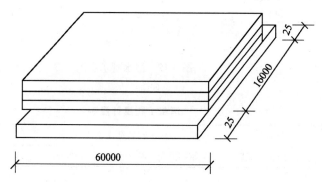

图 3-20　桥面铺装构造

【解】　(1) 清单工程量

沥青混凝土路面面积：$S_1=60\times16\text{m}^2=960\text{m}^2$

混凝土保护层：$S_2=60\times16\text{m}^2=960\text{m}^2$

防水层：$S_3=60\times16\text{m}^2=960\text{m}^2$

贫混凝土层：$S_4=60\times(16+0.025\times2)\text{m}^2=963\text{m}^2$

【注释】　桥面装饰工程量按设计图示尺寸以面积计算。60 为桥面长，16 为其顶部台阶宽，(16+0.025×2)为其底部台阶宽度。

清单工程量计算见表 3-20。

清单工程量计算表　　　　表 3-20

序号	项目编码	项目名称	项目特征描述	计量单位	工程量
1	040303019001	桥面铺装	沥青混凝土路面 5cm	m²	960
2	040303019002	桥面铺装	C20 混凝土保护层 4cm	m²	960
3	040303019003	桥面铺装	防水层 1cm	m²	960
4	040303019004	桥面铺装	贫混凝土层 4cm	m²	963

（2）定额工程量

沥青混凝土路面体积：$V_1=60\times16\times0.05\text{m}^3=48\text{m}^3$

混凝土保护层：$V_2=60\times16\times0.04\text{m}^3=38.4\text{m}^3$

防水层：$V_3=60\times16\times0.01\text{m}^3=9.6\text{m}^3$

贫混凝土层：$V_4=60\times(16+0.025\times2)\times0.04\text{m}^3=38.52\text{m}^3$

说明：路面铺装清单工程量计算规则按设计图示尺寸以面积计算，定额工程量计算规则以体积计算。0.05 为沥青混凝土厚度，0.04 为 C20 混凝土保护层及贫混凝土厚度，0.01 为防水层厚度。

项目编码：040303008　　项目名称：混凝土拱桥拱座

【例 21】　某拱桥工程采用混凝土拱座，宽 8m，细部构造如图 3-21 所示，计算混凝土的工程量。

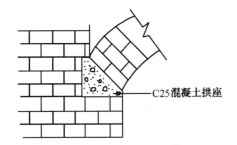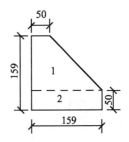

图 3-21　拱桥细部构造

【解】　（1）清单工程量

$$V_1=\frac{1}{2}\times(0.05+0.159)\times(0.159-0.05)\times8\text{m}^3=0.091\text{m}^3$$

$$V_2=0.159\times0.05\times8\text{m}^3=0.064\text{m}^3$$

$$V=(V_1+V_2)\times2=(0.091+0.064)\times2\text{m}^3=0.31\text{m}^3$$

【注释】　拱桥拱座清单工程量按设计图示尺寸以体积计算。V_1 式中 0.05 为拱桥图中分区 1 梯形的上底宽，0.159 为其下底宽，（0.159−0.05）为梯形高度，8 为拱宽度；V_2 式中 0.159 为底部分区 2 矩形长度，0.05 为其高度，2 为拱座的数量。

清单工程量计算见表 3-21。

清单工程量计算表　　　　表 3-21

项目编码	项目名称	项目特征描述	计量单位	工程量
040303008001	混凝土拱桥拱座	C25 混凝土拱座，石料最大粒径 20mm	m³	0.31

（2）定额工程量

定额工程量同清单工程量。

项目编码：040309007　　项目名称：桥梁伸缩装置

【例 22】　某桥梁工程中，其人行道部分采用 U 形镀锌铁皮式伸缩缝，如图 3-22 所示，计算伸缩缝工程量。

【解】　（1）清单工程量

$l=1.2\text{m}$（按其长度计算）

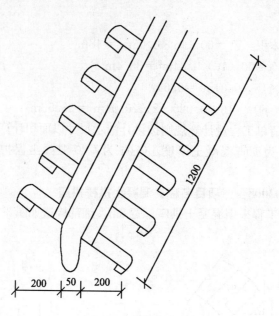

图 3-22　桥梁伸缩缝

【注释】 桥梁伸缩装置清单工程量按设计图示尺寸以延长米计算。

清单工程量计算见表 3-22。

清单工程量计算表　　　　　　　　　　　　表 3-22

项目编码	项目名称	项目特征描述	计量单位	工程量
040309007001	桥梁伸缩装置	U 形镀锌铁皮式伸缩缝	m	1.2

（2）定额工程量

定额工程量同清单工程量。

项目编码：040303009　　**项目名称：混凝土拱桥拱肋**

【例 23】 某空腹式肋拱桥，采用 C25 混凝土结构，石料最大料径 20mm，其结构构造及拱肋细部尺寸如图 3-23 所示，计算拱肋的工程量（该拱桥单孔跨径 30m，拱肋采用 R ＝20m 圆弧）。

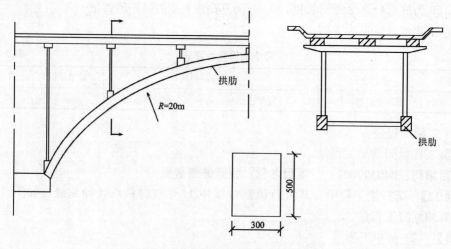

图 3-23　肋拱桥构造及拱肋细部尺寸

【解】 (1)清单工程量

单孔拱肋弧线对应圆心角度数：$2\times\arcsin\dfrac{15}{20}=2\times48.6°=97.2°$

拱肋纵向截面面积近似：$S=\dfrac{97.2}{360}\times3.142\times(20.5^2-20^2)\text{m}^2=17.18\text{m}^2$

单孔拱肋工程量：$V=2\times17.18\times0.3\text{m}^3=10.31\text{m}^3$

【注释】 拱桥拱肋清单工程量按设计图示尺寸以体积计算。15为拱桥单孔跨径的一半，20.5为拱肋外围对应的圆形半径即(20+0.5)，0.5为拱肋厚度，20为内圆半径，0.3为拱肋宽度。

清单工程量计算见表3-23。

清单工程量计算表
表3-23

项目编码	项目名称	项目特征描述	计量单位	工程量
040303009001	混凝土拱桥拱肋	空腹式肋拱桥拱肋，C25混凝土，石料最大粒径20mm	m³	10.31

(2)定额工程量

定额工程量同清单工程量。

项目编码：040303002　　　**项目名称：混凝土基础**

【例24】 某桥下边坡采用3-24所示的挡土墙基础，采用C20混凝土结构，石料最大粒径20mm，其宽2m，计算其工程量。

【解】 (1)清单工程量

$$V_1=0.8\times3\times1\times2\text{m}^3=4.8\text{m}^3$$
$$V_2=0.8\times2\times1\times2\text{m}^3=3.2\text{m}^3$$
$$V_3=0.8\times1\times2\text{m}^3=1.6\text{m}^3$$
$$V=V_1+V_2+V_3=(4.8+3.2+1.6)\text{m}^3=9.6\text{m}^3$$

【注释】 挡墙基础工程量按设计图示尺寸以体积计算。0.8为底部基础长度，1为每部分基础的高度，2为基础宽度。

清单工程量计算见表3-24。

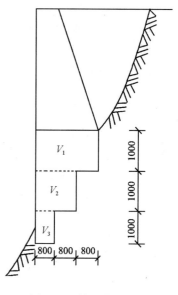

图3-24　挡土墙基础

清单工程量计算表
表3-24

项目编码	项目名称	项目特征描述	计量单位	工程量
040303002001	混凝土基础	挡土墙基础，宽2m，C20混凝土，石料最大粒径20mm	m³	9.6

(2)定额工程量

定额工程量同清单工程量。

项目编码：040304004　　　**项目名称：预制混凝土挡土墙墙身**

【例25】 在某桥梁工程中，其桥下边坡采用如图3-25所示的仰斜式预制混凝土挡土墙，其墙厚3m，计算其工程量。

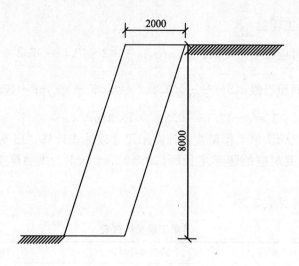

图 3-25 挡土墙

【解】 （1）清单工程量

$$V=8\times2\times3\mathrm{m}^3=48\mathrm{m}^3$$

【注释】 预制混凝土挡墙墙身工程量按设计图示尺寸以体积计算。8 为挡墙高度，2 为其宽度，3 为厚度。

清单工程量计算见表 3-25。

清单工程量计算表　　　　表 3-25

项目编码	项目名称	项目特征描述	计量单位	工程量
040304004001	预制混凝土挡土墙墙身	仰斜式挡土墙，墙厚 3m	m³	48

（2）定额工程量

定额工程量同清单工程量。

项目编码：040303010　　　　**项目名称：混凝土拱上构件**

【例 26】 某单孔空腹式拱桥，结构如图 3-26(a) 所示，拱圈上部对称布置 6 孔腹拱，腹拱尺寸如图 3-26(b) 所示，腹拱横向宽度取为 6m，计算该拱桥腹拱工程量。

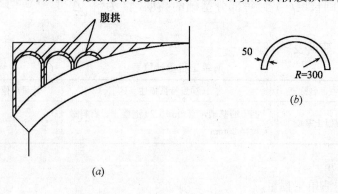

图 3-26 腹拱结构及细部尺寸

(a)拱桥；(b)腹拱尺寸

【解】 （1）清单工程量单个腹拱

$$V' = \frac{1}{2} \times 3.14 \times (0.35^2 - 0.3^2) \times 6\text{m}^3 = 0.306\text{m}^3$$

该拱桥腹拱总工程量：$V = 0.306 \times 6\text{m}^3 = 1.84\text{m}^3$

【注释】 拱上构件工程量按设计图示尺寸以体积计算，V'中0.35为腹拱外圆半径即（0.3+0.05），0.05为腹拱厚度，0.3为内圆半径，6为腹拱横向宽度。V式中6为腹拱数量。

清单工程量计算见表3-26。

清单工程量计算表   表 3-26

项目编码	项目名称	项目特征描述	计量单位	工程量
040303010001	混凝土拱上构件	单孔空腹式拱桥腹拱，6个	m³	1.84

（2）定额工程量

定额工程量同清单工程量。

项目编码：040303018   项目名称：混凝土防撞护栏

【例27】 某城市桥梁具有双棱形花纹的栏杆图式如图3-27所示，计算其工程量。

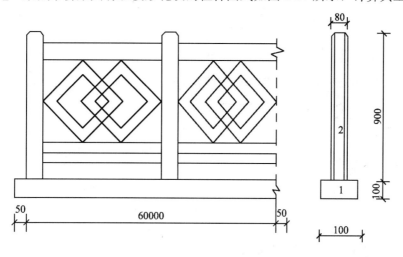

图3-27 双棱形花纹栏杆

【解】 （1）清单工程量

$$l = 60\text{m}$$

清单工程量计算见表3-27。

清单工程量计算表   表 3-27

项目编码	项目名称	项目特征描述	计量单位	工程量
040303018001	混凝土防撞护栏	双棱形花纹栏杆 80mm×900mm，100mm×100mm	m	60

（2）定额工程量

$$V_1 = (60 + 2 \times 0.05) \times 0.1 \times 0.1\text{m}^3 = 0.6\text{m}^3$$

$$V_2 = 60 \times 0.08 \times 0.9 \text{m}^3 = 4.32 \text{m}^3$$

$$V = V_1 + V_2 = (0.6 + 4.32) \text{m}^3 = 4.92 \text{m}^3$$

说明：防撞混凝土护栏的清单工程量为其长度，而定额工程量为其实际体积(除去空心部分体积)。V_1 为栏杆底部体积，60 为栏杆长度，0.05 为两边伸出长度，0.1 为侧面边长；V_2 为栏杆上部体积，0.08 为竖杆宽度，0.9 为竖杆高度。

项目编码：040303022　　项目名称：混凝土桥塔身

【例28】 如图 3-28 所示，为某斜拉桥的塔身，其高 80m，计算其工程量。

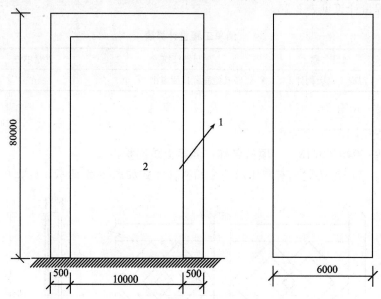

图 3-28　斜拉桥塔身

【解】 (1) 清单工程量

$$V_1 = (0.5 \times 2 + 10) \times 6 \times 80 \text{m}^3 = 5280 \text{m}^3$$

$$V_2 = 10 \times 6 \times 80 \text{m}^3 = 4800 \text{m}^3$$

$$V = V_1 - V_2 = (5280 - 4800) \text{m}^3 = 480 \text{m}^3$$

【注释】 桥塔身工程量按设计图示尺寸以实体积计算。V_1 式中 10 为斜拉桥内部长度，0.5 为塔身厚度，6 为塔身宽度，80 为塔身高度。

清单工程量计算见表 3-28。

清单工程量计算表　　　　　　　　　　　　　　　　表 3-28

项目编码	项目名称	项目特征描述	计量单位	工程量
040303022001	混凝土桥塔身	斜拉桥塔身	m³	480

(2) 定额工程量

定额工程量同清单工程量。

项目编码：040303022　　项目名称：混凝土桥塔身

【例29】 某斜拉桥的塔身如图 3-29 所示的 H 形塔身，计算其工程量。

【解】 (1) 清单工程量

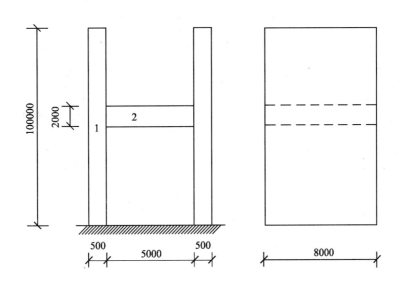

图 3-29 H 形塔身

$$V_1 = 0.5 \times 8 \times 100 \text{m}^3 = 400 \text{m}^3$$
$$V_2 = 5 \times 8 \times 2 \text{m}^3 = 80 \text{m}^3$$
$$V = 2V_1 + V_2 = (2 \times 400 + 80) \text{m}^3 = 880 \text{m}^3$$

【注释】 塔身工程量按实体积计算，0.5 为两侧塔身厚度，8 为其宽度，100 为其高度；5 为内部横棱长度，2 为其厚度。

清单工程量计算见表 3-29。

清单工程量计算表　　　　　　　　　　　　　　　　表 3-29

项目编码	项目名称	项目特征描述	计量单位	工程量
040303022001	混凝土桥塔身	斜拉桥 H 形塔身	m³	880

（2）定额工程量

定额工程量同清单工程量。

项目编码：040304003　　项目名称：预制混凝土板

【例 30】 某桥梁工程预制钢筋混凝土双 T 形板如图 3-30 所示，试计算 35 块预制钢筋混凝土双 T 形板的工程量。

【解】 （1）清单工程量

$$V = (0.06 \times 0.45 + 0.05 \times 0.24 + 0.05 \times 0.24) \times 12 \times 35 \text{m}^3$$
$$= (0.027 + 0.012 + 0.012) \times 12 \times 35 \text{m}^3$$
$$= 21.42 \text{m}^3$$

【注释】 预制钢筋混凝土板工程量按设计图示尺寸以体积计算。0.06 为 T 形板顶板厚度，0.45 为顶板宽度，0.05 为底板厚度，0.24 为底板宽度，共 2 个底板，12 为 T 形板长度，35 为双 T 形板的数量。

清单工程量计算见表 3-30。

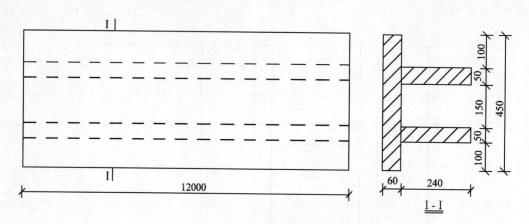

图 3-30 双 T 形板

清单工程量计算表   表 3-30

项目编码	项目名称	项目特征描述	计量单位	工程量
040304003001	预制混凝土板	钢筋混凝土双 T 形板，非预应力	m³	21.42

（2）定额工程量

定额工程量同清单工程量。

【例 31】 ××桥涵工程用到 C25 混凝土爆扩桩，如图 3-31 所示该爆扩桩全长 $l=10$m，桩管直径为 500mm，球体直径 $d=1.2$m，试求一根混凝土爆扩桩所用混凝土体积。

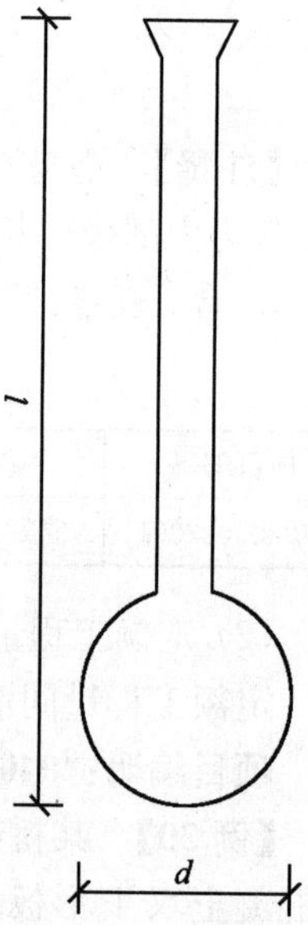

【解】 （1）清单工程量

$$l=10\text{m}。$$

（2）定额工程量

桩管截面面积：$A=\frac{1}{4}\pi \cdot D^2=\frac{1}{4}\times 3.14\times 0.5^2\text{m}^2=0.196\text{m}^2$

$$V=A(l-d)+\frac{1}{6}\pi d^3$$

$$=[0.196\times(10-1.2)+\frac{1}{6}\times 3.142\times 1.2^3]\text{m}^3$$

$$=(1.725+0.905)\text{m}^3$$

$$=2.63\text{m}^3$$

【注释】 0.5 为桩管直径，10 为桩管长度，1.2 为球体直径。

项目编码：040303024   项目名称：混凝土其他构件

项目编码：040309001   项目名称：金属栏杆

图 3-31 爆扩柱

【例 32】 如图 3-32 所示为钢筋栏杆，采用直径为 20mm 的钢筋，布设在 40m 的桥梁两边缘，每两根栏杆间有 5 根钢筋。计算钢筋栏杆的工程量。

【解】 （1）清单工程量

1）混凝土栏杆工程量：

$$V=[2\times 5\times(0.05\times 0.05\times 1.1)+2\times 8\times(10\times 0.05\times 0.02)]\text{m}^3$$

$$=(0.0275+0.16)\text{m}^3$$

$$=0.19\text{m}^3$$

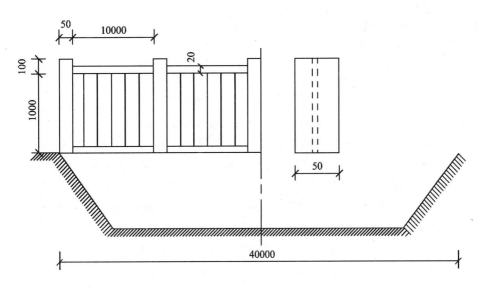

图 3-32 钢筋栏杆

2) 钢筋工程量：

$$2\times4\times5\times1\times2.47\text{kg}=98.8\text{kg}=0.099\text{t}$$

【注释】 钢筋栏杆工程量按设计图示尺寸以质量(t)计算。1)式中 2 为桥梁两边，5 为栏杆竖杆的数量，0.05 为竖杆底面边长，1.1 为竖杆长度即(1.0＋0.1)，8 为栏杆横杆数量，10 为栏杆横杆长度，0.05 为横杆宽度，0.02 为横杆厚度；2)式中 5 为每两根栏杆间的钢筋数量，1 为每根钢筋长度，4 为栏杆间隔数量。

清单工程量计算见表 3-31。

清单工程量计算表　　　　　　　　　　　　　　　表 3-31

序号	项目编码	项目名称	项目特征描述	计量单位	工程量
1	040303024001	混凝土其他构件	混凝土栏杆	m³	0.19
2	040309001001	金属栏杆	钢筋栏杆，布设在桥梁两边缘，直径 20mm	t	0.099

（2）定额工程量

定额工程量同清单工程量。

项目编码：040307008　　项目名称：悬(斜拉)索

【例 33】 某斜拉桥有 4 个相同的索塔，每个索塔的具体构造如图 3-33 所示，计算其斜索工程量。

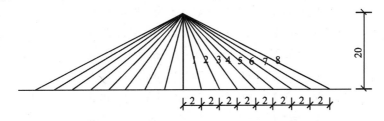

图 3-33 斜拉桥

（每根斜索采用直径为 50mm 的钢筋）　（单位：m）

【解】（1）清单工程量

如图所示，各斜索长度分别为：

$$l_1 = \sqrt{20^2 + 2^2}\text{m} = 20.1\text{m}$$

$$l_2 = \sqrt{20^2 + 4^2}\text{m} = 20.4\text{m}$$

$$l_3 = \sqrt{20^2 + 6^2}\text{m} = 20.88\text{m}$$

同理可得：$l_4 = 21.54\text{m}$ $l_5 = 22.36\text{m}$ $l_6 = 23.32\text{m}$ $l_7 = 24.41\text{m}$ $l_8 = 25.61\text{m}$

查表可得：直径为 50mm 的钢筋，单根钢筋理论重为：15.42kg/m

故各索塔侧各斜索质量为：

$$m_1 = 15.42 \times 20.1\text{kg} = 309.94\text{kg} \quad m_2 = 15.42 \times 20.4\text{kg} = 314.57\text{kg}$$

同理可得：$m_3 = 321.97\text{kg}$ $m_4 = 332.15\text{kg}$ $m_5 = 344.79\text{kg}$

$$m_6 = 359.59\text{kg} \quad m_7 = 376.40\text{kg} \quad m_8 = 394.91\text{kg}$$

故 $m = 4 \times 2 \times (m_1 + m_2 + m_3 + m_4 + m_5 + m_6 + m_7 + m_8)$

$= 8 \times (309.17 + 314.57 + 321.97 + 332.15 + 344.79 + 359.59 + 376.40$

$\qquad + 394.91)\text{kg}$

$= 8 \times 2753.55\text{kg}$

$= 22028.4\text{kg} = 22.03\text{t}$

【注释】 20 为中间斜索长度，2 为每根斜索之间间距，m 计算式中 4 为索塔数量，2 为索塔两侧。

清单工程量计算见表 3-32。

清单工程量计算表　　　　　　　　　　　　　　　　　　　表 3-32

项目编码	项目名称	项目特征描述	计量单位	工程量
040307008001	悬（斜拉）索	斜拉桥索塔斜索直径为 50mm 的钢筋	t	22.03

（2）定额工程量

定额工程量同清单工程量。

项目编码：040601015　　项目名称：混凝土楼梯

【例34】 某城市天桥采用混凝土楼梯，其台阶形式和台阶数如图 3-34 所示，其宽度为 2.5m，计算混凝土台阶的工程量。

【解】（1）清单工程量：

$$V_1 = 0.25 \times 0.15 \times 2.5\text{m}^3 = 0.094\text{m}^3$$

$$V_2 = 0.25 \times (0.15 \times 2) \times 2.5\text{m}^3 = 0.19\text{m}^3$$

$$V_3 = 0.25 \times (0.15 \times 3) \times 2.5\text{m}^3 = 0.28\text{m}^3$$

$$V_4 = 0.25 \times (0.15 \times 4) \times 2.5\text{m}^3 = 0.375\text{m}^3$$

$$V_5 = 0.25 \times (0.15 \times 5) \times 2.5\text{m}^3 = 0.47\text{m}^3$$

$$V_6 = 0.15 \times (0.25 \times 6) \times 2.5\text{m}^3 = 0.56\text{m}^3$$

$$V_7 = 0.15 \times (0.25 \times 7) \times 2.5\text{m}^3 = 0.66\text{m}^3$$

同理：$V_8 = 0.75\text{m}^3$ $V_9 = 0.84\text{m}^3$

$\qquad V_{10} = 0.94\text{m}^3$ $V_{11} = 0.15 \times 2.5 \times 2.5\text{m}^3 = 0.94\text{m}^3$

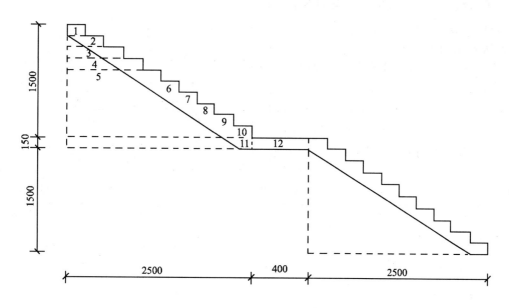

图 3-34　天桥台阶

$$V_{三棱柱} = \frac{1}{2} \times (2.5-0.25) \times (1.5+0.15) \times 2.5 \mathrm{m}^3 = 4.64 \mathrm{m}^3$$

$$V_{12} = 0.15 \times 0.4 \times 2.5 \mathrm{m}^3 = 0.15 \mathrm{m}^3$$

$$V_{三棱柱} = \frac{1}{2} \times (2.5-0.25) \times 1.5 \times 2.5 \mathrm{m}^3 = 4.22 \mathrm{m}^3$$

$$V_{楼梯} = (V_1+V_2+V_3+V_4+V_5+V_6+V_7+V_8+V_9+V_{10}+V_{11}-V_{三棱柱})+V_{12}+(V_1+$$

$$V_2+V_3+V_4+V_5+V_6+V_7+V_8+V_9+V_{10}-V'_{三棱柱})$$

$$=[(0.094+0.19+0.28+0.375+0.47+0.56+0.66+0.75+0.84+0.94+0.94$$

$$-4.64)+0.15+(0.094+0.19+0.28+0.375+0.47+0.56+0.66+0.75+$$

$$0.84+0.94-4.22)]\mathrm{m}^3$$

$$=(1.459+0.15+0.939)\mathrm{m}^3$$

$$=2.548\mathrm{m}^3$$

【注释】　混凝土楼梯清单工程量按设计图示尺寸以体积计算。0.15 为一个踏步的高度，2.5 为踏步宽度，0.25 为一个踏步的侧面长度即 2.5/10，$V_{三棱柱}$ 式中 (2.5−0.25) 为图示左边楼梯下三棱柱底面直角三角形的直角边长，(1.5+0.15) 为另一直角边长，2.5 为其高度。0.4 为楼梯平台部分的宽度。

清单工程量计算见表 3-33。

清单工程量计算表　　　　　　　　　　　　　　　　　表 3-33

项目编码	项目名称	项目特征描述	计量单位	工程量
040601015001	混凝土楼梯	混凝土台阶式楼梯	m³	2.548

（2）定额工程量

定额工程量同清单工程量。

项目编码：040309005　　项目名称：钢支座

【例 35】 某标准跨径为 16m 的钢筋混凝土 T 形梁桥所采用的弧形钢板支座，如图 3-35 所示，其桥采用了 20 个该支座，计算支座工程量。

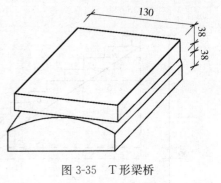

【解】 （1）清单工程量

根据钢支座清单工程量计算规则，其工程量以设计数量（个）计算。故该桥支座的工程量为 20 个。

清单工程量计算见表 3-34。

图 3-35　T 形梁桥

清单工程量计算表　　　　　　　　　　　　　　表 3-34

项目编码	项目名称	项目特征描述	计量单位	工程量
040309005001	钢支座	弧形钢板支座	个	20

（2）定额工程量

定额工程量同清单工程量。

项目编码：040309006　　项目名称：盆式支座

【例 36】 我国目前已系列生产的盆式橡胶支座，如图 3-36 所示其竖向承载力分 12 级从 1000～20000kN，有效纵向位移量从 ±40mm 至 ±200mm。支座的容许转角为 40′，设计摩擦系数为 0.05，在某桥梁工程中，采用 16 个这种支座，计算支座工程量。

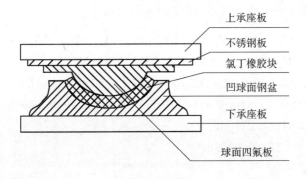

　　　　　　　　　　　　　　　上承座板

　　　　　　　　　　　　　　　不锈钢板

　　　　　　　　　　　　　　　氯丁橡胶块

　　　　　　　　　　　　　　　凹球面钢盆

　　　　　　　　　　　　　　　下承座板

　　　　　　　　　　　　　　　球面四氟板

图 3-36　支座

【解】 （1）清单工程量

根据 GB 50857—2013 清单工程量计算规则按设计数量计算，即该支座的工程量为 16 个。

清单工程量计算见表 3-35。

清单工程量计算表　　　　　　　　　　　　　　表 3-35

项目编码	项目名称	项目特征描述	计量单位	工程量
040309006001	盆式支座	盆式橡胶支座，竖向承载力分 12 级从 1000～2000kN	个	16

（2）定额工程量

定额工程量同清单工程量。

项目编码：**040304003**　　　项目名称：**预制混凝土板**

【例37】　某桥梁工程采用预制钢筋混凝土空心板，板厚40cm，横向采用6块板，中板及边板的构造形式及细部尺寸如图3-37所示，求中板、边板及板的工程量。

【解】　（1）清单工程量

1）中板工程量

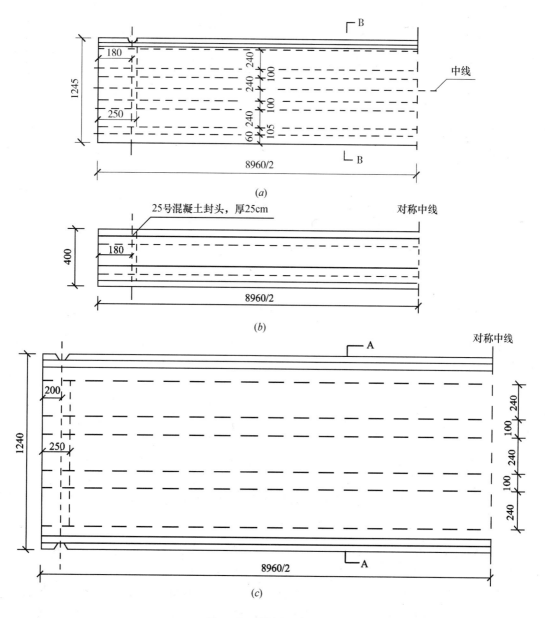

图 3-37　桥梁空心板(一)

(a)边板平面；(b)边板立面；(c)中板平面

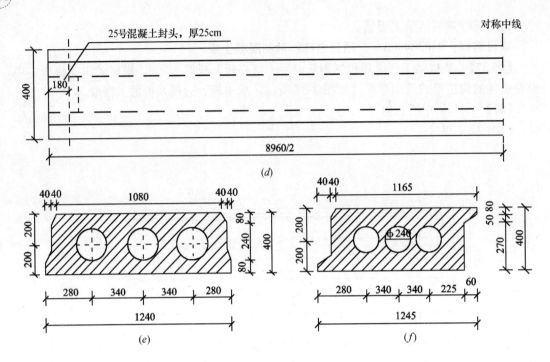

图 3-37 桥梁空心板（二）

(d)中板立面；(e)A-A 截面；(f)B-B 截面

$$[1.24 \times 0.4 - 3.142 \times 0.12^2 \times 3 - (0.24 + 0.32) \div 2 \times 0.04 \times 2 - \frac{1}{2} \times 0.04 \times 0.08 \times 2]$$

$$\times 8.96 \times 4 m^3 = [0.496 - 0.136 - 0.022 - 0.003] \times 8.96 \times 4 m^3 = 12.01 m^3$$

2)中板封头工程量

$$3.142 \times 0.12^2 \times 0.25 \times 6 \times 4 m^3 = 0.271 m^3$$

【注释】 1)式 1.24 为中板宽度，0.4 为中板厚度，0.12 为中板三个圆孔的半径，$(0.24+0.32) \div 2 \times 0.04 \times 2$ 为图(e)中左右空白分区中梯形面积，其中 0.32 为梯形下底宽即(0.24+0.08)，0.24 为其上底宽，0.04 为其高度；中括号中最后一项为空白分区中两个直角三角形面积，8.96 为中板长度，4 为为其数量。2)式 0.25 为封头厚度，6 为其每个中板封头数量。

3)边板工程量

$$[1.245 \times 0.4 - 3.142 \times 0.12^2 \times 3 - (0.27 + 0.32) \times 0.06 \div 2 - (0.24 + 0.32) \times 0.04 \div 2$$

$$-\frac{1}{2} \times 0.08 \times 0.04] \times 8.96 \times 2 m^3 = (0.498 - 0.136 - 0.018 - 0.011 - 0.002) \times 8.96 \times$$

$$2 m^3 = 5.93 m^3$$

4)边板封头工程量

$$(3.142 \times 0.12^2 \times 0.25 \times 6 \times 2) m^3 = 0.136 m^3$$

【注释】 1.245 为边板宽度，0.4 为边板厚度，0.27 为图(f)中右边空白部分梯形的上底宽，0.32 为其下底宽即(0.27+0.05)，0.06 为其高度，0.24 为左边空白部分梯形上底宽，0.08 为左边空白部分上部三角形的高，0.04 为其直角边长，2 为边板数量。

空心预制板的工程量=(12.01+0.271+5.93+0.136)m^3=18.35m^3

清单工程量计算见表 3-36。

清单工程量计算表　　　　　　　表 3-36

项目编码	项目名称	项目特征描述	计量单位	工程量
040304003001	预制混凝土板	预制钢筋混凝土空心板，板厚 40cm，横向采取 6 块板	m^3	18.35

（2）定额工程量

1）中板工程量

$$[1.24\times0.4-3.142\times0.12^2\times3-(0.24+0.32)\times0.04\div2\times2-\frac{1}{2}\times0.04\times0.08\times2]\times$$

$$8.96\times4m^3=(0.496-0.136-0.022-0.003)\times8.96\times4m^3=12.01m^3$$

2）边板工程量

$$[1.245\times0.4-3.142\times0.12^2\times3-(0.27+0.32)\times0.06\div2-(0.24+0.32)\times0.04\div2$$

$$-\frac{1}{2}\times0.08\times0.04]\times8.96\times2m^3=[0.498-0.136-0.018-0.011-0.002]\times8.96\times$$

$$2m^3=5.93m^3$$

空心预制板的工程量＝$(12.01+5.93)m^3=17.94m^3$

说明：预制空心构件的工程量计算，清单的计算规则是以设计尺寸的体积扣除空心板空洞计算的，定额的计算规则也按设计尺寸以体积计算，但空心板梁的堵头板体积不计入工程量内。

项目编码：040303005　　项目名称：混凝土墩（台）身

【例 38】 某桥梁采用埋置式桥台，其具体尺寸如图 3-38 所示，计算该桥台的工程量。

【解】 （1）清单工程量

$$V_1=\frac{1}{3}\times3.5\times(0.5^2+2^2+2\times0.5)\times2m^3=\frac{1}{3}\times3.5\times5.25\times2m^3=12.25m^3$$

$$V_2=5\times20\times(10+2+2)m^3=1400m^3$$

$$V_3=5\times20\times(0.5+2)m^3=250m^3$$

$$V_4=\frac{1}{2}\times(5+6)\times10\times20m^3=1100m^3$$

$$V_5=12\times20\times4m^3=960m^3$$

$$V=V_1+V_2+V_3+V_4+V_5=(12.25+1400+250+1100+960)m^3=3722.25m^3$$

【注释】 墩身工程量按设计图示尺寸以体积计算，V_1 式中 3.5 为图示分区 1 梯形台高度，0.5 为梯形台顶面边长，2 为底面边长，2 为两个；V_2 式中 5 为分区 2 四棱柱的宽，20 为其长度，（10＋2＋2）为其高度；V_3 式中 5 为分区 3 四棱柱的宽度，20 为其长度，（0.5＋2）为其高度；V_4 式中 5 为分区 4 梯形台的顶面宽度，6 为其底面宽即（5＋1），10 为梯形台高度，20 为长度；V_5 式中 12 为底部棱台宽度，20 为长度，4 为高度。

清单工程量计算见表 3-37。

清单工程量计算表　　　　　　　表 3-37

项目编码	项目名称	项目特征描述	计量单位	工程量
040303005001	混凝土墩（台）身	埋置式桥台	m^3	3722.25

（2）定额工程量

定额工程量同清单工程量。

【例 39】 某简支桥梁采用油毡支座，全桥共用 8 个，其简图如图 3-39 所示，计算油毡工程量。

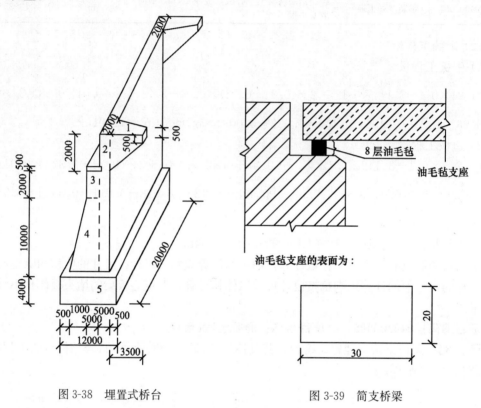

图 3-38 埋置式桥台　　　　　图 3-39 简支桥梁

【解】 （1）清单工程量

$$S_1 = 0.03 \times 0.02\text{m}^2 = 0.0006\text{m}^2$$

因其 8 层为一个油毛毡支座，全桥共有 8 个，故油毛毡支座的工程量为：

$$S = 0.0006 \times 8\text{m}^2 = 0.005\text{m}^2$$

【注释】 油毛毡支座按设计图示尺寸以面积计算，0.03 为油毛毡的长度，0.02 为其宽度，8 为油毛毡层数及油毛毡支座数量。

（2）定额工程量同清单工程量。

项目编码：040308001　　　项目名称：水泥砂浆抹面

项目编码：011101002　　　项目名称：现浇水磨石楼地面

项目编码：040308003　　　项目名称：镶贴面层

【例 40】 为了增加城市的美观，对某城市桥梁进行面层装饰如图 3-40 所示，其行车道采用水泥砂浆抹面，人行道为水磨石饰面，护栏为镶贴面层，计算各种饰料的工程量。

【解】 （1）清单工程量

水泥砂浆工程量：$S_1 = 7 \times 60\text{m}^2 = 420\text{m}^2$

水磨石饰面工程量：$S_2 = (2 \times 1 \times 60 + 4 \times 1 \times 0.15 + 2 \times 0.15 \times 60)\text{m}^2 = 138.6\text{m}^2$

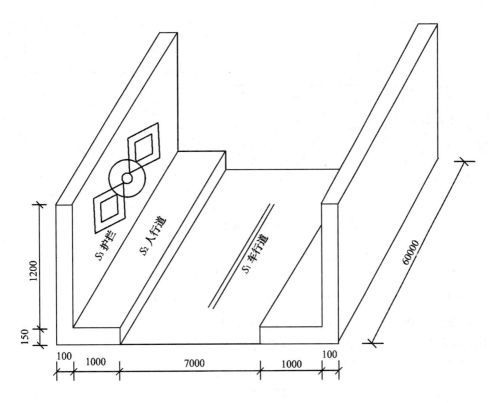

图 3-40　桥梁装饰

镶贴面层工程量：$S_3 = [2 \times 1.2 \times 60 + 2 \times 0.1 \times 60 + 4 \times 0.1 \times (1.2 + 0.15)] \text{m}^2$
$$= (144 + 12 + 0.54) \text{m}^2$$
$$= 156.54 \text{m}^2$$

【注释】　桥梁水泥砂浆抹面、水磨石抹面、镶贴面层工程量均按设计图示尺寸以面积计算。7 为车行道宽，60 为桥梁长度；S_2 式中 2 为人行道数量，1 为人行道宽度，4 为人行道四个前后面，0.15 为人行道与车行道的高度差即前后四个侧面的宽度，$2 \times 0.15 \times 60$ 中 2 为人行道左右两个侧面，0.15 为其宽度，60 为其长度；1.2 为护栏的高度，0.1 为护栏前后及上部侧面的宽度，(1.2 + 0.15) 为前后侧面的高度。

清单工程量计算见表 3-38。

清单工程量计算表　　　　　　　　　　　　　　　　表 3-38

序号	项目编码	项目名称	项目特征描述	计量单位	工程量
1	040308001001	水泥砂浆抹面	行车道采用水泥砂浆抹面	m²	420
2	011101002001	现浇水磨石楼地面	人行道为水磨石饰面	m²	138.6
3	040308003001	镶贴面层	护栏为镶贴面层	m²	156.54

（2）定额工程量

定额工程量同清单工程量。

项目编码：040305003　　　**项目名称：浆砌块料**

【例 41】　某拱桥的浆砌拱圈结构及细部尺寸如图 3-41 所示，计算拱圈工程量。

【解】（1）清单工程量

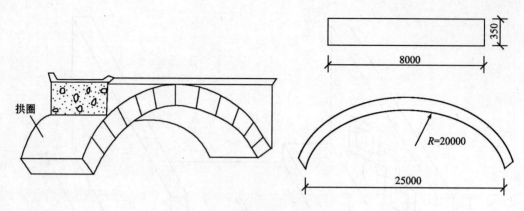

图 3-41　拱桥拱圈及细部尺寸图

拱圈对应圆心角：$2 \times \arcsin \dfrac{12.5}{20} = 77.4°$

拱圈工程量：$\dfrac{77.4}{360} \times 2 \times 3.142 \times 20 \times 0.35 \times 8\text{m}^3 = 75.66\text{m}^3$

【注释】　浆砌拱圈工程量按设计图示尺寸以体积计算。12.5 为拱跨径的一半即 25/2，20 为拱内圆半径，0.35 为拱厚度，8 为拱宽度。

清单工程量计算见表 3-39。

清单工程量计算表　　　　　　　　　　　　　　　　　　　　　　　表 3-39

项目编码	项目名称	项目特征描述	计量单位	工程量
040305003001	浆砌块料	拱圈半径 20000mm　拱圈截面 8000mm×350mm	m³	75.66

（2）定额工程量

定额工程量同清单工程量。

项目编码：040303023　　项目名称：混凝土连系梁

【例 42】　某肋拱桥的横系梁细部尺寸如图 3-42 所示，该拱桥跨径为 15m，单孔形，共用横系梁 6 根，计算横系梁的工程量。

图 3-42　横系梁

【解】　（1）清单工程量

$$S = 0.25 \times 0.4\text{m}^2 = 0.1\text{m}^2$$
$$V = 0.1 \times 6.5 \times 6\text{m}^3 = 3.9\text{m}^3$$

【注释】　横系梁工程量按设计图示尺寸以体积计算。0.25 为横系梁宽度，0.4 为其厚度，6.5 为其长度。

清单工程量计算见表 3-40。

清单工程量计算表　　　表 3-40

项目编码	项目名称	项目特征描述	计量单位	工程量
040303023001	混凝土连系梁	横系梁　250mm×400mm	m³	3.9

（2）定额工程量

定额工程量同清单工程量。

项目编码：040303005　　项目名称：混凝土墩（台）身

【例 43】　某桥梁工程采用薄壁轻型桥台，其外形及尺寸如图 3-43 所示，计算该桥梁中桥台的工程量。

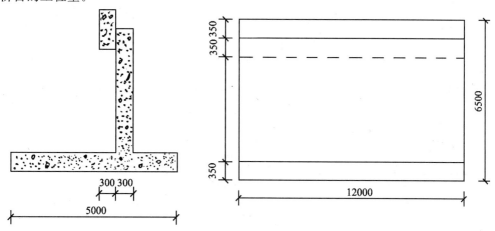

图 3-43　薄壁轻型桥台及尺寸

【解】　（1）清单工程量

$$S=(5×0.35+0.7×0.3+0.3×5.8)m^2=(1.75+0.21+1.74)m^2=3.7m^2$$
$$V=3.7×12m^3=44.4m^3$$

【注释】　桥台工程量按体积计算。5 为桥台底座宽度，0.35 为其厚度，0.7 为顶部桥台部分厚度，0.3 为中间及上部宽度，5.8 为中间部分的高度即（6.5－0.35×2），12 为桥台长度。

清单工程量计算见表 3-41。

清单工程量计算表　　　表 3-41

项目编码	项目名称	项目特征描述	计量单位	工程量
040303005001	混凝土墩（台）身	薄壁轻型桥台	m³	44.4

（2）定额工程量

定额工程量同清单工程量。

项目编码：040303005　　项目名称：混凝土墩（台）身

【例 44】　如图 3-44 所示为一典型的 V 形墩身，墩顶与上部结构之间用橡胶支座支承，计算一个 V 形桥墩的工程量：

【解】　（1）清单工程量

$$V_1=0.5×2×4.5m^3=4.5m^3$$

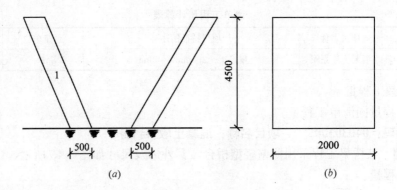

图 3-44　V 形墩身

(a)正立面；(b)侧立面

$$V=2V_1=2\times4.5\text{m}^3=9\text{m}^3$$

【注释】　桥墩工程量按体积计算。0.5 为 V 形桥墩一侧的宽度，4.5 为其高度，2 为其长度。

清单工程量计算见表 3-42。

清单工程量计算表　　　　　　　　表 3-42

项目编码	项目名称	项目特征描述	计量单位	工程量
040303005001	混凝土墩(台)身	V 形墩身	m³	9

(2) 定额工程量

定额工程量同清单工程量。

项目编码：040308005　　项目名称：油漆

【例 45】　如图 3-45 所示，为某桥梁的防撞栏杆，其中横栏采用直径为 20mm 的钢筋，竖栏为直径为 40mm 的钢筋，其布设桥梁两边，为

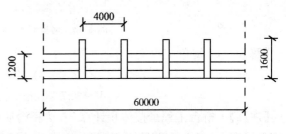

图 3-45　防撞栏杆

增加桥梁美观，将栏杆用油漆刷为白色，假设 1m² 需 3kg 油漆，计算油漆工程量。

【解】　(1) 清单工程量

$$S_{横栏}=60\times4\times\pi\times0.02\text{m}^2=15.07\text{m}^2$$

$$S_{竖栏}=\frac{60}{4}\times1.6\times\pi\times0.04\text{m}^2=3.02\text{m}^2$$

$$S=(S_{横}+S_{竖})\times2=18.09\times2\text{m}^2=36.18\text{m}^2$$

清单工程量计算见表 3-43。

清单工程量计算表　　　　　　　　表 3-43

项目编码	项目名称	项目特征描述	计量单位	工程量
040308005001	油漆	防撞栏杆用油漆刷为白色	m²	36.18

(2) 定额工程量

第一步与清单工程量相同计算出：$S=36.18m^2$

第二步求定额工程量：$m=3×36.18kg=108.54kg=0.109t$

说明：计算油漆工程量时，清单工程量计算规则按设计图示尺寸以面积计算，定额工程量计算规则以吨计算。$\pi×0.02$ 为横栏钢筋的圆面周长，60 为其展开面长度，0.02 为横栏钢筋直径，4 为横栏钢筋数量；4 为相邻竖栏中心线之间间距，1.6 为竖栏高度，0.04 为竖栏钢筋直径，2 为桥梁两侧。

项目编码：040303004　　项目名称：混凝土墩(台)帽

项目编码：040303005　　项目名称：混凝土墩(台)身

项目编码：040303002　　项目名称：混凝土基础

【例46】　某桥梁工程中其下部结构采用柱式桥墩，采用 C20 混凝土浇筑，石料最大粒径 20mm，细部尺寸如图 3-46 所示，计算单个桥墩工程量。

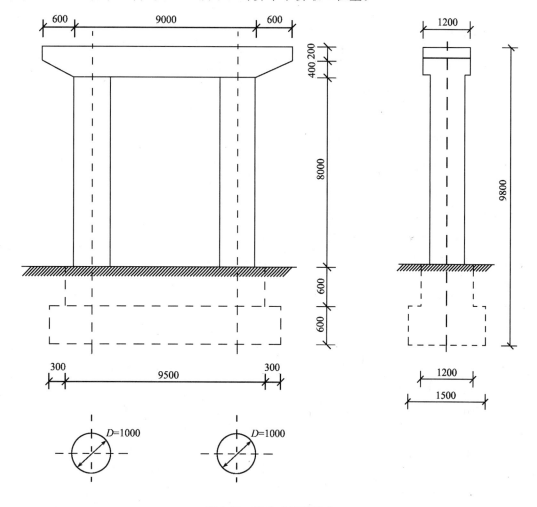

图 3-46　某柱式桥墩尺寸

【解】　（1）清单工程量

墩帽工程量＝$(0.2×10.2+2×\dfrac{1}{2}×0.6×0.4+0.4×9.0)×1.2m^3$

$$=(2.04+0.24+3.6)\times1.2m^3$$

$$=7.06m^3$$

墩身工程量$=2\times\dfrac{1}{4}\times3.14\times1.0^2\times8.0m^3=12.57m^3$

基础工程量$=(9.5\times0.6\times1.2+10.1\times0.6\times1.5)m^3$

$$=(6.84+9.09)m^3$$

$$=15.93m^3$$

桥墩工程量$=(7.06+12.57+15.93)m^3=73.26m^3$

【注释】 墩帽：0.2 为墩帽上部矩形高度，10.2 为其长度即(9+0.6×2)，0.6 为墩帽空白部分的宽度，0.4 为其高度，9.0 为墩帽底面宽度；墩身：2 为墩身数量，1.0 为墩身直径，8.0 为墩身高度；基础：9.5 为基础顶层宽度，0.6 为顶层高度，1.2 为顶层长度，10.1 为底层宽度即(9.5+0.3×2)，1.5 为底层长度。

清单工程量计算见表 3-44。

清单工程量计算表 表 3-44

序号	项目编码	项目名称	项目特征描述	计量单位	工程量
1	040303004001	混凝土墩(台)帽	柱式桥墩墩帽，C20 混凝土，石料最大粒径 20mm	m³	7.06
2	040303005001	混凝土墩(台)身	柱式桥墩墩身，C20 混凝土，石料最大粒径 20mm	m³	12.57
3	040303002001	混凝土基础	C20 混凝土，石料最大粒径 20mm	m³	15.93

（2）定额工程量

定额工程量同清单工程量。

项目编码：040307002   项目名称：钢板梁

【例47】 某板梁桥的上承板梁如图 3-47 所示，其全桥长为 60m，一跨为如图所示细部构造，其中加劲角钢 3m 设计，计算钢板梁工程量。

【解】 （1）清单工程量

如图所示：$V_1=6.1\times0.2\times15m^3=18.3m^3$

$V_2=0.1\times15\times0.8m^3=1.2m^3$

$V_3=(3\times0.05\times0.8-1.5\times0.1\times0.05\times2)m^3=0.11m^3$

$V=(4V_1+2V_2+6V_3)\times4=(4\times18.3+2\times1.2+6\times0.11)\times4m^3=305.04m^3$

又∵钢的密度为 $7.85\times10^3kg/m^3$，故

$m=7.85\times10^3\times305.04kg=2394.56\times10^3kg=2394.56t$

【注释】 6.1 为钢板梁顶板和底板宽度，0.2 为其厚度，15 为桥一跨的长度，0.1 为钢板梁腹板的厚度，0.8 为腹板高度，3 为肋板宽度，0.05 为肋板厚度，1.5 为肋板底面空洞部分宽度，0.1 为其高度。

清单工程量计算见表 3-45。

清单工程量计算表 表 3-45

项目编码	项目名称	项目特征描述	计量单位	工程量
040307002001	钢板梁	上承钢板梁，其中加劲角钢 3m 设计	t	2394.56

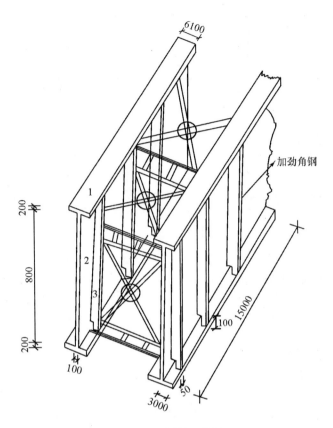

图 3-47　梁桥上承板

（2）定额工程量

定额工程量同清单工程量。

项目编码：040303004　　　项目名称：混凝土墩（台）帽

项目编码：040303005　　　项目名称：混凝土墩（台）身

项目编码：040303002　　　项目名称：混凝土基础

【例 48】　某桥梁工程，纵向为 7 跨，其桥墩形式及细部尺寸如图 3-48 所示，采用 C20 混凝土浇筑，石料最大粒径 20mm，计算该桥梁桥墩工程量。

【解】（1）清单工程量

$$墩帽工程量＝(1.2\times 7.0\times 0.2＋2\times \frac{1}{2}\times 1.0\times 2.8\times 1.2＋1.0\times 1.2\times 1.4)\times 6m^3$$

$$＝(1.68＋3.36＋1.68)\times 6m^3$$

$$＝40.32m^3$$

$$墩身工程量＝\frac{1}{4}\times 3.142\times 1.0^2\times 6.0\times 6m^3＝28.28m^3$$

$$基础工程量＝1.5\times 1.3\times 5.0\times 6m^3＝58.5m^3$$

$$桥墩工程量＝(40.32＋28.28＋58.5)m^3＝127.10m^3$$

【注释】　桥墩工程量按设计图示尺寸以体积计算，墩帽：1.2 为墩帽顶部四棱柱宽度，0.2 为其厚度，7 为其长度，1.0 为墩帽左右两个三角形的高度，2.8 为其另一直角边长即 (7.0－1.0－0.2×2)/2，1.2 为墩帽中间矩形的宽度，1.4 为其长度即(1.0＋0.2×2)。墩身：

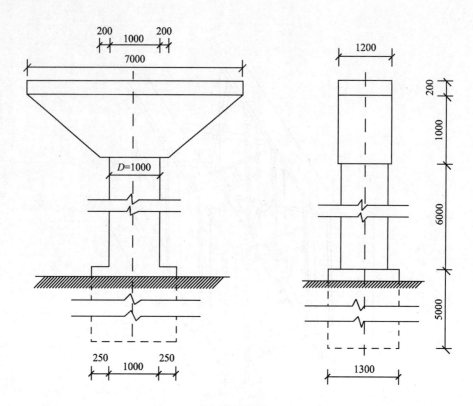

图 3-48　某桥墩拱结构及细部尺寸

1.0 为墩身直径，6.0 为墩身高度。基础：1.5 为基础宽度即（1.0＋0.25×2），1.3 为基础长度，5.0 为其高度。

清单工程量计算见表 3-46。

清单工程量计算表 　　　　　　　　　　　　　　　　　　　　　　　表 3-46

序号	项目编码	项目名称	项目特征描述	计量单位	工程量
1	040303004001	混凝土墩（台）帽	墩帽，C20 混凝土，石料最大粒径 20mm	m³	40.32
2	040303005001	混凝土墩（台）身	墩身，C20 混凝土，石料最大粒径 20mm	m³	28.28
3	040303002001	混凝土基础	C20 混凝土，石料最大粒径 20mm	m³	58.5

（2）定额工程量

定额工程量同清单工程量。

项目编码：040307003　　项目名称：钢桁梁

【例 49】　某钢桁梁跨，其中前表面有 6 根斜杆，5 根直杆，上表面有 8 根斜杆，5 根直杆，该桥共 2 跨，当跨度增大时，梁的高度也要增大，如仍用板梁、则腹板、盖板、加劲角钢及接头等就显得尺寸巨大而笨重。若采用腹杆代替腹板组成桁梁，则重量大为减轻，故在某跨度为 48m 的桥梁中采用这种结构形式，计算钢桁梁的工程量（图中采用宽 300mm，厚 150mm 的钢板）。

【解】　（1）清单工程量

如图 3-49 所示，其前面的斜杆：$L_{斜杆1}=\sqrt{8^2+11^2}\,\text{m}=13.6\text{m}$

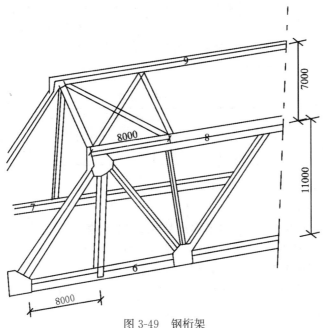

图 3-49　钢桁架

$V_{斜杆_1} = 13.6 \times 0.3(钢板宽度) \times 0.15(钢板厚度) \mathrm{m}^3 = 0.612\mathrm{m}^3$

其前面的直杆：$V_{直杆_1} = 11 \times 0.3 \times 0.15\mathrm{m}^3 = 0.495\mathrm{m}^3$

上表面的斜杆：$L_{斜杆2} = \sqrt{7^2 + 8^2}\,\mathrm{m} = 10.63\mathrm{m}$

$\qquad V_{斜杆2} = 10.63 \times 0.3 \times 0.15\mathrm{m}^3 = 0.478\mathrm{m}^3$

上表面的直杆：$V_{直杆_2} = 7 \times 0.3 \times 0.15\mathrm{m}^3 = 0.315\mathrm{m}^3$

又如图 3-49 中说明，其图为某钢桁梁的一跨。其中前表面有 6 根斜杆，5 根直杆，上表面有 8 根斜杆，5 根直杆，可推知下表面有 12 根斜杆，7 根直杆，故全桥共有 2 跨，故全桥中：

前后表面斜杆共：$V_{斜杆_3} = 0.612 \times 6(斜杆数量) \times 2(前后两面) \times 2(两跨)\mathrm{m}^3 = 14.688\mathrm{m}^3$

前后表面直杆为：$V_{直杆_3} = 0.495 \times 5(直杆数量) \times 2 \times 2\mathrm{m}^3 = 9.9\mathrm{m}^3$

上表面斜杆为：$V_{斜杆_4} = 0.478 \times 8 \times 2\mathrm{m}^3 = 7.648\mathrm{m}^3$

上表面直杆为：$V_{直杆_4} = 0.315 \times 5 \times 2\mathrm{m}^3 = 3.15\mathrm{m}^3$

下表面斜杆为：$V_{斜杆_5} = 0.478 \times 12 \times 2\mathrm{m}^3 = 11.472\mathrm{m}^3$

下表面直杆为：$V_{直杆_5} = 0.315 \times 7 \times 2\mathrm{m}^3 = 4.41\mathrm{m}^3$

如图所示，6，7，8，9 杆的体积为：

$$V_6 = V_7 = 48 \times 0.3 \times 0.15\mathrm{m}^3 = 2.16\mathrm{m}^3$$

$$V_8 = V_9 = (48 - 2 \times 8) \times 0.3 \times 0.15\mathrm{m}^3 = 1.44\mathrm{m}^3$$

故 $V = V_{斜3} + V_{直3} + V_{斜4} + V_{直4} + V_{斜5} + V_{直5} + 2V_6 + 2V_7 + 2V_8 + 2V_9$

$\qquad = (14.688 + 9.9 + 7.648 + 3.15 + 11.47 + 4.41 + 2 \times 2.16 + 2 \times 2.16 + 2 \times 1.44 + 2 \times 1.44)\mathrm{m}^3$

$\qquad = 65.67\mathrm{m}^3$

其中钢的密度为 $7.85 \times 10^3 \, \text{kg/m}^3$，故钢桁梁的工程量为：

$$m = 7.85 \times 10^3 \times 65.67 \, \text{kg} = 515.51 \times 10^3 \, \text{kg} = 515.51 \, \text{t}$$

【注释】 钢桁梁工程量按设计图示尺寸以质量计算（不包括螺栓、焊缝质量）。

清单工程量计算见表 3-47。

清单工程量计算表 表 3-47

项目编码	项目名称	项目特征描述	计量单位	工程量
040307003001	钢桁梁	钢桁梁跨，前表面 6 根斜杆，5 根直杆，上表面 8 根斜杆，5 根直杆，共 2 跨	t	515.51

（2）定额工程量

定额工程量同清单工程量。

项目编码：040303004　　项目名称：混凝土墩（台）帽

项目编码：040303005　　项目名称：混凝土墩（台）身

项目编码：040303002　　项目名称：混凝土基础

【例 50】 ××桥的桥墩外形及细部尺寸如图 3-50 所示，采用 C20 混凝土浇筑，石料最大粒径 20mm，该桥设计跨度为 $(20 + 6 \times 25 + 20)$ m，共用此种桥墩 7 座，计算桥墩的工程量。

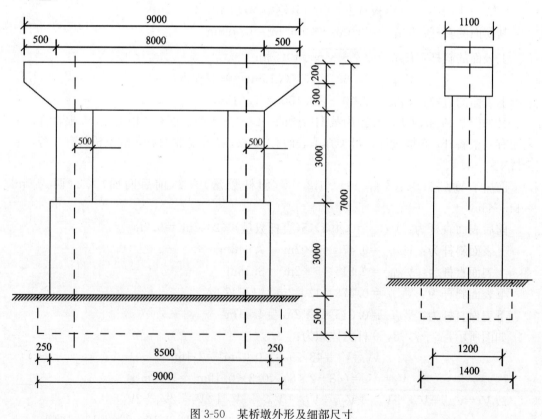

图 3-50　某桥墩外形及细部尺寸

【解】 （1）清单工程量

$$墩帽工程量=(0.2\times9\times1.1+2\times\frac{1}{2}\times0.5\times0.3\times1.1+0.3\times8\times1.1)\times7m^3$$

$$=[(1.98+0.165+2.64)]\times7m^3$$

$$=33.50m^3$$

$$墩身工程量=[(2\times3.142\times0.5^2\times3+8.5\times3\times1.2)\times7]m^3$$

$$=(4.71+30.6)\times7m^3$$

$$=247.17m^3$$

基础工程量$=9.0\times0.5\times1.4\times7m^3=44.1m^3$

桥墩工程量$=(33.50+247.17+44.1)m^3=334.77m^3$

【注释】　墩帽：0.2为墩帽上部四棱柱的高度，9.0为其长度，1.1为其宽度；0.5为左右两个三角形的直角边长，0.3为其高度，8为墩帽下底宽度，7为桥墩数量。墩身：0.5为墩身中部圆柱半径，2为墩身数量，3为墩身高度，8.5为墩身下部四棱柱的长度，3为其高度，1.2为其宽度。基础：9.0为基础长度，0.5为基础高度，1.4为基础宽度。

清单工程量计算见表3-48。

清单工程量计算表　　　　　　　　　　　　　　　　　　　　表 3-48

序号	项目编码	项目名称	项目特征描述	计量单位	工程量
1	040303004001	混凝土墩(台)帽	墩帽，C20混凝土，石料最大粒径20mm	m³	33.50
2	040303005001	混凝土墩(台)身	墩身，C20混凝土，石料最大粒径20mm	m³	247.17
3	040303002001	混凝土基础	C20混凝土，石料最大粒径20mm	m³	44.1

（2）定额工程量

定额工程量同清单工程量。

项目编码：040306003　　　　**项目名称：箱涵底板**

项目编码：040306004　　　　**项目名称：箱涵侧墙**

项目编码：040306005　　　　**项目名称：箱涵顶板**

【例51】　某涵洞为箱涵形式，如图3-51所示，其箱涵底板表面为水泥混凝土板，厚度为20cm，C20混凝土箱涵侧墙厚50cm，C20混凝土顶板厚30cm，涵洞长为15m，计算各部分工程量。

【解】　（1）清单工程量

1）箱涵底板：

$$V_1=8\times15\times0.2m^3=24m^3$$

2）箱涵侧墙：

$$V_2=15\times5\times0.5m^3=37.5m^3$$

$$V=2V_2=2\times37.5m^3=75m^3$$

3）箱涵顶板：

$$V=(8+0.5\times2)\times0.3\times15m^3=40.5m^3$$

【注释】　箱涵底板、侧墙及顶板均按设计图示尺寸以体积计算。8为箱涵底板宽度，15为涵洞长度，0.2为底板厚度，5为侧墙高度，0.5为侧墙厚度，侧墙数量为2，0.3为顶板厚度。

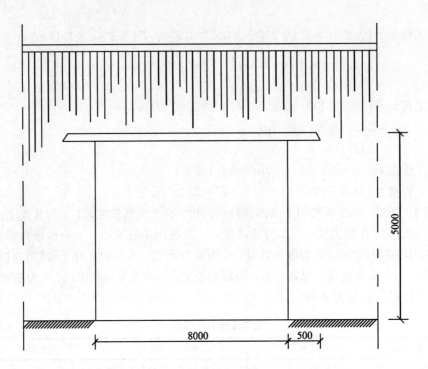

图 3-51 箱涵洞

清单工程量计算见表 3-49。

清单工程量计算表 表 3-49

序号	项目编码	项目名称	项目特征描述	计量单位	工程量
1	040306003001	箱涵底板	箱涵底板表面为水泥混凝土板，厚度为20cm	m³	24
2	040306004001	箱涵侧墙	侧墙厚50cm，C20 混凝土	m³	75
3	040306005001	箱涵顶板	顶板厚30cm，C20 混凝土	m³	40.5

（2）定额工程量

定额工程量同清单工程量。

项目编码：040303005　　项目名称：混凝土墩(台)身

【例52】 广州某立交桥的桥墩如图 3-52 所示，其为 Y 形桥墩，采用水泥混凝土制作，根据图示，计算一个桥墩的工程量。

【解】 （1）清单工程量

墩身：$V_1 = 1 \times 0.6 \times 8 \text{m}^3 = 4.8 \text{m}^3$

墩帽：$V_2 = \frac{1}{2}[1+(1+2.5)] \times 1.0 \times 0.6 \text{m}^3 = 1.35 \text{m}^3$

$$V = 2 \times (V_1 + V_2) = 2 \times (4.8 + 1.35) \text{m}^3 = 12.3 \text{m}^3$$

【注释】 桥墩按设计图示尺寸以体积计算。1 为墩身一侧宽度，0.6 为桥墩厚度，8 为墩身高度，2.5 为 Y 形桥墩墩帽两翼宽度，1.0 为墩帽高度。

清单工程量计算见表 3-50。

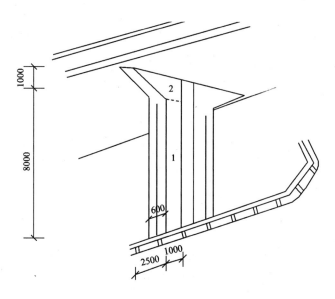

图 3-52　立交板

清单工程量计算表

表 3-50

项目编码	项目名称	项目特征描述	计量单位	工程量
040303005001	混凝土墩(台)身	Y 形桥墩，水泥混凝土制作	m³	12.3

（2）定额工程量

定额工程量同清单工程量。

项目编码：040303005　　项目名称：混凝土墩(台)身

【例 53】 陕西安康桥的桥墩如图 3-53 所示，为一种似 X 形的桥墩，其采用现浇混凝

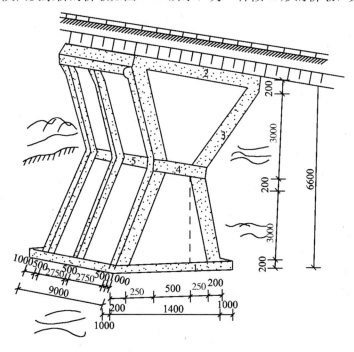

图 3-53　桥墩

土制作，计算图示一个桥墩的工程量。

【解】 （1）清单工程量

$$V_1 = (1.4 + 1 \times 2) \times 9 \times 0.2 \text{m}^3 = 6.12 \text{m}^3$$

$$V_2 = V_1 = 6.12 \text{m}^3$$

$$V_3 = 0.2 \times (\frac{6.6 - 0.2 \times 3}{2}) \times 0.5 \text{m}^3 = 0.3 \text{m}^3$$

$$V_4 = (0.5 + 2 \times 0.2) \times 0.5 \times 0.2 \text{m}^3 = 0.09 \text{m}^3$$

$$V_5 = 0.2 \times (9 - 1.0 \times 2 - 0.5 \times 3)/2 \times 0.2 \text{m}^3 = 0.056 \text{m}^3$$

$$V = V_1 + V_2 + 4 \times V_3 \times 3 + 3V_4 + 4V_5$$

$$= (6.12 + 6.12 + 4 \times 0.3 \times 3 + 3 \times 0.09 + 4 \times 0.056) \text{m}^3$$

$$= 16.33 \text{m}^3$$

【注释】 V_1 式中1.4为底座上部梯形空洞下底宽，9为底座长度，0.2为厚度；V_3 式中6.6为桥墩高度，0.2为上、中、下三个板厚度，0.5为其宽度。

清单工程量计算见表3-51。

清单工程量计算表 表3-51

项目编码	项目名称	项目特征描述	计量单位	工程量
040303005001	混凝土墩（台）身	X形桥墩，现浇混凝土制作	m³	16.33

（2）定额工程量

定额工程量同清单工程量。

项目编码：040307001　项目名称：钢箱梁

【例54】 某桥梁工程，采用钢箱梁的外形及尺寸如图3-54所示，箱两端过檐为100mm，箱长25m，两端竖板厚50mm，计算单个钢箱梁工程量。

【解】 （1）清单工程量

两端过檐体积 $= 2 \times 2.0 \times 0.08 \times 0.1 \text{m}^3 = 0.03 \text{m}^3$

箱体钢体积 $= [(2.0 \times 0.08 + 2 \times 1.42 \times 0.05 + 1.5 \times 0.05) \times 25 + \frac{1}{2} \times (1.5 + 1.7) \times 1.37 \times 0.05 \times 2] \text{m}^3$

$= [(0.16 + 0.142 + 0.075) \times 25 + 0.219] \text{m}^3$

$= 9.64 \text{m}^3$

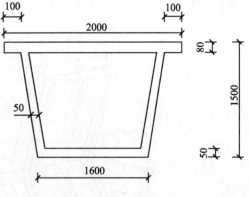

图3-54　钢筋梁中截面

钢箱梁工程量 $= (0.03 + 9.64) \times 7.87 \times 10^3 \text{kg} = 76.10 \text{t}$

【注释】 钢箱梁工程量按设计图示尺寸以质量（t）计算。2.0为箱两端过檐长度，0.08为其厚度，0.1为其宽度，2为两端。箱体钢体积式中2.0为梁顶部板的长度，0.08为其厚度，1.42为两端板长度即（1.5−0.08），0.05为其厚度，1.5为底部板的宽度即

$(1.6-0.05\times2)$，25 为箱长，1.7 为中空部分上底宽，即$(2.0-0.1\times2-0.05\times2)$，1.37 为中空部分高度即$(1.5-0.05-0.08)$。

清单工程量计算见表 3-52。

清单工程量计算表　　　　　　　　　　　　　　　　　表 3-52

项目编码	项目名称	项目特征描述	计量单位	工程量
040307001001	钢箱梁	钢箱梁两端过檐 100mm，箱长 25m，两端竖板厚 50mm	t	76.10

(2)定额工程量

定额工程量同清单工程量。

项目编码：040304003　　　项目名称：预制混凝土板

【例55】　某桥梁采用预制混凝土空心板梁如图 3-55 所示，该桥跨径 28m，共 3 跨，计算空心板梁的工程量。

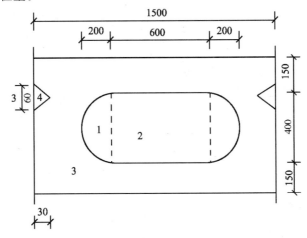

图 3-55　预制空心板梁

【解】　(1) 清单工程量

$$V_1=\frac{1}{2}\times\pi\times0.2^2\times28\text{m}^3=1.76\text{m}^3$$

$$V_2=0.6\times0.4\times28\text{m}^3=6.72\text{m}^3$$

$$V_3=1.5\times(0.4+0.15\times2)\times28\text{m}^3=29.4\text{m}^3$$

$$V_4=0.06\times0.03\times\frac{1}{2}\times28\text{m}^3=0.025\text{m}^3$$

$$\begin{aligned}
V&=(V_3-2V_1-V_2-2V_4)\times3\\
&=(29.4-2\times1.76-6.72-2\times0.025)\times3\text{m}^3\\
&=(29.4-3.52-6.7-0.05)\times3\text{m}^3\\
&=57.33\text{m}^3
\end{aligned}$$

【注释】　0.2 为图标 1 半圆半径即 0.4/2，28 为桥跨径，0.6 为图标 2 矩形长度，1.5 为图标 3 外部大矩形的长度，0.06 为图标 4 三角形的底宽，0.03 为其高度。

清单工程量计算见表 3-53。

清单工程量计算表　　　　　　　　　表 3-53

项目编码	项目名称	项目特征描述	计量单位	工程量
040304003001	预制混凝土板	预制混凝土空心板梁，非预应力	m³	57.33

（2）定额工程量

定额工程量同清单工程量。

项目编码：040304001　　项目名称：预制混凝土梁

【例 56】　某预制混凝土单室箱梁截面形状及尺寸如图 3-56 所示，箱长 20m，梁端翼板过檐 200mm，计算此预制箱梁工程量。

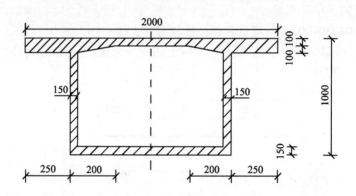

图 3-56　单室混凝土箱梁

【解】　（1）清单工程量

梁端翼板过檐工程量＝$2.0 \times 0.2 \times 0.2 \times 2 \mathrm{m}^3 = 0.16 \mathrm{m}^3$

箱体工程量＝$[2.0 \times 0.2 - \dfrac{1}{2} \times (1.1 + 1.2) \times 0.1 + 0.8 \times 0.15 \times 2 + 1.2 \times 0.15] \times 20 \mathrm{m}^3$

　　　　　＝$(0.4 - 0.1 + 0.24 + 0.18) \times 20 \mathrm{m}^3$

　　　　　＝$14.4 \mathrm{m}^3$

预制箱梁工程量＝$(0.16 + 14.4) \mathrm{m}^3 = 14.56 \mathrm{m}^3$

【注释】　预制箱梁工程量按设计图示尺寸以体积计算，2.0 为梁端翼板长度，0.2 为其厚度及宽度，2 为两翼。箱体工程量计算式中 2.0 为顶板长度，0.2 为其厚度即（0.1＋0.1），1.1 为顶板空白梯形的上底宽即（2.0－0.25×2－0.2×2），1.2 为其下底宽即（2.0－0.25×2－0.15×2），0.1 为空白梯形高度，0.8 为左右两边竖板的高度即（1.0－0.2），0.15 为其宽度，1.2 为底部横板长度（扣除板厚），20 为箱梁长度。

清单工程量计算见表 3-54。

清单工程量计算表　　　　　　　　　表 3-54

项目编码	项目名称	项目特征描述	计量单位	工程量
040304001001	预制混凝土梁	预制混凝土单室箱梁，箱长 20m，梁端翼板过檐 200mm	m³	14.56

（2）定额工程量

定额工程量同清单工程量。

项目编码：040303022   项目名称：混凝土桥塔身

【例57】 为了增加桥梁的美观，某斜拉桥的索塔截面设计如图 3-57 所示，其采用现浇混凝土制作，塔厚 2m，截面如图 3-57 所示，计算该索塔的工程量。

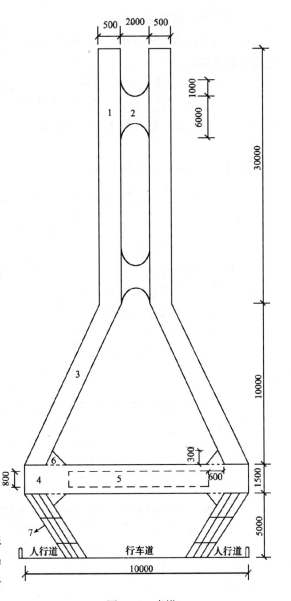

图 3-57 索塔

【解】 （1）清单工程量

$V_1 = 0.5 \times 30 \times 2 \text{m}^3 = 30 \text{m}^3$

$V_2 = [2.0 \times (6+1) - \pi \times 1^2] \times 2 \text{m}^3$
$\quad = 21.72 \text{m}^3$

$V_3 = 0.5 \times 10 \times 2 \text{m}^3 = 10 \text{m}^3$

$V_4 = 10 \times 1.5 \times 2 \text{m}^3 = 30 \text{m}^3$

$V_5 = [10 - (0.5 + 0.6) \times 2] \times 0.8$
$\quad \times 2 \text{m}^3$
$\quad = 12.48 \text{m}^3$

$V_6 = 0.6 \times 0.3 \times \dfrac{1}{2} \times 2 \text{m}^3 = 0.18 \text{m}^3$

$V_7 = 0.5 \times 5 \times 2 \text{m}^3 = 5 \text{m}^3$

$V = 2 \times (V_1 + V_2 + V_3) + V_4 - V_5$
$\quad + 4 V_6 + 2 \times V_7$
$\quad = [2 \times (30 + 21.72 + 10) + 30$
$\quad - 12.48 + 4 \times 0.18 + 2 \times 5] \text{m}^3$
$\quad = (123.44 + 30 - 12.48 + 0.72$
$\quad + 10) \text{m}^3$
$\quad = 151.68 \text{m}^3$

【注释】 V_1 式中 0.5 为图标 1 的矩形宽度，30 为其高度，2 为厚度；V_2 式中 2.0 为图标 2 将上下两个空白圆形补齐后的矩形宽度，（6+1）为其长度，1 为两个半圆的半径；V_3 式中 0.5 为图标 3 的平行四边形宽度，10 为其高度，2 为厚度；V_4 式中 10 为图标 4 的长度，1.5 为其高度；V_5 式中 0.8 为图标 5 矩形宽度；V_6 式中 0.6 为图标 6 三角形的底宽，0.3 为三角形高度；V_7 式中 0.5 为图标 7 平行四边形的宽度，5 为其高度。

清单工程量计算见表 3-55。

清单工程量计算表   表 3-55

项目编码	项目名称	项目特征描述	计量单位	工程量
040303022001	混凝土桥塔身	现浇混凝土索塔	m³	151.68

（2）定额工程量

定额工程量同清单工程量。

项目编码：040303020   项目名称：混凝土桥头搭板

【例58】 某桥头搭板横截面如图 3-58 所示，采用 C20 混凝土浇筑，石料最大粒径 20mm，计算该桥头搭板工程量（取板长为 20m）。

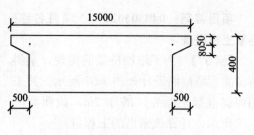

图 3-58   某桥头搭板横截面图

【解】 （1）清单工程量

$$横断面面积 = \left[\frac{1}{2} \times (0.05 + 0.13) \times 0.5 \times 2 + 14 \times 0.4\right] m^2$$

$$= (0.09 + 5.6) m^2$$

$$= 5.69 m^2$$

该桥头搭板工程量 $= 5.69 \times 20 m^3 = 113.8 m^3$

【注释】 桥头搭板工程量按设计图示尺寸以体积计算。0.05 为上部左右两端梯形的上底宽，0.13 为其下底宽即（0.05＋0.08），0.5 为梯形高度，14 为中间矩形的长度即（15－0.5×2），0.4 为其宽度，20 为板长。

清单工程量计算见表 3-56。

清单工程量计算表   表 3-56

项目编码	项目名称	项目特征描述	计量单位	工程量
040303020001	混凝土桥头搭板	C20 混凝土，石料最大粒径 20mm	m³	113.8

（2）定额工程量

定额工程量同清单工程量。

项目编码：040304005   项目名称：预制混凝土其他构件

【例59】 某城市桥梁采用方台灯座，其具体构造如图 3-59 所示，采用 C15 的混凝土制作，该桥共有 8 个桥灯，计算灯座的工程量。

【解】 （1）清单工程量

方法一：

$$V_1 = \left[0.4 \times 0.4 \times 0.8 + 4 \times \frac{1}{2} \times 0.1 \times 0.8 \times 0.4 + 8 \times \frac{1}{3} \times \frac{1}{2} \times 0.1 \times 0.1 \times 0.8\right] m^3$$

$$= (0.128 + 0.064 + 0.011) m^3$$

$$= 0.2 m^3$$

方法二：

$$V_1 = \frac{1}{3} \times 0.8 \times (0.4 \times 0.4 + 0.6 \times 0.6 + 0.4 \times 0.6) m^3 = 0.2 m^3$$

$$V_2 = \pi \times 0.1^2 \times 0.8 m^3 = 0.025 m^3$$

$$V = 8(V_1 - V_2) = (0.2 - 0.025) \times 8 m^3 = 1.4 m^3$$

【注释】 方法一将灯座分割为底面为方形的四棱柱，前后左右四个三棱柱及四角的八个三棱锥；0.4 为四棱柱底面边长，0.8 为其高度，4 为分割的三棱柱数量，0.1 为三棱柱

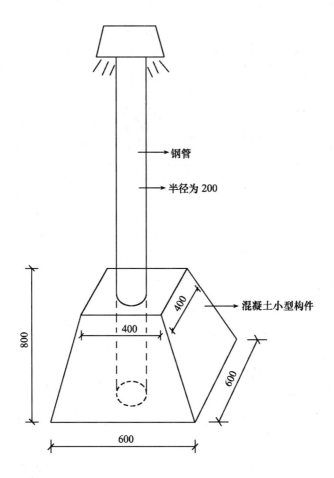

图 3-59　方台灯座

左右两面直角三角形直角边长即(0.6－0.4)/2；8 为角锥数量，0.1 为角锥底面等腰直角三角形直角边长。方法二直接利用梯形台体积公式计算，V_2 式中 0.1 为钢管半径。

清单工程量计算见表 3-57。

清单工程量计算表　　　　　　　　表 3-57

项目编码	项目名称	项目特征描述	计量单位	工程量
040304005001	预制混凝土其他构件	桥梁方台灯座，C15 混凝土	m³	1.4

（2）定额工程量

定额工程量同清单工程量。

项目编码：040308002　　　项目名称：剁斧石饰面

【例 60】　为了与城市格调一致，对某城市 20m 的桥梁进行装饰，其栏杆设计为如图 3-60 所示，板厚 30mm，其中，栏板的花纹部分和柱子采用拉毛，剩余部分用剁斧石饰面，（不包括地衣伏），计算剁斧石饰面和拉毛的工程量。

【解】　（1）清单工程量

经计算可得：一面栏杆共 9 个柱子即($\dfrac{20-0.1\times2-1.0}{2.0+0.2}+1$)，中间 8 块相同的带有棱

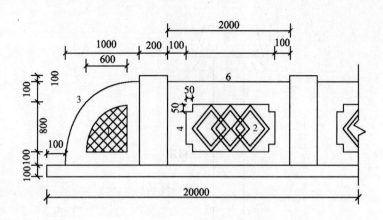

图 3-60 桥梁栏杆

形花纹的栏板，两边各有一块带半圆花纹的栏板，则有：

拉毛工程量：

半圆花纹：$S_1 = \dfrac{1}{4} \times \pi \times 0.6^2$（半圆半径）$m^2 = 0.28m^2$

棱形花纹矩形：$S_2 = [(2-2\times0.1)$（长度）$\times0.8$（宽度）$-4\times(0.05\times0.05)$（四角空白方形）$]m^2$

$\qquad\qquad\qquad = 1.04m^2$

柱子 $\begin{cases} 顶面：S_3 = \pi\times0.1^2（柱子半径0.2/2）m^2 = 0.03m^2 \\ \\ 侧面：如右图所示：\sin\theta_1 = \dfrac{\dfrac{0.030}{2}}{\dfrac{0.2}{2}} = 0.15 \\ \\ \qquad\qquad\qquad\qquad \theta_1 = \arcsin0.15 \end{cases}$

$l_1 = 2\pi r \cdot \dfrac{2\theta_1}{360} = (\dfrac{\pi}{180}\times0.2\times\arcsin0.15)m = 0.03m$

$S_4 = [\pi\times0.2$（柱直径）$\times(0.1\times2+0.1+0.8)$（柱高度）$-0.03$（板厚）$\times(0.1\times3+$

$\qquad 0.8)\times2]m^2$

$\qquad = (0.69-0.066)m^2$

$\qquad = 0.624m^2$

$S = [(2S_1+8S_2)\times2+9S_3+9S_4]\times2m^2$

$\quad = [(2\times0.28+8\times1.04)\times2+9\times0.03+9\times0.624]\times2m^2$

$\quad = (17.76+0.27+5.62)\times2m^2$

$\quad = 47.3m^2$

剁斧石饰面工程量：

半圆形栏板除图案外的面积：$S_1 = (\pi\times1^2-\pi\times0.6^2)\times\dfrac{1}{4}m^2 = 0.50m^2$

一块矩形板除图案外的面积：$S_2 = [2\times(0.1\times2+0.8)-1.04]m^2 = 0.96m^2$

半圆上表面积：$S_3 = \dfrac{1}{4}\times\pi\times(1\times2)\times0.03m^2 = 0.048m^2$

一块棱形图案上表面积一半：$S_4 = 2 \times 0.015 \text{m}^2 = 0.03 \text{m}^2$

$$S = 2S_1 \times 4 + 8S_2 \times 4 + 2S_3 \times 2 + 8S_4 \times 4$$
$$= (0.5 \times 8 + 0.96 \times 32 + 0.048 \times 4 + 0.03 \times 32) \text{m}^2$$
$$= 35.87 \text{m}^2$$

清单工程量计算见表 3-58。

清单工程量计算表　　　　　　　表 3-58

序号	项目编码	项目名称	项目特征描述	计量单位	工程量
1	040308002001	剁斧石饰面	栏板的剩余部分用剁斧石饰面，板厚 30mm	m^2	35.87

（2）定额工程量

定额工程量同清单工程量。

项目编码：040308004　　项目名称：涂料

【例 61】　某桥梁灯柱采用水质涂料涂抹，灯柱截面尺寸如图 3-61 所示，灯柱高 4.5m，每侧有 15 根，计算该桥梁上灯柱水质涂料工程量。

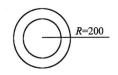

【解】　（1）清单工程量

单根灯柱涂料工程量 $= 2 \times 3.14 \times 0.2 \times 4.5 \text{m}^2 = 5.66 \text{m}^2$

涂料总工程量 $= 2 \times 15 \times 5.66 \text{m}^2 = 169.8 \text{m}^2$

图 3-61　灯柱横截面图

【注释】　水质涂料按设计图示尺寸以面积计算，0.2 为灯柱外圆半径，4.5 为灯柱高度，15 为灯柱数量。

清单工程量计算见表 3-59。

清单工程量计算表　　　　　　　表 3-59

项目编码	项目名称	项目特征描述	计量单位	工程量
040308004001	涂料	桥梁灯柱采用水质涂料涂抹	m^2	169.8

（2）定额工程量

定额工程量同清单工程量。

项目编码：040901001　　项目名称：现浇构件钢筋

【例 62】　××桥梁工程中制做的弯筋构造如图 3-62 所示，$\phi 12$ 钢筋直线长度为 5m，角度 $\alpha = 30°$，$H = 0.5$m，计算钢筋工程量。

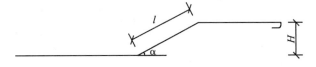

图 3-62　弯筋构造图

【解】　（1）清单工程量

钢筋长度 $= (5 + 2 \times 0.5 + 6.25 \times 0.012) \text{m} = (5 + 1.0 + 0.075) \text{m} = 6.08 \text{m}$

$\phi 12$ 钢筋工程量 $= 6.08 \times 0.888 \text{kg} = 5.40 \text{kg} = 0.005 \text{t}$

【注释】　钢筋工程量按设计重量计算，半圆弯钩长度为钢筋直径的 6.25 倍。5 为钢筋直线长度，0.012为钢筋直径，0.5为钢筋斜线部分高。

清单工程量计算见表3-60。

表 3-60

清单工程量计算表

项目编码	项目名称	项目特征描述	计量单位	工程量
040901001001	现浇构件钢筋	弯筋，$\phi12$钢筋直线长度为5m，角度$\alpha=30°$	t	0.005

（2）定额工程量

定额工程量同清单工程量。

项目编码：040301001   项目名称：预制钢筋混凝土方桩

【例63】 某桥梁工程中，采用26根钢筋混凝土方桩，如图3-63所示，计算送桩工程量。

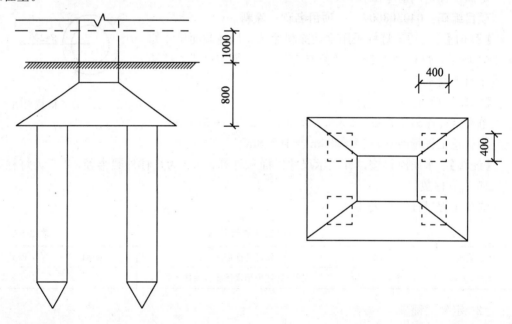

图 3-63　方桩

【解】（1）清单工程量

$$l=(1+0.8)\text{m}=1.8\text{m}$$

清单工程量计算见表3-61。

表 3-61

清单工程量计算表

项目编码	项目名称	项目特征描述	计量单位	工程量
040301001001	预制钢筋混凝土方桩	钢筋混凝土方桩送桩	m	1.8

（2）定额工程量

$$V=0.4×0.4×(1+0.8)×4×26\text{m}^3=29.95\text{m}^3$$

【注释】 送桩清单工程量按送桩长度计算，送桩长度以原地面平均标高增加1m为界线，界线以下至设计桩顶标高之间的长度。送桩定额工程量按打桩实体积计算，0.4为桩底面边长，4为送桩数量，26为方桩数量。

项目编码：040303005　　项目名称：混凝土墩(台)身

【例 64】 某桥梁的桥墩采用弧形空心桥墩，C30 混凝土现浇制作，其正面图和俯视图如图 3-64 所示，计算其工程量。

【解】（1）清单工程量

$$V_1 = \frac{1}{2} \times \pi \times [0.5^2 - (0.5 - 0.2)^2] \times 6 \text{m}^3$$

$$= \frac{1}{2} \times 3.1416 \times 0.16 \times 6 \text{m}^3 = 1.51 \text{m}^3$$

$$V_2 = 7 \times 0.2 \times 6 \text{m}^3 = 8.4 \text{m}^3$$

$$V = 2V_1 + 2V_2 = 2 \times (1.51 + 8.4) \text{m}^3$$

$$= 19.82 \text{m}^3$$

【注释】 0.5 为圆弧部分外圆半径，0.2 为墩身厚度，6 为墩身长度，7 为墩身前后两侧（扣除圆弧）的宽度。

清单工程量计算见表 3-62。

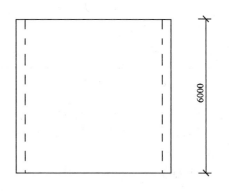
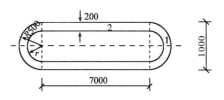

图 3-64　弧形空心桥墩

清单工程量计算表　　　　　　　　　　　　　　表 3-62

项目编码	项目名称	项目特征描述	计量单位	工程量
040303005001	混凝土墩(台)身	弧形空心桥墩，C30 混凝土现浇制作	m³	19.82

（2）定额工程量

定额工程量同清单工程量。

项目编码：040303005　　项目名称：混凝土墩(台)身

【例 65】 某矩形空心桥墩的结构形式如图 3-65 所示，C30 现浇混凝土制作，其桥墩长 7m，宽 5m，厚 1m，计算其工程量。

【解】（1）清单工程量

$$V_1 = 5 \times 1 \times 7 \text{m}^3 = 35 \text{m}^3$$

$$V_2 = (5 - 0.2 \times 3) \times \frac{1}{2} \times (1 - 0.2 \times 2) \times 7 \text{m}^3$$

$$= 9.24 \text{m}^3$$

$$V = V_1 - 2V_2$$

$$= (35 - 2 \times 9.24) \text{m}^3$$

$$= 16.52 \text{m}^3$$

【注释】 5 为桥墩宽度，7 为桥墩高度，1 为桥墩厚度，0.2 为桥墩中间及两侧挡板的宽度。

清单工程量计算见表 3-63。

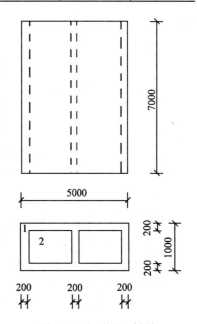

图 3-65　矩形空心桥墩

清单工程量计算表 表 3-63

项目编码	项目名称	项目特征描述	计量单位	工程量
040303005001	混凝土墩(台)身	矩形空心桥墩，C30 混凝土现浇制作	m³	16.52

(2)定额工程量

定额工程量同清单工程量。

项目编码：040303005   项目名称：混凝土墩(台)身

【例 66】 ××桥梁采用空心式桥墩，其示意图如图 3-66 所示，C30 混凝土现浇制作，其中 $R=500$mm，施工中共用到此种桥墩 25 个，计算该桥梁工程中桥墩墩身工程量。

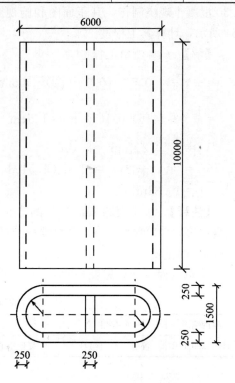

【解】 (1)清单工程量

横断面面积$=[\pi \times (0.75^2-0.5^2)+0.25 \times 4.5 \times 2+0.25 \times 1.0]$m²

$\qquad =(0.982+2.25+0.25)$m²

$\qquad =3.48$m²

单个桥墩工程量$=3.48 \times 10$m³$=34.8$m³

桥墩墩身总工程量$=34.8 \times 25$m³$=870$m³

【注释】 0.75 为墩身两侧圆弧外圆半径即 (0.5+0.25)，0.5 为内圆半径，0.25 为墩身厚度，4.5 为中间部分的宽度即(6.0-0.5×2-0.25×2)，1.0 为墩身中间板的宽度即(1.5-0.25×2)，10 为墩身高度，25 为桥墩数量。

图 3-66 某空心桥墩示意图

清单工程量计算见表 3-64。

清单工程量计算表 表 3-64

项目编码	项目名称	项目特征描述	计量单位	工程量
040303005001	混凝土墩(台)身	空心式桥墩，C30 混凝土现浇制作	m³	870

(2)定额工程量

定额工程量同清单工程量。

【例 67】 某桥梁车行道与人行道之间的缘石采用图 3-67 的形式，其采用混凝土就地浇筑的方法，计算其工程量。

【解】(1)清单工程量

$\qquad V=[0.35 \times 60 \times (0.1+0.03)-1/2 \times 0.03 \times 0.03 \times 60]$m³

$\qquad =2.70$m³

【注释】 0.35 为缘石宽度，60 为长度，0.1 为图示右侧面厚度，0.03 为右侧面直角三棱柱缺口的直角边长。

(2)定额工程量

定额工程量同清单工程量。

项目编码：040307007　　项目名称：其他钢构件

【例68】　城市地道桥桥后背的形式与顶进箱涵的规模和地质情况，施工企业的设备、材料、经验有关，根据调查在实际情况下某城市地道桥后背采用钢构件组合式后背，背宽7m，其他各部分尺寸如图3-68所示，计算钢构件的工程量。

【解】　（1）清单工程量：

$V_1 = 1.5(厚度) \times (8+2)(高度) \times 7(宽度) m^3 = 105 m^3$

$V_2 = [2 \times 8 \times 7 - \dfrac{1}{2} \times 2(图标2空白直角三角形边长) \times 3.5(图标2空白直角三角形高) \times 7 \times 2] m^3$

　　$= (112 - 24.5 \times 2) m^3$

　　$= 63 m^3$

$V_3 = (1+0.1)(图标3板长) \times 0.4(板厚) \times 7 m^3 = 3.08 m^3$

$$V_4 = 0.1 \times 0.6 \times 7 m^3 = 0.42 m^3$$

$$V = V_1 + V_2 + V_3 + V_4 = (105 + 63 + 3.08 + 0.42) m^3 = 171.5 m^3$$

又∵　钢的密度为：$7.87 \times 10^3 kg/m^3$

故　$m = 171.5 \times 7.87 \times 10^3 kg = 1349.7 t$

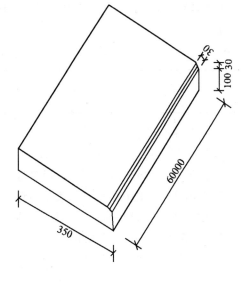

图3-67　缘石

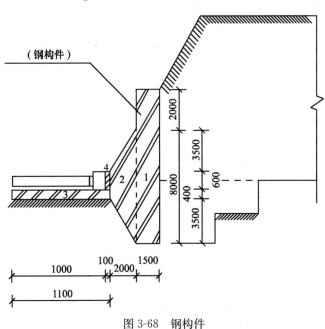

图3-68　钢构件

【注释】 钢构件工程量按设计图示以质量计算。

清单工程量计算见表 3-65。

清单工程量计算表　　　　　　　　　　　　　　　　　表 3-65

项目编码	项目名称	项目特征描述	计量单位	工程量
040307007001	其他钢构件	地道桥后背采用钢构件组合式后背，背宽 7m	t	1349.7

（2）定额工程量

定额工程量同清单工程量。

项目编码：**040303004**　　　项目名称：**混凝土墩（台）帽**

项目编码：**040303005**　　　项目名称：**混凝土墩（台）身**

项目编码：**040303002**　　　项目名称：**混凝土基础**

【例 69】 某桥梁工程采用柱式桥墩，采用 C30 混凝土现浇，石料最大粒径 20mm，其基础与桥墩如图 3-69 所示，计算其工程量。

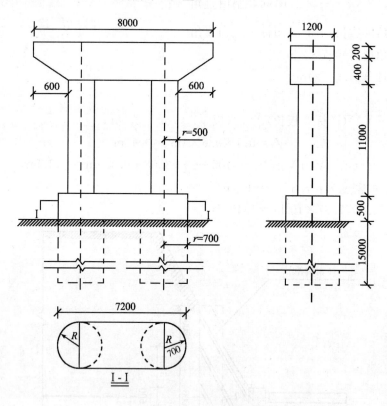

图 3-69　某柱式桥墩细部图

【解】 （1）清单工程量

墩帽工程量 $= (8 \times 0.2 + 2 \times \frac{1}{2} \times 0.6 \times 0.4 + 6.8 \times 0.4) \times 1.2 \mathrm{m}^3$

$\qquad = (1.6 + 0.24 + 2.72) \times 1.2 \mathrm{m}^3$

$\qquad = 5.47 \mathrm{m}^3$

墩身工程量 $= 2 \times \pi \times 0.5^2 \times 11 \mathrm{m}^3 = 17.28 \mathrm{m}^3$

桥墩工程量 $= (5.47 + 17.28) \mathrm{m}^3 = 22.75 \mathrm{m}^3$

$$基础工程量=[(\pi\times0.7^2+5.8\times1.4)\times0.5+2\times\pi\times0.7^2\times15]m^3$$
$$=[(1.54+8.12)\times0.5+46.19]m^3$$
$$=(4.83+46.19)m^3=51.02m^3$$

【注释】　墩帽以 0.2m 为分界划分为上部矩形和下部左右两个直角三角形及下部中间矩形，8 为上部矩形长度，0.2 为其宽度，0.6 与 0.4 分别为直角三角形两直角边长，6.8 为中间矩形长度即(8.0−0.6×2)；墩身：0.5 为圆柱形墩身半径，11 为墩身高度；基础：0.7 为基础圆柱形部分半径，0.5 为地上基础高度，15 为地下基础高度，5.8 为地上除去两侧两个半圆柱后基础宽度即(7.2−0.7×2)。

清单工程量计算见表 3-66。

清单工程量计算表　　　　　　　　　表 3-66

序号	项目编码	项目名称	项目特征描述	计量单位	工程量
1	040303004001	混凝土墩(台)帽	柱式桥墩墩帽，C30 混凝土，石料最大粒径 20mm	m³	5.47
2	040303005001	混凝土墩(台)身	柱式桥墩墩身，C30 混凝土，石料最大粒径 20mm	m³	17.28
3	040303002001	混凝土基础	C30 混凝土，石料最大粒径 20mm	m³	51.02

（2）定额工程量

定额工程量同清单工程量。

项目编码：040303005　　项目名称：混凝土墩(台)身

【例 70】　某薄壁轻型桥台，如图 3-70 所示，其宽度为 6m，计算该轻型桥台工程量。

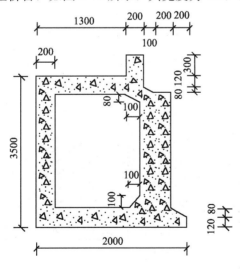

图 3-70　薄壁轻型桥台

【解】　（1）清单工程量

$$薄壁轻型桥台横截面面积=[3.5\times1.8-\frac{1}{2}\times(0.2+0.3)\times0.08-0.3\times0.12+0.2\times$$
$$0.3+\frac{1}{2}\times(0.12+0.2)\times0.2-1.3\times3.1+\frac{1}{2}\times0.1\times0.1$$

$$+\frac{1}{2}\times 0.08\times 0.1]\text{m}^2$$
$$=(6.3-0.02-0.036+0.06+0.032-4.03+0.005$$
$$+0.004)\text{m}^2=2.32\text{m}^2$$

桥台工程量$=2.32\times 6\text{m}^3=13.92\text{m}^3$

【注释】 3.5 为扣除顶部凸出部分桥台高度,1.8 为扣除右下方凸出部分桥台长度即 (2.0-0.2),0.2 为右上方空白部分下部梯形下底宽,0.3 为上底宽即(0.2+0.1),0.08 为 梯形高,0.12 为空白部分矩形宽度,$\frac{1}{2}\times(0.12+0.2)\times 0.2$ 为右下方凸出部分梯形面积, 0.2×0.3 为上部凸出部分面积,1.3 为中间空白部分的长度,3.1 为其高度即$(3.5-0.2\times 2)$,$\frac{1}{2}\times 0.1\times 0.1$ 为中间右下方三角形面积,$\frac{1}{2}\times 0.08\times 0.1$ 为中间右上方三角形面积。

清单工程量计算见表 3-67。

清单工程量计算表　　　　　　　　　　　　　　　表 3-67

项目编码	项目名称	项目特征描述	计量单位	工程量
040303005001	混凝土墩(台)身	薄壁轻型桥台	m³	13.92

(2) 定额工程量

定额工程量同清单工程量。

项目编码:040307008　　项目名称:悬(斜拉)索

【例 71】 某斜拉桥有 2 个相同的索塔,每座索塔的具体构造如图 3-71 所示,其中每根 拉索由 30 根 ϕ10 的钢绞线组成,计算拉索的工程量。

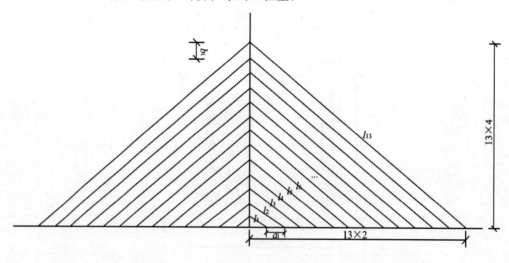

图 3-71 斜拉桥

【解】 (1) 清单工程量

如图所示:各根拉索的长度为:

$$l_1=\sqrt{2^2+4^2}\text{m}=4.5\text{m}$$

$$l_2=\sqrt{(2\times 2)^2+(4\times 2)^2}\text{m}=8.94\text{m}$$

$$l_3 = \sqrt{(2\times3)^2 + (4\times3)^2}\text{m} = 13.42\text{m}$$

同理可得：$l_4 = 17.9\text{m}$ 　$l_5 = 22.36\text{m}$ 　$l_6 = 26.83\text{m}$

$l_7 = 31.3\text{m}$ 　$l_8 = 35.78\text{m}$ 　$l_9 = 40.25\text{m}$

$l_{10} = 44.72\text{m}$ 　$l_{11} = 49.20\text{m}$ 　$l_{12} = 53.67\text{m}$

$l_{13} = 58.14\text{m}$

又∵直径为 10mm 的钢绞线，单根钢绞线理论质量为：0.617kg/m

故每根拉索的质量为：$m_1 = 0.617\times30\times4.5\text{kg} = 83.30\text{kg}$

$$m_2 = 0.617\times30\times8.94\text{kg} = 165.48\text{kg}$$

$$m_3 = 0.617\times30\times13.42\text{kg} = 248.60\text{kg}$$

$$m_4 = 0.617\times30\times17.9\text{kg} = 331.33\text{kg}$$

$$m_5 = 0.617\times30\times22.36\text{kg} = 413.88\text{kg}$$

$$m_6 = 0.617\times30\times26.83\text{kg} = 496.62\text{kg}$$

同理可得：$m_7 = 579.36\text{kg}$ 　$m_8 = 662.29\text{kg}$ 　$m_9 = 745.03\text{kg}$

$m_{10} = 827.77\text{kg}$ 　$m_{11} = 910.70\text{kg}$ 　$m_{12} = 993.43\text{kg}$

$m_{13} = 1076.17\text{kg}$

故 $m = (m_1 + m_2 + m_3 + \cdots\cdots + m_{13})\times2\times2$

$\quad = (83.30 + 165.48 + 248.40 + 331.33 + 413.88 + 496.62 + 579.36 + 662.29 + 745.03$

$\quad\quad + 827.77 + 910.70 + 993.43 + 1076.17)\times4\text{kg}$

$\quad = 30135.04\text{kg} = 30.14\text{t}$

【注释】　钢拉索工程量按设计图示尺寸以质量计算。由图知每两根拉索在竖直方向上之间间距为 4m，水平方向上位 2m。根据勾股定理计算每根拉索的长度，从而求得其质量。

清单工程量计算见表 3-68。

清单工程量计算表　　　　　　　　　　　　表 3-68

项目编码	项目名称	项目特征描述	计量单位	工程量
040307008001	悬（斜拉）索	拉索由 30 根 ϕ10 的钢绞线组成	t	30.14

（2）定额工程量

定额工程量同清单工程量。

项目编码：040301002　　**项目名称：预制钢筋混凝土管桩**

【例 72】　某桥梁工程中需要打钢筋混凝土管桩，如图 3-72 所示，其中 $D=400$，$d=200$，计算打桩工程量。

图 3-72　钢筋混凝土管桩

【解】　（1）清单工程量

$$l = 8\text{m}$$

清单工程量计算见表 3-69。

清单工程量计算表

表 3-69

项目编码	项目名称	项目特征描述	计量单位	工程量
040301002001	预制钢筋混凝土管桩	钢筋混凝土管桩 $D=400mm$，$d=200mm$	m	8

（2）定额工程量

管桩截面面积 $=\pi(0.4^2-0.2^2)\times\dfrac{1}{4}m^2=0.095m^2$

打桩工程量 $=0.095\times8m^3=0.76m^3$

【注释】 钢筋混凝土管桩清单工程量按设计图示尺寸以长度计算，定额工程量按桩长乘以桩横断面面积以体积计算。8 为桩长，0.4 为管桩外径，0.2 为管桩内径。

项目编码：040303022   项目名称：混凝土桥塔身

【例 73】 某混凝土斜拉桥全长 2022.4m，索塔为倒 Y 形构造如图 3-73 所示，全桥共 6 个索塔，塔厚 1.5m，计算索塔工程量。

【解】 （1）清单工程量

$$V_1=2\times50\times1.5m^3=150m^3$$

$$V_2=1.5\times20\times1.5m^3=45m^3$$

$$V_3=16\times1.0\times1.5m^3=24m^3$$

$$V=(V_1+2V_2+V_3)\times6=(150+2\times45+24)\times6m^3=1584m^3$$

【注释】 V_1 式中 2 为图标为 1 的矩形断面宽度，50 为其长度，1.5 为塔厚；V_2 式中 20 为图标 2 的平行四边形的高，1.5 为其底边宽；V_3 式中 16 为图标 3 的矩形宽，1.0 为其高。6 为索塔数量。

清单工程量计算见表 3-70。

清单工程量计算表

表 3-70

项目编码	项目名称	项目特征描述	计量单位	工程量
040303022001	混凝土桥塔身	斜拉桥 Y 形索塔，塔厚 1.5m	m^3	1584

（2）定额工程量

定额工程量同清单工程量。

项目编码：040303022   项目名称：混凝土桥塔身

【例 74】 某混凝土斜拉桥的索塔为 A 形构造，全桥长 400m，全桥有 2 个索塔，塔厚 1.2m，截面形式如图 3-74 所示，计算索塔工程量。

【解】 （1）清单工程量

$$V_1=2.1\times68\times1.2m^3=171.36m^3$$

$$V_2=\frac{1}{2}\times[12+(12+1\times2)]\times2.1\times1.2m^3=32.76m^3$$

$$V=2V_1+V_2=(2\times171.36+32.76)m^3=375.48m^3$$

【注释】 V_1 式中 2.1 为图标 1 平行四边形底边长，68 为其高，1.2 为塔厚；V_2 式中 12 为图标 2 梯形截面上底宽，$(12+1\times2)$ 为其下底宽，2.1 为其高。

清单工程量计算见表 3-71。

清单工程量计算表　　表 3-71

项目编码	项目名称	项目特征描述	计量单位	工程量
040303022001	混凝土桥塔身	混凝土斜拉桥 A 形索塔	m³	375.48

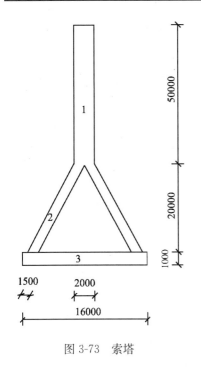

图 3-73　索塔

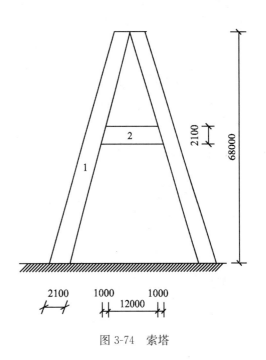

图 3-74　索塔

（2）定额工程量

定额工程量同清单工程量。

项目编码：040303005　　项目名称：混凝土墩(台)身

【例 75】　某桥梁桥墩墩身截面如图 3-75 所示，采用 C30 混凝土浇筑，石料最大粒径 20mm，计算墩身工程量(取墩身高 12m)。

【解】　（1）清单工程量

墩身截面面积 $=[\frac{1}{2}\times(4.7+5.3)\times0.6-\frac{1}{2}\times(4.5+5.0)\times0.45]\times2\text{m}^3$

$$=(3-2.14)\times2\text{m}^3=1.72\text{m}^3$$

墩身工程量 $=1.72\times12\text{m}^3=20.64\text{m}^3$

【注释】　墩身工程量按体积计算。将图中划分为上下两个相同的梯形，4.7 为梯形上底宽，5.3 为其下底宽即(5.0+0.15×2)，0.6 为梯形高，4.5 为中间空白部分梯形的上底宽，5.0 为其下底宽。12 为墩身高度。

清单工程量计算见表 3-72。

清单工程量计算表　　表 3-72

项目编码	项目名称	项目特征描述	计量单位	工程量
040303005001	混凝土墩(台)身	桥墩墩身，C30 混凝土，石料最大粒径 20mm	m³	20.64

（2）定额工程量

定额工程量同清单工程量。

项目编码：040304001　　项目名称：预制混凝土梁

【例76】　某斜拉桥主梁截面采用了如图3-76所示的型式，采用预应力混凝土制作，该桥主梁长为56m，中间横梁长15m，每跨设2块，计算该主梁的工程量。

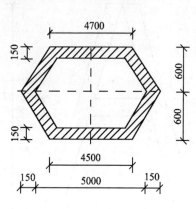

图3-75　某桥墩墩身截面图

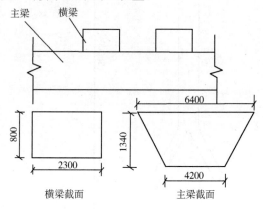

图3-76　斜拉桥梁构造

【解】　（1）清单工程量

$$V_1=\frac{1}{2}\times(4.2+6.4)\times1.34\times56\text{m}^3=403.65\text{m}^3$$

$$V_2=2.3\times0.8\times15\times2\text{m}^3=55.2\text{m}^3$$

$$V=V_1+V_2=(403.65+55.2)\text{m}^3=458.85\text{m}^3$$

【注释】　4.2为主梁梯形截面下底宽，6.4为其上底宽，1.34为其高，56为主梁长；2.3为横梁矩形截面宽，0.8为其高度，15为横梁长度，2为中间横梁的数量。

清单工程量计算见表3-73。

清单工程量计算表　　　　　　　　　　　　　表3-73

项目编码	项目名称	项目特征描述	计量单位	工程量
040304001001	预制混凝土梁	斜拉桥混凝土主梁，预应力	m³	458.85

（2）定额工程量

定额工程量同清单工程量。

项目编码：040303005　　项目名称：混凝土墩（台）身

【例77】　××桥梁工程中，桥墩墩身截面如图3-77所示，设计桥墩墩身高为15m，采用C30混凝土浇筑，石料最大粒径20mm，计算该墩身工程量。

【解】　（1）清单工程量

墩身横截面面积$=\frac{1}{2}\times(4.0+6.0)\times1.0\times2\text{m}^2$

$=10\text{m}^2$

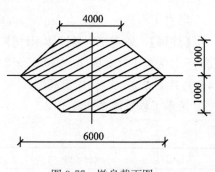

图3-77　墩身截面图

墩身工程量＝10×15m³＝150m³

【注释】　墩身截面由上下两个相同的梯形组成，4.0 为梯形上底宽，6.0 为下底宽，1.0 为梯形高，15 为墩身高。

清单工程量计算见表 3-74。

清单工程量计算表　　　　　　表 3-74

项目编码	项目名称	项目特征描述	计量单位	工程量
040303005001	混凝土墩（台）身	桥墩墩身，C30 混凝土，石最大 20mm	m³	150

（2）定额工程量

定额工程量同清单工程量。

项目编码：040303022　　项目名称：混凝土桥塔身

【例 78】　如图 3-78 所示为某斜拉桥的菱形索塔，塔厚 1.2m，塔高 80m，全桥共 2 个索桥，采用就地浇筑混凝土制作，计算索塔的工程量。

【解】　（1）清单工程量

$$V_1 = 1.2 \times 37.6 \times 1.2 m^3 = 54.14 m^3$$
$$V_2 = (19 + 0.3 \times 2) \times 1.2 \times 1.2 m^3 = 28.22 m^3$$
$$V_3 = \frac{1}{2} \times 1.2 \times 0.2 \times 1.2 m^3 = 0.14 m^3$$
$$V_4 = 1.2 \times 40 \times 1.2 m^3 = 57.6 m^3$$
$$V_5 = 19 \times 1.2 \times 1.2 m^3 = 27.36 m^3$$
$$V = [2V_1 + V_2 + 2(V_3 + V_4) + V_5] \times 2 m^3$$
$$= [2 \times 54.14 + 28.22 + 2 \times (0.14 + 57.6) + 27.36] \times 2 m^3$$
$$= 558.68 m^3$$

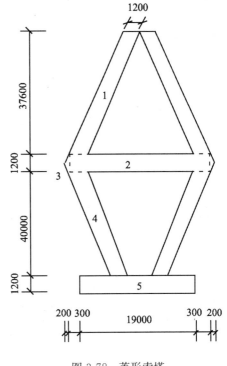

图 3-78　菱形索塔

【注释】　图中将索塔分为 5 块，V_1 式中 1.2 为图标 1 平行四边形底宽，37.6 为其高，1.2 为塔厚；V_2 式中 (19 + 0.3 × 2) 为图标 2 矩形长，1.2 为其宽；V_3 式中 1.2 为图标 3 三角形底宽，0.2 为高；V_4 式中 1.2 为图标 4 平行四边形底宽，40 为高；V_5 式中 19 为图标 5 矩形长，1.2 为其宽及索塔厚。

清单工程量计算见表 3-75。

清单工程量计算表　　　　　　表 3-75

项目编码	项目名称	项目特征描述	计量单位	工程量
040303022001	混凝土桥塔身	斜拉桥菱形索塔，塔厚 1.2m，塔高 80m	m³	558.68

（2）定额工程量

定额工程量同清单工程量。

项目编码：040304001　　项目名称：预制混凝土梁

【例79】 某桥梁工程主梁为混凝土实体双主梁，其截面如图3-79所示，其中一跨主梁长75m，主梁中共设有横梁11个，横梁厚200mm，计算该主梁工程量。

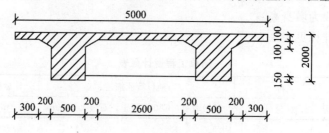

图 3-79 实体双主梁截面图

【解】 （1）清单工程量

$$双主梁工程量=(5.0×0.1+4×\frac{1}{2}×0.1×0.2+0.5×1.9×2)×75m^3$$

$$=(0.5+0.04+0.95×2)×75m^3$$

$$=183m^3$$

$$横梁工程量=[\frac{1}{2}×(2.6+3.0)×0.1+1.65×3.0]×0.2×11m^3$$

$$=(0.28+4.95)×0.2×11m^3$$

$$=11.51m^3$$

$$主梁工程量=(183+11.51)m^3=194.51m^3$$

【注释】 双主梁式中5.0为截面图顶部矩形的长度，0.1为其宽度，4为矩形下方小三角形数量，0.1为三角形高，0.2为其底宽，0.5为下部梁身宽，1.9为其高即(2.0－0.1)，2为其数量，75为主梁长。横梁式中2.6为图中空白部分上方梯形上底宽，3.0为下底宽即(2.6+0.2×2)，0.1为梯形高，1.65为空白部分下部矩形宽即(2.0－0.1×2－0.15)。

清单工程量计算见表3-76。

清单工程量计算表 表 3-76

项目编码	项目名称	项目特征描述	计量单位	工程量
040304001001	预制混凝土梁	混凝土实体双主梁，非预应力	m³	194.51

（2）定额工程量

定额工程量同清单工程量。

项目编码：040304005 **项目名称：预制混凝土其他构件**

【例80】 预应力墩台座，尺寸如图3-80所示，已知台墩用C20混凝土，台墩宽度为12m，地基为砂质黏土，计算台墩的工程量。

【解】 （1）清单工程量

$$V_1=0.7×(1.8+0.4)×12m^3=18.48m^3$$

$$V_2=(1.6-0.75)×(1.8+0.4+0.75)×12m^3=30.09m^3$$

$$V_3=\frac{1}{2}×(1.6-0.85)×0.75×12m^3=3.375m^3$$

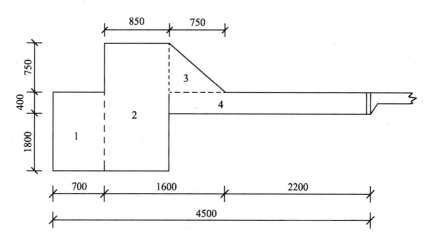

图 3-80 墩台座

$$V_4 = (2.2 + 0.75) \times 0.4 \times 12\text{m}^3 = 14.16\text{m}^3$$

$$V = V_1 + V_2 + V_3 + V_4 = (18.48 + 30.09 + 3.375 + 14.16)\text{m}^3 = 66.11\text{m}^3$$

清单工程量计算见表 3-77。

清单工程量计算表 表 3-77

项目编码	项目名称	项目特征描述	计量单位	工程量
040304005001	预制混凝土其他构件	预应力墩台座，C20 混凝土	m³	66.11

（2）定额工程量

定额工程量同清单工程量。

项目编码：040304001   项目名称：预制混凝土梁

【例 81】 某斜拉桥采用预应力混凝土主梁，其截面形式如图 3-81 所示，该桥该种梁长 64m，计算该主梁的工程量。

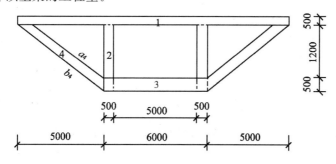

图 3-81 混凝土主梁

【解】 （1）清单工程量

$$V_1 = (6 + 5 \times 2) \times 0.5 \times 64\text{m}^3 = 512\text{m}^3$$

$$V_2 = 0.5 \times 1.2 \times 64\text{m}^3 = 38.4\text{m}^3$$

$$V_3 = (5 + 0.5 \times 2) \times 0.5 \times 64\text{m}^3 = 192\text{m}^3$$

$$a_4 = \sqrt{1.2^2 + (5 - 0.5)^2}\text{m} = 4.66\text{m}$$

$$b_4 = \sqrt{(1.2+0.5)^2+5^2}\,\text{m} = 5.28\text{m}$$

$$V_4 = \frac{1}{2} \times (4.66+5.28) \times 0.5 \times 64\text{m}^3 = 159.04\text{m}^3$$

$$V = V_1 + 2V_2 + V_3 + 2V_4 = (512 + 2\times38.4 + 192 + 2\times159.04)\text{m}^3 = 1098.88\text{m}^3$$

【注释】 V_1 式中 $(6+5\times2)$ 为主梁上部横板长度，0.5 为其厚度，64 为梁长；V_2 式中 0.5 为图标 2 矩形宽，1.2 为其长度；V_3 式中 $(5+0.5\times2)$ 为下部矩形截面的长，0.5 为其宽；a_4 式中 1.2 为斜板上边的高，$(5-0.5)$ 为斜板上边投影长，5 为斜板下边投影长，$(1.2+0.5)$ 为下边高。

清单工程量计算见表 3-78。

清单工程量计算表 表 3-78

项目编码	项目名称	项目特征描述	计量单位	工程量
040304001001	预制混凝土梁	斜拉桥预应力混凝土主梁，梁长 64m	m³	1098.88

(2) 定额工程量

定额工程量同清单工程量。

项目编码：040303011   项目名称：混凝土箱梁

【例 82】 如图 3-82 所示为三角形双原箱形截面，这种截面不仅抗弯、抗扭强度大，还对抗风特别有利，既适用于双索面体子，又适用单索面体子，某混凝土斜拉桥主跨 420m 采用此种截面形式，计算该主梁的工程量。

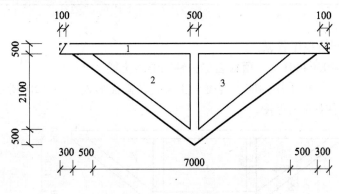

图 3-82 双原箱主梁

【解】 (1) 清单工程量

$$V_1 = (7+0.5\times2+0.3\times2)\text{(图标 1 矩形截面长)} \times 0.5\text{(宽)} \times 420\text{m}^3$$
$$= 1806\text{m}^3$$

$$V_2 = \frac{1}{2} \times (7+0.5\times2)\text{(下部外围三角形底宽)} \times (2.1+0.5)\text{(高)} \times 420\text{m}^3$$
$$= 4368\text{m}^3$$

$$V_3 = \frac{1}{2} \times \left(\frac{7-0.5}{2}\right)\text{(三角形空白底宽)} \times 2.1\text{(高)} \times 420\text{m}^3 = 1433.25\text{m}^3$$

$$V_4 = \frac{1}{2} \times 0.1\text{(顶部左右小三角形底宽)} \times 0.5\text{(高)} \times 420\text{m}^3 = 10.5\text{m}^3$$

$$V = V_1 + V_2 - 2V_3 - 2V_4$$

$$=[1806+4368-2\times(1433.25+10.5)]m^3$$

$$=3286.5m^3$$

清单工程量计算见表 3-79。

清单工程量计算表　　　　　　　　　　　　　　表 3-79

项目编码	项目名称	项目特征描述	计量单位	工程量
040303011001	混凝土箱梁	三角形双原箱形截面，斜拉桥主跨 420m 采用这种截面形式	m³	3286.5

（2）定额工程量

定额工程量同清单工程量。

项目编码：040303011　　　　**项目名称：混凝土箱梁**

【例 83】　某斜拉桥桥梁工程，其主梁采用如图 3-83 所示的分离式双箱梁，主梁跨度取为 120m，横梁厚取 200mm，主梁内共设置横梁 15 个，计算该主梁工程量。

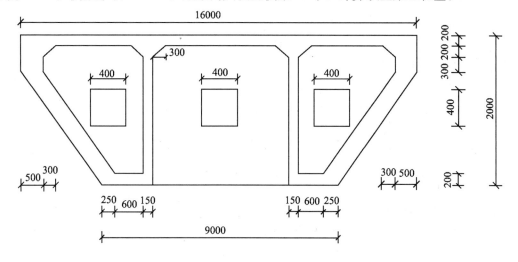

图 3-83　分离式双箱立梁截面

【解】　（1）清单工程量

双箱梁截面面积 $=[16\times0.2+\dfrac{1}{2}\times(0.5+0.8)\times0.2\times2+0.5\times0.3\times2+\dfrac{1}{2}\times(0.15+$

$$0.75)\times0.2\times2+1.1\times0.25\times2+0.15\times1.6\times2+\dfrac{1}{2}\times0.25\times0.2\times$$

$$2+\dfrac{1}{2}\times(0.6+0.85)\times0.2\times2]m^2$$

$$=(3.2+0.26+0.3+0.18+0.55+0.48+0.05+0.29)m^2=5.31m^2$$

双箱梁工程量 $=5.31\times120m^3=637.2m^3$

【注释】　双箱梁截面依次划分为上部长为 16，宽为 0.2 的矩形；左右高为 0.2，上底宽为 (0.5+0.3)，下底宽为 0.5 的梯形；梯形下方长为 0.5，宽为 0.3 的矩形；中间两根柱顶部上底为 0.75 即 (0.15+0.3×2)，下底宽为 0.15 的梯形；两边底宽为 0.5，高为 1.1 即 (2.0−0.3−0.2×3) 的平行四边形，平行四边形下底宽为 0.5，高为 0.2 的三角形，下部两柱边上底宽为0.6,下底宽为(0.6+0.25),高为0.2的梯形。

$$横梁截面面积=\{[\frac{1}{2}\times(3.25+3.85)\times0.2+3.85\times0.3+\frac{1}{2}\times(0.6+3.85)\times1.1-0.4$$

$$\times0.4]\times2+[\frac{1}{2}\times(6.4+7)\times0.2+7\times1.6-0.4\times0.4]\}m^2$$

$$=\{[0.71+1.155+2.448-0.16]\times2+[1.34+11.2-0.16]\}m^2$$

$$=(8.31+12.38)m^2=20.69m^2$$

【注释】 第一个中括号内为图中左右两侧空白部分截面面积,该部分由上到下依次划分为高为0.2的梯形,宽为0.3的矩形及高为1.1即(2.0-0.3-0.2×3)的梯形。3.25为上部梯形的上底宽即[(16-9)/2-0.5-0.3+0.25+0.6-0.3],3.85为下底宽也是下部矩形的长,即[(16-9)/2-0.5+0.25+0.6];0.4为中间方形空洞边长。第二个中括号内为中间空白部分截面面积,该部分划分为上部高为0.2的梯形,下部宽为1.6的矩形,6.4为梯形上底宽即(9-0.25×2-0.6×2-0.15×2-0.3×2),7为下底宽即(9-0.25×2-0.6×2-0.15×2)。

横梁工程量$=20.69\times0.2\times15m^3=62.07m^3$

主梁工程量$=(637.2+62.07)m^3=699.27m^3$

清单工程量计算见表3-80。

<table>
<tr><td colspan="5" align="center">清单工程量计算表   表3-80</td></tr>
<tr><th>项目编码</th><th>项目名称</th><th>项目特征描述</th><th>计量单位</th><th>工程量</th></tr>
<tr><td>040303011001</td><td>混凝土箱梁</td><td>斜拉桥主梁采用分离式双箱梁</td><td>m³</td><td>699.27</td></tr>
</table>

(2)定额工程量

定额工程量同清单工程量。

项目编码:040303011   **项目名称:混凝土箱梁**

【例84】 如图3-84所示为分离的双箱截面型式,两箱之间为整体桥面板,板厚15m,主跨中共有6块板,这种主梁截面具有良好的抗风性能。某双索面密索体分斜拉桥的主梁截面采用这种形式,该桥主跨286m,计算该主梁工程量。

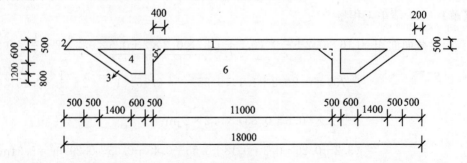

图3-84 分离双箱截面图

【解】 (1)清单工程量

$V_1=18\times0.5\times286m^3=2574m^3$

$$V_2 = \frac{1}{2} \times 0.5 \times 0.2 \times 286 \text{m}^3 = 14.3 \text{m}^3$$

$$V_3 = \frac{1}{2} \times [(11+0.5\times2+0.6\times2)+(18-0.5\times2)] \times (0.6+1.2+0.8) \times 286 \text{m}^3$$
$$= 11228.36 \text{m}^3$$

$$V_4 = \frac{1}{2} \times [0.6+(0.6+1.4)] \times (0.6+1.2) \times 286 \text{m}^3 = 669.24 \text{m}^3$$

$$V_5 = \frac{1}{2} \times 0.4 \times 0.6 \times 286 \text{m}^3 = 34.32 \text{m}^3$$

$$V_6 = 11 \times (0.6+1.2+0.8) \times 286 \text{m}^3 = 8179.6 \text{m}^3$$

$$V_7 = [11 \times (0.6+1.2+0.8) - \frac{1}{2} \times 0.4 \times 0.6 \times 2] \times 15 \times 6 \text{m}^3$$
$$= 2552.4 \text{m}^3$$

$$\text{故 } V = V_1 - 2V_2 + V_3 - 2V_4 + 2V_5 - V_6 + V_7$$
$$= (2574 - 2\times14.3 + 11228.26 - 2\times669.24 + 2\times34.32 - 8179.6 + 2552.4) \text{m}^3$$
$$= 6876.62 \text{m}^3$$

【注释】 V_1 式中 18 为截面图上部矩形长，0.5 为矩形宽，286 为桥主跨长；V_2 式中 0.5 为顶部左右两边空白小三角形的高，0.2 为其底宽。V_3 式(11+0.5×2+0.6×2)为下部外围大梯形的下底宽，(18−0.5×2)为其上底宽，(0.6+1.2+0.8)为梯形高；V_4 式中 0.6 为图标 4 梯形下底宽，(0.6+1.4)为上底宽，(0.6+1.2 为梯形高)；V_5 式中 0.4 为图标 5 小三角形的底宽，0.6 为其高；V_6 式中 11 为图标 6 矩形长，(0.6+1.2+0.8)为矩形宽；V_7 为横梁体积。

清单工程量计算见表 3-81。

清单工程量计算表　　　　　　　　　　　　　表 3-81

项目编码	项目名称	项目特征描述	计量单位	工程量
040303011001	混凝土箱梁	斜拉桥主梁采用分离的双箱截面	m³	6876.62

（2）定额工程量

定额工程量同清单工程量。

项目编码：040303011　　　项目名称：混凝土箱梁

【例 85】 如图 3-85 所示为单索箱截面，某单索面混凝土斜拉桥采用这种主梁截面形式，箱室内部设置一组人字形可动斜杆，以传递单索面的索力。该桥主跨 315m，其中的斜杆为 400×400×2261mm³，每 15m 设一对斜杆如图 3-85 所示，两边盖板厚 400mm，计算主梁工程量。

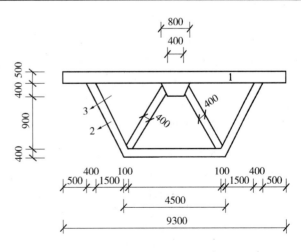

图 3-85　单索箱截面图

【解】　(1) 清单工程量

$V_1 = 9.3 \times 0.5 \times 315 \text{m}^3 = 1464.75 \text{m}^3$

$V_2 = \frac{1}{2}[4.5 + (4.5 + 1.5 \times 2 + 0.4 \times 2)] \times (0.4 + 0.9 + 0.4) \times 315 \text{m}^3 = 3427.2 \text{m}^3$

$V_3 = \frac{1}{2}[(4.5 - 0.1 \times 2) + (4.5 + 1.5 \times 2)] \times (0.4 + 0.9) \times 315 \text{m}^3$

$\quad = 2416.05 \text{m}^3$

斜杆：$V_4 = 0.4 \times 0.4 \times 2.26 \times 2 \times (315/15 - 1) \text{m}^3 = 14.46 \text{m}^3$

盖板：$V_5 = \{9.3 \times 0.5 + \frac{1}{2} \times [4.5 + (4.5 + 1.5 \times 2 + 0.4 \times 2)] \times (0.4 + 0.9 + 0.4)\} \times 0.4$

$\quad\quad\quad \times 2 \text{m}^3$

$\quad\quad\quad = 12.42 \text{m}^3$

$V = V_1 + V_2 - V_3 + V_4 + V_5$

$\quad = (1464.75 + 3427.2 - 2416.05 + 14.46 + 12.42) \text{m}^3$

$\quad = 2502.78 \text{m}^3$

【注释】　V_1 式中 9.3 为图标 1 矩形截面长度，0.5 为其宽度，315 为桥主跨；V_2 式中 4.5 为下部外围梯形的下底宽，$(4.5 + 1.5 \times 2 + 0.4 \times 2)$ 为梯形上底宽，$(0.4 + 0.9 + 0.4)$ 为梯形高；V_3 式中 $(4.5 - 0.1 \times 2)$ 为下方内部梯形的下底宽，$(4.5 + 1.5 \times 2)$ 为上底宽，$(0.4 + 0.9)$ 为梯形高；V_4 式中 0.4 为斜杆底面边长，2.26 为斜杆长度，小括号内为斜杆数量其中 15 为相邻两对斜杆的间距。

清单工程量计算见表 3-82。

清单工程量计算表　　　　　　　　　　　　　　　　　　　表 3-82

项目编码	项目名称	项目特征描述	计量单位	工程量
040303011001	混凝土箱梁	斜拉桥主梁采用单索箱截面	m³	2502.78

(2) 定额工程量

定额工程量同清单工程量。

项目编码：040303011　　项目名称：混凝土箱梁

【例 86】　某斜拉桥工程中，采用单箱三室箱梁作为主梁，其截面如图 3-86 所示，主梁长 130m，梁中设置横梁 20 个，横梁厚取为 200mm，箱梁两端竖板取厚度 300mm，计算主梁工程量。

【解】　(1) 清单工程量

主箱梁横截面面积 = {18(顶板长度) × 0.2(顶板厚度) + $\frac{1}{2}$ × 0.2(底边宽) × 1.0(上方两边直角三角形高) × 2(数量) + $\frac{1}{2}$ × [0.2(上方梯形下底宽) + 0.5(上底宽)] × 0.2(梯形高) × 2 + $\frac{1}{2}$ × [0.3(中间竖板上部梯形下底宽) + 0.9(上底宽)] × 0.2 × 2 + 1.4(下方竖板与斜板的高度) × 0.2(斜板宽度) × 2 + 0.3(竖板宽度) × 1.4 × 2 + 10(底板长) × 0.2(底板

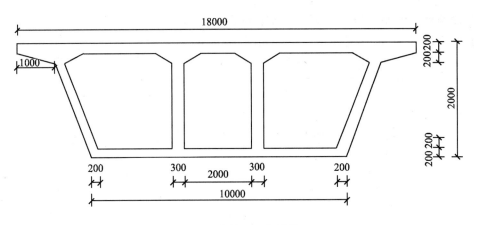

图 3-86 单箱三室主梁截面

$$宽)\}m^2$$
$$=(3.6+0.2+0.14+0.24+0.56+0.84+2)m^2$$
$$=7.58m^2$$

(计算中底板近似取为长 10m，宽 0.2m 的长方形)

箱梁工程量$=\{7.58\times130(主梁长)+\{\frac{1}{2}\times[5.9(左右空白上部梯形上底宽)+6.5(下底$

$$宽)]\times0.2\times2+\frac{1}{2}\times[3.5(左右空白下部梯形下底宽)+6.5(上底宽)]\times$$

$$1.4(梯形高)\times2+\frac{1}{2}\times(1.4+2.0)\times0.2+2.0\times1.4\}\times0.3\times2\}m^3$$

$$=[985.4+(2.48+14+0.34+2.8)\times0.3\times2]m^3$$

$$=997.17m^3$$

横梁工程量$=[\frac{1}{2}\times(5.9+6.5)\times0.2\times2+\frac{1}{2}\times(3.5+6.5)\times1.4\times2+\frac{1}{2}\times(1.4+2.0)$

$$\times0.2+2.0\times1.4]\times0.2\times20m^3$$

$$=(2.48+14+0.34+2.8)\times0.2\times20m^3$$

$$=78.48m^3$$

主梁工程量$=(997.17+78.48)m^3=1075.65m^3$

【注释】 0.5 为上方梯形的上底宽(0.3+0.2)，0.9 为中间竖板上方梯形的上底宽 0.3×3，1.4 为下方竖板与斜板的高度(2.0-0.2×3)，5.9 为左边上部梯形的上底宽(18-1×2-0.5×2-2.0-0.3×4)/2，6.5 为左边上部梯形的下底宽(5.9+0.3×2)，3.5 为左边下部梯形的上底宽(10-0.2×2-0.3×2-2.0)/2。

清单工程量计算见表 3-83。

清单工程量计算表 表 3-83

项目编码	项目名称	项目特征描述	计量单位	工程量
040303011001	混凝土箱梁	斜拉桥主梁采用单箱三室箱梁	m³	1075.65

(2) 定额工程量

定额工程量同清单工程量。

项目编码：040301003　　项目名称：钢管桩

【**例 87**】 某工程打空心钢管桩，如图 3-87 所示，桩长 17m，桩尖 0.5m，外径为 280mm，内径为 120mm，送桩深度为：（1000＋1000）mm，计算单桩工程量。

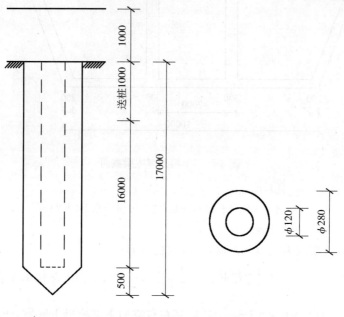

图 3-87　钢管桩

【**解**】 （1）清单工程量

工程量＝(17＋0.5)m＝17.5m

清单工程量计算见表 3-84。

清单工程量计算表　　　　　　　　　　　　　　　　　表 3-84

项目编码	项目名称	项目特征描述	计量单位	工程量
040301003001	钢管桩	空心钢管桩，外径 280mm，内径 120mm，壁厚 80mm	m	17.5

（2）定额工程量

1）打桩工程量：

$$V_1 = \left[\pi \times \left(\frac{0.28}{2} \right)^2 - \pi \times \left(\frac{0.12}{2} \right)^2 \right] \times 17 m^3 = 0.85 m^3$$

$$V_2 = \frac{1}{3} \times \pi \times \left(\frac{0.28}{2} \right)^2 \times 0.5 m^3 = 0.01 m^3$$

$$V = V_1 + V_2 = 0.86 m^3$$

又∵钢的密度为 $7.87 \times 10^3 kg/m^3$

故 $m = 7.87 \times 10^3 \times 0.86 kg = 6.77 t$

2）送桩工程量：

$$工程量 = \pi \times \left(\frac{0.28}{2} \right)^2 \times (1+1) m^3 = 0.12 m^3$$

【**注释**】 钢管桩清单工程量按设计图示桩长（包括桩尖）计算，定额工程量按桩长（包括桩尖)乘以桩横断面面积以体积计算,应扣除空心部分体积,钢管桩按成品桩考虑,以吨计算。17 为桩长,0.5 为桩尖长,0.28 为管桩外径,0.12 为桩外径。

项目编码:040303005　　项目名称:混凝土墩(台)身

【例88】　某桥梁工程中采用撑墙式薄壁轻型桥台如图 3-88 所示,计算其工程量。

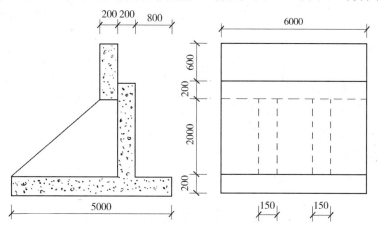

图 3-88　撑墙式薄壁轻型桥台

【解】　(1)清单工程量

撑墙工程量$=\dfrac{1}{2}\times(0.2+4.0)\times2.0\times0.15\times2m^3=1.26m^3$

薄壁工程量$=(0.2\times0.8+0.2\times2.2+0.2\times5.0)\times6.0m^3$

$\qquad\qquad=(0.16+0.44+1.0)\times6.0m^3$

$\qquad\qquad=9.6m^3$

桥台工程量$=(1.26+9.6)m^3=10.86m^3$

【注释】　桥台工程量按体积计算。撑墙工程量计算式中 0.2 为梯形截面上底宽,4.0 为下底宽即(5.0-0.8-0.2),2.0 为撑墙高度,0.15 为撑墙厚度,2 为撑墙数量;薄壁工程量计算式中 0.2 为薄壁的厚度,0.8 为撑墙上方薄壁高度即(0.2+0.6),2.2 为撑墙右方薄壁高度即(2.0+0.2),5.0 为下方薄壁长度,6.0 为薄壁宽度。

清单工程量计算见表 3-85。

清单工程量计算表　　　　　　　　　　　　　　　　　　表 3-85

项目编码	项目名称	项目特征描述	计量单位	工程量
040303005001	混凝土墩(台)身	撑墙式薄壁轻型桥台	m³	10.86

(2)定额工程量

定额工程量同清单工程量。

项目编码:040305003　　项目名称:浆砌块料

【例89】　某拱桥的拱座采用五角石砌筑如图 3-89 所示,该拱桥厚 3.5m,共 2 跨,拱座截面尺寸如图,计算五角石工程量。

【解】　(1)清单工程量

工程量:$V_1=0.12\times0.12\times3.5m^3=0.05m^3$

$$V_2 = \frac{1}{2} \times [0.12 + 0.12 \times 2] \times 0.12 \times 3.5 \text{m}^3$$
$$= 0.08 \text{m}^3$$

$$V_3 = \frac{1}{2} \times [0.12 + 0.12 \times 2] \times 0.12 \times 3.5 \text{m}^3$$
$$= 0.08 \text{m}^3$$

$$V = (V_1 + V_2 + V_3) \times 2 \times 2$$
$$= (0.05 + 0.08 + 0.08) \times 4 \text{m}^3$$
$$= 0.84 \text{m}^3$$

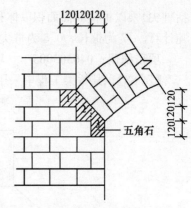

图 3-89 拱座截面

【注释】 V_1 式中 0.12 为图标 1 五角石底面边长，3.5 为拱桥厚，V_2 式中 0.12 为图标 2 梯形面的右边底宽，0.12×2 为左边底宽，0.12 为高。

清单工程量计算见表 3-86。

清单工程量计算表　　　　　　　　　　　　　　　　表 3-86

项目编码	项目名称	项目特征描述	计量单位	工程量
040305003001	浆砌块料	拱桥拱座采用五角石砌筑	m³	0.84

（2）定额工程量

定额工程量同清单工程量。

项目编码：040301001　　　项目名称：预制钢筋混凝土方桩

【例 90】 某桥梁工程中进行钢筋混凝土方桩的送桩、接桩工作，如图 3-90 所示，桩断面为 400mm×400mm，每根桩长 3m，设计桩全长 15m，桩底标高 −16.00m，桩顶标高 −1.00m，工程共需用 100 根桩，计算送桩、接桩工程量。

【解】 （1）清单工程量

送桩工程量 $= 15 \times 100 \text{m} = 1500 \text{m}$

接桩工程量 $= 15 \times 100 \text{m} = 1500 \text{m}$

【注释】 送桩和接桩清单工程量按桩长计算。100 为桩数量。

清单工程量计算见表 3-87。

清单工程量计算表　　　　　　　　　　　　　　　　表 3-87

序号	项目编码	项目名称	项目特征描述	计量单位	工程量
1	040301001001	预制钢筋混凝土方桩	钢筋混凝土方桩送桩，400mm×400mm	m	1500
2	040301001002	预制钢筋混凝土方桩	钢筋混凝土方桩接桩，400mm×400mm	m	1500

（2）定额工程量

送桩工程量 $= 0.4 \times 0.4 \times (15 + 1.0) \times 100 \text{m}^3 = 256 \text{m}^3$

接桩工程量 $= (5-1) \times 100 \text{ 个} = 4 \times 100 \text{ 个} = 400 \text{ 个}$

【注释】 送桩定额工程量以原地面平均标高增加 1m 为界线，界线以下至设计桩顶标高之间的打桩实体积为送桩工程量，0.4 为桩断面边长，$15 = [-1.00 - (-16.00)]$。

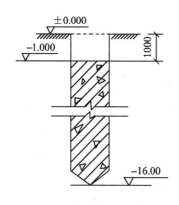

图 3-90　接桩示意图

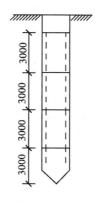

图 3-91　钢管桩

项目编码：040301003　　项目名称：钢管桩

【例 91】　某工程需打钢管桩 40 根，每根桩由 4 段接成，如图 3-91 所示，计算接桩工程量。

【解】　（1）清单工程量

接桩工程量＝$3.0 \times 4 \times 40$m＝480m

清单工程量计算见表 3-88。

清单工程量计算表　　表 3-88

项目编码	项目名称	项目特征描述	计量单位	工程量
040301003001	钢管桩	钢管桩接桩	m	480

（2）定额工程量

接桩工程量＝$(4-1) \times 40$ 个＝120 个

项目编码：040305003　　项目名称：浆砌块料

【例 92】　如图 3-92 所示为某桥长为 20m 的简支桥的横截面图，其桥面宽 7m，面层厚 180mm，其余部分尺寸和铺筑材料如图 3-92 所示，计算铺筑材料的工程量。

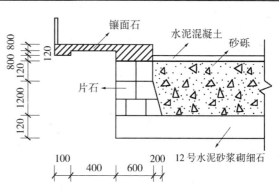

图 3-92　简支桥截面图

【解】　（1）清单工程量

水泥混凝土：$V = 7 \times 0.18 \times 20$m³＝25.2m³

12 号水泥砂浆砌细石：$V = (7 + 0.6 \times 2) \times 0.12 \times 20$m³＝19.68m³

片石：$V = \{0.6 \times 0.12 + [0.6 + (0.6 + 0.2)] \times 1.2 \times \frac{1}{2}\} \times 20 \times 2$m³＝36.48m³

镶面石：$V = [0.6 \times (0.8 + 0.12 + 0.18) + 0.4 \times 0.18 + 0.1 \times (0.18 + 0.12)] \times 20$
$\times 2$m³

　　　　　＝30.48m³

砂砾：$V=[7\times(0.12+1.2)-\dfrac{1}{2}\times0.2\times1.2\times2]\times20\text{m}^3=180.0\text{m}^3$

清单工程量计算见表 3-89。

清单工程量计算表　　　　表 3-89

序号	项目编码	项目名称	项目特征描述	计量单位	工程量
1	040305003001	浆砌块料	12 号水泥砂浆砌细石	m³	19.68
2	040305003002	浆砌块料	片石	m³	36.48
3	040305003003	浆砌块料	镶面石	m³	30.48
4	040305003004	浆砌块料	砂砾	m³	180.0

（2）定额工程量

定额工程量同清单工程量。

项目编码：040304005　　项目名称：预制混凝土其他构件

【例 93】 某桥梁支座的支承垫石如图 3-93 所示，全桥共有 48 个该垫石，计算其工程量。

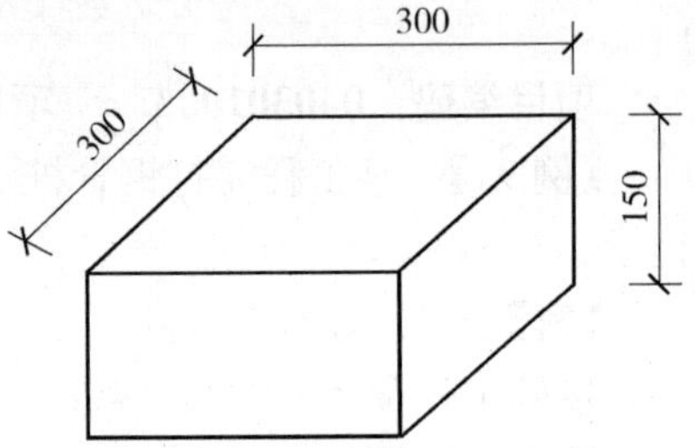

【解】 （1）清单工程量

$$V=0.3\times0.3\times0.15\times48\text{m}^3=0.648\text{m}^3$$

【注释】 0.3 为垫石宽和长，0.15 为垫石厚度，48 为垫石数量。

图 3-93　钢筋混凝土支承垫石

清单工程量计算见表 3-90。

清单工程量计算表　　　　表 3-90

项目编码	项目名称	项目特征描述	计量单位	工程量
040304005001	预制混凝土其他构件	桥梁支座的支承垫石	m³	0.648

（2）定额工程量

定额工程量同清单工程量。

【例 94】 某道路下的过水涵洞，截面如图 3-94 所示，计算该混凝土涵洞工程量。

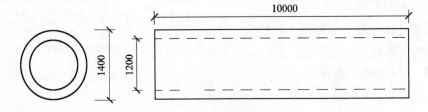

图 3-94　某管涵截面图

【解】 （1）清单工程量

圆涵面积$=\pi\times(1.4^2-1.2^2)\times\dfrac{1}{4}\text{m}^2=0.408\text{m}^2$

涵洞工程量$=0.408\times10\text{m}^3=4.08\text{m}^3$

【注释】 1.4 为涵洞外径，1.2 为内径，10 为涵洞长度。

（2）定额工程量

定额工程量同清单工程量。

项目编码：040305003　　项目名称：浆砌块料

【例95】 某拱桥的桥墩基础的砌筑材料如图 3-95 所示，该桥墩和基础的各截面尺寸如图示，计算该桥墩和基础各砌筑材料的工程量。

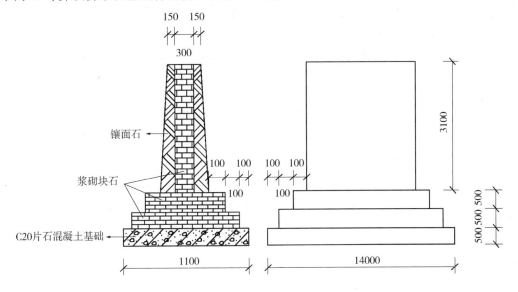

图 3-95　桥墩和基础截面尺寸

【解】 （1）清单工程量

镶面石：$V=\dfrac{1}{2}\times(0.15+\dfrac{1.1-0.1\times6-0.3}{2})\times3.1\times2\mathrm{m}^3=0.78\mathrm{m}^3$

浆砌块石：$V=[0.3\times3.1\times(14-0.1\times6)+(1.1-0.1\times4)\times0.5\times(14-0.1\times4)+(1.1$
$\qquad\quad-0.1\times2)\times0.5\times(14-0.1\times2)]\mathrm{m}^3$
$\qquad=(12.46+4.76+6.21)\mathrm{m}^3$
$\qquad=23.43\mathrm{m}^3$

20 号片石混凝土：$V=1.1\times0.5\times14\mathrm{m}^3=7.7\mathrm{m}^3$

【注释】 图示知在顶层两侧梯形面镶面石，0.15 为梯形上底宽，1.1 为底座宽，0.1为上下两个台阶左右错宽，0.3 为顶部中间矩形宽度，3.1 为顶层高度，14 为底座长度，0.5 为每阶台阶的高度。

清单工程量计算见表 3-91。

清单工程量计算表　　　　　　　　　　　　　　　　表 3-91

序号	项目编码	项目名称	项目特征描述	计量单位	工程量
1	040305003001	浆砌块料	桥墩，镶面石	m³	0.78
2	040305003002	浆砌块料	桥墩，浆砌块石	m³	23.43
3	040305003003	浆砌块料	C20 片石混凝土基础	m³	7.7

（2）定额工程量

定额工程量同清单工程量。

416

项目编码：040305003　　　项目名称：浆砌块料

【例96】　某拱桥一面的台身与台基础的砌筑材料如图3-96所示，该台身与台基础的各截面尺寸如图所示，计算该桥的台身与台基础各砌筑材料的工程量。

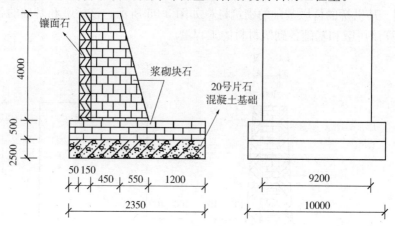

图3-96　台身与台基础截面尺寸

【解】　（1）清单工程量

镶面石：$V=0.15\times4\times9.2m^3=5.52m^3$

浆砌块石：$V=\{\frac{1}{2}\times[0.4+(0.55+0.4)]\times4\times9.2+(0.05+0.15+0.4+0.55+1.2)\times0.5\times$

$$10\}m^3$$

$$=36.59m^3$$

20号片石混凝土：$V=2.35\times2.5\times10m^3=58.75m^3$

【注释】　0.15为台身镶面石的宽度，4为镶面石高度，9.2为长度，右侧台身与上方基础部分浆砌块石，0.4为梯形面上底，0.5为基础部分浆砌块石厚度，2.35为基础宽度，2.5为C20片石混凝土厚度，10为基础长度。

清单工程量计算见表3-92。

清单工程量计算表　　　　　　　　　　　　　　　　　　　　表3-92

序号	项目编码	项目名称	项目特征描述	计量单位	工程量
1	040305003001	浆砌块料	桥墩，镶面石	m³	5.52
2	040305003002	浆砌块料	桥墩，浆砌块石	m³	36.59
3	040305003003	浆砌块料	C20号片石混凝土基础	m³	58.75

（2）定额工程量

定额工程量同清单工程量。

项目编码：040303013　　　项目名称：混凝土板梁

【例97】　整体式梁桥具有整体性好、刚度大的优点，某城市立交桥的横截面采用了整体梁式横截面如图3-97所示，其设有横隔梁，厚16cm，设有3道横隔梁，桥面宽7.25m，桥长50m，为现场浇筑，求主梁工程量。

【解】　（1）清单工程量

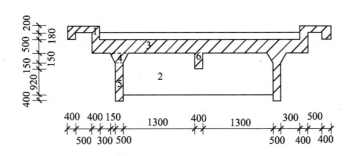

图 3-97　整体式梁式横截面

$V_1 = [(0.4+0.5+0.4)(图标 1 矩形长度) \times (0.2+0.18)(矩形宽度)-0.5(空白部分$
　　　　$矩形长度) \times 0.18(宽度)] \times 50(桥长) \mathrm{m}^3$
　　　$= 79.5 \mathrm{m}^3$

$V_2 = [(1.3+0.4+1.3) \times (0.92+0.15+0.15)-\dfrac{1}{2} \times 0.15 \times 0.15 \times 2-0.4 \times (0.15 \times$
　　　$2)] \times 0.16 \times 3 \mathrm{m}^3$
　　　$= 0.55 \mathrm{m}^3$

$V_3 = [(0.4+0.3+0.15+0.5+1.3) \times 2+0.4] \times 0.5 \times 50 \mathrm{m}^3$
　　　$= 142.5 \mathrm{m}^3$

$V_4 = \dfrac{1}{2} \times [0.5+0.5+0.15 \times 2] \times 0.15 \times 50 \mathrm{m}^3 = 4.88 \mathrm{m}^3$

$V_5 = 0.5 \times (0.92+0.4+0.15) \times 50 \mathrm{m}^3 = 36.75 \mathrm{m}^3$

$V_6 = 0.4 \times (0.15 \times 2) \times 50 \mathrm{m}^3 = 6 \mathrm{m}^3$

$V = 2V_1+V_2+V_3+2(V_4+V_5)+V_6$
　　　$= [2 \times 79.5+0.55+142.5+2 \times (4.88+36.75)+6] \mathrm{m}^3$
　　　$= 391.32 \mathrm{m}^3$

清单工程量计算见表 3-93。

清单工程量计算表　　　　　　　　　　　　　　表 3-93

项目编码	项目名称	项目特征描述	计量单位	工程量
040303013001	混凝土板梁	立交桥采用现场浇筑整体式梁桥	m³	391.32

（2）定额工程量

定额工程量同清单工程量。

项目编码：040303007　　项目名称：混凝土墩
（台）盖梁

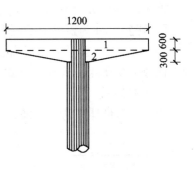

【例 98】　如图 3-98 所示为某桥梁桩式桥墩，立柱上为现浇悬臂盖梁，盖梁截面尺寸如图所示，梁厚 1.8m，计算此盖梁工程量。

【解】　（1）清单工程量

　　　　$V_1 = 1.2 \times 0.6 \times 1.8 \mathrm{m}^3 = 1.30 \mathrm{m}^3$

　　　　$V_2 = \dfrac{1}{2} \times 1.2 \times 0.3 \times 1.8 \mathrm{m}^3 = 0.32 \mathrm{m}^3$

图 3-98　盖梁截面

$$V=V_1+V_2=(1.3+0.32)m^3=1.62m^3$$

【注释】 1.2 为盖梁长度，0.6 为盖梁顶部宽，1.8 为盖梁厚度，0.3 为下部三角形高度。

清单工程量计算见表 3-94。

清单工程量计算表 表 3-94

项目编码	项目名称	项目特征描述	计量单位	工程量
040303007001	混凝土墩(台)盖梁	柱式桥墩立柱上为现浇悬臂盖梁	m³	1.62

（2）定额工程量

定额工程量同清单工程量。

项目编码：**040303007** 项目名称：**混凝土墩(台)盖梁**

项目编码：**040304002** 项目名称：**预制混凝土柱**

项目编码：**040303003** 项目名称：**混凝土承台**

项目编码：**040301006** 项目名称：**干作业成孔灌注桩**

【例 99】 桩式墩形式多样，如图 3-99 所示为某一桥梁桥墩，其先在半径 28cm 机械成孔灌注桩顶浇一混凝土承台，然后在承台上设半径 50cm 的立柱，再在立柱上浇盖梁，其截面尺寸如图 3-99 所示，盖梁厚 4.6m，承台厚 3m，计算图中各构成部分的工程量。

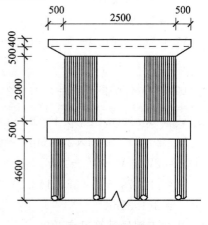

图 3-99 桥墩截面尺寸

【解】 （1）清单工程量

盖梁：$V_1=0.4\times(0.5\times2+2.5)\times4.6m^3$
$=6.44m^3$

$V_2=\dfrac{1}{2}\times(2.5+2.5+0.5\times2)\times0.5\times4.6m^3$
$=6.9m^3$

$V=V_1+V_2=(6.44+6.9)m^3=13.34m^3$

立柱：$V=2\times\pi\times(\dfrac{0.5}{2})^2\times2m^3=0.79m^3$

承台：$V=(2.5+0.5\times2)\times0.5\times3m^3=5.25m^3$

桩：$L=4.6m$，$m=4.6\times4=18.4m$

【注释】 0.4 为盖梁上部矩形宽度，2.5 为盖梁下边长，0.5 为盖梁上边比下边多出的长度，0.5 为盖梁下部梯形高度，4.6 为盖梁厚度；立柱计算式中 0.5 为立柱直径，2 为立柱数量及高度；承台计算式中 0.5 为承台宽度，3 为承台厚；桩计算式中 4.6 为桩长，4 为桩数量。

清单工程量计算见表 3-95。

清单工程量计算表 表 3-95

序号	项目编码	项目名称	项目特征描述	计量单位	工程量
1	040303007001	混凝土墩(台)盖梁	立柱上浇盖梁	m³	13.34

续表

序号	项目编码	项目名称	项目特征描述	计量单位	工程量
2	040304002001	预制混凝土立柱	直径 500mm	m^3	0.79
3	040303003001	混凝土承台	灌注桩顶上浇混凝土承台	m^3	5.25
4	040301006001	干作业成孔灌注桩	桩径 280mm，深度 4.6m	m	18.4

（2）定额工程量

除桩外，定额工程量同清单工程量。

桩：$V = 4 \times \pi \times (\frac{0.28(桩直径)}{2})^2 \times 4.6 m^3 = 1.13 m^3$

项目编码：040303017　　项目名称：混凝土楼梯

【例100】　某城市天桥一边的楼梯截面形式如图 3-100 所示，桥面宽为 1.2m，扶手厚 11cm，该桥为混凝土浇筑，计算该楼梯的工程量。

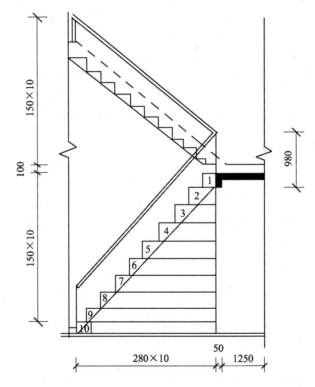

图 3-100　楼梯截面图

【解】　（1）清单工程量

$V_1 = 0.28 \times 0.15 \times 1.2 m^3 = 0.05 m^3$

$V_2 = (0.28 \times 1 \times 0.15 \times 1.2 - \frac{1}{2} \times 0.28 \times 0.15 \times 1.2) m^3 = 0.025 m^3$

$V_3 = (0.28 \times 2 \times 0.15 \times 1.2 - \frac{1}{2} \times 0.28 \times 0.15 \times 1.2 - 0.28 \times 0.15 \times 1.2) m^3$

$= 0.025 m^3$

同理：$V_4=0.025\text{m}^3$　　$V_5=0.025\text{m}^3$　　$V_6=0.025\text{m}^3$

　　　$V_7=0.025\text{m}^3$　　$V_8=0.025\text{m}^3$　　$V_9=0.025\text{m}^3$

　　　$V_{10}=0.28\times0.15\times1.2\text{m}^3=0.05\text{m}^3$

平台：$V_{11}=(0.1\times1.25\times1.2+0.15\times0.05\times1.2)\text{m}^3=0.159\text{m}^3$

扶手板：$l=\sqrt{(0.28\times10)^2+(0.15\times9)^2}\text{m}=3.11\text{m}$

　　　　$V_{12}=3.11\times0.98\times0.11\text{m}^3=0.335\text{m}^3$

$$V=[2\times(V_1+V_2+V_3+V_4+V_5+V_6+V_7+V_8+V_9+V_{10}+V_{12})+V_{11}]\times2$$
$$=[2\times(0.05\times2+0.025\times8+0.335)+0.159]\times2\text{m}^3$$
$$=1.429\times2\text{m}^3$$
$$=2.858\text{m}^3$$

【注释】　0.28 为踏步宽，0.15 为踏步高，1.2 为踏步长度，0.1 为平台厚度，1.25 为平台右方部分长度，0.05 为平台左方部分的宽度，0.98 为扶手板高，0.11 为扶手板厚。

清单工程量计算见表 3-96。

清单工程量计算表　　　　　　　　　　　　　　表 3-96

项目编码	项目名称	项目特征描述	计量单位	工程量
040303017001	混凝土楼梯	台阶式混凝土楼梯	m³	2.858

（2）定额工程量

定额工程量同清单工程量。

项目编码：040303010　　项目名称：混凝土拱上构件

【例 101】　如图 3-101 所示为某拱桥底梁的截面图，该拱桥宽 10m，计算图中所示拱桥底梁的工程量。

【解】　（1）清单工程量

$$V=\frac{1}{2}\times[0.3+0.3+0.1]\times0.5\times10\text{m}^3=1.75\text{m}^3$$

【注释】　0.3 为梯形拱桥底梁左边底宽，0.1 为右边底与左边底的长度差，0.5 为梯形高度，10 为拱桥宽度。

清单工程量计算见表 3-97。

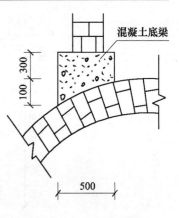

图 3-101　底梁截面图

清单工程量计算表　　　　　　　　　　　　　　表 3-97

项目编码	项目名称	项目特征描述	计量单位	工程量
040303010001	混凝土拱上构件	拱桥底梁	m³	1.75

（2）定额工程量

定额工程量同清单工程量。

项目编码：040303011　　项目名称：混凝土箱梁

【例 102】　如图 3-102 为某斜拉桥主梁的截面形式，其为箱形截面，各部分尺寸如图示，主梁长 286m，两边盖板厚 40cm，采用混凝土制作，计算该主梁的工程量。

【解】　（1）清单工程量

$V_1 = (2.4+4.5+2.4)$(图标 1 矩形长度)$\times 0.5$(矩形宽度)$\times 286$(主梁长)m^3

　　$= 1329.9\mathrm{m}^3$

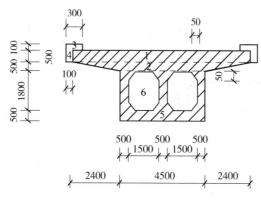

图 3-102　主梁截面

$V_2 = \dfrac{1}{2} \times [4.5($图标 2 梯形下底宽$)+(4.5+2.4\times2)($上底宽$)] \times 0.5($高$) \times 286\mathrm{m}^3$

　　$= 986.7\mathrm{m}^3$

$V_3 = 0.3($图标 3 矩形长$) \times 0.1($宽$) \times 286\mathrm{m}^3 = 8.58\mathrm{m}^3$

$V_4 = 0.1($图标 4 矩形长$) \times 0.5($宽$) \times 286\mathrm{m}^3 = 14.3\mathrm{m}^3$

$V_5 = 4.5($图标 5 大矩形长$) \times (1.8+0.5)($宽$) \times 286\mathrm{m}^3 = 2960.1\mathrm{m}^3$

$V_6 = [1.5($中间空白矩形长$) \times 1.8($矩形宽$) - 4 \times \dfrac{1}{2} \times 0.05 \times 0.05($四角小三角形直角

　　边长$)] \times 286\mathrm{m}^3$

　　$= 770.77\mathrm{m}^3$

盖板：$V_7 = [4.5 \times (1.8+0.5) + \dfrac{1}{2} \times (4.5+4.5+2.4\times2) \times 0.5 + (4.5+2.4\times2+0.1)$

　　　　$\times 0.5 + 2 \times 0.3 \times 0.1] \times 0.4\mathrm{m}^3$

　　　　$= 7.42\mathrm{m}^3$

$V = V_1 + V_2 + 2(V_3+V_4) + V_5 - 2V_6 + 2V_7$

　　$= [1329.9 + 986.7 + 2 \times (8.58+14.3) + 2960.1 - 2 \times 770.77 + 2 \times 7.42]\mathrm{m}^3$

　　$= 3795.76\mathrm{m}^3$

清单工程量计算见表 3-98。

清单工程量计算表　　　　　　　　　　　　　　　　表 3-98

项目编码	项目名称	项目特征描述	计量单位	工程量
040303011001	混凝土箱梁	斜拉桥主梁为箱形截面	m³	3795.76

（2）定额工程量

定额工程量同清单工程量。

项目编码：040309009　　项目名称：桥面排（泄）水管

【例 103】　桥面排水是借助于纵坡和横坡的作用，使桥面取水迅速汇向集水罐，并从泄水管排出桥外，如图 3-103 所示为某桥的泄水管，其各部分构造和尺寸如图所示，其为钢筋混凝土泄水管，计算该泄水管的工程量。

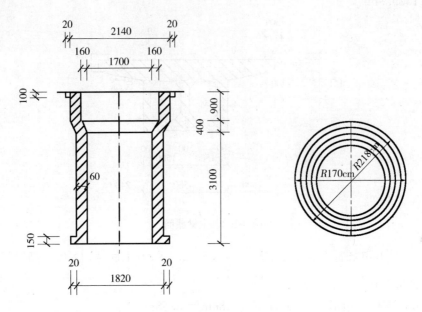

图 3-103　泄水管示意图

【解】　（1）清单工程量

$$L=(3.1+0.4+0.9)\text{m}=4.4\text{m}$$

【注释】　桥面泄水管清单工程量按设计图示以长度计算。

清单工程量计算见表 3-99。

清单工程量计算表 表 3-99

项目编码	项目名称	项目特征描述	计量单位	工程量
040309009001	桥面排（泄）水管	钢筋混凝土泄水管	m	4.4

（2）定额工程量

泄水管工程量 $=\left[\pi\times(2.18^2-2.14^2)\times\dfrac{1}{4}\times0.1+\dfrac{\pi}{4}\times(2.14^2-2.02^2)\times0.9+\dfrac{\pi}{3}\right.$

$\times(0.91^2+1.07^2+0.91\times1.07)\times0.4-\dfrac{\pi}{3}\times(0.85^2+1.01^2+0.85$

$\times1.01)\times0.4+\pi\times(0.91^2-0.85^2)\times3.1+\pi\times(0.93^2-0.91^2)$

$\left.\times0.15\right]\text{m}^3$

$=(0.014+0.353+0.926-0.817+1.029+0.017)\text{m}^3$

$=1.522\text{m}^3$

【注释】　2.18 为泄水管顶盖的外径即（2.14+0.02×2），2.14 为顶盖内径即上部管道的外径，0.1 为厚度，2.02 为上部管道内径即（1.7+0.16×2），0.91 为外围圆台形底圆半径即 1.82/2，1.07 为顶圆半径即（1.7+0.16×2+0.06×2）/2，0.85 为内围圆台底圆半径即（1.82−0.06×2）/2，1.01 为顶圆半径即（1.7+0.16×2）/2，0.93 为底部外围圆柱半径即（1.82+0.02×2）/2。

项目编码：040303004　　项目名称：混凝土墩(台)帽
项目编码：040303005　　项目名称：混凝土墩(台)身
项目编码：040303002　　项目名称：混凝土基础

【例104】　某跨径为 12m，长为 36m 的小桥，其墩身用混凝土做成，基础用 C15 的混凝土做成，平面与侧面图尺寸如图 3-104 所示，计算该桥墩的工程量。

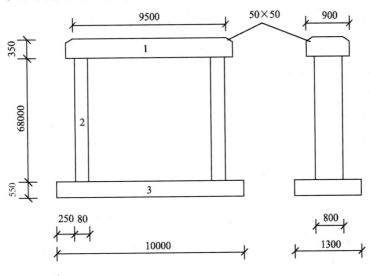

图 3-104　桥墩尺寸

【解】　(1) 清单工程量

$$V_1 = \left[\frac{1}{3} \times 0.05 \times (9.5 \times 0.8 + 9.6 \times 0.9 + \sqrt{9.5 \times 0.8 \times 9.6 \times 0.9}) + (9.5 + 0.05 \times 2)\right.$$
$$\left. \times 0.9 \times (0.35 - 0.05)\right] m^3$$
$$= 3.00 m^3$$
$$V_2 = 0.08 \times 68 \times 0.8 m^3 = 4.352 m^3$$
$$V_3 = 10 \times 0.55 \times 1.3 m^3 = 7.15 m^3$$
$$V = V_1 + 2V_2 + V_3 = (3.00 + 2 \times 4.352 + 7.15) m^3$$
$$= 18.85 m^3$$

【注释】　0.05 为桥墩顶部梯形台的高度，9.5 为梯形台顶面长度，0.8 为顶面宽度，9.6 为底面长度即(9.5+0.05×2)，0.9 为底面宽度，0.35 为顶板的高度，0.08 为竖板宽度，68 为竖板高度，10 为底板长度，0.55 为底板厚，1.3 为底板宽。

清单工程量计算见表 3-100。

清单工程量计算表　　表 3-100

序号	项目编码	项目名称	项目特征描述	计量单位	工程量	计算式
1	040303004001	混凝土墩(台)帽	桥墩墩帽	m³	3.00	
2	040303005001	混凝土墩(台)身	桥墩墩身	m³	8.70	4.352×2
3	040303002001	混凝土基础	C20 混凝土基础	m³	7.15	

(2) 定额工程量

定额工程量同清单工程量

项目编码：040301006   项目名称：干作业成孔灌注桩

【例105】 某桥梁工程中，制作水下钻机钻孔灌注桩，灌注桩工程示意如图3-105所示，工程中共灌注此种桩100根，计算桩的工程量。

【解】 （1）清单工程量

灌注桩工程量＝（15＋0.5）×100m＝1550m

清单工程量计算见表3-101。

清单工程量计算表　　　　　　　　　　　　　　　　表3-101

项目编码	项目名称	项目特征描述	计量单位	工程量
040301006001	干作业成孔灌注桩	桩径500mm，深度15m	m	1550

（2）定额工程量

$$\text{灌注桩工程量}＝\pi×0.25^2×(15+0.5+1.0)×100\text{m}^3$$
$$＝\pi×0.25^2×16.5×100\text{m}^3$$
$$＝324.02\text{m}^3$$

【注释】 灌注桩清单工程量按设计图示桩长计算，定额工程量按桩长乘以桩横断面面积以体积计算。15为桩长，0.5为桩尖长，100为桩数量。0.25为桩半径即0.5/2，1.0为原地面标高增加量。

项目编码：040303005   项目名称：混凝土墩（台）身

【例106】 悬臂式单向推力墩是桥墩上双向挑出悬臂，在悬臂上搁置二铰双曲拱，当邻孔遭到破坏后，由于悬臂端的存在，使拱支座竖向反力通过悬臂端而成为稳定力矩，保证了单向推力墩不致遭到损坏，某拱桥采用这种形式，墩厚1m，截面尺寸如图3-106所示，计算该桥桥墩的工程量。

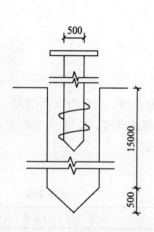

图3-105　钻机孔灌注桩

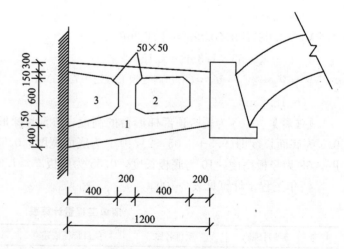

图3-106　单向推力墩尺寸

【解】 （1）清单工程量

$$V_1＝\frac{1}{2}×[(0.15+0.6+0.15)(\text{图标1梯形的上底宽})+(0.3+0.15×2+0.6+0.4)$$

（梯形下底宽）]×1.2(梯形高)×1(墩厚)m³

$$=1.5m^3$$

$$V_2 = (0.4 \times 0.6 \times 1 - \frac{1}{2} \times 0.05 \times 0.05 \times 1 \times 4)m^3 = (0.24 - 0.005)m^3 = 0.235m^3$$

$$V_3 = [\frac{1}{2} \times (0.6 + 0.6 + 0.15 \times 2) \times 0.4 \times 1 - \frac{1}{2} \times 0.05 \times 0.05 \times 1 \times 2]m^3$$

$$= 0.298m^3$$

$$V = 2(V_1 - V_2 - V_3) = (1.5 - 0.235 - 0.298) \times 2m^3 = 1.934m^3$$

【注释】　V_2 式中 0.4 为图标 2 的矩形长度，0.6 为矩形宽度，0.05 为矩形四角等腰三角形的直角边长，4 为三角形数量；V_3 式中 0.6 为图标 3 梯形上底宽，（0.6+0.15×2）为梯形下底宽，0.4 为梯形高，0.05 为梯形上底两侧空白三角形直角边长。

清单工程量计算见表 3-102。

清单工程量计算表　　　　　　　　　　　　　　表 3-102

项目编码	项目名称	项目特征描述	计量单位	工程量
040303005001	混凝土墩(台)身	悬臂式单向推力墩	m³	1.934

（2）定额工程量

定额工程量同清单工程量。

项目编码：040304001　　项目名称：预制混凝土梁

【例 107】　某桥预制构件场预制钢筋混凝土箱梁，如图 3-107 所示，梁长 20m，面板宽 3.5m，底板宽 2.7m，梁厚 0.25m，共 12 块，试计算预制箱梁混凝土工程量。

【解】　（1）清单工程量

$$V = \frac{1}{2} \times [(3.5 + 3.2) \times 1.8 - (2.7 + 3.0) \times 1.3]$$

$$\times 20 \times 12m^3$$

$$= \frac{1}{2} \times (12.06 - 7.41) \times 20 \times 12m^3$$

$$= 558m^3$$

清单工程量计算见表 3-103。

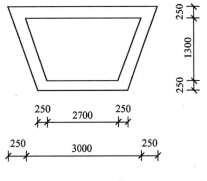

图 3-107　箱梁

清单工程量计算表　　　　　　　　　　　　　　表 3-103

项目编码	项目名称	项目特征描述	计量单位	工程量
040304001001	预制混凝土梁	预制混凝土箱梁，梁长 20m，面板宽 3.5m，底板宽 2.7m，梁厚 0.25m	m³	558

（2）定额工程量

定额工程量同清单工程量。

说明：预制空心构件计算其工程量时应按设计图示尺寸扣除空心体积以实体积计算。

3.5 为图示外围梯形的上底宽即(3.0+0.25×2)，3.2 为下底宽即(2.7+0.25×2)，1.8 为梯形高度即(1.3+0.25×2)，2.7 为梯形空白下底宽，3.0 为上底宽，1.3 为梯形空白高度，20 为梁长，12 为箱梁数量。

项目编码：040304005   项目名称：预制混凝土其他构件

【例108】 某桥涵工程下部构件的桩采用现场预制，如图3-108，横截面为圆形，该桩的直径为500mm，长为28.6m，共有24个，试计算该预制桩的工程量。

【解】 （1）清单工程量

$$V = \pi \cdot \left(\frac{0.5}{2}\right)^2 \times 28.6 \times 24 \text{m}^3 = 134.77 \text{m}^3$$

【注释】 预制混凝土小型构件工程量按设计图示尺寸以体积计算，0.5 为桩直径，28.6 为桩长，24 为桩数量。

清单工程量计算见表3-104。

清单工程量计算表   表 3-104

项目编码	项目名称	项目特征描述	计量单位	工程量
040304005001	预制混凝土其他构件	桥涵工程下部构件	m³	134.77

（2）定额工程量

定额工程量同清单工程量。

项目编码：040304003   项目名称：预制混凝土板

【例109】 某单孔涵洞结构设计如图 3-108～图 3-110 所示涵洞盖板采用现场预制该钢筋混凝土板为实心矩形板，板长16m，为便于衔接和加强结构的可靠性，板与板之间留有三角缺口以用于混凝土浇筑勾缝，试计算该预制盖板的混凝土工程量及模板工程量。

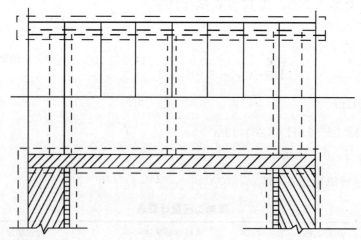

图 3-108 涵洞平纵布置图

【解】 （1）清单工程量

1）预制混凝土工程量：

由图示可知，该工程中只有8块盖板，其中2块边板，6块中板。

① 中板工程量：

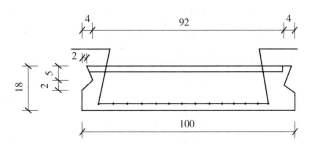

图 3-109 中部盖板横断面图 （单位：cm）

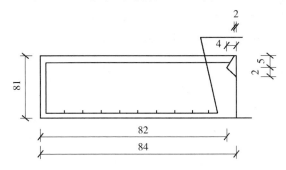

图 3-110 边部盖板横断面图 （单位：cm）

$$V_1 = \left\{1.0 \times 0.18 - \left[\frac{1}{2} \times (0.02 + 0.04) \times 0.05 + \frac{1}{2} \times 0.02 \times 0.04\right] \times 2\right\} \times 16 \times 6 \text{m}^3$$

$$= (0.18 - 0.0038) \times 16 \times 6 \text{m}^3$$

$$= 16.92 \text{m}^3$$

② 边板工程量：

$$V_2 = \left\{0.84 \times 0.18 - \left[\frac{1}{2} \times (0.02 + 0.04) \times 0.05 + \frac{1}{2} \times 0.02 \times 0.04\right]\right\} \times 16 \times 2 \text{m}^3$$

$$= 4.78 \text{m}^3$$

则该工程的预制混凝土工程量：

$$V = V_1 + V_2 = (16.92 + 4.78) \text{m}^3 = 21.70 \text{m}^3$$

清单工程量计算见表 3-105。

清单工程量计算表　　　　　　　　　　表 3-105

项目编码	项目名称	项目特征描述	计量单位	工程量
040304003001	预制混凝土板	钢筋混凝土实心矩形板，板长 16m	m³	21.70

2）模板工程量：

① 中部板模板：

$$S_1 = (16 + 1) \times 2 \times 0.18 \times 6 \text{m}^2 = 36.72 \text{m}^2$$

② 边部板模板：

$$S_2 = (16 + 0.84) \times 2 \times 0.18 \times 2 \text{m}^2 = 12.12 \text{m}^2$$

模板总工程量：$S = S_1 + S_2 = (36.72 + 12.12) \text{m}^2 = 48.84 \text{m}^2$

（2）定额工程量

定额工程量同清单工程量

【注释】　预制构件中预应力混凝土构件及 T 形梁、I 形梁、双曲拱、桁架拱等构件均按模板接触混凝土的面积(包括侧模、底模)以 m² 计算而其他非预应力构件只按模板接触混凝土的面积(不包括胎膜、底模)以 m² 计算。

预制混凝土工程量①式中 1.0 为中部盖板横断面图矩形长度，0.18 为其宽度，0.02 为缺口处梯形的上底宽及三角形直角边长，0.04 为梯形下底宽及三角形另一直角边长，0.05 为梯形高，16 为板长，6 为中板数量；②式中 0.84 为边板矩形断面长，0.18 为宽，中括号内为右侧缺口面积，2 为边板数量。

项目编码：040304005　　项目名称：预制混凝土其他构件

【例 110】　某桥梁工程的桥面栏杆采用工厂混凝土预制，采用 C30 水泥，该栏杆为方形立柱，如图 3-111、图 3-112 所示，桥面总长 70m，每 2m 设一栏杆，试求该栏杆的混凝土预制工程量。

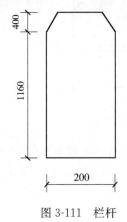

图 3-111　栏杆

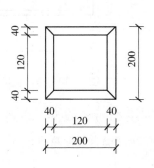

图 3-112　栏杆平面图

【解】　(1)清单工程量

计算上表面所在棱锥的高度：

$$x\frac{x}{x+0.4}=\frac{0.12}{0.2}$$

$$\therefore x=\frac{0.12\times0.4}{0.08}\text{m}=0.6\text{m}$$

∴一个栏杆的体积为

方法一：

$$V_0=0.2\times0.2\times1.16+\frac{1}{3}\times(0.2\times0.2\times1.0-0.12\times0.12\times0.6)\text{m}^3$$

$$=0.057\text{m}^3$$

方法二：

$$V_0=[0.2\times0.2\times1.16+\frac{1}{3}\times0.4\times(0.2^2\times0.12^2+0.2\times0.12)]\text{m}^3$$

$$=0.057\text{m}^3$$

则所有栏杆的混凝土预制工程量为

$$V=0.057\times\left(\frac{70}{2}+1\right)\text{m}^3=2.05\text{m}^3$$

清单工程量计算见表 3-106。

清单工程量计算表 表 3-106

项目编码	项目名称	项目特征描述	计量单位	工程量
040304005001	预制混凝土其他构件	桥面栏杆为方形立柱，C30 水泥	m³	2.05

（2）定额工程量

定额工程量同清单工程量。

项目编码：040304002 项目名称：预制混凝土柱

【例 111】 某桥梁上部结构中采用承重型钢筋混凝土矩形实心立柱，该立柱采用现场预制，利用木模板定型，柱底面尺寸为 3.0m×1.8m，柱高 6m，共有 24 根立柱，求该预制混凝土立柱的混凝土工程量及模板工程量。

【解】 （1）清单工程量

1）混凝土工程量：

$$V=3.0\times1.8\times6\times24m^3=777.6m^3$$

清单工程量计算见表 3-107。

清单工程量计算表 表 3-107

项目编码	项目名称	项目特征描述	计量单位	工程量
040304002001	预制混凝土柱	承重型钢筋混凝土矩形实心立柱，柱底面尺寸为 3.0m×1.8m，柱高 6m	m³	777.6

2）模板工程量：$S=(3.0+1.8)\times2\times6\times24m^2=1382.4m^2$

（2）定额工程量

定额工程量同清单工程量。

注：该工程中模板工程量计算不包括地模。

项目编码：040305003 项目名称：浆砌块料

【例 112】 某涵洞工程的纵向布置图及断面图如图 3-113、图 3-114 所示，涵洞标准跨径 3.0m，净跨径 2.4m，下部结构中有 M10 砂浆砌 40 号块石台身，M10 水泥砂浆砌块石截水墙，河床铺砌及 7cm 厚砂垫层，两涵台之间共设 3 道支撑梁，试计算浆砌石料工程量。

【解】 （1）清单工程量

1）M10 水泥砂浆，40 号块石浆砌涵台，内侧勾缝：

$$V_1=0.75\times2.4\times7.4\times2m^3=26.64m^3$$

2）M10 水泥砂浆砌块石截水墙，河床铺砌，7cm 厚砂垫层：

$$V_2=[2.4\times(0.4-0.07)\times7.4-0.2\times(0.4-0.07)\times2.4\times3+0.4\times0.87\times0.95\times2\times2]m^3$$
$$=6.71m^3$$

∴浆砌石料的总工程量：$V=V_1+V_2=(26.64+6.71)m^3=33.35m^3$

【注释】 0.75 为浆砌涵台的台身宽，2.4 为台身高，7.4 为台身长，2 为数量；2.4 为截水墙的宽度，0.4 为截水墙高度，0.07 为砂垫层厚度，0.2 为支撑梁的宽度，2.4 为支撑梁长度，3 为支撑梁数量，0.4 为底部截水墙的宽度，0.87 为其高度即（0.8+0.07），0.95 为其长度。

清单工程量计算见表 3-108。

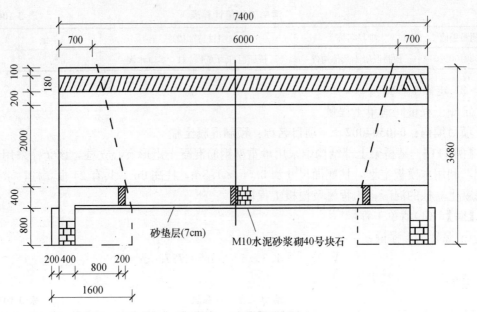

图 3-113　洞身纵断面图

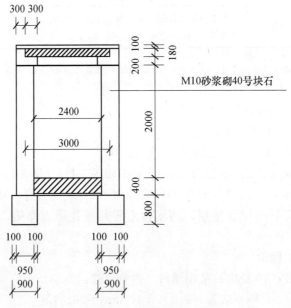

图 3-114　涵洞横断面图

清单工程量计算表　　　　　　　　　　　　表 3-108

项目编码	项目名称	项目特征描述	计量单位	工程量
040305003001	浆砌块料	涵洞工程下部结构浆砌块石	m³	33.35

（2）定额工程量

定额工程量同清单工程量。

项目编码：040305002　　项目名称：干砌块料

【例 113】　某桥梁工程采用干砌块石锥形护坡，厚 40cm，其结构示意图如图 3-115、图

3-116 所示，试计算干砌块石工程量。

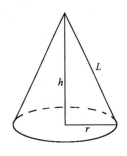

图 3-115　桥梁示意图　　　　　　　　　　图 3-116　锥护示意图

【解】（1）清单工程量

锥坡：$h=(5.80-0.50)\text{m}=5.30\text{m}$

$r=5.30\times1.5\text{m}=7.95\text{m}$

$l=\sqrt{7.95^2+5.30^2}\text{m}=\sqrt{63.2025+28.09}\text{m}=9.55\text{m}$

锥坡干砌块石：$V=\dfrac{1}{2}\pi\cdot2r\cdot l\times0.4=\pi\times7.95\times9.55\times0.4\text{m}^3=95.45\text{m}^3$

清单工程量计算见表 3-109。

清单工程量计算表　　　　　　　　　　　　表 3-109

项目编码	项目名称	项目特征描述	计量单位	工程量
040305002001	干砌块料	锥形护坡，干砌块石	m³	95.45

（2）定额工程量

定额工程量同清单工程量。

项目编码：040201007　　项目名称：抛石挤淤

【例 114】　某市新修一立交桥，由于该处有一条干涸的河道，因此部分桥墩基础处于淤泥软弱地质地带，为提高桥下基础的强度，决定采用抛石挤淤的方法换垫层，已知有四座中部桥墩位于河道上，大小相同，每座桥墩的基础开挖如图 3-117、图 3-118 所示，试计算该工程抛石工程量（单位：m）。

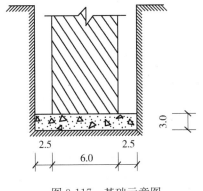

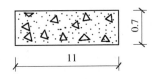

图 3-117　基础示意图　　　　　　　　图 3-118　垫层示意图

【解】（1）清单工程量

单个桥墩基坑抛石工程量：$V_0 = 11 \times 0.7 \times 3.0 \text{m}^3 = 23.1 \text{m}^3$

所有抛石工程量：$V = 4 \times 23.1 \text{m}^3 = 92.4 \text{m}^3$

【注释】 11 为垫层长度，0.7 为垫层宽度，3.0 为垫层厚度，4 为工程抛石的桥墩数量。

清单工程量计算见表 3-110。

清单工程量计算表　　　　　　　　　　　　　　　　　　表 3-110

项目编码	项目名称	项目特征描述	计量单位	工程量
040201007001	抛石挤淤	桥墩基础淤泥 软弱地质地带采用抛石挤淤方法换垫层	m³	92.4

（2）定额工程量

定额工程量同清单工程量。

说明：垫层是人工加固地基的一种方法，将基础下软弱土层全部或部分挖去，另用砂、碎石，灰土等材料填筑，换垫层材料的方法常有挖填法和挤淤法，抛石挤淤是在软土上集中抛填石块（平均直径大于 0.3m），强行将软土挤向两侧，石块就因此置换了被挤去的软土。

项目编码：040305003　　　　**项目名称：浆砌块料**

【例 115】 某桥梁工程采用 M7.5 水泥砂浆砌 40 号块石砌拱，桥梁及拱圈示意图如图 3-119、图 3-120 所示，已知桥梁全长 27m、宽 8.0m，共三个桥洞，试计算该桥梁工程砌拱所用浆砌土块的工程量。

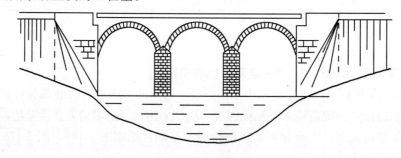

图 3-119　桥梁立面图

【解】（1）清单工程量

$$V = \frac{1}{2} \times \pi \times (3.5^2 - 3.0^2) \times 8.0 \times 3 \text{m}^3 = \pi \times 3.25 \times 12 \text{m}^3 = 122.52 \text{m}^3$$

【注释】 3.5 为拱形外圆半径即 7.0/2，3.0 为内圆半径即 6.0/2，8.0 为桥梁宽，3 为桥洞数量。

清单工程量计算见表 3-111。

清单工程量计算表　　　　　　　　　　　　　　　　　　表 3-111

项目编码	项目名称	项目特征描述	计量单位	工程量
040305003001	浆砌块料	M7.5 水泥砂浆砌 40 号块石	m³	122.52

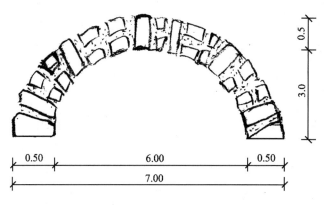

图 3-120 拱圈示意图

（2）定额工程量

定额工程量同清单工程量。

说明：拱架立好，经检查无误，即可砌筑拱圈，原则上是自两座起对称并进至拱顶刹尖。

小跨度石拱涵多采用块石砌筑，石料设有固定尺寸，应适当选择，砌筑时要求对准灰缝、错缝等尺寸。

项目编码：040304001   项目名称：预制混凝土梁

【例 116】 某高速公路桥梁在修筑时采用 T 形梁现场预制，T 形梁长18.60m，面板宽3.2m，其截面示意图如图 3-121、图 3-122 所示，该段桥梁共需 16 根，预制 2 根边梁，14 根中梁，试计算预制 T 形梁的混凝土工程量及占用平面面积的工程量。

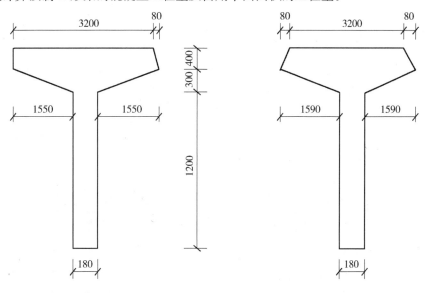

图 3-121 边梁示意图   图 3-122 中梁示意图

【解】 （1）清单工程量

1）混凝土工程量：

① 边梁（2 根）：

$$V_1 = \left[0.18 \times 0.12 + \frac{1}{2} \times (0.18 + 0.18 + 1.55 \times 2) \times 0.2 + (3.2 + 0.08) \times 0.4 - \frac{1}{2} \times 0.4 \times 0.08\right] \times 18.6 \times 2 \text{m}^3$$

$$= 61.89 \text{m}^3$$

② 中梁（14 根）：

$$V_2 = \left[0.18 \times 0.12 + \frac{1}{2} \times (0.18 + 0.18 + 1.55 \times 2) \times 0.2 + 13.2 + 0.08 \times 2) \times 0.4 - 0.4 \times 0.08\right] \times 18.6 \times 14 \text{m}^3$$

$$= 429.04 \text{m}^3$$

预制 T 形梁的混凝土总量：$V = V_1 + V_2 = (61.89 + 429.04) \text{m}^3 = 490.93 \text{m}^3$

清单工程量计算见表 3-112。

清单工程量计算表　　　　　　　　　　　　表 3-112

项目编码	项目名称	项目特征描述	计量单位	工程量
040304001001	预制混凝土梁	现场预制 T 形梁，梁长 18.60m，面板宽 3.2m	m³	490.93

2）占用平面面积工程量：

① 边梁：$S_1 = (18.6 + 2.00) \times (3.28 + 1.00) \times 2 \text{m}^2 = 176.34 \text{m}^2$

② 中梁：$S_2 = (18.6 + 2.00) \times (3.36 + 1.00) \times 14 \text{m}^2 = 1257.42 \text{m}^2$

占用平面面积工程量为 $S = S_1 + S_2 = (176.34 + 1257.42) \text{m}^2 = 1433.76 \text{m}^2$

【注释】　0.18 为图示竖板的宽度，1.2 为其高度，1.55 为边梁面板侧宽，3.2 为面板上边宽，0.08 为上边缺口宽，18.6 为梁长，1.59 为中梁面板侧宽。2 为边梁数量，14 为中梁数量。

（2）定额工程量

定额工程量同清单工程量。

项目编码：040306002　　项目名称：滑板

【例 117】　某地道桥采用箱涵顶进施工，在设计滑板时，为增加滑板底部与土层的摩阻力，防止箱体起动时带动滑板，在滑板底部每隔 6.5m 设置一反梁，同时为减少起动阻力的增加，在滑板施工过程中埋入带孔的寸管，滑板长 19m，宽 3.5m，滑板结构示意图如图 3-123 所示，试计算该滑板的工程量。

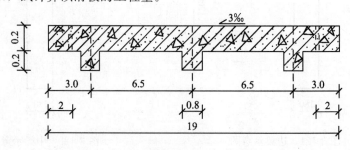

图 3-123　滑板结构示意图　（单位：m）

【解】　（1）清单工程量

$V = (19 \times 0.2 + 0.8 \times 0.2 \times 3) \times 3.5 \text{m}^3 = 14.18 \text{m}^3$

【注释】　19 为滑板长，0.2 为滑板图中上方及下方三个矩形宽，0.8 为下方小矩形的宽，3.5为滑板宽。

清单工程量计算见表3-113。

清单工程量计算表 表3-113

项目编码	项目名称	项目特征描述	计量单位	工程量
040306002001	滑板	滑板施工过程中埋入带孔的寸管，滑板长19m，宽3.5m	m³	14.18

（2）定额工程量

定额工程量同清单工程量。

说明：在工程量计算时，由于寸管的直径很小，在实际计算中可忽略不计，根据清单计算规则，滑板工程量计算应按设计图示以体积计算。

项目编码：040306006　　项目名称：箱涵顶进

【例118】　某市新建一城市道路，其中需从铁路下穿通过，经研究决定以箱涵顶进的方法施工，下穿道路长度为6m，因此只需采用单节箱涵顶进即可完成施工，单节箱涵顶进及箱涵的横断面示意图如图3-124、图3-125所示，箱涵长6m，试计算该工程箱涵顶进的工程量（混凝土密度为2300kg/m³）。

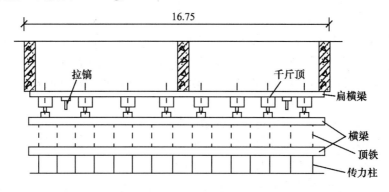

图3-124　单节箱涵顶进示意图　（单位：m）

【解】　（1）清单工程量

$V = (2 \times 16.75 \times 0.25 + 3 \times 0.25 \times 6.1 + 2 \times 0.1 \times 0.1) \times 6 \, m^3$

$\quad = (8.375 + 4.575 + 0.02) \times 6 \, m^3$

$\quad = 77.82 \, m^3$

则箱涵顶进工程量为：$77.82 m^3 \times 2300 kg/m^3 \times 6m = 1073916 kg \cdot m = 1.074 kt \cdot m$

【注释】　16.75为箱涵宽度，0.25为箱涵截面图中上下两个矩形的宽度，2为数量，0.25为竖板的宽度，6.1为竖板高度即（0.6+0.1），0.1为竖板上方四个直角三角形的腰长，6为箱涵长度。

清单工程量计算见表3-114。

清单工程量计算表 表3-114

项目编码	项目名称	项目特征描述	计量单位	工程量
040306006001	箱涵顶进	箱涵长6m	kt · m	1.074

（2）定额工程量

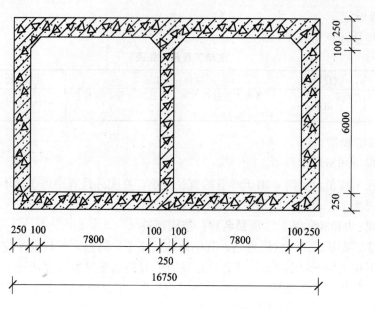

图 3-125　箱涵横截面图

定额工程量同清单工程量。

说明：本项目属于实土顶工程量在定额中要求按被顶箱涵的重量乘以箱涵位移距离分段累计计算。若为空顶工程量则应按空顶的单节箱涵重量乘以箱涵位移距离计算，清单工程量计算规则中规定箱涵顶进的工程量应按设计图示尺寸以被顶箱涵质量乘以箱涵的位移距离分节累计计算。

项目编码：040306006　　项目名称：箱涵顶进
项目编码：040306007　　项目名称：箱涵接缝

【例 119】 某道路下穿高速公路，在施工时采用预制分节顶入桥涵、箱涵的横断面如图3-125所示，整个箱涵分三节顶进完成施工，其纵剖面如图 3-126 所示，分节箱涵的节间接缝按设计要求设置有止水带，试计算该项工程箱涵接缝工程量及箱涵顶进工程量。

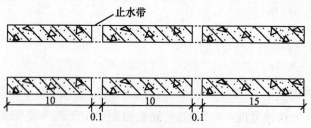

图 3-126　箱涵剖面图

【解】 (1)清单工程量

1）接缝工程量：
$$L=[(16.75+6.6)\times2+6.6]\times2m=106.6m$$

2）箱涵顶进工程量：
$(2\times16.75\times0.25+3\times0.25\times6.1+2\times0.1\times0.1)\times2300\times(15\times35.2+10\times20.1+10\times10)kg \cdot m$

$$=12.97 \times 2300 \times 829 \text{kg} \cdot \text{m}$$

$$=24729899 \text{kg} \cdot \text{m}=24.73 \text{kt} \cdot \text{m}$$

清单工程量计算见表 3-115。

清单工程量计算表 表 3-115

序号	项目编码	项目名称	项目特征描述	计量单位	工程量
1	040306006001	箱涵顶进	分三节顶进	kt·m	24.73
2	040306007001	箱涵接缝	分节箱涵的节间接缝按设计要求设置有止水带	m	106.6

（2）定额工程量

定额工程量同清单工程量。

注：本项目涉及到多节箱涵顶进，在预制分节顶入桥涵时，每节桥涵的端面必须垂直于桥涵轴线，分节箱涵的节间接缝应设置止水带或防水处理，根据清单计算规则，箱涵接缝按设计图示尺寸止水带的长度计算。

项目编码：040305005　项目名称：护坡

【例 120】　某桥梁工程采用Ⅱ桥台，锥体护坡，锥体护坡坡脚在平面上为四分之一椭圆曲线，已知桥台护坡高度 $H=6.0\text{m}$，桥台在直线上，其路基宽度 $B=6.4\text{m}$，半桥台宽度 $W_t=2.4\text{m}$，桥台平面示意图和锥坡计算示意图如图 3-127、图 3-128 所示，试计算该工程护坡工程量。

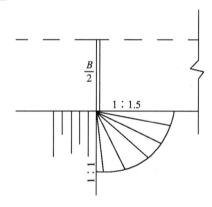

图 3-127　桥台平面示意图

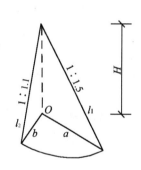

图 3-128　锥坡计算示意图

【解】　（1）清单工程量

1）椭圆曲线长、短半轴 a、b 的长度计算：

$$a=mH+(W_b-W_t)=[1.5 \times 6+(3.2-2.4)]\text{m}=9.8\text{m}$$

$$b=nH+0.75=(1.1 \times 6+0.75)\text{m}=7.35\text{m}$$

$$L_1=\sqrt{H^2+a^2}=\sqrt{6^2+9.6^2}\text{m}=11.32\text{m}$$

$$L_2=\sqrt{H^2+b^2}=\sqrt{6^2+7.35^2}\text{m}=9.49\text{m}$$

椭圆周长公式为：

$$C=\pi \times [1.5(a+b)-\sqrt{ab}]$$

2）则 $\frac{1}{4}$ 椭圆周长为：

$$C' = \frac{\pi}{4} \times [1.5 \times (9.6+7.35) - \sqrt{9.6 \times 7.35}]m = 13.37m$$

3）则该工程护坡工程量为：

$$S = \frac{\pi}{2} \cdot \int_o^{c'} \int_{l_2}^{l_1} dl dr \times 4 = 2\pi \int_0^{13.37} (11.32-9.49)dl$$

$$= 2\pi \times 1.83 \times 13.37m^2$$

$$= 153.73m^2$$

清单工程量计算见表 3-116。

清单工程量计算表　　　　　　　　　　　　表 3-116

项目编码	项目名称	项目特征描述	计量单位	工程量
040305005001	护坡	Ⅱ 型桥台，锥体护坡，护坡坡脚在平面上为四分之一椭圆曲线，护坡高度 6.0m	m²	153.73

（2）定额工程量

定额工程量同清单工程量。

说明：椭圆长、短轴 a、b 的计算公式分别为：

$$a = mH + (W_b - W_t)$$
$$b = nH + 0.75$$

式中　　m——护锥边坡横向坡度；

　　　　H——护锥高度(m)；

　　　W_b——半个标准路基顶面宽度＋加宽值(m)，（当在直线或曲线内侧时，加宽值等于 0）；

　　　W_t——半个桥台宽度(m)；

　　　　n——护锥边坡纵向坡度；

　　0.75——为加强桥台与路基连接，桥台上部应伸入路堤之值(m)。

项目编码：040305003　　　项目名称：浆砌块料

【例 121】 某一双曲拱桥，主拱圈采用浆砌材料，其截面设计尺寸如图 3-129 所示，试计算其拱圈工程量。

【解】（1）清单工程量

浆砌拱圈工程量：

$$V_{拱} = \left(24 \times 4 - \pi \times 3.5^2 \times 2 \times \frac{1}{2} - \frac{\pi}{4} \times 3.5^2\right)m^3$$

$$= (96 - 38.47 - 38.465/4)m^3$$

$$= (96 - 38.47 - 9.61)m^3$$

$$= 47.93m^3$$

【注释】 拱圈工程量按设计图示尺寸以体积计算，24 为拱圈截面长，4 为拱圈高度，3.5 为拱形内圆半径即 7/2，8 为桥面宽度。

清单工程量计算见表 3-117。

清单工程量计算表　　　　　　　　　　　　表 3-117

项目编码	项目名称	项目特征描述	计量单位	工程量
040305003001	浆砌块料	主拱圈采用浆砌材料	m³	47.93

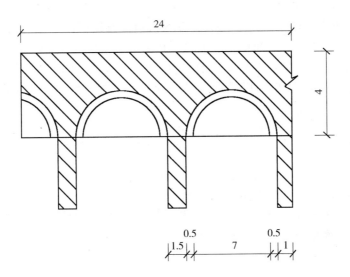

图 3-129　拱圈截面尺寸　（单位：m）

（2）定额工程量

定额工程量同清单工程量。

项目编码：040304002　　项目名称：预制混凝土柱

【例 122】　某工程修筑一座肋拱桥，在拱肋上设置立柱，如图 3-130 所示，其立柱是采用预制混凝土，立柱高 4m，立柱宽为 0.6m，其座桥立柱是用方形的，试计算其预制混凝土立柱的工程量。

【解】　（1）工程量清单

$$V_{立柱}=0.6\times0.6\times4m^3=1.44m^3$$

清单工程量计算见表 3-118。

清单工程量计算表　　　　　　　　　表 3-118

项目编码	项目名称	项目特征描述	计量单位	工程量
040304002001	预制混凝土柱	立柱为方形，立柱高 4m，立柱宽 0.6m	m³	1.44

（2）定额工程量

定额工程量同清单工程量。

说明：该桥采用立柱为实心的，由于立柱的高低不一致，该题只计算其中一根立柱工程量，其他同方法计算，最后工程量以体积计算。

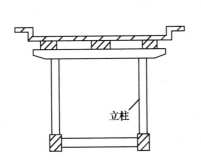

图 3-130　肋拱桥示意图

图 3-131　桁架示意图

项目编码：040304005　　项目名称：预制混凝土其他构件

【例123】　某大城市一拱桥桁架，采用预制混凝土桁架构件如图 3-131 所示，其构件附有上弦杆，杆长 4m，宽度 0.6m，竖杆高度 5m，宽度为 1m，斜杆与竖杆夹角 45°，杆宽 0.8m，杆长 3.5m，桁架构件杆均为方形，试计算预制混凝土桁架构件工程量。

【解】　(1)清单工程量

$$V_上 = 0.6 \times 0.6 \times 4 m^3 = 1.44 m^3$$
$$V_竖 = 1 \times 1 \times 5 m^3 = 5 m^3$$
$$V_斜 = 0.8 \times 0.8 \times 3.5 m^3 = 2.24 m^3$$

则：$V_总 = (1.44 + 5 + 2.24) m^3 = 8.68 m^3$

【注释】　0.6 为上弦杆侧面的边长，4 为上弦杆高度，1 为竖杆侧面边长，5 为竖杆高度，0.8 为斜杆侧面边长，3.5 为斜杆长度。

清单工程量计算见表 3-119。

清单工程量计算表　　　　　　　　　　　　　　　　　　　　表 3-119

项目编码	项目名称	项目特征描述	计量单位	工程量
040304005001	预制混凝土其他构件	拱桥桁架，方形实心	m³	8.68

(2)定额工程量

定额工程量同清单工程量。

说明：预制混凝土桁架拱构件采用方形，均为实心的，计算以设计尺寸按体积计算。

项目编码：040304005　　项目名称：预制混凝土其他构件

【例124】　某大城市桥上，在栏杆扶手的位置上或在较宽的人行道上设照明灯柱，此灯柱采用预制混凝土小型构件，灯柱设计尺寸如图 3-132 所示，试计算此预制混凝土小型构件灯柱的工程量。

【解】　(1)清单工程量

如图所示，该灯柱从底座以上是预制混凝土柱，灯柱冒沿也算是预制混凝土构件，则灯柱的工程量为：

$$V_{灯柱} = 0.5 \times 0.5 \times 2.5 m^3 = 0.625 m^3$$

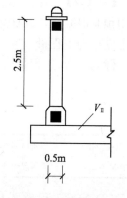

图 3-132　灯柱尺寸
（单位：m）

清单工程量计算见表 3-120。

清单工程量计算表　　　　　　　　　　　　　　　　　　　　表 3-120

项目编码	项目名称	项目特征描述	计量单位	工程量
040304005001	预制混凝土其他构件	在栏杆扶手或较宽的人行道上设照明灯柱	m³	0.625

(2)定额工程量

定额工程量同清单工程量。

项目编码：040305003　　项目名称：浆砌块料

【例125】　某一圆弧拱，拱轴线长度 $S=10m$；拱圈宽度 $B=5m$，拱圈厚度为 0.4m，试计算拱圈工程量。

【解】　(1)清单工程量

$$V=SBd=10\times5\times0.4\text{m}^3=20\text{m}^3$$

清单工程量计算见表 3-121。

清单工程量计算表 表 3-121

项目编码	项目名称	项目特征描述	计量单位	工程量
040305003001	浆砌块料	拱轴线长度 10m，拱圈宽度 5m，拱圈厚度 0.4m	m³	20

（2）定额工程量

定额工程量同清单工程量。

说明：拱圈用以承受拱上建筑传来的各种荷载到桥台或桥墩上。

项目编码：040201007   项目名称：抛石挤淤

【例 126】 有一抛石工程，如图 3-133 所示采用片石填冲刷坑，坑深 2.8m，宽 2m，试计算抛石工程量。

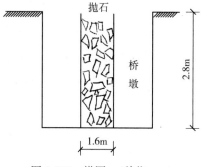

图 3-133 拱圈 （单位：m）

【解】 （1）清单工程量

$$V=1.6\times1.6\times2.8\text{m}^3=7.168\text{m}^3$$

清单工程量计算见表 3-122。

清单工程量计算表 表 3-122

项目编码	项目名称	项目特征描述	计量单位	工程量
040201007001	抛石挤淤	采用片石填冲刷坑，坑深 2.8m，宽 2m	m³	7.168

（2）定额工程量

定额工程量同清单工程量。

说明：该工程坑是按方形计算，抛石工程是在软土地基中采用的，其填石料尽可能重些，以免被水流冲走。

【例 127】 某桥梁工程，采用锥形护坡，计算数据如图 3-134 所示，锥坡计算示意图如图 3-135 所示，试计算该锥坡护坡浆砌石料工程量。

【解】 （1）清单工程量

1）锥坡：$h=(26.866-18.8)\text{m}=8.066\text{m}$

$$r=8.066\times1.5\text{m}=12.099\text{m}$$

$$l=\sqrt{r^2+h^2}=\sqrt{12.099^2+8.066^2}\text{m}=14.541\text{m}$$

2）锥坡 M7.5 砂浆砌块石 300mm（厚）工程量：

$$\pi\times r\times l\times0.3=\pi\times9.018\times12.099\times0.3\text{m}^3=102.78\text{m}^3$$

3）锥坡边护坡工程量：

$$12.099\times2.5\times4\times0.3\text{m}^3=36.297\text{m}^3$$

4）锥坡护脚（底）工程量：

$$\frac{0.6+1}{2}\times0.5\times(14.284\times\pi+2.5\times4)\text{m}^3=21.95\text{m}^3$$

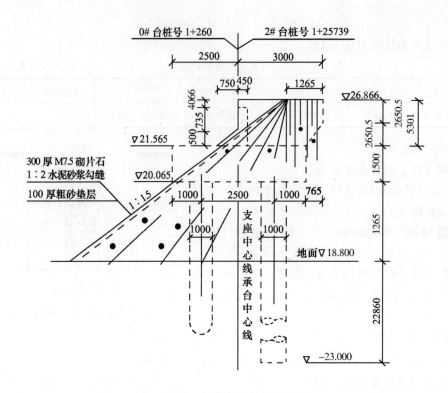

图 3-134 锥坡侧面图

5) 桥下护坡工程量：

$$4.15 \times 1.5 \times 40 \times 0.25 m^3 = 62.25 m^3$$

6) 桥下护脚(底)工程量：

$$\frac{0.6+1}{2} \times 0.5 \times 40 m^3 = 16 m^3$$

7) 1：2水泥砂浆勾缝工程量：

$$[\pi \times 9.018 \times 12.099 + 12.09 \times 2.5 \times 4 + 1 \times (14.284 \times \pi + 2.5 \times 4) + 4.15 \times 1.5 \times 40 + 1 \times 40] m^3 = (342.6 + 120.9 + 54.91 + 249 + 40) m^3 = 807.41 m^3$$

粗砂垫层工程量：$[342.6 + 120.9 + 249 + (\sqrt{0.2^2 + 0.5^2} \times 2 + 0.6) \times (54.91 + 40)] \times 0.1 m^3 = (342.6 + 120.9 + 249 + 159.5) \times 0.1 m^3 = 87.2 m^3$

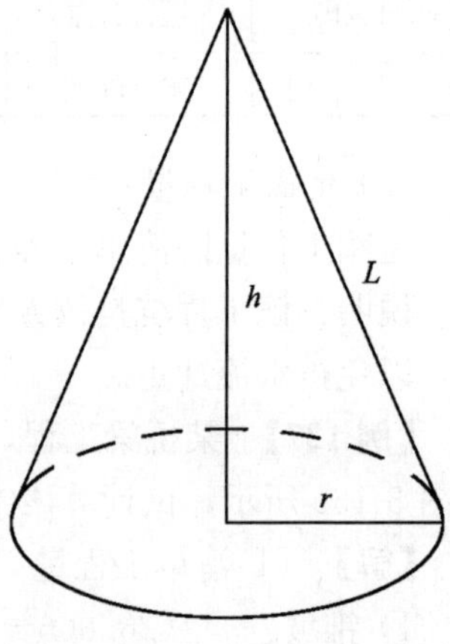

图 3-135 锥坡计算示意图

(2) 定额工程量

定额工程量同清单工程量。

说明：该题图中尺寸单位，高程里程以"m"计，其余以"mm"计。桥台施工时先按路基填土要求分层夯实。

项目编码：040304005　　项目名称：预制混凝土其他构件

【例128】　某桥梁工程采用工厂预制缘石，已知桥梁总长64m，宽9.0m，预制缘石宽0.2m，高0.2m，其桥面铺装示意图如图3-136所示，试计算该工程预制缘石的混凝土工程量及模板工程量。

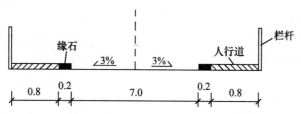

图 3-136　桥面横断面图　（单位：m）

【解】（1）清单工程量

1）混凝土工程量：$V = 0.2 \times 0.2 \times 64 \times 2 m^3 = 5.12 m^3$

清单工程量计算见表 3-123。

清单工程量计算表　　　　表 3-123

项目编码	项目名称	项目特征描述	计量单位	工程量
040304005001	预制混凝土其他构件	缘石，宽 0.2m，高 0.2m	m³	5.12

2）模板工程量：

$$S = 0.2 \times 64 \times 2 m^2 = 25.6 m^2$$

（2）定额工程量

定额工程量同清单工程量。

说明：按清单计算规则，各预制混凝土小型构件的工程量均按设计图示以体积计算，定额中规定预制小型构件的模板工程量应按平面投影面积计算。

项目编码：040304005　　项目名称：预制混凝土其他构件

【例 129】　某桥梁工程在修筑过程中桥面一些小型构件如人行道板，栏杆侧缘石等均采用现场预制安装，桥梁横截面示意图、路缘石横断面图、人行道板横断面图、栏杆立面图、栏杆平面图分别如图 3-137～图 3-141 所示，试计算各小型构件的混凝土及模板工程量(已知桥梁总长 35m，栏杆每 5m 一根)(单位：m)。

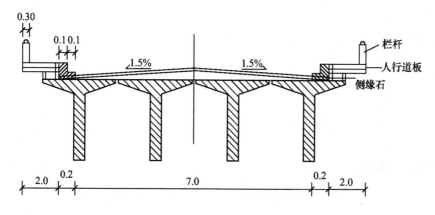

图 3-137　桥梁支点截面图

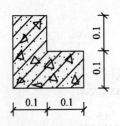

图 3-138　路缘石横截面图

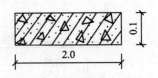

图 3-139　人行道板横断面图

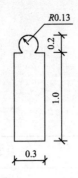

图 3-140　栏杆立面图

图 3-141　栏杆平面图

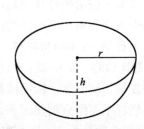

【解】　(1)清单工程量

1)人行道板预制混凝土工程量：

$$V_1 = 2.0(人行道板宽) \times 0.1(厚) \times 35(长) \times 2(数量) m^3 = 14 m^3$$

人行道板模板工程量：

$$S_1 = 2.0 \times 35 \times 2 m^2 = 140 m^2$$

2)路缘石预制混凝土工程量：

$$V_2 = (0.2 \times 0.2 - 0.1 \times 0.1) \times 35 \times 2 m^3 = 21 m^3$$

路缘石模板工程量：

$$S_2 = 0.2 \times 35 \times 2 m^2 = 14 m^2$$

3)栏杆预制混凝土工程量：

$$r = \sqrt{0.13^2 - 0.07^2} m = 0.11 m$$

$$h = (0.26 - 0.2) m = 0.06 m$$

球缺的体积公式为：$V = \dfrac{1}{6} \pi h \times (3r^2 + h^2)$

$$\therefore V_3 = \left[0.3 \times 0.3 \times 1.0 + \frac{4}{3} \pi \times 0.13^2 h - \frac{\pi}{6} \times 0.06 \times (3 \times 0.11^2 + 0.06^2) \right] \times \left(\frac{35}{5} + 1 \right) m^3$$

$$= 8 \times (0.09 + 0.008) m^3$$

$$= 0.78 m^3$$

栏杆模板工程量：

$$S_3 = \left(\frac{35}{5} + 1 \right) \times (0.3 \times 1 \times 4) m^2 = 9.6 m^2 (四个侧面)$$

【注释】　3)式中 0.13 为栏杆顶部圆球半径，0.07 为圆球与四棱柱的接触面处圆形半径即(0.2－0.13)，0.2为栏杆顶部圆球高度，0.3为栏杆立柱底面边长，1.0为栏杆立柱高度。

清单工程量计算见表3-124。

清单工程量计算表　　表3-124

序号	项目编码	项目名称	项目特征描述	计量单位	工程量
1	040304005001	预制混凝土其他构件	人行道板	m³	14
2	040304005002	预制混凝土其他构件	路缘石	m³	21
3	040304005003	预制混凝土其他构件	栏杆	m³	0.78

（2）定额工程量

定额工程量同清单工程量。

项目编码：040304001　　项目名称：预制混凝土梁

【例130】　某桥梁工程采用预制钢筋混凝土箱梁，箱梁结构如图3-142所示，已知每根梁长16m，该桥总长64m，桥面总宽26.0m，为双向六车道，试计算该工程的预制箱梁混凝土工程量、模板工程量及所占用的平面面积工程量。

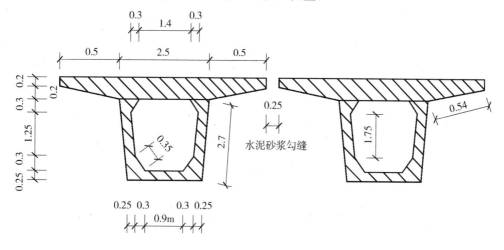

图3-142　箱梁结构示意图　（单位：m）

【解】　（1）清单工程量

由于桥面总宽26.0m，每两根箱梁之间有0.25m的砂浆勾缝，则在桥梁横断面上共需箱梁$3.5x+(x-1)\times0.25=26$，$x=7$根。桥梁总长64m，每根梁长16m，则在纵断面上需4根，所以该工程所需预制箱梁共28根。

1）预制混凝土工程量

$$V=[(3.5+2.5)\times\frac{1}{2}\times0.2+3.5\times0.2+(2.5+2.0)\times\frac{1}{2}\times2.1-(1.5+2.0)\times\frac{1}{2}\times$$

$$1.85+4\times\frac{1}{2}\times0.3\times0.3]\times16\times28m^3$$

$$=1374.24m^3$$

【注释】　3.5为箱梁顶板上边宽，2.5为顶板下边宽，0.2为顶板上部矩形与下部梯形的宽与高，2.0 为下方外围梯形的上底宽即 $(0.9+0.3\times2+0.25\times2)$，2.1 为下方梯形高即 $(0.25+0.3+0.3+1.25)$，1.85 为内部梯形高度即 $(1.25+0.3\times2)$，0.3 为内部四角三角形直角边长，16 为箱梁长度，28 为箱梁数量。

清单工程量计算见表 3-125。

清单工程量计算表　　　　　　　　　　　　　　　表 3-125

项目编码	项目名称	项目特征描述	计量单位	工程量
040304001001	预制混凝土梁	预制钢筋混凝土箱梁，每根梁长 16m	m³	1374.24

2）预制箱梁的模板工程量：

$$S=(3.5+2.0+2.7\times2+0.54\times2+0.2\times2+0.9+1.4+0.35\times4+1.75\times2)\times16\times28m^2$$
$$=8771.84m^2$$

3）梁所占用的平面面积工程量：

$$S_o=(16+2.00)\times(3.5+1.00)\times28m^2=2268m^2$$

（2）定额工程量

定额工程量同清单工程量。

项目编码：040304005　　项目名称：预制混凝土其他构件

【例 131】　某桥梁工程采用预制空心混凝土人行道板，每块板的长、宽、高分别为 10m、2m、0.5m，板与板之间预留 0.25m 的缝隙，采用水泥砂浆勾缝，人行道板的结构示意图如图 3-143 所示，整个桥长 81.75m，试计算该桥梁工程的预制人行道板混凝土工程量及水泥砂浆勾缝工程量。

【解】　（1）清单工程量

由于桥梁总长 81.75m，每块人行道板长 10m，每两块板之间有 0.25m 的砂浆勾缝，因此整个桥面每侧需 $10x+(x-1)\times0.25=81.75$，$x=8$ 块预制混凝土人行道板，其工程量计算如下：

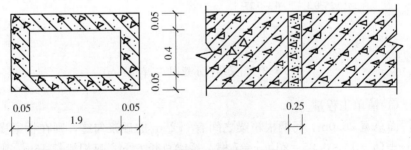

图 3-143　人行道板结构示意图　（单位：m）

1）预制道板混凝土工程量：

$$V_1=(2.0\times0.5-1.9\times0.4)\times10\times16m^3=38.4m^3$$

清单工程量计算见表 3-126。

清单工程量计算表　　　　　　　　　　　　　　　表 3-126

项目编码	项目名称	项目特征描述	计量单位	工程量
040304005001	预制混凝土其他构件	人行道板	m³	38.4

2）水泥砂浆工程量：

$$V_2 = 2.0 \times 0.5 \times 0.25 \times (16-2) \text{m}^3 = 3.5 \text{m}^3$$

【注释】 2.0 为人行道板长即(1.9＋0.05×2)，0.5 为人行道板宽即(0.4＋0.05×2)，1.9 为空白矩形长，0.4 为其宽，10 为人行道板长，16 为人行道板数量，0.25 为水泥砂浆厚度。

（2）定额工程量

定额工程量同清单工程量。

说明：该工程共需 16 块人行道板，每一边 8 块，有(8－1)条水泥砂浆勾缝，因此总共有(16－2)条＝14 条勾缝，预制混凝土工程量和水泥砂浆工程量根据清单计算规则都是按设计图示以体积计算，在定额中也一样。

【例 132】 如【例 131】所述，试计算该工程预制空心混凝土人行道板的模板工程量。

【解】 （1）清单工程量

$$S = [2.0 + 0.5 \times 2 + (1.9 + 0.4) \times 2] \times 10 \times 16 \text{m}^2 = 1216 \text{m}^2$$

（2）定额工程量

$$S = [0.5 \times 2 + 2.0 + (1.9 + 0.4) \times 2] \times 10 \times 16 \text{m}^2 = 1216 \text{m}^2$$

说明：定额规定预制构件中非预应力构件应按模板接触混凝土的面积计算，不包括胎、地模、空心板中空心部分可按模板接触混凝土的面积计算工程量，而空心板梁中空心部分，在定额中均采用橡胶囊抽拔，其摊销量已包括在定额中，因而不再计算空心部分的模板工程量。

第二节　综　合　实　例

【例 1】 某桥梁工程设计中，桥长 66m，共 3 跨，桥宽 17.8m，桥墩帽宽 17.8m，桩式桥墩，墩身高 4m，墩帽厚 1.5m，各部分图如图 3-144～图 3-152 所示，其剖视图如图 3-144 所示，其主梁为 T 形梁整体连续梁，T 形梁的尺寸如图 3-145 所示，桥上有栏杆、人行道及桥面铺装，此桥采用混凝土钻孔灌注桩，计算此桥工程量。

【解】 （1）T 型梁混凝土工程量(图 3-144)：

C35 混凝土 T 梁(主梁)(单跨梁长取 19.96m)：

清单工程量：

$$\text{单片工程量} = (1.3 \times 0.15 + \frac{1}{2} \times 0.1 \times (0.2 + 1.3) + 1.25 \times 0.2) \times 19.96 \text{m}^3$$

$$= (0.195 + 0.075 + 0.25) \times 19.96 \text{m}^3$$

$$= 10.38 \text{m}^3$$

C35 混凝土 T 梁(边梁)：

清单工程量：

$$(1.3 \times 0.15 + \frac{1}{2} \times 0.1 \times (0.2 + 1.3) + 1.25 \times 0.2) \times 19.96 \times 6 \text{m}^3$$

$$= (0.195 + 0.075 + 0.25) \times 19.96 \times 6 \text{m}^3 = 62.28 \text{m}^3$$

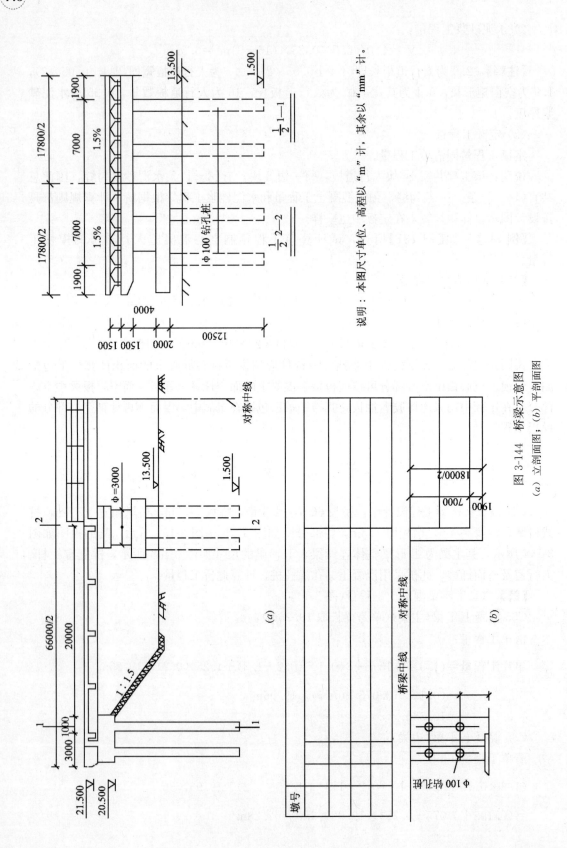

图 3-144 桥梁示意图

(a) 立剖面图；(b) 平剖面图

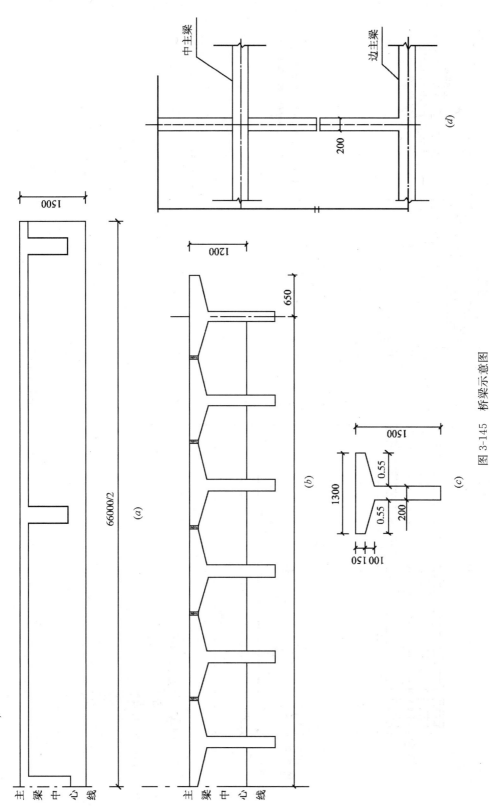

图 3-145　桥梁示意图

(a) 纵断面图；(b) 横断面图；(c) T 梁横断面图；(d) 主梁隔板平剖面

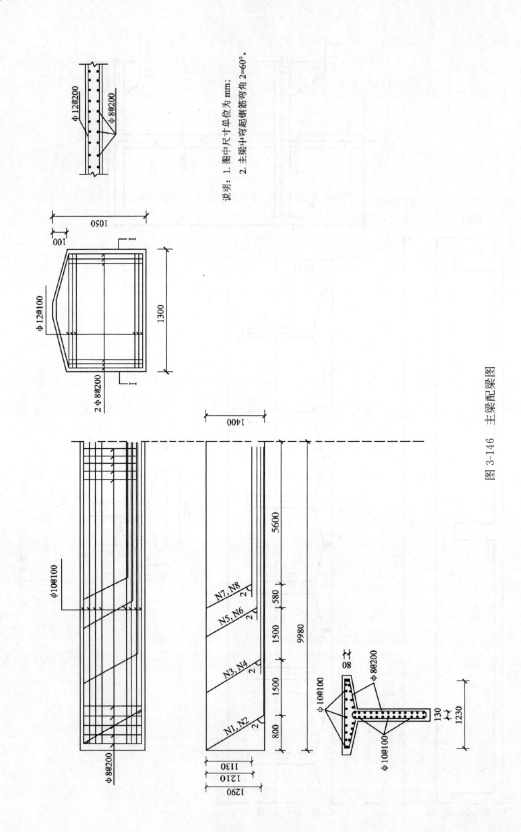

图 3-146　主梁配梁图

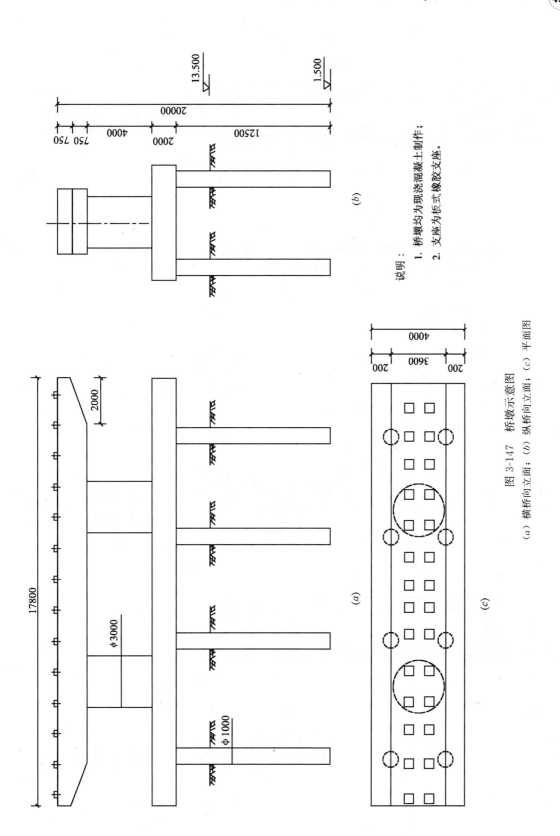

图 3-147　桥墩示意图

(a) 横桥向立面; (b) 纵桥向立面; (c) 平面图

说明:
1. 桥墩均为现浇混凝土制作;
2. 支座为板式橡胶支座。

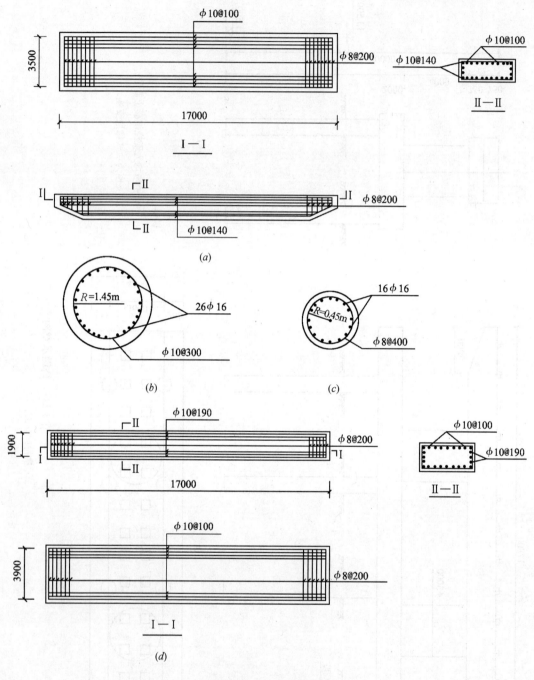

图 3-148 桥墩配筋图

(a)墩帽配筋图；(b)墩身配筋截面图；(c)桩配筋截面图；(d)承台配筋图

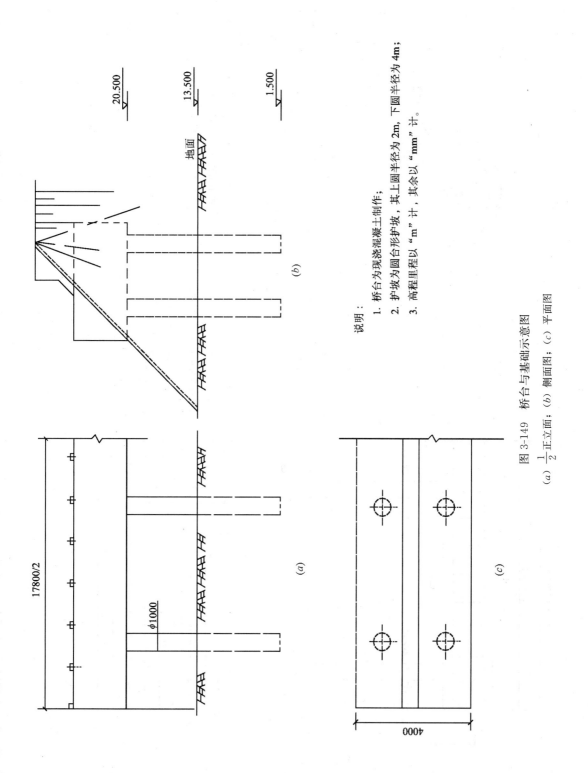

说明：
1. 桥台为现浇混凝土制作；
2. 护坡为圆台形护坡，其上圆半径为 2m，下圆半径为 4m；
3. 高程里程以"m"计，其余以"mm"计。

图 3-149 桥台与基础示意图

(a) $\frac{1}{2}$ 正立面；(b) 侧面图；(c) 平面图

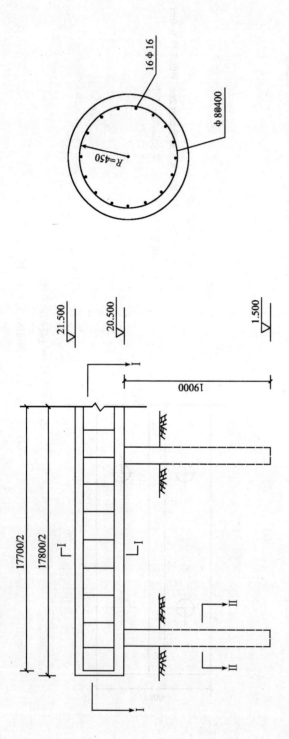

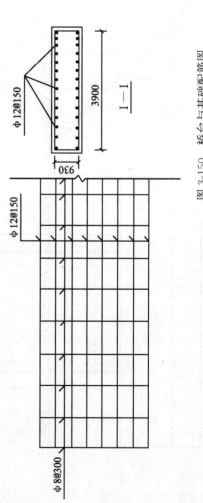

说明：

1. C30混凝土桩上下保护层厚度分别为 50mm；

2. 桥台沿桥宽方向两端的保护层厚度为 50mm；

3. 沿桥长方向其两端保护层厚度亦为 50mm。

图 3-150　桥台与基础配筋图

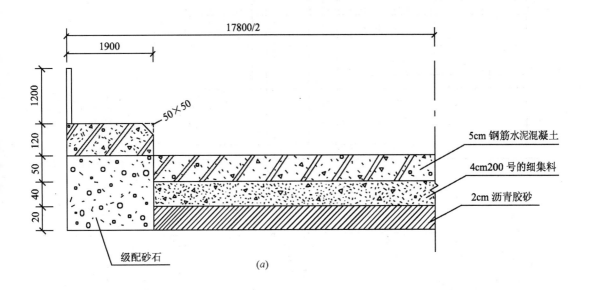

(a)

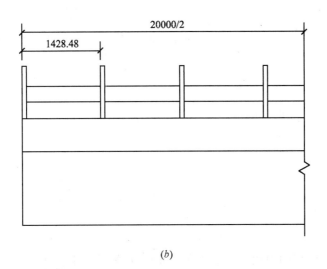

(b)

说明：栏杆中竖杆为φ80mm的钢管，横杆为φ40mm的钢管。

图 3-151　桥面

(a) 立面图；(b) 侧视图

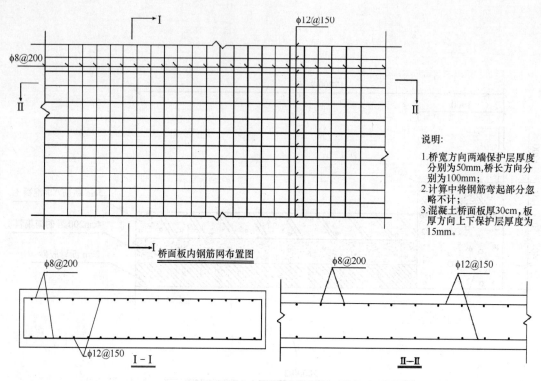

说明:
1. 桥宽方向两端保护层厚度分别为50mm,桥长方向分别为100mm;
2. 计算中将钢筋弯起部分忽略不计;
3. 混凝土桥面板厚30cm,板厚方向上下保护层厚度为15mm。

图 3-152　桥面板配筋图

T 梁合计工程量:

清单工程量:

$$(10.38×30+62.28)m^3=(301.2+60.24)m^3=373.68m^3$$

T 梁定额工程量同清单工程量。

横隔梁工程量:

清单工程量:

$$\left\{\frac{1}{2}×[(1.2-0.25)+(1.2-0.15)]×0.55×2+1.2×0.2\right\}×11×5×3m^3$$

$$=\{1.1+0.24\}×11×5×3m^3=221.1m^3$$

【注释】　1.3 为主梁断面图中顶板的上边宽,0.15 为顶板上部矩形宽,0.1 为下部梯形高,0.2 为梯形下底宽,1.25 为主梁竖板的高度即(1.5-0.1-0.15),0.2 为竖板厚度,19.6 为单跨梁长,6 为边梁数量。1.2 为横隔梁的高度,0.55 为梯形截面的高。

横隔梁定额工程量同清单工程量。

(2) 主梁钢筋工程量(图 3-146):

清单工程量同定额工程量。

$\phi16$N1~N8 弯筋工程量$=[(1.6+9.18)×2×2+(1.49+7.68)×2×2+(1.40+6.18)$
$$×2×2+(1.30+5.6)×2×2]×1.58kg$$

$$=(43.12+36.68+30.32+27.6)×1.58kg$$

$$=217.60kg=0.22t$$

【注释】　1.6 为 N1、N2 弯起钢筋长度即 0.8×2,9.18 为 N1、N2 直线部分钢筋长度即(9.98−0.8)，第一个 2 为相同长度的钢筋数量，第二个 2 为钢筋总长；1.49 为 N3、N4 弯起钢筋长度即 1.29/sin60°，7.68 为其直线部分钢筋长度即(9.98−0.8−1.5)；1.4 为 N5、N6 弯起钢筋长度即 1.21/sin60°，6.18 为其直线部分长度即(9.98−0.8−1.5−1.5)；1.30 为 N7、N8 弯起钢筋长度即 1.13/sin60°，5.6 为其直线部分长度。

$$\phi8 \text{ 箍筋工程量} = (0.13 \times 2 + 2 \times 1.25 + 1.23 + 0.08 \times 2 + \sqrt{0.52^2 + 0.01^2} \times 2) \times \frac{9980}{200} \times$$

$$2 \times 0.395 \text{kg}$$

$$= (0.26 + 2.5 + 1.23 + 0.16 + 1.04) \times 99.8 \times 0.395 \text{kg}$$

$$= 205 \text{kg} = 0.21 \text{t}$$

【注释】 0.13 为主梁竖板四周箍筋宽，1.25 为其长即(1.5−0.1−0.15)，1.23 为主梁横板上边箍筋长度，0.08 为其两侧箍筋长度，开根号部分为横板斜线部分长度，200 为相邻箍筋的间距，9980 为主梁一侧长度。

$$\phi10 \text{ 纵筋工程量} = (\frac{1200}{100} \times 2 + \frac{1200}{100} + \frac{1200-200}{100}) \times 9.98 \times 2 \times 0.617 \text{kg}$$

$$= (24 + 12 + 10) \times 9.98 \times 2 \times 0.617 \text{kg}$$

$$= 564.80 \text{kg} = 0.56 \text{t}$$

【注释】 1200 为主梁竖板及横板配筋长度，100 为相邻纵筋间距，200 为竖板宽度，9.98 为纵筋长度。

T 梁中钢筋工程量：$\phi16$ 钢筋工程量 $= 0.22 \times 36 \text{t} = 7.92 \text{t}$

$\phi8$ 钢筋工程量 $= 0.21 \times 36 \text{t} = 7.56 \text{t}$

$\phi10$ 钢筋工程量 $= 0.56 \times 36 \text{t} = 20.16 \text{t}$

横隔板中钢筋工程量：

清单工程量同定额工程量。

$$\phi8 \text{ 钢筋工程量} = (0.12 \times 2 + 0.9 \times 2) \times 6 \times 11 \times 15 \times 0.395 \text{kg}$$

$$= 2.04 \times 6 \times 11 \times 15 \times 0.395 \text{kg}$$

$$= 797.74 \text{kg} = 0.80 \text{t}$$

$$\phi12 \text{ 钢筋工程量} = [\frac{900}{100} \times 1.2 \times 2 + \sqrt{0.1^2 + 0.5^2} \times 2 + 0.1 \times 2] \times 11 \times 15 \times 0.888 \text{kg}$$

$$= (21.6 + 1.02 + 0.1) \times 11 \times 15 \times 0.888 \text{kg}$$

$$= 3328.93 \text{kg} = 3.33 \text{t}$$

主梁钢筋工程量：$\phi16$ 钢筋工程量 $= 7.92 \text{t}$

$\phi12$ 钢筋工程量 $= 3.33 \text{t}$

$\phi10$ 钢筋工程量 $= 20.16 \text{t}$

$\phi8$ 钢筋工程量 $= (7.56 + 0.80) \text{t} = 8.36 \text{t}$

(3) 桥墩混凝土工程量(图 3-147)：

清单工程量：

墩帽(C30 混凝土)：$V_1 = \left\{ [(17.8 - 2 \times 2) + 17.8] \times 0.75 \times \frac{1}{2} + 17.8 \times 0.75 \right\} \times 3.6 \text{m}^3$

$$= 90.72 \text{m}^3$$

墩身(C30 混凝土)：$V_2 = \pi \times (\frac{3}{2})^2 \times 4 \times 2 \text{m}^3 = 56.55 \text{m}^3$

承台(C30 混凝土)：$V_3 = 17.8 \times 2 \times 4 \text{m}^3 = 142.4 \text{m}^3$

C30 混凝管桩：$l = 12.5 \text{m}$

桥墩(C30 混凝土)：$V = (V_1 + V_2 + V_3) \times 2$

$$= (85.32 + 56.55 + 142.4) \times 2 \text{m}^3$$

$$= 284.27 \times 2 \text{m}^3 = 568.54 \text{m}^3$$

定额工程量：

C30 混凝土管桩：$V = \pi \times (\frac{1}{2})^2 \times 12.5 \times 8 \times 2 \text{m}^3 = 78.54 \times 2 \text{m}^3 = 157.08 \text{m}^3$

【注释】 管桩清单工程量按桩长计算，定额工程量按桩长乘以桩横断面面积以体积计算。墩帽：17.8 为墩帽上边长，2 为两侧空白部分的宽度，0.75 为上方矩形及下方梯形高度，3.6 为墩帽宽度；墩身：3 为墩身立柱直径，4 为立柱高度，2 为数量；承台：17.8 为承台长度，2 为承台厚度，4 为承台宽度；12.5 为管桩长度。1 为管桩直径，8 为管桩数量，2 为桥墩数量。

其他定额工程量同清单工程量。

清单工程量：

板式橡胶支座：$14 \times 2 \times 2$ 个 $= 28 \times 2$ 个 $= 56$ 个

【注释】 橡胶支座工程量按数量计算，由桥墩平面图知，每侧桥墩两边均设有支座，每边支座数量为 14 个。

定额工程量同清单工程量。

(4) 桥墩钢筋工程量(图 3-148)：

清单工程量：

墩帽钢筋工程量：

$\phi 8$ 钢筋工程量 $= \left[(3.5 \times 2 + 1.4 \times 2) \times \dfrac{13000}{200} + \left(3.5 \times 2 + \dfrac{0.7 + 1.4}{2} \times 2 \right) \times \dfrac{4000}{200} \right] \times 2$

$$\times 0.395 \text{kg}$$

$$= (9.8 \times 65 + 9.1 \times 20) \times 2 \times 0.395 \text{kg}$$

$$= 647.01 \text{kg} = 0.65 \text{t}$$

【注释】 3.5 为墩帽顶面 $\phi 8$ 钢筋长度，1.4 为侧面 $\phi 8$ 钢筋长度即 $(0.75 \times 2 - 0.1)$，13000 为底面长度即 $(17000 - 2000 \times 2)$，200 为相邻 $\phi 8$ 钢筋之间间距，第二个小括号 3.5×2 为墩帽两翼上下两面钢筋长度，$\dfrac{0.7 + 1.4}{2}$ 为其前后两面 $\phi 8$ 钢筋的平均长度，4000 为两翼总长即 $(2000 + 2000)$。

$\phi 10$ 钢筋工程量 $= \left[\dfrac{3500}{100} \times (17 + 13) + 5 \times 17 \times 2 + 5 \times \dfrac{17 + 13}{2} \times 2 \right] \times 0.617 \text{kg}$

$$= (35 \times 30 + 170 + 150) \times 0.617 \text{kg}$$

$$= 1370 \times 0.617 \text{kg} = 0.85 \text{t}$$

【注释】 100 为相邻 $\phi 10$ 钢筋之间间距，17 为墩帽顶面钢筋长度，13 为底面钢筋长度，5 为墩帽前后两面高度一半时 $\phi 10$ 钢筋数量。

墩身钢筋工程量：

$\phi10$ 钢筋工程量 $=2\times\pi\times1.45\times\dfrac{3900}{300}\times2\times2\times0.617\times10^{-3}t=0.29t$

$\phi16$ 钢筋工程量 $=26\times3.9\times2\times2\times1.58\times10^{-3}t=0.64t$

【注释】 1.45 为 $\phi10$ 圆形箍筋半径，3900 为墩身钢筋的高度即（4000-100），300 为圆柱墩身圆周上下两个 $\phi10$ 圆形箍筋之间间距，2 为桥一侧桥墩数量。26 为墩身 $\phi16$ 钢筋数量。

承台钢筋工程量：

$\phi8$ 钢筋工程量 $=(3.9+1.9)\times2\times\dfrac{17000}{200}\times2\times0.395\times10^{-3}t=0.78t$

$\phi10$ 钢筋工程量 $=\left(17\times\dfrac{3900}{100}\times2+10\times17\times2\right)\times0.617\times10^{-3}t$

$=(1326+340)\times0.617\times10^{-3}t=1.03t$

【注释】 3.9 为承台 $\phi8$ 钢筋横向长度，1.9 为其纵向长度，17000 为承台配筋长度，200 为相邻 $\phi8$ 钢筋之间间距；17 为 $\phi10$ 钢筋长度，$\dfrac{3900}{100}$ 为上下两面间距为 100 的 $\phi10$ 钢筋数量，10 为前后两面间距为 190 的 $\phi10$ 钢筋数量即 1900/190。

桩基础钢筋工程量：

$\phi8$ 钢筋工程量 $=2\times\pi\times0.45\times\dfrac{12400}{400}\times0.395\times8\times2\times10^{-3}t=0.55t$

$\phi16$ 钢筋工程量 $=16\times12.4\times1.58\times8\times2\times10^{-3}t=5.02t$

【注释】 0.45 为桩配圆形 $\phi8$ 钢筋的半径，12400 为桩配筋长度即（12500-100），400 为桩四周上下两个相邻箍筋间距，8 为一侧桥墩桩的数量，16 为 $\phi16$ 钢筋数量，12.4 为一根 $\phi16$ 钢筋长度。

桥墩钢筋工程量：

$\phi8$ 钢筋工程量 $=(0.65+0.78+0.55)t=1.98t$

$\phi10$ 钢筋工程量 $=(0.85+1.03+0.99)t=2.17t$

$\phi16$ 钢筋工程量 $=(0.64+5.02)t=5.66t$

定额工程量同清单工程量。

（5）桥台与基础混凝土工程量（图 3-149）：

清单工程量：

桥台（C30 混凝土）：$V=17.8\times(21.5-20.5)\times4m^3=71.2m^3$

C30 混凝土管桩：$m=(20.5-1.5)m=19m$

护坡（C30 混凝土）：$V=\dfrac{1}{3}\times\pi\times(20.5-13.5)\times(2^2+4^2+2\times4)\times2m^3=410.5m^3$

定额工程量：

C30 混凝土管桩：$V=\pi\times\left(\dfrac{1.0}{2}\right)^2\times(20.5-1.5)\times8m^3=119.38m^3$

【注释】 17.8 为桥台长度，21.5 为桥台上表面标高，20.5 为其下表面标高、管桩桩顶标高及护坡顶面标高，4 为桥台宽，1.5 为桩底标高，13.5 为后坡底面标高，2 为圆台形护坡上圆半径，4 为其下圆半径，1.0 为管桩直径。

其余定额工程量同清单工程量。

（6）桥台与基础配筋工程量（图 3-150）：

清单工程量:

桥台钢筋工程量:

$\phi 8$ 钢筋工程量 $=(3.9+0.93)\times 2\times \dfrac{17700}{300}\times 0.395\times 2kg=450.25kg=0.45t$

$\phi 12$ 钢筋工程量 $=17.7\times \dfrac{3900}{150}\times 2\times 2\times 0.888kg=1634.63kg=1.63t$

桩基础钢筋工程量:

一根桩的箍筋数量(即 $\phi 8$ 钢筋):$(19-0.05\times 2)\div 0.4$ 根 $=48$ 根

故箍筋($\phi 8$ 钢筋)总长度为:$l=2\times \pi\times 0.45\times 48\times 8m=1085.73m$

又 $\because$ 箍筋为 $\phi 8$,而 $\phi 8$ 单根钢筋的理论重量为 $0.395kg/m$

故 $m_1=1085.73\times 0.395kg=428.86kg=0.4t$

一根桩的纵筋(即 $\phi 16$ 钢筋)数量为 16 个

故纵筋(即 $\phi 16$ 钢筋)总长度为:$l=(19-0.05\times 2)\times 16\times 8m=2419.2m$

又 $\because$ 纵筋为 $\phi 16$ 钢筋,而 $\phi 16$ 单根钢筋的理论重量为 $1.58kg/m$

故 $m_2=2419.2\times 1.58kg=3822.336kg=3.8t$

故桩基础钢筋的工程量为:

$m=m_1+m_2=(0.4+3.8)t=4.2t$

【注释】 3.9 为桥台配筋宽度,0.93 为其高度,17700 为桥台配筋长度,300 为相邻 $\phi 8$ 钢筋间距,17.7 为纵筋长度,150 为相邻 $\phi 12$ 钢筋间距,19 为桩长,0.05 为保护层厚度,0.4 为桩相邻 $\phi 8$ 钢筋间距,0.45 为圆形 $\phi 8$ 箍筋半径,8 为桥一侧桩数量。

定额工程量同清单工程量。

(7) 桥面铺装(图 3-151):

清单工程量:

钢筋水泥混凝土:

$S_1=\left[(17.8-2\times 1.9)\times 66\times \dfrac{1}{2}+(1.9-0.05)\times 66+\sqrt{0.05^2+0.05^2}\times 66+(0.12-0.05)\times 66\right]\times 2m^2$

$=(462+122.1+4.67+4.62)\times 2m^2$

$=593.39\times 2m^2$

$=1186.78m^2$

【注释】 17.8 为桥面宽度,1.9 为两侧台阶的宽度,66 为桥长,0.05 为台阶一侧等腰直角三角形缺口直角边长,中括号内依次为桥面中间面积、两侧台阶上面面积、台阶缺口斜面面积及台阶立面面积。

200 号的细集料:$S_2=(17.8-2\times 1.9)\times 66m^2=924m^2$

沥青胶砂:$S_3=(17.8-2\times 1.9)\times 66m^2=924m^2$

级配砂石:$S_4=1.9\times 66\times 2m^2=250.8m^2$

定额工程量:

钢筋水泥混凝土:$V_1=\left[(17.8-2\times 1.9)\times 66\times 0.05+1.9\times 66\times 0.12-\dfrac{1}{2}\times 0.05\times \right.$

$\left. 0.05\times 66\right]m^3$

$=60.77m^3$

200 号的细集料：$V_2 = S_2 \times 0.04 = 924 \times 0.04 \text{m}^3 = 36.96 \text{m}^3$

沥青胶砂：$V_3 = S_3 \times 0.02 = 924 \times 0.02 \text{m}^3 = 18.48 \text{m}^3$

级配砂石：
$$V_4 = S_4 \times (0.05 + 0.04 + 0.02)$$
$$= 250.8 \times 0.11 \text{m}^3$$
$$= 27.59 \text{m}^3$$

【注释】　0.05 为钢筋水泥混凝土的厚度，0.04 为 200 号的细集料厚度，0.02 为沥青胶砂厚度。

(8) 栏杆(图 3-151)：

清单工程量：

竖杆：$V_竖 = \pi \times \left(\dfrac{0.08}{2}\right)^2 \times 1.2 \times 8 \times 3 \text{m}^3 = 0.145 \text{m}^3$

横杆：$V_横 = \pi \times \left(\dfrac{0.04}{2}\right)^2 \times 1.428 \times 7 \times 2 \times 3 \text{m}^3 = 0.075 \text{m}^3$

又∵　钢的密度为 $7.87 \times 10^3 \text{kg/m}^3$

故 $m = (V_横 + V_竖) \times 7.87 \times 10^3 = (0.145 + 0.075) \times 7.87 \times 10^3 \text{kg} = 1731 \text{kg} = 1.73 \text{t}$

【注释】　0.08 为栏杆竖杆直径，0.04 为横杆直径，1.2 为竖杆高度，8 为竖杆数量，1.428 为相邻竖杆之间横杆长度，7 为一排横杆数量即(8-1)，3 为设置横杆的排数。

定额工程量同清单工程量。

(9)桥面板钢筋工程量(图 3-152)：

纵向钢筋(即 $\phi 12@150$)：

纵向钢筋数量：$(17.8 - 0.05 \times 2) \div 0.15 \times 2$ 个 $= 236$ 个

纵向钢筋总长度为：$l = [66 - 0.1(桥长方向保护层厚度) \times 2] \times 236 \text{m} = 15528.8 \text{m}$

又∵　$\phi 12$ 的单根钢筋理论重量为：0.888kg/m

故 $m_1 = 15528.8 \times 0.888 \text{kg} = 13789.57 \text{kg} = 13.8 \text{t}$

箍筋(即 $\phi 8@200$ 钢筋)：

箍筋数量：$(66 - 0.1 \times 2) \div 0.2$ 个 $= 329$ 个

箍筋总长度为：
$$l = [(17.8 - 1.9 \times 2 - 0.025 \times 2) + (0.3 - 0.015 \times 2)] \times 2 \times 329 \text{m}$$
$$= 9356.76 \text{m}$$

又∵　箍筋为 $\phi 8$，而 $\phi 8$ 的单根钢筋理论重量为 0.395kg/m。

故 $m_2 = 9356.76 \times 0.395 \text{kg} = 3695.92 \text{kg} = 3.7 \text{t}$

故桥面板中钢筋总工程量为：$m = m_1 + m_2 = (13.8 + 3.7) \text{t} = 17.5 \text{t}$

分部分项工程量清单与计价见表 3-127。

分部分项工程量清单与计价表　　　　表 3-127

工程名称：某梁桥　　　　标段：　　　　　　　　第　页　共　页

序号	项目编码	项目名称	项目特征描述	计量单位	工程量	金额/元		
						综合单价	合价	其中：暂估价
1	040304001001	预制混凝土梁	T 形梁整体连续梁	m³	373.68			

续表

序号	项目编码	项目名称	项目特征描述	计量单位	工程量	金额/元		
						综合单价	合价	其中：暂估价
2	040303006001	混凝土支撑梁及横梁	T形梁横隔梁	m³	221.10			
3	040901001001	现浇构件钢筋	主梁钢筋，φ16M～N8钢筋	t	7.92			
4	040901001002	现浇构件钢筋	主梁钢筋，φ8箍筋	t	8.36			
5	040901001003	现浇构件钢筋	主梁钢筋，φ10钢筋	t	20.16			
6	040901001004	现浇构件钢筋	主梁钢筋，φ12纵筋	t	3.33			
7	040303004001	混凝土墩（台）帽	柱式桥墩墩帽，C30混凝土	m³	90.72			
8	040303005001	混凝土墩（台）身	柱式桥墩墩身，C30混凝土	m³	56.55			
9	040303003001	混凝土承台	C30混凝土承台	m³	142.40			
10	040301002001	预制钢筋混凝土管桩	C30混凝土管桩，管径为φ1000，桩基础	m	12.5			
11	040309004001	板式橡胶支座	板式橡胶支座	个	56			
12	040901001005	现浇构件钢筋	桥墩钢筋，φ8钢筋	t	1.98			
13	040901001006	现浇构件钢筋	桥墩钢筋，φ10钢筋	t	2.17			
14	040901001007	现浇构件钢筋	桥墩钢筋，φ16钢筋	t	5.66			
15	040303005002	混凝土墩（台）身	C30混凝土桥台	m³	71.20			
16	040301002002	预制钢筋混凝土管桩	C30混凝土管桩，管径φ1000，桩基础	m	19			
17	040901001008	现浇构件钢筋	桥台钢筋，φ8钢筋	t	0.45			
18	040901001009	现浇构件钢筋	桥台钢筋，φ12钢筋	t	1.63			
19	040901001010	现浇构件钢筋	桩基础钢筋，φ8箍筋	t	0.4			
20	040901001011	现浇构件钢筋	桩基础钢筋，φ16纵筋	t	3.8			
21	040303019001	桥面铺装	5cm钢筋水泥混凝土	m²	1186.78			
22	040303019002	桥面铺装	40cm200号的细集料	m²	924			
23	040303019003	桥面铺装	2cm沥青胶砂	m²	924			
24	040303019004	桥面铺装	11cm级配砂石	m²	250.80			
25	040309001001	金属栏杆	栏杆竖杆为φ80mm的钢管，横杆为φ40mm的钢管	t	1.73			
26	040901001012	现浇构件钢筋	桥面板钢筋，φ12@150纵筋	t	13.8			
27	040901001013	现浇构件钢筋	桥面板钢筋，φ8@200箍筋	t	3.7			
			本页小计					
			合　计					

定额工程量同清单工程量。

【例2】 某预制板桥，桥面宽18m，单跨10m，桥长30m，各细部图如图3-153～3-158所示，计算该桥梁工程量。

【解】 （1）主梁混凝土工程量（图3-153）：

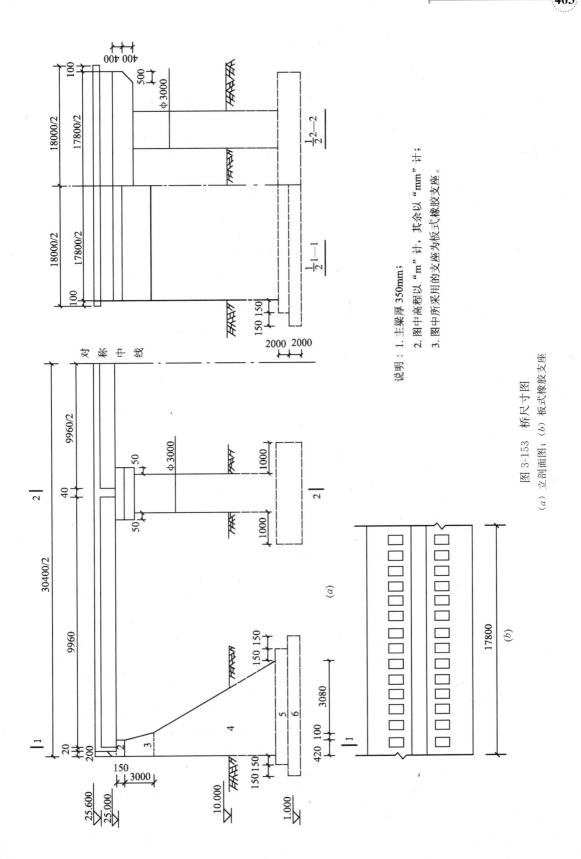

说明：1. 主梁厚 350mm；
　　　2. 图中高程以"m"计，其余以"mm"计；
　　　3. 图中所采用的支座为板式橡胶支座。

图 3-153　桥尺寸图
(a) 立剖面图；(b) 板式橡胶支座

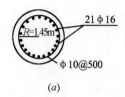

说明：墩身配筋，其两端混凝土保护层
　　　厚度为 25mm，墩身两端的两圈箍
　　　筋间距 75mm，其他间距 500mm。

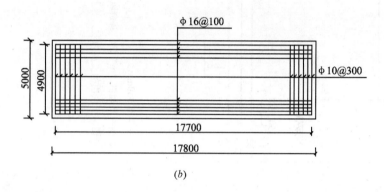

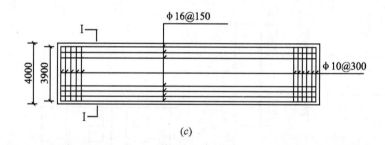

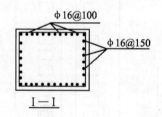

说明：1. 除标明外，尺寸单位均以mm计；
　　　2. 配筋图中钢筋数量仅为示意，
　　　　 具体数量以计算结果为准。

图 3-154　桥墩及基础配筋图

(*a*)墩身配筋图截面；(*b*)桥墩基础配筋图(一)；(*c*)桥墩基础配筋图(二)

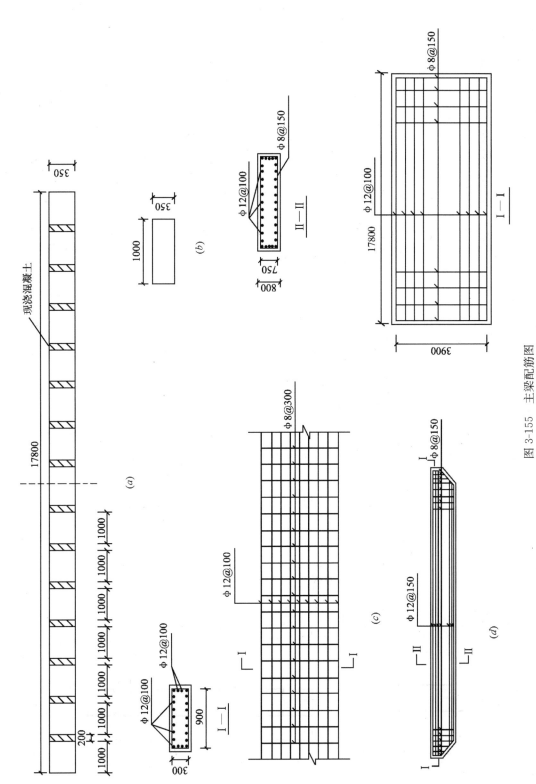

图 3-155　主梁配筋图

(a) 桥横断面图；(b) 板梁横断面图；(c) 主梁配筋图；(d) 墩帽配筋图

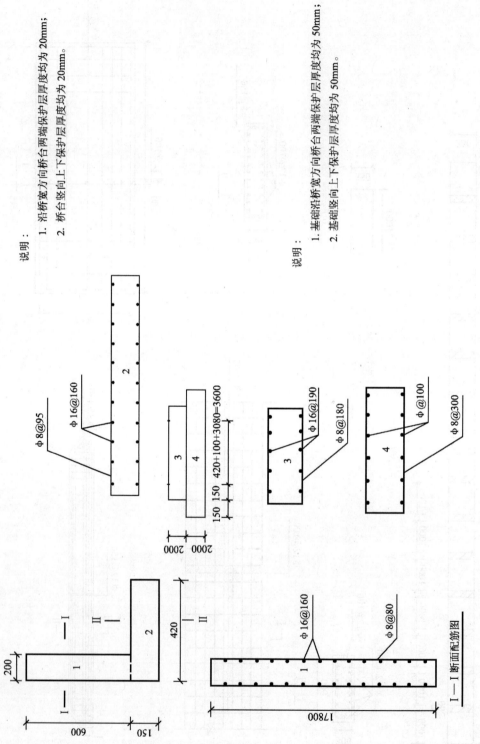

图 3-156 桥台座与基础配筋图

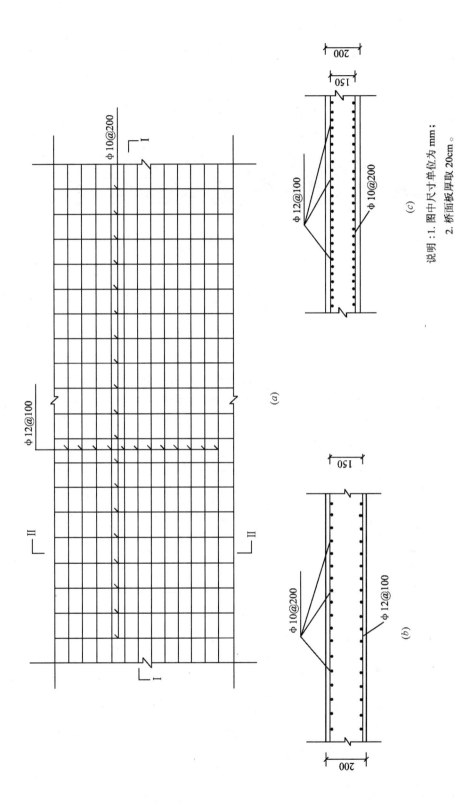

说明：1. 图中尺寸单位为 mm；

　　　　2. 桥面板厚取 20cm。

图 3-157　桥面板配筋图

(a) 桥面板配筋图；(b) Ⅰ-Ⅰ剖面图；(c) Ⅱ-Ⅱ剖面图

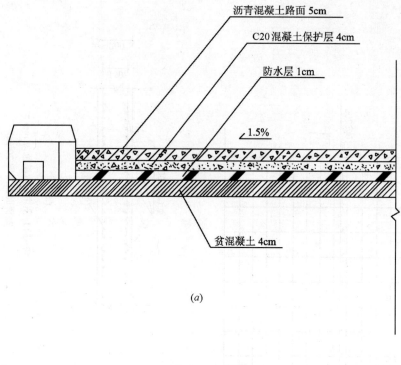

(a)

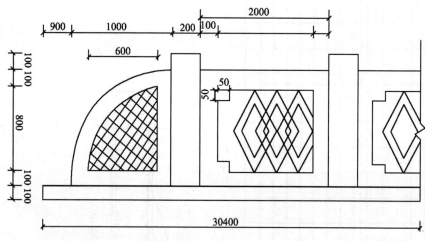

(b)

说明：

　　1. 栏杆计算中不计地袱工程量；

　　2. 栏板厚 18cm。

图 3-158　桥面及栏杆示意图
(a)桥面铺装构造；(b)混凝土栏杆

清单工程量：

C30 预制板混凝土工程量＝0.35×1.0×9.96×15×3m³＝156.87m³

C30 现浇混凝土工程量＝0.35×0.2×9.96×14×3m³＝29.28m³

主梁混凝土工程量=(156.87+29.28)m³=186.15m³

【注释】　0.35 为主梁厚度，1.0 为预制混凝土板宽度，9.96 为桥一跨的长度，15 为板的数量，3 为跨数；0.2 为现浇混凝土板宽度，14 为其数量。

定额工程量同清单工程量。

(2) 主梁配筋工程量(图 3-155)：

清单工程量：

$$\phi 8 \text{ 钢筋工程量}=(0.3+0.9)\times 2\times\frac{9960-60}{300}\times 15\times 3\times 0.395\text{kg}$$

$$=2.4\times 33\times 15\times 3\times 0.395\text{kg}$$

$$=1407.78\text{kg}=1.41\text{t}$$

$$\phi 12 \text{ 钢筋工程量}=\left(\frac{900}{100}\times 9.9\times 2+2\times 9.9\times 2\right)\times 15\times 3\times 0.888\text{kg}$$

$$=(178.2+39.6)\times 15\times 3\times 0.888\text{kg}$$

$$=8703.23\text{kg}=8.7\text{t}$$

【注释】　0.3 为主梁上一块板前后表面 $\phi 8$ 箍筋长度，0.9 为上下表面箍筋长度，(9960-60)为一跨箍筋配筋长度，300 为相邻两个箍筋的间距，15 为板数量，3 为跨数，900 为上下表面配筋的宽度，100 为相邻两个 $\phi 12$ 钢筋之间间距，9.9 为其长度，2 为中间配筋 $\phi 12$ 钢筋的层数即(300/100-1)。

定额工程量同清单工程量。

(3) 桥墩的混凝土工程量(图 3-153)：

清单工程量：

墩帽：$V_1=\left[(17.8-0.5\times 2+17.8)\times\frac{1}{2}\times 0.4+17.8\times 0.4\right]\times(3+0.05\times 2)\text{m}^3$

　　　　$=14.04\times 3.1\text{m}^3=43.52\text{m}^3$

墩身：$V_2=\pi\times\left(\frac{3}{2}\right)^2\times(25-1-2\times 2-0.4\times 2)\text{m}^3=135.72\text{m}^3$

基础：$V_3=(3+1\times 2)\times 17.8\times 2\times 2\text{m}^3=356\text{m}^3$

故桥墩混凝土工程量为：

$$V=(V_1+V_2+V_3)\times 2=(42.82+135.72+356)\times 2\text{m}^3=534.54\times 2\text{m}^3=1069.08\text{m}^3$$

【注释】　17.8 为墩帽截面图中上边长度，0.5 为下边与上边的长度差，0.4 为截面中墩帽上下两部分的高度，3 为蹲身圆柱直径，0.05 为墩帽宽度与蹲身的差；25 为蹲身顶面标高，1 为基础标高，2 为基础一个台阶高度，0.4 为墩帽上下两部分高度，(3+1×2)为基础宽度，2 为基础高度及数量。

定额工程量同清单工程量。

(4) 桥墩及基础的钢筋工程量(图 3-154)：

清单工程量：

墩帽钢筋工程量：

$$\phi 8 \text{ 钢筋工程量}=\left[\left(\frac{17700}{150}-\frac{450}{150}\times 2\right)\times(0.75+3.9)\times 2+\left(\frac{0.35+0.75}{2}\right)\right.$$

$$\left.\times 3\times 2\times 2+3.9\times 2\times 3\times 2\right]\times 2\times 0.395\text{kg}$$

$$=(1041.6+6.6+46.8)\times2\times0.395kg=0.87t$$

【注释】 17.7 为墩帽上下表面的配筋长度，0.15 为相邻箍筋 $\phi8$ 间距，450 为墩帽两侧的配筋长度即 $(500-50)$，0.75 为上下表面箍筋的长度，3.9 为前后表面的长度，0.35 为墩帽最左与最右侧的箍筋长度，3 为两侧配筋中 $\phi8$ 钢筋数量即 450/150。

$$\phi12\,钢筋工程量=\left[(17.7+16.7)\times\frac{3900}{100}+17.7\times3\times2+\frac{17.7+16.7}{2}\times2\times2\right]$$
$$\times2\times0.888\times10^{-3}t$$
$$=(1341.6+106.2+68.8)\times2\times0.888\times10^{-3}t=2.7t$$

【注释】 17.7 为上表面纵筋长度，16.7 为下表面纵筋长度即 $(17.8-0.5\times2-0.05\times2)$，3.9 为上下表面的宽度，0.1 为相邻纵筋间距，$17.7\times3\times2$ 为墩帽前后侧面上部矩形截面纵筋长度，最后一项为下部梯形截面纵筋长度。

墩身钢筋工程量：

$$\phi10\,钢筋工程量=\left(2\pi\times1.45\times\frac{19000}{500}+2\times2\pi\times1.45\right)\times2\times2\times0.617\times10^{-3}t=0.90t$$

$$\phi16\,钢筋工程量=21\times19.2\times2\times2\times1.58\times10^{-3}t=2.55t$$

【注释】 1.45 为蹲身箍筋半径，19000 为蹲身除去两端的配筋高度即 $(25.0-1.0-2\times2-0.4\times2-0.075\times2-0.025\times2)$，其中 0.075 为两端箍筋间距，0.025 为两端保护层厚度，500 为中间相邻箍筋间距，$2\times2\pi\times1.45$ 为两端箍筋长度，21 为纵筋数量，19.2 为纵筋长度，2 为桥每侧蹲身数量。

基础钢筋工程量：

$$\phi10\,钢筋工程量=(4.9+3.9)\times2\times\frac{17700}{300}\times2\times0.617\times10^{-3}t=1.28t$$

$$\phi16\,钢筋工程量=\left[17.7\times\frac{4900}{100}\times2+\left(\frac{3900}{150}-2\right)\times17.7\times2\right]\times2\times1.58\times10^{-3}t$$
$$=(1734.6+849.6)\times2\times1.58\times10^{-3}t$$
$$=8166.07\times10^{-3}t=8.2t$$

【注释】 4.9 为基础上下两个表面 $\phi10$ 钢筋长度，3.9 为前后两个面的长度，17700 为基础配筋长度，300 为相邻 $\phi10$ 箍筋的间距，2 为基础数量；17.7 为纵筋 $\phi16$ 长度，100 为上下表面相邻纵筋间距，150 为前后两面相邻纵筋间距。

定额工程量同清单工程量。

(5) 桥台的混凝土工程量(图 3-153)：

清单工程量：

$$V_1=0.2\times(25.6-25)\times17.8m^3=2.14m^3$$

$$V_2=0.15\times0.42\times17.8m^3=1.12m^3$$

$$V_3=\frac{1}{2}\times(0.42+0.42+0.1)\times3.0\times17.8m^3=25.10m^3$$

$$V_4=\frac{1}{2}\times(0.42+0.1+0.42+0.1+3.08)\times(25-1-0.15-3-2\times2)\times17.8m^3$$
$$=617.85m^3$$

$$V_5=(0.42+0.1+3.08+0.15\times2)\times2\times(17.8+0.15\times2)m^3=141.18m^3$$

$$V_6=(0.42+0.1+3.08+0.15\times4)\times2\times(17.8+0.15\times4)m^3$$

$$=154.56\text{m}^3$$

故 $V=(V_1+V_2+V_3+V_4+V_5+V_6)\times2$

$$=(2.14+1.12+25.10+617.85+141.18+154.56)\times2\text{m}^3$$

$$=941.95\times2\text{m}^3=1883.9\text{m}^3$$

【注释】 V_1 式中 0.2 为桥台宽度，25.6 为桥台上表面标高，25 为桥台上部结构部分下表面标高，17.8 为桥台长度；V_2 式中 0.15 为桥台结构 2 的高度，0.42 为其宽度及梯形结构 3 的上底宽；V_3 式中 0.1 为下底与上底的长度差，3.0 为结构 3 的高度；V_4 式中(0.42+0.1 +3.08)为梯形结构 4 的下底宽，2 为基础台阶高度；V_5 式中第一个小括号内为基础第一层台阶的宽度，2 为高度，第二个小括号内为第一层台阶的长度；V_6 式中第一个小括号内为底层台阶的宽度，第二个小括号内为底层台阶长度。

定额工程量同清单工程量。

(6) 桥台座与基础钢筋工程量(图 3-156)：

清单工程量：

台座(图 3-156)：

1 块钢筋混凝土配筋：

箍筋数量为：$(0.6-2\times0.02)\div0.08$ 个$=7$ 个

箍筋总长度为：$(0.2+17.8)\times2\times7\text{m}=252\text{m}$

又 $\because$ 箍筋为 $\phi8$，而 $\phi8$ 单根钢筋的理论重量为 0.395kg/m

故 $m_1=252\times0.395\times2\times10^{-3}\text{t}=199.08\times10^{-3}\text{t}=0.2\text{t}$

纵筋数量为：$(17.8-0.02\times2)\div0.16$ 个$=111$ 个

纵筋总长度为：$(0.6-0.02\times2)\times111\times2\text{m}=124.32\text{m}$

又 $\because$ 纵筋为 $\phi16$ 钢筋，而 $\phi16$ 单根钢筋理论重量为 1.58kg/m

故 $m_2=124.32\times1.58\times2\times10^{-3}\text{t}=392.85\times10^{-3}\text{t}=0.4\text{t}$

故 1 块的钢筋量为：$m=m_1+m_2=(0.2+0.4)\text{t}=0.6\text{t}$

【注释】 0.6 为 1 块的高度，0.02 为桥台一侧保护层厚度，0.08 为相邻箍筋间距，0.16 为相邻纵筋间距。

2 块钢筋混凝土块中钢筋工程量：

箍筋数量为：$(0.42-0.02\times2)\div0.095$ 个$=4$ 个

箍筋总长度：$(17.8+0.15)\times2\times4\text{m}=143.6\text{m}$

又 $\because$ 箍筋为 $\phi8$ 的钢筋，而 $\phi8$ 单根钢筋的理论重量为 0.395kg/m

故 $m_1=143.6\times0.395\times2\text{kg}=113.44\text{kg}=0.11\text{t}$

纵筋数量为：$(17.8-0.02\times2)\div0.16$ 个$=111$ 个

纵筋总长度为：$(0.42-0.02\times2)\times111\times2\text{m}=84.36\text{m}$

又 $\because$ 纵筋为 $\phi16$ 钢筋，而 $\phi16$ 单根钢筋的理论重量为 1.58kg/m

故 $m_2=84.36\times1.58\times2\text{kg}=266.58\text{kg}=0.27\text{t}$

故 2 块钢筋量为 $m=m_1+m_2=(0.11+0.27)\text{t}=0.38\text{t}$

故综上，台座的钢筋总量为：

$$m=m_{1块}+m_{2块}=(0.6+0.38)\text{t}=0.98\text{t}$$

【注释】 0.42 为 2 块宽度，0.095 为相邻箍筋间距，0.16 为相邻纵筋间距。

基础配筋工程量：

3 块钢筋混凝土块钢筋工程量：

箍筋数量为：$(17.8+0.15\times2-0.05\times2)\div0.18$ 个 $=100$ 个

箍筋总长度为：$(3.9+2)\times2\times100$m$=1180$m

又∵　箍筋为 $\phi8$ 钢筋，而 $\phi8$ 单根钢筋的理论重量为 0.395kg/m

故 $m_3=1180\times0.395\times2kg=932.2kg=0.93$t

纵筋数量为：$(3.9-0.05\times2)\div0.19$ 个 $=20$ 个

纵筋总长度为：$(17.8+0.15\times2-0.05\times2)\times20\times2m=720$m

又∵　纵筋为 $\phi16$ 钢筋，而 $\phi16$ 单根钢筋的理论重量为 1.58kg/m

故 $m_4=720\times1.58\times2$kg$=2275.2$kg$=2.28$t

故 3 块的钢筋总量为：

$m=m_3+m_4=(0.93+2.28)$t$=3.21$t

【注释】 17.8 为桥台长度，0.15 为基础与桥台的长度差，0.05 为基础一侧保护层厚度，0.18 为相邻箍筋间距；3.9 为基础 3 块宽度，0.19 为相邻纵筋间距。

4 块钢筋混凝土基础中钢筋工程量：

箍筋数量为：$(17.8+0.15\times4-0.05\times2)\div0.3$ 个 $=61$ 个

箍筋总长度为：$(3.9+0.15\times2+2)\times61m=378.2$m

又∵　箍筋为 $\phi8$ 钢筋，而 $\phi8$ 单根钢筋的理论重量为 0.395kg/m

故 $m_3=378.2\times0.395\times2kg=298.78kg=0.30$t

纵筋数量为：$(3.9+0.15\times2-0.05\times2)\div0.1$ 个 $=41$ 个

纵筋总长度为：$(17.8+0.15\times4-0.05\times2)\times41\times2m=1500.6$m

又∵　纵筋为 $\phi16$ 钢筋，而 $\phi16$ 单根钢筋的理论重量为 1.58kg/m

故 $m_4=1500.6\times1.58\times2kg=4741.90kg=4.74$t

故 4 块的钢筋重量为：$m=m_3+m_4=(0.30+4.74)$t$=5.04$t

故综上基础的钢筋总量为：$m=m_{3块}+m_{4块}=(3.21+5.04)t=8.25$t

【注释】 0.3 为 4 块相邻箍筋间距，0.1 为相邻纵筋间距。

定额工程量同清单工程量。

(7) 橡胶支座工程量(图 3-153)：

清单工程量：$(14\times2\times2+14\times2)$ 个 $=(56+28)$ 个 $=84$ 个

定额工程量同清单工程量。

【注释】 橡胶支座工程量按图示数量计算。

(8) 桥面板工程量(图 3-157)：

桥面板混凝土工程量：

清单工程量：

C30 混凝土工程量 $=0.2\times18\times30.4$m³$=109.44$m³

定额工程量同清单工程量。

桥面板钢筋工程量。

清单工程量：

$$\phi 10 钢筋工程量=(0.2-0.06+18-0.06)\times 2\times \frac{30200}{200}\times 0.617kg$$

$$=18.08\times 2\times 151\times 0.617kg=3368.92kg=3.37t$$

$$\phi 12 钢筋工程量=\frac{18000-100}{100}\times 30.2\times 2\times 0.888kg=179\times 30.2\times 2\times 0.888kg$$

$$=9600.70kg=9.60t$$

定额工程量同清单工程量。

【注释】 0.2 为桥板厚度，18 为桥面宽度，30.4 为桥总长；0.06 为箍筋距表面的间距，30200 为配筋长度，200 为相邻箍筋间距，100 为相邻纵筋间距，30.2 为纵筋长度。

(9) 栏杆工程量(图 3-158)：

∵栏杆为素混凝土现浇制成，故只有混凝土工程量：

清单工程量：

$l=30.4m$

定额工程量：

图 3-158 所示，经计算可得：一面栏杆共有 13 个柱子，中间 12 块相同的带有棱形花纹的栏板，两边各一块带半圆花纹的栏板，则有：

一块带半圆花纹栏板工程量：

$$V_1=\frac{1}{4}\times \pi \times 1^2\times 0.18m^3=0.14m^3$$

一块带棱形花纹的栏板工程量：$V_2=2\times (0.1\times 2+0.8)\times 0.18m^3=0.36m^3$

一根柱子的工程量：$V_3=\pi \times \left(\frac{0.2}{2}\right)^2\times (0.1\times 3+0.8)m^3=0.035m^3$

栏杆的混凝土工程量为：

$$V=(2V_1+12V_2+13V_3)\times 2m^3$$
$$=(2\times 0.14+12\times 0.36+13\times 0.035)\times 2$$
$$=10.11m^3$$

【注释】 1 为半圆花纹栏板半径，0.18 为栏板厚度，2 为菱形花纹栏板的长度，(0.1×2+0.8)为其高度，0.2 为柱子直径，(0.1×3+0.8)为柱子高度。

(10) 路面铺装(图 3-158)：

清单工程量：

沥青混凝土：$S_1=14\times 30.4m^2=425.6m^2$

C20 混凝土：$S_2=14\times 30.4m^2=425.6m^2$

防水层：　　$S_3=14\times 30.4m^2=425.6m^2$

贫混凝土：　$S_4=18\times 30.4m^2=547.2m^2$

定额工程量：

沥青混凝土：$V_1=S_1\times 0.05=21.28m^3$

C20 混凝土：$V_2=S_2\times 0.04=17.02m^3$

防水层：　　$V_3=S_2\times 0.01=4.256m^3$

贫混凝土：　$V_4=S_4\times 0.04=21.89m^3$

【注释】 路面铺装清单工程量按面积计算，定额工程量按体积计算，14 为铺沥青混凝土、C20 混凝土及防水层宽度，30.4 为桥总长，18 为铺贫混凝土宽度，0.05 为沥青混凝土厚度，0.04 为 C20 混凝土厚度及贫混凝土厚度，0.01 为防水层厚度。

分部分项工程量清单与计价见表 3-128。

分部分项工程量清单与计价表

表 3-128

工程名称：某梁桥 　　　　　　标段： 　　　　　　第 页 共 页

序号	项目编号	项目名称	项目特征描述	计量单位	工程量	金额/元		
						综合单价	合价	其中：暂估价
1	040304003001	预制混凝土板	C30 混凝土预制板，板厚 350mm	m³	156.87			
2	040303006001	混凝土支撑梁及横梁	主梁横梁，C30 混凝土现浇	m³	29.28			
3	040901001001	现浇构件钢筋	主梁钢筋，φ8 钢筋	t	1.41			
4	040901001002	现浇构件钢筋	主梁钢筋，φ12 钢筋	t	8.7			
5	040303004001	混凝土墩（台）帽	墩帽，C30 混凝土	m³	43.52			
6	040303005001	混凝土墩（台）身	墩身，C30 混凝土	m³	135.72			
7	040303002001	混凝土基础	C30 混凝土	m³	356			
8	040901001003	现浇构件钢筋	墩帽钢筋，φ8 钢筋	t	0.87			
9	040901001004	现浇构件钢筋	墩帽钢筋，φ12 钢筋	t	2.70			
10	040901001005	现浇构件钢筋	墩身钢筋，φ10 钢筋	t	0.90			
11	040901001006	现浇构件钢筋	墩身钢筋，φ16 钢筋	t	2.55			
12	040901001007	现浇构件钢筋	基础钢筋，φ10 钢筋	t	1.28			
13	040901001008	现浇构件钢筋	基础钢筋，φ16 钢筋	t	8.2			
14	040303005002	混凝土墩（台）身	混凝土桥台	m³	1883.9			
15	040901001009	现浇构件钢筋	台座钢筋，φ8 钢筋，φ16 纵筋	t	0.98			
16	040901001010	现浇构件钢筋	基础钢筋，φ8 钢筋，φ16 纵筋	t	8.25			
17	040309004001	板式橡胶支座	板式橡胶支座	个	84			
18	040304003002	预制混凝土板	桥面板，桥面板厚 20cm	m³	109.44			
19	040901001011	现浇构件钢筋	桥面板钢筋，φ10 钢筋	t	3.37			
20	040901001012	现浇构件钢筋	桥面板钢筋，φ12 钢筋	t	9.60			
21	040303018001	混凝土防撞护杆	素混凝土栏杆	m	30.4			
22	040303019001	桥面铺装	5cm 沥青混凝土路面	m²	425.6			
23	040303019002	桥面铺装	4cm C20 混凝土保护层	m²	425.6			
24	040303019003	桥面铺装	1cm 防水层	m²	425.6			
25	040303019004	桥面铺装	4cm 贫混凝土	m²	547.2			
		本页小计						
		合　计						

【例3】 某混凝土斜拉桥，桥长 700m，立桥为 120m＋260m＋120m 的三跨混凝土斜拉桥，桥宽 28.5m，其主跨部分构造及尺寸如图 3-159、图 3-160 所示，计算该桥梁的工程量（只考虑主跨部分）。

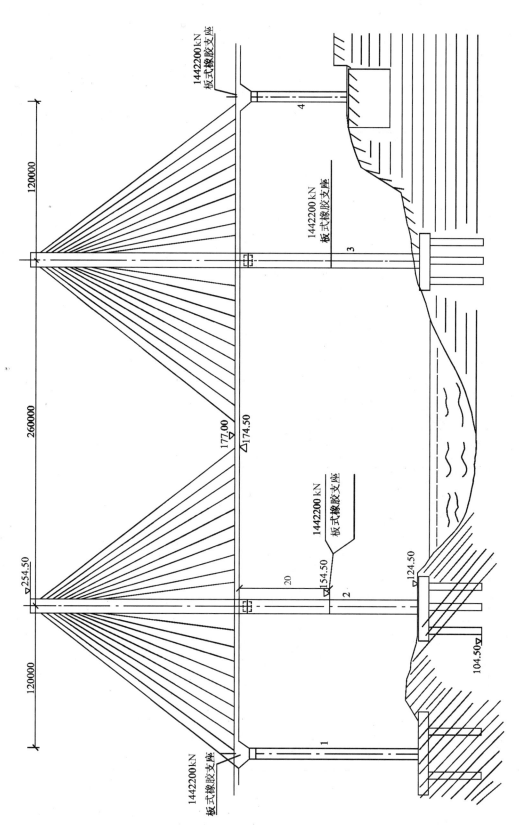

图 3-159 主跨构造及尺寸

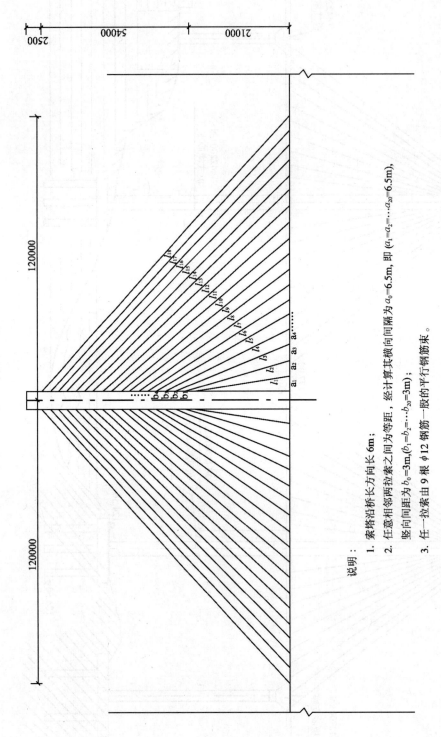

说明：

1. 索塔沿桥长方向长 **6m**；
2. 任意相邻两拉索之间为等距，经计算其横向间隔为 a_0=6.5m，即 (a_1=a_2=···a_{20}=6.5m)，竖向间距为 b_0=3m,(b_1=b_2=···b_{20}=3m)；
3. 任一拉索由 9 根 ϕ12 钢筋一股的平行钢筋束。

图 3-160 斜拉索示意图

桥梁主要技术指标：主跨长：500m，即 120m＋260m＋120m。

桥宽：全宽 28.5m，即 2×11.25m(行车道)＋2×1.5m(两边人行道)＋2×1.0m(索区)＋2×0.5m(外侧防撞护栏)

塔身高：全高 100m，80m(上塔柱高)＋20m(下塔柱高)

本桥为双塔双索面飘浮体系斜拉桥。

【解】 (1)斜拉索的工程量

清单工程量：

$$l_1 = \sqrt{a_1^2 + 21^2} = \sqrt{6.5^2 + 21^2}\,\mathrm{m} = 21.98\mathrm{m}$$

$$l_2 = \sqrt{(a_1 + a_2)^2 + (21 + b)^2} = \sqrt{(2a_o)^2 + (21 + b_o)^2} = \sqrt{(2 \times 6.5)^2 + (21 + 3)^2}\,\mathrm{m}$$
$$= 27.29\mathrm{m}$$

$$l_3 = \sqrt{(3a_o)^2 + (21 + 2b_o)^2} = \sqrt{(3 \times 6.5)^2 + (21 + 2 \times 3)^2}\,\mathrm{m} = 33.31\mathrm{m}$$

同理：$l_i = \sqrt{(ia_o)^2 + [21 + (i-1)b_o]^2}$

计算可得：

$l_4 = 39.70\mathrm{m}$	$l_5 = 46.32\mathrm{m}$	$l_6 = 53.08\mathrm{m}$	$l_7 = 59.93\mathrm{m}$	$l_8 = 66.84\mathrm{m}$
$l_9 = 73.81\mathrm{m}$	$l_{10} = 80.80\mathrm{m}$	$l_{11} = 87.83\mathrm{m}$	$l_{12} = 94.87\mathrm{m}$	$l_{13} = 101.93\mathrm{m}$
$l_{14} = 109\mathrm{m}$	$l_{15} = 116.08\mathrm{m}$	$l_{16} = 123.17\mathrm{m}$	$l_{17} = 130.27\mathrm{m}$	$l_{18} = 137.38\mathrm{m}$

又∵　每根拉索 9 根 $\phi12$ 钢筋股的平行钢筋束，而 $\phi12$ 单根钢筋的理论重量为0.888kg/m

故 $ml_1 = 21.98 \times 0.888 \times 9\,\mathrm{kg} = 175.55\mathrm{kg}$

　　$ml_2 = 27.29 \times 0.888 \times 9\,\mathrm{kg} = 218.10\mathrm{kg}$

　　$ml_3 = 33.31 \times 0.888 \times 9\,\mathrm{kg} = 266.21\mathrm{kg}$

同理可得：

$ml_4 = 317.28\mathrm{kg}$	$ml_5 = 370.19\mathrm{kg}$	$ml_6 = 424.22\mathrm{kg}$
$ml_7 = 478.96\mathrm{kg}$	$ml_8 = 534.19\mathrm{kg}$	$ml_9 = 589.89\mathrm{kg}$
$ml_{10} = 645.75\mathrm{kg}$	$ml_{11} = 701.94\mathrm{kg}$	$ml_{12} = 758.20\mathrm{kg}$
$ml_{13} = 814.62\mathrm{kg}$	$ml_{14} = 871.13$	$ml_{15} = 927.71\mathrm{kg}$
$ml_{16} = 984.37\mathrm{kg}$	$ml_{17} = 1041.12\mathrm{kg}$	$ml_{18} = 1097.94\mathrm{kg}$

故 $m = (ml_1 + ml_2 + ml_3 + \cdots\cdots ml_{18}) \times 8$
$$= (175.66 + 218.10 + 266.21 + \cdots\cdots + 1097.94) \times 8\,\mathrm{kg}$$
$$= 89739.84\mathrm{kg} = 89.74\mathrm{t}$$

【注释】 6.5 为任意相邻拉索之间的横向间距，3 为其竖向间距，21 为最底侧拉索的竖直高度，9 为每根拉索含有的钢筋股的数量。

定额工程量同清单工程量。

(2) 塔身工程量

混凝土工程量(采用 C30 混凝土)(图 3-161)：

清单工程量：

塔顶拉索区(锚固区)：

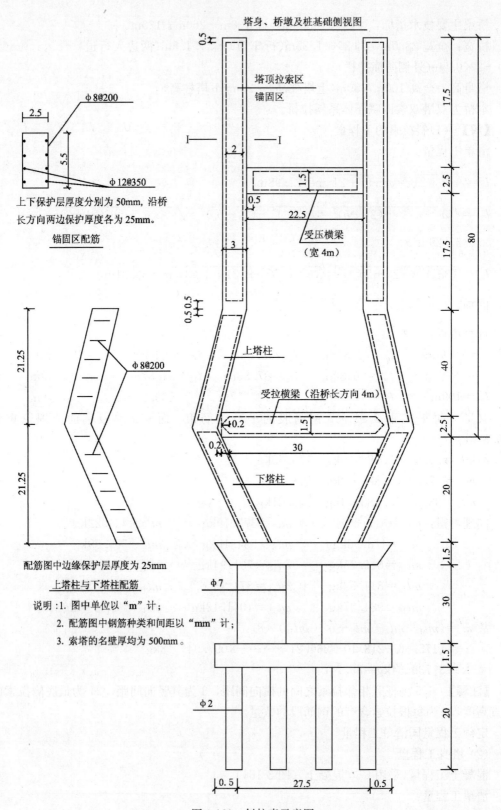

塔身、桥墩及桩基础侧视图

Φ8@200

2.5

5.5

Φ12@350

上下保护层厚度分别为 50mm，沿桥长方向两边保护厚度各为 25mm。

锚固区配筋

塔顶拉索区

锚固区

受压横梁（宽 4m）

21.25

Φ8@200

21.25

配筋图中边缘保护层厚度为 25mm

上塔柱与下塔柱配筋

上塔柱

受拉横梁（沿桥长方向 4m）

下塔柱

说明：1. 图中单位以 "m" 计；

2. 配筋图中钢筋种类和间距以 "mm" 计；

3. 索塔的名壁厚均为 500mm。

Φ7

Φ2

图 3-161　斜拉索示意图

$$V_1 = [3 \times (17.5 \times 2 + 2.5) \times 6 - 2 \times (17.5 \times 2 + 2.5 - 0.5 \times 2) \times (6 - 0.5 \times 2)]m^3$$
$$= 310m^3$$

受压横梁：$V_2 = [2.5 \times 22.5 \times 4 - (2.5 - 0.5 \times 2) \times (22.5 - 0.5 \times 2) \times (4 - 0.5 \times 2)]m^3$

$$= 128.25m^3$$

上塔柱：$V_3 = \left[\left(40 + \dfrac{2.5}{2}\right) \times 3 \times 6 - (3 - 0.5 \times 2) \times \left(40 + \dfrac{2.5}{2} - 0.5 \times 2\right) \right.$

$$\left. \times (6 - 0.5 \times 2) \right]m^3$$
$$= (742.5 - 402.5)m^3$$
$$= 340m^3$$

受拉横梁：$V_4 = \left\{ \left(30 \times 2.5 + 2 \times \dfrac{1}{2} \times 2.5 \times 0.2\right) \times 4 - \right.$

$$\left. \left[(30 + 0.2 \times 2 - 0.5 \times 2) \times 1.5 + 2 \times \dfrac{1}{2} \times 1.5 \times 0.2\right] \times (4 - 0.5 \times 2) \right\}m^3$$
$$= 262.31m^3$$

下塔柱 V_5：如图尺寸可知 $V_5 = V_3 = 340m^3$

故塔身混凝土清单工程量为：

$$V = 2V_1 + V_2 + 2(V_3 + V_5) + V_4 = [2 \times 310 + 128.25 + 2 \times (340 \times 2) + 262.31]m^3$$
$$= 2370.56m^3$$

【注释】 拉索区：3 为拉索区的外围宽度，17.5 为挡板上下部分拉索区的高度，2.5 为横梁宽度，6 为索塔沿桥长方向的长度，2 为拉索区内部宽度，0.5 为索塔壁厚；横梁：22.5 为受压横梁的长度，4 为横梁宽；上塔柱：（40＋2.5/2）为上塔柱外围高度，3 为其宽度，6 为桥长方向长；受拉横梁：30 为其宽度，0.2 为左右内外尖端部分长度，2.5 为受拉横梁高度，4 为沿桥长方向长度，1.5 为横梁内围高度。

定额工程量同清单工程量。

钢筋工程量(图 3-161)：

清单工程量：

塔顶拉索区(锚固区)：

箍筋数量：$(17.5 \times 2 + 2.5 - 0.05 \times 2) \div 0.2$ 个 = 187 个

箍筋总长度：$(2.5 + 5.5) \times 2 \times 187m = 2992m$

又∵ 箍筋为 $\phi 8$ 钢筋，而 $\phi 8$ 单根钢筋的理论重量为 0.395kg/m

故箍筋重量为：$m = 0.395 \times 2992 \times 2kg = 2363.68kg = 2.36t$

纵筋数量：$(6 - 0.025 \times 2) \div 0.35 \times 2$ 个 = 17×2 个 = 34 个

纵筋总长度为：$(17.5 \times 2 + 2.5 - 0.05 \times 2) \times 34m = 1271.6m$

又∵ 纵筋为 $\phi 12$ 钢筋，而 $\phi 12$ 单根钢筋的理论重量为 0.888kg/m

故纵筋重量为：$m = 0.888 \times 1271.6 \times 2kg = 2258.36kg = 2.26t$

故塔顶拉索区钢筋重量为：$m_1 = (2.36 + 2.26)t = 4.62t$

【注释】 0.05 为拉索区上下保护层厚度，0.2 为相邻箍筋间距，5.5 为箍筋沿桥长方向长度，2.5 为拉索宽度方向长度；0.025 为沿桥长方向一边保护层厚度，0.35 为相邻纵筋间距。

上下塔柱钢筋工程量（只考虑箍筋）：

箍筋数量：$(40 \times 2 + 2.5 - 0.025 \times 4) \div 0.2$ 个 $= 412$ 个

箍筋总长度：$(2.5 + 5.5) \times 2 \times 412 \mathrm{m} = 6592 \mathrm{m}$

又∵ 箍筋为 $\phi 8$ 钢筋，而 $\phi 8$ 单根钢筋的理论重量为 $0.395 \mathrm{kg/m}$

故箍筋重量为：$m_2 = 0.395 \times 6592 \times 2 \mathrm{kg} = 5207.68 \mathrm{kg} = 5.2 \mathrm{t}$

受压横梁（图 3-162）：

箍筋数量：$(22.5 - 0.05 \times 2) \div 0.2$ 个 $= 112$ 个

箍筋总长度为：$(1.5 + 4 - 0.5 \times 2) \times 2 \times 112 \mathrm{m} = 1008 \mathrm{m}$

又∵ 箍筋采用 $\phi 8$ 钢筋，而 $\phi 8$ 单根钢筋的理论重量为 $0.395 \mathrm{kg/m}$

故箍筋重量为：$m = 0.395 \times 1008 \mathrm{kg} = 398.16 \mathrm{kg} = 0.40 \mathrm{t}$

纵筋数量：$(4 - 0.05 \times 2) \div 0.15$ 根 $= 26$ 根

纵筋长度为：$(22.5 - 0.05 \times 2) \times 26 \times 2 \mathrm{m} = 1164.8 \mathrm{m}$

又∵ 纵筋采用 $\phi 16$ 钢筋，而 $\phi 16$ 单根钢筋的理论重量为 $1.58 \mathrm{kg/m}$

故纵筋重量为：$1.58 \times 1164.8 \mathrm{kg} = 1840.38 \mathrm{kg} = 1.84 \mathrm{t}$

故受压横梁钢筋重量为：$m_3 = (0.40 + 1.84) \mathrm{t} = 2.24 \mathrm{t}$

【注释】 22.5 为受压横梁的长度，0.05 为前后保护层厚度，0.2 为相邻箍筋间距，4 为上下表面箍筋长度，0.15 为相邻纵筋间距。

受拉横梁：（图 3-162）

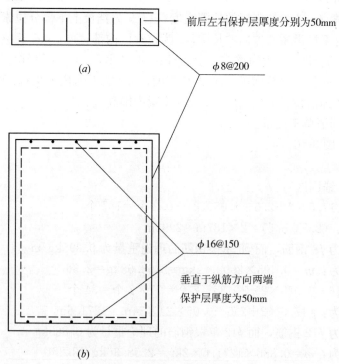

前后左右保护层厚度分别为50mm

(a)

$\phi 8@200$

$\phi 16@150$

垂直于纵筋方向两端
保护层厚度为50mm

(b)

图 3-162
(a)受压横梁正视图；(b)受压横梁侧视图

箍筋数量：（前后，左右两端保护层厚度为 50mm）$\phi 8@/30$

$(30-0.05\times2)\div0.13$ 个$=230$ 个

箍筋长度：$(1.5+4-0.5\times2)\times2\times230m=2070m$

又∵ 箍筋采用 $\phi8$ 钢筋，而 $\phi8$ 单根钢筋的理论重量为 $0.395kg/m$

故箍筋重量为：$0.395\times2070kg=817.65kg=0.82t$

纵筋数量：$(4-0.05\times2)\div0.15$ 根$=26$ 根

纵筋采用 $\phi16@150$

纵筋长度为：$(30-0.05\times2)\times26\times2m=1554.8m$

又∵ 纵筋采用 $\phi16$ 钢筋，而 $\phi16$ 单根钢筋的理论重量为 $1.58kg/m$

故纵筋重量为：$1.58\times1554.8kg=2456.58kg=2.46t$

故综上，受拉横梁钢筋重量为：

$$m_4=(0.82+2.46)t=3.28t$$

【注释】 30 为受拉横梁长度，0.13 为相邻箍筋间距，4 为横梁宽度，0.15 为相邻纵筋间距。

综上所算，塔身的钢筋用量为：

$$m=m_1+m_2+m_3+m_4=(4.62+5.2+2.24+3.28)t=15.34t$$

定额工程量同清单工程量。

(3) 主跨主梁工程量(图 3-163)：

混凝土工程量：

清单工程量：

主梁横截面面积：$S=\left[0.3\times28.5+\dfrac{1}{2}\times(2.0+5.0)\times0.2\times2+2\times2\times2\right]m^3$

$$=(8.55+1.4+8)m^2=17.95m^2$$

C30 混凝土工程量：

$$V=17.95\times500m^3=8975m^3$$

横隔板梁横截面面积：$S=\left[\dfrac{1}{2}\times(18.5+21.5)\times0.2+21.5\times2\right]m^2$

$$=(4+43)m^2=47m^2$$

横隔板梁按间距 10m 布置，厚度取为 30cm。

主跨为三跨，故横隔板梁个数为：

$$\left[\left(\frac{120}{10}-1\right)\times2+\left(\frac{260}{10}-1\right)\right]个=(11\times2+25)个=47个$$

C25 横隔板梁混凝土工程量为：

$$V=47\times0.3\times47m^3=662.7m^3$$

【注释】 主梁横截面面积计算式中 0.3 为主梁截面上部矩形的宽度，28.5 为矩形长度即$(21.5+2\times2+1.5\times2)$，2.0 为两侧柱顶部梯形截面的下底宽，5.0 为其上底宽即$(2+1.5\times2)$，0.2 为梯形高，2 为两个梯形截面，中括号内最后一项为底部柱的面积；横隔板梁：18.5 为截面上部梯形的上底宽，21.5 为其下底宽，0.2 为梯形高，2 为下部矩形宽，120 为两侧跨宽，260 为中间跨宽，0.3 为横隔板梁厚度。

定额工程量同清单工程量。

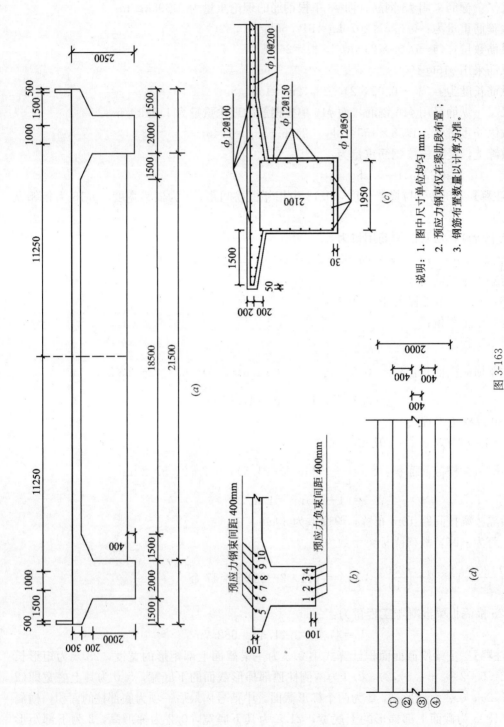

说明：1. 图中尺寸单位均以 mm；

2. 预应力钢束仅在梁肋段布置；

3. 钢筋布置数量以计算为准。

图 3-163

(*a*) 主梁立梁横截面图；(*b*) 直线平行预应力钢束布置图；(*c*) 主梁梁肋段钢筋布置图；(*d*) 梁肋底部预应力筋纵向布置图

主跨主梁钢筋工程量：

清单工程量：

主梁梁肋段预应力筋采用单股 5 根 $\phi12$ 的平行预应力钢筋束，左右梁肋部分各布置 14 股，钢束两端预留工作长度各 0.5m。

单股预应力束中 $\phi12$ 钢筋长度：

$$l=[(120+260+120)\times5+0.5\times2\times5]m=(2500+5)m=2505m$$

预应力钢筋束工程量（$\phi12$ 单根钢筋理论重量为 0.888kg/m）：

$$m=2505\times14\times0.888kg=31142.16kg=31.14t$$

主梁单个梁肋配筋工程量：

$\phi10$ 箍筋个数为：$\left(\dfrac{500000-80}{200}+1\right)$个$=2500$ 个

$\phi10$ 箍筋工程量：$m=(1.95+2.1)\times2\times2500\times0.617kg$
$$=12494.25kg=12.49t$$

$\phi12$ 纵筋个数：$\left[\left(1+\dfrac{1950}{50}\right)+\dfrac{2100}{150}\times2\right]$根$=(40+28)$根$=68$ 根

$\phi12$ 纵筋工程量为：$m=68\times(500-0.08)\times0.888kg$
$$=30187.20kg=30.19t$$

主梁梁肋配筋工程量为：$m=30.19\times2t=60.38t$

主梁翼板及行车道板配筋工程量（图 3-164）：

$\phi10$ 箍筋工程量为：

$$m=[(28.5-0.05\times2)+0.2\times2+\sqrt{0.2^2+1.5^2}\times2\times2+18.5]\times2500\times0.617kg$$
$$=(28.4+0.4+1.51\times4+18.5)\times2500\times0.617kg$$
$$=82276.95kg=82.28t$$

$\phi12$ 纵筋工程量为：

$$m=\left[\dfrac{28500-50\times2}{100}+1+\left(\dfrac{1500}{100}+1-1\right)\times4+\dfrac{28500-50\times2-1500\times4-1950\times2}{100}\right]\times$$
$$(500-0.08)\times0.888kg$$
$$=(285+15\times4+185)\times499.92\times0.888kg$$
$$=235282.34kg=235.28t$$

横隔梁钢筋工程量：

单个梁 $\phi10$ 箍筋个数为：$\left(\dfrac{21400}{200}+1\right)$个$=108$ 个

单个梁 $\phi10$ 箍筋长度为：

$$l=\left\{\dfrac{1.5+1.7}{2}\times\left(\dfrac{1400}{200}+1\right)\times2\times2+\left(\dfrac{1400}{200}+1\right)\times0.2\times2\times2\right.$$
$$\left.+\left[108-\left(\dfrac{1400}{200}+1\right)\times2\right]\times(1.7+0.2)\times2\right\}m$$
$$=(51.2+6.4+92\times3.8)m=407.2m$$

又 $\because$　$\phi10$ 单个钢筋的理论重量为 0.617kg/m

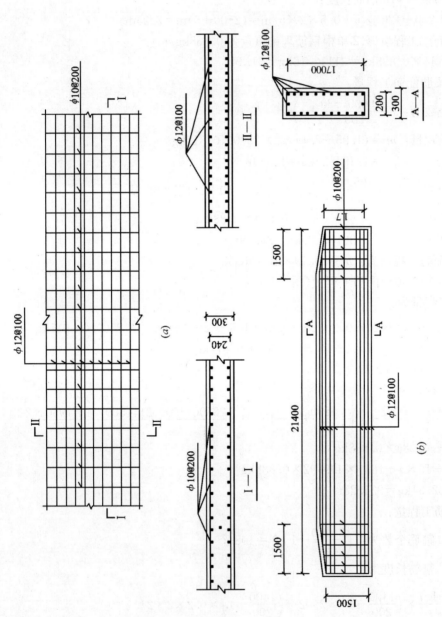

说明：1. 图中尺寸单位均为 mm；
2. 钢筋布置数量以计算为准。

图 3-164

(a) 立梁行车道板部分配筋图；(b) 横梁钢筋布置图

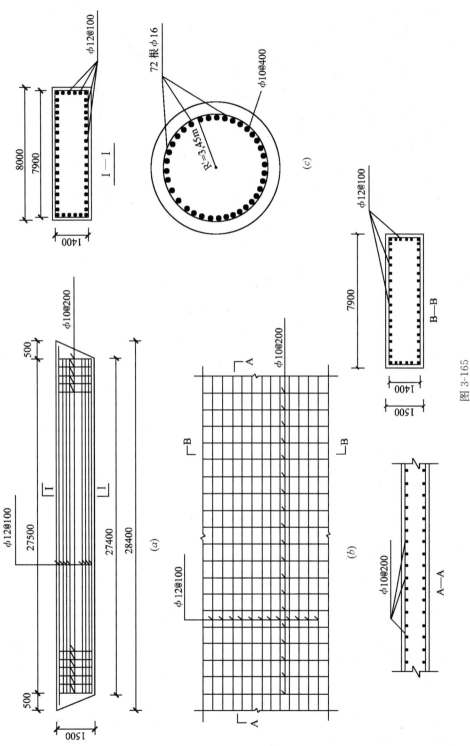

图 3-165

(a) ②号桥墩墩帽配筋图；(b) ②号桥墩承台配筋图；(c) ②号桥墩墩身配筋截面图

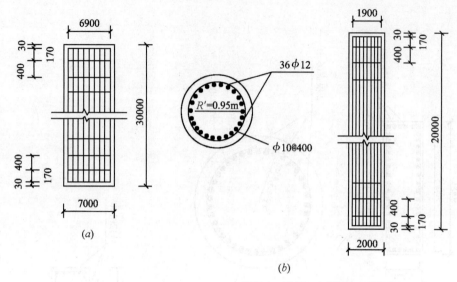

说明：1. 图中尺寸单位除注明外均匀 mm；

2. 配筋量以计算为准。

图 3-166

(a)②号桥墩墩身配筋截面图；(b)②号桥墩基础桩配筋图

故横隔梁中 ϕ10 箍筋工程量为：

$$m = 407.2 \times 47 \times 0.617 \text{kg} = 11808.39 \text{kg} = 11.81 \text{t}$$

单个梁中 ϕ12 纵筋根数：$\left(\dfrac{1700}{100} \times 2 + 2 \right)$ 根 = 36 根

单个梁中 ϕ12 纵筋长度为：

$$l = \left\{ \left[\frac{21.4 + 21.4 - 3.0}{2} \times 3 + 21.4 \times (17 - 3) \right] \times 2 + (21.4 - 3.0) + 21.4 \right\} \text{m}$$
$$= \{[59.7 + 299.6] \times 2 + 18.4 + 21.4\} \text{m}$$
$$= 758.4 \text{m}$$

又 $\because$　ϕ12 单个钢筋的理论重量为 0.888kg/m

故横隔梁中 ϕ12 纵筋的工程量为：

$$m = 758.4 \times 47 \times 0.888 \text{kg} = 31652.58 \text{kg} = 31.65 \text{t}$$

定额工程量同清单工程量。

(4) 2、3 号桥墩工程量(图 3-161)：

清单工程量：

(说明：其中墩帽和承台沿桥长方向长 8m)

桥墩：C30 混凝土工程量：

墩帽：$V_1 = \dfrac{1}{2} \times (27.5 + 0.5 \times 2 + 27.5) \times 1.5 \times 8 \text{m}^3 = 336 \text{m}^3$

墩身：$V_2 = \pi \times \left(\dfrac{7}{2} \right)^2 \times 30 \times 2 \text{m}^3 = 2309.08 \text{m}^3$

承台：$V_3 = (27.5 + 0.5 \times 2) \times 1.5 \times 8 \text{m}^3 = 342 \text{m}^3$

桩基础：$V_4 = \pi \times \left(\dfrac{2}{2}\right)^2 \times 20 \times 12\,\mathrm{m}^3 = 753.98\,\mathrm{m}^3$

故桥墩混凝土工程量为：

$V = (336 + 2309.08 + 342 + 753.98) \times 2\,\mathrm{m}^3 = 7482.12\,\mathrm{m}^3$

【注释】　27.5 为墩帽截面图下底宽度，0.5 为上底与下底长度差，1.5 为梯形高及承台高度，8 为墩帽及承台宽度，7 为圆柱形蹲身直径，30 为墩身高度，2 为桩直径，20 为桩长，12 为桩数量。

定额工程量同清单工程量。

(2、3 号)桥墩钢筋工程量：

清单工程量：

墩帽(墩帽采用 $\phi10$ 钢筋)：

箍筋个数：$\left(\dfrac{27400}{200} + 1\right)$个 = 138 个

$\phi10$ 箍筋工程量为：$m = (7.9 + 1.4) \times 2 \times 138 \times 0.617\,\mathrm{kg} = 1583.72\,\mathrm{kg} = 1.58\,\mathrm{t}$

墩帽上层 $\phi12$ 纵筋工程量为：

$m = \left(\dfrac{7900}{100} + 1\right) \times 28.4 \times 0.888\,\mathrm{kg} = 2017.54\,\mathrm{kg} = 2.02\,\mathrm{t}$

墩帽下层 $\phi12$ 纵筋工程量为：

$m = \left(\dfrac{7900}{100} + 1\right) \times 27.4 \times 0.888\,\mathrm{kg} = 1946.50\,\mathrm{kg} = 1.95\,\mathrm{t}$

墩帽两侧纵筋工程量为：

$m = \left(\dfrac{1400}{100} - 1\right) \times 2 \times 27.4 \times 0.888\,\mathrm{kg} = 632.61\,\mathrm{kg} = 0.63\,\mathrm{t}$

墩帽 $\phi12$ 纵筋工程量为：$m = (2.02 + 1.95 + 0.63)\,\mathrm{t} = 4.6\,\mathrm{t}$

【注释】　27.4 为墩帽配筋长度，0.2 为相邻箍筋之间间距，7.9 为墩帽上下表面箍筋长度，1.4 为前后两面箍筋长度，0.1 为墩帽上层纵筋间距，28.4 为上层纵筋长度，27.4 为下层纵筋长度，1.4 为墩帽两侧配筋长度。

墩身配筋工程量：

$\phi10$ 箍筋个数为：$\left[\dfrac{30000 - (170 + 30) \times 2}{400} + 1 + 2\right] \times 2$ 个 = 154 个

$\phi10$ 箍筋工程量为：$m = 154 \times 2 \times \pi \times 3.45 \times 0.617\,\mathrm{kg} = 2059.97\,\mathrm{kg} = 2.06\,\mathrm{t}$

$\phi16$ 纵筋工程量为：$m = 72 \times 2 \times (30 - 0.06) \times 1.58\,\mathrm{kg} = 6811.95\,\mathrm{kg} = 6.81\,\mathrm{t}$

【注释】　30000 为墩身高度，170 为墩身两端箍筋之间间距，30 为墩身一端保护层厚度，400 为相邻箍筋之间间距，2 为墩身两端箍筋数量，3.45 为箍筋半径，72 为纵筋数量，0.06 为墩身两端保护层厚度。

承台配筋工程量：

$\phi10$ 箍筋个数为：$\left(\dfrac{28500 - 100}{200} + 1\right)$个 = 143 个

$\phi10$ 箍筋工程量为：$m = (7.9 + 1.4) \times 2 \times 143 \times 0.617\,\mathrm{kg} = 1641.10\,\mathrm{kg} = 1.64\,\mathrm{t}$

$\phi12$ 纵筋根数为：$\left[\left(\dfrac{7900}{100} + 1\right) \times 2 + \left(\dfrac{1400}{100} - 1\right) \times 2\right]$根 = (160 + 26)根 = 186 根

ϕ12 纵筋工程量为：$m=(28.5-0.1)\times186\times0.888\text{kg}=4690.77\text{kg}=4.69\text{t}$

【注释】 28500 为承台长度，100 为承台左右两侧保护层厚度，200 为相邻箍筋间距，7.9 为承台上下两面箍筋长度，1.4 为前后两面箍筋长度，7900 为承台上下两面配筋宽度，100 为相邻纵筋间距，1400 为前后两面配筋宽度。

桩配筋工程量：

ϕ10 箍筋个数：$\left[\dfrac{20000-(170+30)\times2}{400}+1+2\right]\times12$ 个 $=624$ 个

ϕ10 箍筋工程量：$2\times\pi\times0.95\times624\times0.617\text{kg}=2298.42\text{kg}=2.30\text{t}$

ϕ12 纵筋工程量：$m=36\times(20-0.06)\times12\times0.888\text{kg}$

$=7649.30\text{kg}=7.65\text{t}$

【注释】 20000 为桩长，170 为桩两端箍筋间距，30 为一端保护层厚度，400 为相邻箍筋间距，最后一个 2 为两端箍筋数量，12 为桩数量，0.95 为桩箍筋半径，36 为纵筋数量。

(5) 1 号桥墩工程量(图 3-167)：

混凝土工程量：

清单工程量：

墩台：$V_1=\dfrac{1}{2}\times(27.5+28.5)\times1.5\times8\text{m}^3=336\text{m}^3$

墩身：$V_2=2\times\pi\times\left(\dfrac{7}{2}=\right)^2\times45\text{m}^3=3463.61\text{m}^3$

承台：$V_3=28.5\times1.5\times(8+0.25\times2)\text{m}^3=363.38\text{m}^3$

桩基础：$V_4=8\times\pi\times\left(\dfrac{3}{2}\right)^2\times20\text{m}^3=1130.98\text{m}^3$

故 1 号桥墩混凝土工程量为：

$V=V_1+V_2+V_3+V_4=(336+3463.61+363.38+1130.98)\text{m}^3=5293.97\text{m}^3$

【注释】 27.5 为墩台下边宽度，28.5 为其上边宽度及承台宽度，1.5 为墩台及承台高度，8 为墩台沿桥长方向长度，7 为圆柱形蹲身直径，45 为蹲身高度，(8+0.25×2)为承台长度，8 为桩数量，3 为桩直径，20 为桩高度。

定额工程量同清单工程量。

钢筋工程量：

清单工程量：

Ⅰ—Ⅰ 配筋图：箍筋个数：[(27.5-0.025×2)÷0.15+1]个 =(183+1)个 =184 个

总箍筋长度：$l=(8-0.025\times2+1.5-0.025\times2)\times2\times184\text{m}=3459.2\text{m}$

又 $\because$ 箍筋为 ϕ8，而 ϕ8 单根钢筋的理论重量为 0.395kg/m

故箍筋重量为：$m=3459.2\times0.395\text{kg}=1366.38\text{kg}=1.37\text{t}$

纵筋个数：[(8-0.025×2)÷0.15+1]×2 根 =54×2 根 =108 根

纵筋长度：[(28.5-0.025×2)×108+(27.5-0.025×2)×108]m=6037.2m

又 $\because$ 纵筋为 ϕ16 钢筋，而 ϕ16 单根钢筋的理论重量为 1.58kg/m

故纵筋重量为：$m=6037.2\times1.58\text{kg}=9538.78\text{kg}=9.54\text{t}$

综上，墩帽的钢筋重量为：$m_1=m_{\text{箍}}+m_{\text{纵}}=(1.37+9.54)\text{t}=10.91\text{t}$

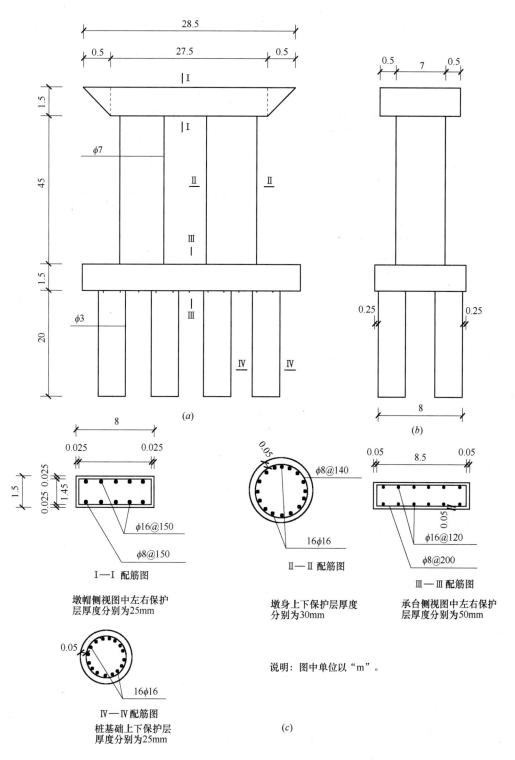

图 3-167

(a)侧视图；(b)立面图；(c)1号桥墩侧面图、立面图及各部分配筋图

【注释】 27.5 为墩帽上下表面配筋长度，0.025 为墩帽左右保护层厚度，0.15 为相邻箍筋之间间距，8 为墩帽宽度，1.5 为墩帽高度，28.5 为上表面纵筋长度，27.5 为下表面纵筋长度。

Ⅱ—Ⅱ配筋图：箍筋个数：$[(45-0.03\times2)\div0.14+1]$个$=(321+1)$个$=322$ 个

总箍筋长度：$\pi\times(7-0.05\times2)\times322m=6980.01$m

又 ∵ 箍筋为 $\phi8$ 钢筋，而 $\phi8$ 单根钢筋的理论重量为 0.395kg/m

故箍筋重量为：$m=6980.01\times0.395$kg$=2757.10$kg$=2.76$t

纵筋个数：16 根

总纵筋长度：$(45-0.03\times2)\times16$m$=719.04$m

又 ∵ 纵筋采用 $\phi16$ 钢筋，而 $\phi16$ 单根钢筋的理论重量为 1.58kg/m

故纵筋重量为：$m=719.04\times1.58$kg$=1136.08$kg$=1.14$t

综上墩身的钢筋用量为：$m_2=(m_{箍}+m_{纵})\times2=(2.76+1.14)\times2t=3.9\times2t=7.8$t

【注释】 45 为墩身高度，0.03 为墩身上下一端保护层厚度，0.14 为相邻箍筋之间间距，0.05 为蹲身四周保护层厚度。

Ⅲ—Ⅲ配筋图：

箍筋个数：$[(28.5-0.05\times2)\div0.2+1]$个$=(142+1)$个$=143$ 个

总箍筋长度：$(8.5-0.05\times2+1.5-0.05\times2)\times2\times143m=2802.8$m

又 ∵ 箍筋为 $\phi8$ 钢筋，而 $\phi8$ 单根钢筋的理论重量为 0.395kg/m

故箍筋的重量为：$m=2802.8\times0.395$kg$=1107.11$kg$=1.11$t

纵筋个数：$[(8.5-0.05\times2)\div0.12+1]\times2$ 根$=71\times2$ 根$=142$ 根

总纵筋长度：$(28.5-0.05\times2)\times142m=4032.8$m

又 ∵ 纵筋为 $\phi16$ 钢筋，而 $\phi16$ 单根钢筋的理论重量为 1.58kg/m

故纵筋的重量为：$m=4032.8\times1.58$kg$=6371.82$kg$=6.37$t

综上承台的钢筋重量为：$m_3=(m_{箍}+m_{纵})=(1.11+6.37)t=7.48$t

【注释】 28.5 为承台宽度，0.05 为承台左右两端保护层厚度，0.2 为相邻箍筋间距，8.5 为上下表面箍筋长度，1.5 为前后表面箍筋长度。

Ⅳ—Ⅳ配筋图：箍筋个数：$[(20-0.025\times2)\div0.15+1]$个$=(133+1)$个$=134$ 个

总箍筋长度：$l=\pi\times(3-0.05\times2)\times134m=1220.83$m

又 ∵ 箍筋为 $\phi8$ 钢筋，而 $\phi8$ 单根钢筋的理论重量为 0.395kg/m

故箍筋的重量为：$m=1220.83\times0.395$kg$=482.23$kg$=0.48$t

纵筋个数：16 根

总纵筋长度为：$(20-0.025\times2)\times16m=319.2$m

又 ∵ 纵筋为 $\phi16$ 钢筋，$\phi16$ 单根钢筋的理论重量为 1.58kg/m

故纵筋重量为：$m=319.2\times1.58$kg$=504.34$kg$=0.5$t

综上桩基础的钢筋重量为：$m_4=m_{箍}+m_{纵}=(0.48+0.5)\times8t=7.84$t

【注释】 20 为桩长，0.025 为桩基础一端保护层厚度，0.15 为相邻箍筋间距，3 为桩直径。

综上 1 号桥墩的钢筋重量为：

$$m=m_1+m_2+m_3+m_4=(10.91+7.8+7.48+7.84)\text{t}=33.67\text{t}$$

定额工程量同清单工程量。

(6) 4 号桥墩工程量(图 3-168):

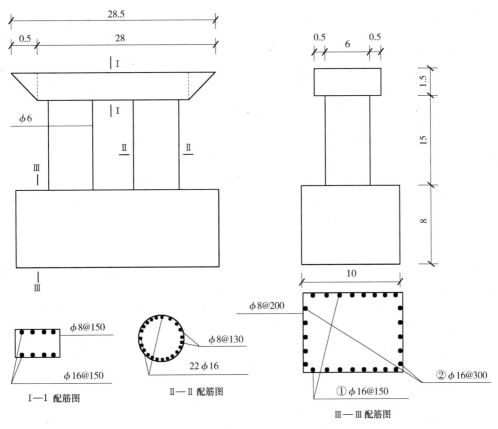

墩帽左右端部保护层厚度分别为25mm，上下保护层厚度分别为50mm，前后保护层厚度分别为50mm。

墩身上下保护层厚度分别为25mm，沿半径方向保护层厚度为50mm。

基础左右保护层厚度分别为50mm，上下保护层厚度分别为25mm，前后保护层厚度分别为50mm。

说明：图中单位以"m"计。

4号桥墩的侧面图、立面图分配筋图

图 3-168

混凝土工程量:

清单工程量:

墩帽: $V_1 = \dfrac{1}{2} \times [(28-0.5)+28.5] \times 1.5 \times (6+0.5 \times 2) \text{m}^3 = 294 \text{m}^3$

墩身: $V_2 = 2 \times \pi \times \left(\dfrac{6}{2}\right)^2 \times 15 \text{m}^3 = 848.23 \text{m}^3$

基础: $V_3 = 28.5 \times 10 \times 8 \text{m}^3 = 2280 \text{m}^3$

故 4 号桥墩的混凝土工程量为:

$V = V_1 + V_2 + V_3 = (294+848.23+2280)\text{m}^3 = 3422.23 \text{m}^3$

【注释】 (28-0.5)为墩帽下边长，28.5 为其上边长及基础长度，1.5 为墩帽高度，(6+0.5×2)为墩帽宽度；6 为圆柱形墩身直径，15 为墩身高度，10 为基础宽度，8 为基础高度。

定额工程量同清单工程量。

钢筋工程量：

清单工程量：

Ⅰ—Ⅰ配筋图：箍筋个数：$[(28-0.5-0.025×2)÷0.15+1]$个$=(183+1)$个$=184$个

总箍筋长度：$(1.5-0.05×2+7-0.025×2)×2×184m=3072.8m$

又$\because$　箍筋为$\phi8$钢筋，而$\phi8$单根钢筋的理论重量为$0.395kg/m$

故箍筋的重量为：$m=3072.8×0.395kg=1213.76kg=1.21t$

纵筋个数：$[(0.5×2+6-0.05×2)÷0.15+1]$根$=47$根

总纵筋长度：$l=[(28-0.5-0.025×2)×47+(28.5-0.025×2)×47]m$
$=2627.3m$

又$\because$　纵筋为$\phi16$钢筋，而$\phi16$单根钢筋的理论重量为$1.58kg/m$

故纵筋重量为：$m=2627.3×1.58kg=4151.13kg=4.15t$

综上墩帽的钢筋用量为：$m_1=m_{箍}+m_{纵}=(1.21+4.15)t=5.36t$

【注释】　28为墩帽上下表面配筋长度，0.5为墩帽空白部分长度，0.025为墩帽左右保护层厚度，0.15为相邻箍筋间距，1.5为墩帽前后两面宽度，0.05为墩帽前后保护层厚度，7为墩帽上下两面宽度。

Ⅱ—Ⅱ配筋图：箍筋个数：$[(15-0.025×2)÷0.13+1]$个$=116$个

总箍筋长度：$l=\pi×(6-0.05×2)×2×116m=4300.22m$

又$\because$　箍筋为$\phi8$钢筋，而$\phi8$单根钢筋的理论重量为$0.395kg/m$

故箍筋重量为：$m=4300.22×0.395kg=1698.59kg=1.70t$

纵筋个数：$22×2$个$=44$个

总纵筋长度：$l=(15-0.025×2)×44m=657.8m$

又$\because$　纵筋为$\phi16$钢筋，而$\phi16$单根钢筋的理论重量为$1.58kg/m$

故纵筋重量为：$m=657.8×1.58kg=1039.32kg=1.04t$

综上墩身的钢筋重量为：$m_2=m_{箍}+m_{纵}=(1.70+1.04)t=2.74t$

【注释】　15为墩身高度，0.025为墩身上下一端保护层厚度，0.13为相邻箍筋间距，6为墩身直径，0.05为墩身沿半径方向保护层厚度，2为墩身数量，22为一个墩身纵筋数量。

Ⅲ—Ⅲ配筋图：箍筋个数为：$[(28.5-0.05×2)÷0.2+1]$个$=143$个

总箍筋长度为：$(8-0.025×2+10-0.05×2)×2×143m=5105.1m$

又$\because$　箍筋为$\phi8$钢筋，而$\phi8$单根钢筋的理论重量为$0.395kg/m$

故箍筋重量为：$m=5105.1×0.395kg=2016.51kg=2.02t$

纵筋②个数：$[(8-0.025×2)÷0.15+1]×2$个$=108$个

总纵筋长度：$l=(28.5-0.05×2)×108m=3067.2m$

又$\because$　纵筋②采用$\phi16$钢筋，而$\phi16$单根钢筋的理论重量为$1.58kg/m$

故纵筋②的钢筋重量为：$m=3067.2×1.58kg=4846.18kg=4.85t$

纵筋①的个数：$[(10-0.05×2)÷0.3-1]×2$个$=64$个

总纵筋①的长度为：$l=(28.5-0.05×2)×64m=1817.6m$

又$\because$　纵筋①采用$\phi16$钢筋，而$\phi16$钢筋的理论重量为$1.58kg/m$

故纵筋①的钢筋重量为：

$$m=1817.6\times1.58\text{kg}=2871.808\text{kg}=2.87\text{t}$$

【注释】 28.5 为基础长度，0.05 为基础左右及前后保护层厚度，0.2 为相邻箍筋间距，8 为基础前后表面宽度，0.025 为上下保护层厚度。

综上基础的钢筋重量为：

$$m_3=m_{\text{箍}}+m_{\text{纵①}}=(2.02+4.85+2.87)\text{t}=9.74\text{t}$$

综上 4 号桥墩的钢筋重量为：

$$m=m_1+m_2+m_3=(5.36+2.74+9.74)\text{t}=17.84\text{t}$$

定额工程量同清单工程量。

（7）桥上结构工程量（图 3-169）：

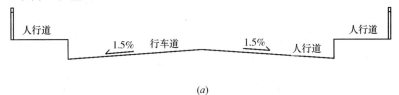

(a)

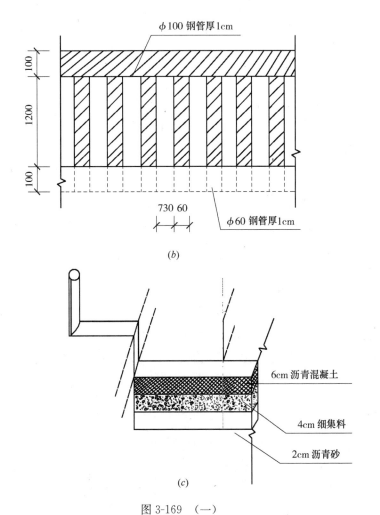

图 3-169 （一）

(a)桥面横断面图；(b)防撞栏杆；(c)桥面结构图

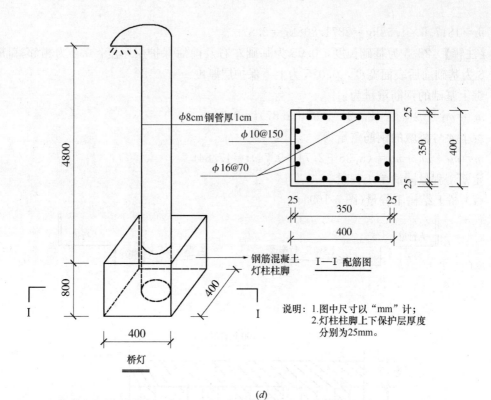

图 3-169 （二）

（d）桥灯

桥面铺装（行车道）：

清单工程量：

沥青混凝土：$S_1 = 2 \times 11.25 \times 700 \text{m}^2 = 15750 \text{m}^2$

200 号细集料：$S_2 = 2 \times 11.25 \times 700 \text{m}^2 = 15750 \text{m}^2$

沥青砂：$S_3 = 2 \times 11.25 \times 700 \text{m}^2 = 15750 \text{m}^2$

定额工程量：

沥青混凝土：$V_1 = S_1 \times 0.06 = 945 \text{m}^3$

200 号细集料：$V_2 = S_2 \times 0.04 = 630 \text{m}^3$

沥青砂：$V_3 = S_3 \times 0.02 = 315 \text{m}^3$

【注释】 11.25 为行车道宽度，700 为桥长，2 为行车道数量，0.06 为沥青混凝土厚度，0.04 为 200 号细集料厚度，0.02 为沥青砂厚度。

防撞栏杆：

清单工程量：

横栏（扶手）：$V_1 = \pi \times \left[\left(\frac{0.1}{2} \right)^2 - \left(\frac{0.1 - 2 \times 0.01}{2} \right)^2 \right] \times 700 \text{m}^3 = 1.98 \text{m}^3$

竖栏（柱子）：$V_2 = \pi \times \left[\left(\frac{0.06}{2} \right)^2 - \left(\frac{0.06 - 2 \times 0.01}{2} \right)^2 \right] \times (1.2 + 0.1) \text{m}^3$

$$= 0.002 \text{m}^3$$

如图 3-169 所示，经计算可得桥一侧竖栏个数为：

$[(700-0.06)\div(0.73+0.06)+1]$ 个 $=(886+1)$ 个 $=887$ 个

又 $\because$ 钢的密度为 $7.87\times10^3\,kg/m^3$

故栏杆的清单工程量为：

$m=7.87\times10^3\times(V_1+887V_2)\times2=7.87\times10^3\times(1.98+887\times0.002)\times2\,kg$

$\quad=59.09\times10^3\,kg=59.09t$

【注释】 钢管栏杆工程量按质量计算。0.1 为栏杆横栏的直径，0.01 为钢管厚度，700 为栏杆长度，0.06 为竖栏直径，1.2 为横栏之间竖栏高度，0.73 为相邻竖栏表面之间间距。

定额工程量同清单工程量。

灯柱及灯脚：

灯柱：

清单工程量：

$$V=\pi\times\left[\left(\frac{0.08}{2}\right)^2-\left(\frac{0.08-0.01\times2}{2}\right)^2\right]\times(4.8+0.8)\,m^3=0.012m^3$$

又 $\because$ 钢的密度为 $7.87\times10^3\,kg/m^3$

故灯柱的工程量为：$m=7.87\times10^3\times0.012\,kg=0.094\times10^3\,kg=0.09t$

定额工程量同清单工程量。

灯脚：

混凝土工程量：

清单工程量：

$$V=0.4\times0.4\times0.8\,m^3=0.13m^3$$

【注释】 0.08 为灯柱外径，0.01 为灯柱钢管厚度，4.8 为灯脚上方灯柱高度，0.8 为灯柱在柱脚内的高度即柱脚高度，0.4 为柱脚底面边长。

定额工程量同清单工程量。

钢筋工程量：

清单工程量：箍筋个数：$[(0.8-0.025\times2)\div0.15+1]$ 个 $=6$ 个

总箍筋长度为：$(0.35+0.35)\times2\times6\,m=8.4m$

又 $\because$ 箍筋为 $\phi10$ 钢筋，而 $\phi10$ 单根钢筋的理论重量为 $0.617kg/m$

故箍筋的钢筋用量为：$m=8.4\times0.617\,kg=5.18kg=0.005t$

纵筋个数：$(0.35\div0.07+1)\times4$ 根 $=24$ 根

总纵筋长度：$l=(0.8-0.025\times2)\times24\,m=18m$

又 $\because$ 纵筋为 $\phi16$ 钢筋，而 $\phi16$ 钢筋单根钢筋的理论重量为 $1.58kg/m$

故纵筋重量为：$m=18\times1.58\,kg=28.44kg=0.028t=0.03t$

故柱脚的钢筋用量为：$m=m_{箍}+m_{纵}=(0.005+0.03)t=0.035t$

【注释】 0.8 为柱脚高度，0.025 为柱脚上下保护层厚度，0.15 为相邻箍筋间距，0.35 为柱脚前后左右四面箍筋长度，0.07 为相邻纵筋间距。

分部分项工程量清单与计价见表 3-129。

分部分项工程量清单与计价表

表 3-129

工程名称：某预制板桥　　　　　　　标段：　　　　　　　　　　第　页　共　页

序号	项目编码	项目名称	项目特征描述	计量单位	工程量	金额/元		
						综合单价	合价	其中：暂估价
1	040307008001	悬（斜拉）索	任一拉索由 9 根 ϕ12 钢筋一股的平行钢筋束组成	t	89.74			
2	040303022001	混凝土桥塔身	C30 混凝土，索塔的名壁厚均为 500mm	m³	2370.56			
3	040901001001	现浇构件钢筋	塔顶拉索区钢筋，ϕ8 箍筋，ϕ12 纵筋	t	4.62			
4	040901001002	现浇构件钢筋	上下塔柱钢筋，ϕ8 箍筋	t	5.2			
5	040901001003	现浇构件钢筋	受压横梁钢筋，ϕ8 箍筋，ϕ16 纵筋	t	2.24			
6	040901001004	现浇构件钢筋	受拉横梁钢筋，ϕ8 箍筋，ϕ16 纵筋	t	3.28			
7	040304001001	预制混凝土梁	T 形梁，C30 混凝土	m³	8975			
8	040303013001	混凝土板梁	横隔板梁，C25 混凝土	m³	662.7			
9	040901005001	先张法预应力钢筋（钢丝、钢绞线）	5 根 ϕ12 平行预应力钢筋束	t	31.14			
10	040901001005	现浇构件钢筋	主梁单个梁肋钢筋，ϕ10 箍筋	t	12.49			
11	040901001006	现浇构件钢筋	主梁单个梁肋钢筋，ϕ12 钢筋	t	60.38			
12	040901001007	现浇构件钢筋	主梁翼板及行车道板钢筋，ϕ10 箍筋	t	82.28			
13	040901001008	现浇构件钢筋	主梁翼板及行车道板钢筋，ϕ12 纵筋	t	235.28			
14	040901001009	现浇构件钢筋	横隔梁钢筋，ϕ10 箍筋	t	11.81			
15	040901001010	现浇构件钢筋	横隔梁钢筋，ϕ12 纵筋	t	31.65			
16	040303004001	混凝土墩（台）帽	2、3 号桥墩 C30 混凝土墩帽	m³	336			
17	040303005001	混凝土墩（台）身	2、3 号桥墩 C30 混凝土墩身	m³	2309.08			
18	040303003001	混凝土承台	2、3 号桥墩 C30 混凝土承台	m³	342			

续表

序号	项目编码	项目名称	项目特征描述	计量单位	工程量	金额/元		
						综合单价	合价	其中：暂估价
19	040303002001	混凝土基础	2、3号桥墩C30混凝土桩基础	m³	753.98			
20	040901001011	现浇构件钢筋	2、3号桥墩墩帽钢筋，φ10箍筋	t	1.58			
21	040901001012	现浇构件钢筋	2、3号桥墩墩帽钢筋，φ12纵筋	t	4.6			
22	040901001013	现浇构件钢筋	2、3号桥墩墩身钢筋，φ10箍筋	t	2.06			
23	040901001014	现浇构件钢筋	2、3号桥墩墩身钢筋，φ12纵筋	t	6.81			
24	040901001015	现浇构件钢筋	2、3号桥墩承台钢筋，φ10箍筋	t	1.64			
25	040901001016	现浇构件钢筋	2、3号桥墩承台钢筋，φ12纵筋	t	4.69			
26	040901001017	现浇构件钢筋	2、3号桥墩桩基础钢筋，φ10箍筋	t	2.30			
27	040901001018	现浇构件钢筋	2、3号桥墩桩基础钢筋，φ12纵筋	t	7.65			
28	040303004002	混凝土墩（台）帽	1号桥墩C30混凝土墩帽	m³	336			
29	040303005002	混凝土墩（台）身	1号桥墩C30混凝土墩身	m³	3463.61			
30	040303003002	混凝土承台	1号桥墩C30混凝土承台	m³	363.38			
31	040303002002	混凝土基础	1号桥墩C30混凝土桩基础	m³	1130.98			
32	040901001019	现浇构件钢筋	1号桥墩钢筋，φ8箍筋，φ16纵筋	t	33.67			
33	040303004003	混凝土墩（台）帽	4号桥墩C30混凝土墩帽	m³	294			
34	040303005003	混凝土墩（台）身	4号桥墩C30混凝土墩身	m³	848.23			
35	040303002003	混凝土基础	4号桥墩C30混凝土基础	m³	2280			
36	040901001020	现浇构件钢筋	4号桥墩钢筋，φ8箍筋，φ16纵筋	t	17.84			

序号	项目编码	项目名称	项目特征描述	计量单位	工程量	金额/元		
						综合单价	合价	其中：暂估价
37	040303019001	桥面铺装	6cm 沥青混凝土	m²	15750			
38	040303019002	桥面铺装	4cm200 号细集料	m²	15750			
39	040303019003	桥面铺装	2cm 沥青砂	m²	15750			
40	040309001001	金属栏杆	防撞栏杆，$\phi60$ 钢管，$\phi100$ 钢管	t	59.09			
41	040307007001	其他钢构件	灯柱，$\phi8cm$ 钢管，厚 1cm	t	0.09			
42	040303024001	混凝土其他构件	钢筋混凝土灯柱柱脚	m³	0.13			
43	040901001021	现浇构件钢筋	柱脚钢筋，$\phi10$ 箍筋，$\phi16$ 纵筋	t	0.035			
			本页小计					
			合　计					

定额工程量同清单工程量。

【例 4】 实腹式拱上建筑的特点是构造简单，施工方便，填料数量较多，荷载较重，某建设工程建设的拱桥采用这种构造，具体设计数据为：单孔跨径 9m，桥面长 30m，拱圆中心线 $R=4.5m$，拱板厚 200mm，双孔，桥宽（净宽）：$(7.5+2\times1.75)m=11m$，重力式桥墩，圆台形护坡，其细部构造如图 3-170 所示，计算该桥工程量。

【解】 (1)台身工程量计算(图 3-170)

清单工程量：

镶面石工程量：$V_1=0.1\times8\times11m^3=8.8m^3$

浆砌片石、块石(粗料石)工程量：

$$V_2=\frac{1}{2}\times[(1.2-0.1)+(1.2+2-0.1)]\times8\times11m^3=184.8m^3$$

综上台身工程量为：

$$V=2V_1+2V_2=(2\times8.8+2\times184.8)m^3=387.2m^3$$

【注释】 0.1 为镶面石厚度，8 为其高度，11 为镶面石长度即桥长；中括号内第一项为浆砌片石、块石梯形面的上底宽，第二项为下底宽。

定额工程量同清单工程量。

(2)台基础工程量

清单工程量：

浆砌片石、块石(粗料石)工程量：

$$V_1=(0.1+1.2+2+0.8)\times0.5\times(11+0.5\times2)m^3=24.6m^3$$

C20 混凝土工程量：

$$V_2=(0.1+1.2+2+0.8)\times1.5\times(11+0.5\times2)m^3=73.8m^3$$

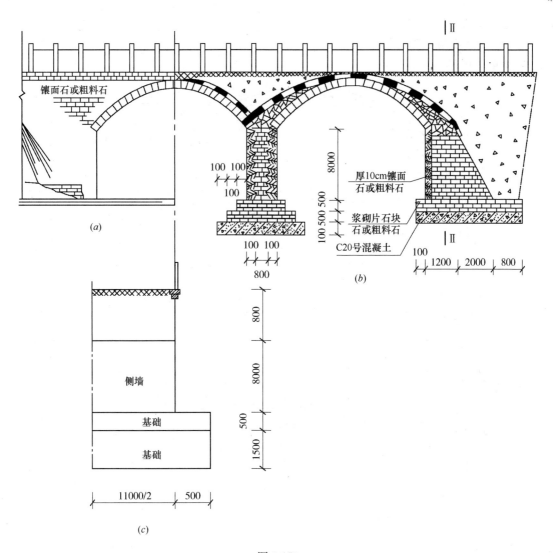

图 3-170

(a)半立面图；(b)半纵断面图；(c)Ⅱ—Ⅱ侧视图

综上基础的工程量为：

$$V=2V_1+2V_2=(2\times24.6+73.8\times2)m^3=196.8m^3$$

【注释】　第一个小括号内为基础宽度，0.5 为基础浆砌片石、块石高度，0.5 为基础与台身的长度差，1.5 为基础铺 C20 混凝土高度。

定额工程量同清单工程量。

（3）拱圈工程量(图 3-171)

清单工程量：

拱板纵截面面积：$S=2\pi\times4.5\times\dfrac{1}{2}\times0.3m^2=4.24m^2$

拱板工程量：$V=4.24\times11\times2m^3=93.28m^3$

【注释】　4.5 为拱板中间半径，0.3 为拱板厚度，11 为拱板长度，2 为拱板数量。

定额工程量同清单工程量。

（4）拱桥墩身工程量

清单工程量：

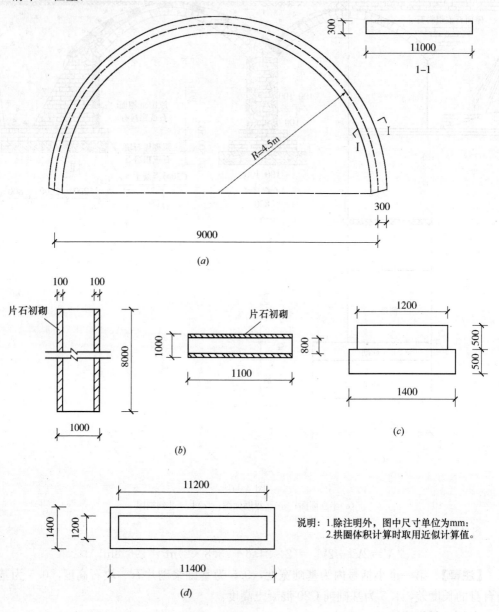

图 3-171

（a）拱桥拱圈截面图；（b）拱桥墩身截面图；（c）石料基础截面图(一)；（d）石料基础截面图(二)

墩身镶石衬砌工程量：$V_1 = 0.1 \times 11 \times 8 \times 2 \text{m}^3 = 17.6 \text{m}^3$

墩身浆砌片石、块石（粗料石）：

$$V_2 = (1.0 - 0.1 \times 2) \times 11 \times 8 \text{m}^3 = 70.4 \text{m}^3$$

【注释】 0.1 为墩身一侧镶石宽度，8 为镶石高度，11 为长度，1.0 为墩身宽度即（0.8+0.1×2）。

定额工程量同清单工程量。

（5）拱桥墩基础工程量（图 3-172）

墩基础浆砌片石、（块石）工程量：

$$V=(11.2\times1.2\times0.5+11.4\times1.4\times0.5)m^3=14.7m^3$$

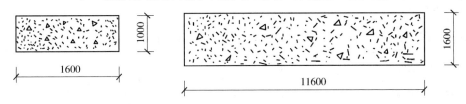

图 3-172 混凝土基础截面图

【注释】 11.2 为墩基础上层台阶的长度，1.2 为其宽度，0.5 为每层台阶高度，11.4 为底层台阶长度，1.4 为底层台阶宽度。

（6）桥面板工程量（图 3-173）

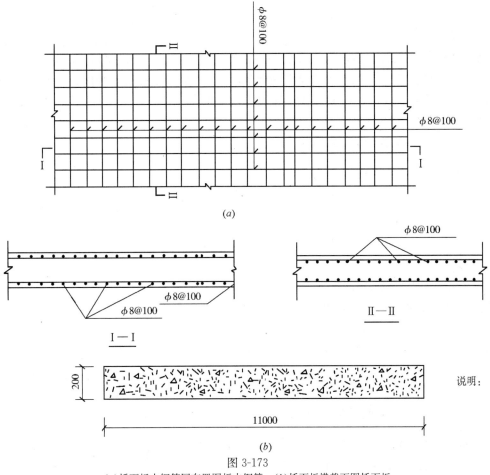

图 3-173

（a）桥面板内钢筋网布置图板内钢筋；（b）桥面板横截面图桥面板

说明：1. 图中尺寸单位均匀；

2. 桥面板纵筋分上、上两层，纵筋及箍筋间距均匀 100mm；

3. 极上下保护层厚为 30mm，左右为 50mm，前后为 50mm。

桥面板混凝土工程量：

清单工程量：

桥面板 C20 混凝土工程量：$V=11×0.2×30\text{m}^3=66\text{m}^3$

定额工程量同清单工程量。

桥面板钢筋工程量：

清单工程量：（∵ $\phi8$ 根钢筋的理论重量为 0.395kg/m）

$\phi8$ 箍筋个数：$\left(\dfrac{30000-50×2}{100}+1\right)$ 个 $=300$ 个

$\phi8$ 箍筋工程量：
$$\begin{aligned} m &=[(0.2-0.06)+(11.0-0.1)]×2×300×0.395\text{kg} \\ &=11.04×2×300×0.395\text{kg} \\ &=2616.48\text{kg}=2.62\text{t} \end{aligned}$$

$\phi8$ 纵筋根数：$\left(\dfrac{11000-100}{100}+1\right)×2$ 根 $=220$ 根

$\phi8$ 纵筋工程量：
$$\begin{aligned} m &=(30-0.1)×220×0.395\text{kg}=29.9×220×0.395\text{kg} \\ &=2598.31\text{kg}=2.60\text{t} \end{aligned}$$

综上桥面板的钢筋工程量为：$m=m_{箍}+m_{纵}=(2.62+2.60)\text{t}=5.22\text{t}$

【注释】 11 为桥面板宽度，0.2 为桥面板厚度，30 为桥面板长度；50 为桥面板左右一端保护层厚度，100 为相邻箍筋及纵筋间距，0.2 为前后两面箍筋长度，0.06 为上下两面保护层厚度即 $0.03×2$，0.1 为前后两面保护层厚度即 $0.05×2$。

定额工程量同清单工程量。

(7) 拱桥支座工程量(图 3-174)

清单工程量：

$$V_1=\left[(5×3)×5+(5×2)×5+5×5-\frac{1}{2}×(5×2)×(5×2)\right]×11\text{m}^3=1100\text{m}^3$$

$$V=4V_1=4×1100\text{m}^3=4400\text{m}^3$$

【注释】 5 为五角石每层的高度与宽度，11 为五角石长度。

定额工程量同清单工程量。

(8) 混凝土防护栏工程量(图 3-174)：

清单工程量：

如图 3-174(e)所示，经计算可得：

栏板个数：$\dfrac{3000-30}{165}$ 个 $=18$ 个

柱子个数为：$\left(\dfrac{3000-30}{165}+1\right)$ 个 $=19$ 个

栏板工程量：$V_1=1×(1.65-0.3)×0.3×18×2\text{m}^3=14.58\text{m}^3$

柱子工程量：$V_2=\pi×\left(\dfrac{0.3}{2}\right)^2×(1+0.2)×19×2\text{m}^3=3.22\text{m}^3$

综上混凝土防护栏的工程量为：

$V=V_1+V_2=(14.58+3.22)\text{m}^3=17.8\text{m}^3$

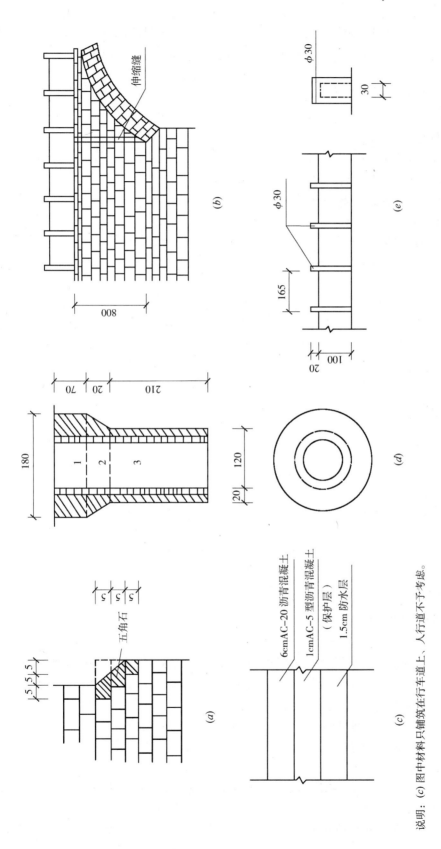

图 3-174

说明：(c) 图中材料只铺筑在行车道上，人行道不考虑。

(a) 拱桥支座 (cm)；(b) 实腹拱拆伸缩缝布置 (mm)；(c) 路面铺装 (cm, C20混凝土)；(d) 泄水管构造 (cm, C20混凝土)；(e) 混凝土防护栏 (cm)

【注释】 3000 为设置防护栏的长度，30 为防护栏柱子直径，165 为相邻柱子间的间距，1 为栏板高度，(1.65−0.3)为柱子之间栏板长度，0.3 为栏板厚度，0.2 为柱子与栏板的高度差。

定额工程量同清单工程量。

(9) 路面铺装工程量(图 3-174)：

清单工程量：

AC-20 型沥青混凝土：$S_1 = 30 \times 7.5 m^2 = 225 m^2$

AC-5 型沥青混凝土：$S_2 = 30 \times 7.5 m^2 = 225 m^2$

防水层(C15 混凝土)：$S_3 = 30 \times 7.5 m^2 = 225 m^2$

定额工程量：

AC-20 型沥青混凝土：$V_1 = S_1 \times 0.06 = 225 \times 0.06 m^3 = 13.5 m^3$

AC-5 型沥青混凝土：$V_2 = S_2 \times 0.01 = 225 \times 0.01 m^3 = 2.25 m^3$

防水层(C15)混凝土：$V_3 = S_3 \times 0.015 = 225 \times 0.015 m^3 = 3.375 m^3$

说明：根据 GB 50857—2013 清单计算规则中路面铺装按设计图示尺寸以面积计算，而根据 GYD—303—1999 定额计算规则中混凝土工程均按设计图示以体积计算。30 为桥长，7.5 为桥宽，0.06 为 AC-20 型沥青混凝土厚度，0.01 为 AC-5 型沥青混凝土厚度，0.015 为防水层厚度。

(10) 泄水管工程量(C20 混凝土)(图 3-174d)：

清单工程量：

$l = (0.7 + 0.2 + 2.1) m = 3m$

定额工程量：

$$V_1 = \left[\pi \times \left(\frac{1.8}{2} \right)^2 \times 0.7 - \pi \times \left(\frac{1.2 - 0.2}{2} \right)^2 \times 0.7 \right] m^3 = 1.23 m^3$$

$$V_2 = \left\{ \frac{\pi}{3} \times 0.2 \times \left[\left(\frac{1.2 + 0.2}{2} \right)^2 + \left(\frac{1.8}{2} \right)^2 + \left(\frac{1.2 + 0.2}{2} \right) \times \left(\frac{1.8}{2} \right) \right] - \pi \times \left(\frac{1.2 - 0.2}{2} \right)^2 \times 0.2 \right\} m^3$$

$$= 0.247 m^3$$

$$V_3 = \left[\pi \times \left(\frac{1.2 + 0.2}{2} \right)^2 - \pi \times \left(\frac{1.2 - 0.2}{2} \right)^2 \right] \times 2.1 m^3 = 11.28 m^3$$

综上泄水管的工程量为：

$$V = V_1 + V_2 + V_3 = (1.23 + 0.247 + 11.28) m^3 = 12.757 m^3$$

【注释】 泄水管清单工程量按设计图示长度计算，定额工程量按体积计算，扣除空心部分体积。0.7 为泄水管结构 1 长度，0.2 为结构 2 长度，2.1 为结构 3 长度，1.8 为上部结构外径，0.2 为泄水管底部结构厚度，结构 2 为圆台，0.2 为圆台高度，(1.2+0.2)为圆台下圆直径，1.8 为上圆直径，(1.2−0.2)为结构 2 空心圆柱直径。

(11) 拱桥伸缩缝工程量：

清单工程量：

根据 GB 50857—2013 清单计算规则中伸缩缝按设计图示以长度(m)计算，故如图一个伸缩缝的工程量为 0.8m。

分部分项工程量清单计价见表 3-130。

分部分项工程量清单与计价表　　　　　　　　　　表 3-130

工程名称：某拱桥　　　　标段：　　　　　　　　　　　　　　第 页 共 页

序号	项目编码	项目名称	项目特征描述	计量单位	工程量	金额/元		
						综合单价	合价	其中：暂估价
1	040305003001	浆砌块料	台身厚 10cm 镶面石	m³	8.8			
2	040305003002	浆砌块料	台身浆砌片石、块石或粗料石	m³	184.8			
3	040305003003	浆砌块料	台基础，浆砌片石、块石或粗料石	m³	24.6			
4	040303002001	混凝土基础	台基础，20 号混凝土	m³	73.8			
5	040303014001	混凝土板拱	拱圈拱板	m³	93.28			
6	040305003004	浆砌块料	墩身镶石衬砌	m³	17.6			
7	040305003005	浆砌块料	墩身浆砌片石、块石（粗料石）	m³	70.4			
8	040305003006	浆砌块料	墩基础浆砌片石、块石	m³	14.7			
9	040304003001	预制混凝土板	桥面板尺寸 11000mm×200mm，C20 混凝土	m³	66			
10	040901001001	现浇构件钢筋	桥面板钢筋，φ8 箍筋，φ8 纵筋	t	5.22			
11	040303008001	混凝土拱桥拱座	拱桥五角石支座	m³	4400			
12	040304005001	预制混凝土其他构件	混凝土防护栏	m³	17.8			
13	040303019001	桥面铺装	6cmAC-20 型沥青混凝土	m²	225			
14	040303019002	桥面铺装	1cmAC-5 型沥青混凝土	m²	225			
15	040303019003	桥面铺装	1.5cm 防水层	m²	225			
16	040309009001	桥面排（泄）水管	C20 混凝土	m	3			
17	040309007001	桥面伸缩装置	拱桥伸缩缝	m	0.8			
			本页小计					
			合　计					

定额工程量同清单工程量。

【例 5】 某人行天桥工程，天桥桥面宽 4.0m，长 16.1m，各细部尺寸如图 3-175～图 3-179 所示，计算该天桥工程量。（天桥采用玻璃密闭遮护，此处不计其工程量。天桥两端采用柱式桥墩支撑。）

【解】 （1）天桥台阶混凝土工程量，如图 3-175 所示：

清单工程量：

下段台阶截面面积 $=\{\frac{1}{2}\times[(0.15+0.28)+(0.15+0.28\times10)]\times0.15\times9+\frac{1}{2}\times[0.15$

$+(0.28+0.15)]\times0.15-\frac{1}{2}\times0.15\times9\times(0.15+0.28\times9-0.15)$

$-\frac{1}{2}\times0.15\times0.28\times9\}m^2$

$=\{\frac{1}{2}\times[0.43+2.95]\times1.35+\frac{1}{2}\times0.58\times0.15-\frac{1}{2}\times1.35\times2.52$

$-\frac{1}{2}\times0.378\}m^2$

$=(2.28+0.04-1.70-0.19)m^2$

$=0.43m^2$

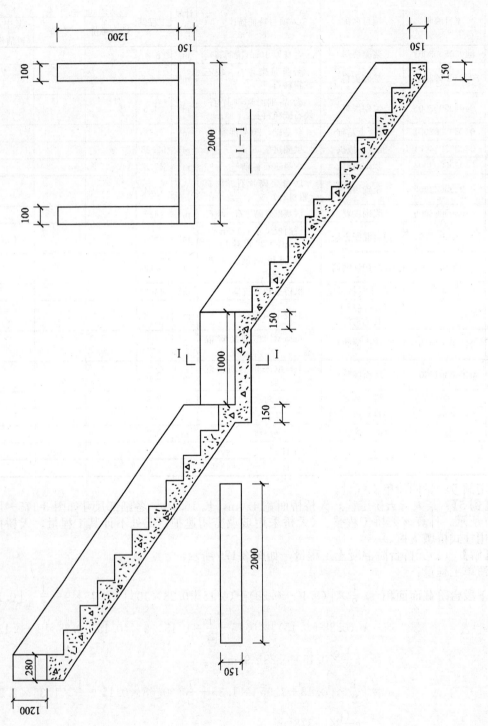

图 3-175 天桥台阶截面图

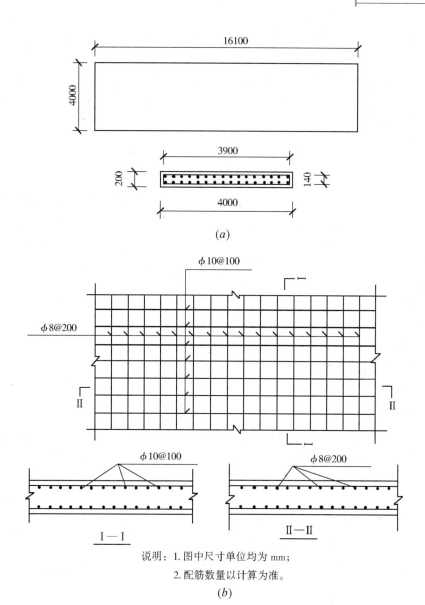

图 3-176

(a) 天桥桥面板截面图；(b) 桥面板配筋图

平台截面面积$=(1.0+0.15)\times0.15\text{m}^2=0.17\text{m}^2$

上段台阶截面面积$=\left\{\dfrac{1}{2}\times(0.28+0.28\times11)\times0.15\times10+\dfrac{1}{2}\times[0.15+(0.28+0.15)]\times0.15-\right.$

$$\left.\dfrac{1}{2}\times0.15\times9\times[0.28\times10-0.15]-\dfrac{1}{2}\times0.28\times0.15\times10\right\}\text{m}^2$$

$$=\left(\dfrac{1}{2}\times3.36\times1.5+\dfrac{1}{2}\times0.58\times0.15-\dfrac{1}{2}\times1.35\times2.65-\dfrac{1}{2}\times0.28\times1.5\right)\text{m}^2$$

$$=(2.52+0.04-1.79-0.21)\text{m}^2$$

$$=0.56\text{m}^2$$

台阶 C20 混凝土工程量 $=(0.43+0.17+0.56)\times2.0\times2m^3=1.16\times2.0\times3m^3$
$$=4.64m^3$$

【注释】 0.15 为台阶及平台高度，0.28 为台阶宽度，1.0 为平台有效宽度，2.0 为台阶长度，2 为两侧浇筑。

定额工程量同清单工程量。

(2)台阶两侧护板工程量

清单工程量：

护板截面面积 $=(1.2\times0.28\times10+\dfrac{1}{2}\times0.15\times0.28\times10+1.2\times1.0+1.2\times0.28\times10$

$$+\dfrac{1}{2}\times0.15\times0.28\times10+1.2\times0.28)m^2$$

$$=(3.36+0.21+1.2+3.36+0.21+0.336)m^2$$

$$=8.68m^2$$

护板 C10 混凝土工程量 $=8.68\times0.1\times2\times2m^3=3.47m^3$

【注释】 1.2 为护板高度，0.28 为每个台阶上的护板宽，10 为上部台阶数量。定额工程量同清单工程量。

(3)天桥桥面板混凝土工程量(图 3-176a)

清单工程量：

C20 混凝土工程量 $=16.1\times4.0\times0.2m^3=12.88m^3$

【注释】 16.1 为桥长，4.0 为桥面宽，0.2 为 C20 混凝土厚度。

定额工程量同清单工程量。

(4)天桥桥面板配筋工程量(图 3-176b)

清单工程量：

$\phi8$ 箍筋个数 $=(\dfrac{16100-50\times2}{200}+1)$个$=81$ 个

$\phi8$ 箍筋工程量 $=(3.9+0.14)\times2\times81\times0.395kg$
$$=4.04\times2\times81\times0.395kg=258.52kg=0.26t$$

$\phi10$ 纵筋根数 $=(\dfrac{4000-100}{100}+1)\times2$ 根$=40\times2$ 根$=80$ 根

$\phi10$ 纵筋工程量 $=(16.1-0.1)\times80\times0.617kg$
$$=16\times80\times0.617kg=789.76kg=0.79t$$

【注释】 16100 为桥面板长度，50 为桥面左右一端保护层厚度，200 为相邻箍筋间距，3.9 为桥上下表面箍筋长度即(4.0$-$0.05$\times$2)，0.14 为桥面前后两面箍筋长度，4000 为桥面宽度，100 为相邻纵筋间距。

定额工程量同清单工程量。

(5)主梁混凝土工程量(图 3-177a、c)

清单工程量：

C25 双 T 梁混凝土工程量 $=[2.0\times0.15+2\times\dfrac{1}{2}\times0.1\times0.8+0.4\times(0.8-0.15)]\times2\times16.1m^3$

$$=[0.3+0.08+0.26]\times2\times16.1m^3=20.61m^3$$

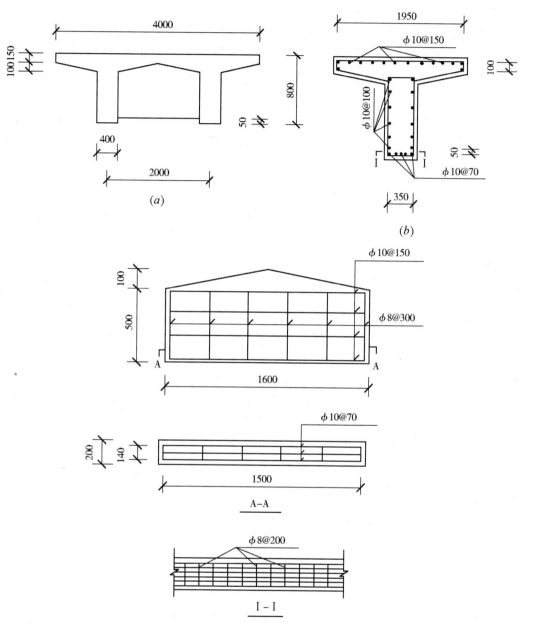

图 3-177

(a)宽肋矮 T 梁截面图图；(b)梁配筋截面图；(c)横隔梁截面图

横隔梁 C20 混凝土工程量＝$(1.6 \times 0.5 + \frac{1}{2} \times 1.6 \times 0.1) \times 0.2 \times 7 \mathrm{m}^3$

$$= (0.8 + 0.08) \times 0.2 \times 7 \mathrm{m}^3 = 1.23 \mathrm{m}^3$$

【注释】 将主梁划分为对称的两部分，每一部分由上到下划分为矩形，左右两侧三角形及中间矩形。2.0为上部矩形长度，0.15为矩形宽度，0.1为三角形高度，0.8为三角形底边长即(4.0/2－0.4)/2，0.4为竖板宽度，16.1为主梁长度；1.6为横隔梁宽度即(2.0－0.4)，0.5为横隔梁下部高度即(0.8－0.1－0.15－0.05)，0.2为横隔梁厚度，7为横隔梁数量。

定额工程量同清单工程量。

(6)主梁配筋工程量(图3-177 *b*、*c*)

清单工程量：

$$T 梁箍筋 \phi 8 个数 = \left(\frac{16100-100}{200}+1\right) 个 = 81 个$$

$$\begin{aligned}双 T 梁 \phi 8 箍筋工程量 &= [1.95+0.1\times 2+2\times \sqrt{0.1^2+0.8^2}+(0.35+0.5)\times 2]\times 2\times 81\\&\quad \times 0.395 \text{kg}\\&= (1.95+0.2+1.61+1.7)\times 2\times 81\times 0.395 \text{kg}\\&= 5.46\times 2\times 81\times 0.395 \text{kg} = 349.39 \text{kg} = 0.35 \text{t}\end{aligned}$$

$$\begin{aligned}T 梁中 \phi 10 纵筋根数 &= \left[\left(\frac{350}{70}+1\right)+\frac{500}{100}\times 2+\left(\frac{1950}{150}+1\right)+2\right] 根\\&= (6+10+14+2) 根 = 32 根\end{aligned}$$

$$\begin{aligned}双 T 梁 \phi 10 纵筋工程量 &= (16.1-0.1)\times 32\times 2\times 0.617 \text{kg}\\&= 16.0\times 32\times 2\times 0.617 \text{kg}\\&= 631.81 \text{kg} = 0.63 \text{t}\end{aligned}$$

【注释】 100为T梁左右一端保护层厚度，200为相邻箍筋间距，1.95为主梁上表面箍筋长度，0.1为两侧箍筋长度，根号下为两翼斜长部分的箍筋长度，0.35为竖板左右箍筋长度，0.5为竖板前后箍筋长度。70为竖板下表面纵筋间距，100为竖板前后两面纵筋间距，150为横板上表面纵筋间距，2为横板两侧面上纵筋数量。

$$横隔梁中 \phi 8 箍筋个数 = \left(\frac{1600-100}{300}+1\right)\times 7 个 = 6\times 7 个 = 42 个$$

$$\begin{aligned}横隔梁中 \phi 8 箍筋工程量 &= (0.45+0.14)\times 2\times 42\times 0.395 \text{kg}\\&= 0.59\times 2\times 42\times 0.395 \text{kg} = 19.58 \text{kg} = 0.02 \text{t}\end{aligned}$$

$$\begin{aligned}横隔梁中 \phi 10 纵筋根数 &= \left[\left(\frac{140}{70}+1\right)+2\times \frac{450}{150}\right]\times 7 根 = (3+6)\times 7 根\\&= 9\times 7 根 = 63 根\end{aligned}$$

$$横隔梁中 \phi 10 纵筋工程量 = 1.5\times 63\times 0.617 \text{kg} = 58.31 \text{kg} = 0.06 \text{t}$$

【注释】 1600为横隔梁宽度，100为左右两端保护层厚度，300为相邻箍筋间距，7为横隔梁数量，0.45为横隔梁上下表面箍筋长度，0.14为前后两面箍筋长度。

定额工程量同清单工程量。

(7)天桥桥墩混凝土工程量(3-178*a*、*b*、*c*)

清单工程量：

墩帽C25混凝土工程量

$$\begin{aligned}&= 2\times \left\{4.0\times 4.0\times 0.1+\frac{1}{6}\times 0.2\times [4.0\times 4.0+(4.0+2.4)^2+2.4\times 2.4]\right\} \text{m}^3\\&= \left[1.6+\frac{1}{6}\times 0.2\times (16+6.4\times 6.4+5.76)\right]\times 2 \text{m}^3\\&= 7.38 \text{m}^3\end{aligned}$$

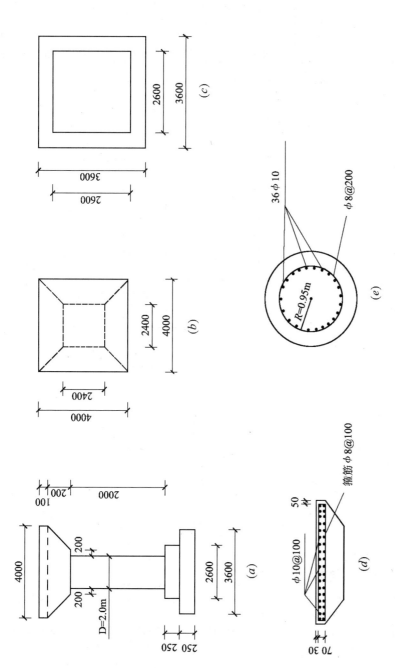

说明：1. 图中尺寸单位除注明外均为 mm；
2. 钢筋数量以计算量为准，图示仅为示意。

图 3-178

(a) 桥墩截面图；(b) 墩帽示意图；(c) 基础示意图；(d) 墩帽配筋图；(e) 柱身配筋图

【注释】 4.0 为墩帽长度与宽度，0.1 为桥墩图中虚线上方矩形宽度，虚线下方为梯形台，0.2 为梯形台高度，2.4 为梯形台下表面的宽度及长度。

墩身 C25 混凝土工程量＝$2 \times \pi \times 1.0^2 \times 2.0 m^3 = 12.57 m^3$

基础 C25 混凝土工程量＝$2 \times (2.6 \times 2.6 \times 0.25 + 3.6 \times 3.6 \times 0.25) m^3$
$$= 2 \times (1.69 + 3.24) m^3 = 2 \times 4.93 m^3$$
$$= 9.86 m^3$$

【注释】 1.0 为圆柱形墩身半径，2.0 为墩身高度，2.6 为基础上层台阶长度与宽度，0.25 为每层台阶高度，3.6 为底层台阶宽度与长度。

定额工程量同清单工程量。

(8)桥墩配筋工程量(图 3-178、图 3-179)

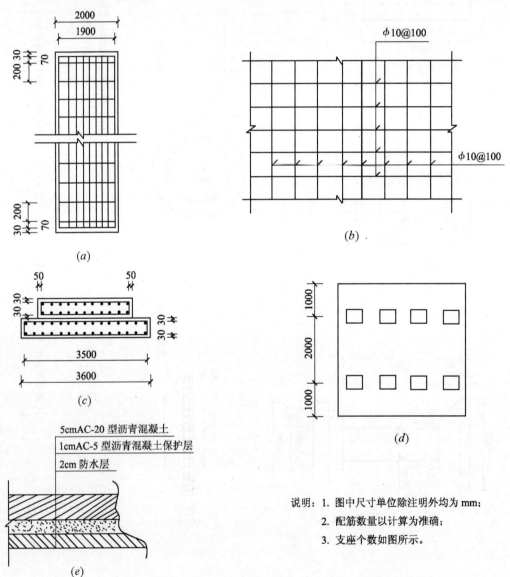

图 3-179

(a)柱身配筋图；(b)、(c)基础配筋图；(d)墩帽支座布置图；(e)桥面铺装图

清单工程量：

墩帽 $\phi 8$ 箍筋个数 $=(\dfrac{4000-100}{100}+1)\times 2$ 个 $=40\times 2$ 个 $=80$ 个

墩帽 $\phi 8$ 箍筋工程量 $=[(4.0-0.1)+0.07]\times 2\times 80\times 0.395\text{kg}$
$$=3.97\times 2\times 80\times 0.395\text{kg}=250.90\text{kg}=0.25\text{t}$$

墩帽 $\phi 10$ 纵筋根数 $=(\dfrac{4000-100}{100}+1)\times 2$ 根 $=40\times 2$ 根 $=80$ 根

墩帽 $\phi 10$ 纵筋工程量 $=(4.0-0.1)\times 80\times 0.617\text{kg}$
$$=3.9\times 80\times 0.617\text{kg}=192.5\text{kg}=0.19\text{t}$$

【注释】　4000 为墩帽上边长度，小括号内第一个 100 为墩帽左右两端保护层厚度，第二个 100 为相邻箍筋及纵筋间距，2 为桥墩数量，0.07 为墩帽虚线上方前后两个侧面箍筋长度。

墩身 $\phi 8$ 箍筋个数 $=[(\dfrac{2000-(30+70)\times 2}{200}+1)+2]\times 2$ 个 $=12\times 2$ 个 $=24$ 个

墩身 $\phi 8$ 箍筋工程量 $=2\times \pi\times 0.95\times 24\times 0.395\text{kg}$
$$=56.59\text{kg}=0.06\text{t}$$

墩身 $\phi 10$ 纵筋工程量 $=(2.0-0.03\times 2)\times 36\times 2\times 0.617\text{kg}$
$$=1.94\times 36\times 2\times 0.617\text{kg}=86.18\text{kg}=0.09\text{t}$$

【注释】　30 为墩身两端保护层厚度，70 为两端箍筋间距，200 为中间箍筋间距，中括号内的 2 为两端箍筋，0.95 为箍筋半径，36 为纵筋数量。

台阶式基础上层 $\phi 10$ 箍筋个数 $=(\dfrac{2600-100}{100}+1)\times 2$ 个 $=26\times 2$ 个 $=52$ 个

台阶式基础下层 $\phi 10$ 箍筋个数 $=(\dfrac{3600-100}{100}+1)\times 2$ 个 $=36\times 2$ 个 $=72$ 个

基础上层 $\phi 10$ 箍筋工程量 $=[(2.6-0.1)+(0.25-0.03\times 2)]\times 2\times 52\times 0.617\text{kg}$
$$=[2.5+0.19]\times 2\times 52\times 0.617\text{kg}$$
$$=2.69\times 2\times 52\times 0.617\text{kg}=172.61\text{kg}=0.17\text{t}$$

基础下层 $\phi 10$ 箍筋工程量 $=[(3.6-0.1)+(0.25-0.03\times 2)]\times 2\times 72\times 0.617\text{kg}$
$$=[3.5+0.19]\times 2\times 72\times 0.617\text{kg}$$
$$=327.85\text{kg}=0.33\text{t}$$

基础上层 $\phi 10$ 纵筋根数 $=(\dfrac{2600-100}{100}+1)\times 2\times 2$ 根 $=26\times 2\times 2$ 根 $=104$ 根

基础下层 $\phi 10$ 纵筋根数 $=(\dfrac{3600-100}{100}+1)\times 2\times 2$ 根 $=36\times 2\times 2$ 根 $=144$ 根

基础上层 $\phi 10$ 纵筋工程量 $=(2.6-0.1)\times 104\times 0.617\text{kg}=160.42\text{kg}=0.16\text{t}$

基础下层 $\phi 10$ 纵筋工程量 $=(3.6-0.1)\times 144\times 0.617\text{kg}$
$$=310.97\text{kg}=0.31\text{t}$$

基础 $\phi 10$ 箍筋工程量 $=(0.17+0.33)\text{t}=0.50\text{t}$

基础 $\phi 10$ 纵筋工程量 $=(0.16+0.31)\text{t}=0.47\text{t}$

【注释】　100 为基础左右及前后面保护层厚度，0.03 为基础上下面保护层厚度，100 为相邻箍筋及纵筋间距。

定额工程量同清单工程量。

（9）支座工程量（图 3-179d）

清单工程量：

根据 GB 50857—2013《市政工程工程量计算规范》橡胶支座工程量计算规则，本工程中支座工程量为 8×2 个＝16 个。

定额工程量同清单工程量。

（10）天桥桥面铺装工程量（图 3-179e）

清单工程量：

AC-20 型沥青混凝土：$S_1＝4.0×16.1\text{m}^2＝64.4\text{m}^2$

AC-5 型沥青混凝土：$S_2＝4.0×16.1\text{m}^2＝64.4\text{m}^2$

防水层（C15 混凝土）：$S_3＝4.0×16.1\text{m}^2＝64.4\text{m}^2$

定额工程量：

AC-20 型沥青混凝土：$V_1＝S_1×0.05（厚度）＝64.4×0.05\text{m}^3＝3.22\text{m}^3$

AC-5 型沥青混凝土：$V_2＝S_2×0.01（厚度）＝64.4×0.01\text{m}^3＝0.64\text{m}^3$

防水层（C15 混凝土）：$V_3＝S_3×0.02（厚度）＝64.4×0.02\text{m}^3＝1.29\text{m}^3$

说明：根据 GB 50857—2013 清单计算规则中，路面铺装设计图示尺寸以面积计算；又根据 GYD—303—1999 定额计算规则中混凝土工程均按设计图示尺寸以体积计算。

分部分项工程量清单计价见表 3-131。

分部分项工程量清单与计价表　　　　　　　　　　　　表 3-131

工程名称：某人行天桥　　　　　　　　　标段：　　　　　　　　第　页　共　页

序号	项目编码	项目名称	项目特征描述	计量单位	工程量	综合单价	合价	其中：暂估价
1	040303017001	混凝土楼梯	人行天桥台阶，C20 混凝土	m³	4.64			
2	040304003001	预制混凝土板	台阶两侧护板，C10 混凝土	m³	3.47			
3	040304003002	预制混凝土板	桥面板尺寸 16100mm × 4000mm，C20 混凝土	m³	12.88			
4	040901001001	现浇构件钢筋	天桥桥面板钢筋，$\phi8$ 箍筋	t	0.26			
5	040901001002	现浇构件钢筋	天桥桥面板钢筋，$\phi10$ 纵筋	t	0.79			
6	040304001001	预制混凝土梁	C25 混凝土双 T 梁	m³	20.61			
7	040303006001	混凝土支撑梁及横梁	C20 混凝土横隔梁	m³	1.23			
8	040901001003	现浇构件钢筋	双 T 梁钢筋，$\phi8$ 箍筋	t	0.35			
9	040901001004	现浇构件钢筋	双 T 梁钢筋，$\phi10$ 纵筋	t	0.63			
10	040901001005	现浇构件钢筋	横隔梁钢筋，$\phi8$ 箍筋	t	0.02			
11	040901001006	现浇构件钢筋	横隔梁钢筋，$\phi10$ 纵筋	t	0.06			
12	040303004001	混凝土墩（台）帽	天桥桥墩墩帽，C25 混凝土	m³	7.38			
13	040303005001	混凝土墩（台）身	天桥桥墩墩身，C25 混凝土	m³	12.57			
14	040303002001	混凝土基础	天桥桥墩台阶式基础，C25 混凝土	m³	9.86			

续表

序号	项目编码	项目名称	项目特征描述	计量单位	工程量	金额/元		
						综合单价	合价	其中:暂估价
15	040901001007	现浇构件钢筋	墩帽钢筋,$\phi 8$ 箍筋	t	0.25			
16	040901001008	现浇构件钢筋	墩帽钢筋,$\phi 10$ 纵筋	t	0.19			
17	040901001009	现浇构件钢筋	墩身钢筋,$\phi 8$ 箍筋	t	0.06			
18	040901001010	现浇构件钢筋	墩身钢筋,$\phi 10$ 纵筋	t	0.09			
19	040901001011	现浇构件钢筋	台阶式基础钢筋,$\phi 10$ 箍筋	t	0.50			
20	040901001012	现浇构件钢筋	台阶式基础钢筋,$\phi 10$ 纵筋	t	0.47			
21	040309004001	板式橡胶支座	板式橡胶支座	个	16			
22	040303019001	桥面铺装	5cmAC-20 型沥青混凝土	m²	64.4			
23	040303019002	桥面铺装	1cmAC-5 型沥青混凝土保护层	m²	64.4			
24	040303019003	桥面铺装	2cm 防水层,C15 混凝土	m²	64.4			
			本页小计					
			合　计					

【例6】 某一桥梁工程采用如图 3-180 所示的混凝土连续梁桥,桥长 35m,连续孔数为 3 跨,桥宽(3.5×2)(车行道)＋(2×1.5)(人行道)＝10m,承重结构采用如图 3-180 所示的箱梁结构,桥墩为 X 型构造,根据图示尺寸计算该桥工程量。

【解】 (1)箱梁工程量(C30 混凝土,图 3-180)

清单工程量:

$V_1 = 0.3 \times (0.1 + 0.02) \times 34 \text{m}^3 = 1.224 \text{m}^3$

$V_2 = (0.1 \times 4 + 3 \times 3) \times (0.1 \times 2 + 0.3) \times 34 \text{m}^3 = 159.8 \text{m}^3$

$V_3 = (3 \times 0.3 - \frac{1}{2} \times 0.04 \times 0.04 \times 4) \times 34 \text{m}^3 = 30.49 \text{m}^3$

$V_4 = \frac{1}{2} \times 0.04 \times 0.04 \times 34 \text{m}^3 = 0.03 \text{m}^3$

盖板:$V_5 = [0.3 \times (0.1 + 0.02) \times 2 + \frac{1}{2} \times 0.04 \times 0.04 \times 2 + (0.1 \times 4 + 3 \times 3) \times (0.1 \times 2 + 0.3)] \times 0.3 \text{m}^3$

　　$= 1.43 \text{m}^3$

综上箱梁工程量为:

$V = 2V_1 + V_2 - 3V_3 + 2V_4 + 2V_5$

　　$= (2 \times 1.224 + 159.8 - 3 \times 30.49 + 2 \times 0.03 + 2 \times 1.43) \text{m}^3$

　　$= 73.70 \text{m}^3$

【注释】 V_1 式中 0.3 为结构 1 矩形截面长度,小括号内为宽度,34 为梁长度;V_2 式中 0.1 为梁上竖板的宽度,3 为一段横板的宽度,第一个小括号内为结构 2 大矩形的长度,第二个小括号内为其宽度;V_3 式 3 为结构 3 空白矩形的长度,0.3 为其宽度,0.04 为四角小直角三角形直角边长。

定额工程量同清单工程量。

(2)桥面铺装工程量(图 3-181)

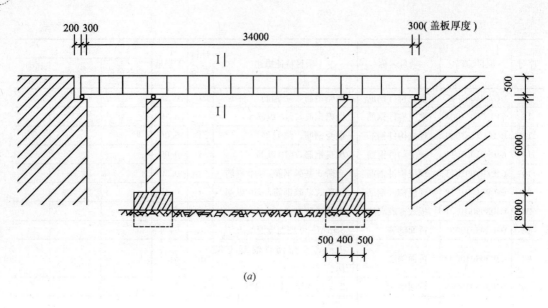

(a)

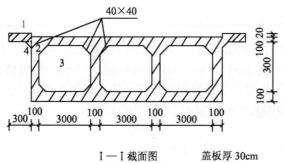

Ⅰ—Ⅰ截面图   盖板厚 30cm

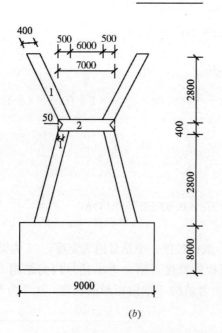

说明：1. 图中尺寸以"mm"计；

2. 全桥共用橡胶支座 48 个。

(b)

图 3-180

(a)混凝土连续梁桥；(b)X 形桥墩正面图

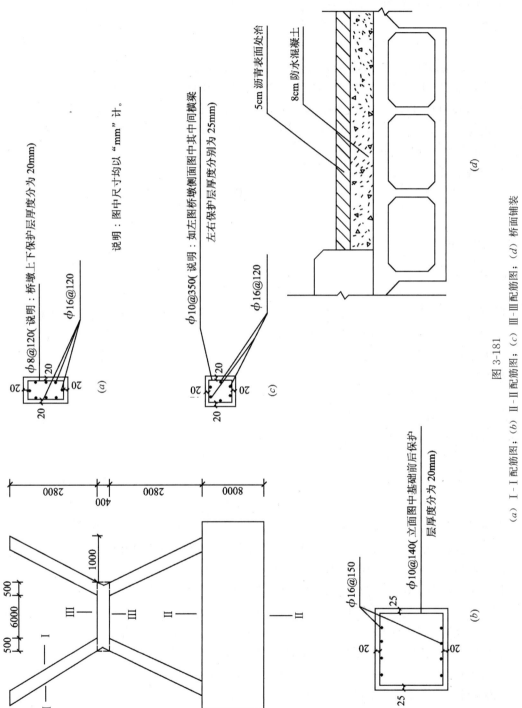

图 3-181

(*a*) Ⅰ-Ⅰ配筋图；(*b*) Ⅱ-Ⅱ配筋图；(*c*) Ⅲ-Ⅲ配筋图；(*d*) 桥面铺装

清单工程量：

5cm 沥青表面处治：$S=35\times3.5\times2m^2=245m^2$

8cm 防水混凝土(C20)：$S=35\times3.5\times2m^2=245m^2$

定额工程量：

5cm 沥青表面处治：$V=35\times3.5\times2\times0.05m^3=12.25m^3$

8cm 防水混凝土(C20)：$V=S\times0.08=245\times0.08m^3=19.6m^3$

说明：根据 GB 50857—2013 清单计算规则中路面铺装按设计图示尺寸以面积(m^2)计算，而根据 GYD—303—1999 定额计算规则中混凝土工程均按设计图示以体积计算。3.5 为车行道宽，2 为车行道数量，0.05 为沥青表面厚度，0.08 为混凝土厚度。

(3)桥墩与基础工程量

桥墩混凝土工程量：

清单工程量：

$$V_1=0.4\times2.8\times0.4m^3=0.45m^3$$

$$V_2=(7\times0.4\times0.4-\frac{1}{2}\times0.4\times0.05\times0.4\times2)m^3=1.11m^3$$

故桥墩混凝土工程量为：

$$V=4V_1+V_2=(4\times0.45+1.11)m^3=2.91m^3$$

【注释】 0.4 为桥墩上部 X 形的宽度及厚度，2.8 为其高度，7 为中间横板即图标 2 矩形长度，0.05 为图标 2 两端空白三角形高度。

定额工程量同清单工程量。

桥墩钢筋工程量：

清单工程量：

Ⅰ—Ⅰ配筋图：箍筋个数：$[(2.8-0.02\times2)\div0.12+1]\times4$ 个$=96$ 个

总箍筋长度：$l=(0.4-0.02\times2+0.4-0.02\times2)\times2\times96m=138.24m$

又$\because$ 箍筋为 $\phi8$ 钢筋，而 $\phi8$ 单根钢筋的理论重量为 $0.395kg/m$

故箍筋重量为：$m_1=138.24\times0.395kg=54.60kg=0.05t$

纵筋个数：$[(0.4-0.02\times2)\div0.12]\times4\times4$ 根$=48$ 根

总纵筋长度为：$l=(\sqrt{2.8^2+1^2}-0.02\times2)\times48m=140.80m$

又$\because$ 纵筋为 $\phi16$ 钢筋，而 $\phi16$ 单根钢筋的理论重量为 $1.58kg/m$

故纵筋质量为：$m_2=140.8\times1.58kg=222.46kg=0.2t$

Ⅲ—Ⅲ配筋图：箍筋个数：$[(6-0.025\times2)\div0.35+1]$个$=18$ 个

总箍筋长度：$l=(0.4-0.02\times2+0.4-0.02\times2)\times2\times18m=25.92m$

又$\because$ 箍筋为 $\phi10$ 钢筋，而 $\phi10$ 单根钢筋的理论重量为 $0.617kg/m$

故箍筋的重量为：$m_3=25.92\times0.617kg=15.99kg=0.02t$

纵筋个数：$[(0.4-0.02\times2)\div0.12+1]\times4$ 根$=16$ 根

总纵筋长度：$l=(6-0.025\times2)\times16m=95.2m$

又$\because$ 纵筋为 $\phi16$ 钢筋，而 $\phi16$ 单根钢筋的理论重量为 $1.58kg/m$

故纵筋质量为：$m_4=95.2\times1.58kg=150.42kg=0.15t$

综上，桥墩的钢筋用量为：

$$m=(m_1+m_2+m_3+m_4)\times2=(0.05+0.2+0.02+0.15)\times2t=0.84t$$

【注释】　0.02 为桥墩上下保护层厚度，0.12 为Ⅰ—Ⅰ配筋图中相邻箍筋及纵筋间距，0.025 为间横梁左右保护层厚度。

定额工程量同清单工程量。

基础 C30 混凝土工程量：

清单工程量：

$$V=(0.5\times2+0.4)\times8\times9m^3=100.8m^3$$

【注释】　小括号内为基础宽度，8 为基础高度，9 为基础长度。

定额工程量同清单工程量。

基础钢筋工程量。

清单工程量：

箍筋个数：$[(9-0.02\times2)\div0.14+1]$个$=(64+1)$个$=65$ 个

总箍筋长度：$l=(0.5\times2+0.4-0.025\times2+8-0.02\times2)\times2\times65m=1210.3m$

又∵　箍筋为$\phi10$ 钢筋，而$\phi10$ 单根钢筋的理论重量为 0.617kg/m

故箍筋的重量为：$m=1210.3\times0.617kg=746.76kg=0.75t$

纵筋个数：$[(0.5\times2+0.4-0.025\times2)\div0.15+1]\times2$ 根$=20$ 根

总纵筋长度：$l=(9-0.02\times2)\times20m=179.2m$

又∵　纵筋为$\phi16$ 钢筋，而$\phi16$ 单根钢筋的理论重量为 1.58kg/m

故纵筋重量为：$m=179.2\times1.58kg=283.14kg=0.28t$

综上基础钢筋工程量为：

$$m=(m_{箍}+m_{纵})\times2=(0.75+0.28)\times2t=2.06t$$

【注释】　0.02 为基础前后保护层厚度，0.14 为相邻箍筋及相邻纵筋间距，0.025 为基础左右保护层厚度。

定额工程量同清单工程量。

(4)栏杆工程量(图 3-182)

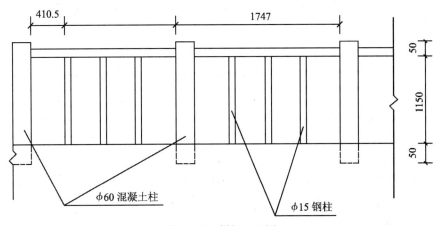

图 3-182　栏杆立面图

清单工程量：

∵　桥长 35m，又根据图 3-182 中的各数据，经计算桥梁一侧的栏杆中混凝土柱的个数为：

$[(35000-60) \div 1747+1]$个$=(20+1)$个$=21$个

钢柱数量为：$(35000-60) \div 1747 \times 3$个$=60$个

扶手数量为：$(35000-60) \div 1747$个$=20$个

混凝土工程量：$V = \pi \times \left(\dfrac{0.06}{2}\right)^2 \times (0.05 \times 2+1.15) \times 21 \times 2 \mathrm{m}^3$

$\qquad\qquad\qquad = 0.15 \mathrm{m}^3$

钢柱工程量：$V_{钢柱} = \pi \times \left(\dfrac{0.015}{2}\right)^2 \times 1.15 \times 60 \times 2 \mathrm{m}^3 = 0.024 \mathrm{m}^3$

扶手工程量：$V_{扶手} = \pi \times \left(\dfrac{0.015}{2}\right)^2 \times (1.747-0.06) \times 20 \times 2 \mathrm{m}^3$

$\qquad\qquad\qquad = 0.012 \mathrm{m}^3$

又$\because$ 钢的密度为 $7.87 \times 10^3 \mathrm{kg/m}^3$

故钢的工程量为：$m = (0.024+0.012) \times 7.87 \times 10^3 \mathrm{kg} = 0.28 \mathrm{t}$

【注释】 60为混凝土柱的直径，1747为相邻柱间距，3为相邻混凝土柱间钢柱的数量，0.015为钢柱直径，0.06为混凝土柱直径，1.15为钢柱高度。

定额工程量同清单工程量。

(5)桥面板工程量(图3-183)

混凝土工程量：

清单工程量：

$V = 10 \times 35 \times 0.2 \mathrm{m}^3 = 70 \mathrm{m}^3$

定额工程量同清单工程量。

钢筋工程量：

清单工程量：

箍筋个数：$[(35-0.025 \times 2) \div 0.15+1]$个$=234$个

总箍筋长度：$l = (10-0.05 \times 2+0.2-0.025 \times 2) \times 2 \times 234 \mathrm{m} = 4703.4 \mathrm{m}$

又$\because$ 箍筋为$\phi 10$钢筋，而$\phi 10$单根钢筋的理论重量为$0.617 \mathrm{kg/m}$

故箍筋的重量为：$m = 4703.4 \times 0.617 \mathrm{kg} = 2902 \mathrm{kg} = 2.9 \mathrm{t}$

纵筋个数：$[(10-0.05 \times 2) \div 0.18+1]$个$=56$个

总纵筋长度为：$l = (35-0.025 \times 2) \times 56 \times 2 \mathrm{m} = 3914.4 \mathrm{m}$

又$\because$ 纵筋为$\phi 16$钢筋，而$\phi 16$单根钢筋的理论重量为$1.58 \mathrm{kg/m}$

故纵筋的重量为：$m = 3914.4 \times 1.58 \mathrm{kg} = 6184.75 \mathrm{kg} = 6.18 \mathrm{t}$

综上桥面板钢筋工程量为：

$m = m_{箍} + m_{纵} = (2.9+6.18) \mathrm{t} = 9.08 \mathrm{t}$

【注释】 10为面板宽度，35为面板长度，0.2为其厚度；0.025为面板沿桥长一端保护层厚度，0.15为相邻箍筋间距，0.05为面板沿桥宽一侧保护层厚度，0.18为相邻纵筋间距。

定额工程量同清单工程量。

(6)支座工程量

清单工程量：

根据GB 50857—2013清单计价规则中橡胶支座按设计图中以"个"计算，而本桥设计中采用48个橡胶支座，故支座工程量为48个。

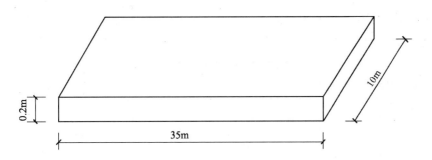

钢筋混凝土桥面板

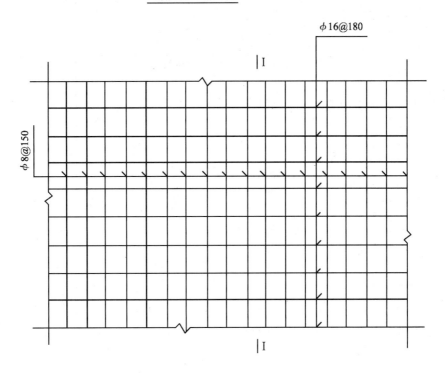

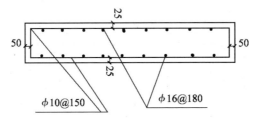

Ⅰ—Ⅰ断面配筋图

说明:
    1.桥面板沿桥长两端的保护层厚度分别为25mm;
    2.桥面板沿桥宽两端的保护层厚度分别为50mm;
    3.桥面板厚20cm。

图 3-183　桥面板示意图

定额工程量同清单工程量。

分部分项工程量清单与计价见表 3-132。

分部分项工程量清单与计价表　　　　　　　　表 3-132

工程名称：某混凝土连续梁桥　　　　　　标段：　　　　　　　　　第　页　共　页

序号	项目编码	项目名称	项目特征描述	计量单位	工程量	金额/元		
						综合单价	合价	其中：暂估价
1	040303011001	混凝土箱梁	承重结构，C30 混凝土	m³	73.70			
2	040303019001	桥面铺装	5cm 沥青表面处治	m²	245			
3	040303019002	桥面铺装	8cm 防水层，C20 混凝土	m²	245			
4	040303005001	混凝土墩（台）身	X 型桥墩	m³	2.91			
5	040901001001	现浇构件钢筋	桥墩钢筋，φ8 箍筋，φ16 纵筋	t	0.84			
6	040303002001	混凝土基础	C30 混凝土基础	m³	100.8			
7	040901001002	现浇构件钢筋	基础钢筋，φ10 箍筋，φ16 纵筋	t	2.06			
8	040304005001	预制混凝土其他构件	栏杆，φ60 混凝土柱	m³	0.15			
9	040309001001	金属栏杆	φ15 钢柱	t	0.28			
10	040304003001	预制混凝土板	钢筋混凝土桥面板，35000mm×10000mm×200mm	m³	70			
11	040901001003	现浇构件钢筋	桥面板钢筋，φ10 箍筋，φ16 纵筋	t	9.08			
12	040309004001	板式橡胶支座	板式橡胶支座	个	48			
			本页小计					
			合　计					

【例 7】 如图 3-184 所示为某简易钢架桥，桥宽 9m，桥长 16m，计算该桥的工程量。

【解】 根据图 3-184 所示的各部分尺寸，此钢架桥的工程量如下：

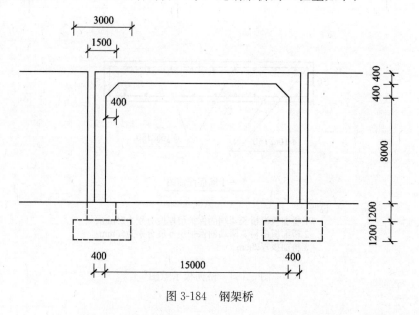

图 3-184　钢架桥

钢的工程量：

清单工程量：

$$V_{钢} = [0.4 \times (8 + 0.4 \times 2) \times 2 + 15 \times 0.4 + \frac{1}{2} \times 0.4 \times 0.4 \times 2] \times 9 \text{m}^3$$

$$= 118.8 \text{m}^3$$

又∵　钢的密度为 $7.87 \times 10^3 \text{kg/m}^3$，故钢的工程量为：

$m = 118.8 \times 7.87 \times 10^3 \text{kg} = 934.96 \text{kg} = 0.93 \text{t}$

定额工程量同清单工程量。

基础工程量（C20 混凝土）：

清单工程量：

$V = (1.5 \times 1.2 \times 9 + 3 \times 1.2 \times 9) \times 2 \text{m}^3 = 97.2 \text{m}^3$

【注释】　$V_{钢}$ 式中 0.4 为图示左右两端竖直矩形的宽度，小括号内为矩形长度，15 为中间横向钢板的长度，0.4 为其宽度，最后一项为两侧三角形的面积，9 为桥宽；V 式中 1.5 为基础上层台阶宽度，1.2 为每层台阶高度，3 为下层台阶宽度，2 为基础数量。

清单工程量计算见表 3-133。

清单工程量计算表　　　　　　　　　　　　　　　　　　表 3-133

序号	项目编码	项目名称	项目特征描述	计量单位	工程量
1	040307007001	其他钢构件	简易钢架桥	t	0.93
2	040303002001	混凝土基础	C20 混凝土	m³	97.2

定额工程量同清单工程量。

【例8】　某工程采用简支梁连续梁桥的设计方案，各部分构造如图 3-185 所示，该桥全长 30m，桥宽：$[2 \times 3.5(行车道) + 2 \times 1.5(人行道及栏杆)] \text{m} = 10 \text{m}$，共 2 跨，计算该桥的工程量。

【解】　（1）主梁工程量（C30 混凝土，图 3-185）

清单工程量：

$V_1 = [(0.4 \times 2 + 0.5) \times (0.4 \times 2) - 0.5 \times 0.4] \times 30 \text{m}^3 = 25.2 \text{m}^3$

$V_2 = (0.4 \times 3 + 0.6 \times 2 + 2.5 \times 2) \times 0.4 \times 30 \text{m}^3 = 88.8 \text{m}^3$

$V_3 = 0.4 \times (0.5 \times 2 + 1.5) \times 30 \text{m}^3 = 30 \text{m}^3$

$V_4 = 0.4 \times 0.5 \times 30 \text{m}^3 = 6 \text{m}^3$

横隔板 $V_5 = [(2.5 \times 2 + 0.4) \times (1.5 + 0.5) - 0.4 \times 0.4] \times 0.3(厚度) \times 10(横隔板数量) \text{m}^3$

$\qquad\qquad = 31.92 \text{m}^3$

故主梁工程量为：

$V = 2V_1 + V_2 + 2V_3 + V_4 + V_5$

$\quad = (2 \times 25.2 + 88.8 + 2 \times 30 + 6 + 31.92) \text{m}^3$

$\quad = 237.12 \text{m}^3$

【注释】　V_1 式中第一个小括号内为梁左右两侧矩形结构 1 的长度，第二个小括号内为矩形宽，减号后为空白矩形面积，30 为桥长；V_2 式中小括号内为结构 2 矩形截面的长度，其中 0.4 为梁竖板的宽度；V_3 式中 0.4 为竖板宽度，小括号内为竖板长度；V_4 式中 0.4 为中间纵梁的宽度，0.5 为其厚度。

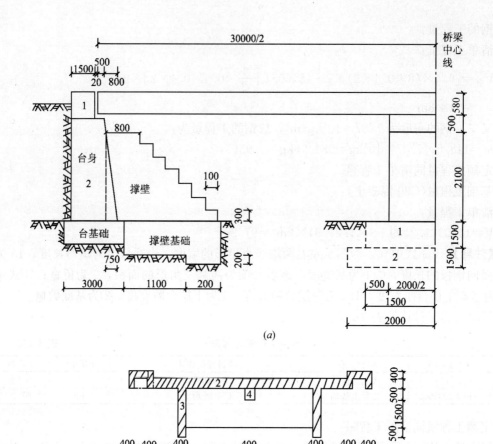

(a)

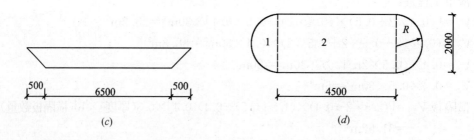

(b)

说明: 横隔板厚30cm, 全桥共设10个。

(c)   *(d)*

图 3-185

(*a*)简支梁整体式连续梁桥; (*b*)主梁截面图; (*c*)墩座侧面图; (*d*)桥墩截面图

定额工程量同清单工程量。

(2)桥台混凝土工程量(C25 混凝土)

台身混凝土工程量:

清单工程量:

$V_1 = 1.5 \times 0.58 \times 10 \text{m}^3 = 8.7 \text{m}^3$

$$V_2 = \frac{1}{2} \times [(1.5+0.02+0.5)+(1.5+0.02+0.5+0.8)] \times (2.1+0.5) \times 10 m^3$$

$$= 62.92 m^3$$

故台身混凝土工程量为：$V = V_1 + V_2 = (8.7+62.92)m^3 = 71.62m^3$

定额工程量同清单工程量。

台基础清单工程量：

$$V = 3 \times 1.5 \times 10 m^3 = 45 m^3$$

【注释】　1.5 为台身上部结构宽度，0.58 为其高度，10 为台身长度，0.02 为台身结构 2 与桥面板之间间隙，0.5 为桥面在台身 2 上的宽度，0.8 为台身结构 2 底边与上边的宽度差，(2.1+0.5) 为台身结构 2 的高度，其中 2.1 为撑壁高度，0.5 为结构 2 与撑壁的高度差；台基础工程量计算式中 3 为台基础宽度，1.5 为其高度。

定额工程量同清单工程量。

(3)撑壁混凝土工程量(C25 混凝土)

撑壁清单工程量：

$$V = [0.8 \times 0.3 + (0.8+0.1) \times 0.3 + (0.8+0.1 \times 2) \times 0.3 + (0.8+0.1 \times 3) \times 0.3 +$$

$$(0.8+0.1 \times 4) \times 0.3 + (0.8+0.1 \times 5) \times 0.3 + (0.8+0.1 \times 6) \times 0.3 - \frac{1}{2} \times 0.75 \times$$

$$2.1] \times 10 m^3$$

$$= 15.2 m^3$$

定额工程量同清单工程量。

撑壁基础清单工程量：

$$V = [1.1 \times (1.5 \times 2 - 0.2) + 0.2 \times (1.5 \times 2)] \times 10 m^3 = 36.8 m^3$$

【注释】　0.8 为撑壁上边宽，0.3 为台阶高度，0.1 为台阶宽度，0.75 为撑壁斜边左侧直角三角形的底边长，2.1 为直角三角形高，1.1 为撑壁基础左边结构宽度，1.5×2 为撑壁基础右侧结构的高度，0.2 为右侧结构与左边结构的高度差。

定额工程量同清单工程量。

(4)桥墩混凝土工程量(C25 混凝土图 3-185)

清单工程量：

墩帽：$V = \frac{1}{2} \times (6.5+6.5+0.5 \times 2) \times 0.5 \times 2 m^3 = 7 m^3$

墩身：$V_1 = \frac{1}{2} \times \pi \times (\frac{2}{2})^2 \times 2.1 m^3 = 3.30 m^3$

$\qquad V_2 = 4.5 \times 2 \times 2.1 m^3 = 18.9 m^3$

$\qquad V = 2V_1 + V_2 = (2 \times 3.3 + 18.9) m^3 = 25.5 m^3$

墩基础：$V_1 = (1+0.5) \times 2 \times 1.5 \times 10 m^3 = 45 m^3$

$\qquad V_2 = 2 \times 2 \times 1.5 \times 10 m^3 = 60 m^3$

$\qquad V = V_1 + V_2 = (45+60) m^3 = 105 m^3$

【注释】　6.5 为墩帽梯形截面的下底宽，0.5 为上底与下底一侧的高度差，0.5 为梯形高，2 为桥墩数量；墩身：V_1 式中 2 为墩身两侧半圆形结构直径，2.1 为墩身高度，V_2 式中 4.5 为墩身中间结构 2 的长度，2 为其宽度；墩基础：V_1 式中(1+0.5)为基础结构 1

宽度一半，1.5 为其高度，10 为其长度；V_2 式中第一个 2 为基础结构 2 宽度的一半。

定额工程量同清单工程量。

(5)桥墩钢筋工程量

清单工程量：

墩帽(图 3-186)：

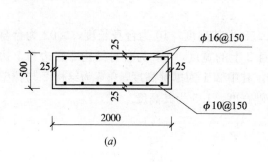

说明：墩帽沿桥宽方向两端的保护
层厚度分别为25mm。

说明：墩基础1沿桥宽方向两端的保护
层厚度分别为30mm。

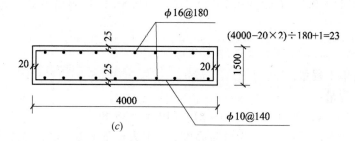

说明：墩基础2沿桥宽方向两端的保护
层厚度分别为30mm。

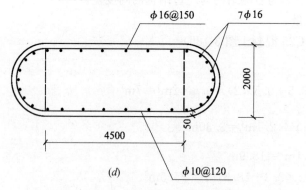

说明：桥墩上下端部保护层厚度分别为30mm。

图 3-186

(a)墩帽配筋图；(b)墩基础的配筋图；(c) 墩基础 2 的配筋图；(d)桥墩配筋图

箍筋个数：$[(6500-25\times2)\div150+1]$个=44 个

总箍筋长度：$l=(0.5-0.025\times2+2-0.025\times2)\times2\times44$m

$$=211.2m$$

又∵　箍筋为 $\phi10$ 钢筋，而 $\phi10$ 单根钢筋的理论重量为 0.617kg/m

故箍筋重量为：$m=211.2\times0.617kg=0.13t$

纵筋个数：$[(2000-25\times2)\div150+1]$个 $=14$ 个

总纵筋长度：$l=[(6.5+0.5\times2-0.025\times2)\times14+(6.5-0.025\times2)\times14]m$

$$=194.6m$$

又∵　纵筋为 $\phi16$ 钢筋，而 $\phi16$ 单根钢筋的理论重量为 1.58kg/m

故纵筋重量为：$m=194.6\times1.58kg=307.47kg=0.31t$

综上墩帽的钢筋工程量为：

$$m=m_{箍}+m_{纵}=(0.13+0.31)t=0.44t$$

【注释】　6500 为墩帽宽度即(4500+2000)，25 为墩帽沿桥宽方向一端的保护层厚度，150 为相邻箍筋及纵筋间距，0.5 为墩帽高度；2000 为墩帽结构 2 的宽度。

墩身(图 3-186)：

箍筋个数：$(2100-30\times2)\div120+1$ 个 $=18$ 个

总箍筋长度为：$l=[4.5\times2+\pi\times(2-0.05\times2)]\times18m$

$$=269.44m$$

又∵　箍筋为 $\phi10$ 钢筋，而 $\phi10$ 单根钢筋的理论重量为 0.617kg/m

故箍筋重量为：$m=269.44\times0.617kg=166.24kg=0.17t$

纵筋个数：$\{[(4500\div150)+1]\times2+7\times2\}$根 $=80$ 根

总纵筋长度：$l=(2.1-0.03\times2)\times80m=163.2m$

又∵　纵筋为 $\phi16$ 钢筋，而 $\phi16$ 单根钢筋的理论重量为 1.58kg/m

故纵筋重量为：$m=163.2\times1.58kg=257.86kg=0.26t$

综上墩身的钢筋重量为：

$$m=m_{箍}+m_{纵}=(0.17+0.26)t=0.43t$$

【注释】　2100 为墩身高度，30 为墩身上下端保护层厚度，120 为相邻箍筋间距，4.5 为墩身左右两侧直线部分箍筋长度，4500 为沿桥宽方向配筋长度，150 为相邻纵筋间距，7 为半圆形部分纵筋数量。

墩基础 1 配筋：

箍筋个数：$[(10-0.03\times2)\div0.14+1]$个 $=72$ 个

总箍筋长度：$l=(3-0.015\times2+1.5-0.025\times2)\times2\times72m$

$$=638.48m$$

又∵　箍筋为 $\phi10$ 钢筋，而 $\phi10$ 单根钢筋的理论质量为 0.617kg/m

故箍筋的重量为：$m=638.48\times0.617kg=392.71kg=0.39t$

纵筋个数：$[(3000-15\times2)\div270+1]\times2$ 个 $=24$ 个

总纵筋长度：$l=(10-0.03\times2)\times24m=238.56m$

又∵　纵筋为 $\phi16$ 钢筋，而 $\phi16$ 单根钢筋的理论重量为 1.58kg/m

故纵筋的重量为：$m=238.56\times1.58kg=376.92kg=0.38t$

综上墩基础 1 的配筋工程量为：

$$m=m_{箍}+m_{纵}=(0.39+0.38)t=0.77t$$

【注释】 0.03 为墩基础1沿桥宽方向两端保护层厚度，0.14 为相邻箍筋间距，15 为墩基础1沿桥长方向保护层厚度，270 为相邻纵筋间距。

墩基础2配筋：

箍筋个数：$[(10-0.03\times2)\div0.14+1]$个=72 个

总箍筋长度：$l=(4-0.02\times2+1.5-0.025\times2)\times2\times72m=779.04m$

又∵ 箍筋为 $\phi10$ 钢筋，而 $\phi10$ 单根钢筋的理论重量为 0.617kg/m

故箍筋重量为：$m=779.04\times0.617kg=480.68kg=0.48t$

纵筋个数：$[(4000-20\times2)\div180+1]\times2$ 个=46 个

总纵筋长度：$l=(10-0.03\times2)\times46m=457.24m$

又∵ 纵筋为 $\phi16$ 钢筋，而 $\phi16$ 单根钢筋的理论重量为 1.58kg/m

故纵筋用量为：$m=457.24\times1.58kg=722.44kg=0.72t$

综上墩基础2的用量为：$m=m_{箍}+m_{纵}=(0.48+0.72)t=1.2t$

定额工程量同清单工程量。

分部分项工程量清单与计价见表 3-134。

分部分项工程量清单与计价表　　　表 3-134

工程名称：某简支梁连续梁桥　　　　标段：　　　　第　页　共　页

序号	项目编码	项目名称	项目特征描述	计量单位	工程量	金额/元 综合单价	合价	其中：暂估价
1	040304001001	预制混凝土梁	简支梁整体式连续梁桥，C30 混凝土	m³	237.12			
2	040303005001	混凝土墩(台)身	C25 混凝土桥台台身	m³	71.62			
3	040303002001	混凝土基础	C25 混凝土桥台基础	m³	45			
4	040303006001	混凝土支撑梁及横梁	C25 混凝土撑壁	m³	15.2			
5	040303002002	混凝土基础	C25 混凝土撑壁基础	m³	36.8			
6	040303004001	混凝土墩(台)帽	C25 混凝土桥墩墩帽	m³	7			
7	040303005002	混凝土墩(台)身	C25 混凝土桥墩墩身	m³	255			
8	040303002003	混凝土基础	C25 混凝土桥墩基础	m³	105			
9	040901001001	现浇构件钢筋	桥墩墩帽钢筋，$\phi10$ 箍筋，$\phi16$ 纵筋	t	0.44			
10	040901001002	现浇构件钢筋	桥墩墩身钢筋，$\phi10$ 箍筋，$\phi16$ 纵筋	t	0.43			
11	040901001003	现浇构件钢筋	墩基础1钢筋，$\phi10$ 箍筋，$\phi16$ 纵筋	t	0.77			
12	040901001004	现浇构件钢筋	墩基础2钢筋，$\phi10$ 箍筋，$\phi16$ 纵筋	t	1.95			
本页小计								
合　计								

【例9】 如图 3-187 所示，为某吊桥工程，该桥全长 48m，共 1 跨，桥宽：[2×3.75(行车道)+2×1.75(人行道石栏杆等)]m=11m，该桥主梁采用钢桁梁形式，钢桁梁与桥墩细部构造与尺寸如图 3-187 所示，根据图 3-187 中数据计算该桥工程量。

【解】 (1)钢桁梁工程量

清单工程量:

图 3-187 中所示,该钢桁梁中前后面中斜杆的个数为:8×2 个 $= 16$ 个,竖杆的个数为:7×2 个 $= 14$ 个,上下平纵联中,斜杆共有:$14+4$ 个 $= 18$ 个,直杆有:$9+7$ 个 $= 16$ 个。

钢桁梁中每根竖杆的长度为 $11m$,故竖杆的总体积为:

$V_{竖杆①} = 0.05 \times 0.05 \times 11 \times 14 m^3 = 0.385 m^3$

(说明:∵ 图中钢桁梁中每根杆都是由截面为 $50 \times 50 mm^2$ 的钢拉杆构成)

钢桁梁中每根斜杆的长度为:$l = \sqrt{11^2 + 6^2}$(钢桁梁前后面相邻竖杆间距)$m = 12.53m$

故斜杆的总体积为:$V_{斜杆②} = 0.05 \times 0.05 \times 12.53 \times 18 m^3 = 0.564 m^3$

上下平纵联中,每根直杆的长度为:$l = 11 - 0.05 \times 2 = 10.9m$,故直杆的总体积为:

$V_{直杆③} = 0.05 \times 0.05 \times 10.9 \times 16 m^3 = 0.436 m^3$

每根斜杆的长度为:$l = \sqrt{(11-0.05 \times 2)^2 + 6^2} m = 12.44m$

故上下平纵联中斜杆的总体积为:

$V_④ = 0.05 \times 0.05 \times 12.44 \times 20 m^3 = 0.622 m^3$

上下腹杆的总体积为:

$V_⑤ = [2 \times 0.05 \times 0.05 \times (6 \times 6)$(上部腹杆长度)$+ 2 \times 0.05 \times 0.05 \times (6 \times 8)$(下部腹杆

长度)$]m^3$

$= 0.42 m^3$

综上钢桁梁中钢的总体积为:

$V = V_{竖杆①} + V_{斜杆②} + V_{直杆③} + V_④ + V_⑤$

$= (0.385 + 0.564 + 0.436 + 0.622 + 0.42)m^3$

$= 2.427 m^3$

又∵ 钢的密度为 $7.87 \times 10^3 kg/m^3$,故钢桁梁中钢的总工程量为:

$m = 2.427 \times 7.87 \times 10^3 kg = 19.10 t$

定额工程量同清单工程量。

(2)桥墩工程量(C25 混凝土)

清单工程量:(混凝土工程量)

墩帽:$V_1 = \frac{1}{2} \times [4 + (4 + 0.5 \times 2)] \times 0.5 \times 3.5 m^3 = 7.88 m^3$

墩身:$V_2 = (2 \times \frac{1}{2} \times 3.5 \times 1 + 3.5 \times 2) \times 1.5 m^3 = 15.75 m^3$

承台:$V_3 = (3.5 + 0.3 \times 2) \times 0.5 \times 5 m^3 = 10.25 m^3$

桩基础:$V_4 = \pi \times (\frac{0.8}{2})^2 \times 20 \times (2 \times 4) m^3 = 80.42 m^3$

定额工程量同清单工程量。

【注释】 V_1 式中 4 为墩帽梯形截面下底长,第一个 0.5 为上底与下底一端的长度差,第二个 0.5 为墩帽高度;V_2 式中 3.5 为墩帽及墩身宽度,1.5 为墩身高度,V_3 式中 0.3 为承台与墩身一端的长度差,0.5 为承台高度,5 为承台沿桥宽方向宽;V_4 式中 0.8 为桩直径,20 为桩长,4 为桩基础沿桥宽方向的排数。

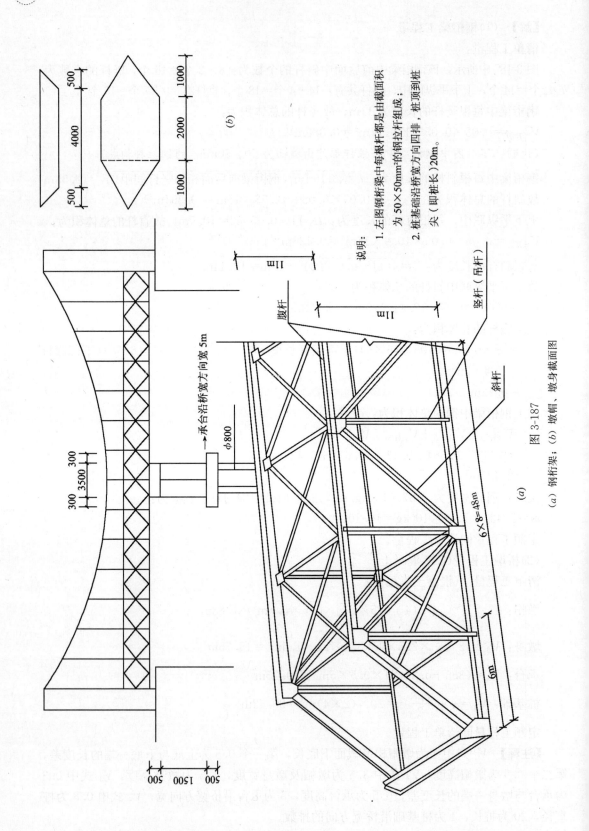

说明:

1. 左图钢桁架中每根杆都是由截面积为 50×50mm² 的钢拉杆组成;

2. 桩基础沿桥宽方向四排,桩顶剁桩头(即桩长)20m。

图 3-187

(a) 钢桁架; (b) 墩帽、墩身截面图桥墩墩身钢筋工程量（图3-188）：

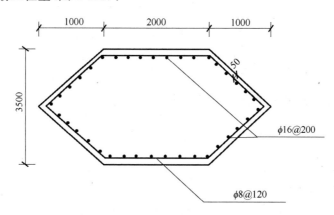

说明：桥墩上下保护层厚度分别为30mm

图3-188　桥墩墩身配筋图

清单工程量：

箍筋个数：$[(1500-30\times2)\div120+1]$个$=13$个

总箍筋长度为：$l=[\sqrt{(\frac{3500}{2})^2+1000^2}\times4+2000\times2]\times13mm=156809mm=156.8m$

又$\because$　箍筋$\phi8$钢筋，而$\phi8$单根钢筋的理论重量为$0.395kg/m$

故箍筋重量为：$m=156.8\times0.395kg=61.94kg=0.06t$

纵筋个数：$\{[4\times\sqrt{(\frac{3500}{2})^2+1000^2}+2000\times2-0.05\times2]\div200+1\}$根$=60$根

总纵筋长度：$l=(1.5-0.03\times2)\times60m=86.4m$

又$\because$　纵筋为$\phi16$钢筋，而$\phi16$单根钢筋的理论重量为$1.58kg/m$

故纵筋的重量为：$m=86.4\times1.58kg=136.51kg=0.137t$

综上墩身的钢筋用量为：$m=m_{箍}+m_{纵}=(0.06+0.137)t=0.197t$

定额工程量同清单工程量。

【注释】　1500为桥墩高度，30为桥墩上下一端保护层厚度，120为相邻箍筋间距，3500为桥墩长度，1000为两端等腰三角形的高度，2000为桥墩中间直线部分箍筋长度，200为相邻纵筋间距。

分部分项工程量清单与计价见表3-135。

分部分项工程量清单与计价表　　　　　　　　　　表3-135

工程名称：某吊桥　　　　　　　　标段：　　　　　　　　　第　页　共　页

序号	项目编码	项目名称	项目特征描述	计量单位	工程量	金额/元		
						综合单价	合价	其中：暂估价
1	040307003001	钢桁梁	吊桥主梁钢桁梁，每根杆都是由截面积为50×50mm²的钢拉杆组成	t	19.10			
2	040303004001	混凝土墩（台）帽	C25混凝土墩帽	m³	7.88			

续表

序号	项目编码	项目名称	项目特征描述	计量单位	工程量	金额/元		
						综合单价	合价	其中：暂估价
3	040303005001	混凝土墩（台）身	C25 混凝土墩身	m³	15.75			
4	040303003001	混凝土承台	C25 混凝土承台	m³	10.25			
5	040303002001	混凝土基础	C25 混凝土基础	m³	80.42			
6	040901001001	现浇构件钢筋	桥墩墩身钢筋，φ8 箍筋，φ16 纵筋	t	0.197			
		本页小计						
		合　　计						

【例 10】　某桥梁，如下图 3-189 所示。

按照《全国统一市政工程预算定额》混凝土每立方米组成材料到工地现场价格取定如下：

C10	156.87 元
C15	162.24 元
C20	170.64 元
C25	181.62 元
C30	198.60 元

【解】

一、《建设工程工程量清单计价规范》GB 50500—2003 计算方法（表 3-136～表 3-143）

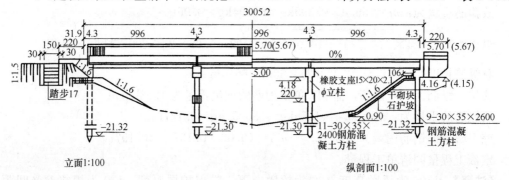

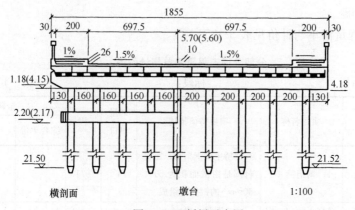

图 3-189　桥梁示意图

分部分项工程量清单　　　　　　　　　　　　表 3-136

工程名称：某梁桥　　　　　　　　　　　　　　　　第　页　共　页

序号	项目编码	项目名称	计量单位	工程量
1	040101003001	挖基坑土方(三类土，2m 以内)	m³	36.00
2	040101006001	挖淤泥	m³	153.60
3	040103001001	填土(密实度 95%)	m³	1589.00
4	040103002001	余方弃置(淤泥运距 100m)	m³	153.60
5	040301003001	钢筋混凝土方桩(C30，墩、台基桩 30×35)	m	944.00
6	040302006001	墩(台)盖梁(台盖梁，C30)	m³	38.00
7	040302006002	墩(台)盖梁(墩盖梁，C30)	m³	25.00
8	040302002001	混凝土承台(墩承台，C30)	m³	17.40
9	040302004001	墩(台)身(墩柱，C20)	m³	8.60
10	040302017001	桥面铺装(车行道厚 14.5cm，C25)	m²	457.32
11	040303003001	预制混凝土梁(C30 非预应力空心板梁)	m³	166.14
12	040303005001	预制混凝土其他构件(人行道板，C25)	m³	6.40
13	040303005002	预制混凝土其他构件(栏杆，C30)	m³	4.60
14	040303005003	预制混凝土其他构件(端墙端柱，C30)	m³	6.81
15	040303005004	预制混凝土其他构件(侧缘石，C25)	m³	10.10
16	040304002001	浆砌块料(踏步料石 30×20×100，M10 砂浆)	m³	12.00
17	040305005001	护坡(M10 水泥砂浆块石护坡，厚 40cm)	m²	60.00
18	040305005002	护坡(干砌块石护坡，厚 40cm)	m²	320.00
19	040308001001	水泥砂浆抹面(人行道水泥砂浆抹面 1：2，分格)	m²	120.00
20	040309002001	板式橡胶支座(板式，每个 630cm³)	个	216.00
21	040309006001	桥梁伸缩装置(橡胶伸缩缝)	m	39.85
22	040309006002	桥梁伸缩装置(沥青麻丝伸缩缝)	m	28.08

1. 挖基坑土方，三类土，挖土深度 2m 以内

(1) 人工挖基坑土方

1) 人工费：1429.09 元/100m³×36m³＝514.47 元

2) 材料费：—

3) 机械费：—

(2) 人力手推车运土，运距 50m 内

1) 人工费：431.65 元/100m³×36m³＝155.39 元

2) 材料费：—

3) 机械费：—

(3) 人力手推车运土，运距增 50m

1) 人工费：85.39 元/100m³×36m³＝30.74 元

2) 材料费：—

3) 机械费：—

(4) 综合

1) 直接费合计：700.60 元

2) 管理费：700.60×10%元＝70.06 元

3) 利润：700.60×5%元＝35.03 元

4) 合计：(700.60＋70.60＋35.03)元＝806.23 元

5) 综合单价：806.23÷36 元/m³＝22.40 元/m³

2. 挖淤泥

（1）人工挖淤泥

1）人工费：2255.76 元/100m³×153.6m³＝3464.85 元

2）材料费：—

3）机械费：—

（2）综合

1）直接费合计：3464.85 元

2）管理费：3464.85×10％元＝346.49 元

3）利润：3464.85×5％元＝173.24 元

4）合计：（3464.85＋346.49＋173.24）元＝3984.58 元

5）综合单价：3984.58÷153.6 元/m³＝25.94 元/m³

3. 填土、密实度 95％

（1）回填基坑

1）人工费：891.61 元/100m³×1589m³＝14167.68 元

2）材料费：0.70 元/100m³×1589m³＝11.12 元

3）机械费：—

（2）人工装土，机动翻斗车运土，运距 100m

1）人工费：338.62 元/100m³×1589.00m³＝5380.67 元

2）材料费：—

3）机械费：699.20 元/100m³×1589.00m³＝11110.29 元

（3）综合

1）直接费合计：30669.76 元

2）管理费：30669.76×10％元＝3066.98 元

3）机械费：30669.76×5％元＝1533.49 元

4）合计：（30669.76＋3066.98＋1533.49）元＝35270.23 元

5）综合单价：35270.23÷1589.00 元/m³＝22.20 元/m³

4. 余方弃置、淤泥运距 100m

（1）人工运淤泥，运距 20m 以内

1）人工费：698.14 元/100m³×153.6m³＝1072.34 元

2）材料费：—

3）机械费：—

（2）人工运淤泥，运距增 80m

1）人工费：337.50 元/100m³×153.60m³＝518.4 元

2）材料费：—

3）机械费：—

（3）综合

1）直接费合计：1590.74 元

2）管理费：1590.74×10％元＝159.07 元

3）利润：1590.74×5％元＝79.54 元

4）合计：（1590.74＋159.07＋79.54）元＝1829.35 元

5）综合单价：1829.35÷153.60 元/m³＝111.91 元/m³

5. 钢筋混凝土桩，C30 混凝土，台基桩为 30×50

（1）搭拆 2.5t 打桩支架，水上

1）人工费：4029.77 元/100m²×701.72m²＝28277.70 元

2）材料费：2666.93 元/100m²×701.72m²＝18714.38 元

3）机械费：8315.54 元/100m²×701.72m²＝58351.81 元

（2）预制混凝土方桩，截面 30×35

1）人工费：421.31 元/10m³×109.46m³＝4611.66 元

2）材料费：22557.99 元

3）机械费：258.01 元/10m³×109.46m³＝2824.18 元

（3）打混凝土预制方桩，24m 以内

1）人工费：199.31 元/10m³×48.96m³＝975.82 元

2）材料费：65.36 元/10m³×48.96m³＝320.00 元

3）机械费：1609.13 元/10m³×48.96m³＝7878.30 元

（4）打混凝土预制方桩，28m 以内

1）人工费：122.46 元/10m³×60.5m³＝740.88 元

2）材料费：84.92 元/10m³×60.5m³＝513.77 元

3）机械费：1636.23 元/10m³×60.5m³＝9899.19 元

（5）浆锚接桩

1）人工费：12.36×40 元＝494.40 元

2）材料费：90.42×40 元＝3616.80 元

3）机械费：134.49×40 元＝5379.60 元

（6）送桩，8m 以内

1）人工费：581.75 元/10m³×3.66m³＝212.92 元

2）材料费：176.39 元/10m³×3.66m³＝64.56 元

3）机械费：1982.49 元/10m³×3.66m³＝725.59 元

（7）钢筋混凝土预制桩运输，运距 150m 以内：

1）人工费：62.98 元/10m³×109.46m³＝689.38 元

2）材料费：150.23 元/10m³×109.46m³＝1644.42 元

3）机械费：74.99 元/10m³×109.46m³＝820.84 元

（8）凿预制桩桩头混凝土

1）人工费：7×40 元＝280 元

2）材料费：—

3）机械费：—

（9）综合

1）直接费合计：169594.18 元

2）管理费：169594.18×10%元＝16959.42 元

3）利润：169594.18×5%元＝8479.71 元

4) 合计：（169594.18＋16959.42＋8479.71）元＝195033.31 元

5) 综合单价：195033.31÷944 元/m＝206.60 元/m

6. 墩（台）盖梁（台盖梁，C30）

（1）C30 混凝土台盖梁

1) 人工费：369.63 元/10m³×38m³＝1404.59 元

2) 材料费：7738.07 元

3) 机械费：251.00 元/10m³×38m³＝953.80 元

（2）桥台 C15 混凝土垫层

1) 人工费：297.28 元/10m³×3.43m³＝101.97 元

2) 材料费：565.72 元

3) 机械费：214.14 元/10m³×3.43m³＝73.45 元

（3）桥台碎石垫层

1) 人工费：146.73 元/10m³×3.43m³＝50.33 元

2) 材料费：558.99 元/10m³×3.43m³＝191.73 元

3) 机械费：—

（4）综合

1) 直接费合计：11079.67 元

2) 管理费：11079.67×10％元＝1107.97 元

3) 利润：11079.67×5％元＝553.98 元

4) 合计：（11079.67＋1107.97＋553.98）元＝12741.62 元

5) 综合单价：12741.62÷38 元/m³＝335.31 元/m³

7. 墩台（盖）梁（墩盖梁 C30）

（1）C30 混凝土墩盖梁

1) 人工费：375.25 元/10m³×25m³＝938.13 元

2) 材料费：5090.03 元

3) 机械费：259.48 元/10m³×25m³＝648.70 元

（2）综合

1) 直接费合计：6676.86 元

2) 管理费：6676.86×10％元＝667.69 元

3) 利润：6676.86×5％元＝333.84 元

4) 合计：6676.86＋667.69＋333.84 元＝7678.39 元

5) 综合单价：7678.39÷25 元/m³＝307.14 元/m³

8. 混凝土承台（墩承台，C30）

（1）C20 混凝土墩承台

1) 人工费：320.20 元/10m³×17.4m³＝557.15 元

2) 材料费：3053.47 元

3) 机械费：222.99 元/10m³×17.4m³＝388.00 元

（2）综合

1) 直接费合计：3998.62 元

2）管理费：3998.62×10％元＝399.86 元

3）利润：3998.62×5％元＝199.93 元

4）合计：（3998.62＋399.86＋199.93）元＝4598.41 元

5）综合单价：4598.41÷17.4 元/m³＝264.28 元/m³

9. 墩（台）身（墩柱，C20）

（1）C20 混凝土墩柱

1）人工费：399.74 元/10m³×8.6m³＝343.78 元

2）材料费：1496.10 元

3）机械费：281.96 元/10m³×8.6m³＝242.49 元

（2）综合

1）直接费合计：2082.37 元

2）管理费：2082.37×10％元＝208.24 元

3）利润：2082.37×5％元＝104.12 元

4）合计：（2082.37＋208.24＋104.12）元＝2394.73 元

5）综合单价：2395.19÷8.6 元/m³＝278.46 元/m³

10. 桥面铺装（车行道厚 14.5m，C25 混凝土）

（1）桥面混凝土铺装，C25，车行道厚 14.5cm

1）人工费：455.47 元/10m³×61.9m³＝2819.36 元

2）材料费：13564.29 元

3）机械费：145.96 元/10m³×61.9m³＝903.49 元

（2）综合

1）直接费合计：17287.14 元

2）管理费：17287.14×10％元＝1728.71 元

3）利润：17287.14×5％元＝864.36 元

4）合计：（17287.14＋1728.71＋864.36）元＝19880.21 元

5）综合单价：19880.21÷61.9 元/m³＝321.17 元/m³

11. 预制混凝土梁（C30 非预应力空心板梁）

（1）预制 C30 混凝土非预应力空心板梁

1）人工费：414.80 元/10m³×166.14m³＝6891.49 元

2）材料费：34655.47 元

3）机械费：255.06 元/10m³×166.14m³＝4237.57 元

（2）安装空心板梁（l≤10m）

1）人工费：45.39 元/10m³×166.14m³＝754.11 元

2）材料费：—

3）机械费：272.94 元/10m³×166.14m³＝4534.63 元

（3）板梁勾缝

1）人工费：51.68 元/10m×51m＝263.57 元

2）材料费：1.86 元/10m×51m＝9.49 元

3）机械费：—

（4）非预应力空心板梁运输（运距 150m 以内）

1）人工费：62.98 元/10m³×166.14m³＝1046.35 元

2）材料费：150.23 元/10m³×166.14m³＝2495.92 元

3）机械费：74.99 元/10m³×166.14m³＝1245.88 元

（5）综合

1）直接费合计：56134.48 元

2）管理费：56134.48×10％元＝5613.45 元

3）利润：56134.48×5％元＝2806.72 元

4）合计：（56134.48＋5613.45＋2806.72）元＝64554.66 元

5）综合单价：64554.66÷166.14 元/m³＝388.56 元/m³

12. 预制混凝土小型构件（人行道板 C25）

（1）预制 C25 混凝土人行道板

1）人工费：570.51 元/10m³×6.4m³＝365.14 元

2）材料费：1261.70 元

3）机械费：145.96 元/10m³×6.4m³＝93.41 元

（2）安装人行道板

1）人工费：358.62 元/10m³×6.4m³＝229.51 元

2）材料费：—

3）机械费：—

（3）预制人行道板运输，运距 50m

1）人工费：107.18 元/10m³×6.4m³＝68.60 元

2）材料费：—

3）机械费：—

（4）预制人行道板运输，运距增 100m

1）人工费：10.34 元/10m³×6.4m³×2＝13.24 元

2）材料费：—

3）机械费：—

（5）综合

1）直接费合计：2031.6 元

2）管理费：2031.6×10％元＝203.16 元

3）机械费：2031.6×5％元＝101.58 元

4）合计：（2031.6＋203.16＋101.58）元＝2336.34 元

5）综合单价：2336.34÷6.4 元/m³＝365.05 元/m³

13. 预制混凝土小型构件（栏杆，C30）

（1）预制 C30 混凝土栏杆

1）人工费：871.39 元/10m³×4.6m³＝400.84 元

2）材料费：972.23 元

3）机械费：145.96 元/10m³×4.6m³＝67.14 元

（2）安装混凝土栏杆

1）人工费：492.09 元/10m³×4.6m³＝226.36 元

2）材料费：291.65 元/10m³×4.6m³＝134.16 元

3）机械费：293.24 元/10m³×4.6m³＝134.89 元

（3）预制栏杆运输，运距 50m

1）人工费：107.18 元/10m³×4.6m³＝49.30 元

2）材料费：—

3）机械费：—

（4）预制栏杆运输，运距增 100m

1）人工费：10.34 元/10m³×4.6m³×2＝9.51 元

2）材料费：—

3）机械费：—

（5）综合

1）直接费合计：1994.43 元

2）管理费：1994.43×10％元＝199.44 元

3）机械费：1994.43×5％元＝99.72 元

4）合计：（1994.43＋199.44＋99.72）元＝2293.59 元

5）综合单价：2293.59÷4.6 元/m³＝498.61 元/m³

14. 水泥砂浆抹面

（1）1∶2 水泥砂浆抹面，分格

1）人工费：219.08 元/100m²×120m²＝262.90 元

2）材料费：437.25 元/100m²×120m²＝524.70 元

3）机械费：30.67 元/100m²×120m²＝36.80 元

（2）综合

1）直接费合计：824.40 元

2）管理费：824.40×10％元＝82.44 元

3）利润：824.40×5％元＝41.22 元

4）合计：（824.40＋82.44＋41.22）元＝948.06 元

5）综合单价：948.06÷120 元/m²＝7.90 元/m²

分部分项工程量清单计价表

表 3-137

工程名称：某桥梁　　　　　　　　　　　　　　　　　　　　　　　第　页　共　页

序号	项目编码	项目名称	计量单位	工程量	金额/元	
					综合单价	合　计
1	040101003001	挖基坑土方（三类土，2m 以内）	m³	36.00	22.40	806.23
2	040101006001	挖淤泥	m³	153.60	25.94	3984.58
3	040103001001	填土（密实度 95％）	m³	1589.00	22.20	35270.23
4	040103002001	余方弃置（淤泥运距 100m）	m³	153.60	11.91	1829.35
5	040301003001	钢筋混凝土方桩（C30，墩、台基桩 30×35）	m	944.00	206.6	195033.31
6	040302006001	墩（台）盖梁（台盖梁，C30）	m³	38.00	335.31	12741.62

续表

序号	项目编码	项目名称	计量单位	工程量	综合单价	合　计
					金额/元	
7	040302006002	墩（台）盖梁（墩盖梁，C30）	m³	25.00	307.14	7678.39
8	040302002001	混凝土承台（墩承台，C20）	m³	17.40	264.28	4598.41
9	040302004001	墩（台）身（墩柱，C20）	m³	8.60	278.51	2395.19
10	040302017001	桥面铺装（车行道厚 14.5cm，C25）	m³	457.32	313.09	19380.21
11	040303003001	预制混凝土梁（C30 非预应力空心板梁）	m³	166.14	388.56	64554.66
12	040303005001	预制混凝土其他构件（人行道板，C25）	m³	6.40	365.05	2336.34
13	040303005002	预制混凝土其他构件（栏杆，C30）	m³	4.60	498.61	2293.59
14	040303005003	预制混凝土其他构件（端墙端柱，C30）	m³	6.81	625.77	4261.51
15	040303005004	预制混凝土其他构件（侧缘石，C25）	m³	10.10	364.95	3686
16	040304002001	浆砌块料（踏步料石 30×20×100，M10 砂浆）	m³	12.00	177.69	2132.30
17	040305005001	护坡（M10 水泥砂浆砌块石护坡，厚 40cm）	m²	60.00	56.13	3368.01
18	040305005002	护坡（于砌块石护坡，厚 40cm）	m²	320	36.32	11623.65
19	040308001001	水泥砂浆抹面（人行道水泥砂浆抹面 1∶2，分格）	m²	120.00	948.06	7.90
20	040309002001	板式橡胶支座（板式，每个 630cm³）	个	216.00	879.91	190059.54
21	040309006001	桥梁伸缩装置（橡胶伸缩缝）	m	39.85	44.79	1785.02
22	040309006002	桥梁伸缩装置（沥青麻丝伸缩缝）	m	28.08	7.01	196.91

分部分项工程量清单综合单价计算表　　　　　　表 3-138

工程名称：某桥梁　　　　　　　　　　　　　　　　　　　　　　　计量单位：m³

项目编码：040303003001　　　　　　　　　　　　　　　　　　　工程数量：166.14

项目名称：预制混凝土梁（C30 非预应力空心板梁）　　　　　　综合单价：388.56 元

序号	定额编号	工程内容	单位	数量	人工费	材料费	机械费	管理费	利润	小计
					金额/元					
1	3-356	顶制 C30 混凝土非预应力空心板梁	10m³	16.614	6891.49	34655.47	4237.57			
2	3-431	安装空心板梁	10m³	16.614	754.11	—	4534.63			
3	3-323	板梁勾缝	100m	5.10	263.57	9.49	—			

续表

序号	定额编号	工程内容	单位	数量	金额/元					
					人工费	材料费	机械费	管理费	利润	小计
4	补2	非预应力空心板梁运输(运距150m以内)	10m³	16.614	1046.35	2495.92	1245.88			
		合　计			8955.52	37160.88	10018.08	5613.45	2806.73	64554.66

分部分项工程量清单综合单价计算表　　　　表 3-139

工程名称：某桥梁　　　　　　　　　　　　　　　　　计量单位：m³

项目编码：040304002001　　　　　　　　　　　　　工程数量：12

项目名称：浆砌块料(踏步，料 30×20×100. M10 砂浆)　　综合单价：177.69 元

序号	定额编号	工程内容	单位	数量	金额/元					
					人工费	材料费	机械费	管理费	利润	小计
1	1-703	M10 水泥砂浆砌料石踏步(台阶)	10m³	1.2	750.67	924.80	—			
2	1-715	扶梯料石踏步勾平缝	100m²	0.6	84.67	94.03	—			
		合　计			835.34	1018.83	—	185.42	92.71	2132.30

分部分项工程量清单综合单价计算表　　　　表 3-140

工程名称：某桥梁　　　　　　　　　　　　　　　　　计量单位：m³

项目编码：040103001001　　　　　　　　　　　　　工程数量：1589.00

项目名称：填方(密实度 95%)　　　　　　　　　　　综合单价：22.20 元

序号	定额编号	工程内容	单位	数量	金额/元					
					人工费	材料费	机械费	管理费	利润	小计
1	1-56	填土(填土密实度 95%)	100m³	15.89	14167.68	11.12	—			
2	1-47	人力装土，机动翻斗车运土(运距100m)	100m³	15.89	5380.67	—	11110.29			
		合计			19548.35	11.12	11110.29	3066.98	1533.49	35270.23

分部分项工程量清单综合单价计算表　　　　表 3-141

工程名称：某桥梁　　　　　　　　　　　　　　　　　计量单位：m

项目编码：040301003001　　　　　　　　　　　　　工程数量：944

项目名称：预制钢筋混凝土方桩(C30 墩、台基桩截面 30×35)　综合单价：206.60 元

序号	定额编号	工程内容	单位	数量	金额/元					
					人工费	材料费	机械费	管理费	利润	小计
1	3-514	搭拆 2.5t 打桩支架(水上)	100m²	7.0172	28277.70	18714.38	58351.80			
2	3-336	C30 混凝土方桩预制(截面 30×35)	10m³	10.946	4611.66	22557.99	2824.18			
3	3-23	打混凝土预制方桩(24m 以内)	10m³	4.896	975.82	320.00	7878.30			
4	3-26	打混凝土预制方桩(28m 以内)	10m³	6.05	740.88	513.77	9899.19			

续表

序号	定额编号	工程内容	单位	数量	金额/元 人工费	材料费	机械费	管理费	利润	小计
5	3-60	浆锚接桩	个	40	494.40	3616.80	5379.60			
6	3-75	送桩(8m以内)	10m³	0.366	212.92	64.56	725.59			
7	补2	钢筋混凝土桩运输(150m以内)	10m³	10.946	689.38	1644.42	820.84			
8	补1	凿预制桩桩头混凝土	个	40	280.00	—	—			
		合计			36282.76	47431.92	85879.50	16959.42	8479.71	195033.31

分部分项工程量清单综合单价计算表　　　　　　　　表 3-142

工程名称：某桥梁　　　　　　　　　　　　　　　　　　　计量单位：m²

项目编码：040305005002　　　　　　　　　　　　　　　工程数量：320.00

项目名称：护坡(干砌块石护坡厚40cm)　　　　　　　综合单价：36.32 元

序号	定额编号	措施项目名称	单位	数量	金额/元 人工费	材料费	机械费	管理费	利润	小计
1	1-691	干砌块石护坡(厚40cm)	10m³	12.80	2950.91	6119.17	—			
2	1-713	干砌块石面勾平缝	100m²	3.20	493.25	544.19	—			
		合计			3444.16	6663.36	—	1010.75	505.38	11623.65

措施项目费用计算表　　　　　　　　　　　　　　表 3-143

工程名称：某桥梁

序号	定额编号	工程内容	单位	数量	金额/元 人工费	材料费	机械费	管理费	利润	小计
		围堰小计			8447.35	10329.89	767.30	1954.45	977.23	22476.22
1	1-510	草袋围堰	100m³	2.1653	8447.35	10329.89	767.30			
		模板小计			32650.29	70223.93	9169.20	11204.34	5602.17	128849.93
2	3-267	承台模板	10m²	4.37	313.24	1709.94	181.40			
3	3-281	墩柱模板	10m²	3.69	533.98	678.44	310.11			
4	3-287	墩盖架模板	10m²	7.58	851.61	940.30	688.42			
5	3-373	预制侧缘石模板	10m²	2.77	299.38	422.34	50			
6	3-375	预制端墙、端柱模板	10m²	25.08	5331.26	6393.39	979.62			
7	3-337	预制方桩模板	10m²	66.54	3812.74	6646.68				
8	3-357	预制非预应力空心板梁模板	10m²	63.08	11155.84	7218.43	3578.53			
9	3-373	预制人行道板模板	10m²	2.74	296.14	417.77	49.56			
10	3-375	预制栏杆模板	10m²	16.94	3600.94	4318.34	661.68			
11	3-541	筑拆混凝土地模	100m²	6.00	6455.16	41478.30	2669.88			
		合计			41097.64	80553.82	9936.50	13158.79	6579.40	151326.15

　　二、《建设工程工程量清单计价规范》GB 50500—2008 计算方法，采用《全国统一市政工程预算定额》GYD—305—1999(表 3-144～表 3-169)

分部分项工程量清单与计价表 表 3-144

工程名称：某桥梁　　　　　　　　标段：　　　　　　　　第 页 共 页

序号	项目编码	项目名称	项目特征描述	计量单位	工程量	金额/元		
						综合单价	合价	其中：暂估价
1	040101003001	挖基坑土方	三类土，2m 以内	m³	36.00			
2	040101006001	挖淤泥	人工挖淤泥	m³	153.60			
3	040103001001	填土	回填基坑，密实度 95%	m³	1589.00			
4	040103002001	余方弃置	淤泥运距 100m	m³	153.60			
5	040301003001	钢筋混凝土方桩	C30 混凝土，墩、台基桩 30×50	m³	944.00			
6	040302006001	墩（台）盖梁	台盖梁，C30 混凝土	m³	38.00			
7	040302006002	墩（台）盖梁	墩盖梁，C30 混凝土	m³	25.00			
8	040302002001	混凝土承台	墩承台，C30 混凝土	m³	17.40			
9	040302004001	墩（台）身	墩柱，C20 混凝土	m³	8.60			
			本页小计					
			合　计					

分部分项工程量清单与计价表 表 3-145

工程名称：某桥梁　　　　　　　　标段：　　　　　　　　第 页 共 页

序号	项目编码	项目名称	项目特征描述	计量单位	工程量	金额/元		
						综合单价	合价	其中：暂估价
10	040302017001	桥面铺装	车行道厚 14.5cm，C25 混凝土	m³	61.90			
11	040303003001	预制混凝土梁	C30 非预应力空心板梁	m³	166.14			
12	040303005001	预制混凝土其他构件	人行道板，C25 混凝土	m³	6.40			
13	040303005002	预制混凝土其他构件	栏杆，C30 混凝土	m³	4.60			
14	040303005003	预制混凝土其他构件	端墙端柱，C30 混凝土	m³	6.81			
15	040303005004	预制混凝土其他构件	侧缘石，C25 混凝土	m³	10.10			
16	040304002001	浆砌块料	踏步料石 30×20×100，M10 砂浆	m³	12.00			
17	040305005001	护坡	M10 水泥砂浆砌块石护坡，厚 40cm	m²	60.00			
18	040305005002	护坡	干砌块石护坡，厚 40cm	m²	320.00			
19	040308001001	水泥砂浆抹面	人行道水泥砂浆抹面 1：2，分格	m²	120.00			
20	040309002001	板式橡胶支座	板式，每个 630cm³	个	216.00			
21	040309006001	桥梁伸缩装置	橡胶伸缩缝	m	39.85			
22	040309006002	桥梁伸缩装置	沥青麻丝伸缩缝	m	28.08			
			本页小计					
			合　计					

分部分项工程量清单与计价表

表 3-146

工程名称：某桥梁　　　　　　　　　　　标段：　　　　　　　　　　　第　页　共　页

序号	项目编码	项目名称	项目特征描述	计量单位	工程量	金额/元		
						综合单价	合价	其中：暂估价
1	040101003001	挖基坑土方	三类土，2m 以内	m³	36.00	22.38	805.68	
2	040101006001	挖淤泥	人工挖淤泥	m³	153.60	25.94	3984.58	
3	040103001001	填土	回填基坑，密实度 95%	m³	1589.00	22.20	35270.23	
4	040103002001	余方弃置	淤泥运距100m	m³	153.60	11.92	1830.91	
5	040301003001	钢筋混凝土方桩	C30 混凝土，墩、台基桩 30×50	m³	944.00	213.53	201572.32	
6	040302006001	墩(台)盖梁	台盖梁，C30 混凝土	m³	38.00	335.29	12741.02	
7	040302006002	墩(台)盖梁	墩盖梁，C30 混凝土	m³	25.00	307.12	7678.00	
8	040302002001	混凝土承台	墩承台，C30 混凝土	m³	17.40	296.92	5166.41	
9	040302004001	墩(台)身	墩柱，C20 混凝土	m³	8.60	278.46	2394.73	
10	040302017001	桥面铺装	车行道厚 14.5cm，C25 混凝土	m³	61.90	321.17	19880.21	
11	040303003001	预制混凝土梁	C30 非预应力空心板梁	m³	166.14	388.54	64552.04	
12	040303005001	预制混凝土其他构件	人行道板，C25 混凝土	m³	6.40	364.92	2335.49	
13	040303005002	预制混凝土其他构件	栏杆，C30 混凝土	m³	4.60	498.56	2293.38	
14	040303005003	预制混凝土其他构件	端墙端柱，C30 混凝土	m³	6.81	525.54	3578.93	
15	040303005004	预制混凝土其他构件	侧缘石，C25 混凝土	m³	10.10	367.20	3708.72	
16	040304002001	浆砌块料	踏步料石 30×20×100，M10 砂浆	m³	12.00	177.69	2132.30	
17	040305005001	护坡	M10 水泥砂浆砌块石护坡，厚 40cm	m²	60.00	56.13	3368.01	
18	040305005002	护坡	干砌块石护坡，厚 40cm	m²	320.00	36.32	11623.65	
19	040308001001	水泥砂浆抹面	人行道水泥砂浆抹面 1:2，分格	m²	120.00	7.90	948.00	
20	040309002001	板式橡胶支座	板式，每个 630cm³	个	216.00	879.91	190059.54	
21	040309006001	桥梁伸缩装置	橡胶伸缩缝	m	39.85	56.87	2266.27	
22	040309006002	桥梁伸缩装置	沥青麻丝伸缩缝	m	28.08	7.01	196.91	
		本页小计					567887.33	
		合　计					567887.33	

工程量清单综合单价分析表

表 3-147

工程名称：某桥梁　　　　　　　　　　　标段：　　　　　　　　　　　第 1 页　共 22 页

项目编码	040101003001		项目名称	挖基坑土方	计量单位		m³

				清单综合单价组成明细							

定额编号	定额名称	定额单位	数量	单价				合价			
				人工费	材料费	机械费	管理费和利润	人工费	材料费	机械费	管理费和利润
1-20	人工挖基坑土方	100m³	0.01	1429.09	—	—	214.36	14.29	—	—	2.14
1-45	人工装运土方	100m³	0.01	431.65	—	—	64.75	4.32	—	—	0.65

续表

定额编号	定额名称	定额单位	数量	单价				合价			
				人工费	材料费	机械费	管理费和利润	人工费	材料费	机械费	管理费和利润
1-46	人工装运土方，运距增50m	100m³	0.01	85.39	—	—	12.81	0.85	—	—	0.13
人工单价		小　计						19.46	—	—	2.92
22.47元/工日		未计价材料费									
清单项目综合单价								22.38			

	主要材料名称、规格、型号				单位	数量	单价/元	合价/元	暂估单价/元	暂估合计/元
材料费明细										
	其他材料费						—		—	
	材料费小计						—		—	

注：1.“数量”栏为“投标方（定额）工程量÷招标方（清单）工程量÷定额单位数量”，如“0.01”为36÷36÷100；

2.管理费费率为10%，利润率为5%，均以直接费为基数。

工程量清单综合单价分析表　　　　表 3-148

工程名称：某桥梁　　　　　　　　标段：　　　　第2页 共22页

项目编码	040101006001	项目名称	挖淤泥	计量单位	m³

清单综合单价组成明细

定额编号	定额名称	定额单位	数量	单价				合价			
				人工费	材料费	机械费	管理费和利润	人工费	材料费	机械费	管理费和利润
1-50	人工挖淤泥	100m³	0.01	2255.76	—	—	338.36	22.56	—	—	3.38
人工单价		小　计						22.56	—	—	3.38
22.47元/工日		未计价材料费									
清单项目综合单价								25.94			

	主要材料名称、规格、型号				单位	数量	单价/元	合价/元	暂估单价/元	暂估合计/元
材料费明细										
	其他材料费						—		—	
	材料费小计						—		—	

注：1.“数量”栏为“投标方（定额）工程量÷招标方（清单）工程量÷定额单位数量”，如“0.01”为153.60÷153.60÷100；

2.管理费费率为10%，利润率为5%，均以直接费为基数。

工程量清单综合单价分析表　　　　　　　　表 3-149

工程名称：某桥梁　　　　　　　　　　标段：　　　　　　　　第 3 页　共 22 页

项目编码	040103001001	项目名称		填土		计量单位		m³

清单综合单价组成明细

定额编号	定额名称	定额单位	数量	单价				合价			
				人工费	材料费	机械费	管理费和利润	人工费	材料费	机械费	管理费和利润
1-56	填土夯实	100m³	0.01	891.69	0.70	—	133.86	8.92	0.01	—	1.34
1-47	机动翻斗车运土（运距 100m）	100m³	0.01	338.62	—	699.20	155.67	3.39	—	6.99	1.55
人工单价			小　计					12.31	0.01	6.99	2.89
22.47 元/工日			未计价材料费								
清单项目综合单价								22.20			

材料费明细	主要材料名称、规格、型号	单位	数量	单价/元	合价/元	暂估单价/元	暂估合计/元
	水	m³	0.016	0.45	0.01		
	其他材料费				—		—
	材料费小计				—	0.01	—

注：1. "数量"栏为"投标方（定额）工程量÷招标方（清单）工程量÷定额单位数量"，如"0.01"为 1589.00÷1589.00÷100；

　　2. 管理费费率为 10%，利润率为 5%，均以直接费为基数。

工程量清单综合单价分析表　　　　　　　　表 3-150

工程名称：某桥梁　　　　　　　　　　标段：　　　　　　　　第 4 页　共 22 页

项目编码	040103002001	项目名称		余方弃置		计量单位		m³

清单综合单价组成明细

定额编号	定额名称	定额单位	数量	单价				合价			
				人工费	材料费	机械费	管理费和利润	人工费	材料费	机械费	管理费和利润
1-51	人工运淤泥，运距 20m 以内	100m³	0.01	698.14	—	—	104.72	6.98	—	—	1.05
1-52	人工运淤泥，运距每增加 20m	100m³	0.01	337.50	—	—	50.63	3.38	—	—	0.51
人工单价			小　计					10.36			1.56
22.47 元/工日			未计价材料费								
清单项目综合单价								11.92			

材料费明细	主要材料名称、规格、型号	单位	数量	单价/元	合价/元	暂估单价/元	暂估合计/元
	其他材料费				—		—
	材料费小计				—		—

注：1. "数量"栏为"投标方（定额）工程量÷招标方（清单）工程量÷定额单位数量"，如"0.01"为 153.60÷153.60÷100；

　　2. 管理费费率为 10%，利润率为 5%，均以直接费为基数。

工程量清单综合单价分析表

表 3-151

工程名称：某桥梁　　　　　　　标段：　　　　　　　第 5 页　共 22 页

项目编码	040301003001	项目名称	钢筋混凝土方桩	计量单位		m

清单综合单价组成明细

定额编号	定额名称	定额单位	数量	单价				合价			
				人工费	材料费	机械费	管理费和利润	人工费	材料费	机械费	管理费和利润
3-514	水上支架	100m²	0.007	4029.77	4771.55	8315.54	2251.84	28.21	33.40	58.21	15.76
3-336	方桩	10m³	0.012	421.31	44.85	258.01	406.62	5.06	0.54	3.10	4.88
3-23	打钢筋混凝土方桩(24m 以内)	10m³	0.005	199.31	65.36	1609.13	281.4	1.00	0.33	8.05	1.41
3-26	打钢筋混凝土方桩(28m 以内)	10m³	0.006	122.46	84.92	1636.23	276.50	0.73	0.51	9.82	1.66
3-60	浆锚接桩	个	0.042	12.36	90.42	134.49	35.59	0.52	3.80	5.65	1.50
3-75	送桩(8m 以内)	10m³	0.0004	581.75	176.39	1982.49	411.09	0.23	0.07	0.79	0.16
补 2	钢筋混凝土桩运输(150m 以内)	10m³	0.012					0.76	1.80	0.90	0.52
补 1	凿预制桩桩头混凝土	个	0.042					0.29			0.04
人工单价				小　计				36.80	40.45	86.52	25.93
22.47 元/工日				未计价材料费				23.83			
清单项目综合单价								213.53			

材料费明细	主要材料名称、规格、型号			单位	数量	单价/元	合价/元	暂估单价/元	暂估合计/元
	混凝土 C30			m³	0.12	198.60	23.83		
	其他材料费					—	—		
	材料费小计					—	23.83		

注：1. "数量"栏为"投标方(定额)工程量÷招标方(清单)工程量÷定额单位数量"，如"0.007"为 701.72÷944÷100；

　　2. 管理费费率为 10%，利润率为 5%，均以直接费为基数。

工程量清单综合单价分析表

表 3-152

工程名称：某桥梁　　　　　　　标段：　　　　　　　第 6 页　共 22 页

项目编码	040302006001	项目名称	混凝土墩(台)盖梁	计量单位		m³

清单综合单价组成明细

定额编号	定额名称	定额单位	数量	单价				合价			
				人工费	材料费	机械费	管理费和利润	人工费	材料费	机械费	管理费和利润
3-288	混凝土台盖梁	10m³	0.1	369.63	20.34	215.00	398.51	36.96	2.03	25.10	39.85
3-261	桥台混凝土垫层	10m³	0.00903	297.28	2.58	214.14	324.11	2.68	0.02	1.93	2.93
3-260	桥台碎石垫层	10m³	0.00903	146.73	558.99	—	105.86	1.32	5.05	—	0.96
人工单价				小　计				40.96	7.1	27.03	43.74
22.47 元/工日				未计价材料费				216.46			
清单项目综合单价								335.29			

续表

<table>
<tr><td rowspan="6">材料费明细</td><td colspan="2">主要材料名称、规格、型号</td><td>单位</td><td>数量</td><td>单价
/元</td><td>合价
/元</td><td>暂估单
价/元</td><td>暂估合
计/元</td></tr>
<tr><td colspan="2">混凝土 C30</td><td>m³</td><td>1.015</td><td>198.60</td><td>201.58</td><td></td><td></td></tr>
<tr><td colspan="2">混凝土 C15</td><td>m³</td><td>0.0917</td><td>162.24</td><td>14.88</td><td></td><td></td></tr>
<tr><td colspan="2"></td><td></td><td></td><td></td><td></td><td></td><td></td></tr>
<tr><td colspan="4">其他材料费</td><td></td><td>—</td><td></td><td>—</td></tr>
<tr><td colspan="4">材料费小计</td><td></td><td>—</td><td>216.46</td><td>—</td><td></td></tr>
</table>

注：1. "数量"栏为"投标方(定额)工程量÷招标方(清单)工程量÷定额单位数量"，如"0.00903"为3.43÷38÷100；

2. 管理费费率为10%，利润率为5%，均以直接费为基数。

工程量清单综合单价分析表　　　　　　　　　　表 3-153

工程名称：某桥梁　　　　　　　标段：　　　　　　　第 7 页　共 22 页

<table>
<tr><td>项目编码</td><td>040302006002</td><td>项目名称</td><td>混凝土墩(台)盖梁</td><td>计量单位</td><td>m³</td></tr>
</table>

<table>
<tr><td colspan="10" align="center">清单综合单价组成明细</td></tr>
<tr><td rowspan="2">定额
编号</td><td rowspan="2">定额名称</td><td rowspan="2">定额
单位</td><td rowspan="2">数量</td><td colspan="4">单　价</td><td colspan="4" style="display:none"></td></tr>
<tr><td>人工费</td><td>材料费</td><td>机械费</td><td>管理费
和利润</td><td>人工费</td><td>材料费</td><td>机械费</td><td>管理费
和利润</td></tr>
<tr><td>3-286</td><td>混凝土墩盖梁</td><td>10m³</td><td>0.1</td><td>375.25</td><td>20.02</td><td>259.48</td><td>400.58</td><td>37.53</td><td>2.00</td><td>25.95</td><td>40.06</td></tr>
<tr><td>人工单价</td><td colspan="3" align="center">小　计</td><td colspan="4"></td><td>37.53</td><td>2.00</td><td>25.95</td><td>40.06</td></tr>
<tr><td>22.47 元/工日</td><td colspan="3" align="center">未计价材料费</td><td colspan="8" align="center">201.58</td></tr>
<tr><td colspan="4" align="center">清单项目综合单价</td><td colspan="8" align="center">307.12</td></tr>
</table>

<table>
<tr><td rowspan="6">材料费明细</td><td colspan="2">主要材料名称、规格、型号</td><td>单位</td><td>数量</td><td>单价
/元</td><td>合价
/元</td><td>暂估单
价/元</td><td>暂估合
计/元</td></tr>
<tr><td colspan="2">混凝土 C30</td><td>m³</td><td>1.015</td><td>198.60</td><td>201.58</td><td></td><td></td></tr>
<tr><td colspan="2"></td><td></td><td></td><td></td><td></td><td></td><td></td></tr>
<tr><td colspan="2"></td><td></td><td></td><td></td><td></td><td></td><td></td></tr>
<tr><td colspan="4">其他材料费</td><td></td><td>—</td><td></td><td>—</td></tr>
<tr><td colspan="4">材料费小计</td><td></td><td>—</td><td>201.58</td><td>—</td><td></td></tr>
</table>

注：1. "数量"栏为"投标方(定额)工程量÷招标方(清单)工程量÷定额单位数量"，如"0.1"为25÷25÷10；

2. 管理费费率为10%，利润率为5%，均以直接费为基数。

工程量清单综合单价分析表　　　　　　　　　　表 3-154

工程名称：某桥梁　　　　　　　标段：　　　　　　　第 8 页　共 22 页

<table>
<tr><td>项目编码</td><td>040302006002</td><td>项目名称</td><td>混凝土承台</td><td>计量单位</td><td>m³</td></tr>
</table>

<table>
<tr><td colspan="12" align="center">清单综合单价组成明细</td></tr>
<tr><td rowspan="2">定额
编号</td><td rowspan="2">定额名称</td><td rowspan="2">定额
单位</td><td rowspan="2">数量</td><td colspan="4">单　价</td><td colspan="4">合　价</td></tr>
<tr><td>人工费</td><td>材料费</td><td>机械费</td><td>管理费
和利润</td><td>人工费</td><td>材料费</td><td>机械费</td><td>管理费
和利润</td></tr>
<tr><td>3-265</td><td>混凝土承台</td><td>10m³</td><td>0.1</td><td>320.20</td><td>22.87</td><td>222.99</td><td>387.28</td><td>32.02</td><td>2.29</td><td>22.30</td><td>38.73</td></tr>
<tr><td>人工单价</td><td colspan="3" align="center">小　计</td><td colspan="4"></td><td>32.02</td><td>2.29</td><td>22.30</td><td>38.73</td></tr>
<tr><td>22.47 元/工日</td><td colspan="3" align="center">未计价材料费</td><td colspan="8" align="center">201.58</td></tr>
<tr><td colspan="4" align="center">清单项目综合单价</td><td colspan="8" align="center">296.92</td></tr>
</table>

材料费明细	主要材料名称、规格、型号	单位	数量	单价/元	合价/元	暂估单价/元	暂估合计/元
	混凝土 C30	m³	1.015	198.60	201.58		
	其他材料费			—		—	
	材料费小计			—	201.58	—	

注：1. "数量"栏为"投标方(定额)工程量÷招标方(清单)工程量÷定额单位数量"，如"0.1"为17.4÷17.4÷10；

2. 管理费费率为10%，利润率为5%，均以直接费为基数。

工程量清单综合单价分析表

表 3-155

工程名称：某桥梁　　　　标段：　　　　　　　　　第 9 页　共 22 页

项目编码	040302004001		项目名称		混凝土墩(台)身		计量单位		m³

清单综合单价组成明细

定额编号	定额名称	定额单位	数量	单价				合价			
				人工费	材料费	机械费	管理费和利润	人工费	材料费	机械费	管理费和利润
3-280	混凝土柱式墩台身	10m³	0.1	399.74	7.65	281.96	363.20	39.97	0.77	28.20	36.22
人工单价		小计						39.97	0.77	28.20	36.32
22.47 元/工日		未计价材料费						173.20			
清单项目综合单价								278.46			

材料费明细	主要材料名称、规格、型号	单位	数量	单价/元	合价/元	暂估单价/元	暂估合计/元
	混凝土 C20	m³	1.015	170.64	173.20		
	其他材料费			—		—	
	材料费小计			—	173.20	—	

注：1. "数量"栏为"投标方(定额)工程量÷招标方(清单)工程量÷定额单位数量"，如"0.1"为8.6÷8.6÷10；

2. 管理费费率为10%，利润率为5%，均以直接费为基数。

工程量清单综合单价分析表

表 3-156

工程名称：某桥梁　　　　标段：　　　　　　　　　第 10 页　共 22 页

项目编码	040302017001		项目名称		桥面铺装		计量单位		m²

清单综合单价组成明细

定额编号	定额名称	定额单位	数量	单价				合价			
				人工费	材料费	机械费	管理费和利润	人工费	材料费	机械费	管理费和利润
3-331	车行道桥面混凝土铺装	10m³	0.1	455.47	216.15	145.96	400.53	45.55	21.62	14.60	40.05
人工单价		小计						45.55	21.62	14.60	40.05
22.47 元/工日		未计价材料费						185.25			
清单项目综合单价								307.07			

	主要材料名称、规格、型号	单位	数量	单价/元	合价/元	暂估单价/元	暂估合计/元
材料费明细	混凝土 C25	m³	1.015	181.62	185.25		
	其他材料费				—		—
	材料费小计			—	185.25		—

注：1. "数量"栏为"投标方(定额)工程量÷招标方(清单)工程量÷定额单位数量"，如"0.1"为61.9÷61.9÷10；
2. 管理费费率为10%，利润率为5%，均以直接费为基数。

工程量清单综合单价分析表　　　　表 3-157

工程名称：某桥梁　　　　　标段：　　　　第 11 页　共 22 页

项目编码	040303003001	项目名称	预制混凝土梁	计量单位	m³

清单综合单价组成明细

定额编号	定额名称	定额单位	数量	单价 人工费	材料费	机械费	管理费和利润	合价 人工费	材料费	机械费	管理费和利润
3-356	非预应力混凝土空心板梁	10m³	0.1	414.8	58.5	255.06	413.34	41.48	5.85	25.51	41.33
3-431	安装板梁(L≤10m)	10m³	0.1	45.39	—	272.94	47.75	4.54	—	27.29	4.78
3-323	板梁底砂浆及勾缝	10m	0.0307	51.68	1.86	—	8.03	1.59	0.06	—	0.25
补2	非预应力空心板梁运输	10m³	0.1	62.98	150.23	74.99	43.23	6.30	15.02	7.50	4.32
人工单价			小计					53.91	20.93	60.30	50.68
22.47元/工日			未计价材料费					202.72			
清单项目综合单价								388.54			

	主要材料名称、规格、型号	单位	数量	单价/元	合价/元	暂估单价/元	暂估合计/元
材料费明细	混凝土 C30	m³	1.015	198.60	201.58		
	混凝土 C20	m³	0.0067	170.64	1.14		
	其他材料费				—		
	材料费小计			—	202.72		

注：1. "数量"栏为"投标方(定额)工程量÷招标方(清单)工程量÷定额单位数量"，如"0.0307"为51÷166.14÷10；
2. 管理费费率为10%，利润率为5%，均以直接费为基数。

工程量清单综合单价分析表

表 3-158

工程名称：某桥梁 　　　　　　标段：　　　　　　

项目编码	040303005001	项目名称		预制混凝土其他构件		计量单位		m³

清单综合单价组成明细

定额编号	定额名称	定额单位	数量	单价				合价			
				人工费	材料费	机械费	管理费和利润	人工费	材料费	机械费	管理费和利润
3-372	预制 C25 混凝土人行道板	10m³	0.1	570.51	127.97	145.96	403.19	57.05	12.80	14.60	40.46
3-475	安装混凝土人行道板	10m³	0.1	358.62	—	—	53.79	35.86	—	—	5.38
1-634	预制人行道板运输，运距 50m	10m³	0.1	107.18	—	—	16.08	10.72	—	—	1.61
1-635	预制人行道板运输，运距增 100m	10m³	0.1	10.34	—	—	1.55	1.03	—	—	0.16
人工单价			小　计					104.66	12.80	14.60	47.61
22.47 元/工日			未计价材料费					185.25			
清单项目综合单价								364.92			

材料费明细	主要材料名称、规格、型号	单位	数量	单价/元	合价/元	暂估单价/元	暂估合计/元
	混凝土 C25	m³	1.02	181.62	185.25		
	其他材料费			—	—		
	材料费小计			—	185.25	—	

注：1. "数量"栏为"投标方（定额）工程量÷招标方（清单）工程量÷定额单位数量"，如"0.1"为 6.4÷6.4÷10；

　　2. 管理费率为 10%，利润率为 5%，均以直接费为基数。

工程量清单综合单价分析表

表 3-159

工程名称：某桥梁 　　　　　　标段：　　　　　　

项目编码	040303005002	项目名称		预制混凝土其他构件		计量单位		m³

清单综合单价组成明细

定额编号	定额名称	定额单位	数量	单价				合价			
				人工费	材料费	机械费	管理费和利润	人工费	材料费	机械费	管理费和利润
3-374	预制 C30 混凝土栏杆	10m³	0.1	871.39	97.54	145.96	471.09	87.14	9.75	14.60	47.12
3-478	安装混凝土栏杆	10m³	0.1	492.09	291.65	293.24	161.55	49.21	29.17	29.32	16.16
1-634	预制栏杆运输，运距 50m	10m³	0.1	107.18	—	—	16.08	10.72	—	—	1.61
1-635	预制栏杆运输，运距增 100m	10m³	0.1	10.34	—	—	1.55	1.03	—	—	0.16
人工单价			小　计					148.10	38.92	43.92	65.05
22.47 元/工日			未计价材料费					202.57			
清单项目综合单价								498.56			

续表

材料费明细	主要材料名称、规格、型号	单位	数量	单价/元	合价/元	暂估单价/元	暂估合计/元
	混凝土 C30	m³	1.02	198.60	202.57		
	其他材料费				—		—
	材料费小计			—	202.57	—	

注：1. "数量"栏为"投标方(定额)工程量÷招标方(清单)工程量÷定额单位数量"，如"0.1"为 4.60÷4.60÷10；

　　2. 管理费费率为 10%，利润率为 5%，均以直接费为基数。

工程量清单综合单价分析表　　　　　　　　　　　　　表 3-160

工程名称：某桥梁　　　　　　　　标段：　　　　　　　　　第 14 页　共 22 页

项目编码	040303005003	项目名称	预制混凝土其他构件	计量单位	m³

清单综合单价组成明细

定额编号	定额名称	定额单位	数量	单价				合价			
				人工费	材料费	机械费	管理费和利润	人工费	材料费	机械费	管理费和利润
3-374	预制 C30 混凝土端柱	10m³	0.1	871.39	97.54	145.96	471.09	87.14	9.75	14.60	47.12
3-474	安装混凝土端柱	10m³	0.1	447.83	455.75	408.05	196.74	44.78	45.58	40.80	19.67
1-634	预制端柱运输，运距 50m	10m³	0.1	107.18	—		16.08	10.72	—		1.61
1-635	预制端杆运输，运距增 100m	10m³	0.1	10.34	—		1.55	1.03	—		0.16
人工单价		小　计						143.67	55.33	55.41	68.56
22.47 元/工日		未计价材料费						202.57			
清单项目综合单价								525.54			

材料费明细	主要材料名称、规格、型号	单位	数量	单价/元	合价/元	暂估单价/元	暂估合计/元
	混凝土 C30	m³	1.02	198.60	202.57		
	其他材料费				—		—
	材料费小计			—	202.57	—	

注：1. "数量"栏为"投标方(定额)工程量÷招标方(清单)工程量÷定额单位数量"，如"0.1"为 6.81÷6.81÷10；

　　2. 管理费费率为 10%，利润率为 5%，均以直接费为基数。

工程量清单综合单价分析表　　　　　　　　　　　　　表 3-161

工程名称：某桥梁　　　　　　　　标段：　　　　　　　　　第 15 页　共 22 页

项目编码	040303005004	项目名称	预制混凝土其他构件	计量单位	m³

清单综合单价组成明细

定额编号	定额名称	定额单位	数量	单价				合价			
				人工费	材料费	机械费	管理费和利润	人工费	材料费	机械费	管理费和利润
3-372	预制 C25 混凝土侧缘石	10m³	0.1	570.51	127.97	145.96	403.19	57.05	12.80	14.60	40.32

续表

定额编号	定额名称	定额单位	数量	单价				合价			
				人工费	材料费	机械费	管理费和利润	人工费	材料费	机械费	管理费和利润
3-476	安装混凝土侧缘石	10m³	0.1	387.61	—	—	58.14	38.76	—	—	5.81
1-634	预制侧缘石运输,运距50m	10m³	0.1	107.18	—	—	16.08	10.72	—	—	1.61
1-635	预制侧缘石运输,运距增100m	10m³	0.1	10.34	—	—	1.55	1.03	—	—	0.16
人工单价		小 计						107.56	12.80	14.60	47.90
22.47元/工日		未计价材料费						184.34			
清单项目综合单价								367.20			

材料费明细	主要材料名称、规格、型号	单位	数量	单价/元	合价/元	暂估单价/元	暂估合计/元
	混凝土 C25	m³	1.015	181.62	184.34		
	其他材料费			—	—		
	材料费小计			—	184.34		

注:1. "数量"栏为"投标方(定额)工程量÷招标方(清单)工程量÷定额单位数量",如"0.1"为10.10÷10.10÷10;

2. 管理费费率为10%,利润率为5%,均以直接费为基数。

工程量清单综合单价分析表　　表 3-162

工程名称:某桥梁　　　　　　　标段:　　　　　第 16 页　共 22 页

项目编码	040304002001	项目名称	浆砌块料	计量单位	m³

清单综合单价组成明细

定额编号	定额名称	定额单位	数量	单价				合价			
				人工费	材料费	机械费	管理费和利润	人工费	材料费	机械费	管理费和利润
1-703	浆砌料石台阶	10m³	0.1	625.56	770.67		209.43	62.56	77.07		20.94
1-715	浆砌料石面勾平缝	100m²	0.05	141.11	156.71		44.67	7.06	7.83		2.23
人工单价		小 计						69.62	84.9		23.17
22.47元/工日		未计价材料费									
清单项目综合单价								177.69			

材料费明细	主要材料名称、规格、型号	单位	数量	单价/元	合价/元	暂估单价/元	暂估合计/元
	料石	m³	0.91	65.10	59.05		
	水泥砂浆 M10	m³	0.19	102.65	19.95		
	水	m³	0.42	0.45	0.19		
	草袋	个	2.46	2.32	5.71		
	其他材料费			—	—		
	材料费小计			—	84.90		

注:1. "数量"栏为"投标方(定额)工程量÷招标方(清单)工程量÷定额单位数量",如"0.1"为12÷12÷10;

2. 管理费费率为10%,利润率为5%,均以直接费为基数。

工程量清单综合单价分析表　　　　　　　表 3-163

工程名称：某桥梁　　　　　　　标段：　　　　　　　第 17 页　共 22 页

项目编码	040305005001		项目名称		护坡		计量单位		m²

清单综合单价组成明细

定额编号	定额名称	定额单位	数量	单价				合价			
				人工费	材料费	机械费	管理费和利润	人工费	材料费	机械费	管理费和利润
1-697	浆砌块石护坡（厚 40cm）	10m³	0.04	260.20	855.47	26.60	171.34	10.41	34.22	1.60	6.85
1-714	浆砌块石面勾平缝	100m²	0.01	142.01	170.06		46.81	1.42	1.70		0.47
人工单价			小　计					11.83	35.92	1.06	7.32
22.47 元/工日			未计价材料费								
清单项目综合单价								56.13			

	主要材料名称、规格、型号				单位	数量	单价/元	合价/元	暂估单价/元	暂估合计/元
材料费明细	块石				m³	0.47	41.00	19.27		
	水泥砂浆 M10				m³	0.15	102.65	15.46		
	水				m³	0.12	0.45	0.05		
	草袋				个	0.49	2.32	1.14		
	其他材料费						—		—	
	材料费小计						—	35.92	—	

注：1. "数量"栏为"投标方（定额）工程量÷招标方（清单）工程量÷定额单位数量"，如"0.04"为 24÷60÷10；
　　2. 管理费费率为 10%，利润率为 5%，均以直接费为基数。

工程量清单综合单价分析表　　　　　　　表 3-164

工程名称：某桥梁　　　　　　　标段：　　　　　　　第 18 页　共 22 页

项目编码	040305005002		项目名称		护坡		计量单位		m²

清单综合单价组成明细

定额编号	定额名称	定额单位	数量	单价				合价			
				人工费	材料费	机械费	管理费和利润	人工费	材料费	机械费	管理费和利润
1-691	干砌块石护坡（厚 40cm）	10m³	0.04	230.54	478.06		106.29	9.22	19.12		4.25
1-713	干砌块石面勾平缝	100m²	0.01	154.14	170.06		48.63	1.54	1.70		0.49
人工单价			小　计					10.76	20.82		4.74
22.47 元/工日			未计价材料费								
清单项目综合单价								36.32			

	主要材料名称、规格、型号				单位	数量	单价/元	合价/元	暂估单价/元	暂估合计/元
材料费明细	块石				m³	0.47	41.00	19.12		
	水泥砂浆 M10				m³	0.005	102.65	0.53		
	草袋				个	0.49	2.32	1.14		
	水				m³	0.059	0.45	0.03		
	其他材料费						—		—	
	材料费小计						—	20.82	—	

注：1. "数量"栏为"投标方（定额）工程量÷招标方（清单）工程量÷定额单位数量"，如"0.04"为 128÷320÷10；
　　2. 管理费费率为 10%，利润率为 5%，均以直接费为基数。

工程量清单综合单价分析表

表 3-165

工程名称：某桥梁   标段：   第 19 页 共 22 页

项目编码	040308001001	项目名称	水泥砂浆抹面	计量单位	m²

清单综合单价组成明细

定额编号	定额名称	定额单位	数量	单价				合价			
				人工费	材料费	机械费	管理费和利润	人工费	材料费	机械费	管理费和利润
3-546	水泥砂浆抹面，分格	100m²	0.01	219.08	437.25	30.67	103.05	2.19	4.37	0.31	1.03
人工单价			小 计					2.19	4.37	0.31	1.03
22.47元/工日			未计价材料费								
清单项目综合单价								7.90			

材料费明细	主要材料名称、规格、型号	单位	数量	单价/元	合价/元	暂估单价/元	暂估合计/元
	素水泥浆	m³	0.001	467.02	0.48		
	水泥砂浆1∶2	m³	0.02	189.17	3.88		
	水	m³	0.03	0.45	0.01		
	其他材料费			—		—	
	材料费小计			—	4.37	—	

注：1. "数量"栏为"投标方(定额)工程量÷招标方(清单)工程量÷定额单位数量"，如"0.01"为120÷120÷100；

    2. 管理费费率为10%，利润率为10%，均以直接费为基数。

工程量清单综合单价分析表

表 3-166

工程名称：某桥梁   标段：   第 20 页 共 22 页

项目编码	040309002001	项目名称	板式橡胶支座	计量单位	个

清单综合单价组成明细

定额编号	定额名称	定额单位	数量	单价				合价			
				人工费	材料费	机械费	管理费和利润	人工费	材料费	机械费	管理费和利润
3-484	安装板式橡胶支座	100cm³	6.3	0.45	121.00		18.22	2.84	762.30		114.77
人工单价			小 计					2.84	762.30		114.77
22.47元/工日			未计价材料费								
清单项目综合单价								879.91			

材料费明细	主要材料名称、规格、型号	单位	数量	单价/元	合价/元	暂估单价/元	暂估合计/元
	板式橡胶支座	100cm³	6.3	121.00	762.30		
	其他材料费			—		—	
	材料费小计			—	762.30	—	

注：1. "数量"栏为"投标方(定额)工程量÷招标方(清单)工程量÷定额单位数量"，如"6.3"为630×216÷210÷100；

    2. 管理费费率为10%，利润率为10%，均以直接费为基数。

工程量清单综合单价分析表　　　　　　　　　　　　　　　表 3-167

工程名称：某桥梁　　　　　　　　　标段：　　　　　　　　　第 21 页　共 22 页

项目编码	040309006001		项目名称	桥梁伸缩装置		计量单位		m

清单综合单价组成明细

定额编号	定额名称	定额单位	数量	单价				合价			
				人工费	材料费	机械费	管理费和利润	人工费	材料费	机械费	管理费和利润
3-498	安装橡胶伸缩缝	10m	0.1	215.49	75.68	98.34	74.17	21.55	7.57	9.83	7.42
	人工单价		小　计					21.55	7.57	9.83	7.42
	22.47 元/工日		未计价材料费					10.50			
	清单项目综合单价							56.87			

材料费明细	主要材料名称、规格、型号	单位	数量	单价/元	合价/元	暂估单价/元	暂估合计/元
	橡胶板伸缩缝	m	1.00	10.50	10.50		
	其他材料费			—		—	
	材料费小计			—	10.50	—	

注：1. "数量"栏为"投标方（定额）工程量÷招标方（清单）工程量÷定额单位数量"，如"0.1"为 39.85÷39.85÷10；

　　2. 管理费费率为 10%，利润率为 5%，均以直接费为基数。

　　3. 橡胶板伸缩缝单价可根据不同情况变化。

工程量清单综合单价分析表　　　　　　　　　　　　　　　表 3-168

工程名称：某桥梁　　　　　　　　　标段：　　　　　　　　　第 22 页　共 22 页

项目编码	040309006002		项目名称	桥梁伸缩装置		计量单位		m

清单综合单价组成明细

定额编号	定额名称	定额单位	数量	单价				合价			
				人工费	材料费	机械费	管理费和利润	人工费	材料费	机械费	管理费和利润
3-500	安装沥青麻丝伸缩缝	10m	0.1	43.14	17.84		9.15	4.31	1.78		0.92
	人工单价		小　计					4.31	1.78		0.92
	22.47 元/工日		未计价材料费								
	清单项目综合单价							7.01			

材料费明细	主要材料名称、规格、型号	单位	数量	单价/元	合价/元	暂估单价/元	暂估合计/元
	石油沥青 30#	kg	0.16	1.40	0.22		
	油浸麻丝	kg	0.15	10.40	1.56		
	其他材料费			—		—	
	材料费小计			—	1.78	—	

注：1. "数量"栏为"投标方（定额）工程量÷招标方（清单）工程量÷定额单位数量"，如"0.1"为 28.08÷28.08÷10；

　　2. 管理费费率为 10%，利润率为 5%，均以直接费为基数。

措施项目清单与计价表　　　　　　　　　　　　表 3-169

工程名称：某梁桥　　　　　　　标段：　　　　　　　　第 1 页　共 1 页

序号	项目编码	项目名称	项目特征描述	计量单位	工程量	综合单价	合价
1	DB001	围堰	草袋围堰	m³	216.53	103.80	22476.22
2	AB001	混凝土、钢筋混凝土模板及支架	承台模板	m²	43.7	58.02	2535.27
3	AB002	混凝土、钢筋混凝土模板及支架	墩柱模板	m²	36.9	47.45	1750.91
4	AB003	混凝土、钢筋混凝土模板及支架	墩盖架模板	m²	75.8	37.63	2852.38
5	AB004	混凝土、钢筋混凝土模板及支架	预制侧缘石模板	m²	27.7	32.04	887.48
6	AB005	混凝土、钢筋混凝土模板及支架	预制端墙、端柱模板	m²	250.8	58.25	14609.91
7	AB006	混凝土、钢筋混凝土模板及支架	预制方桩模板	m²	665.4	18.08	12028.33
8	AB007	混凝土、钢筋混凝土模板及支架	预制非预应力空心板梁模板	m²	630.8	40.02	25245.72
9	AB008	混凝土、钢筋混凝土模板及支架	预制人行道板模板	m²	27.4	32.04	877.99
10	AB009	混凝土、钢筋混凝土模板及支架	预制栏杆模板	m²	169.4	58.25	9868.11
11	AB010	混凝土、钢筋混凝土模板及支架	筑拆混凝土地模	m²	600	96.99	58193.84
		本页小计					151326.16
		合　计					151326.16

三、《建设工程工程量清单计价规范》GB 50500—2013 和《市政工程工程量清单计算规范 GB 50857—2013》计算方法

采用《全国统一市政工程预算定额》GYD—305—1999，见表 3-170～表 3-193）。

分部分项工程和单价措施项目清单与计价表　　　表 3-170

工程名称：某桥梁　　　　　　标段：　　　　　　第　页　共　页

序号	项目编码	项目名称	项目特征描述	计量单位	工程量	综合单价	合价	其中：暂估价
			实体项目					
1	040101003001	挖基坑土方	三类土，2m 以内	m³	36.00			
2	040101005001	挖淤泥	人工挖淤泥	m³	153.60			
3	040103001001	回填方	回填基坑，密实度95%	m³	1589.00			
4	040103001002	回填方	淤泥运距 100m	m³	153.60			
5	040301001001	预制钢筋混凝土方桩	C30 混凝土，墩、台基桩 30×50	m³	944.00			
6	040303007001	混凝土墩(台)盖梁	台盖梁，C30 混凝土	m³	38.00			
7	040303007002	混凝土墩(台)盖梁	墩盖梁，C30 混凝土	m³	25.00			
8	040303003001	混凝土承台	墩承台，C30 混凝土	m³	17.40			
9	040303005001	混凝土墩(台)身	墩柱，C20 混凝土	m³	8.60			
10	040303019001	桥面铺装	车行道厚 14.5cm，C25 混凝土	m³	61.90			
11	040304001001	预制混凝土梁	C30 非预应力空心板梁	m³	166.14			

558

续表

序号	项目编码	项目名称	项目特征描述	计量单位	工程量	金额(元)		
						综合单价	合价	其中：暂估价
12	040304005001	预制混凝土其他构件	人行道板，C25 混凝土	m³	6.40			
13	040304005002	预制混凝土其他构件	栏杆，C30 混凝土	m³	4.60			
14	040304005003	预制混凝土其他构件	端墙端柱，C30 混凝土	m³	6.81			
15	040304005004	预制混凝土其他构件	侧缘石，C25 混凝土	m³	10.10			
16	040305003001	浆砌块料	踏步料石 30×20×100，M10 砂浆	m³	12.00			
17	040305005001	护坡	M10 水泥砂浆砌块石护坡，厚 40cm	m²	60.00			
18	040305005002	护坡	干砌块石护坡，厚 40cm	m²	320.00			
19	040308001001	水泥砂浆抹面	人行道水泥砂浆抹面 1：2，分格	m²	120.00			
20	040309004001	板式橡胶支座	板式，每个 630cm³	个	216.00			
21	040309007001	桥梁伸缩装置	橡胶伸缩缝	m	39.85			
22	040309007002	桥梁伸缩装置	沥青麻丝伸缩缝	m	28.08			
措施项目								
23	041103001001	围堰	草袋围堰	m³	216.53			
24	041102003001	承台模板	承台模板	m²	43.70			
25	041102012001	柱模板	墩柱模板	m²	36.90			
26	041102007001	墩(台)盖梁模板	墩盖架模板	m²	75.80			
27	041102021001	小型构件模板	预制侧缘石模板	m²	27.70			
28	041102012002	柱模板	预制端墙、端柱模板	m²	250.80			
29	041102021002	小型构件模板	架预制方桩模板	m²	665.40			
30	041102015001	板梁模板	预制非预应力空心板梁模板	m²	630.80			
31	041102014001	板模板	预制人行道板模板	m²	27.40			
32	041102019001	防撞护栏模板	预制栏杆模板	m²	169.40			
33	041102021003	小型构件模板	筑拆混凝土地模	m²	600.00			
本页小计								
合　计								

分部分项工程和单价措施项目清单与计价表

表 3-171

工程名称：某桥梁　　　　　　　　标段：　　　　　　　　第　页　共　页

序号	项目编码	项目名称	项目特征描述	计量单位	工程量	金额(元)		
						综合单价	合价	其中：暂估价
实 体 项 目								
1	040101003001	挖基坑土方	三类土，2m 以内	m³	36.00	22.38	805.68	
2	040101005001	挖淤泥	人工挖淤泥	m³	153.60	25.94	3984.58	
3	040103001001	回填方	回填基坑，密实度 95%	m³	1589.00	22.20	35270.23	
4	040103001002	回填方	淤泥运距 100m	m³	153.60	11.92	1830.91	
5	040301001001	预制钢筋混凝土方桩	C30 混凝土，墩、台基桩 30×50	m³	944.00	213.53	201572.32	
6	040303007001	混凝土墩(台)盖梁	台盖梁，C30 混凝土	m³	38.00	335.29	12741.02	
7	040304007002	混凝土墩（台）盖梁	墩盖梁，C30 混凝土	m³	25.00	307.12	7678.00	
8	040303003001	混凝土承台	墩承台，C30 混凝土	m³	17.40	296.92	5166.41	
9	040303005001	混凝土墩（台）身	墩柱，C20 混凝土	m³	8.60	278.46	2394.73	
10	040303019001	桥面铺装	车行道厚 14.5cm，C25 混凝土	m³	61.90	321.17	19880.21	
11	040304001001	预制混凝土梁	C30 非预应力空心板梁	m³	166.14	388.54	64552.04	
12	040304005001	预制混凝土其他构件	人行道板，C25 混凝土	m³	6.40	364.92	2335.49	
13	040304005002	预制混凝土其他构件	栏杆，C30 混凝土	m³	4.60	498.56	2293.38	
14	040304005003	预制混凝土其他构件	端墙端柱，C30 混凝土	m³	6.81	525.54	3578.93	
15	040304005004	预制混凝土其他构件	侧缘石，C25 混凝土	m³	10.10	367.20	3708.72	
16	040305003001	浆砌块料	踏步料石 30×20×100，M10 砂浆	m³	12.00	177.69	2132.30	
17	040305005001	护坡	M10 水泥砂浆砌块石护坡，厚 40cm	m²	60.00	56.13	3368.01	
18	040305005002	护坡	干砌块石护坡，厚 40cm	m²	320.00	36.32	11623.65	
19	040308001001	水泥砂浆抹面	人行道水泥砂浆抹面 1:2，分格	m²	120.00	7.90	948.00	
20	040309004001	板式橡胶支座	板式，每个 630cm³	个	216.00	879.91	190059.54	
21	040309007001	桥梁伸缩装置	橡胶伸缩缝	m	39.85	56.87	2266.27	
22	040309007002	桥梁伸缩装置	沥青麻丝伸缩缝	m	28.08	7.01	196.91	
措施项目								
23	041103001001	围堰	草袋围堰	m³	216.53	103.80	22476.22	

续表

序号	项目编码	项目名称	项目特征描述	计量单位	工程量	综合单价	合价	其中：暂估价
24	041102003001	承台模板	承台模板	m²	43.7	58.02	2535.27	
25	041102012001	柱模板	墩柱模板	m²	36.9	47.45	1750.91	
26	041102007001	墩（台）盖梁模板	墩盖架模板	m²	75.8	37.63	2852.38	
27	041102021001	小型构件模板	预制侧缘石模板	m²	27.7	32.04	887.48	
28	041102012002	柱模板	预制端墙、端柱模板	m²	250.8	58.25	14609.91	
29	041102021002	小型构件模板	架预制方桩模板	m²	665.4	18.08	12028.33	
30	041102015001	板梁模板	预制非预应力空心板梁模板	m²	630.8	40.02	25245.72	
31	041102014001	板模板	预制人行道板模板	m²	27.4	32.04	877.99	
32	041102019001	防撞护栏模板	预制栏杆模板	m²	169.4	58.25	9868.11	
33	041102021003	小型构件模板	筑拆混凝土地模	m²	600	96.99	58193.84	
			本页小计				151326.16	
			合　计				719213.49	

工程量清单综合单价分析表　　表 3-172

工程名称：某桥梁　　　　　　标段：　　　　　　第 1 页　共 22 页

项目编码	040101003001	项目名称	挖基坑土方	计量单位	m³	工程量	36.00

清单综合单价组成明细

定额编号	定额名称	定额单位	数量	单价				合价			
				人工费	材料费	机械费	管理费和利润	人工费	材料费	机械费	管理费和利润
1-20	人工挖基坑土方	100m³	0.01	1429.09	—	—	214.36	14.29	—	—	2.14
1-45	人工装运土方	100m³	0.01	431.65	—	—	64.75	4.32	—	—	0.65
1-46	人工装运土方，运距增 50m	100m³	0.01	85.39	—	—	12.81	0.85	—	—	0.13
人工单价				小　计				19.46	—	—	2.92
22.47 元/工日				未计价材料费							
清单项目综合单价								22.38			

材料费明细	主要材料名称、规格、型号	单位	数量	单价/元	合价/元	暂估单价/元	暂估合计/元
	其他材料费				—		—
	材料费小计				—		—

注：1. "数量"栏为"投标方（定额）工程量÷招标方（清单）工程量÷定额单位数量"，如"0.01"为 36÷36÷100；

2. 管理费费率为 10%，利润率为 5%，均以直接费为基数。

工程量清单综合单价分析表

表 3-173

工程名称：某桥梁　　　　　　　　标段：　　　　　　　

项目编码	040101005001	项目名称	挖淤泥	计量单位	m³	工程量	153.60

清单综合单价组成明细

定额编号	定额名称	定额单位	数量	单价				合价			
				人工费	材料费	机械费	管理费和利润	人工费	材料费	机械费	管理费和利润
1-50	人工挖淤泥	100m³	0.01	2255.76	—	—	338.36	22.56	—	—	3.38
人工单价		小　计						22.56	—	—	3.38
22.47元/工日		未计价材料费									
清单项目综合单价								25.94			

材料费明细	主要材料名称、规格、型号		单位	数量	单价/元	合价/元	暂估单价/元	暂估合计/元
	其他材料费					—		—
	材料费小计					—		—

注：1. "数量"栏为"投标方（定额）工程量÷招标方（清单）工程量÷定额单位数量"，如"0.01"为153.60÷153.60÷100；

2. 管理费费率为10%，利润率为5%，均以直接费为基数。

工程量清单综合单价分析表

表 3-174

工程名称：某桥梁　　　　　　　　标段：　　　　　　　

项目编码	040103001001	项目名称	回填方	计量单位	m³	工程量	1589.00

清单综合单价组成明细

定额编号	定额名称	定额单位	数量	单价				合价			
				人工费	材料费	机械费	管理费和利润	人工费	材料费	机械费	管理费和利润
1-56	填土夯实	100m³	0.01	891.69	0.70	—	133.86	8.92	0.01	—	1.34
1-47	机动翻斗车运土（运距100m）	100m³	0.01	338.62	—	699.20	155.67	3.39	—	6.99	1.55
人工单价		小　计						12.31	0.01	6.99	2.89
22.47元/工日		未计价材料费									
清单项目综合单价								22.20			

材料费明细	主要材料名称、规格、型号		单位	数量	单价/元	合价/元	暂估单价/元	暂估合计/元
	水		m³	0.016	0.45	0.01		
	其他材料费					—		
	材料费小计					0.01		

注：1. "数量"栏为"投标方（定额）工程量÷招标方（清单）工程量÷定额单位数量"，如"0.01"为1589.00÷1589.00÷100；

2. 管理费费率为10%，利润率为5%，均以直接费为基数。

工程量清单综合单价分析表

表 3-175

工程名称：某桥梁　　　　　　　标段：　　　　　　　第 4 页　共 22 页

项目编码	040103001002	项目名称	回填方	计量单位	m³	工程量	153.60

清单综合单价组成明细

定额编号	定额名称	定额单位	数量	单价				合价			
				人工费	材料费	机械费	管理费和利润	人工费	材料费	机械费	管理费和利润
1-51	人工运淤泥，运距 20m 以内	100m³	0.01	698.14	—	—	104.72	6.98	—	—	1.05
1-52	人工运淤泥，运距每增加 20m	100m³	0.01	337.50	—	—	50.63	3.38	—	—	0.51
人工单价				小　计				10.36	—	—	1.56
22.47 元/工日				未计价材料费							
清单项目综合单价								11.92			

材料费明细	主要材料名称、规格、型号				单位	数量	单价/元	合价/元	暂估单价/元	暂估合计/元
	其他材料费						—		—	
	材料费小计						—		—	

注：1. "数量"栏为"投标方(定额)工程量÷招标方(清单)工程量÷定额单位数量"，如"0.01"为 153.60÷153.60÷100；

2. 管理费费率为 10%，利润率为 5%，均以直接费为基数。

工程量清单综合单价分析表

表 3-176

工程名称：某桥梁　　　　　　　标段：　　　　　　　第 5 页　共 22 页

项目编码	040301001001	项目名称	预制钢筋混凝土方桩	计量单位	m	工程量	944.00

清单综合单价组成明细

定额编号	定额名称	定额单位	数量	单价				合价			
				人工费	材料费	机械费	管理费和利润	人工费	材料费	机械费	管理费和利润
3-514	水上支架	100m²	0.007	4029.77	4771.55	8315.54	2251.84	28.21	33.40	58.21	15.76
3-336	方桩	10m³	0.012	421.31	44.85	258.01	406.62	5.06	0.54	3.10	4.88
3-23	打钢筋混凝土方桩(24m 以内)	10m³	0.005	199.31	65.36	1609.13	281.4	1.00	0.33	8.05	1.41
3-26	打钢筋混凝土方桩(28m 以内)	10m³	0.006	122.46	84.92	1636.23	276.50	0.73	0.51	9.82	1.66
3-60	浆锚接桩	个	0.042	12.36	90.42	134.49	35.59	0.52	3.80	5.65	1.50
3-75	送桩(8m 以内)	10m³	0.0004	581.75	176.39	1982.49	411.09	0.23	0.07	0.79	0.16
补 2	钢筋混凝土桩运输(150m 以内)	10m³	0.012					0.76	1.80	0.90	0.52
补 1	凿预制桩桩头混凝土	个	0.042					0.29			0.04

续表

人工单价		小　计		36.80	40.45	86.52	25.93
22.47元/工日		未计价材料费			23.83		
清单项目综合单价					213.53		

材料费明细	主要材料名称、规格、型号	单位	数量	单价/元	合计/元	暂估单价/元	暂估合计/元
	混凝土 C30	m³	0.12	198.60	23.83		
	其他材料费			—		—	
	材料费小计			—	23.83		

注：1. "数量"栏为"投标方(定额)工程量÷招标方(清单)工程量÷定额单位数量"，如"0.007"为701.72÷944÷100；

2. 管理费费率为10%，利润率为5%，均以直接费为基数。

工程量清单综合单价分析表　　表 3-177

工程名称：某桥梁　　　　　　　　标段：　　　　　　　第 6 页　共 22 页

项目编码	040303007001	项目名称	混凝土墩(台)盖梁	计量单位	m³	工程量	38.00

清单综合单价组成明细

定额编号	定额名称	定额单位	数量	单价				合价			
				人工费	材料费	机械费	管理费和利润	人工费	材料费	机械费	管理费和利润
3-288	混凝土台盖梁	10m³	0.1	369.63	20.34	215.00	398.51	36.96	2.03	25.10	39.85
3-261	桥台混凝土垫层	10m³	0.00903	297.28	2.58	214.14	324.11	2.68	0.02	1.93	2.93
3-260	桥台碎石垫层	10m³	0.00903	146.73	558.99	—	105.86	1.32	5.05		0.96
人工单价		小　计						40.96	7.1	27.03	43.74
22.47元/工日		未计价材料费							216.46		
清单项目综合单价									335.29		

材料费明细	主要材料名称、规格、型号	单位	数量	单价/元	合价/元	暂估单价/元	暂估合计/元
	混凝土 C30	m³	1.015	198.60	201.58		
	混凝土 C15	m³	0.0917	162.24	14.88		
	其他材料费			—			
	材料费小计			—	216.46		

注：1. "数量"栏为"投标方(定额)工程量÷招标方(清单)工程量÷定额单位数量"，如"0.00903"为3.43÷38÷100；

2. 管理费费率为10%，利润率为5%，均以直接费为基数。

工程量清单综合单价分析表　　表 3-178

工程名称：某桥梁　　　　　　　　标段：　　　　　　　第 7 页　共 22 页

项目编码	040303007002	项目名称	混凝土墩(台)盖梁	计量单位	m³	工程量	25.00

清单综合单价组成明细

定额编号	定额名称	定额单位	数量	单价				合价			
				人工费	材料费	机械费	管理费和利润	人工费	材料费	机械费	管理费和利润
3-286	混凝土墩盖梁	10m³	0.1	375.25	20.02	259.48	400.58	37.53	2.00	25.95	40.06

续表

人工单价	小 计		37.53	2.00	25.95	40.06
22.47 元/工日	未计价材料费		201.58			
清单项目综合单价			307.12			

材料费明细	主要材料名称、规格、型号	单位	数量	单价/元	合价/元	暂估单价/元	暂估合计/元
	混凝土 C30	m³	1.015	198.60	201.58		
	其他材料费				—		—
	材料费小计				201.58	—	—

注：1. "数量"栏为"投标方（定额）工程量÷招标方（清单）工程量÷定额单位数量"，如"0.1"为 25÷25÷10；

2. 管理费费率为 10%，利润率为 5%，均以直接费为基数。

工程量清单综合单价分析表

表 3-179

工程名称：某桥梁　　　　　　标段：　　　　　　第 8 页　共 22 页

项目编码	040303003001	项目名称	混凝土承台	计量单位	m³	工程量	17.40

清单综合单价组成明细

定额编号	定额名称	定额单位	数量	单价				合价			
				人工费	材料费	机械费	管理费和利润	人工费	材料费	机械费	管理费和利润
3-265	混凝土承台	10m³	0.1	320.20	22.87	222.99	387.28	32.02	2.29	22.30	38.73

人工单价	小 计		32.02	2.29	22.30	38.73
22.47 元/工日	未计价材料费		201.58			
清单项目综合单价			296.92			

材料费明细	主要材料名称、规格、型号	单位	数量	单价/元	合价/元	暂估单价/元	暂估合计/元
	混凝土 C30	m³	1.015	198.60	201.58		
	其他材料费				—		—
	材料费小计				201.58	—	—

注：1. "数量"栏为"投标方（定额）工程量÷招标方（清单）工程量÷定额单位数量"，如"0.1"为 17.4÷17.4÷10；

2. 管理费费率为 10%，利润率为 5%，均以直接费为基数。

工程量清单综合单价分析表

表 3-180

工程名称：某桥梁　　　　　　标段：　　　　　　第 9 页　共 22 页

项目编码	040303005001	项目名称	混凝土墩（台）身	计量单位	m³	工程量	8.60

清单综合单价组成明细

定额编号	定额名称	定额单位	数量	单价				合价			
				人工费	材料费	机械费	管理费和利润	人工费	材料费	机械费	管理费和利润
3-280	混凝土柱式墩台身	10m³	0.1	399.74	7.65	281.96	363.20	39.97	0.77	28.20	36.22

人工单价	小　　计	39.97	0.77	28.20	36.32
22.47 元/工日	未计价材料费	173.20			
清单项目综合单价		278.46			

材料费明细	主要材料名称、规格、型号	单位	数量	单价/元	合价/元	暂估单价/元	暂估合价/元
	混凝土 C20	m³	1.015	170.64	173.20		
	其他材料费			—		—	
	材料费小计			—	173.20	—	

注：1."数量"栏为"投标方(定额)工程量÷招标方(清单)工程量÷定额单位数量"，如"0.1"为 8.6÷8.6÷10；

2.管理费费率为 10%，利润率为 5%，均以直接费为基数。

工程量清单综合单价分析表　　　　表 3-181

工程名称：某桥梁　　　　　　　标段：　　　　　　第 10 页　共 22 页

项目编码	040303019001	项目名称	桥面铺装	计量单位	m²	工程量	61.90

清单综合单价组成明细

定额编号	定额名称	定额单位	数量	单价				合价			
				人工费	材料费	机械费	管理费和利润	人工费	材料费	机械费	管理费和利润
3-331	车行道桥面混凝土铺装	10m³	0.1	455.47	216.15	145.96	400.53	45.55	21.62	14.60	40.05
人工单价		小　　计						45.55	21.62	14.60	40.05
22.47 元/工日		未计价材料费						185.25			
清单项目综合单价								307.07			

材料费明细	主要材料名称、规格、型号	单位	数量	单价/元	合价/元	暂估单价/元	暂估合价/元
	混凝土 C25	m³	1.015	181.62	185.25		
	其他材料费			—		—	
	材料费小计			—	185.25	—	

注：1."数量"栏为"投标方(定额)工程量÷招标方(清单)工程量÷定额单位数量"，如"0.1"为 61.9÷61.9÷10；

2.管理费费率为 10%，利润率为 5%，均以直接费为基数。

工程量清单综合单价分析表　　　　表 3-182

工程名称：某桥梁　　　　　　　标段：　　　　　　第 11 页　共 22 页

项目编码	040304001001	项目名称	预制混凝土梁	计量单位	m³	工程量	166.14

清单综合单价组成明细

定额编号	定额名称	定额单位	数量	单价				合价			
				人工费	材料费	机械费	管理费和利润	人工费	材料费	机械费	管理费和利润
3-356	非预应力混凝土空心板梁	10m³	0.1	414.8	58.5	255.06	413.34	41.48	5.85	25.51	41.33
3-431	安装板梁(L≤10m)	10m³	0.1	45.39	—	272.94	47.75	4.54	—	27.29	4.78

续表

定额编号	定额名称	定额单位	数量	单价 人工费	单价 材料费	单价 机械费	单价 管理费和利润	合价 人工费	合价 材料费	合价 机械费	合价 管理费和利润
3-323	板梁底砂浆及勾缝	10m	0.0307	51.68	1.86	—	8.03	1.59	0.06	—	0.25
补2	非预应力空心板梁运输	10m³	0.1	62.98	150.23	74.99	43.23	6.30	15.02	7.50	4.32
人工单价				小 计				53.91	20.93	60.30	50.68
22.47元/工日				未计价材料费				202.72			
清单项目综合单价								388.54			

材料费明细	主要材料名称、规格、型号		单位	数量	单价/元	合价/元	暂估单价/元	暂估合计/元
	混凝土 C30		m³	1.015	198.60	201.58		
	混凝土 C20		m³	0.0067	170.64	1.14		
	其他材料费				—	—		
	材料费小计				—	202.72		

注：1. "数量"栏为"投标方(定额)工程量÷招标方(清单)工程量÷定额单位数量"，如"0.0307"为 51÷166.14÷10；
　　2. 管理费费率为10%，利润率为5%，均以直接费为基数。

工程量清单综合单价分析表　　　　表 3-183

工程名称：某桥梁　　　　　　　　标段：　　　　　　　　第12页　共22页

项目编码	040304005001	项目名称	预制混凝土其他构件	计量单位	m³	工程量	6.40

清单综合单价组成明细

定额编号	定额名称	定额单位	数量	单价 人工费	单价 材料费	单价 机械费	单价 管理费和利润	合价 人工费	合价 材料费	合价 机械费	合价 管理费和利润
3-372	预制 C25 混凝土人行道板	10m³	0.1	570.51	127.97	145.96	403.19	57.05	12.80	14.60	40.46
3-475	安装混凝土人行道板	10m³	0.1	358.62	—	—	53.79	35.86	—	—	5.38
1-634	预制人行道板运输，运距 50m	10m³	0.1	107.18	—	—	16.08	10.72	—	—	1.61
1-635	预制人行道板运输，运距增 100m	10m³	0.1	10.34	—	—	1.55	1.03	—	—	0.16
人工单价				小 计				104.66	12.80	14.60	47.61
22.47元/工日				未计价材料费				185.25			
清单项目综合单价								364.92			

材料费明细	主要材料名称、规格、型号		单位	数量	单价/元	合价/元	暂估单价/元	暂估合计/元
	混凝土 C25		m³	1.02	181.62	185.25		
	其他材料费				—	—		
	材料费小计				—	185.25		

注：1. "数量"栏为"投标方(定额)工程量÷招标方(清单)工程量÷定额单位数量"，如"0.1"为 6.4÷6.4÷10；
　　2. 管理费费率为10%，利润率为5%，均以直接费为基数。

工程量清单综合单价分析表

表 3-184

工程名称：某桥梁　　　　　　　　　　标段：　　　　　　　　第 13 页　共 22 页

| 项目编码 | 040304005002 | 项目名称 | | 预制混凝土其他构件 | | 计量单位 | | m³ | | 工程量 | | 4.60 |

清单综合单价组成明细

定额编号	定额名称	定额单位	数量	单价				合价			
				人工费	材料费	机械费	管理费和利润	人工费	材料费	机械费	管理费和利润
3-374	预制 C30 混凝土栏杆	10m³	0.1	871.39	97.54	145.96	471.09	87.14	9.75	14.60	47.12
3-478	安装混凝土栏杆	10m³	0.1	492.09	291.65	293.24	161.55	49.21	29.17	29.32	16.16
1-634	预制栏杆运输，运距 50m	10m³	0.1	107.18	—	—	16.08	10.72	—	—	1.61
1-635	预制栏杆运输，运距增 100m	10m³	0.1	10.34	—	—	1.55	1.03	—	—	0.16
人工单价		小　计						148.10	38.92	43.92	65.05
22.47 元/工日		未计价材料费							202.57		
清单项目综合单价									498.56		

材料费明细	主要材料名称、规格、型号	单位	数量	单价/元	合价/元	暂估单价/元	暂估合计/元
	混凝土 C30	m³	1.02	198.60	202.57		
	其他材料费			—	—		
	材料费小计			—	202.57		

注：1. "数量"栏为"投标方（定额）工程量÷招标方（清单）工程量÷定额单位数量"，如"0.1"为 4.60÷4.60÷10；

2. 管理费费率为 10%，利润率为 5%，均以直接费为基数。

工程量清单综合单价分析表

表 3-185

工程名称：某桥梁　　　　　　　　　　标段：　　　　　　　　第 14 页　共 22 页

| 项目编码 | 040304005003 | 项目名称 | | 预制混凝土其他构件 | | 计量单位 | | m³ | | 工程量 | | 6.81 |

清单综合单价组成明细

定额编号	定额名称	定额单位	数量	单价				合价			
				人工费	材料费	机械费	管理费和利润	人工费	材料费	机械费	管理费和利润
3-374	预制 C30 混凝土端柱	10m³	0.1	871.39	97.54	145.96	471.09	87.14	9.75	14.60	47.12
3-474	安装混凝土端柱	10m³	0.1	447.83	455.75	408.05	196.74	44.78	45.58	40.80	19.67
1-634	预制端柱运输，运距 50m	10m³	0.1	107.18	—	—	16.08	10.72	—	—	1.61
1-635	预制端杆运输，运距增 100m	10m³	0.1	10.34	—	—	1.55	1.03	—	—	0.16
人工单价		小　计						143.67	55.33	55.41	68.56
22.47 元/工日		未计价材料费							202.57		
清单项目综合单价									525.54		

续表

材料费明细	主要材料名称、规格、型号	单位	数量	单价/元	合价/元	暂估单价/元	暂估合计/元
	混凝土 C30	m³	1.02	198.60	202.57		
	其他材料费			—	—		
	材料费小计			—	202.57		

注：1. "数量"栏为"投标方（定额）工程量÷招标方（清单）工程量÷定额单位数量"，如"0.1"为 6.81÷6.81÷10；

2. 管理费费率为 10%，利润率为 5%，均以直接费为基数。

工程量清单综合单价分析表   表 3-186

工程名称：某桥梁   标段：   第 15 页 共 22 页

项目编码	040304005004	项目名称	预制混凝土其他构件	计量单位	m³	工程量	10.10

清单综合单价组成明细

定额编号	定额名称	定额单位	数量	单价				合价			
				人工费	材料费	机械费	管理费和利润	人工费	材料费	机械费	管理费和利润
3-372	预制 C25 混凝土侧缘石	10m³	0.1	570.51	127.97	145.96	403.19	57.05	12.80	14.60	40.32
3-476	安装混凝土侧缘石	10m³	0.1	387.61	—		58.14	38.76			5.81
1-634	预制侧缘石运输，运距 50m	10m³	0.1	107.18		16.08		10.72			1.61
1-635	预制侧缘石运输，运距增 100m	10m³	0.1	10.34		1.55		1.03			0.16
人工单价		小　计						107.56	12.80	14.60	47.90
22.47 元/工日		未计价材料费						184.34			
	清单项目综合单价							367.20			

材料费明细	主要材料名称、规格、型号	单位	数量	单价/元	合价/元	暂估单价/元	暂估合计/元
	混凝土 C25	m³	1.015	181.62	184.34		
	其他材料费			—	—		
	材料费小计			—	184.34		

注：1. "数量"栏为"投标方（定额）工程量÷招标方（清单）工程量÷定额单位数量"，如"0.1"为 10.10÷10.10÷10；

2. 管理费费率为 10%，利润率为 5%，均以直接费为基数。

工程量清单综合单价分析表   表 3-187

工程名称：某桥梁   标段：   第 16 页 共 22 页

项目编码	040305003001	项目名称	浆砌块料	计量单位	m³	工程量	12.00

清单综合单价组成明细

定额编号	定额名称	定额单位	数量	单价				合价			
				人工费	材料费	机械费	管理费和利润	人工费	材料费	机械费	管理费和利润
1-703	浆砌料石台阶	10m³	0.1	625.56	770.67		209.43	62.56	77.07		20.94
1-715	浆砌料石面勾平缝	100m²	0.05	141.11	156.71		44.67	7.06	7.83		2.23

续表

人工单价	小　计			69.62	84.9		23.17
22.47元/工日	未计价材料费						
清单项目综合单价					177.69		

材料费明细	主要材料名称、规格、型号	单位	数量	单价/元	合价/元	暂估单价/元	暂估合计/元
	料石	m³	0.91	65.10	59.05		
	水泥砂浆 M10	m³	0.19	102.65	19.95		
	水	m³	0.42	0.45	0.19		
	草袋	个	2.46	2.32	5.71		
	其他材料费			—		—	
	材料费小计			—	84.90	—	

注：1. "数量"栏为"投标方(定额)工程量÷招标方(清单)工程量÷定额单位数量"，如"0.1"为12÷12÷10；

2. 管理费费率为10%，利润率为5%，均以直接费为基数。

工程量清单综合单价分析表　　　　表 3-188

工程名称：某桥梁　　　　　　　标段：　　　　　　第 17 页　共 22 页

项目编码	040305005001	项目名称	护坡	计量单位	m²	工程量	60.00

清单综合单价组成明细

定额编号	定额名称	定额单位	数量	单价				合价			
				人工费	材料费	机械费	管理费和利润	人工费	材料费	机械费	管理费和利润
1-697	浆砌块石护坡(厚40cm)	10m³	0.04	260.20	855.47	26.60	171.34	10.41	34.22	1.60	6.85
1-714	浆砌块石面勾平缝	100m²	0.01	142.01	170.06		46.81	1.42	1.70		0.47
人工单价		小　计						11.83	35.92	1.06	7.32
22.47元/工日		未计价材料费									
清单项目综合单价								56.13			

材料费明细	主要材料名称、规格、型号	单位	数量	单价/元	合价/元	暂估单价/元	暂估合计/元
	块石	m³	0.47	41.00	19.27		
	水泥砂浆 M10	m³	0.15	102.65	15.46		
	水	m³	0.12	0.45	0.05		
	草袋	个	0.49	2.32	1.14		
	其他材料费			—		—	
	材料费小计			—	35.92	—	

注：1. "数量"栏为"投标方(定额)工程量÷招标方(清单)工程量÷定额单位数量"，如"0.04"为24÷60÷10；

2. 管理费费率为10%，利润率为5%，均以直接费为基数。

工程量清单综合单价分析表　　　　　　　　　　表 3-189

工程名称：某桥梁　　　　　　　　标段：　　　　　　第 18 页　共 22 页

项目编码	040305005002	项目名称	护坡	计量单位	m²	工程量	320.00

清单综合单价组成明细

定额编号	定额名称	定额单位	数量	单价				合价			
				人工费	材料费	机械费	管理费和利润	人工费	材料费	机械费	管理费和利润
1-691	干砌块石护坡（厚40cm）	10m³	0.04	230.54	478.06		106.29	9.22	19.12		4.25
1-713	干砌块石面勾平缝	100m²	0.01	154.14	170.06		48.63	1.54	1.70		0.49
人工单价			小　计					10.76	20.82		4.74
22.47元/工日			未计价材料费								
清单项目综合单价								36.32			

材料费明细	主要材料名称、规格、型号	单位	数量	单价/元	合价/元	暂估单价/元	暂估合计/元
	块石	m³	0.47	41.00	19.12		
	水泥砂浆 M10	m³	0.005	102.65	0.53		
	草袋	个	0.49	2.32	1.14		
	水	m³	0.059	0.45	0.03		
	其他材料费			—		—	
	材料费小计			—	20.82	—	

注：1. "数量"栏为"投标方（定额）工程量÷招标方（清单）工程量÷定额单位数量"，如"0.04"为128÷320÷10；

　　2. 管理费费率为10%，利润率为5%，均以直接费为基数。

工程量清单综合单价分析表　　　　　　　　　　表 3-190

工程名称：某桥梁　　　　　　　　标段：　　　　　　第 19 页　共 22 页

项目编码	040308001001	项目名称	水泥砂浆抹面	计量单位	m²	工程量	120.00

清单综合单价组成明细

定额编号	定额名称	定额单位	数量	单价				合价			
				人工费	材料费	机械费	管理费和利润	人工费	材料费	机械费	管理费和利润
3-546	水泥砂浆抹面，分格	100m²	0.01	219.08	437.25	30.67	103.05	2.19	4.37	0.31	1.03
人工单价			小　计					2.19	4.37	0.31	1.03
22.47元/工日			未计价材料费								
清单项目综合单价								7.90			

材料费明细	主要材料名称、规格、型号	单位	数量	单价/元	合价/元	暂估单价/元	暂估合计/元
	素水泥浆	m³	0.001	467.02	0.48		
	水泥砂浆 1：2	m³	0.02	189.17	3.88		
	水	m³	0.03	0.45	0.01		
	其他材料费			—		—	
	材料费小计			—	4.37	—	

注：1. "数量"栏为"投标方（定额）工程量÷招标方（清单）工程量÷定额单位数量"，如"0.01"为120÷120÷100；

　　2. 管理费费率为10%，利润率为10%，均以直接费为基数。

工程量清单综合单价分析表

表 3-191

工程名称：某桥梁　　　　　　　　　　　　标段：　　　　　　　　　　第 20 页　共 22 页

项目编码	040309004001	项目名称		板式橡胶支座	计量单位	个	工程量	216.00

清单综合单价组成明细

定额编号	定额名称	定额单位	数量	单价				合价			
				人工费	材料费	机械费	管理费和利润	人工费	材料费	机械费	管理费和利润
3-484	安装板式橡胶支座	100cm³	6.3	0.45	121.00		18.22	2.84	762.30		114.77
人工单价		小　　计						2.84	762.30		114.77
22.47 元/工日		未计价材料费									
清单项目综合单价								879.91			

材料费明细	主要材料名称、规格、型号				单位	数量	单价/元	合价/元	暂估单价/元	暂估合计/元
	板式橡胶支座				100cm³	6.3	121.00	762.30		
	其他材料费						—			
	材料费小计						—	762.30	—	

注：1. "数量"栏为"投标方（定额）工程量÷招标方（清单）工程量÷定额单位数量"，如"6.3"为 630×216÷210÷100；

2. 管理费费率为 10%，利润率为 10%，均以直接费为基数。

工程量清单综合单价分析表

表 3-192

工程名称：某桥梁　　　　　　　　　　　　标段：　　　　　　　　　　第 21 页　共 22 页

项目编码	040309007001	项目名称		桥梁伸缩装置	计量单位	m	工程量	39.85

清单综合单价组成明细

定额编号	定额名称	定额单位	数量	单价				合价			
				人工费	材料费	机械费	管理费和利润	人工费	材料费	机械费	管理费和利润
3-498	安装橡胶伸缩缝	10m	0.1	215.49	75.68	98.34	74.17	21.55	7.57	9.83	7.42
人工单价		小　　计						21.55	7.57	9.83	7.42
22.47 元/工日		未计价材料费						10.50			
清单项目综合单价								56.87			

材料费明细	主要材料名称、规格、型号				单位	数量	单价/元	合价/元	暂估单价/元	暂估合计/元
	橡胶板伸缩缝				m	1.00	10.50	10.50		
	其他材料费						—			
	材料费小计						—	10.50	—	

注：1. "数量"栏为"投标方（定额）工程量÷招标方（清单）工程量÷定额单位数量"，如"0.1"为 39.85÷39.85÷10；

2. 管理费费率为 10%，利润率为 5%，均以直接费为基数；

3. 橡胶板伸缩缝单价可根据不同情况变化。

工程量清单综合单价分析表

表 3-193

工程名称：某桥梁　　　　　　　　　标段：　　　　　　　第 22 页　共 22 页

项目编码	040309007002	项目名称		桥梁伸缩装置	计量单位		m	工程量	28.08

清单综合单价组成明细

定额编号	定额名称	定额单位	数量	单　价				合　价			
				人工费	材料费	机械费	管理费和利润	人工费	材料费	机械费	管理费和利润
3-500	安装沥青麻丝伸缩缝	10m	0.1	43.14	17.84		9.15	4.31	1.78		0.92
人工单价		小　计						4.31	1.78		0.92
22.47 元/工日		未计价材料费									
清单项目综合单价								7.01			

材料费明细	主要材料名称、规格、型号			单位	数量	单价/元	合价/元	暂估单价/元	暂估合计/元
	石油沥青 30#			kg	0.16	1.40	0.22		
	油浸麻丝			kg	0.15	10.40	1.56		
	其他材料费					—		—	
	材料费小计					—	1.78	—	

注：1. "数量"栏为"投标方(定额)工程量÷招标方(清单)工程量÷定额单位数量"，如"0.1"为 28.08÷28.08÷10；

　　2. 管理费费率为 10％，利润率为 5％，均以直接费为基数。